LOS ELEMENTOS DEL MUNDO

Esta obra ha sido Finalista del **Premio Primavera 2009,** convocado por Espasa y Ámbito Cultural, y concedido por el siguiente jurado:

Ana María Matute,
Ángel Basanta,
Antonio Soler,
Ramón Pernas
y Ana Rosa Semprún

LOS ELEMENTOS DEL MUNDO

JOSÉ MARÍA BENEYTO

ESPASA

ESPASA NARRATIVA

Ilustración y diseño de cubierta: más!gráfica

Depósito legal: NA. 754-2009
ISBN: 978-84-670-3101-0

Espasa, en su deseo de mejorar sus publicaciones, agradecerá cualquier sugerencia que los lectores hagan al departamento editorial por correo electrónico: sugerencias@espasa.es

Impreso en España/Printed in Spain
Impresión: Rodesa

Editorial Espasa Calpe, S. A.
Vía de las Dos Castillas, 33. Complejo Ática - Edificio 4
28224 Pozuelo de Alarcón (Madrid)

También nosotros, cuando éramos niños,
estábamos sujetos como esclavos
a los elementos del mundo.

Gálatas 4,3

Parte primera

El secreto de Thelema

I

Como un felino en su jaula me revuelvo inquieto en mi celda, entre estos muros que parecen adueñarse de mí, mientras mis pensamientos, como mis propios pasos, se acercan y se alejan. Voy, doy un pequeño giro, vuelvo: hacia ningún lugar.

Mis reflexiones en la celda. O de la filosofía carcelaria como una de las Bellas Artes, un buen título para una comedia.

Imaginemos la situación. Se abre el telón, y al cabo de cierto tiempo el público que asiste a la función se da cuenta de que los actores interpretan papeles intercambiados. Entre la incoherencia de los diálogos se consigue vislumbrar, sin embargo, un hilo conductor. Pero la sorpresa es aún mayor cuando al terminar la función descubrimos que detrás de las máscaras de los confundidos actores aparecen nuestros propios rostros.

Sabiduría de la celda. ¿Era esto de lo que se trataba? ¿Cumplir con un destino, representar la opereta para la que ninguno estábamos preparados?

Aunque no he sido formalmente procesado, se me ha recluido en esta prisión, en donde ya fueron juzgados y condenados los principales dirigentes del régimen. Llevo más de año y medio siendo interrogado, primero en Berlín, donde fui internado en un campo de prisioneros de guerra, y ahora aquí, en Núremberg. He sido sometido a «arresto automático». Técnicamente, sólo soy un testigo, pero la sospecha pesa sobre mí.

Se trata de determinar cuál ha sido mi contribución al Tercer Reich. Como profesor universitario, se me acusa de haber corrompido a la juventud alemana. Como asesor y protegido de Göring, se sospecha que colaboré en la preparación de una guerra agresiva y aniquiladora. De mis escritos se seleccionan aquellas frases en las que ataqué las vergonzosas condiciones de Versalles y las fantasías del presidente americano Wilson. Además, obra contra mí la defensa pública que realicé de las acciones excepcionales adoptadas frente a la violencia de las SA, y también mi destacada pertenencia al Partido.

No hay mucho más aquí que los muros de la prisión y mis pensamientos. Desde el ventanuco del ángulo superior de la pared sólo alcanzo a ver el portal metálico de la entrada y los otros bloques carcelarios, ennegrecidos por el hollín y el polvo de muchas décadas. En el patio vegetan algunos perales, mortecinos.

Es cruel, como si la vida acabara por salir adelante incluso en este lugar. Al principio, solía encaramarme al taburete para bajar la parte inferior del tragaluz y escudriñar el patio. Pero el portillo está tan alto y es tan pequeño que al cabo de pocos días desistí del esfuerzo.

Además, en vez de cristal, lo cubre un trozo de tela sucia que impide el paso de los rayos del sol y hace que la celda resulte inhóspita y fría. La superficie está rayada y las siluetas de los edificios y el patio son sólo perceptibles de forma difusa. Desde que he desistido de intentar abrir el portillo he perdido el último contacto que tenía con el mundo exterior. Aunque fuera tan sólo gracias a ese agujero, sentir el viento fresco y poder divisar el azul o el gris del cielo me hacía alentar la ingenua esperanza de que quizás no se hubiera perdido todo. Pero mis cortas piernas están muy debilitadas y no aguantan el peso del cuerpo encima del taburete.

Permanezco bajo observación día y noche. Las puertas de las celdas son de madera maciza, con cerrojos de hierro; se nos vigila sin descanso a través de la abertura rectangular que hay en el centro de cada puerta. Por la parte del centinela, la mirilla es corrediza, para así poder introducir la comida. Al atardecer, el vigilante cuelga una lámpara de esa rejilla, lo que me permite a duras penas leer. A las siete retiran el quinqué y entonces mi celda queda a oscuras durante toda la noche.

Son soldados americanos muy jóvenes, algunos de ellos negros, y parecen no entender muy bien lo que pasa. Tienen clara conciencia de que somos unos criminales peligrosos, pero a la vez sienten nuestra fragilidad; parece como si vernos en las celdas les obligara a pensar. No se ha hecho, sin embargo, ninguna distinción entre los formalmente procesados y los que, como yo, sólo estamos aquí como «testigos».

Desnazificación... La palabra ha empezado a circular por los corredores haciendo que se tramen las más sórdidas versiones. En alemán suena mucho más drástico que en inglés, como si se tratara de desarraigar el bacilo, algo así como un plan de erradicación de la epidemia alemana para el futuro. *Never more*, nunca más.

¿Soy un testigo, un sospechoso sometido a investigación preliminar, o se me considera un inculpado? ¿Acaso ya un culpable? Aunque la sensación del tiempo se diluye, llevo varias semanas encerrado entre estas cuatro paredes grises y húmedas, y todavía desconozco el alcance de las acusaciones que se me imputan. Se me ha ordenado escribir, escribir y justificar mis acciones. Contestar preguntas sobre mis actos, mis libros y mis artículos. ¿Quizás también sobre mis pensamientos, lo que soñé o deseé, lo que jamás debí imaginar o sentir? Contar lo que hice, y lo que fue.

Duermo bajo la desazón de las pesadillas. Con frecuencia me despierto aterrado en un mar de sudor frío, y enseguida, como sombras certeras, los recuerdos se apoderan de mí. Esta última noche imaginé que alrededor de la cama merodeaba un espectro extraño e inesperado. Reconocí el rostro de Ostario; surgió del pasado entre un remolino de saliva amarga y seca.

Tengo grabada la imagen de uno de aquellos encuentros poco antes de que acabara la guerra, cuando trabajaba en el Cuartel General del Ejército. Suboficial de información era mi título en la escala militar, aunque la ocupación no era meramente burocrática.

Desde ese puesto pude vivir muy de cerca el final del orden establecido. A la caída de la casa de los Wittelsbach en Baviera y del káiser en Berlín se sumó la proclamación de la República en Múnich, en Berlín y en otras ciudades. Ante la amenaza del poder comunista y el saqueo de los comercios y los bancos por los soldados borrachos, la violencia y la anarquía se apoderaron de las calles. Después llegó el restablecimiento de una ficticia legalidad, la sangría salvaje en las represiones de uno y otro bando...

Pocos meses antes de los sucesos revolucionarios, Thelema había comenzado a crecer y Ostario, asesorado por algunas de las personalidades más conocidas de Múnich, decidió alquilar varias salas en el hotel Cuatro Estaciones. Hasta entonces, los miembros de la Orden se habían reunido en la casa que el Gran Maestre poseía en las afueras de la ciudad.

Fue un conocido de la universidad quien me habló de las veladas en el Cuatro Estaciones. Muy poco después fui invitado a una ceremonia de consagración de nuevos novicios.

Era domingo, día dedicado a Saturno. El hotel tenía un pequeño jardín exterior en el que se disponían durante el verano mesas, sombrillas y sillones forrados de fieltro. Era el lugar de encuentro de la aristocracia y la buena sociedad de la ciudad, donde acudían a tomar café y a comentar los acontecimientos de la semana. El fragor aún cercano de la guerra y la inseguridad de aquellos años no habían conseguido dejar la menor huella en estas costumbres. Al contrario, el desorden no había hecho sino agudizar la necesidad de ciertos ritos, el despliegue uniformado del servicio, la afectada descripción de la variedad de tartas y bizcochos por el *herr Ober*, los comentarios sobre los humores del tiempo y de la atmósfera, los chismes de sociedad entrecortados por el nervioso batir de los abanicos.

Cuánto más chocaba con esta engañosa prolongación del pasado la voz austera y seca de Ostario. Frente al lánguido discurrir de los atardeceres de la alta sociedad de Múnich, en las reuniones de Thelema hervía una atmósfera decidida, un sentimiento heroico que se establecía más allá de la nobleza de la sangre.

Entré en la sala principal, decorada con el emblema de la Orden: la espada rodeada por ramas de roble sobre el fondo de la cruz aria envuelta en aureolas de luz.

El pequeño grupo de invitados a la ceremonia hemos tomado asiento en las últimas filas de sillas. Poco después se oye un armonio, y los miembros de Thelema hacen su aparición desfilando en dos columnas paralelas, cubiertos con largas vestiduras blancas. En el centro de la sala, bajo el baldaquín, el gran maestre preside, flanqueado a ambos lados por dos caballeros apoyados sobre sus espadas que se cubren la cabeza con un casco protegido por cuernos. Algo más adelante, en la parte anterior del altar, aguardan de pie el lector y el maestro de ceremonias, revestidos con túnica azul. Los otros miembros de la Orden se aproximan lentamente y rodean el santuario, formando un semicírculo en torno al altar. Al fondo del salón, casi oculto en la penumbra del atardecer, el coro incoa los himnos, acompañado del armonio y un piano.

La ceremonia de recepción de los novicios en el grado inferior de la logia se inicia con un cántico apenas perceptible; poco después, cada vez más sonoras, se perciben las voces graves de los hermanos entonando la marcha de los peregrinos. Cae pausadamente la noche, momento en el que se iluminan, en el mismo instante, todos los candelabros de la sala.

Comienza el rito de consagración. Los miembros de la Orden se santiguan con el signo de la cruz aria, siguiendo el movimiento *dextrorsum* de las aspas; después, el gran maestre vuelve a hacer el mismo gesto, esta vez en sentido contrario. A continuación, el maestro de ceremonias se aleja de la sala y regresa algunos minutos más tarde, conduciendo a los novicios desde la habitación exterior en la que esperaban el momento de ser llamados. Al entrar en la gran sala, llevan los ojos vendados y ocultan sus ropas bajo gruesos mantos.

El silencio parece extenderse y apoderarse del jardín, que en esta primera hora del anochecer es un callado testigo, cuando Ostario comienza lentamente a hablar.

Sólo consigo recordar algunas de las frases. Ostario hablaba de la lucha, del enfrentamiento con el enemigo, de las tradiciones germánicas de la Orden, y repetía, como si se tratara de un exorcismo:

—Vendrá el tiempo del combate, de la amargura y del peligro... mientras yo ostente el martillo de hierro de la Orden, estoy determinado a que Thelema participe en esta lucha... nuestra lealtad es antigua, el honor de nuestros antepasados no será mancillado.

Todavía eran frases cuyo significado desconocía, palabras que parecían proceder de una era antigua, heroica.

Después de escuchar al celebrante, el maestro de ceremonias enciende la llama en el santuario y se les retiran las vendas de los ojos a los novicios.

Nada más recuperar la visión, el gran maestre enarbola con fuerza la espada de Wotan y la sostiene encima de las cabezas de los candidatos. Se escuchan entonces, en respuesta a las preguntas del gran maestre, los compromisos y promesas de los nuevos devotos de la Orden. Ostario impone uno a uno los símbolos e insignias de la hermandad, y les hace entrega de sus armas, del escudo y del estandarte.

Suena la música de Wagner antes de que se ejecute el juramento de fidelidad, acompañado del corte ritual en la palma de la mano. Tras la consagración, se escuchan las aclamaciones de lealtad y de invitación al combate de los hermanos, aclamaciones que parecen no querer acabar, y las voces, enardecidas, del coro mientras los nuevos miembros se congregan alrededor de la llama que refulge en el centro de la estancia.

No consigo devolver a la memoria cada una de las palabras de despedida, pero sí los sentimientos opuestos que me provocaron. De repente me hicieron intuir, quizás anticipar, gran parte de lo que después tuvo que suceder.

¿De qué espíritus se trataba? ¿A qué o a quién invocaba la buena sociedad de Múnich en sus reuniones secretas? ¿Por qué razón...? Sé que intentaba alejar todo aquello de mí, pero los presagios resurgían, volvían a emerger con fuerza. Recuerdo que Ostario impostaba algo ridículamente la voz y clamaba:

—¡Nuestra Orden es una orden germánica, como también lo es nuestra herencia! El águila es roja para indicar su capacidad de sacrificio y de entrega a un vuelo más alto, inalcanzable... ¡A partir de hoy nuestro símbolo es el águila roja, ella nos advierte que hemos de morir para poder vivir!

Fragmentos de memoria circulan ahora vertiginosamente por mi cabeza y comienzan a hacer ruido, un ruido cada vez más estruendoso. ¿Acaso la memoria es capaz, también ella, de exigir sus derechos?

Apenas habían transcurrido unos días desde la ceremonia en el Cuatro Estaciones. El Ministerio del Ejército era un edificio de paredes amarillentas desde cuyos ventanales se podía seguir el curso de la Prinzregentenstrasse. Hacía un tiempo plomizo, de otoño apresurado, cuando la ciudad parece sentirse incómoda y no querer aceptar la purificación que le trae pocas semanas después el viento de las montañas.

Desde la mañana no ha dejado de molestarme una aguda dolencia de la espalda, como un pájaro que se complaciera en hincar el pico entre las vértebras y el cuello para luego transmitir la angustia por las corrientes nerviosas del cuerpo.

Todo se desarrolla con rapidez. Acabo de llegar al ministerio y he subido las escaleras del primer piso. Intercambio el saludo reglamentario con mis compañeros de despacho, dos oficiales cadetes de rango superior al mío y un cargo subalterno. Me dispongo a preparar las tareas de la jornada, sentado ya en el escritorio, en una de las esquinas más cercanas a la puerta. Como cada mañana, entra el oficial al mando del departamento, el capitán mayor Von Schwarzenhorst, para dictar las órdenes oportunas. Apenas ha comenzado a dirigirnos la palabra cuando la puerta vuelve a abrirse, violentamente. Es un joven con el rostro desencajado y una mirada incendiaria. Lleva una pistola en la mano. Antes de que podamos reaccionar ninguno de los que estamos en la habitación, oímos los golpes secos de tres disparos que alcanzan en el pecho y en la cabeza a Von Schwarzenhorst. Sin que podamos darnos cuenta de lo que está ocurriendo, el joven asesino desaparece de la escena del atentado dejando un cadáver ensangrentado en el suelo.

Poco pudimos hacer ya por nuestro capitán mayor. Una de las balas le había atravesado el cuello, destrozándole la arteria, y la sangre manaba con fuerza.

Fue dada enseguida la alarma en el ministerio y durante el resto de la mañana recorrimos cada esquina de aquel inmenso caserón, sabiendo de antemano que el asesino debía de haber contado con la información y el apoyo suficiente para intentar un golpe con el menor riesgo.

No son alucinaciones ni fábulas. El enemigo acechaba, bien lo he sabido.

He dedicado mi vida a enseñar que sólo si sabemos quién es nuestro enemigo, podremos también respetarlo. Por eso no soy belicista. La guerra es una amenaza con la que hay que contar para poder preservarnos de ella; solamente si las líneas están claramente trazadas se logra llegar al armisticio.

Nada más peligroso que la confusión. Para vencer a las máscaras de la violencia y la anarquía es preciso recurrir a las armas e identificar quién está con quién. Hace falta haber vivido el terror del caos, de la falta de orden y la confusión extrema para valorar por encima de todo un gobierno con autoridad que mantenga la ley. No tengo dudas sobre el hecho de que el terror y la anarquía son más destructoras que un combate entre ejércitos regulares, donde el sacrificio de la muerte sirve a un interés superior y los civiles son respetados. Pero esto se olvida en el tiempo de la revolución, y nuestro siglo ha creído en ella como su tabla de salvamento antes de que la violencia y la muerte se convirtieran en la señal que lleva grabada en la frente.

La revolución hace tabla rasa de cualquier diferencia entre combatientes y no combatientes. Ante la revolución no cabe confiar en una tregua, ni en que una engañosa paz pueda poner fin a la lucha, sino sólo actuar para impedir que el sometimiento a la barbarie que emerge de los espacios inferiores no avance.

El asesinato de Von Schwarzenhorst me conmocionó. Por la tarde visité con los compañeros de la sección a la viuda y permanecí delante del túmulo, anonadado. Aquella muerte sin sentido parecía estar advirtiendo sobre el abismo hacia el que festivamente nos acercábamos a grandes zancadas.

Pocos conservaban la cabeza fría y los nervios de acero de Von Schwarzenhorst. A la salida de su casa hice un aparte con los colaboradores del departamento y les relaté la última conversación que, como asistente suyo, había mantenido con él en su automóvil de servicio días antes, cuando regresábamos de una velada oficial:

—La derrota es un hecho, a pesar de toda la propaganda oficial en contra. —El gesto de Von Schwarzenhorst era adusto, de una melancolía opresiva—. Nuestros soldados no pueden mantener sus posiciones en el frente y sólo cabe esperar ya las embestidas definitivas de los aliados. No creo que la Monarquía y el Estado, tal como los conocemos hoy, aguanten la tragedia.

El capitán mayor Von Schwarzenhorst era bajo y nudoso, con unos ojos pequeños bajo la amplia frente que destellaban inteligencia. Al observar las calles de la ciudad, llena de gentes atareadas, no pudo ocultar una mirada de desdén antes de proseguir:

—Lo que va a ocurrir es que la derrota acabará por abrir todos los diques de contención, y me temo que nada va a poder soportar la violencia del populacho. Sin embargo, pase lo que pase, el Ejército debe cumplir con su misión de salvaguardar la autoridad.

Se había dado la orden de desarme, pero los grupos radicales de derecha e izquierda no habían dejado de aumentar sus efectivos y seguían apoderándose de fusiles y pistolas. Desde Berlín llegaban noticias confusas, la revuelta parecía poder contar con el apoyo de soldados y obreros. En Baviera, la situación no era muy distinta. Los soldados desmovilizados que comenzaban a llegar de las trincheras como si fueran bandas de delincuentes aterrorizaban a la población con sus exigencias de alimentos y las ocupaciones clandestinas de casas.

Se veían también deambulando por Múnich a grupos numerosos de campesinos que sufrían los efectos de la continuada carestía y a obreros acuciados por el hambre. Todavía no se conocía bien el alcance de la debacle y en el aire se respiraba un deseo explosivo de encontrar donde fuera un futuro más esperanzador que barriera los angustiosos recuerdos de la guerra y la desolación de un presente que sólo deparaba miseria y abandono.

Von Schwarzenhorst conocía bien mi análisis de la situación, pues gozaba de su confianza y mis fuentes de información habían demostrado actuar con notable fiabilidad. En el mismo tono confidencial respondí a su inquietud, que yo compartía desde hacía tiempo, refiriendo las noticias que acababa de recibir:

—Los grupos más radicales de izquierda están preparando una acción, cuyo alcance aún desconocemos, para perseguir y acabar con las organizaciones patrióticas. El objetivo es desencadenar una espiral revolucionaria ante la que alegarán que no cabe sino el recurso al gobierno de los sóviets. —Y añadí, sin un deje de ironía, aunque el capitán mayor se sonrió—: ¡También ellos aspiran a ser una forma de orden, como Lenin en San Petersburgo!

En la mirada de Schwarzenhorst creí ver un bosque de hayas y robles, una casa señorial abandonada en el norte de Baviera, en zona protestante. Eran unos ojos enrojecidos por los recuerdos del frente y del cansancio. Von Schwarzenhorst pertenecía a una de las viejas estirpes alemanas. El mundo que estaba llamando a la puerta con impetuosidad no era su mundo. Tras la derrota, ya nada sería como antes. En cuanto hombre cultivado y poco dado a las ensoñaciones, aunque educado en la tradición, hubiera deseado conservar lo mejor del viejo orden, pero era consciente de que una nueva era exigiría un tipo de hombre distinto, menos cuidadoso con el pasado, menos escrupuloso ante lo que se anunciaba como una transformación monstruosa. Frunció el ceño:

—Necesitamos organizar la resistencia más eficazmente. No podemos confiar en que las organizaciones patrióticas continúen dependiendo de visionarios. El Ejército no puede ceder terreno ante la insurrección.

Von Schwarzenhorst era un oficial con experiencia, era él quien durante la guerra había organizado el servicio de información interior tras haber comprobado en su propia carne en primera línea de fuego el efecto demoledor de las campañas derrotistas en la retaguardia. La mano asesina no se había equivocado al elegir su objetivo. Con mayor firmeza aún en la voz y tras golpear con los guantes el dorso de la mano, añadió:

—Considero un error no haber hecho vigilar a Eisner con más medios. A pesar de su aspecto de poeta bohemio, y quizás por eso, es el más peligroso.

Hizo una pausa durante la cual noté cómo me escrutaba, sin necesidad de dirigirme la mirada y observarme. Luego continuó:

—La población no puede seguir aguantando el hambre ni las privaciones de cada día; es posible que estemos cerca de que estalle todo lo que se ha ido acumulando en estos años.

Nos sabíamos encima del terremoto, en el epicentro que iba a hacer emerger fuerzas de naturaleza casi telúrica, desconocidas hasta entonces. Las masas, la técnica sin límites, una nueva sensación de vértigo y de poderosos anhelos que impregnaban el aire que respirábamos. Vivíamos bajo la sombra de aquella Gran Revolución, la que había iluminado con antorchas de fuego las estepas de la Rusia imperial, transformándola en un fanal que atraía con su engañoso resplandor a todo aquel que sintiera dentro de sí el odio.

Conoce quién es tu enemigo para proteger al Estado. Eso creíamos cuando las sombras oscuras de lo que estaba por ocurrir se dibujaban en la atmósfera, en aquel momento de la derrota, en Múnich. La amenaza comenzaba a crecer y crecer, adquiría los perfiles de un animal informe, devorador, que crecía y se agigantaba conforme más se alimentaba del miedo y la inseguridad, del hambre, del odio y la desesperanza.

También Von Schwarzenhorst recelaba de la subversión y sus consecuencias. Era un hombre responsable, dispuesto a defender su patria. Él era quien me había conducido a través de los primeros contactos con Thelema. Conocía los escritos de Ostario y de sus predecesores: libros claros y profundos que hablaban de una Alemania sagrada, una Alemania oculta capaz de volver a iluminar el mundo. Todavía el destino no estaba decidido...

Muy pocos días después de enterrar al capitán mayor en el cementerio luterano de su villa natal, Eisner, el *renegado* Eisner, en estrecho contacto con agentes de Moscú, destituía al gobierno legítimo de la Monarquía y proclamaba, sin apenas resistencia, la República Socialista de Baviera.

Hasta ahora sólo había visto celdas similares en las películas americanas. Ahora empiezo ya a acostumbrarme. Casi no reparo siquiera en la mugre de las paredes. Hace algunos años debieron de haber sido verdes, pero hoy las invade una mezcla de moho y yeso.

Yeso y moho. Aún subsisten los orificios que en su día se hicieron en las paredes para fijar las pocas piezas de mobiliario, de las que quedan los vestigios. Lo único sólido que permanece es un catre con una colchoneta de paja que se ha fijado en la pared.

Utilizo algunas ropas como almohada y tengo cuatro mantas para la noche, pero ninguna sábana. La pared junto al catre ha adquirido un brillo mate y sucio; es el último resto de las vidas de los reclusos que me han precedido.

¿Quiénes y cómo serían? ¿Se preocuparían también por su condición, o habrían conseguido un dulce y liberador nirvana en el que sus recuerdos y el obsesivo golpeteo de las sienes se habrían fundido con la nieve de fuera, con el languidecer de una vida que no se resigna a desaparecer del todo, con el moho y el yeso de las paredes húmedas?

Paso horas mirando la palangana con agua sobre la mesa desvencijada en una de las esquinas de la celda. Siempre he sido muy sensible al sentido del agua. La higiene, por dentro y por fuera. Cuando se dice la palabra «limpieza» en nuestra lengua alemana, se escucha el discurrir del agua, agua clara. Todo siempre bien limpio. En ocasiones, durante los peores años, dejaba transcurrir el tiempo lentamente, sin final, en el baño; deseaba que el agua corriese sobre mi piel, que aquella monotonía adormeciera el ansia de purificación, la necesidad de borrar cualquier recuerdo de la víspera o de aquel mismo día.

Sería ahora demasiado fácil sumergirse en aguas imaginarias, aguas marinas, limpiarse del todo, extender los brazos y dejar al fin de nadar... Aunque la vigilancia para prevenir posibles suicidios se ha hecho más rigurosa.

Absorto en mis pensamientos, apenas he oído el cerrojo de la puerta:

—Quiero saber quién es usted en realidad. Sus respuestas no son en absoluto convincentes... Estamos aquí para decidir si hemos de identificarle como criminal de guerra. ¿Debemos procesarle por haber conducido con sus enseñanzas a la juventud alemana a la guerra? ¿O por haber sido directa o indirectamente culpable del brutal asesinato de miles de personas? ¿Quién es usted? ¿Quién se oculta detrás de esas maneras dialogantes de profesor universitario?

Estas preguntas tan repentinas, escupidas como el tableteo de una ametralladora, me han hecho girar en redondo, interrumpiendo bruscamente mis reflexiones.

He aquí de nuevo a mi acusador, alto y enjuto, con su uniforme de oficial americano, perfectamente identificado con su papel, fiel maestro de ceremonias de la historia universal y sus aledaños, a la vez juez, actor y cronista de lo que está pasando, ante el que no cabe sino aceptar mi culpabilidad y declarar mi cobardía. Él se halla en posesión de la verdad de la historia, de toda la verdad, y yo sólo soy un vencido, un pobre diablo que no ha sabido saltar al otro lado de la trinchera en el momento oportuno... *Vae victis!* ¡Ay de los vencidos!, pues sus recuerdos no pertenecen a ninguna memoria, ni su angosto sendero habrá tenido sentido alguno.

¿Qué identidad tiene el vencido? ¿Cuál es su recuerdo? ¿Dónde encontrar su futuro? ¿Debe convertirse en el lacayo del vencedor? ¿Sólo así podrá volver a ser respetado? ¿Entrar de nuevo por cualquier medio en la asamblea de los pueblos *civilizados*? ¿Es eso lo que nos ofrecen nuestros nuevos gobernantes, los desnazificadores y neutralizadores?

La asamblea y el tribunal de los vencedores... Los que se reúnen para juzgar son los que no tardarán en levantar los cuchillos unos sobre otros. ¿De verdad alguien puede pensar, seriamente, sin que al buen Dios, allá en el límite del Universo, se le oiga una sonora carcajada, que con el juicio sobre los vencidos todo habrá acabado? ¿Que merced a las decisiones de un gran tribunal internacional, en donde los acusadores son los vencedores de hoy, la paz universal va a instalarse? ¿O que gracias a que rusos y americanos se han repartido el mundo en Yalta, en Potsdam, y ahora en Núremberg, la raza humana ha inaugurado el reino de la justicia y de la igualdad entre los pueblos? A las Naciones que ahora llaman Unidas les sucederá el mismo horror que a la Torre de Babel: serán dispersadas, abominarán el uno del otro, y las unas contra las otras. Un castigo bíblico: no conocerán fácilmente la medida de la destrucción que harán recaer sobre los demás pueblos.

Respondo a mi acusador:

—Yo soy un aventurero intelectual... Me fascinan las ideas y dejo que ellas se apoderen de mí.

—¿A usted le gustan el riesgo y la aventura?

—Sí. Sin duda. Sólo así surgen ideas e intuiciones fructíferas. Además, yo he aceptado el riesgo. Hasta ahora siempre he estado dispuesto a pagar su precio.

—¿Qué ocurre, entonces, cuando eso que usted llama placer por el riesgo intelectual influye sobre las decisiones de un régimen que ha llevado a cabo el asesinato premeditado, racional y sistemático de millones de personas? ¿No le parece irresponsable hablar de aventura intelectual?

Me dispara preguntas como si fueran esputos de odio; grandes pompas, vacías, pero rencorosas; o pequeñas, negras y llenas de furia. Cualquier respuesta que yo dé está escrita de antemano; él las conoce todas.

¿Hay que prescindir de cualquier matiz, de cualquier intento de diferenciar entre las sombras en las que nos hallábamos? ¿No cabe intentar darse cuenta de que no todo debe ser juzgado por el mismo rasero? ¿De que es imposible ver y juzgar las cosas una vez han ocurrido, igual que si contáramos con todas las cartas al principio y pudiéramos saber lo que los demás harán, lo que la historia hará, lo que fuerzas incontrolables y que no conocíamos harán? Además, solamente cuando se ha vivido —y sobrevivido— en el estómago de la Bestia se da uno cuenta de lo que realmente significa «asesinato premeditado, racional y sistemático». Pero no pretendo hacer ningún género de victimismo.

Algo ha debido de inquietar a mi acusador para que dude un instante en continuar con sus preguntas. ¿Acaso un último recelo por su condición de exiliado? ¿El temor de que se le pueda escapar una presa, o quizás la inquietud ante la posibilidad de que aun después de la tragedia la historia no se halle todavía enteramente escrita?

Me mira a los ojos, de nuevo impertérrito:

—Las comparaciones que hace no tienen ningún sentido. ¿Pretende hacerme creer que sólo se interesaba, digamos, por la especulación intelectual, la cuestión teórica de lo que podría significar la capacidad puesta a prueba de la maquinaria estatal para llevar a cabo crímenes contra la Humanidad de manera sistemáticamente organizada? ¿No es mucho más cierto que usted perteneció a las SS?

—No.

—Pero sí que tuvo una participación destacada en la preparación ideológica de las SS.

—De ninguna manera. Yo era enemigo de las SS. La revista oficial de las SS, *Escuadra Negra*, me atacó y difamó públicamente en varias ocasiones.

—¿No se convirtió usted en el modelo de los profesores de las SS?

De nuevo la insidiosa forma de intentar demostrar la hediondez que necesariamente debo ser, sin alternativa humana. Este comandante Neuborn me resulta grotesco. La figura del inquisidor recorre todos los sistemas de la historia, y con él el tipo del linchador moral. Lo único que mueve a estos justicieros de la historia universal es el fanatismo sin fe de los actores mediocres necesitados de altavoces para contrarrestar su cinismo. O quizás otras cosas.

¿Qué hay dentro de él? ¿Resentimiento? ¿El rencor contra sí mismo por haber huido de Alemania? Era un joven lleno de ambiciones cuando Göring fue nombrado jefe del Gobierno de Prusia y le destituyó de su puesto. Me contaron la historia en esa época. Göring llega al ministerio y reúne a todos los altos cargos, les habla de forma jovial y algo despectiva, como él solía hacer. Les dice que las cosas van a cambiar, pero que si siguen las directrices del mando político no les ocurrirá nada. Y añade, si alguien no está de acuerdo con la línea que vamos a seguir, que lo diga... Por supuesto, nadie se levanta ni hace el menor comentario. Todos estaban disponibles para colaborar, incluido Neuborn. ¿Qué es lo que le frenó, el miedo a perder su sueldo, el temor a ser perseguido? Aun después de que los nazis, tras haber investigado sus actividades políticas, le relegaran a un puesto subalterno, siguió durante varios años trabajando para el Gobierno. Y ahora, comandante del Ejército americano y adjunto al fiscal principal en Núremberg, ahora sí que no tengo duda de que hará una brillante carrera...

—¡Responda sin evasivas! ¿No tuvo nada que ver con las SS?

— No. Yo estuve profundamente enfrentado a las SS.

—¿Cómo es posible? ¡Usted es un experto en tergiversar los hechos! ¿No es más cierto que su teoría del derecho internacional se basa en las ideas de Hitler? ¿No han sido precisamente sus escritos los que legitimaron las guerras de agresión del dictador? ¿No fue usted, usted, no otros, quien escribió que Alemania necesitaba un espacio vital nuevo, que el espíritu judío jamás entendería las necesidades de Alemania? ¿No es usted el mismo que llegó a afirmar que su teoría del territorio se hallaba radicalmente opuesta a la concepción judía? ¡Responda! ¿No es todo esto muestra del más absoluto estilo hitleriano?

Su voz se ha ido elevando como un trémolo vibrante, lamentablemente más tragicómico que musical. Si al menos tuviera algo de bajo, o incluso de un tenor apagado, capaz de expresar con gravedad las acusaciones que me dirige; pero no, ni siquiera las formas parecen acompañarle, a pesar de estar rodeado de esta parafernalia de militares intentando actuar como civiles, y de civiles intentando actuar como militares, toda esta pantomima para ocultar que aquí se ejecuta la justicia del vencedor.

Quizás lo que yo haya hecho sea luchar contra esta incapacidad para el matiz moral, contra esta superficialidad que no quiere comprender, sólo decidir, juzgar y pasar página. Yo creía en la gran Historia, la que se escribe con mayúscula, ellos quieren pasar página a toda velocidad. Todo lo escriben con letra pequeña, lo ocurrido no es más que una pequeña anécdota en su vertiginosa ascensión. Lo suyo es el poder sin grandeza, la incriminación pública antes del juicio, la ejecución sin descargo.

Antes de ser escuchado, ya estoy condenado. Soy una cabeza de turco en la que se quiere mostrar un castigo ejemplar. Frente a ellos, frente a mi acusador, me mantendré en mi viejo lema jurídico: ningún crimen y ninguna pena sin ley previa. Me defenderé huyendo, esquivando sus golpes, resguardándome en dos mil años de sabiduría escondida en las celdas...

¿Acaso no posee la historia una extraña capacidad para darle la vuelta a las apariencias exteriores? ¿Quién escribe al final lo sucedido? ¿Los vencedores, las víctimas, los vencidos, el tiempo, que todo lo agota y lo consume...? No, yo no formé parte de los verdugos como vocifera mi acusador; sólo he sido un ingenuo, un simple, un inocente que no supo dar el salto en el instante adecuado.

Tengo, sin embargo, por cierto que todo se revelará en su momento oportuno.

II

Cuando era niño, pensaba con frecuencia en la muerte. Fui un muchacho lleno de vitalidad y de ambición, pero a la vez sufría sin motivo accesos de melancolía. El pueblo en el que vivía, cerca del norte de Alemania, no tendría más de tres mil almas. Era un lugar sumergido en costumbres y hábitos rurales, aunque rebosante también de la energía que emanaba de las primeras fábricas. A lo largo de mi vida he visto cómo se transformaba aquel paraíso campesino en un erial industrial. Sin embargo, las imágenes de mi infancia continúan siendo prados de un verde esponjoso, fragrantes. Una tierra llena de contrastes: la lucha entre el aire fresco, que llegaba directamente desde el mar del Norte, y su encuentro con las montañas, de ancha base y no muy elevadas. El escenario de una naturaleza aún no mancillada por la técnica.

El día en que se inauguró la primera industria de los alrededores, mi padre me llevó a verla. Yo iba cogido de su mano, asustado ante la cantidad de gente que se había congregado para escuchar cómo el alcalde lanzaba una de sus más ardientes soflamas sobre el progreso y el bienestar que aquella factoría, pionera de otras muchas de su género, traería a nuestro pueblo.

A mí se me quedaron grabados en la cabeza el tartamudeo del alcalde ante el director general de la empresa, que se había trasladado en tren desde Berlín para la ocasión, y el cura, vestido con roquete y estola, aspergiendo generosamente con agua bendita todo lo que el director, calvo y orondo, señalaba con la mano... ¡Qué diferente el olor, ácido y absorbente, de los tornos y las máquinas, o el humo grasiento que tantas veces percibiría al ir a recoger a alguno de mis hermanos que trabajaban en la fábrica, con la sensación intensa de la tierra recién labrada o mojada por la lluvia!

El cura era mi tío Nepomuk, el hermano mayor de mi padre, a quien había seguido gran parte de la familia desde tierras del Mosela. Vivíamos bajo la tutela de la Iglesia. Mi padre se ocupaba de la administración de la parroquia. Era un hombre delgado y de baja estatura, con un bigote al estilo del káiser, en quien, sin embargo, veía encarnado un enemigo cruel. Prusia estaba condenada al demonio. Siempre perseguiría a los católicos, a los que no podía considerar sino como una fuerza extranjera y lejana, un bacilo que mermaba desde el interior la vitalidad necesaria para que Prusia cumpliera su misión histórica, su engrandecimiento hasta convertirse en la primera potencia europea. En medio de aquella glorificación de un Estado del que sólo podíamos ser miembros de segunda clase, desde muy pequeño aprendí a realizar mi tarea en la oscuridad del silencio, a ocultar mi inseguridad ante el anhelo de servicio a los ideales del Reich alemán de mis compañeros.

Tenía sólo once años cuando mi padre me llevó al seminario. Él deseaba para mí lo que admiraba en el hermano primogénito. Pero no conseguí que mi inquietud y mi curiosidad encontraran allí descanso; leía todo lo que podía encontrar, y sobre todo literatura y poesía. Vivía encerrado en un mundo interior que no permitía que se le impusieran normas desde fuera y sentía que estaba llamado a un destino superior al de un pobre cura provinciano. Tuve también ocasión de confirmar mis dotes intelectuales para la discusión y la crítica; había en mí fuerzas que me empujaban desde dentro hacia el mundo exterior. Y así fue como di el paso hacia la otra orilla, que me esperaba, y de la que me hallaba tan alejado. Berlín brillaba desde la distancia con una luminosidad fosforescente...

Acabé matriculándome en la Facultad de Derecho de la capital de Alemania, en aquel edificio barroco construido por Schinkel al final de la gran avenida —Unter den Linden— que mostraba en su esplendor la cara más amable de los reyes de Prusia. Berlín... la gran seductora, a la que me entregué, rechazándola en mi interior con todas mis fuerzas, o quizás deseándola secretamente, como una amante desleal. ¿Pero acaso se puede odiar el azar asignado a cada uno, esa filigrana indescifrable, traicionera tela de araña, que conduce y dirige nuestros pasos de manera aparentemente arbitraria, sin la que, sin embargo, no alcanzaríamos forma, como un animal que naciera sin caparazón, la visión repugnante de un caracol sin su pesada carga?

No, no odié Berlín. Antes de que la hipocresía de toda una época estallara en mil pedazos en la Gran Guerra y con ella el viejo orden europeo, fui testigo privilegiado del lujo y de la miseria, del esplendor y del abandono. Así fui creciendo por dentro en mis primeros años berlineses.

Yo no era sino un oscuro estudiante universitario de origen humilde. Ni el orden establecido y sus espantapájaros ni la reacción frente a él lograron apoderarse de mí. Permanecí en la penumbra, escondido, y desde ahí pude ver con una inaudita claridad. En la pobreza y en la modestia de mi indigencia, sólo pude responder frente al desprecio con mayor indiferencia y arrogancia.

No era un papel cómodo; no era un observador neutral y distante. La repulsión, el rechazo que sentía, y que reflejaba el que yo provocaba, impedía que se tratara de una situación cómoda. La tristeza que me invadía, la soledad, hacían crecer mi distanciamiento y con él, el rencor, la desconfianza de los demás.

No había un camino intermedio entre formar parte de la representación o apartarse del todo. Decidí quedarme fuera, pero en el vano de la puerta, y ese claroscuro me permitió una lucidez inesperada.

He comenzado a escribir para mi acusador. Desde el principio, desde mis orígenes. Quiero que entienda, que sepa lo que ocurrió desde el momento en el cual el ruido del volcán era ya perceptible, aunque aún lejano. Pero no entregaré todo lo que escriba, guardaré para mí aquello que más afecta a mi *arcano;* quiero ser primero yo mismo el que indague, el que intente comprender el porqué y el cómo de la vorágine que se apoderó lenta pero inexorablemente de todo lo que nos rodeaba, hasta que las ondas del torbellino me alcanzaron y su corriente me arrastró, inerme, hasta el vórtice. No caeré preso en la red que Neuborn, día tras día, interrogatorio tras interrogatorio, busca tejer en torno a mí:

—Mire, lo que yo he intentado es hacer un diagnóstico, un análisis de la situación. Si algo hice, fue encender todas las señales de alarma. Además, de forma extraña, gran parte de lo que yo, con mi diagnóstico, había anticipado, sucedía al cabo del tiempo... Yo veía las cosas desde mi nivel, eso es lo que muchos de mis discípulos entendieron.

—¿Sólo un diagnóstico? ¿Quiere usted decir que no buscaba influir, que no pretendió convertirse en la eminencia gris del régimen? ¿No dijo usted en numerosas ocasiones que las leyes alemanas y la justicia alemana debían impregnarse del espíritu nacionalsocialista? ¿Fue así o no? ¿No dijo y escribió esto constantemente entre 1933 y 1936?

—Es cierto que durante esos tres años fui jefe de la división de juristas del Partido. En aquella época me sentía confiado... Pero creo que no fui el único. Esperaba poder dominar intelectualmente el Partido. Confié en que transformando desde dentro sus ideas, también cambiaría el sentido del movimiento político que encarnaba.

—Es decir, que Hitler era partidario de un tipo de nacionalsocialismo y usted de otro, ¿es eso lo que está insinuando...?

—Discúlpeme, pero el nacionalsocialismo es un problema muy complejo que tiene que ver con la historia intelectual y espiritual de Europa, y por tanto con la destrucción del espíritu europeo. Yo estaba muy por encima de las bravuconadas de Hitler.

—¿Usted se sentía por encima de Adolf Hitler?

—Intelectualmente, sin duda. Pero Hitler me resulta tan poco interesante que no deseo siquiera hablar de él...

—Pues me temo que tendrá que hacerlo. Quiero saberlo todo sobre usted, y lo que usted opinaba sobre el dictador. ¿Cómo se deshizo del demonio? ¿Cuándo abominó de la bestia?

—Fue en 1936.

—¡Escriba! Quiero saber qué relaciones tuvo con Ostario y la Orden Germánica que él presidía. Cada vez estoy más convencido de que es una clave importante para saber lo que ocurrió. Y la revolución de Múnich. ¿Qué sucedió durante la revuelta de los sóviets en Múnich antes de que el «cabo bohemio», como lo llamaba Hindenburg, surgiera de la nada?

Más preguntas. Mi acusador —*diabolus*, ése era su nombre en Roma— no cesa de hacer preguntas. ¿He de negarme a los métodos del interrogatorio, a las amenazas y coacciones para forzar la confesión, sin salida posible? El gran fray Tomás de Torquemada, el inquisidor máximo, estaría orgulloso. Y quizás también el médico vienés, Freud, sentado ante el diván y buscando sacar los traumas infantiles a la luz. Ninguno de los dos me es, sin embargo, cercano. Hay una vieja sentencia latina, del tiempo de los pretores: no debo escribir —y añado: pero tampoco permanecer en silencio— frente al que puede condenarme. ¿Acaso podrá comprender mi acusador qué me condujo, por qué tuve que hacer lo que hice?

Después de cursar durante un tiempo los estudios en Berlín, decidí, como era habitual entre los estudiantes alemanes, cambiar de universidad y continuarlos en Múnich. La capital de Baviera se había convertido en esos años en el centro de la bohemia artística y literaria. Estudiaba leyes, pero mi día transcurría leyendo las últimas novedades de los escritores que empezaban a tener fama, recorriendo las galerías de arte, asistiendo a la ópera y a conciertos.

Era la época en la que el arte construía un mundo y un hombre nuevos. Los pintores rusos, la vanguardia, el expresionismo, Dadá: antes de que la revolución inundara las calles, la rebelión contra el antiguo orden estalló en las cabezas. Yo no había adoptado todavía en esa época una posición determinada. Luchaba por ganarme la vida y mis amigos eran los soñadores y los poetas. Pasaba hambre y frío; apenas disponía de recursos económicos. Era pobre y despreciaba a los ricos, a los guardianes del orden establecido. Frecuentaba los cafés y conocía a las principales figuras de la bohemia del barrio de Schwabing.

Nos solíamos reunir con los amigos en un local que se llamaba Acrópolis en el que servían un vino griego, un *retsina* seco y con sabor a mar. Ahí empezaba nuestro recorrido, que proseguíamos discutiendo de pintura, de literatura, de las actrices y los actores de moda por el Café Stefanie y la Terraza de Schwabing. Había anarquistas de izquierda y de derecha, poetas permanentemente borrachos, escritores que defendían en la misma frase al Papa y al marqués de Sade. Un gigante de casi dos metros, un fenómeno de la naturaleza de largas barbas deshilachadas y cabeza de basalto, el poeta de «La luz del norte», una incomparable epopeya en verso sobre el futuro de la civilización europea, se convirtió en mi acompañante y mi mentor.

Fue en uno de aquellos cafés donde conocí a Saskia. Era camarera y bailarina de noche en el Acrópolis. Sus ojos oscuros me impresionaron nada más entrar en el local; de una tonalidad intensa cuando se acercaban a la luz, amatistas de color púrpura al volver a la penumbra. Me resultó extraño no haber reparado antes en ella, aunque dudo que nadie hubiera podido percibir su sensualidad con tanta violencia como yo.

La dudosa reputación del Acrópolis nos permitía encontrar un refugio discreto en alguno de sus rincones débilmente iluminados más tarde de que hubiera pasado la hora legal de cierre. La piel morena y las largas piernas de Saskia se mecían cadenciosas en el escenario. No pude desviar la mirada al contemplar aquel cuerpo que parecía tallado en un alabastro de ébano y que me hacía sentir con fuerza el golpeteo de la sangre en las sienes.

Conseguí su dirección y le envíe flores durante varios días. Al principio no obtuve ninguna respuesta. Seguía yendo al café y me quedaba adorándola durante horas, hasta que se había ido el último parroquiano. Pero ella parecía no mostrar el menor interés por mí. Pensé que quizás no era el único. Su belleza, su languidez esbelta, debían sin duda de tener enloquecidos a otros amantes. Sólo conocía una parte muy pequeña, unas horas apenas a la semana de lo que era su vida. ¿Qué haría durante el día? ¿Quiénes serían los otros?

Al fin pude convencer a uno de los camareros del Acropólis para que arreglara una cita.

Cuando la pude ver de cerca, me deslumbró aún más. Tenía un rostro infantil, los labios y la nariz de una finura extraordinaria, el pelo corto recogido debajo de un sombrero grande de color vivo que hacía resaltar su tez y la mirada. Vestía con desenvoltura, destacando su femineidad, con una blusa y una larga falda de color blanco, los hombros cubiertos por un ligero chal del mismo color. La imaginé paseando con el parasol en la mano por una de las grandes avenidas de París o Londres y haciendo que todos volvieran la vista al cruzarse con ella.

Aquella noche cenamos juntos en un restaurante cercano a la Marienplatz. Fue maravilloso. Recuerdo que ella reía con mis bromas, también con mis desventuras para librarme del servicio militar. Acababa de declararse la guerra, yo apenas había terminado los estudios y empezaba, muy joven aún, la formación práctica para convertirme en un jurista al servicio del Estado. No quería ser enrolado y que se me mandara al frente. Meses atrás, mientras cumplía el período obligatorio de entrenamiento en los cuarteles, había sufrido una caída aparatosa del caballo. Los médicos habían dictaminado reposo, tenía dañada la columna vertebral, aunque no de forma grave. Por ahora había conseguido escaparme de las trincheras.

Saskia sonreía. Le hablé de mis dudas sobre mi futuro. ¿Qué debía hacer? Amaba la literatura, el teatro, escribir, pero necesitaba la seguridad de una profesión más convencional. En esa época hubiera deseado que mi mundo fuera el de la bohemia.

Recuerdo que Saskia me dijo:

—Me gustan sus manos, largas, como las de un pianista, los dedos dispuestos a hacer que suene la música.

Tenía la voz soñadora. Yo le seguí contando mis planes, pero ella no parecía escucharme. Me miraba las manos. También me insinuó que no le importaba que fuera bajo de estatura. Cuando estaba sentado, continuó, parecía mucho más alto porque mis hombros y mi cuerpo estaban bien formados. Me observaba como si mi única misión en la vida a partir de ese momento fuera vivir para ella, satisfacer el menor de sus caprichos.

Le sorprendí cuando dije que eso es lo que yo deseaba.

—¿Está usted seguro? —replicó, burlona—. Tenga en cuenta que no soy fácil de contentar. Siempre pido más, y siempre busco más...

Me enamoré locamente, sin que mi mente pudiera controlar ninguno de mis sentimientos, que se desbordaban como si un río consiguiera al fin llegar a su término, al mar amplio y extenso, sin límite.

Al despedirnos, puedo recordar que me agarró con fuerza la mano, cálidamente, como si buscara refugio, pero también con un cierto sentido de posesión.

Tardamos poco tiempo en comenzar a salir juntos. Saskia, a la que todos llamaban Saschy, me contó que había nacido en Goa, en la India, y que era hija de un aventurero alemán. Se había criado en el norte de Alemania, con la familia de su padre, ricos comerciantes de Hamburgo, aunque muy pronto había querido vivir su propia vida, fuera de las convenciones burguesas, y dedicarse al arte. Residía en Múnich desde hacía varios años, y por las tardes, antes de entrar a trabajar, acudía a clases en la universidad o visitaba, sola o con un ruidoso grupo de amigos, los talleres de pintores y escultores. El arte, me susurró al oído en una de nuestros primeros recorridos por las salas de exposición, era su religión.

Saskia sentía un interés especial por todo lo que tuviera que ver con la astrología y el significado secreto de los números y las cartas; los horóscopos, las relaciones insólitas entre los objetos, los acontecimientos y las cifras; la cara escondida de lo cotidiano. En aquel tiempo, Múnich era un hervidero de teósofos, ariosofistas y otros especialistas de lo oculto. En no pocos medios burgueses se hablaba de la búsqueda de la «cuarta dimensión», un lugar más allá del tiempo, del espacio y del movimiento. Los artistas, como el ruso Kandinsky, que propugnaba la construcción de una pirámide espiritual que llegara hasta el cielo, aspiraban con sus obras a alcanzar —así lo llamaban— el punto cero de la armonía entre el cosmos y el interior del hombre, y participaban de la expectación de una nueva era, lo que muchos entendían como un nuevo ciclo en la evolución de la Humanidad.

Aunque yo había asistido a alguna sesión espiritista, a alguna *séance,* y me sentía atraído por la importancia que en todas las culturas de la Antigüedad se concede al poder de la adivinación y de la profecía, no era un iniciado.

Una de aquellas tardes, Saschy quiso que le acompañara, me dijo, a una sesión de danza. Nos subimos en el tranvía en una parada del centro y fuimos hasta uno de los barrios de las afueras, casi al final de la línea.

Al llegar, y nada más entrar en una casa que no se distinguía por su aspecto externo de las demás villas de la zona, todas ellas rodeadas de jardines y protegidas por muros cubiertos de verdín, presentí que estaba a punto de experimentar un hecho fuera de lo común. En el centro de una amplia sala, se hallaban, de pie, un grupo de jóvenes apenas salidas de la adolescencia y cubiertas con una ligera malla a las que Saschy inmediatamente se unió. Parecían concentrarse, en silencio, a la espera de la llegada de algún personaje, al que sin duda reverenciaban.

Empezó a sonar una flauta, dulcemente, y a escucharse después, cada vez con mayor fuerza, el ruido, rítmico, de tambores y otros instrumentos de percusión que no conocía —boom, boomm, bommm...—, y luego varios a la vez —bommbomm, bommbomm...—, llenando de estruendo la estancia, ahogando el sonido de la flauta que, sin embargo, lograba elevarse, con un pitido agudo y obsesivo, por encima de los golpes de los tambores.

Saskia y las otras jóvenes habían comenzado a bailar, con movimientos oscilantes cuya cadencia alcanzó pronto el paroxismo. Al cabo de algún tiempo, el ritmo de sus movimientos cambió. Parecían responder a una orden externa, seguir la voluntad de alguien que no estaba presente en la estancia y cuyos movimientos bruscos comencé, de forma extraña, a percibir, a pesar de que debía de encontrarse en otra habitación, cercana al lugar en el que nos hallábamos.

Las jóvenes se sentían compelidas a repetir los ejercicios y permanecer inmóviles en la posición en la que se encontraban durante los espacios de tiempo en que se prolongaba la orden que recibían. Se hallaban probablemente bajo la influencia de algún tipo de sueño hipnótico.

Al cabo de un rato de haberse quedado petrificadas como estatuas de sal, dos de las bailarinas del grupo, muy delgadas, empezaron a mostrar signos del dolor que les causaba el difícil equilibrio corporal que mantenían. No cabía duda de que sufrían bajo el trance, aunque no fueran conscientes de ello. Sus venas se inflamaban, enrojecidas, casi violáceas, y su cuerpo comenzaba a ser víctima de una vibración nerviosa, como si libraran un combate interior en las profundidades de su psique. Se palpaba una potencia escondida o una apelación insistente que se extendía, similar a una onda cada vez más vasta e irrefrenable, sobre aquellos seres inermes; yo percibía casi de forma física el vigor de una mente habituada a dirigir los espíritus ajenos... Nunca antes había experimentado una sensación de tal intensidad magnética.

Temí por la vida de Saskia. Su cara se ensombrecía por momentos y los ojos, anormalmente inmóviles, mostraban la enajenación de su espíritu. Intenté hacer un gesto para auxiliarla, pero los demás asistentes al trance me lo impidieron. Las otras jóvenes reaccionaban de forma similar, la respiración contenida, los cuerpos rígidos; entre ellas se había creado una extraña comunidad anímica. Apenas conseguían ya respirar ante la presión interior a la que se hallaban sometidas, curvando el cuerpo de forma tan violenta que parecían a punto de quebrar las cadenas formadas por huesos y músculos. Sus rostros, ahora diáfanos, anunciaban el instante previo a experimentar el tránsito hacia una forma de vida distinta o más elevada.

Otra orden desde el exterior, y aquellas criaturas, que parecían al borde de la extenuación y el aniquilamiento, figuras de cera en las manos de un demiurgo todopoderoso, recobraron su aspecto normal, moviéndose y riendo relajadamente, con aparente libertad.

Aquél fue mi primer encuentro prolongado con Ostario, el extraño personaje que yo había conocido siendo un huésped anónimo en las reuniones de la Orden de Thelema, y también el deus ex máchina que dirigía aquellas sesiones de trato con lo oculto, al que en esa noche tuve ocasión de escuchar durante la larga velada que siguió.

Saskia, mi amor, parecía gozar de la especial predilección del Maestre, al que debía conocer desde hacía bastante tiempo antes de que nos encontráramos. Durante el resto de la celebración, en la que disfrutamos de su magnífica hospitalidad, sentí por primera vez un aguijón interior, un agujero negro y dominado por el vértigo, que recelaba, gruñendo en silencio en mi estómago, como un parásito indeseable y voraz, y que ya no me abandonó. Aquella noche experimenté hasta qué punto el Maestre de Thelema podía resultar seductor: habitualmente atento y sensible, virulento en otros momentos, hasta conseguir que sus palabras restallaran en el aire como un látigo cortante.

Ostario nos acompañó, junto a otros invitados que habían asistido a la danza de iniciación, al comedor, situado en la zona principal de la casa.

Más allá de los amplios ventanales abiertos al fondo de la sala, Múnich brillaba con las luces de la noche, y el jardín exhalaba un frescor refrescante y perfumado tras la repentina oleada de calor de aquellos primeros días del mes de julio.

El rostro de Ostario no era fácil de describir, quizás porque sus facciones mudaban con frecuencia, hasta adoptar los rasgos de personalidades casi opuestas entre sí. Aparentemente vulgar, su semblante reflejaba las líneas curtidas de un campesino del norte de Alemania, si no fuera por la mirada intensa y unos modales refinados que no lograban traicionar, sin embargo, una naturaleza robusta y, por momentos, incluso primitiva.

Estos rasgos poco atractivos se transformaban en cuanto empezaba a hablar. Lo hacía con una determinación insólita, con una voz áspera y ronca. Cambiaba el tono de la voz dependiendo de lo que estuviera a punto de referir, y en algunos momentos pensé que producía el curioso efecto de un actor de teatro para el que la representación hubiera tenido lugar mucho tiempo atrás. Otras veces me sugería la sensación cómica de alguien que se sintiera llamado a llevar a cabo una misión y no acabara de satisfacer todas las expectativas puestas en él...

Siempre me pregunté quién era Ostario. En realidad, nunca llegué a descifrar su enigma. Escribió varios libros autobiográficos que buscaban lo contrario, prescindir de todo rasgo distintivo, de toda individualidad. ¿Acaso pretendió borrar con la difusión de datos contradictorios sobre su vida cualquier dato cierto, cualquier documentación sobre su persona? ¿Todo aquello que hubiera podido hacer de él un guía, un precursor? ¿O fueron otros los que difuminaron las huellas...?

Como las denominaciones de los lugares de su nacimiento y del origen de su familia, en la Silesia prusiana, también Ostario había necesitado cambiar frecuentemente de país, de lengua, de profesión u oficio, incluso de nacionalidad. Su personalidad se transformaba según se leía uno u otro de sus escritos, todos ellos publicados con diferentes seudónimos. En otras ocasiones no logré ver en él más que al aventurero audaz, o incluso a un simple farsante, a un embaucador ambicioso y con ingenio.

En su juventud había viajado hacia lugares exóticos: se embarcó como marinero en un carguero y recorrió las costas de la India y China antes de volver a Alemania, donde entró en contacto con personajes que le instruyeron. Volvió luego a partir, y durante prolongadas estancias en Egipto y Turquía comenzó a transitar por los caminos recónditos que había buscado inconscientemente durante años.

Enriquecido, fijó su residencia en una mansión desde la que se dominaba la desembocadura del Bósforo, y, gracias a sus habilidades como ingeniero e inventor, obtuvo el favor del virrey de Alejandría, quien le encomendó la construcción del primer ferrocarril de la región, antes de que llegaran al poder los Jóvenes Turcos y se instaurara la República que puso fin al Imperio otomano.

El virrey o pachá de Alejandría pertenecía a una familia de judíos griegos cuyos bienes eran legendarios. Comerciantes de la seda y banqueros en todas las provincias de Oriente, los Termudi eran además devotos de la mística cabalística y del sufismo. Poco a poco, Ostario entró a formar parte de su círculo íntimo. Aprendió el otomano con el imán de la Gran Mezquita de Estambul y se interesó por el significado escondido en los números, introduciéndose en la gnosis oriental. Sus amigos Termudi le iniciaron en el estudio de la cábala y le encomendaron la catalogación de viejos textos alquimistas: escritos preservados a lo largo de los siglos por la Orden de la Rosacruz, transmitidos a través de la mística sufí del islam y de las prácticas de los derviches turcos.

En la biblioteca del virrey halló un día de forma fortuita las fórmulas para desentrañar los ejercicios sapienciales de los antiguos alquimistas islámicos. Éste y otros descubrimientos similares produjeron su «iluminación», le hicieron «ver» —ésas eran las palabras que utilizaba— que el misticismo oriental procedía de las mismas fuentes indogermánicas que los restos arqueológicos y los símbolos arios hallados en el norte de Europa. Como fruto de sus estudios, llegó a la íntima convicción de que Europa y Alemania no podrían sobrevivir sin el conocimiento y la aceptación de una nueva gnosis.

III

—Todos los hombres viven sus vidas en un estadio análogo al del sueño.

Intenté concentrarme en las palabras de Ostario después de la cena, pero no conseguía despojarme de la inquietud que se había apoderado de mí. Pensaba en el efecto del trance sobre Saskia, que parecía haber vuelto a la más completa normalidad. Me dijo que se sentía bien, aunque muy cansada. Estaba sentada a mi lado, aparentemente serena, sorbiendo las palabras de la boca de Ostario:

—Y muy pocos consiguen salir de ese letargo. Aunque supongamos que estamos despiertos y controlando nuestras acciones, lo habitual suele ser lo contrario. Creemos que somos los dueños de nuestros actos, que podemos imaginar y proponernos lo que queramos, pero, en realidad, ni nuestras acciones ni los deseos más profundos resultan del ejercicio de nuestra voluntad: las cosas sólo nos ocurren, eso es todo.

Miré a Saskia, aunque ella no quiso volver la cabeza hacia mí... Yo la quería. ¡Cuántas veces la echaba de menos! La guerra había trastocado todos mis planes. Había sido alistado, aunque no enviado al frente. Al principio odiaba a los militares y su arrogancia; me había sentido tan inerme e incapaz. Sólo era un modesto suboficial, que vivía en dos mundos irreconciliables, la cabeza llena de ideas, rodeado de libros y de reflexiones, con mis pasiones desbordadas cuando no pasaba las noches con ella. Solamente así volvía a renacer, a vivir. No, yo no era digno de su belleza, de su ternura; y ahora la tenía de nuevo a mi lado, pero ella se alejaba, de forma inaprensible, de mí...

Estaban comenzando a servir la cena. A mi izquierda se había sentado una mujer hermosa, esbelta, de cabello rubio y piel tersa ligeramente enrojecida. Su perfume me llegaba mezclado con el olor de la comida.

Ostario había empezado a hablar sin que sus ojos reflejaran ningún brillo especial, antes de que llegaran a adquirir paulatinamente un fulgor de escalpelo:

—Vamos por la vida como autómatas... —Pensé en los rostros inmóviles de las amigas de Saskia durante el trance—. Somos el punto en el que convergen una multitud de causas dispares. El clima nos hace sentirnos melancólicos, o la situación de nuestra patria nos desespera. Poco importa donde estemos o lo que hagamos, nunca somos verdaderamente libres.

Años más tarde recordé con frecuencia aquella conversación. ¿De qué libertad habíamos podido disfrutar? Sí, un sueño amargo, una existencia de autómatas, eso es lo que se nos había deparado, poco más. La guerra, la revolución, el caos de la República de Weimar y la inflación, luego la atracción de unas fuerzas ante las que me había sentido impotente... Contemplaba entonces a Ostario, a Saskia, a los que nos rodeaban durante aquella cena, envueltos en una extraña luz, el reflejo del parpadeo fugaz de un ojo, un gran ojo, que nos vigilara desde algún lugar lejano, arriba, muy arriba... Acaso el órgano omnipresente del dios del destino, a la vez protector y cruel.

La voz de Ostario adquiría mayor vigor conforme hablaba. Añadió:

—La libertad consiste en ser nosotros mismos, y muy pocos de nosotros sabemos quiénes somos de verdad.

Los criados se habían aproximado para ofrecerme las bandejas del primer plato, pero no presté atención a la comida, preocupado por Saskia, intentando comprender lo que Ostario quería decir; ni tampoco me di cuenta de lo que hacían los otros invitados que se sentaban en torno a la mesa larga y rectangular que llegaba hasta el fondo de la sala. ¿Quiénes eran? ¿Por qué? ¿Cuál era la razón por la que Saskia me había llevado a aquella casa?

Estaba sentado pocas sillas más allá de nuestro anfitrión. Desinhibido a causa de la inquietud que sentía, me atreví a desafiarle con la mirada y le pregunté:

—¿Qué libertad...? Siempre buscamos en lo más profundo de nosotros, y a menudo no encontramos nada.

Los ojos casi transparentes del Gran Maestre de Thelema apenas se inmutaron.

—Mi querido amigo —dijo, dirigiéndose hacia mí con una familiaridad inesperada—, son pocas las personas que saben cómo llegar a conocer su ser más auténtico. Sólo a través del recuerdo, de la memoria primigenia que habita en nosotros, podemos llegar a tener el hábito de la conciencia y conseguir así estar alerta.

Ostario presidía a la cabecera de la mesa, dando la espalda a las puertas acristaladas que conducían al jardín. Saskia comía silenciosa, cerca, muy cerca de él, y yo notaba que había sido olvidado en su mente, relegado. ¿En quién pensaba ella? Los celos no dejaban de carcomerme como una obsesión envenenada. ¿A quién pertenecía? Yo dudaba, a pesar de que los rumores que corrían —y de los que cruelmente se me hacía partícipe— la acusaban, la señalaban con el dedo, y yo era objeto de ridículo y escarnio a causa de ella... ¡No, no podía ser cierto lo que se decía! Ella era una flor sin mancha. ¡Sólo eran mis celos los que me hacían sospechar! ¡Y el rencor, el resentimiento de los demás!

Volví a preguntarle a Ostario, quería que Saskia interviniera también, que me volviera a hablar, que girara la cabeza y me mirara...

—¿Y eso es lo que aprendían a hacer estas jóvenes? —levanté los ojos señalando el otro extremo de la mesa.

Fue inútil. Saskia seguía completamente absorta, el rostro inmóvil. Y sus compañeras de danza parecían estar más interesadas en divertirse con las ocurrencias de una de ellas, de manos y cuello de cisne, que agitaba un abanico japonés mientras reía con la boca desmesuradamente abierta. Busqué con curiosidad a las otras dos jóvenes que habían mostrado ser más sensibles a los efectos del trance hipnótico. Habían desaparecido; no existía el menor rastro de ellas.

Ostario hizo un ademán displicente con la mano, como pasando por alto mi repentina curiosidad por las bailarinas, y continuó:

—Existen también, por supuesto, otros ejercicios más simples. Por ejemplo, usted podría empezar a usar el poder de su memoria originaria, esa memoria ancestral que se halla en las fuentes de su ser, mientras camina por las calles de Múnich.

Sentí cómo me escudriñaba con sus ojos. ¿Qué sabía de mí? ¿Qué le habría contado Saskia...? Su voz había comenzado a adoptar un tono más perentorio, logrando al instante que disminuyeran las risas del fondo y el rumor agitado de las conversaciones.

Ahora los ojos y la voz de Ostario se habían adueñado del espacio y del tiempo, de aquel preciso instante. Su mirada me penetraba:

—Intente usted ser plenamente consciente de lo que está haciendo y recordar cada cosa que haga. —Noté un escalofrío recorriéndome la espina dorsal mientras me clavaba el brillo de su retina—. Al cabo de poco tiempo verá cómo recordará con el mayor detalle cada uno de los momentos de su día, su mente se abrirá como se abren los cajones de un armario; detrás de la superficie de lo cotidiano encontrará usted todo lo que se halla en el espejo de su conciencia, lo que se refleja en sus acciones más habituales y que hasta ahora no ha podido conocer.

Necesitaba hablar con Saskia, acariciarla, sentirla en mis brazos... La fuerza magnética de Ostario propagaba también una insólita conductividad erótica. El hermoso semblante de Saskia parecía embelesado, absorbiendo cada palabra, como si oyera la doctrina del maestre de Thelema por primera vez. Observé sus cejas, tan finamente dibujadas, la forma ligeramente inclinada de la cara, como el retrato de una *madonna* medieval. Ella era mía. Durante las noches, la sentía protegida en mi regazo. Era tan adorablemente tierna que no quise desconfiar. Hubiera deseado saber en esos momentos qué es lo que pensaba e imaginaba; cuando dormíamos juntos, cuando la abrazaba y la besaba, cuando la poseía. ¿Habría recordado aquellos instantes mientras se encontraba en el trance?

De repente, Ostario se detuvo. Intenté aprovechar la situación mientra él apuraba su copa de vino y se entretenía con otros invitados. Inclinándome hacia Saskia, le pregunté, casi susurrándole, qué es lo que había sentido durante el trance hipnótico, en qué lugar creía haberse encontrado, qué rostro era el que había intuido detrás del espejo:

—Al principio empecé a sentir una gran debilidad en el vientre, desde el estómago hasta las piernas... —Saskia me respondía alzando demasiado la voz, pero me di cuenta de que a quien en realidad estaba dirigiendo aquellas palabras, a quien obedecía en su respuesta, diciendo solamente lo que él deseaba que yo supiera, era al maestre de Thelema—. Fue una sensación que me invadía —continuó— y que iba creciendo cada segundo. Al cabo de algún tiempo, unos seis o siete minutos como máximo, se hizo tan fuerte que me di cuenta de que ya no podía levantarme y salir de la habitación, como hubiera querido.

Los ojos de Ostario se habían detenido de nuevo en mí. Aquella mirada que parecía internarse hasta nuestro yo más íntimo, esa sombra que huye de nosotros en cada instante y a la vez nos acompaña y nos dicta órdenes inesperadas; a las que seguimos o con las que nos enfrentamos, pero que provienen de otro lugar, lejano y recóndito.

Meses después, al escuchar a un conocido, entendí por qué en ese momento me inundó el miedo, la intuición de energías desconocidas. Como yo había podido comprobar —¿acaso no parecía ser Saskia una de sus discípulas predilectas?— Ostario era capaz de influir sobre otras personas, y en ocasiones utilizaba esos poderes a su conveniencia... El poder sobre las personas y las mentes, el poder sobre los objetos y los elementos, dispuestos a servir como instrumentos de designios más altos, el poder del eros y de la psique...

Comencé a reparar con mayor atención en los otros huéspedes. Tenían aspecto de gente adinerada, una representación fiel de la alta burguesía de la ciudad, jueces, comerciantes, varios aristócratas y militares, algún profesor de la universidad y dos o tres artistas. Reconocí entre otros a un escritor sobre el que yo había publicado pocas semanas antes un artículo mordaz en una revista satírica de Schwabing, y al que por fortuna vislumbré muy ocupado divirtiéndose con las amigas de Saskia.

Durante la sobremesa de aquella noche en su casa, mientras observaba cómo algunos de los asistentes parecían acercarse de nuevo a un estado de semiinconsciencia, las órbitas de los ojos fijas, el cuerpo tenso y erecto, Ostario nos hizo partícipes de los descubrimientos que le habían conducido a estudiar más a fondo las fuentes míticas e históricas de la civilización.

Según sus propias palabras, comprendió entonces el verdadero sentido de los hallazgos de Heinrich Schliemann en Troya. Tras siglos de intensa búsqueda sin éxito, el gran explorador consiguió al fin situar el emplazamiento de la ciudad homérica en un lugar de Asia Menor. Su asombro fue mayúsculo al desenterrar numerosos vasos y otros objetos de cerámica y comprobar que estaban adornados con la cruz aria, el mismo motivo que había sido hallado años antes a la orilla del río Oder, en Sajonia.

Fue Schliemann quien dedujo que se trataba de un símbolo religioso de los antiguos germanos. De esa manera se mostraba el vínculo entre los griegos, la India de los Veda y los Upanisad, y los dioses germánicos. Se trataba de un símbolo solar, una imagen viva del movimiento y la permanencia, la eterna rueda del tiempo guiando más allá del espacio y del instante...

—¡Somos nosotros los herederos de la antigua raza germánica y del espíritu de la Hélade! ¡El espíritu luchando contra la materia, ésa es la historia de la Humanidad! —exclamó Ostario tras relatar sus experiencias, con la mirada suspendida en el horizonte y la voz ronca y tronante—. ¡Somos nosotros los que hemos recibido la misión de preservar esa sabiduría oculta, presente en todas las grandes culturas, desde los tiempos primitivos...! Ésta es la razón de mi regreso.

El espíritu en su lucha contra la materia... Alemania enfrentada en un combate desigual contra el materialismo y el poder de Mammón, contra el dominio de la técnica y la deshumanización de la vida, contra el mundo moderno y el engaño del progreso ilimitado hacia el paraíso terrenal... ¿Era esa lucha la que Ostario y sus discípulos pretendían encarnar?

A lo largo de aquella velada comprendí la misión que Ostario buscaba cumplir a través de la Orden Germánica: volver a los antiguos mitos para poder restaurar la grandeza del pueblo alemán. A este objetivo obedecía la actividad de Thelema y su creciente presencia en los círculos con ascendiente en Múnich.

¿Qué pensaba yo en ese momento de Ostario? ¿Fue él una influencia decisiva, consciente o inconscientemente? ¿Es posible que, como Saskia, cayera yo también bajo el influjo del maestre de Thelema?

En realidad, para mí, el comienzo de la guerra había transcurrido bien lejos del frente, tratando de acabar mis estudios, luego trabajando como pasante en un despacho de abogados, intentando escapar de mí mismo, de mi debilidad y mis sentimientos de abandono y de ansiedad, que en no pocas ocasiones lograban adueñarse de mí. Era pobre, buscaba el favor de los poderosos, y necesitaba colmar mi ambición. Quería escapar de toda subjetividad, de aquella fragilidad que me hacía sufrir bajo la displicencia de los demás. Debía endurecerme, hacerme resistente e inflexible frente a la arrogancia, defenderme con una coraza de hielo contra mi carencia de recursos, mis orígenes humildes, mi corta estatura... Había podido observar cómo los hombres se someten fácilmente ante la voluntad del más fuerte; toda mi ambición estaba volcada en llegar a ser alguien, un nombre respetado y prestigioso.

También yo estaba dividido entre mis sentimientos, mis sueños y la realidad. Durante los últimos dos años, después de ser enrolado en el Ejército, había aprendido el sentido de la autoridad y del Estado; al fin me sentía parte de aquel Estado, un suboficial del Ejército alemán... El Estado alemán, el Reich, me daba la seguridad que había buscado con tanto anhelo y necesidad. Pero ahora esa patria, ese hogar se desgarraba, se desangraba por los cuatro costados, herido de muerte por la traición y la ceguera de tantos. La revolución iba a triunfar. ¿Cuál sería el destino de un suboficial de información del Ejército, un agente al servicio de aquel Ejército que se estaba quedando sin patria a la que servir?

No, no soy en absoluto condescendiente con la imagen de mí mismo en esa época; estaba lleno de inseguridad y de frustraciones, frágil, aislado, atraído por sentimientos encontrados. Había conocido el hambre y la miseria, y como contrapartida, el hartazgo y la soberbia de los opulentos. Me dejaba dominar por mis tendencias y eso me hacía sentirme profundamente culpable. Conocía la maldad del ser humano; un lobo para el hombre... El mal, el mal tenía una realidad propia; estaba allí, no hacía falta más que abrir los ojos a los horrores de la guerra, a los cuerpos mutilados que regresaban convertidos en muñones, a los soldados que volvían enloquecidos, con «el mal del frente» pintado en sus rostros, la mirada huidiza, y el gas en los pulmones... ¡Qué destrucción, Dios mío, qué desolación! Dos de mis hermanos habían muerto en el frente, atravesados la cabeza y el pecho por las granadas enemigas, no teníamos noticia de dónde habían sido enterrados sus restos. Mi mejor amigo, Fritz, un judío, no había sobrevivido a los primeros años de la guerra. El servicio bávaro de Correos me había devuelto las postales que yo le había mandado desde Estrasburgo con estampas típicas de la ciudad, solamente tenían un sello con tinta negra que decía «caído»...

¡Solo! ¡Estaba solo, era pobre y estaba atemorizado! Los primeros años de la guerra, antes de entrar en el Ejército, había intentado ganar algo de dinero. Necesitaba ese dinero. Trabajaba sin descanso, día y noche. Vivía como un esclavo, sometido a la voluntad de mi patrón, un abogado famoso e importante, un dirigente político poderoso, brillante columnista en los periódicos. Yo escribía mis ensayos y artículos, intentaba hacerme una reputación, un nombre, empezar a ser conocido, asegurarme un porvenir académico.

Buscaba a tientas, en la oscuridad, aunque dudo mucho que las ensoñaciones de Ostario estuvieran a mi nivel, y sin embargo... ¿Era acaso mi pasión por Saskia, obsesiva, enajenante, la que me aprisionaba, como una densa película de seda, y me arrastraba a seguir escuchando? No creo que llegara a dejarme seducir por aquella doctrina hecha de medias verdades, pero sin duda intuí la capacidad de atraer a las masas necesitadas de un nuevo credo que latía detrás de aquellas palabras.

El gran maestre, con el robusto mentón orgullosamente levantado hacia arriba, las manos apoyadas sobre la mesa, la voz férrea, el gesto intransigente —me recordaba a un centurión romano, corpulento y astuto—, captaba las voluntades de toda la mesa. Las demás conversaciones se habían apagado definitivamente. Tomé a Saskia del brazo, buscando alguna respuesta a mis dudas, a mi intranquilidad, pero ella no reaccionó. Me di cuenta de que había estado bebiendo demasiado alcohol, al principio cerveza, luego vino, muchas copas del buen vino del Rin, vino de las tierras alimentadas por el indescifrable gran río alemán...

El brazo de Saskia estaba fláccido, como sin fuerza, y yo bebía vino escuchando con los ojos ligeramente velados lo que el maestre de Thelema tenía que decirnos sobre las razas que habían poblado las tierras de nuestro progenitor, el gran rey, el caudal ancestral de toda vida alemana, nuestro *padre* el Rin.

Ostario se estaba refiriendo a los testimonios transmitidos por los escritores de la Antigüedad:

—Desde los primeros historiadores griegos y romanos, desde Plinio, Tácito y Plutarco, se habla de un lugar en el que no se pone el sol durante gran parte del año. Un lugar en el que la luz eterna vuelve a brillar tras sufrir las sombras de una larga noche polar de treinta y cinco días.

Decliné los licores que la servidumbre amablemente me ofrecía, pero acepté un grueso cigarro habano.

El signo antiquísimo de la luz polar. La imagen poderosa del astro solar que logra vencer los fríos eternos, como la antorcha que brilla en la oscuridad y aparta de sí la oscuridad de la noche profunda; la gran epopeya del origen de la civilización, y, también, la esperanza para una Alemania sometida.

Ostario proseguía:

—Hay una correspondencia escondida entre los grandes relatos de la Humanidad y los símbolos de las divinidades germánicas. Por eso nuestra Orden rinde culto a los antepasados y a sus dioses primitivos. Wotan, Wili y We son los nombres de la genuina trinidad en la unidad.

El silencio en la sala era ahora absoluto. Saschy no movía un solo músculo, su cuerpo y su espíritu tan distantes de mí...

—Lo que les mueve en su interior no es un falso amor —el maestre de Thelema apretaba las mandíbulas con fuerza, en un ademán casi agresivo, violento—, como le ocurre al Dios cristiano, sino la lucha, el combate sin descanso contra el enemigo que acecha y cuyo odio no conoce fronteras ni límites naturales.

¿Una nueva religión? ¿Se trataba de una nueva religión, de una nueva fe?

Saskia. Mi pasión por ella. A veces cuando estábamos juntos parecía como si algún demonio encolerizado se apoderara de mí. Discutíamos. Nos peleábamos. Ella lloraba. Escenas domésticas que me rebajaban. Pocos días antes yo le había gritado porque acababa de romper, sin darse cuenta o quizás adrede, unas bonitas gafas de concha que le había regalado. Al día siguiente fuimos por la noche a escuchar el *Réquiem* de Mozart en la Frauenkirche. Glorioso. Pero Saskia estaba insoportable, poniendo caras largas todo el tiempo, enfurecida. Me dijo que no conseguía dominarse.

En realidad era yo el que me sentía culpable de que Saschy hablara de esa manera. Era yo el que estaba deshecho por dentro a causa de nuestras continuas disputas, y a la vez me sentía en la gloria, elevado a las alturas, gracias al *Réquiem*. ¡La resurrección de los muertos! ¡Espléndido y terrible! Saschy también dijo después, con indiferencia: «Muy bonito». Sentí como si algo se volviera a rasgar entre los dos... Dejé que mi alma se desligara durante un buen espacio de tiempo de la atracción que ella ejercía sobre mí. Saschy lo notó inmediatamente. Se volvió histérica. Me insultó, me gritó, mezquina e hiriente. Luego, al cabo de las horas, volví a quererla, a caer bajo su hechizo, sojuzgado por su belleza inalcanzable.

¡Cómo la odiaba a veces! ¡Entonces me odiaba también a mí! ¡Y odiaba aquella época, aquella ciudad, a los bávaros, a Alemania!

Escuchaba a Ostario y pensaba en Saskia... Intenté volver a concentrar mi atención en las palabras del maestre de Thelema. Repetía algo que en aquellos días de amargura y desesperanza se oía con frecuencia. Hablaba de Alemania y de un salvador, de un personaje que estaba por llegar:

—Hemos conocido hasta ahora la purificación. La guerra no ha sido sino una larga noche de sufrimiento por la que hacía falta pasar para volver a renacer desde lo más hondo de la caída. Hemos sufrido traiciones, deslealtades, humillaciones sin cuento. ¡La patria está rodeada de enemigos, pero resurgirá, volverá a nacer de sus cenizas! Nuestra cruz aria es el signo del Invencible, del hombre fuerte que ha de venir de lo alto; es el signo germánico de la pureza de la sangre y del espíritu.

Debía de ser ya una hora avanzada, pues sentía un fuerte cansancio, fruto de la excitación y del alcohol. La inquietud inicial había dado paso a una sensación de seguridad, una seguridad falsa y tirante. Como la engañosa certidumbre de nuestras primeras victorias durante la guerra. No sentí, sin embargo, en ese momento la vergüenza, como en otras ocasiones, por no haber estado en la línea de combate durante los cuatro años de hostilidades.

Pensé en las noticias que llegaban esos días desde el frente. Hacía tiempo que no albergaba esperanza alguna, a pesar de los últimos intentos de la propaganda para que no creciera la desmoralización. Se habían levantado no pocas voces de entre los aliados que exigían la rendición incondicional, mientras los generales seguían hablando de nuevas ofensivas y repitiendo todavía que la victoria estaba cerca, que el glorioso Ejército alemán vencedor de Verdún volvería a llevar a cabo hazañas heroicas.

¡El honor! Habían hecho colgar carteles por todas las ciudades alemanas, también en el centro y en los arrabales de Múnich, en los que se podía leer: «¡Si hemos ganado la guerra en el este, ahora la ganaremos en el oeste!». Pocos podían ya creerles —la derrota tardaría apenas pocos meses en producirse— y yo comenzaba a temer que las condiciones de los vencedores sumieran al pueblo en una mayor desesperanza. El generalísimo Ludendorff, en su papel de máxima autoridad militar, se negaba a explicarle al káiser lo inevitable, y el káiser prefería cerrar los ojos a la realidad.

El káiser, Ludendorff y el Estado Mayor seguían creyendo, o queriendo creer, o engañándose a sí mismos y haciendo creer al pueblo alemán que Alemania no podía ser derrotada mientras los tanques británicos sembraban el pánico y la destrucción entre nuestras líneas. Yo había dejado de confiar en las proclamas de los generales desde hacía meses, pero no tenía duda alguna sobre el hecho de que si Alemania caía, desaparecería también con ella una forma superior de cultura.

La atmósfera que nos rodeaba estaba llena de presagios y premoniciones sobre la llegada de alguien capaz de levantar al pueblo alemán de su postración. ¿Podía ser Ostario la persona elegida? ¿Era él capaz de conducir a las masas hacia la tierra prometida?

¿Quién era en realidad Ostario?

Eso es lo que me preguntó, inesperadamente, sin embozo alguno, acercándose a mí y bajando la voz para que nuestro anfitrión no nos oyera, la joven rubia y de piel frutal que estaba sentada a mi izquierda.

—No sabría decirle... —contesté al cabo de un rato, recuperándome apenas del sobresalto—. Corren rumores muy diversos sobre él...

—¿Quiere usted decir de sus aventuras con las mujeres? —Tenía una melena abundante y sedosa e iba vestida con un largo y entallado traje oriental estampado con flores.

Intenté desviar la conversación:

—Dicen que está a punto de comprar un periódico, aquí en Múnich. Si lo consigue, su influencia será aún mayor. Quizás consiga con ello lo que está buscando, unir a las organizaciones patrióticas.

—Un cazador de dotes... Durante toda su vida no ha hecho más que vivir de las mujeres, como ahora. —La miré estupefacto, sin dar crédito a sus palabras. ¿Quién era aquella joven, de una hermosura asesina, que con tanta causticidad hablaba del maestre de Thelema?

—Los Von y Zu Steinhofen siempre le hemos apoyado —continuó—, desde el principio, desde que llegó a Múnich, perseguido por las autoridades de Berlín, que le acusaban de haber adoptado la nacionalidad turca para librarse de tener que ser militarizado y enviado al frente.

Se acercó más a mí, ahora casi me susurraba al oído, a pesar de mi manifiesta incomodidad por lo que pudiera llegar a escuchar Saskia, o incluso Ostario.

Noté, como un vaho que me envolvía, su olor de mujer; era un olor a tierra húmeda, denso y embriagador, envuelto en la fragancia de sus senos. En aquellos ojos que me miraban sin pestañear resplandecía un azul paralizante, cegador: una intensa mañana de verano en el momento en que la línea del horizonte se disipa y la luz nos invade. Le pregunté por su nombre: Eva. En el mismo tono veleidoso que había utilizado hasta entonces, añadió:

—Sí. Es cierto. También le ayudamos a generar el cisma dentro de Thelema, gracias al cual ha conseguido hacer de la Orden el más vigoroso santuario de la renovación nacional. ¿No le parecen fascinantes las cosas que dice? —Luego, aproximándose a mí, rozando con sus labios mojados mi cara, murmuró—: Yo creo en la gnosis que Thelema anuncia, y en su mensaje principal. Creo que nuestra raza ha de ser purificada de cualquier contaminación extranjera.

La guerra, la derrota. ¿Qué ocurriría ahora? Ostario consideraba que su tarea consistía en mostrar una senda, anticipar los caminos; afirmaba que sólo la actuación que emana de uno mismo, del interior de un pueblo, es capaz de traer la salvación. En las semanas siguientes asistí a varias sesiones de Thelema. Comencé a conocer las prácticas arcaicas en las que Ostario había sido iniciado. Pero la Orden estaba llamada a ser mucho más que una mística interior...

De nuevo volvía a oírse, estentórea, la voz del gran maestre, enmudeciendo cualquier otro diálogo:

—¿Acaso no es el propio Platón el que en el mito de la Atlántida nos indica el camino para salir de las sombras de la cueva? —Eva me lanzó un imperceptible guiño, que interpreté de forma excesivamente complaciente para mí, mientras Ostario añadía—: Toda la historia occidental es la consecuencia de esa creencia, la fe en que la luz ilumina la noche y nos permite ver más allá de los espejos cóncavos con los que intentamos hacernos una idea, una *forma*, del exterior.

Apenas se oía ahora el crepitar de las velas encima de la mesa, algunas de ellas a punto de apagarse. En la lejanía resonaban las bocinas de los automóviles aproximándose desde los bulevares que conducían al centro de la ciudad.

Me fijé en los cuadros que decoraban la sala. La mayoría eran escenas banales, de un realismo campesino: paisajes de la campiña bávara o de los Alpes, reproducciones de los monumentos antiguos de Múnich y grabados populares en blanco y negro de las calles del casco viejo. Sólo un retrato me llamó poderosamente la atención: la efigie del mercurial filósofo de largos bigotes negros, cejas abundantes y mirada incendiaria, el *Cabeza de pólvora*. Y a su lado, dos esculturas talladas en un hermoso mármol blanco: Ceres, la diosa de la fecundidad, una atractiva matrona que mostraba sus blancos pechos, y un Atlas retorcido y de rostro esforzado, llevando sobre sus hombros el peso del mundo.

Eva se levantó súbitamente de su asiento y se ausentó de la sala sin que yo pudiera evitar seguirla con la mirada.

El tiempo fuera había cambiado. Desde el jardín llegaba el ruido de las ráfagas de viento que levantaban espirales de hojas caídas y las estrellaban contra las contraventanas, produciendo un golpeteo lacónico e intermitente.

Saskia seguía ensimismada, ausente. Necesitaba hablar con ella, saber qué es lo que pensaba, qué es lo que estaba cruzando por su cerebro hasta dominarla de aquella manera.

Le dije, aproximándome a ella, muy bajo, para que nadie pudiera escucharnos:

—¿Se trata de él? ¿De Ostario...?

—Chsscchhh...

No me dejó proseguir. Me apretó con fuerza la mano, deteniéndome.

¿Era Ostario quien se había apoderado de ella, de su interior?

—Lo que no sabemos es en qué consistió el pecado original de la Humanidad. —El maestre de Thelema se había puesto en pie, apoyando los brazos sobre la mesa, mientras daba mayor énfasis a sus palabras; sus ojos centelleaban—. Aunque, mejor dicho, sí lo sabemos, pero no lo queremos reconocer. Nos negamos a salir a la luz del día, como los esclavos de Platón.

Se produjo un pequeño revuelo entre los invitados cuando Eva volvió al comedor, balanceando su esbelto cuerpo con elegancia. Llevaba colgada del cuello una joya de intenso color carmesí, que refulgía, llamando la atención de todos los presentes.

Ostario permaneció imperturbable. Agregó:

—Fíjense en los signos gráficos de la escritura. Es a través de los signos de las escrituras antiguas como se transmite esta sabiduría escondida, y no hago sino remitirme de nuevo a Tácito. En su *Germania* narra la leyenda del dios Odín, nuestro Wotan, que permaneció durante nueve días colgado de un árbol y se hirió con una lanza en el corazón para poder así adquirir el saber de la escritura grabada en las runas.

También Eva me había hablado de las runas. Con una sonrisa burlona que no contradecía la seriedad de sus palabras me había dicho:

—¿Sabe usted que somos hijos de dioses, héroes dispuestos a sacrificar el bien personal por el bien del mundo? Yo lucho contra el materialismo que ahoga el espíritu, que impide la comprensión espiritual de las cosas. Las runas son los símbolos que nos devuelven una y otra vez a nuestra patria cósmica. La civilización perdida de los atlantes, los megalitos, las ruinas arias, la astrología y las propiedades de los números. También determinadas fotografías, dibujos y diagramas; algunas palabras, lugares y objetos llenos de significado... Son arcanos, vías de unión mística con Dios. ¿Ha reparado en el cuadro de la *Melancolía* de Durero? Estudie las formas geométricas de los cristales, del cristal. Como la joya que llevo colgada del cuello y que no cesa de resplandecer.

Ahora podía volver a observarla sin que los demás se dieran cuenta. Durante el tiempo que había estado ausente se había pintado los labios de rojo. Por un instante la imaginé besando a un hombre, un hombre maduro, y luego me imaginé a mí mismo sintiendo el placer de sus labios, carnosos y sensuales. Me lanzó una mirada que quiso ser de complicidad mientras me decía, bajando la cabeza y señalando con el dedo índice la joya de brillo intenso:

—Por eso las runas son conductoras de la energía que anima y mantiene unido al universo entero.

Luego se detuvo; y ya no me volvió a dirigir la palabra el resto de la noche.

Fuera, en el jardín, las ráfagas de viento amenazaban con transformarse en una tormenta de verano; el agua comenzaba a impactar con fuerza sobre los cristales, imitando el percutor de un arma de fuego que fuera cargada y disparada ininterrumpidamente.

Ostario ordenó que los criados cerraran las puertas del jardín. Después añadió, como si replicara las palabras que Eva me había dicho:

—La sabiduría de los atlantes ha sobrevivido secretamente bajo toda clase de formas culturales. En realidad, todo se corresponde: los colores, los signos del zodíaco, el destino personal grabado en el horóscopo, las relaciones entre los números. Y la tríada del nacimiento, la existencia y la muerte.

La comprensión simbólica de la realidad y los acontecimientos. El combate eterno contra el enemigo. La lucha entre el Bien y el Mal, las dos grandes fuerzas irreconciliables...

Me vuelven a asaltar las dudas. ¿Me dejé arrastrar en aquel momento por las palabras de Ostario, el *precursor* con los rasgos gruesos de centurión romano? ¿Era una nueva huida de la realidad, como mi amor, mi enloquecida pasión por Saskia, o pensé quizás que aquélla era una puerta que se me abría para salir del anonimato, de la oscuridad y la humillación?

El ambiente del Múnich de aquellos años estaba dominado por nuevos anhelos. Veníamos de un siglo sometido ciegamente a la razón, a la ciencia. Para la generación anterior solamente existía una realidad, lo medible y palpable, lo que pudiera ser analizado en el laboratorio. La consecuencia de la entronización de la ciencia fue una asfixia espiritual colectiva, una especie de reducción del alma humana a formas pigmeas. Se produjo entonces como reactivo una explosión interna, un anhelo irreprimible de lo que la ciencia y la técnica, el naturalismo de la época, velaba y reprimía. Buscábamos, necesitábamos un sustrato más profundo... Yo había estudiado la figura de Marción, el gran hereje de los primeros siglos del cristianismo, un hombre muy rico. Su gran desafío. En la lucha eterna entre el Bien y el Mal, en el combate permanente entre el Dios de la justicia y el demiurgo de este mundo imperfecto y cruel se escondía una honda intuición.

La lucha. El combate contra el enemigo. Había intentado con todas mis fuerzas huir de la superficialidad, del capricho de mi vida cotidiana, y primero Saskia, luego el Ejército, habían conseguido hacerme salir de mí mismo, de mis pensamientos destructivos, de mi hipersensiblidad. ¿Qué era todo aquello: Saskia, Ostario, la fatalidad hacia la que nos dirigíamos? ¿Sueños, falsas ilusiones, recámaras sin fondo? ¿Se trataba de algo más que de volver a caer en los espejismos, en la hipocresía de toda una época?

Los primeros tiempos en el Ejército habían sido angustiosos. Cada mañana, en el cuartel, me despertaba profundamente abatido; el olor a porqueriza era insoportable. Estaba rodeado de una chusma a la que despreciaba, muchachos campesinos que no sabían lo que era un buen baño desde hacía mucho tiempo, y algunos de los cuales seguían haciéndose sus necesidades encima. ¡Era repugnante! Me avergonzaba tener que cumplir el servicio preparatorio como un simple suboficial. ¡Nada más! Yo, que escribía libros y conocía la historia y muchas de sus cifras secretas. ¡Cuántas veces tuve que sufrir humillaciones ante oficiales superiores! ¡La afrenta por un saludo mal ejecutado! Desarrollé los automatismos psicológicos de un burócrata, aterrorizado ante la posibilidad de no saludar correctamente, de recibir una reprimenda pública o incluso de ser castigado. Le mostraba a Saskia, con orgullo, mi uniforme nuevo. ¡Quería complacer, ofrecía mis servicios, todo con tal de ser ascendido y promocionado a otro lugar!

Luego, conforme avanzaba la guerra y fui destinado al servicio en el ministerio, mi tarea me hizo comprender el significado de la información, su decisiva influencia. Al experimentar la realidad del poder, su abismo, sentí que por fin yo mismo crecía, al fin salía de mi autocompasión, de mi debilidad enfermiza. Había comenzado a vivir. Era yo mismo.

—Pero esa sabiduría originaria de los pueblos germánicos se ha visto oscurecida por la degeneración. —La voz de Ostario me volvió a sacar de mis pensamientos—. Es la misma causa del pecado de nuestros primeros padres, el pecado de la vergüenza: la confusión de los pueblos, la mezcla de la sangre. Mi querido y joven amigo —Ostario concentraba su mirada de nuevo en mí y me pregunté dónde estaría Saskia con sus ensoñaciones—, he de comunicarle antes de dejarle partir lo que me parece más importante para usted, ahora que el momento de la decisión está a punto de sonar...

Noté la atención de los demás invitados sobre mí. Enfrente estaba sentado un industrial muy conocido de la ciudad, de cráneo abombado y ojos orientales, que no dejaba de mirarme con impertinencia. Había hecho una gran fortuna con sus fábricas de ropa de mujer. Era completamente calvo, llevaba bigote y una perilla puntiaguda, que, unidos a los ojos alargados y las orejas de soplillo, le daban un cierto aire mefistofélico. El traje era de la mejor calidad, de color oscuro; debajo del chaleco resaltaba la camisa blanca con un corbatín negro en el que refulgían algunas piedras preciosas. Su nombre aparecía con frecuencia en los anuncios publicitarios de las revistas ilustradas, al pie de un dibujo o una fotografía en la que se destacaban los efectos beneficiosos de las prendas que fabricaba para destacar el busto femenino.

¿Era yo el objetivo principal de las palabras finales del Maestre? ¿Yo, cuyos pensamientos Ostario había estado indagando a lo largo de la noche, hasta encontrarme merecedor de lo que iba a decir, o me consideraba un pusilánime lleno de vacilaciones y resquemores? Me revolví en el asiento, intentando juguetear con uno de los corchos de las botellas de vino en la mano; hundía la uña, nerviosamente, en la corteza áspera y resistente, hasta hacerme daño sin querer.

Eva, a mi lado, volvió a esbozar una ligera sonrisa, condescendiente. Parecía estar disfrutando con aquella situación que empezaba a resultar muy incómoda. El ratón intentando escapar de los arrumacos del gato...

—Nos encontramos ante la gran transformación —dijo, resumiendo sus palabras, Ostario—, el período solar del hombre se acaba, y se anuncia lo que ha de llegar.

Le dirigió a la joven aristócrata por primera vez en toda la noche una mirada de entendimiento. Ella no parpadeó.

—A través de la tradición de los antiguos pueblos nórdicos sabemos que el mundo tiene que volver a rejuvenecer. ¡Para eso hace falta que los viejos dioses mueran, pues la creación aún no está completa, al menos no en lo que se refiere a este ser, el hombre! Igual que el sol se mueve según una trayectoria en espiral, también el hombre necesita retroceder a un estadio inferior para conquistar el nivel superior. El ser humano se encuentra, desde el punto de vista biológico, en la encrucijada.

Ostario se detuvo unos breves instantes. Después exclamó:

—¡Una nueva especie humana comienza a hacerse visible y toda la fuerza de la creación está con ella!

Observé a Saskia, que parecía estar emergiendo de un largo viaje. Solamente al cabo de pocos días se atrevería a contarme la visión que le había dominado durante gran parte de la cena en casa del gran maestre de Thelema.

Había experimentado un «sueño blanco». En su transcurso, Ostario era operado de una enfermedad de los ojos y sufría, como consecuencia de la intervención quirúrgica, una ceguera transitoria durante varios meses. Ella había permanecido a su lado, cuidándole y cambiando cada cierto tiempo los vendajes. Yo no aparecía en el sueño. A lo largo de esos meses de cura, Saskia había podido ver desde lo que ella denominaba el «ojo interior», la aparición de la nueva creación...

—¡Yo vi al hombre nuevo! —me susurró al oído, sollozando, estremeciéndose hasta los tuétanos, mi adorable Saskia—. Una figura de impresionante belleza, no parecía tener miedo ni inseguridad alguna; tenía un rostro cruel, sádico, ¡y sentí terror!

—¡El hombre nuevo está ya entre nosotros! —pude también oír cómo clamaba, con una voz casi de ultratumba, nuestro anfitrión—. ¡Está ya ahí! —Y después añadió, bajando el tono, acaso él mismo temeroso ante las palabras que estaba pronunciando:

—El hombre se hace Dios, ésa es la manera más sencilla de decirlo. El hombre es el dios que se hace a sí mismo. Si se cierra a esa verdad, quedará reducido a un estadio animal. Dioses o bestias, ésa es la decisión ante la que nos encontramos. ¡Es más que una religión: es la voluntad de llevar a cabo un nuevo eón! Atrás quedarán los que no hayan sido engendrados como parte de la nueva generación, la masa defectuosa y servil. ¡Estamos siendo instrumentos de la gran mutación biológica, somos los obreros en el campo que la Providencia desea arar!

Éstas fueron las últimas palabras de Ostario. Después se levantó y se marchó de la sala sin despedirse.

Fue entonces cuando reparé en la presencia de un chico muy joven, debía de estar todavía en la escuela, bastante alto y fuerte para su edad, acompañado de otro, algo mayor, aunque no debía de tener más de veinticuatro o veinticinco años, posiblemente un estudiante, de ojos hundidos, mirada penetrante y unas cejas muy espesas que acentuaban aún más la profundidad de sus ojos.

No le había visto nunca hasta ese momento y la primera impresión que me produjo fue de una extrema amabilidad, casi dulzura, mientras nos acompañaba, junto al más joven, a la puerta, y tras franquearla los dos nos explicaron la mejor manera de regresar a casa por las calles de Múnich, sumidas a esa hora en las sombras de la noche.

Ambos parecían realizar algún tipo de servicio habitual o de trabajo manual para Ostario, posiblemente hicieran de chófer o fueran una especie de asistentes o secretarios, a la vez que estudiaban. No creo que hubieran estado los dos al fondo del comedor durante la larga sobremesa, aunque quizás no había reparado en ellos hasta ese momento. Supuse que debían de haberse quedado hasta tan tarde para poder entablar con Saskia y conmigo algún tipo de relación, que, sin embargo, no llegó a concretarse hasta un tiempo después.

Al despedirnos, antes de entrar en las primeras luces del alba, que comenzaban a vencer a la oscuridad, nos dijeron sus nombres. El más joven era Peter Ratsam. Y el otro, el melancólico de ojos hundidos y mirada obsesiva, se llamaba Rudi, el diminutivo de Rudolf. Era Hess, Rudolf Hess.

IV

Durante lo que quedaba de aquel verano, Saskia y yo congeniamos con Peter Ratsam y no volvimos a ver a Hess.

Aunque apenas estaba finalizando los estudios escolares, me impresionaron su cultura y su seriedad. Procedía de una vieja familia bávara en la que el cultivo del arte y la literatura, el conocimiento de la filosofía y la antigüedad clásica formaban parte de su ambiente natural, como la dedicación al servicio del Estado y una inconmovible convicción patriótica. Desde muy pronto, Peter había escuchado y participado en las conversaciones del hogar, guiado por una de las figuras intelectuales más representativas de la burguesía de Múnich, el general Ratsam, un patriarca de anchos hombros y bigotes de morsa, de profundos sentimientos monárquicos y nacionales, firmemente anclado en la tierra y en una larga cadena de generaciones que se habían distinguido por la fidelidad a la patria, su amor a las artes y un espíritu esclarecido.

La amistad con Peter Ratsam y su familia fue otro elemento principal en mi desarrollo; cada vez sentía con más fuerza mi vinculación con lo que el Estado alemán, el Reich, había significado y tenía que seguir representando.

A pesar de la diferencia de edad, nos sentíamos mutuamente atraídos, pues compartíamos la misma e inexhaustible curiosidad por el conocimiento, por los libros y sus infinitos universos, como un preciado botín que sólo se revela a espíritus afines; la pintura, la música, los relatos de las grandes culturas, los recorridos de las últimas exposiciones, todo era motivo para interminables conversaciones, sobre las que se cernía también, como una sombra amarga, la magnitud de una derrota, de la que cada vez comenzábamos a conocer más detalles. Supe que Hess había regresado al frente, pues aún no había recibido la orden de licenciamiento, y que permanecía en relación permanente con los Ratsam.

Peter deseaba que visitáramos su casa de las montañas, en el sur de Baviera, cerca de Partenkirchen, la propiedad que su madre había heredado y en la que solían descansar una parte del verano y el comienzo del otoño. Nada más iniciado el nuevo período escolar, quiso que conociéramos mejor a sus padres, en el lugar que él consideraba como su verdadero hogar, allí donde se sentía, como escribió en uno de sus poemas, «libre, sumergido en la paz y en la gravedad de las montañas, sintiendo la tierra y la sangre de mis mayores».

Una pequeña casa de madera, colgada en el paisaje de los Alpes, sobre riscos afilados desde los que se dominaba el río que serpenteaba a través de un estrecho valle cubierto de verdor. Rodeada de árboles centenarios y otros más jóvenes, muchos de ellos plantados por los abuelos y los padres de Peter, y casi abrumada por la magnificencia de la cordillera, que se destacaba con sus picos más elevados, señalando permanentemente, como un recordatorio y un requerimiento —éste era el lema que repetían padre e hijo—, la necesidad de alcanzar metas siempre más exigentes.

La montaña era parte del hogar de los Ratsam, como la tierra, el río que luchaba por salir adelante, sorteando los acantilados, o los árboles y la nieve en invierno. Conocían cada uno de sus pasos a través de los despeñaderos, los senderos y trochas, los refugios y cabañas en los que guarecerse durante la noche o cuando el cielo se oscurecía con anuncios de tormenta.

La tierra y la sangre... El general era un personaje vital, lleno de experiencias, que había vivido en países del Extremo Oriente —había visitado la India, Japón, la península de Corea, Manchuria y el norte de China, regresando dos años después a Alemania—, al que sus discípulos en el Ejército y en la universidad iban a escuchar, pidiendo consejo y ayuda. Y así también se cuidaba con esmero cada uno de los árboles de la propiedad, para que pudiera crecer y desarrollarse según su propia ley interior. Estaba prohibido cazar dentro de los límites de la finca, y los ciervos y corzos se acercaban en algunos atardeceres tranquilos a rascarse la cornamenta en los árboles próximos a la casa, desde cuyo amplio balcón, abierto al valle, los Ratsam solían contemplarlos con nostalgia.

Después de las comidas acostumbrábamos a permanecer un buen rato conversando, escuchando las historias del *padre* —así se referían a él—, las vivencias de su larga estancia en el sur y el este de Asia, en Japón, donde había servido durante varios años como agregado militar, convirtiéndose en un conocedor de la cultura, el arte y la política niponas; sus recuerdos como joven oficial, seducido por el espíritu caballeresco, en la Escuela de Guerra; las impresiones, aún tan dolorosas y cercanas, del frente francés y del Cáucaso. El general, que ostentaba el grado de coronel al inicio de la guerra y cuyo deseo más íntimo hubiera sido dedicar su vida a las artes y a la enseñanza, había estado desde el principio convencido de que las hostilidades durarían varios años y que al final los vencidos serían no sólo los alemanes, sino todos los europeos; pero a la vez no dudaba al afirmar que en su opinión sólo en la lucha se mostraban las mejores cualidades, aquellas que la paz no es capaz de engendrar.

Un día decidimos Peter y yo salir a la montaña, con las primeras luces de una mañana transparente, dispuestos a conquistar una de las cimas más escarpadas de los alrededores. Antes de partir, reflexionamos entre los dos si sería conveniente llevar un guía, pues el camino escogido era intrincado, pero concluimos que no sería necesario.

Andar y escalar por la cordillera con Peter, por sus adoradas montañas, era una vivencia inolvidable. Recorrer los senderos en la espesura, atravesar valles y estrechos pasos, dormir en alguna de las chozas que servían de refugio, permitió que nuestras almas se aproximaran. Él quiso mantenerme el «usted» —yo era, al fin y al cabo, un jurista que había terminado la larga preparación para el servicio del Estado, doctor en Derecho y suboficial del Ejército—, pero por mi parte comencé a tratarle de «tú», como una muestra de confianza, y también de una cierta tutela, que empecé a ejercer de manera espontánea. Para aquel muchacho, a quien sin duda le resultaba difícil relacionarse con los otros chicos de su edad y del que desde el primer momento se desprendía un claro sentimiento de superioridad intelectual, el interés que yo le brindaba era una fuente de manifiesta satisfacción y reconocimiento.

Peter conocía con detalle los estratos geológicos del paisaje, el origen de la cordillera, la botánica de las plantas, y vislumbraba también como ninguno las consecuencias de la postración a la que la derrota conducía a Alemania. En la intimidad de la noche, ante los leños que crepitaban en la chimenea de un sencillo refugio, me confió que su padre era una de las figuras principales de Thelema, una de las personas que con más ahínco habían contribuido a la fundación de la Orden y a dotarla de espíritu germánico.

—El padre —me explicó— sigue fascinado por la cultura oriental. Comparte el espíritu meditativo de esos pueblos y su búsqueda de la perfección interior...

Él y algunos amigos de su edad ayudaban en todo lo que estaba en sus manos: escribir las invitaciones a los actos, imprimir panfletos o hacer de correo cuando se necesitaba. Asistían también a algunas de las sesiones y a los campamentos de verano; era en una de aquellas reuniones donde había conocido a Hess, el cual sentía una profunda admiración por su padre, bajo cuyas órdenes había servido en el frente, hasta el punto de haberse convertido en un huésped habitual de la casa.

Pasábamos también muchas horas en silencio, en las que llegué a adivinar el sentimiento que embargaba a los Ratsam ante la grandiosidad de aquella naturaleza. Percibí un vínculo subterráneo cuya energía fluía vigorosamente, una melodía que llegaba de lejos y que unía hombres, animales y tierras.

Por la noche contemplamos callados, sobrecogidos por la belleza incomparable de la bóveda nocturna, los planetas y los astros, los cuerpos celestes iluminados por el fulgor infinito del Universo. Peter compartía los intereses de su padre en el campo de la astronomía y la astrología.

Estábamos descansando tumbados en el suelo, bien protegidos contra el frío, arropados con gruesas mantas, tras una jornada feliz. El aire de la noche era límpido, cortante, como si nos halláramos en el primer día de la creación. La contemplación de las estrellas nos embargaba de aspiraciones y anhelos.

Conversamos sobre el lugar del hombre en la naturaleza y su futuro. Peter observó:

—El hombre forma parte del cosmos de forma orgánica. Pero se le ha querido reducir a una máquina... Eso me ha enseñado muchas veces desde pequeño el padre.

—Los antiguos afirmaban que el hombre es un microcosmos —le expliqué— en cuyo interior se refleja todo lo que sucede en el mundo exterior; por eso el ser humano está sometido a las mismas leyes que el Universo.

Aunque sentíamos el rocío de las primeras horas de la mañana calando progresivamente en los huesos, ninguno de los dos deseaba refugiarse en la cabaña cercana, donde habíamos depositado nuestros enseres. El espectáculo de la vitalidad de Orión, de Isis y Osiris, de la poderosa Tauro, la ascensión majestuosa de la Estrella de la Mañana —Venus, la Afrodita de los griegos, la Ischtar de los babilonios...— era demasiado grandioso para pensar siquiera en alejarnos de aquel lugar y aquella hora.

—En ocasiones, cada vez con más frecuencia —dijo Peter, con tono soñador—, percibo cómo el ritmo de mi alma se asemeja al de las mareas, al de la pleamar y la bajamar, siempre bajo el influjo de la Luna...

Hizo una pausa. Luego, al cabo de un rato, añadió:

—El padre tiene una visión muy amplia de las cosas. Al estudio de los planetas une lo que la psicología moderna nos ha enseñado. Así, es capaz de establecer correlaciones y realizar predicciones científicas insospechadas.

Al día siguiente, mientras descendíamos por las faldas de la cordillera, se desencadenó una inesperada tormenta de verano, con densos nubarrones y violentos relámpagos y truenos que nos hicieron dudar del camino. Decidimos permanecer resguardados en uno de los refugios rocosos de la ladera hasta que amainara la lluvia. Cuando logramos continuar la marcha, todavía inquietos ante la posibilidad de que el oscurecimiento del cielo y la lluvia que arreciaba nos hicieran perder la orientación, nos encontramos felizmente con el guía al que, de forma previsora y juiciosa, la madre de Peter había rogado que saliera en nuestra busca...

Luego, en la mesa, relatamos las emociones y las alegrías de la excursión. El general y su mujer conocían cada uno de los recodos y las veredas del camino. En un momento de la conversación, el general volvió a rememorar, con viveza, su estancia en Japón. Había sido enviado por el Alto Estado Mayor para familiarizarse con el Ejército japonés y desarrollar las relaciones con el Imperio del Sol Naciente:

—Siento una gran afinidad por ese pueblo —dijo— y desearía que mantuviera la misma pureza y elevación de espíritu que yo conocí. Es una forma de vida que ha sabido preservarse de las influencias del exterior, una flor de loto que ha respondido en cada momento según su impulso originario, con sensibilidad propia, a los desafíos de su historia.

Anton Ratsam era un hombre que en ese momento se acercaba a la cincuentena, de complexión robusta y resuelta, con un imponente aspecto de mariscal de campo que no conseguía ocultar a pesar de ello una cierta inocencia interior. Lo imaginé como un heredero del siglo XIX que había atravesado las sombrías estepas de Schopenhauer y de Nietzsche. Alguien para quien una época culminaba sus últimas tareas, antes de que la voluntad cristalizara en nuevas formas; antes de que el mundo de los humanos, como la naturaleza, se destruyera y renaciera en un ciclo eterno de muerte y resurrección.

—Es una nación hermana —proseguía el general—. Se parece a Alemania en los paralelismos de su evolución interior, de su historia reciente, y también a causa de las humillaciones y desprecios que ha tenido que soportar... Cada país y cada cultura deben ser contempladas dentro de su espacio geográfico y físico. También a Japón se le ha negado un espacio propio en Asia.

Observé a Saskia, que durante esas semanas se había mantenido en un inhabitual mutismo. Sabía, aunque ella me lo había ocultado, que sus visitas a Ostario se habían hecho cada vez más frecuentes; sin conocer exactamente las razones, se recluía obstinadamente en un lugar al que yo no tenía acceso. ¿Era sincera conmigo? Los relatos de Ratsam parecían no interesarle demasiado; su rostro se mostraba en los últimos tiempos más apagado y sombrío, y sus movimientos habían perdido agilidad y seducción.

Sólo pareció animarse cuando la madre de Ratsam, una mujer con el rostro eslavo, de ojos delicadamente rasgados y pómulos salientes, cuyos silencios denotaban un carácter firme que se asemejaba a una prolongación de aquella naturaleza que nos rodeaba, comenzó a hablar, inquieta, sobre Hess:

—Es terrible por lo que ha tenido que pasar. Me imagino las frías noches de vigía, el silbido de las balas y de las bombas, antes de que los árboles salten por los aires, el incendio y la destrucción por todas partes, el olor de los cuerpos descompuestos... ¡Pobre muchacho, tan sensible! Ha sufrido como ninguno.

A través de Peter y Saskia, yo conocía la historia de Hess. Nada más comenzar la guerra se había alistado voluntario y había sido inmediatamente enviado al frente como soldado de infantería, combatiendo en la espantosa carnicería de Ypres, en Verdún, en el Cáucaso, y en otros lugares de las trincheras orientales, donde había sido gravemente herido. Condecorado con la Cruz de Hierro a causa de su valor y disciplina, se le había ascendido a teniente. Tras insistir denodadamente ante los mandos militares, su gran sueño de convertirse en piloto en la recién formada fuerza aérea se había hecho finalmente realidad, llegando a pilotar un Fokker triplano en Bélgica durante las últimas semanas de la guerra.

—Es un excelente joven, con sinceros sentimientos de amor a la patria, aunque algo obstinado. El general no ocultaba su efusivo afecto por Hess—. Está muy deprimido... Cada día que pasa observamos el triunfo de los traidores y los renegados, de los que desprecian a quienes han entregado su vida por la patria.

La amable conversación de pocos minutos antes adquiría rápidamente tintes lúgubres. En el semblante del general pareció concentrarse en un instante el sufrimiento y la tensión de aquellos días aciagos. De repente, exaltándose por momentos, Anton Ratsam exclamó:

—¡Todo resulta ahora mentira e hipocresía! Rudi lo vive de una forma particularmente intensa, pero es una entera generación de jóvenes que ha dejado lo mejor de sus años en las trincheras la que está perdida. El derrotismo en la retaguardia y los engaños de los políticos han dado paso a una deshonra aún mayor; los mismos que renegaban de Alemania, los que no han dejado de incitar al abandono de la lucha son los que pretenden ahora conducir al país... ¡Gobernar! ¿Quién va a gobernar? ¿Los políticos de la izquierda, los agentes bolcheviques, los soldados y obreros de la Liga Espartaquista, los anarquistas radicales? ¿Son ésos los que quieren gobernar, o llevarnos al exterminio? ¡Traidores, desleales!

Había comenzado a levantarse un viento gélido que agitaba las copas de los árboles con fuerza, pero no me atrevía a hacer el menor gesto. Ratsam se mostraba muy agitado:

—¿Acaso no hemos tenido que recoger en más de una ocasión el cuerpo destrozado por el fuego enemigo de nuestros oficiales, de nuestros soldados más valerosos, arriesgando una y otra vez la vida, sorteando peligrosamente las balas francesas? ¿Para qué tanto sufrimiento, para qué las muertes, el hambre y la destrucción, la insolencia y el ultraje? ¿No es digna Alemania de que se le reconozca lo que es, junto con Inglaterra, la otra única gran nación europea? ¿Es que no tiene derecho a ejercer su influencia, el lugar que le corresponde en el espacio vital que le es propio? ¿Acaso no está su misión en el Este europeo, en llevar a cabo una tarea civilizadora, extender su visión esclarecida hacia Europa, hasta los Urales...? Los pueblos languidecen y desaparecen de la faz de la tierra si no se les reconoce o no consiguen que se les reconozca su misión histórica. Alemania tiene que poder vivir y afirmarse frente a las otras grandes naciones. ¡Hay que empezar todo de nuevo, desde la ciencia, una ciencia que esté al servicio de la política, de la gran política!

Observé en esos momentos a Peter, absorto, asintiendo con intensidad a cada una de las palabras del padre. Saskia me había contado la anécdota que sobre él circulaba en la familia; desde los catorce años afirmaba con una mezcla de ingenuidad y ambición insólita —mientras fruncía el ceño con seriedad juvenil— que con el paso de los años él se convertiría en ministro de Asuntos Exteriores del Reich... Comprendí que en esa audacia de adolescente se encerraba gran parte de los sufrimientos interiores del general.

Al día siguiente de aquella conversación llegó Hess, acompañado por el hermano pequeño de Peter, poco antes de que Saskia y yo tuviéramos que regresar de vuelta a Múnich. Traía un libro de poemas en la mano, un volumen del poeta Stefan George. Me volvió a llamar la atención su extrema timidez y la dificultad de intercambiar algunas frases con él. Ahora parecía más tranquilo, como si hubiera hallado un reposo transitorio para su espíritu agitado. No volví a verle hasta algún tiempo después, cuando el estallido de la conmoción política que se había ido fraguando en aquellas semanas del final de la guerra inundó el cielo de Múnich, dejando tras de sí heridas que ya no se cerrarían.

Al regresar en el tren desde Partenkirchen, Saskia me contó que había sido el encuentro con Ratsam, y con Ostario y los demás miembros de la Orden, lo que había evitado que Hess se disparara un tiro en la sien. Me lo dijo con frialdad, como si el suicidio fuera en aquellas circunstancias un acto poco más que banal. Al sentir de nuevo la lejanía de sus palabras respecto a mi devoción por ella, me pareció que se había adentrado, a través de un camino ya sin retorno, en la poderosa órbita de Thelema...

Pocos meses después estallaba la revolución en Baviera y Múnich se teñía de banderas rojas.

Recuerdo que aquel día de principios de noviembre hacía un tiempo inesperadamente agradable. Apenas un viento ligero de los Alpes refrescaba el ambiente y despejaba el cielo de nubes. La noticia empezó rápidamente a divulgarse por el centro de Múnich: había miles de personas marchando en columnas desde la Theresienwiese con la intención de tomar por la fuerza la ciudad. Obreros y soldados, marineros en huelga, de los que llevaban semanas deambulando huidos de sus unidades del norte, campesinos dominados por el ambiente de anarquía y deserción que llegaba desde las trincheras y enfurecidos por las subidas de los precios; también artistas y bohemios de Schwabing, ardiendo con el ideal de la revolución, grupos numerosos de mujeres y niños, y los borrachos de las cervecerías, siempre dispuestos a correr detrás del primero que les prometiera diversión.

Con dos de los colaboradores más cercanos del ministerio, me dirigí rápidamente hacia el lugar donde se estaban concentrando los rebeldes; quería poder dar una versión directa a mis superiores de lo que estaba pasando. Conseguimos llegar con bastante rapidez, a pesar de que había una aglomeración creciente de gente en las calles, algunos temerosos, pero la mayoría expectantes sobre lo que pudiera pasar. La brisa, voluble, parecía transmitir los presagios que se habían ido acumulando desde hacía semanas, desde que se había anunciado oficialmente la derrota y el fin de la guerra.

La columna de manifestantes aumentaba constantemente de tamaño. A lo lejos, parecía una sombra amenazadora, una serpiente extendiéndose, con la piel cubierta de las manchas que formaban los diferentes grupos.

La viscosa envoltura de la serpiente semejaba haberse desprendido en algún momento, dando lugar a otras columnas, que a su vez se separaban y marchaban ahora en paralelo, multiplicándose cada cierto tiempo que recibían nuevos refuerzos. Comenzaban a extenderse en dirección a las calles y plazas del corazón de la ciudad.

Se divisaban numerosas banderas, rojas en su mayoría, negras otras, también banderas bávaras con los pequeños rombos blancos y azules. Me llamó sobre todo la atención ver cientos, miles de mujeres y jóvenes: con el rostro enrojecido, no parecían prestar atención al aspecto lastimoso de los soldados, algunos de ellos lisiados, que se arrastraban con dificultad o empujaban por sí mismos sus desvencijados carritos.

Conforme nos acercábamos, empezamos a oír los gritos, lanzados al aire una y otra vez con una violencia y furia incontenibles: «¡Abajo el káiser de Berlín!», ¡Mueran los generales y sus lacayos!», «¡Viva la República!».

Delante de todos ellos marchaba Eisner. Con sus largas y descuidadas melenas, que le llegaban hasta los hombros, y la negra barba cubriéndole el vientre, el líder socialista parecía un profeta del Antiguo Testamento tronando al pueblo elegido la llegada de la revolución. Llevaba meses anunciando un mensaje incendiario que era repetido en las calles:

—Sólo el derrocamiento del emperador en Berlín y de todos los reyes acabará con el asesinato en masa del pueblo que está teniendo lugar en el frente y derribará los muros de injusticia que nos separan unos a otros dentro del país. ¡El que esté a favor de la revolución, que me siga!

Eisner era el hombre de Rosa Luxemburgo en Baviera, que había conseguido convertir en uno de los bastiones de la facción de socialistas independientes opuestos a la guerra. Adelantándose a los demás, el periodista, oriundo de Bohemia, no había dejado de bramar al populacho que el Ejército era el culpable de todo lo que estaba ocurriendo.

Y eran ellos, los socialistas radicales, los socialdemócratas y los espartaquistas, quienes habían conseguido desmoralizar a la tropa, quienes desde los periódicos y apoderándose de las calles habían sembrado la duda en la victoria.

Cuando un mes antes, a principios de octubre, se había hecho público que el príncipe de Baden, el primo del emperador, ahora nuevo canciller del Reich, había solicitado el armisticio a los aliados, las gentes lloraban por las calles. En cuanto se enteró mi patrona, la señora Dieckmann, subió corriendo las escaleras del piso donde vivía, hasta llegar sin aliento ante la puerta. Con los ojos llenos de lágrimas, presa de una fuerte conmoción, no dejaba de gritar:

—¡Todo está perdido! ¡Tantos sufrimientos para nada! Nos han engañado... Ellos, los prusianos y sus generales.

Y, bajando la voz, repetía enmudeciendo, agarrotada por la ira:

—¡El káiser... el káiser! —para luego volver a sollozar—: Siempre prometiéndonos la victoria que estaba a punto de llegar. ¡Todos unos mentirosos! He perdido a un hijo y dos sobrinos, ¿quién me los devolverá ahora? ¿El káiser, su primo el príncipe? Mentirosos. Todo mentiras. Y ahora, Señor, Señor, ¿qué va a pasar ahora?

Parecía como si una gruesa losa —la lápida de una tumba— hubiera convertido de la noche a la mañana en un espectro a la entera Alemania. La victoria, tan cercana de nuevo tras la última ofensiva del Marne, donde nuestros soldados habían vuelto a internarse en territorio francés, se había transformado en una vergonzosa y definitiva derrota. Los periódicos de las últimas semanas no se habían atrevido a decir abiertamente lo que estaba a punto de ocurrir. «Los búlgaros —publicaban la mayoría, todavía incapaces de aceptar lo imposible— anuncian su retirada de la guerra mientras los tanques británicos siembran el pánico en nuestras líneas».

Redactar mi diario esos días me ayudaba a ordenar las ideas, bajo la sensación de una profunda humillación y oprobio. «El fin está cerca —escribía, confirmando lo que pensaba desde hacía años—, pero nadie en Alemania parece querer darse cuenta de ello. Y menos que nadie, el káiser y sus dos máximos generales, Hindenburg y Ludendorff. Es trágico, y a la vez casi cómico. ¡Horrible! Su majestad el emperador de Alemania y rey de Prusia ha decidido seguir viviendo en un mundo de ilusiones. Los otros dos espantapájaros le ocultan la verdad de la situación y no están dispuestos a reconocer su culpabilidad».

Dos días después escribía, sin hacerme ninguna ilusión sobre los que nos gobernaban: «Apenas hace unas semanas Ludendorff esperaba que la epidemia de gripe española, que se estaba extendiendo por el frente, acabara con la resistencia enemiga. ¡Fantasmagorías! A Alemania ya no le quedan sino imágenes de humo, las alucinaciones de un cerebro desequilibrado. Se habla de reformas y se entrega el poder a los socialdemócratas. Se proclama que una Alemania democrática volverá a recobrar su orgullo, y se abandona su destino en manos del presidente americano, el cuáquero Wilson, el gran componedor del Universo. Todos tienen grandes prisas en cubrirse de penitencia y ceniza, en mostrar propósito de enmienda. ¡Qué depresión!».

Las alucinaciones de los generales eran bien recibidas por los políticos conservadores, incapaces de aceptar la derrota. Tras cada batalla perdida no conseguían sino alimentar el ansia de revancha de las masas. Ludendorff, el gran Ludendorff, el generalísimo del invicto Ejército del Reich, se comportaba como una vieja histérica.

Recuerdo todavía con vergüenza y sarcasmo cómo los periódicos informaban, en los días antes de la revolución, que había perdido el control de sus nervios, que se deshacía en ataques súbitos de lágrimas y prolongados insomnios, contra los que ni siquiera su habitual remedio, el alcohol, parecía surtir ya efecto alguno. Los médicos, alarmados por la desmesura en la bebida y el empeoramiento de su estado físico, le ordenaron una inusual cura a base de ejercicios gimnásticos, largos paseos y descansos en la cama, junto con períodos de abstemia y lecturas ligeras. Además, el gran héroe de la guerra debía, siguiendo las recetas de sus curanderos, comenzar la jornada cantando canciones patrióticas y contemplar después plácidamente la belleza de las rosas de su residencia...

Sí, la rendición ante el enemigo fue una traición bochornosa y humillante. Una puñalada por la espalda. Pero a un cuerpo de cartón piedra. Socialistas y espartaquistas no tuvieron más que prender fuego a una figura de papel. Y tenían la materia incendiaria bien cerca de sus manos.

Ya lo he escrito antes. Vivíamos bajo la sombra de la Gran Revolución rusa: el resplandor que irradiaba de aquel acontecimiento parecía iluminar la confusión en que se ofuscaba el centro de Europa. Para los que lo habían perdido todo en la guerra, su casa, su familia, sus amigos, era una esperanza en medio del vacío y de la vergüenza.

Y ahí estaba Eisner, con su nariz aguileña y sus lentes de ropavejero, el pelo enmarañado y las largas barbas, como un nuevo Cristo proletario, subido a una caja de jabones, predicando el anhelado adviento, la llegada de la revolución que acabaría con el poder de los patronos y las farsas de los generales prusianos, con aquel emperador de otra época, con el guillerminismo y sus traiciones. Un profeta, un profeta de la esperada Jerusalén del socialismo:

—¡Camaradas, durante años hemos hablado! —gritaba ante las masas, mostrándoles el rumbo hacia el paraíso soñado—. ¡Ahora ha llegado la hora de actuar!

Comenzaba para el proletariado una nueva era: la de la paz y la igualdad entre los pueblos, la de la auténtica y genuina fraternidad...

Desde hacía meses, mi función principal en el ministerio había consistido en el seguimiento de los movimientos pacifistas, y en particular del partido de los socialistas radicales. Había observado a Eisner y estudiado cada uno de sus movimientos. Le conocía bien. En más de una ocasión había discutido con mis superiores sobre los rasgos de su carácter y su estrategia. Antes de que fuera asesinado, Von Schwarzenhorst estaba convencido, frente a lo que opinaban otros oficiales del departamento, que aquel periodista estrafalario y alucinado era un peligro que había que tener seriamente en cuenta.

En una reunión en la sala de mapas del ministerio, en la que también estaban presentes otros mandos enviados desde la capital del Reich, pocos días antes de la marcha desde la Theresienwiese, Von Schwarzenhorst había manifestado sus más graves reflexiones sobre acontecimientos que empezaban a hacerse realidad:

—Es cierto que es un iluminado —dijo, nada más comenzar su exposición ante la decena de altos oficiales reunidos—, un soñador que cree firmemente en que la revolución acabará con la violencia y se instaurará una nueva era de paz universal. Pero no es un iluso.

Von Schwarzenhorst opinaba que las ofertas de paz de los partidos de izquierda a los aliados nos habían hecho perder desde muy pronto el factor psicológico entre la tropa, y no desconocía que en la situación presente, con los informes que llegaban de Berlín, con el hambre azuzando los estómagos, la población podía resultar incontrolable.

Uno de los oficiales de mayor graduación llegados de Berlín le interrumpió mientras se ajustaba el monóculo. Llevaba la pechera llena de órdenes y condecoraciones, y su voz se asemejaba al sonido grave e imperioso de un gong:

—¿Cree usted, mayor, que existe algún revolucionario que no sea un enajenado, un loco peligroso?

El capitán mayor continuó:

—Señores, Eisner fue capaz de conseguir que el Gobierno le liberara de la cárcel. Nos hizo creer a todos que era inofensivo, que al enfrentarse en las elecciones contra el líder de los socialdemócratas, Auer, acabaría siendo derrotado y marginado. Y ha ocurrido todo lo contrario. Cuando salió de la prisión, después de las huelgas, nadie hubiera apostado por él: Auer resultaba mucho más cercano a los bávaros. Es un hombre jovial, al que le gusta reír y beber cerveza, con fuertes raíces campesinas. Frente a él, Eisner parecía aún más ridículo y tétrico. Sin embargo, la campaña electoral ha sido un éxito para Eisner. Ha proclamado el apocalipsis, justo lo que la mayoría de la gente siente que está a punto de llegar...

—No. Lo que ha hecho ha sido embaucarles. —El alto mando del monóculo y la cabeza rechoncha estaba dispuesto a demostrar que el servicio de información destacado en Múnich y con el que había tenido no pocas divergencias burocráticas dejaba mucho que desear—. Eisner no cree en las elecciones al Parlamento, ni por supuesto en la Monarquía, sea del káiser o de su primo el príncipe de Baden. No cree en los Hohenzollern ni en los Wittelsbach, pero tampoco cree en las asambleas ni en la República, ni espera nada de los partidos políticos, a los que considera unos instrumentos de los que prescindir cuando haga falta.

Hizo una breve pausa, para asegurarse de que los presentes, incluidos sobre todo los oficiales bávaros, aceptaban sin el menor gesto contrariado su autoridad. Luego continuó, alzando la voz:

—¡No ha llevado a cabo una campaña electoral, sino una cruzada en pos de la revolución! Para Eisner, el alzamiento de los bolcheviques en San Petersburgo ha sido la llegada de una nueva era para la Humanidad. ¡Lo que busca ese alucinado es hacer de Múnich un Petrogrado!

Von Schwarzenhorst le replicó:

—No creo que la situación en la capital del Reich sea muy distinta o menos inquietante...

El alto mando movió oblicuamente los ojos, una orden casi imperceptible con la que trasladó la palabra a uno de los coroneles que le acompañaban. Deduje que era también un oficial del Estado Mayor, por las insignias y los rasgos aristocráticos. Era alto y delgado, con una frente amplia y los ojos ligeramente hundidos.

—Desde mi punto de vista —afirmó el coronel—, el intento de apaciguar al populacho en la capital del Reich ofreciéndoles las reformas liberales del príncipe de Baden ha sido un grave error. ¡Jamás debe cederse ni un milímetro ante esa chusma bolchevique!

Von Schwarzenhorst se mostraba contrariado por el tono creciente de la conversación, en la que se transparentaba una nueva muestra de recelo entre prusianos y bávaros. Estaba incómodo. Dijo con firmeza, levantándose de su sillón:

—No creo que Eisner sea un Lenin, para ello le falta crueldad y le sobran efluvios líricos.

Se dirigió hacia el extremo de la sala, muy cerca de donde estaba colgado un gran mapa de Europa en el que se indicaban los principales acuartelamientos de nuestras tropas en territorio alemán, así como las nuevas fronteras que comenzaban a dibujarse tras el final del imperio de los Habsburgo. Varios círculos de tiza roja señalaban las regiones donde se estaban produciendo movimientos revolucionarios. De pie, junto al mapa, agregó:

—De Lenin admira sobre todo su audacia en los momentos decisivos. Es cierto que, como los bolcheviques, piensa que será la masa de obreros y soldados, el ejército de los desempleados y marginados, el único capaz de derribar el orden establecido. Pero, según él, el pueblo necesita ser conducido por un ideal humanitario, que él pretende encarnar. No, no será un Lenin, y menos en Baviera. En realidad, su lugar son los cafés de Schwabing, los teatros y la poesía. Detrás de él, llegarán otros con menos escrúpulos. Pero antes Eisner conseguirá arrastrar a muchos a la rebelión.

—Querido amigo Schwarzenhorst —replicó el alto cargo, algo sorprendido ante la reacción decidida del capitán mayor—, no debe dar tanto crédito a sus informadores. ¡Confía usted demasiado en esos perezosos bávaros que lo único que saben hacer es beber cerveza y escuchar chismes! El Ejército sigue teniendo las riendas de la situación. Eisner no es más que un chiflado utópico. ¿Cómo van las gentes a confiar en que un poeta les llene la panza?

—No se confíen, caballeros —intervino otro de los oficiales llegados desde Berlín, con una mirada engañosamente adormecida, el cuello tan corto que apenas asomaba la cabeza por encima de los hombros—. Las informaciones de lo que está ocurriendo en Berlín y en otros lugares del Reich son alarmantes. Los marineros de la flota del norte están al borde del motín, se niegan a embarcar y están apoderándose de los barcos. En Baviera hay unidades que cuentan con elementos, incluidos algunos oficiales, en los que no se puede confiar.

—Me parece que exagera, comandante. —El oficial superior dio por zanjada la reunión, sin querer poner en práctica medidas que, en todo caso, hubieran resultado de dudosa eficacia—. El Ejército en su conjunto está en nuestras manos. El propio ministro bávaro de la guerra ha dicho claramente que tiene el control de la situación. Y en la reunión del gabinete, fue Auer quien aconsejó olvidarse de Eisner. Señores, Eisner está acabado.

Aquella conferencia en el ministerio acabó de confirmar mi sospecha de que gran parte del Ejército y los políticos seguían tapándose los ojos y los oídos ante la catástrofe que se avecinaba. Solamente se podía estar seguro de los grupos patrióticos, entre los que Thelema era la organización más activa.

La información circulaba abiertamente entre mi oficina y los hombres de Ostario. En las primeras horas de ese mismo día, poco antes del inicio de la marcha desde la Theresienwiese, había sido informado por mis enlaces de que Eisner estaba dispuesto a ejecutar el juramento final que había pronunciado pocos días antes, su promesa de que «Múnich se levantará y derribará al Gobierno».

Y así fue. El grito de Eisner esa mañana —«¡El que esté a favor de la revolución, que me siga!»— había tenido el efecto de una chispa, el impulso definitivo a toda la turbia energía oculta tras las frustraciones y anhelos que cuatro años de guerra y una ignominiosa traición habían ido acumulando.

Al frente de aquella inmensa oleada humana, Eisner continuaba su caminar hacia el corazón de Múnich. Todos gritaban y se empujaban unos a otros, miles y miles de personas formando un torrente humano irrefrenable, marchando a paso rápido a lo largo de filas de casas cerradas con las persianas bajadas. Eisner estaba pálido y su mirada era de una seriedad mortecina. Ya no decía nada, voluntariamente desbordado por la fuerza de los acontecimientos. Cogido de su brazo derecho, un gigante ciego, el demagogo líder de los campesinos, avanzaba a grandes zancadas.

La abigarrada sombra humana no encontraba ninguna resistencia a su marcha. Ninguna oposición; la policía y el Ejército regular parecían haber desaparecido, tragados por el imparable avance de la plebe. Sólo retenes de soldados, algunos de ellos armados, se unían a la comitiva, en la que la mayoría reía y hablaba, como si se tratara de una fiesta. Me uní sigilosamente a uno de los grupos, y de vez en cuando giraba la cabeza para mirar hacia atrás: toda la ciudad parecía haberse unido a los revolucionarios.

El primer objetivo de los rebeldes fue una escuela que se estaba utilizando desde hacía algún tiempo como cuartel y depósito de armas. Los manifestantes tomaron el cuartel y se apoderaron rápidamente de las armas. No tuvieron que enfrentarse a ningún obstáculo, pues los soldados que hacían la guardia se sumaron con entusiasmo a los sublevados.

La muchedumbre continuó en dirección al puente de Donnersberg, donde volvió a dividirse en varias columnas, que se dirigieron hacia otras tantas instalaciones militares. Sólo delante del cuartel de la Türkenstrasse se encontraron los rebeldes con resistencia, que pudo ser rápidamente sometida haciendo uso de bombas de gas lacrimógeno y disparos de aviso.

En esos momentos se hizo presente hasta qué punto el Gobierno había hecho oídos sordos de las voces que —como Von Schwarzenhorst y otros— avisaban sobre el peligro de una revuelta. Tras cuatro años de guerra, la tropa no estaba dispuesta a arriesgar su vida por los Wittelsbach ni por aquéllos a quienes acusaban de haberles utilizado como cebo de lo que consideraban una carnicería atroz.

¿Y qué decir del rey? Como el mismo teatrillo de cartón que les daba cobijo y apariencia de legitimidad, los Wittelsbach desaparecieron de la escena casi sin enterarse de lo que estaba sucediendo.

Lo que cuentan que les ocurrió muestra cómo estaba justificado que el mundo de fantasía en el que vivían llegara a su fin.

Al parecer, tras ser advertido por un policía en bicicleta durante su habitual paseo vespertino de que se aproximaba una gigantesca masa humana hacia el centro de la ciudad, Luis III se retiró a la Residencia para, como era su costumbre, cenar en el comedor de palacio con la reina María Teresa. Al intentar introducirse en el edificio, se vio obligado a dirigirse a la entrada de caballos, ante el impedimento que suponía la aglomeración humana, que no dejaba de crecer frente a la puerta del alcázar. A las ocho de la tarde, la situación se había vuelto tan peligrosa que varios ministros del Gobierno le impelieron a abandonar la ciudad con su familia. El último monarca de la casa reinante de Baviera tuvo que escuchar con asombro que no existían en Múnich unidades regulares en las que se pudiera confiar.

—No hay tropas que sean ya fieles a su majestad —le espetó el mayordomo de palacio, presa del pánico, a un estupefacto Luis III, que tardaría todavía bastantes minutos en darse cuenta de lo que aquello significaba. Aún incrédulo, finalmente se decidió a dar la orden que jamás hubiera imaginado, ni siquiera en sus más negras pesadillas:

—Debemos partir. Hay que abandonar Múnich cuanto antes.

El rey indicó a su familia y a unos pocos sirvientes que se prepararan para una excursión nocturna a su propiedad limítrofe con la frontera austriaca.

No fue ninguna buena señal constatar que el chófer de la familia real se había pasado al bando de los rebeldes. Después de tener que salir de forma clandestina, sin poder siquiera encender los faros del automóvil, el viaje se convirtió pronto en una aventura tétrica. El vehículo derrapó, saliéndose de la carretera y embarrancando en un campo de patatas, del que consiguieron sacarlo a duras penas en plena noche dos soldados que se encontraban casualmente en una granja cercana y que no se habían enterado todavía de que su rey había sido depuesto. Hasta las primeras horas del alba no pudo Luis III llegar a puerto seguro.

¿Sabíamos qué era lo que estaba teniendo lugar...? ¿Éramos conscientes de que en esas mismas horas estaba consumiéndose el viejo orden? La caída de los Wittelsbach en Baviera, y al día siguiente de los Hohenzollern en Berlín, tuvo el efecto de un meteorito, un cuerpo celeste que se hubiera precipitado a gran velocidad contra la tierra y que hubiera hecho desaparecer con su impacto una parte del territorio del planeta...

Al día siguiente de llegar a su castillo en la frontera con Austria, el viejo monarca de los bávaros apenas tuvo tiempo para enterarse de que su reino se había convertido en una República y de que una unidad de milicianos se había puesto en camino desde la ciudad para apresarlo, a lo que Luis III optó por responder dándose de nuevo a la fuga, primero en dirección a Austria, y luego al exilio en Hungría, lejos de su amado Múnich, aquel «Atenas al borde del río Isar», como tan pomposamente habían bautizado los poetas de corte el falso idilio ciudadano que ahora enseñaba sus zarpas.

Mientras tanto, Eisner se había convertido en el dueño de la capital bávara. Después de apoderarse de las armas, una parte de sus sedientas huestes no había dudado en aposentarse en los locales de la mayor cervecería del centro de la ciudad, donde, tras haber dado buena cuenta del género, decidieron organizar una reunión política que pocas horas después, bajo los gritos eufóricos de «¡Viva la Revolución!» y «¡Viva la República del pueblo!», se transformó en el primer consejo de soldados y marineros de Múnich.

A esta asamblea —con la que, según les anunció Eisner, «comenzaba a hacerse realidad el ideal humanitario de fraternidad universal»— no tardó en añadirse, ya al anochecer, un consejo de trabajadores, del que Eisner fue rápidamente nombrado su primer presidente.

Eisner comenzaba así su veloz y fugaz trayectoria hacia aquello que con tanta ansia había deseado aniquilar: el poder. Su primer decreto como dirigente máximo fue ordenar inmediatamente la salida de camiones cargados de soldados con el objeto de apoderarse de los edificios principales de la ciudad.

A las diez de la noche, los miembros del nuevo sanedrín revolucionario, protegidos por una guardia de sesenta hombres armados hasta los dientes, se trasladaron desde la cervecería hasta el Parlamento. Allí, entre los vítores de sus partidarios y el vergonzoso silencio de los demás partidos, los ojos brillándole como ascuas de fuego,

Eisner proclamaba desde el estrado el nacimiento de la República de Baviera. Apenas pudo pronunciar unas palabras, ahogadas por el griterío de sus seguidores, cada vez más numerosos:

—La revolución bávara ha vencido, barriendo el viejo orden caduco y corrupto de los Wittelsbach... Ahora hay que seguir adelante y formar un Gobierno nuevo.

Y luego, con todo el poder al alcance de las manos, añadió:

—¡El que les habla en este momento entiende que están ustedes de acuerdo en que actúe como presidente del Gobierno provisional!

La revolución había triunfado y Kurt Eisner se acababa de imponer a sí mismo su reluciente manto de armiño.

V

—Es decir, ¿usted es de los que piensa que fueron sobre todo las experiencias de los años de Múnich, la revolución de los consejos, la debacle de la derrota y el fin de la guerra, las condiciones del Tratado de Versalles, lo que hizo posible que surgiera la figura monstruosa de Hitler?

Neuborn no está dispuesto a concederme el menor respiro. Aborrezco tener que desnudar mi alma ante nadie, pero ante él menos que nadie. Durante los primeros años de la guerra y en otros períodos, también durante la época de la llegada de Hitler al poder, escribí mis diarios en secreto, casi siempre por la noche, antes de retirarme a descansar. Pero no eran una confesión. Buscaba ocultar, cubrir, revestirme con un traje nuevo, un disfraz protector frente a mí mismo y frente al exterior. Pero ahora se me exige que sea transparente, como lo es el grito del pájaro en la mañana recién estrenada, un silbido agudo y limpio, ese canto que procede del paraíso con el que todos alguna vez soñamos. Pues bien, estoy preparado...

—¿Quiere que hable sobre él, sobre el cabo austriaco, sobre «el Tambor», como se llamaba a sí mismo en los primeros años, cuando era un absoluto desconocido, uno más de los agitadores de cervecería que pululaban en el Múnich inquieto y revanchista de la posguerra? Ya le he dicho que no me interesaba particularmente, que todavía hoy me parece un personaje errático; descomunal, perdido en el torbellino oscuro que él, sin duda, hizo posible, pero al que después quiso controlar, ingenuamente, con una simple fusta en la mano.

—No le creo. No creo que no le interesara...

La voz de mi acusador es ahora seca y tajante, puedo detectar cómo los rasgos de su cara, severa y examinadora, se han hecho más tirantes. Siento frío, una ráfaga de aire helado que me recorre las costillas y las piernas. Pero no, no hay ninguna ventana ni puerta que se haya abierto de repente, sólo estamos el comandante Neuborn y yo, el testigo sospechoso, el proscrito en arresto automático, junto con su asistente y los dos guardias de pie al fondo, con cascos y correajes blancos, en la sala de interrogatorios.

—¿No es más cierto que incluso empezó a escribir un libro sobre el dictador y que estuvo investigando durante bastante tiempo? ¿Por qué miente...? Pero todo eso sólo tiene una importancia relativa. Lo que usted está obligado a demostrar aquí es que no fueron sus doctrinas las que condujeron al cabo bohemio hacia su demencia exterminadora. La carga de la prueba está de su lado. Y le advierto que se juega mucho, se lo juega todo. Pero supongo que no preferirá que lo entreguemos a los rusos; le aseguro que sus métodos son bastante más expeditivos que los nuestros, y que lo que le aguarda una vez en manos de un comandante soviético es la horca.

Amenaza, enseña los dientes, y luego sonríe impúdicamente, aparentando cordialidad.

Es así como se ha hecho famoso Neuborn en los corredores del Palacio de Justicia y en los pasillos de la Casa de los Testigos, donde aguardan aquéllos de los que se espera poder obtener testimonios valiosos o que pueden ser declarados oficialmente inculpados. Neuborn decide —«aquí las ovejas, allá los lobos»— y el mercado negro de la información cotiza prósperamente, sin que importe mucho el cotejo de unos datos sobre los que en muchas ocasiones se posee poca documentación; lo importante es lo que unos digan de otros, el odio que a veces parece concentrarse con mayor saña en un determinado personaje o personajillo del régimen, mientras que responsables principales de la Gestapo han conseguido librarse. Pero sobre ello quiero escribir más adelante en estas notas, que guardo para mí. Sólo entregaré aquello que considere oportuno. No caeré en los cepos de mi acusador.

Un nuevo interrogatorio comienza:

—Me gustaría conocer su opinión sobre algunos rasgos de la vida del dictador, la biografía del joven Adolf Hitler.

—Si piensa que puedo ser de alguna ayuda...

—¿Sabía usted, por ejemplo, que el doctor Bloch, el médico judío que con tanto desvelo se ocupó de la madre del joven Adolf en su lecho de muerte, escribió años más tarde que el rasgo más destacado de su carácter parecía ser el amor que sentía por su madre, que en cuarenta años de profesión médica nunca había visto a alguien tan destrozado por el dolor? Además, sabemos que llevó consigo una fotografía de ella hasta los últimos días del búnker, que la amaba verdaderamente. ¿Cómo se explica eso, cómo se compagina, con la crueldad tiránica, la absoluta ausencia de sentimientos que mostró desde muy pronto, su negación de cualquier reacción humana ante la persecución, la tortura y el extermino de cientos de miles y millones de personas?

De nuevo el tono de las palabras de mi inquisidor se hace tajante, imperioso. Trata de acorralarme, como si yo fuera un animalillo asustado, un cordero, uno más de los que han pasado entre sus manos antes de ser llevado al matadero. Asco; me produce asco y angustia. Una sensación de ansiedad que nace en el estómago, recorre los conductos internos de mi cuerpo y acaba, ahogándome, en el cuello, en la boca.

Hay un silencio casi sepulcral en la sala, prácticamente vacía, y una luz tenue que se filtra a través de las mamparas de cristal esmerilado que nos separan del corredor.

Neuborn toma notas en un cuaderno rectangular, no muy grande, con las tapas forradas de papel verde oscuro y pequeños adornos en las esquinas. Yo sólo puedo confiar en mi memoria.

Como si hubiera adivinado mis pensamientos, me dice, ahora en un tono más conciliador, intentando que colabore:

—Ya sabe que he dado orden para que disponga de todo el material necesario para escribir. Dispondrá de luz durante todo el día y por la noche, si lo necesita. También podemos hacerle traer sus papeles y los documentos que precise de su casa.

¿Qué está buscando de mí...? La figura de Hitler es tan indescifrable como todo lo que ha sucedido. Es cierto que él tomó una decisión exorbitante, desmedida: someter y hacer depender la historia de Alemania de su propia biografía, de su destino... ¿O acaso lo que pretende es que, más adelante, le suministre datos sobre otros, que los incrimine, como según se rumorea es parte de sus tácticas?

—Pero comience, por favor —parece rogarme ahora, con maneras suaves, pero la exigencia del rostro no se ha rebajado un ápice—. Le he preguntado por los orígenes del Führer. ¿Considera usted que tuvo alguna experiencia excepcional en su infancia, algo que desencadenara en él un sentimiento patológico o anormal?

Al principio, vacilo ligeramente:

—Se sabe que su familia era de clase media, como otra cualquiera de las que vivían en la región fronteriza con Alemania... —Luego, con más decisión, añado—: Lo único que quizás la distinguía es que el marido era muy autoritario y distante, un padre exigente y colérico, y la madre, por el contrario, era reservada y bondadosa, una mujer devota y sumisa, entregada en cuerpo y alma al cuidado de la casa y de sus hijos, sobre todo del joven Adolf, por el que sentía una debilidad especial. El padre, un funcionario del Estado de los Habsburgo —un agente de aduanas—, aficionado a la bebida y a las cartas, le pegaba casi todos los días, muy posiblemente no sólo al hijo, sino también a la madre... Quizás esté ahí el origen de su incapacidad para establecer relaciones personales profundas y de su calculada ansia de poder. Es posible que quisiera rebelarse contra la figura del padre.

Neuborn parece apreciar mi repentina sumisión a sus deseos y hablar. Levanto algo más la voz, como si estuviera ante un auditorio de estudiantes:

—Pero me parece que son puras conjeturas. No hay nada especial que indique en el niño lo que después surgiría; incluso creo que podemos sentir una cierta simpatía hacia alguien que tuvo que sufrir aquella insensibilidad paterna...

Me interrumpe. Son datos que debe conocer. ¿Busca quizás detectar cuál ha sido mi adhesión íntima a la figura y las ideas del Führer?

—Este punto de las relaciones personales es importante —dice Neuborn, afilando los labios—. ¿Por qué fue incapaz de tener amigos, y relaciones sexuales y amorosas normales? Si no fueron la humillación y los malos tratos recibidos de niño, ¿qué fue lo que le convirtió en un ser huraño y abstraído, con dificultad para integrarse en cualquier grupo social?

La silla de madera con brazos alargados en la que se sienta Neuborn parece crujir bajo su peso. Intenta conseguir una postura más cómoda. Lejos de apaciguar su curiosidad, mis palabras la han incitado. Respiro pesadamente, queriendo exteriorizar apenas un suspiro de queja. Pero nadie lo oye. Los dos guardias permanecen inmóviles, las piernas abiertas en diagonal y los brazos con las manos cruzadas detrás de la espalda.

Reparo ahora en el ayudante con el que ha venido al interrogatorio. He oído decir en los corredores que prefiere no actuar solo; afirma que pretende evitar que luego alguno de los inculpados le acuse de coacción. Al parecer, cuando viene acompañado únicamente de los guardias es porque ha hecho colocar previamente un micrófono en la lámpara de la mesa para poder grabar la conversación...

Estoy asustado, tan confuso y temeroso como cuando era joven, durante los años de suboficial de información en el Ejército, las manos sudorosas y el aliento pesado, con el amargo sabor de los recuerdos, y la espalda tensa y dolorida.

—No sé si esa valoración de sus sentimientos personales es muy precisa —le respondo—, al menos por lo que respecta a los primeros años de su vida. Tuvo un amigo, Kubizek, que estaba preparando sus memorias y al que pude entrevistar hace años, a quien conoció antes de irse a Viena y con el que compartió su apasionado amor a la música, sobre todo a la ópera.

—Sí, aquella extraña cercanía a Kubizek, el amigo... ¿O sea que llegó usted a hablar con August Kubizek, o Gustl, como le llamaban...?

Me obliga a concentrarme en mis pensamientos y rememorar. Ha traído la pipa, que ha dejado encima de la mesa, al lado de la lata de tabaco, pero no siempre la enciende mientras realiza los interrogatorios. Es sorprendente que fume, conociendo su obsesión por la salud. Según se dice, esa preocupación le viene de sus padres. Los dos eran médicos, investigadores que trabajaban en Berlín a comienzos de siglo con el descubridor del bacilo de la tuberculosis. Se rumorea que jamás da la mano a nadie para no contaminarse de los microbios...

—En realidad —continúo—, el pequeño Adolf fue un niño obstinado que sufría bajo el hostigamiento y los golpes del padre y el desprecio de éste por la madre, pero al parecer feliz. Se refugiaba en los relatos de aventuras, sobre todo los relatos de indios y vaqueros del escritor Karl May, que adoraba, porque le permitían llevar a cabo las hazañas heroicas con las que soñaba.

—Las novelas de Karl May... —dice, con tono sarcástico, Neuborn—, Old Shatterland y Winnetou. Los indios y los exploradores...

—Si le interesa, también solía jugar a la guerra con sus compañeros. La familia cambió varias veces de lugar de residencia, y el enfrentamiento con el padre subió de tono cuando le exigió que fuera funcionario de aduanas, como él. El niño feliz que disfrutaba de la libertad de los campos y de las novelas de aventuras se transformó entonces en un adolescente taciturno y hosco, encerrado en sí mismo, bastante insolente y que se sometía difícilmente a la disciplina de la escuela.

—¿Sabe usted —me pregunta, sardónico, mi acusador— que cuando era canciller del Reich aún seguía leyendo las novelas de indios y vaqueros de Karl May, y se las recomendaba además a sus generales, a los que acusaba de falta de imaginación?

Neuborn se ha sonreído maliciosamente, con un mohín de ingenuidad e hipocresía, como si la revelación de estos pequeños detalles pudiera servir para poder explicar algo, pero quizás no haya sido sino un gesto de vanidad —querer mostrarme sus excelentes fuentes de información—. ¿Quién de los interrogados, de los sospechosos y proscritos, en qué momento, le habrá contado esa historia? ¿Quién y qué es lo que otros pueden haberle referido sobre mí? Un ejército de sombras acusándome... ¿Contra quiénes he de combatir? ¿A qué voces acusatorias he de vencer?

Decido tomar la iniciativa:

—¿Quiere usted que le diga cuál es uno de los rasgos que me parecen más importantes para entender ese carácter tan ambivalente de Hitler, aparentemente sensible en algunas ocasiones y en otras tan inesperadamente cruel y brutal?

He conseguido que mi acusador mostrara un interés repentino. Eso quiere decir que confía en que su presa pueda serle útil, en que yo, el famoso profesor, ahora una débil figura de trapo en sus manos, llegue a desvelarle alguno de los enigmas que llevaron al oscuro caporal en apenas veinte años desde la marginación y una existencia precaria a dominar Europa y amenazar seriamente al resto del mundo.

—Es lo que le grita a su padre cuando éste le insiste una y otra vez que se haga funcionario de aduanas. Lo mismo que le dice a su amigo Kubizek, el Gustl de los años de Linz...

—Le escucho.

—De vez en cuando en su biografía Hitler grita, un grito que exterioriza todo lo que ha ido acumulando, pesadamente, como fruto de una larga y tortuosa digestión. Y lo que grita es: «¡Quiero ser un artista!»... Él quería ante todo ser un artista, un pintor, un arquitecto, un constructor de mundos de fantasía que proyectaba sobre la realidad para transformarla con la sola expresión de su deseo, de su voluntad omnipotente. El joven Adolf rechaza a su padre y a todo lo que su padre representaba, los Habsburgo, la diversidad de culturas y de gentes del Imperio austrohúngaro, aquella Babel que encarnaba el viejo orden europeo. No, no podía someterse a las reglas del padre, él se rebelará contra su padre y contra el orden que despreciaba como caduco.

Hay una pausa. Mi acusador parece querer ponderar mis palabras. No he dicho nada que no se supiera, que no estuviera ya en mis libros y escritos de aquellos años, los turbulentos años de Múnich.

El dominio del sentimiento romántico sobre la política; así lo definí. El joven Adolf comienza a intuir, con aquella misteriosa capacidad de percibir en el ambiente y en los rostros —en las caras, que él nunca «veía», sino que taladraba con su mirada—, lo que después, en Viena y en Múnich, se le mostrará cada vez con mayor claridad: era toda una generación de alemanes —y una generación de europeos— la que vivía en un escenario de fantasía, la que quería construir un nuevo mundo surgido de la imaginación y de la voluntad, hacer que sus deseos estallaran en la realidad. Crear una nueva realidad, destruyendo el viejo orden.

—Fíjese —le digo con determinación, mirándole ahora directamente a los ojos—, poco después de que muera su padre de una apoplejía, Adolf decide abandonar los estudios. Tiene dieciséis años. Hasta que cumpla dieciocho, hasta que se produzca la muerte de la madre, vive el género de vida que más se adecúa a sus deseos y que intentará repetir a lo largo de su vida. Mantenido a cuerpo de rey y mimado hasta la adoración, pues él es el único hombre, rodeado de su madre, su hermana, su hermanastra y sus tías, se pasa el día dibujando, pintando, leyendo o escribiendo «poesía»; de noche, va al teatro o a la ópera, y fantasea continuamente sobre su futuro como gran artista. Se acuesta bastante tarde y duerme, indolente, por la mañana.

—Es cierto, así fue. —Neuborn parece de nuevo relajado, quiere aparentar cercanía, rebajar mis prevenciones—. También escribió en su libro, en *Mein Kampf*, que aquéllos fueron los días más felices de su existencia, que los recordaba como un bello sueño.

Añado:

—Ésa es también la forma de vida que anheló más tarde, siendo canciller, mientras se dejaba llevar por sus quimeras de reconstrucción de edificios y monumentos, de remodelación de ciudades enteras.

Le explico con detalle que en realidad Hitler nunca tuvo una profesión, él quería seguir siendo un artista sin compromiso alguno, libre. Incluso como Führer del Reich pasaba días, semanas, sin hacer nada, perezosamente, esperando la inspiración, que luego llegaba y se apoderaba de él, de forma confusa y caótica, obligándole a una actividad frenética, a tomar decisiones cruciales en un instante. Solamente durante la guerra, como máximo jefe militar, no pudo rehuir las reuniones estratégicas con los generales, y en ellas la inspiración cada vez brilló más por su ausencia... No tuvo profesión, ni tampoco amigos, ni ningún compromiso estable —matrimonio, hijos, familia—, sólo la política. Toda su vida intentó evitar tener amigos, o una relación amorosa duradera. Con las personas que le servían, chóferes, guardaespaldas, secretarias, pasaba a menudo largas horas de charla; pero era él, únicamente él, quien hablaba. Siempre aquel rechazo al contacto personal o físico, aquella distancia y protección enfermiza de su intimidad.

¿Qué intimidad? ¿Acaso no fue la obsesión por el poder, el virus que se apropió de su ser y después, como una epidemia letal, de todos los que se le acercaban, una especie de sustituto de la vida? ¿No fue ésa la razón de la falta de afectos o de sentimientos normales?

—Pero ¿y Gustl...? —inquiere Neuborn—. ¿Cómo explica usted aquella relación, al parecer tan intensa?

—Tras el fallecimiento de su padre —prosigo— es también cuando surge la relación con Kubizek, al que conoció después de trasladarse a Linz para preparar el ingreso en la Academia de Bellas Artes. El joven Adolf necesitaba ya un público, aunque fuera sólo una persona, para sus fantasías.

—¿Y Kubizek se convirtió en su público?

—Yo creo que necesitaba a alguien a quien impresionar, alguien que se sometiera a él. Hablaba con el joven aspirante a músico con gran vehemencia y convicción sobre muchas cosas. Ante todo acerca de sus opiniones artísticas; pero también sobre cuestiones tan variadas como los defectos de los funcionarios, los maestros, los impuestos locales, las loterías estatales, las representaciones de ópera o los edificios públicos de Linz, y exigía total sumisión. Al menos, eso es lo que contaba Kubizek.

—Al parecer, también intentaba convencerle de sus grandes planes arquitectónicos...

—Sí, en efecto. Le adoctrinaba sobre la urgencia de echar abajo, remodelar y reemplazar los edificios públicos del centro de la ciudad, le mostraba sus innumerables bocetos de reconstrucción, le hablaba de la arquitectura y del gran arte, y también y sobre todo de sí mismo como el futuro gran genio artístico. Se burlaba continuamente de la idea de trabajar para ganarse el pan... Es probable que se viera hasta el final como un gran arquitecto, el gran *demoledor* y el gran *remodelador*, el destructor del viejo orden y el constructor del nuevo.

—Lo esencial que fueron el arte y las aspiraciones artísticas en su vida... —asiente Neuborn con la cabeza—. El arte, y sobre todo la música, se convirtieron para él en una especie de exaltación mística o religiosa. En eso tiene usted razón. Pero Wagner fue idolatrado por toda una generación. Por usted mismo.

—Su pasión por Wagner no conocía límites. Era muy superior a lo que otros podíamos sentir —le respondo—. Él y Gustl iban juntos todas las noches a la ópera, vestidos con sus mejores galas, gastándose gran parte del dinero que le daba su madre. Luego Adolf pontificaba, criticando con ardor la representación o sintiéndose extasiado por ella. Wagner era el genio artístico supremo, el modelo que había que emular. Sobre todo Lohengrin, con su evocación de un pasado heroico y remoto y de un misticismo sublime. Dijo que, para él, Wagner era la rebelión del corazón contra la cabeza, de lo joven y vital contra lo viejo; los ritmos de un mundo desaparecido.

Neuborn aparenta sentirse interesado... Sí, Wagner fue un pionero, el que mostró a toda una generación —la mía, la de Hitler— el camino para la creación de un mundo nuevo, después de que el viejo hubiera sido destruido por la entronización del materialismo y de la ciencia. La fascinación por la obra de arte total, por el héroe y su sacrificio...

Le solicito unos minutos de descanso. Hacemos una breve interrupción. Me permite levantarme y estirar un poco las piernas. Él aprovecha para prender la pipa, parsimoniosamente, chupando poco a poco. Su ayudante permanece sin moverse. Luego, casi enseguida, me observa severo desde el otro lado de la mesa, de arriba a abajo, y se muestra molesto ante la prolongación de la pausa. La espalda me sigue doliendo y se lo digo, pero su respuesta es apática, indiferente.

Me han llegado noticias de lo que pretende conmigo. Parece que los abogados que trabajan con el gobernador militar, el procónsul que han instalado los americanos en la Alemania ocupada —el general Lucius D. Clay—, se muestran particularmente atraídos por mi caso. A causa de mi nombre y de mis muchas publicaciones y discípulos en todo el mundo, piensan que se debe estatuir un ejemplo.

Hay no pocas voces entre los aliados, sobre todo en la prensa, que claman por una acción más enérgica, por más juicios. Se habla de la «conspiración colectiva» del pueblo alemán, de su ciega lealtad al Führer hasta el final. A los instructores de los procesos les ha sido transmitida la orden de que deben ocuparse no sólo de los ejecutores materiales, sino también de los inspiradores intelectuales. De manera que me he convertido en un test, un prototipo de los que han de ser castigados para ejemplo de todos, como un bacilo al que hay que aislar definitivamente. Neuborn ha reportado además a las autoridades militares que yo intereso no sólo a los historiadores o a los que estudien la política del Tercer Reich, sino también como un caso psicológico... Ya únicamente me queda ser expuesto en una jaula, quizás en el zoo.

Recibo la mayor parte de esta información cuando nos permiten salir a pasear, cada día a la hora precisa, a un gran gimnasio abandonado que está en el sótano del edificio. A todos los que están siendo objeto de algún tipo de investigación o proceso, o ya han sido condenados y esperan ser trasladados a otro lugar para cumplir su pena, se les conduce, escoltados por guardias, dos veces al día, al patio del gimnasio para realizar durante tres cuartos de hora paseos en círculo, uno detrás de otro, en fila india. Es ahí donde se intercambia lo más valioso que posee el proscrito, los retazos de información que haya podido recabar.

El sótano es muy espacioso, pero una parte considerable del suelo está cubierto por montañas de papeles, inmensas pilas de documentos, archivos y carpetas, con tapas de color marrón oscuro o verde grisáceo, anudados con cordel, formando voluminosos bloques en los que se almacenan las actas detalladas de todos los juicios que han tenido lugar desde que se iniciaron en Núremberg hace dos años las investigaciones judiciales y se celebraron las vistas, primero, contra los dirigentes del régimen, y luego contra los industriales y banqueros, los ministros y altos cargos, los sospechosos y «testigos», los marcados con el signo de la culpa.

A veces, cuando bajamos, mientras llevamos a cabo nuestro monótono deambular, me viene a la cabeza el pensamiento de que no sería extraño que todas esas montañas y cordilleras de documentos acabaran en un futuro vendidas al mejor postor, y que los beneficiarios de la venta bien podrían ser nuestros interrogadores y acusadores, quizás el propio Neuborn...

Se da la orden de reanudar el interrogatorio. He pensado que bien puedo seguirle el juego. Soy yo ahora quien me dirijo a él, mostrándome dispuesto a cooperar:

—¿Conoce usted lo que contaba Kubizek sobre aquella ocasión en que fueron a la representación de una ópera de Wagner, *Rienzi*? ¿Me permite que se lo relate? Es una escena muy gráfica.

—Adelante.

—Como usted sabrá, *Rienzi* es la historia del tribuno encumbrado por la ciudad de Roma al principio del Renacimiento, en el siglo XIV, y que fue lapidado siete años más tarde por la misma chusma que le había llevado hasta el poder... Al escuchar la música y ver la representación, según cuenta Gustl, el joven Adolf se estremeció hasta las lágrimas. Cuando abandonaron el teatro, se empeñó en que subieran juntos hasta la cumbre del monte que domina Linz. Muy exaltado, desde ese pináculo situado encima de la ciudad, Adolf le confesó a Kubizek que él sería el nuevo Rienzi, el tribuno del pueblo alemán. «Algún día recibiré un mandato del pueblo para liberarlo de la esclavitud y conducirlo hasta las cumbres de la libertad». Eso es lo que le dijo.

—Lo que, si es verdad, muestra que ya en esa época sentía ansias de dominio... —especula Neuborn—. Pero no ha respondido del todo a mi pregunta sobre las relaciones con otras personas, ni sobre sus relaciones amorosas.

—¿Se refiere a su comportamiento enternecedor con los animales, con los perros, y en algunos, muy pocos, momentos con Eva Braun? ¿Su capacidad de seducción de la alta sociedad en los primeros años, sobre todo, de las señoras, y a la vez su crueldad habitual en el trato con sus otras amantes? ¿Su desprecio, hasta el sadismo, hasta conducirla al suicidio, de su sobrina Geli Raubal, en los años veinte?

—Sí, eso sin contar las órdenes de las deportaciones y los asesinatos en masa...

—No lo sé... Lo desconozco. No puedo contestarle más de lo que ya le he dicho. Sé que en esa época de Linz parece que se enamoró locamente de una chica joven a la que vio por primera vez mientras paseaba con Kubizek en la primavera de 1906. Se llamaba Stephanie. Fue un amor romántico, además de imposible, porque Adolf nunca se atrevió a confesárselo. Un amor que le hizo sufrir y fantasear mucho. Pero él no tenía recursos económicos ni ocupación alguna, y apenas contaba dieciocho años. Quizás por una mezcla de timidez, orgullo y pavor a las mujeres, no hizo más que escribirle poemas de amor, sin hablar jamás con ella ni enviarle siquiera los versos.

—Qué extraña reacción.

—Pero lo curioso es la razón que Adolf le dio a Kubizek cuando su amigo le animó a que se presentara a la muchacha. Le contestó con brusquedad, profundamente herido en sus sentimientos, que ella tenía que conocer ya su amor, gracias a la transmisión del pensamiento... Para los enamorados no hacían falta las palabras. Su poderosa mente era capaz de transmitir sentimientos e ideas, y estaba seguro de que Stephanie se hallaba recibiendo esos mensajes.

—¡Un demente, un enajenado! —grita, inesperadamente irritado, mi acusador. Se levanta de la silla, mira a la secretaria, como si buscara justificación en la actitud silenciosa de ella a su impaciencia. Luego, vuelve a sentarse, e inquiere—: ¿Investigó usted si tuvo alguna experiencia más real con mujeres, en esa época o posteriormente, cuando se trasladó a Viena?

No deseo responderle a esa pregunta. Le contesto, bajando la cabeza:

—Con la idea de seguir preparándose para el ingreso en la Academia, se instala en Viena y consigue que su amigo Gustl se traslade a estudiar música en el Conservatorio de la capital y que ambos compartan una habitación alquilada.

Me interrumpe, agitado. Se inquieta... No acabo de saber qué es exactamente lo que está buscando. Veo ahora claramente su perfil, la deforme nariz de boxeador, el pequeño bigote negro, las orejas grandes, como el radar de un murciélago...

—¡Le he preguntado por su relación con las mujeres! ¡Le ruego que no nos haga perder el tiempo!

—Sólo le puedo contar lo que investigué en los papeles de Kubizek... También durante ese período, su opinión sobre las mujeres no dejó de ser muy ambigua. Según su amigo, llegaba a sentir un asco y una repugnancia profunda ante toda actividad o incluso ante el deseo sexual. El sexo le repelía, pero al mismo tiempo se sentía fascinado por él, y a menudo le exponía a Gustl en largas charlas por la noche sus opiniones sobre la necesidad de la pureza sexual para proteger lo que pomposamente llamaba «la llama de la vida». Temía a las mujeres, pero también deseaba que se sometieran a él. No parece que tuviera durante todos esos años en Viena —y era la época de la primera juventud, desde los dieciocho a los veinticuatro años— ninguna relación con una mujer.

—¿Quizás porque le asustaban, porque temía el contacto físico? ¿O porque era homosexual? Su intensa relación con Kubizek, sus fantasías homoeróticas cuando era ya canciller...

Neuborn parece obtener una extraña satisfacción indagando sobre estos detalles de la vida de Hitler. ¿Acaso quiere mostrar que psicológicamente se trataba de un desequilibrado desde su juventud? ¿Con eso, de forma tan simple, bastaría para dar una explicación sobre él?

Le contesto:

—Sólo son conocidas dos mujeres en su vida, su sobrina Geli y Eva Braun. A ambas las trató como un añadido, como una necesidad fisiológica. Las dos se sentían desgraciadas e intentaron suicidarse; Geli Raubal, desesperada, puso fin a su vida mientras Hitler estaba en campaña electoral.

—Pero no creo que ahí acabara todo... —dice Neuborn.

—No, es cierto, paradójicamente, a mediados de los años veinte, en Múnich, cuando comenzó a tener éxito como tribuno popular y a ser conocido, se sintió más seguro, y de forma algo sorprendente se convirtió en un donjuán, aunque siempre utilizando y sirviéndose de las mujeres a su antojo... Esa dificultad para cualquier relación humana que no fuera la del amo y el esclavo la mantuvo hasta sus últimos días en el búnker.

Neuborn está ansioso, se frota las manos con nerviosismo... Me pregunto de nuevo por qué me dirige estas preguntas. ¿Qué es lo que pretende, lo que quisiera saber, lo que desea obtener de mí...? Le miro. Leo ahora en sus ojos un brillo especial, una chispa mordaz... ¿Qué es lo que conoce de lo que ocurrió con Saskia, en Múnich, durante aquellos meses de la revolución?

Sé que recompensa cuando obtiene la información que busca y me he enterado de que puede mostrarse generoso con aquellos que se la facilitan... ¿Qué más puedo perder? Opto por exponerle abiertamente lo que opino:

—¿Quiere que le diga lo que pienso sobre esos orígenes del Führer que tanto parecen interesarle? En la vida de Hitler falta en realidad todo lo que habituamente le da peso y densidad a una existencia humana: una profesión, la amistad, el amor verdadero, incluso conocimientos sólidos que vayan más allá de lecturas apresuradas o superficiales. La de Hitler parece más bien una existencia vacía, no feliz, desde luego, pero sí ligera, inconsistente, a la que se pudiera poner término de un momento a otro... No es un hecho superficial que en todas las crisis importantes de su biografía siempre aparezca el suicidio como algo natural, inmediato, y así ocurrió también en el búnker, al final. Sólo hay algo que parece llenar esa vacuidad, y eso es la política, la decisión de hacerse político, la voluntad de llegar al núcleo del poder y dominarlo...

Mi inquisidor se detiene de nuevo. Esboza una ligera sonrisa, de triunfo. Repentinamene, se muestra amable. Me ofrece si quiero beber agua y me pregunta si necesito salir fuera de la sala, o si quizás deseo descansar más. Contesto que no, que prefiero acabar esta fase de los interrogatorios cuanto antes. Dice que está de acuerdo, que ahora va a hacerme otro tipo de preguntas.

—Me interesan mucho estas visiones generales que usted tiene sobre el Führer, sobre su significado más profundo... —hace una indicación a la mecanógrafa para que esté particularme atenta—. El hecho insólito de que durante los primeros treinta años de su vida sea un fracasado, y luego, súbitamente, al comienzo de los años veinte, después de la revolución en Baviera, se convierta, primero, en un personaje importante de la política local, supere luego la tremenda crisis del fallido putsch en 1922, y después, en apenas diez años, llegue a ser alguien de cuya voluntad acabe dependiendo el resto del mundo... no deja de ser absolutamente extraordinario. ¿Cómo fue posible?

Le respondo respetuosamente, pero utilizando de forma casi imperceptible el mismo tono irónico con el que él me ha abordado antes:

—Me permitirá que le diga que es una cuestión que llevará algún tiempo responder...

Se sonríe. No le ha resultado impertinente mi observación. Pienso durante un instante que acaso sea posible entablar con él un diálogo, una verdadera conversación. Quizás más adelante.

Vuelve a preguntar:

—¿Dónde hay que buscar? ¿En los años de Viena, o luego, durante el tiempo de la revolución en Baviera y del putsch? Él afirmó que los años en Viena fueron muy importantes para su formación.

—No creo que el período de Viena fuera tan decisivo para el desarrollo de sus ideas como él quiso hacer creer después en su libro. Aunque fuera en Viena donde empezó a comprar las revistas que publicaban los ariosofistas y simpatizantes de los mitos germánicos. Le he hablado ya de Ostario y del ambiente del Múnich de esos años...

Mi actitud ha hecho que Neuborn se muestre más relajado y prosiga la conversación. Me mira de nuevo a los ojos, ahora con curiosidad, y dice:

—Él escribió que fue durante la época de Viena cuando se le abrieron los ojos a las dos grandes amenazas de las que antes apenas conocía el nombre...

—Sí —intervengo, asintiendo con la cabeza—, las dos amenazas: los judíos y el marxismo. También que la recordaba como una de las épocas más duras y deprimentes de su vida, que tuvo que sufrir extrema pobreza y miseria, con doña Caridad como su nueva madre.

—¿Qué piensa que le sucedió en la capital austriaca? ¿Cómo le influyó?

—Hay un aspecto importante —contesto—. Hitler detestaba profundamente Viena. La consideraba una Babilonia de razas y lenguas, una ciudad sucia, símbolo de la fragilidad del Imperio austrohúngaro. La cuestión relevante es que asoció la debilidad del Imperio de los Habsburgo con la mezcla de razas. Y conoció a dos personajes de los que aprendió mucho, dos políticos muy populares en aquellos años en Viena. El primero le enseñó lo eficaz que podía ser utilizar el odio a los judíos que subyacía en el ambiente de Europa del Este. El otro le hizo ver lo decisivo que era el populismo, saber conducir a las masas aprovechando los sentimientos de rencor, de odio o de temor.

Neuborn vuelve a mostrar una sonrisa condescendiente. No puedo seguir mucho más tiempo, el dolor de la espalda se ha hecho insoportable. Estoy exhausto; él, por el contrario, parece disfrutar con el interrogatorio

Quiere saber si es cierto que, como escribió Hitler, vivió en Viena en la más completa indigencia, si verdaderamente supo en su propia carne lo que después proclamó, que «era uno de ellos», uno de los marginados y desclasados, uno más de los que venían a él para escuchar sus discursos como la única tabla de salvación para su indigencia y abandono.

—¿Es cierto que conoció la penuria y la marginación? —me pregunta.

—Eso ocurrió algo más tarde, en los últimos años de Viena, después de romper con Kubizek. Al principio tenía suficiente dinero; si vivió con ciertas estrecheces fue porque todos sus ingresos mensuales se los gastaba en la ópera. No podía renovar el vestuario que se había traído de Linz, iba vestido con un viejo traje negro y un sombrero, y apenas si le llegaba para comer. Durante algún tiempo sólo se pudo alimentar de leche y pan. Seguía sin trabajar en nada, no fue albañil, ni obrero, como luego dijo, pero sí continuó desplegando una actividad febril y caótica: un día empezaba a componer una ópera con Kubizek, otro recorría los barrios pobres de Viena y dibujaba la ciudad soñada de los obreros o diseñaba grandes plazas y avenidas.

—¿Y qué pasó luego con Kubizek...?

—Se produjo la ruptura entre los dos. Fue después del verano de 1908. Cuando volvió de las vacaciones, Adolf ya no le estaba esperando en la estación ni en la habitación que ambos compartían. Había desaparecido. Posiblemente se mudó a otra pensión, más barata, y no quiso saber nada más de Gustl.

—¿Por qué? ¿Qué razón tenía para actuar así?

—Es muy posible que por la vergüenza de tener que confesarle que en su segundo intento de ingresar en la Academia de Bellas Artes, tras dos días de exámenes, se le había rechazado. Fue un golpe muy duro, tremendo, que alimentó su odio y su incomprensión durante años y quizá durante el resto de su vida. De repente, debió de sentir una profunda desazón, la existencia se le apareció sin sentido alguno...

Le indico que se trata de la segunda gran tragedia en la vida del joven Hitler: primero, la muerte de la madre, la pérdida del ser más querido, la única que sabía comprenderlo, y, después, la quiebra de su gran meta, de su sueño de ser un artista.

—Sin duda, ambos hechos afectaron profundamente a una naturaleza como la suya —dice Neuborn—. ¿Pero qué hay de cierto —insiste— en su afirmación de que conoció la miseria y la marginación?

—Por algún problema burocrático dejó de percibir su pensión paterna y también se quedó sin el dinero que lograba conseguir de vez en cuando de una pariente cercana. Entonces sí se vio obligado a abandonar las pensiones y dormir en casas de caridad o, cuando hacía buen tiempo, en los parques. No tenía qué comer, y su aspecto exterior era el de alguien desvalido y enfermo. Por primera vez intentó un trabajo manual, el de barrendero. Pero aguantó muy pocos días; luego empezó a pintar postales y acuarelas que un amigo vendía por las calles de Viena.

Neuborn garabatea de nuevo notas rápidas en su cuaderno. Deduzco que algunos de los datos que le he facilitado le son útiles por alguna razón y que su curiosidad por mi opinión sobre Hitler permanece invariable. Es él ahora quien introduce animadamente fragmentos de información en la conversación:

—Sí, su extraña relación con aquel marginado, un tal Hanisch... Parece que hicieron una especie de acuerdo comercial. Hitler pintaba las acuarelas de las calles y monumentos de Viena, y Hanisch las vendía, repartiéndose los beneficios a partes iguales. Hasta que surgió la disputa, porque, según cuenta Hitler, Hanisch le engañaba y quería cobrar más, y la relación comercial terminó con un pleito ante los tribunales.

—Con la venta de las acuarelas —agrego— consiguió estabilizarse durante algún tiempo y se trasladó a vivir a una residencia masculina, una especie de albergue para hombres solos. Allí se quedó viviendo durante cinco años, una época sobre la que es difícil saber alguna cosa.

—¿No investigó usted cuál fue su género de vida durante esos años?

—Es posible conocer a grandes rasgos lo que hacía. Leía la prensa, pintaba sus acuarelas y postales en una esquina de la sala de lectura del hostal. Tras varias horas de trabajo ensimismado, era frecuente que se enzarzara en discusiones con los demás o que lanzara un discurso acalorado e interminable, sin importarle demasiado el auditorio, numeroso o inexistente, ni sus objeciones. Sólo le interesaba expresar abruptamente sus ideas, una cascada sin dique alguno. Si la discusión se elevaba de tono, abandonaba enfurecido el lugar o se volvía a enfrascar en el trabajo, desdeñando a semejante auditorio.

—Un colérico infantil —dice, cortante, pero obviamente satisfecho, Neuborn. Echa el cuerpo y los brazos hacia delante, como si quisiera dar por terminada la conversación, pero todavía añade—: Un ser desequilibrado, lleno de orgullo humillado, que intentaba compensar sintiendo un profundo desprecio hacia todos los que le rodeaban, a los que consideraba incapaces de entender su genialidad...

—Quizás sea así —le replico—. Pero si me permite decirle algo, esos rasgos, sin duda de un inadaptado, de un marginado social, no dan como resultado necesario la figura de Hitler como Führer del pueblo alemán, y menos la de un psicópata...

Mi acusador parece haber aceptado con benevolencia mi observación. Estoy demasiado agotado. Noto la debilidad que me recorre el cuerpo y me hace temblar ligeramente las piernas. Escudriño en los ojos de Neuborn. No hay ninguna señal de cansancio, si acaso una ligera expresión de sarcasmo, como un púgil consciente de su superioridad que no hubiera hecho hasta ahora sino acercarse al contrario, tantear sus resistencias... He intentado hacer una descripción objetiva. Ciertamente, él buscó que no sólo sus últimos días, sino toda su vida, se recubriera de un aura sobrehumana...

—Escriba —me inquiere Neuborn, con tono exigente, antes de dar las órdenes para que se me escolte fuera de la sala—. Siga relatando los detalles que usted conoce de la vida de Hitler durante los años posteriores. ¿Qué fue lo que ocurrió? ¿De dónde y cómo emergió el odio sin límites? Aquella fuerza violenta, aquella capacidad de atraer y de destruir de la que usted afirma que no fue más que una víctima impotente... Voy a dejar que le acompañen a su celda, para que trabaje allí. Y recuerde que se juega usted mucho... se juega usted el cuello.

VI

Durante aquella noche, tras la marcha sobre Múnich, no dejé de observar los movimientos de los sublevados y de intentar activar los canales de comunicación.

Desde hacía meses se había puesto en marcha una red informal de inteligencia que debía servir de correa de transmisión con dirigentes relevantes de las organizaciones patrióticas. Esta red de información y sus enlaces en las sociedades secretas y asociaciones patrióticas que hasta ese momento se habían contentado con hacer reuniones y fomentar los ejercicios atléticos, o, en el mejor de los casos, publicar artículos en los periódicos y libros sobre cuestiones mitológicas e históricas, se mostró a partir de entonces como la base esencial para organizar la resistencia a la revolución.

Nuestra mayor preocupación era conocer con exactitud el grado de infiltración de la propaganda subversiva entre la policía y los rangos inferiores del Ejército. ¿Con qué efectivos se podía contar para hacer frente a los desórdenes en las calles, a los saqueos en los comercios y a los robos en las viviendas privadas, que no tardaron en extenderse, primero por los suburbios, y luego también por el centro? ¿Cómo organizar la oposición?

Al día siguiente de la marcha desde la Theresienwiese, la mayoría de los ciudadanos parecían haber aceptado la inesperada erupción del fragor Eisner con una mezcla de pasividad bávara y de expectación.

Múnich amaneció iluminada por banderas rojas y carteles amarillos y escarlatas adheridos a lugares visibles en los que se podía leer la consigna de que «el pueblo, para poner fin a los largos años de desolación», se había levantado «contra los opresores, tomando en sus manos el gobierno». El Ejército y la policía pasaban a depender del mando supremo del Gobierno republicano. «La dinastía Wittelsbach —seguían diciendo los pasquines— ha sido derrocada. ¡Viva la República!». Y firmaba: «El Consejo de Obreros y Soldados. Kurt Eisner».

Para garantizar el tránsito pacífico a la nueva era, el consejo ordenó inmediatamente el cierre de cervecerías y locales públicos a partir de las ocho de la tarde, y el toque de queda desde las nueve. Todos debían someterse a la nueva virtud republicana, empezando por los diarios, que fueron masivamente prohibidos, con la única excepción del periódico en el que Eisner hizo publicar su proclama revolucionaria, además de un acuciante llamamiento para que no se interrumpieran los abastecimientos agrícolas a la nueva Jerusalén.

El periódico anunciaba también la promesa del consejo de lograr, gracias a la intermediación de la ahora llamada «República social y democrática de Baviera», la firma de un tratado de paz de Alemania con todos sus enemigos exteriores. El mando provisional republicano afirmaba comprometerse a garantizar el orden y la seguridad pública, la inmunidad de cada ciudadano, e incluso la propiedad privada. La elección de una asamblea constituyente por todos los hombres y las mujeres mayores de edad debía ser la vía para hacer posible la creación de una comunidad fraterna de seres humanos iguales y libres.

¡Qué gran ideal, el sueño de los hombres pacíficos y fraternos, las mismas proclamas que llevaron a Luis XVI y a María Antonieta a la guillotina, y después desencadenaron una de las mayores masacres de la historia, cuando se decía que el olor de los cadáveres de los que cada día eran ajusticiados impregnaba las paredes y las ropas, un olor intenso y fétido que era percibido por los visitantes desde mucho antes de acercarse a la ciudad! ¿Era eso lo que le esperaba a Alemania, a Múnich? ¡La paz, la República, la obra creadora de todos los trabajadores...!

Había que actuar con decisión, no podíamos dejar que transcurrieran las horas sin oponer resistencia. Las preguntas sobre el camino a seguir se acumulaban. ¿Cómo impedir que el Gobierno revolucionario llegara a consolidar su dominio de los puestos neurálgicos de la ciudad? ¿Qué estaba ocurriendo en el Cuartel General del Ejército, donde era difícil dar por supuesto que la oficialidad se hubiera rendido sin resistencia a las fuerzas enviadas por Eisner?

En algunos lugares de Múnich, cerca de la universidad y al otro lado de la Königsplatz, se veían alzarse humaredas espesas. Eran las primeras muestras de violencia. El tiempo había cambiado y el frío viento de las primeras nieves de los Alpes penetraba como un estilete por todo el cuerpo, no permitiendo que el cansancio ganara un solo instante sobre la excitación. Poco a poco me llegaban noticias entrecortadas sobre grupos, aún acobardados, que comenzaban a reaccionar proclamando su descontento con frases contra Eisner en las paredes y en los cafés.

Esa misma mañana, el segundo día en la vida de la nueva República bávara, Eisner anunció que formaría inmediatamente un Gobierno de coalición con los socialdemócratas, a los que no dudó en confiar la dirección del Ministerio del Interior y el mando sobre la policía, un movimiento que me sorprendió. ¿Estaba el jefe de los insurrectos dispuesto a que el fuego sagrado de la revolución acabara en manos de sus antiguos camaradas, a los que había traicionado, alejándose de ellos por no haberse opuesto a la guerra? ¿Quién ostentaría el poder real si los socialdemócratas seguían contando, al menos sobre el papel, con el apoyo de la mayoría de los electores? ¿Sabría Eisner mantener su promesa de convocar elecciones a una asamblea constituyente en la que podría no obtener el apoyo suficiente?

No fue hasta el mediodía cuando conseguí comunicar de nuevo con mi oficial superior, quien me puso al corriente de la situación. Tanto el ministerio como el Cuartel General del Ejército estaban bajo el mando de los rebeldes, y todos los oficiales de mayor graduación habían permanecido por seguridad en sus casas, pero nuestra red de agentes y el contacto entre los puntos de información se mantenían prácticamente inalterables. Ostario había comenzado a reaccionar con agilidad, consiguiendo reunir a una gran parte de los grupos patrióticos bajo la égida de Thelema en el Cuatro Estaciones, que se estaba convirtiendo rápidamente en el centro neurálgico de la organización de la resistencia.

Más difícil era saber dónde podrían encontrarse Saskia, Peter Ratsam y los demás. No podía todavía acercarme a casa y ver si Saskia seguía allí. Empezaba a notar un profundo cansancio, fruto de la tensión de toda la noche y la falta de alimento y bebida. Pero debía seguir en mi puesto y continuar facilitando el intercambio de información entre el departamento, otras unidades del Ejército y las organizaciones patrióticas. Todo parecía estar ocurriendo con demasiada lentitud. Si no había una respuesta rápida, Eisner y los suyos consolidarían su poder en las instituciones y luego cualquier tentativa se enfrentaría a obstáculos quizá insalvables.

Caía la tarde cuando conseguí por fin reponer fuerzas en uno de los pocos cafés que no habían cerrado. Nada más entrar, el dueño del local me hizo señas para que me apartara enseguida de la puerta. Había un grupo de obreros, pensé que podían ser de las cercanas fábricas Krupp, sentados en una de las mesas redondas de la esquina, que parecían estar hablando de los acontecimientos y me dirigieron una mirada hostil nada más ver llegar a un desconocido. Uno de ellos llevaba un ojo cubierto por un parche, lo que le otorgaba una insólita apariencia de corsario...

Casi todas las tiendas y las cervecerías, que a esas horas solían estar llenas de la gente que salía del trabajo, se encontraban vacías, y la mayoría cerradas durante varios días. Había comenzado a caer la noche y las potentes farolas de la Theatinerplatz iluminaban los enjambres de personas que seguían deambulando por las calles, yendo de un lugar a otro, siguiendo el desplazamiento de los miembros del nuevo Gobierno o permaneciendo a la espera de nuevas noticias. Excepto por estos movimientos nerviosos y zigzagueantes, toda la ciudad parecía encontrarse recogida en un pesado sopor, consecuencia del agotamiento tras los acontecimientos de los dos últimos días, y a la vez como electrizada, con la sensibilidad a flor de piel, intuyendo de forma insondable que los acontecimientos no habían hecho más que comenzar.

Logré por fin tener noticias del joven Ratsam, que había pasado la jornada escondido con un grupo de amigos afines, intentando averiguar lo que estaba sucediendo en el Parlamento, y poco después nos reuníamos con el propio Peter, y tres o cuatro compañeros más en casa de uno de ellos. Estaba también Hess.

Los ánimos se hallaban muy exaltados. Observé el rostro taciturno de Hess cuando empezó a hablar con una determinación que se compadecía mal con su habitual aspecto huidizo:

—Múnich, como Baviera —empezó diciendo, con tono apesadumbrado—, gobernadas por un poetastro judío...

Hess llevaba la camisa gris de su uniforme de soldado, sin insignia alguna, y unos pantalones de montar. Estaba desolado:

—¡Una broma de mal gusto! —dijo, con el ceño fruncido, las espesas cejas formando un arco continuo encima de los ojos—. Un periodista berlinés al que hace unos meses apenas conocía nadie. ¡Es Schwabing al poder! Pues bien, que siga el espectáculo: dentro de cinco minutos cae el telón y se hace mutis por el foro. ¿Cuánto tiempo lo van a permitir?

Intervino, más calmado, Peter. A pesar de sus pocos años, noté que los demás le escuchaban con atención. El joven Ratsam transmitía la opinión de su padre, quien estaba convencido de que todo aquello se agostaría como flor del heno. Baviera no estaba hecha para la revolución, antes o después los bávaros no permitirían que Eisner controlara la situación. Yo no estaba, sin embargo, tan seguro de ver desaparecer como una tormenta de verano lo que aquellos primeros días parecían anunciar.

Hess veía confirmarse sus peores augurios; la derrota ultrajante, y ahora una negociación vergonzosa que amenazaba con derivar hacia una humillación todavía mayor.

—La cuestión no es Eisner... —Las palabras salían con dificultad de su boca—. Eisner no es más que un Kerénski, un paso intermedio que acabará siendo un mero títere de cartón piedra. Pero ha hecho que olisqueen la sangre y no va a poder contener a los más exaltados... Intentará todo lo posible para firmar un tratado de paz con franceses y británicos. ¡Una paz que es una traición! ¿Querrá que nos avergoncemos todavía más, que nos arrastremos por el barro, pidiendo perdón, aceptando una ignominiosa culpabilidad? Lleva años diciendo que los alemanes tenemos que acusarnos de haber sido los instigadores de la guerra para poder volver a ser aceptados entre los países amantes de la paz. ¡Es una rata de cloaca!

Los mensajes que a lo largo del día había ido recibiendo sobre lo que estaba ocurriendo en Berlín no eran menos inquietantes. La situación comenzaba a ser tan alarmante como en Múnich.

Tanto Hess como el joven Ratsam estaban esperando que les transmitiera noticias del Ejército.

—Toda Alemania tiene sus ojos puestos en la República de Baviera —empecé a hablar, pausadamente, mientras dirigía una mirada nerviosa a Hess, que parecía volver a estar ausente, absorto en sus pensamientos. Su rostro resultaba inexpresivo, una máscara que se negara a escuchar, como si nada de lo que se dijera le pudiera apartar de los pensamientos que comenzaban a obnubilarle. Me pregunté durante un instante por qué Saskia no había intentado localizarme y si habría estado durante aquel tiempo en compañía de Ratsam y Hess.

Después añadí:

—El incendio está a punto de propagarse a Berlín. Eisner parece dispuesto a aceptar que no se nacionalicen las fábricas, aunque va a anunciar que sólo una Alemania sin cabezas coronadas podrá sentarse en la mesa de los vencedores. Hay muchos en Berlín con ganas de oír esas palabras y para los que el alzamiento en Múnich ha sido un detonante. Y entonces ya no habrá quien les pueda detener: la revolución será una realidad en toda Alemania.

Hess se levantó de la silla dando un respingo y con los brazos en alto, preso de una gran exaltación, exclamó:

—¡Berlín y Múnich en manos de los sóviets, el nuevo Moscú y el nuevo San Petersburgo!

En ese momento entró Saskia por la puerta. Tenía el cabello alborotado y algunas gotas de lluvia le resbalaban todavía por la cara. Noté cómo el corazón me daba un vuelco al observar su belleza resplandeciente. Aparentaba una serenidad inesperada, dadas las circunstancias. Después de saludar con naturalidad, permaneció callada, con la mirada fija la mayor parte del tiempo en Hess, al que se le podían notar en la hinchazón de las venas de las sienes y del cuello la tensión en la que se encontraba. Luego, durante apenas un segundo, giró la cabeza hacia Peter, con un gesto casi imperceptible, pero que bastó para darme cuenta de que los dos no confiaban plenamente en que yo fuera capaz de actuar con la misma determinación que ellos.

Hess se había vuelto a poner de pie, mientras gesticulaba agitadamente con las manos, antes de que nos volviéramos a separar:

—¡Depende de nosotros que Alemania sea entregada como una mujer pública a sus enemigos o que vuelva a renacer de sus cenizas! —Sus ojos hundidos y extraviados parecían volver a revivir los momentos más duros experimentados en las trincheras—. Hay que aprovechar todos los conatos de resistencia y saber cuáles son las unidades que no están desmoralizadas y cuentan con oficiales leales. ¡La única posibilidad que tenemos es conseguir que el Ejército entregue armas a las organizaciones patrióticas...!

Las noticias que yo había recibido de la situación en Berlín no eran equivocadas. Al día siguiente, el populacho marchaba por las avenidas y calles de la capital del Reich gritando «¡Paz, pan, libertad!», antes de que se oyera ya sólo un único clamor: «¡Viva la República!».

Tampoco los Hohenzollern supieron comportarse con mayor dignidad que sus parientes bávaros. Al honorable e ilustre príncipe de Baden, nombrado apresuradamente canciller del Reich por su primo, el emperador, no le importó sacrificar la misma tarde a quien le había nombrado, empujándole a abdicar, imaginando así poder contener a la masa de obreros y soldados dispuestos a tomar la ciudad.

Sin embargo, pocas horas después de ese cobarde acto, viéndose superado a gran celeridad por los acontecimientos, Max Von Baden entregó el cargo de canciller a Friedrich Ebert, el máximo dirigente de los socialdemócratas, del que se conocía su escaso entusiasmo por la revolución y del que se esperaba que pudiera contener en el último momento a los radicales. ¿Buscó el príncipe de Baden una cabeza de turco a la que poder acusar de lo que estaba por llegar? Si fue así, lo que consiguió en realidad fue abrir la espita de las pasiones más voraces, sin advertir que la historia se comporta en ocasiones como una mujer altanera y despreciativa, siempre dispuesta a alejarse de aquellos que no son capaces de enfrentarse a ella...

Poco importó que Ebert, el honrado curtidor, confiara en que todavía podría contener los diques desbordados y abogara con solemnes frases para que la consolidación del nuevo Gobierno se produjera a través de cauces legales, tras la convocatoria de una asamblea constituyente. En medio de la confusión que dominaba Berlín, de las masas apoderándose de las calles y de los actos de rapiña en los comercios y en las casas particulares, los espartaquistas, la izquierda más radical, amenazaban con proclamar una república socialista siguiendo el modelo bolchevique.

No había mucho margen para mantener la legalidad tras la que intentaba escudarse Ebert. Con el fin de impedir que los radicales se hicieran con el control de la situación, otro dirigente socialdemócrata improvisó un discurso desde el balcón del Parlamento ante la plebe expectante, que acabó con el grito de «¡Viva la República alemana!», y con ello se produjo la proclamación oficial del nuevo régimen republicano.

Tras esta declaración, los dados del destino estaban echados. También Berlín había caído, y Ebert, sin saber qué hacer, se encontraba de repente con la responsabilidad de gobernar una Alemania que se precipitaba hacia el vacío revolucionario.

Ebert en Berlín y Eisner en Múnich coincidían en el objetivo de obtener la paz con los aliados aún a costa de vender a la patria, pero divergían en casi todo lo demás. Además, Múnich estaba demasiado lejos de Berlín y la situación era lo suficientemente enmarañada como para que lo que ocurría en la capital bávara tuviera su propia dinámica.

Unos días después fui testigo de lo que Eisner entendía por el ejercicio de la máxima autoridad en Baviera. Quiso celebrar el triunfo de los sublevados con una fiesta revolucionaria en el viejo Teatro Real, ahora rebautizado como Teatro Nacional.

Gracias a los contactos que aún mantenía con la administración del teatro, todavía no destituida por el consejo revolucionario, pude conseguir una entrada e introducirme con el numeroso público invitado, sin llamar la atención, como si fuera un joven revolucionario más.

Eisner había prohibido terminantemente el uso de uniformes o de fracs a los asistentes; todos debían vestir trajes de calle sencillos. Los ministros del nuevo Gobierno se mezclaban entre el público, sin ocupar sus habituales sitiales de honor, pretendiendo así resaltar la igualdad ya lograda en la deseada Sión.

El nuevo jefe del Gobierno ordenó escenificar un espectáculo grotesco mientras en las calles se oían tiros dispersos y en el resto de Alemania se instalaba la anarquía... El programa musical previsto para la velada era tan estrafalario y barroco como su discurso de apertura. Tras escuchar los cánticos a la libertad y a la marcha triunfal del espíritu humano de la obertura *Leonora* de Beethoven, el autoproclamado presidente del Gobierno provisional de Baviera se dirigió a los invitados a la ceremonia anunciando los nuevos esponsales entre la música y la revolución:

—Lo que Beethoven hizo con su grandiosa visión de una Humanidad liberada —clamaba desde los asientos de honor, en el lugar donde solía asistir a los conciertos el rey acompañado de la corte— ha sido anticipar la realidad que hoy estamos viviendo en Baviera. —Para luego afirmar, henchido de un idealismo peligrosamente ajeno a los hechos—: El fin de la revolución es dar al mundo un ejemplo de la unidad entre el ideal y la realidad.

Después de estas palabras, que inauguraban el nuevo Parnaso revolucionario bávaro, un grupo teatral representó aquella escena de Goethe que llega a su culmen cuando los actores elevan sus voces entonando una plegaria mística y gritan: «¡Adelante, hacia arriba, adelante! La obra que ha de hacerse, se hará». A continuación, el coro cantó con voz solemne el pasaje del *Mesías* de Händel en el que se anuncia que «el pueblo, que se encontraba en tinieblas, vio una gran luz», antes de que la orquesta finalizara su proclamación de la nueva patria del amor universal con los primeros movimientos del *Egmont* de Beethoven.

Lo verdaderamente insensato es que el presidente de la recién nacida República bávara pretendía trasladar estos mismos principios a las relaciones con los otros países, y en primer lugar, con los enemigos de Alemania. Aquel romanticismo de opereta, bien insertado en una cabeza rebosante de vahos líricos y de lecturas dispersas, le había hecho creer que sólo con obtener de los aliados un tratado de paz la situación cambiaría de raíz. Se nombró a sí mismo, además de jefe de Gobierno, ministro de Asuntos Exteriores, e inmediatamente prometió lograr «una paz justa» para Alemania, anunciando que Baviera debía transformarse en un modelo moral para el resto de los alemanes. Había que dejar de mirar hacia la capital del Reich en busca de orientación política; ahora era la República de Baviera la que, merced a su probada virtud moral, debía gobernar Alemania, y ya no Berlín.

Lo que ocurría mientras tanto en las calles tenía, sin embargo, poco que ver con la armoniosa síntesis de los sueños y la realidad que Eisner predicaba y que sólo tenía lugar en su cabeza.

Después de la disolución de las fuerzas de seguridad del Estado, ya no podía hablarse de ley ni de orden. Al problema de la violencia en las calles y de los robos y pillajes, Eisner intentó responder invistiendo precipitadamente a un joven teniente —inexperto y desconocido, pero leal a la causa— con el cargo de comandante en jefe del Ejército bávaro, y reclutando seguidamente a los obreros de las fábricas para que formaran grupos de voluntarios dispuestos a mantener el orden.

Estas medidas sólo consiguieron aumentar la confusión. Las indisciplinadas tropas de policía que se formaron de forma espontánea en los lugares más variopintos de la ciudad, en las fábricas y en las cervecerías, empezaron a intentar imponer su peculiar sentido del orden público y a enfrentarse unas con otras.

Reaccionando con brusquedad a la confusión creada, Eisner se apresuró a nombrar un nuevo ministro encargado de todas las cuestiones militares y de mantener el orden público, quien sin embargo apenas podía ocuparse de encontrar comida y vivienda para los miles de soldados desmovilizados que continuamente seguían llegando del frente.

Los mayores arrebatos místicos los sufría Eisner al soñar en sus planes de pacificación universales.

A las pocas semanas de hacerse con el poder, el flamante presidente y ministro de Asuntos Exteriores de la República bávara solicitaba en un telegrama oficial al presidente norteamericano una paz «compasiva» para Alemania.

Ante la dureza de oído de Wilson, Eisner decidió que la mejor forma de obtener el favor de los enemigos de Alemania era hacer públicos determinados documentos de la época anterior a la guerra con el fin de hacer culpable al káiser del inicio de las hostilidades. Sobre la base de estos documentos se pretendía acusar al káiser de haber apoyado a su primo, el emperador austriaco, en su lucha por contener el expansionismo serbio. Admitir esas acusaciones era reconocer una falsa culpabilidad de Alemania en la génesis de la guerra, aceptar el baldón de los miles de víctimas y de la destrucción causada por la contienda, olvidando sus verdaderos orígenes: el revanchismo francés y el paneslavismo ruso.

¡Un títere, un histrión! Eisner no era sólo un mal actor de la ópera bufa que él mismo había puesto en escena; la traición que él encarnaba se estaba convirtiendo rápidamente en una tragedia grotesca, y la vergüenza, en un odio creciente al que empezó a ser conocido en toda Alemania como «el renegado».

Pero la revolución no se hallaba aún sino en sus primeros pasos.

Eisner tuvo que enfrentarse seguidamente, primero, a sus propios compañeros de viaje, a los socialdemócratas, que querían suprimir los consejos y convocar elecciones parlamentarias, y luego, ante todo, se vio obligado a hacer frente a los radicales, que le empujaban a utilizar la caída de la Monarquía para desmantelar la gran industria e introducir una economía nacionalizada y plenamente socialista. Los bolcheviques y los anarquistas propugnaban instaurar una «democracia verdadera», como la que Lenin había llevado a Rusia pocos meses antes. No eran el Parlamento y unas elecciones sujetas a los sentimientos oscilantes y poco de fiar del pueblo, sino el poder de los sóviets el que debía expresar la auténtica voluntad popular.

A principios de diciembre, varios centenares de anarquistas se apoderaron por la fuerza de las salas de redacción de los periódicos que no se habían sometido al control revolucionario, obligándoles a publicar al día siguiente una edición en la que incitaban a los sublevados a consumar la revolución. Otro grupo secuestró a punta de pistola a uno de los principales ministros del Gobierno, forzándole a presentar su dimisión. Ante la pasividad de Eisner, que se negaba a condenar los actos de violencia, aduciendo que eran actos de reconocimiento a su persona, la revolución se internaba en una fase más decisiva.

En el nuevo Edén bávaro comenzaban a reinar la anarquía y el miedo. Los soldados desmovilizados de sus unidades continuaban cayendo sobre la ciudad, famélicos y enfermos, aumentando así el ejército de los desempleados. Todavía sometidos al bloqueo exterior de los aliados, el hambre causaba verdaderos estragos, y lo poco que había para comer no dejaba de aumentar de precio. Desde la llegada de los sediciosos al poder, el precio del pan se había multiplicado por cuatro; una botella de vino costaba ahora tres veces más. El Gobierno reaccionaba emitiendo billetes que en cuanto eran puestos en circulación comenzaban a perder su valor.

En las calles se orquestaban ininterrumpidamente manifestaciones y protestas contra los enemigos de la revolución, muchas de las cuales dejaban tras de sí un saldo de víctimas mortales. Eisner se mostraba cada día más excitado ante estas muestras de indisciplina; la realidad se alejaba a pasos agigantados de su imaginado paraíso bávaro.

Siguiendo una de sus imprudentes directrices, los partidos afines al Gobierno dieron entonces un paso más: decidieron crear una milicia republicana con el fin de servir de apoyo a la policía, que se encontraba desbordada por los acontecimientos.

Fue en ese momento, ante la anarquía, el caos y aquellas irrisorias bufonadas cuando sonó la hora de Thelema...

VII

En medio de las turbulencias políticas, yo sufría la frialdad creciente, el distanciamiento, que observaba en Saskia. Durante las primeras semanas después de la aparición de Eisner, la turbación se había instalado también en nuestras vidas cotidianas. Muchos días no podía dormir en casa, obligado por el toque de queda a pasar la noche o a veces a permanecer varios días en la vivienda de algún amigo o colaborador del ministerio. Otras veces conseguía llegar antes del anochecer, lleno de nostalgia y de deseo, y Saskia no estaba allí; encontraba los muebles y los objetos de la casa trasladados de lugar, como si en el piso se hubieran reunido, o quizás escondido, varias personas durante algunos días. Echaba de menos sus abrazos, sus caricias; su rostro y su cuerpo, su belleza de astro solitario y parpadeante.

Recordaba las palabras que me había dicho a los pocos días de que yo hubiera conocido a Ostario. Era por la mañana, todavía las primeras luces del día no habían conseguido clarear nuestra habitación; me había quedado hasta una hora tardía trabajando, escribiendo, y mis libros se amontonaban de forma desordenada sobre la mesa, en una esquina del cuarto.

De las paredes colgaban algunos de los bocetos y pinturas que ella había hecho en el último año, «mis alucinaciones», las llamaba Saskia: escenas de la guerra, los soldados en la trinchera, o avanzando hacia un puesto enemigo, en el horizonte el resplandor del fuego de obuses, rojo y brillante como el carmesí; hombres y mujeres que gritaban, el rostro desencajado, sobre un fondo de armonía campesina; también imágenes del Múnich de aquellos años, de los cafés y cervecerías, con retratos en primer plano de sus amigos pintores, de los personajes exóticos de Schwabing, los buscadores del Grial, los espíritus libres...

Ella me miraba con sus ojos astutos, bien segura de que siempre tendría en sus manos bazas con las que yo no podría contar, entradas y salidas en el laberinto de los sentimientos, de los deseos, búsquedas en las que yo no tendría el valor de seguirle. Se erguía con agilidad sobre la cama, las sábanas aún ocultando su cuerpo bruñido y ardiente, dirigiéndome frases que no parecían ser suyas, frases frías y cortantes.

—He tenido una pesadilla. La voz de Saskia sonaba todavía adormecida, como si un fino terciopelo la envolviera y la hiciera más opaca, más lejana; desde la cocina llegaba el olor denso y acre del café recién hecho—. Un sueño que se parece mucho a esa pintura de Hieronymus Bosch que tanto te entusiasma, *El carro del heno,* y que yo detesto.

Su carácter, como las aguas azotadas por el viento, cambiaba por momentos. A veces, desapegada e indiferente, me daba a entender con frases cortas que yo no le importaba. Entonces sentía cómo la angustia me aprisionaba y me agarrotaba la garganta, incapaz de pronunciar una sola palabra, deseando no haberla conocido. En otras ocasiones se mostraba alegre y despreocupada. Era maravilloso cuando se despertaba y de repente, con la cara brillante, como un ángel niño, me decía:

—¡Te cuento lo que he soñado! ¡Lo que he soñado para ti!

La noche anterior había llorado desconsoladamente, sin razón aparente alguna. El llanto se había acabado transformando en lamentos histéricos. Gritaba que le dolía, ¡le dolía!, ¡le hacía daño!, cada vez más fuerte, sollozaba, y volvía a lamentarse con una tristeza infinita. Pensé, sin mucho fundamento, en un desconsuelo originario, en la melancolía de la mujer por el dolor del mundo, en su infelicidad enraizada en la tierra... ¿Qué podía yo hacer? Volví a caer en la trampa... Ella quería que yo sufriera también, que sintiera su dolor, su dolor incomprensible para mí. Era un infierno. Escucharla llorando, no poder ni saber hacer nada, y sentirse estúpido, dando vueltas por la vivienda en mitad de la noche. Desconfié de que pudiera hacer algo. Luego, sin embargo, le lavé los pies, dulcemente, y se fue tranquilizando...

Esa mañana la notaba todavía bajo el influjo sombrío de la noche pasada. Le animé, para aligerarla de su pesadumbre, a que siguiera relatándome su sueño con las imágenes del Bosco:

—Me daba la impresión de que estaba recorriendo lentamente el interior de las escenas del cuadro —dijo—, como si fuera parte de él. En primer término veía a un hombre que ya no era joven, hambriento, vestido de andrajos; llevaba una cesta de mimbre sujeta a la espalda y caminaba por un paisaje amenazador. En el suelo yacían esparcidos un cráneo y varios huesos mientras un perro repugnante intentaba mordisquearle los talones.

—¿Te refieres a una de las partes del cuadro que están en las alas exteriores? —Habíamos estado viendo los dos una copia del tríptico del Bosco en casa de un amigo artista días atrás. Añadí—: No creo que sea lo mejor de él.

Pero sin duda no era la calidad artística lo que había inquietado a Saskia...

—Además de ese peregrino andando de forma precavida por el centro, había otras escenas —continuó, inquieta—. Al fondo, se divisaban unos bandidos que, después de robar a otro viajero, lo estaban atando a un árbol, mientras a la derecha unos campesinos bailaban al son estridente de un instrumento musical. En el sueño no podía escuchar la música, pero veía con claridad los rostros cambiantes de los campesinos, a los que llenaba de pánico el sonido agudo del instrumento. En el horizonte se podía reconocer a una multitud que se agolpaba alrededor de una enorme horca, delante de una rueda giratoria, y en esa rueda estaban expuestos los cuerpos de los criminales a los que se ejecutaba...

Saskia no pudo evitar un escalofrío que le hizo saltar fuera de la cama y ponerse en pie, muy agitada, alzando la voz:

—¡Pero las figuras en mi sueño estaban vivas, se movían, eran personas de carne y huesos! ¡También los cadáveres, con los miembros mutilados!

Intenté tranquilizarla. La acaricié suavemente, tomándola de la mano y llevándola de nuevo hacia la cama, donde conseguí que se volviera a acostar. Me acerqué después a la cocina a por una taza de café.

El café tenía un sabor muy fuerte y estaba ardiendo, casi me quemé la lengua al probarlo. Aunque por efecto de los saqueos a los comercios y de las crecientes dificultades para el abastecimiento se había convertido en un bien preciado y escaso, lograba hacerme con un pequeño paquete de vez en cuando.

—Bueno, es una idea bastante habitual en la Edad Media —le dije, sentándome en la cama cerca de ella y pasando con ternura la mano sobre su cabellera. Intentaba que cambiara de ánimo, que alejara de sí el pavor que había sentido durante la noche. Cuando vi que conseguía calmarse algo, seguí diciéndole:

—Sobre todo durante la Baja Edad Media. Se trata de esa representación del peregrino que sigue su camino a través de un mundo inseguro, cuyos peligros se muestran en el paisaje.

Saskia se dio la vuelta, con un gesto brusco, dolida ante lo que le debió de parecer una muestra de insensibilidad por mi parte, un ridículo intento de serenar su espíritu recurriendo a una lección de historia del arte.

Pero no supe —o quizás no quise— intentar hacerlo mejor de otra manera. Desconocía qué es lo que podía estar pasando por su cabeza, lo que le hacía sentirse tan impresionable. Intuí que en realidad ella no deseaba que la apaciguara, sino que no la abandonara en su soledad. Continué hablando, esperando que quizás alguna de mis explicaciones pudiera desencadenar lo que Saskia estaba buscando:

—De estos peligros —dije—, algunos son físicos, y por eso aparecen los ladrones junto al perro gruñón, dos símbolos de fuerzas violentas, aunque también hay quien dice que el perro representa a los detractores y calumniadores, cuyas lenguas malignas eran a menudo comparadas con mastines ladradores.

—Y a los campesinos que bailan, ¿qué es lo que les asusta? —replicó ella, comenzando lentamente a confiar en mí. Ignoraba si había conseguido desviar su atención y protegerla de lo que su sueño estaba ocultando, pero, afortunadamente, parecía ahora más interesada en lo que le estaba diciendo.

—Esa escena tiene un significado parecido al de la gran imagen de la tabla principal del tríptico —respondí, intentando quitar importancia a mis palabras—. Es la enseñanza moral que está detrás de todo el cuadro; como si los campesinos que bailan, igual que los amantes en lo alto del carro del heno, hubieran sucumbido a una especie de música terrena, una melodía carnal y mortífera.

Noté cómo cambiaba de humor rápidamente. En su cara se dibujó una leve sonrisa burlona. Quise aprovechar su repentina mudanza de ánimo, y añadí:

—¿Te acuerdas de otro grabado muy similar que también vimos ese día, uno que se llamaba algo así como *Espejo del entendimiento?* —Ahora me miraba con ojos de curiosidad, el cuerpo más distendido, la boca y el delicado perfil de la nariz tallados en el mármol más perfecto—. En ese, el caminante, bien provisto de cayado y zurrón, avanza por un sendero de la vida particularmente espinoso, acechado por las figuras del Demonio y de la Muerte. Pero —proseguí, escrutando el interior de los ojos violeta de Saskia— en el Bosco siempre hay salvación: un ángel dirige la atención del peregrino hacia los diez mandamientos, que cuelgan como un anuncio de esperanza en la parte superior del cuadro, y en los bordes se pueden ver otras alusiones a la redención...

Saskia se había levantado con un gesto ágil de la cama y miraba, nerviosa, hacia la calle, buscando saber qué tiempo iba a hacer. Al apartar la cortina de tela blanca que cubría el marco interior de la ventana, una ráfaga de luz invadió el dormitorio: un día luminoso de finales de otoño. Me alegré ante la perspectiva de poder disfrutar con los colores encendidos en las arboledas y los parques. Era domingo y habíamos planeado ir a dar un paseo por el Jardín Inglés.

De repente pareció como si la escena mudara, como si no hubiera quedado ningún resto en su mente de aquellos pensamientos que pocos minutos antes la habían hecho palidecer.

—¿Sabes que no pocos de nuestros viejos amigos de Schwabing se han hecho revolucionarios? —preguntó con un tono festivo, casi juguetonamente, mientras se volvía desde la ventana con un gesto rápido del talle—. Brondel, el americano, afirma que es comunista y que por eso le van a nombrar director de la Escuela de Arte. —Sus mejillas habían recobrado toda su frescura—. Ayer me propuso que me hiciera cargo de la sección de artes orientales, y no me pareció que estuviera más bebido de lo acostumbrado. Me ha costado trabajo convencerle de que el arte oriental ha acabado aburriéndome y de que además no tengo ninguna fe en la revolución. Estaba desolado, e incluso se despidió con cierta congoja.

»¿Y qué me dices de Erich, Erich Mühsam? —prosiguió. Se me iluminó el corazón al ver que Saskia había recobrado su buen humor y sus ganas de hablar—. Hasta hace pocos días era uno de los poetas vagabundos del Simpli que no había manera de quitarse de encima. —El Café Simplicissimus, o, sencillamente, el Simpli, era uno de los tugurios sagrados de la bohemia de Schwabing—. ¿Te acuerdas cuando se nos acercaba, medio borracho, y con voz cavernosa nos repetía aquello de que «el arte es sacrosanto» y que él era un revolucionario rojo que se ganaba el pan encendiendo la antorcha del progreso, y enseguida pedía una moneda? Nunca dejó de reconocer que era el poema el que le permitía pagar su consumición etílica.

La atmósfera del Simpli estaba siempre cargada de humo, una humareda densa a través de la cual apenas se podían reconocer los rostros de personajes a cual más pintoresco. Algunos llevaban chaquetas de terciopelo, corbatas sueltas y el pelo formando una gran melena de león. Tenían su público: a menudo nosotros mismos, que éramos en esa época asiduos de los cafés, donde acudíamos a gozar del alboroto que armábamos y a olvidar la monotonía de la vida cotidiana para participar durante un rato de la danza festiva de la bohemia.

Hasta entonces Múnich había sido una cómoda ciudad de provincias y Schwabing un pueblo grande que disfrutaba con los chismes. Los que querían hacer una frase decían que Schwabing no era una parte de la ciudad, sino un estado de ánimo.

Allí estaban todos, los grandes y los pequeños, los triunfadores y los fracasados, los que tenían nombre y los que anhelaban la fama; pintores, escultores, poetas, músicos, y también los que no pasaban de hacer una pequeña crónica literaria o las caricaturas de los periódicos, los que componían canciones para las fiestas de los pueblos, los fotógrafos de salón que empezaban a ser conocidos, incluso algún sastre o peluquero con delirios de grandeza. Recuerdo que un visitante habitual nocturno era Lion Feuchtwanger, el novelista y poeta, un jugador empedernido de póquer, que tenía el buen gusto de perder su considerable fortuna poco a poco en el juego cada noche. Junto a la ventana de otro café, el Odeón, siempre en el mismo rincón, se reservaban dos sillas para una famosa pareja de jugadores de ajedrez; y los curiosos, desde fuera, aplastaban sus narices contra la luna, intentando seguir los movimientos de las piezas a la vez que hacían todo lo posible para no quedarse congelados por el frío del invierno.

—¿Has visto lo que ha puesto en el escaparate el loco ese de la Türkenstrasse? —No había nada que pudiera divertirle más a Saskia que los disfraces, el juego de los cambios de personalidad, los enredos y bromas de los excéntricos de Schwabing. Ahora sonreía con toda la boca y los ojos, casi a punto de romper a reír—: Es en esa tienda de tabaco en la que no se venden cigarrillos ni puros ni pipas, sino una interminable colección de erizos de mar, de peces espada, de moluscos disecados; he visto también armas de cazadores de cabezas del Amazonas, y ungüentos y talismanes de los indios americanos. ¡Lo último que se le ha ocurrido es colgar en la vitrina del escaparate el esqueleto de un mono con un cigarrillo encendido en la boca!

Revivía aquellos momentos tan deliciosos, cuando ella reía, cuando volvíamos a los mejores instantes de nuestros primeros encuentros. Pero era yo quien ahora no lograba apaciguar mi zozobra interior.

¿Me engañaba, o eran mis celos los que me desazonaban falsamente...? Ella sólo podía ser sincera. Seguía presintiendo, sin embargo, como un aguijón, que había dejado de ser únicamente mía, como si algo desconocido ocupara su espíritu, algo que tenía que explicar por qué se alejaba de mí, y nuestra casa se había vuelto fría y solitaria.

Y era yo quien había tenido que soportar durante años las insidias de no pocas personas que intentaban impedir nuestra boda, y luego habían conseguido retrasar la celebración, acusándola de que su género de vida era poco estimable, decían que incluso deshonroso. La acusaban de mentirme y engañarme, de inventar la edad que decía tener.

Yo vivía completamente enajenado por mi pasión hacia aquella mujer sin la cual me sentía vacío y pequeño, y cuya sola presencia me hacía vislumbrar una existencia inaccesible sin ella.

Habíamos pasado penuria, y la guerra no había ayudado nada al comienzo. Ella vivía obsesionada por el dinero. Jamás sospeché, ni siquiera cuando reclamó poder disponer libremente de mis modestos ahorros en el banco.

Durante los primeros años, después de que por fin lográramos casarnos, yo ardía por ella, me sentía indigno, sobre todo después de mis arrebatos de cólera por sus caprichos. En mis sueños, imaginaba entre pesadillas que no me era fiel, la descubría en las sombras de la noche en los brazos de otro hombre, una figura lasciva, que deseaba poseerla con ansia y a la que Saskia se entregaba con ardor, una sombra odiada de la que no conseguía reconocer el semblante...

En esos días de la revolución, en Múnich, cuando las bromas de Schwabing habían dado paso a las bayonetas, yo seguía amándola y deseaba poseerla enteramente.

¿A quién pertenecía Saskia, a quién o a qué se había entregado o estaba a punto de entregarse?

¿Y si fuera yo quien hubiera escogido, deliberadamente, no querer vislumbrar en ella otra imagen distinta a la que yo quería ver, a la que yo deseaba ver, a la que yo *necesitaba* ver para poder seguir viviendo?

Las perspectivas durante aquellos primeros meses del fantasmagórico reinado de Eisner no eran nada optimistas. Cada día se sucedían con mayor frecuencia las protestas populares, que en ocasiones derivaban en enfrentamientos y derramamiento de sangre, y las gentes vagaban por las calles, deambulando de uno a otro de los grupos que se formaban en torno a oradores improvisados que clamaban por propuestas cada vez más radicales. Las banderas rojas ondeaban desde los edificios públicos y también desde la Frauenkirche, en el centro de la ciudad. Comprendí durante esas semanas que la dinámica del proceso revolucionario era insoslayable, y que antes o después aquellos juegos florales acabarían conduciendo a Múnich a un baño de sangre...

Thelema volvía a estar en el centro de las conspiraciones para derrocar a Eisner. A través de informantes —no quise recurrir a Peter— conseguí ponerme en contacto con Ostario, que me citó pocos días después para una entrevista en el Cuatro Estaciones.

Al llegar, el portero me franqueó el paso a la puerta de entrada del servicio, situada en la fachada trasera del hotel. Era la única manera de impedir que las frecuentes entradas y salidas del edificio de gentes desconocidas despertaran mayores sospechas.

Los elementos más activos de la Orden no habían dejado de examinar durante ese tiempo las posibilidades de actuar. Y Ostario había transmitido su interés de conseguir el apoyo a sus planes de los miembros del antiguo Departamento de Información del Ejército. Por eso me había hecho llamar.

Dos escoltas bien trajeados me condujeron hasta una sala situada en el primer piso del hotel. Allí me estaba aguardando el gran maestre de Thelema, sentado en un sofá, con la cabeza ligeramente inclinada, revisando la documentación que sostenía en las manos.

El Ostario que tenía ante mí era sin duda distinto al que yo recordaba de mi visita con Saskia a su casa meses atrás. Ahora se trataba de alguien que había asumido la misión de dirigir a las organizaciones patrióticas hacia el objetivo de acabar por cualquier medio con la revolución.

—Es necesario apresar a Eisner —dijo, con resolución, nada más comenzar a hablar.

Me sorprendió la relativa confianza con la que se dirigía a mí. Le observé mientras él intentaba que me sintiera cómodo, ofreciéndome un cigarrillo, que yo decliné. Se había rapado el pelo, aún rubio, y la forma del cráneo destacaba de su figura, reforzando sus gestos decididos. Sus ojos seguían brillando con una luz inquietante.

Ostario continuó:

—¡Sólo la desaparición de la escena del presidente de esta estrafalaria República tendría un efecto fulminante, haría que todo cayera como un castillo de naipes, uno detrás de otro!

El Ejército estaba dispuesto a apoyar a los grupos patrióticos, pero sin exponerse demasiado. Mis órdenes eran claras: informarme sobre lo que se estaba planeando, obtener el máximo detalle posible de la operación y comunicarlo a mis superiores, pero sin otorgar ninguna garantía. En particular, no se veía conveniente facilitar armas, una medida que en esos momentos todavía se consideraba excesivamente peligrosa.

Ostario añadió:

—El momento es propicio, pues la oposición a Eisner no ha dejado de crecer, sobre todo después de su vergonzosa actuación en Ginebra: ¡estar dispuesto a aceptar una culpabilidad para Alemania en la guerra e intentar en las negociaciones mostrarse favorable a las exigencias de los aliados! ¡Está absolutamente loco!

Percibí su férrea determinación, y supuse que los preparativos estarían bastante avanzados. Mis superiores se mostraban mucho más cautos e indecisos; además, no estaban convencidos de las posibilidades de triunfar, de que Ostario y sus hombres fueran capaces de llevar a cabo una operación de envergadura.

El maestre de Thelema observaba fijamente cada uno de mis movimientos, buscando deducir de cualquier mínimo gesto que pudiera traicionarme las órdenes que había recibido.

Le inquirí sobre lo que se estaba tramando; ante todo necesitaba saber con qué efectivos contaba. Me explicó a grandes rasgos en qué consistía el plan previsto. Se pretendía utilizar a Auer, el líder de los socialdemócratas moderados, para desembarazarse de Eisner.

—El objetivo —dijo, examinándome— es apoderarse de Eisner durante uno de los mítines que vaya a pronunciar y en el que esté también presente Auer, para así proclamarle en el acto nuevo presidente, antes de que los secuaces de Eisner puedan reaccionar.

La acción era arriesgada. Se pretendía llegar hasta Eisner en un acto público en el que habría muchas personas y en el que el jefe del Gobierno estaría rodeado de guardaespaldas. Los rumores sobre posibles atentados contra su vida circulaban desde prácticamente los primeros días de la revuelta. ¿Dispondría Thelema de hombres suficientemente preparados para llevar a buen término la acción? ¿Qué ocurriría si no conseguían hacerse rápidamente con Eisner y la situación se les escapaba de las manos?

Ostario adivinaba sin duda mis pensamientos. Frunció el ceño, disgustado. En ese momento, pensé de nuevo en Saskia y lo que ella le hubiera podido contar de mí... ¿Era él quien la seguía dominando, quien controlaba sus pensamientos, sus sentimientos...?

Resolví cumplir la misión de información que se me había encomendado con la mayor celeridad posible, y salir de aquella habitación.

—¿Pero —inquirí, esquivando su mirada— están dispuestos Auer y los suyos a colaborar con las fuerzas nacionales, con Thelema y con los cuerpos de voluntarios?

Torció el gesto, sin ocultar su incomodidad. Era evidente que deseaba que trasladara al mando que Thelema y los demás grupos patrióticos estaban esperando una mayor determinación por parte del Ejército.

Luego hizo ademán de no otorgar demasiada importancia a mis reticencias. Solicitó que le trajeran un archivo con varios papeles, que no quiso mostrarme, pero a los que estuvo prestando atención durante varios minutos. Después dijo:

—Éstas son las notas de las conversaciones que ya se han llevado a cabo con Auer. Sus partidarios no van a seguir tolerando que sea un comité sostenido por la fuerza de las ametralladoras quien dicte lo que el Parlamento haga.

El maestre de Thelema seguía escudriñándome con atención, esperando mi respuesta. Continuó:

—Eisner aparenta vacilar, como si no pudiera elegir entre la plebe y el Parlamento. Pero, en realidad, el Parlamento únicamente le interesa siempre y cuando las elecciones le sean favorables y los diputados se sometan a los dictámenes del Consejo. Si los diputados no le obedecen, lanzará un llamamiento a las masas, para después volcar toda la presión de la calle sobre la Asamblea.

Pensé durante un instante en las consecuencias de un enfrentamiento entre los diferentes grupos, tan dispares, que todavía apoyaban a Eisner. ¿Qué sucedería si estallaba la lucha abierta, con armas, entre Auer y Eisner, o entre Eisner y los extremistas? Era impensable que Ostario y Thelema pudieran controlar a las diferentes facciones. El Ejército debía ser prudente.

Agregó:

—Eisner se muestra con los suyos y hacia el exterior muy confiado, y habla ya de una nueva revolución, la que debe conducir al verdadero socialismo y la igualdad universales, pero la pugna con Auer no ha hecho más que empezar.

Preferí actuar con cautela, consciente de que mi misión era solamente asegurar que la información fluyera correctamente:

—¿Pero cómo garantizar —le pregunté, intentando aparentar tranquilidad— que Auer y los socialistas moderados se plieguen a los deseos del Ejército y las organizaciones patrióticas? Están todavía muy lejos de aceptar una salida distinta a lo que ha ocurrido en Berlín.

El semblante de Ostario volvió a expresar molestia al escuchar estas palabras. Resultaba patente que no me consideraba con autoridad suficiente para dudar de la estrategia que había previsto.

¿A qué acuerdos podría haber llegado con Auer? ¿Qué es lo que podría haberle prometido, lo que se escondía detrás del acercamiento de Thelema a los socialdemócratas?

Necesitaba averiguar más detalles de la operación para apresar a Eisner. Le incité a que siguiera explayándose.

—Todo es posible si algunos de los nuestros —prosiguió el maestre de Thelema, avanzando el cuerpo hacia delante y bajando la voz— logran subir al estrado durante la celebración del mitin y provocar a Eisner, para, en medio de la confusión que se genere, arrastrarlo hasta el fondo del escenario y hacerlo preso.

—Creo que el plan —repliqué, tras unos instantes de silencio— sólo es factible si se consigue un número suficiente de personas entre el público que puedan romper las barreras de protección de las milicias republicanas. Eisner suele ir acompañado de sus escoltas, y no se puede confiar en la policía: se limitarán a acordonar el lugar donde se celebra la reunión, sin intervenir...

Había conseguido que Ostario venciera su resistencia a precisar el resto de los preparativos:

—Contamos con gentes muy decididas a llegar hasta el final, también entre las fuerzas de seguridad —dijo, mientras me taladraba, buscando intimidarme, con sus grandes ojos de batracio—. Están ya preparados los impresos que se van a distribuir llamando al alzamiento contra el régimen revolucionario, una vez se haya capturado a Eisner.

Ahora comprendí el alcance de lo que se estaba preparando. Se trataba de un golpe en toda regla contra el Gobierno de los Consejos.

Después de una breve pausa, añadió:

—Un automóvil conducirá a Eisner a las montañas, donde se le mantendrá bajo custodia hasta que se haya nombrado el nuevo Gobierno.

—¿Para cuándo está previsto actuar?

—Dentro de unos días, Eisner se dirigirá a sus partidarios en un balneario cercano a Múnich, en el campo. Ése será el momento. Eisner se desplazará acompañado de menor protección y podremos contar con el apoyo de las organizaciones de agricultores.

La fecha estaba pues muy cercana. Había conseguido la información que se me había solicitado. Antes de despedirme, Ostario me recalcó, cogiéndome del brazo con firmeza:

—Transmita exactamente las palabras que le he dicho al mando. El Ejército sabe que sólo puede confiar en nosotros, pero necesitamos armas y material...

Sin embargo, como se demostró a los pocos días, las circunstancias no estaban lo suficientemente maduras para que triunfaran los planes de Thelema.

En el día elegido, dos hechos inesperados hicieron abortar la acción. Eisner apareció en el mitin sin el acompañamiento de Auer, escudado por una cohorte más numerosa de lo previsto, en su mayoría obreros de obediencia bolchevique, que se colocaron agresivamente en círculo, protegiendo al líder revolucionario e impidiendo en el momento elegido el paso a Ostario y sus hombres. Es muy posible que se filtrara información que hiciera ponerse en guardia a Eisner y sus acólitos.

A estas circunstancias adversas se añadió la inesperada retórica del jefe del Gobierno bávaro, habitualmente un mal orador, que en esa ocasión consiguió enardecer a sus seguidores apelando a sus sentimientos más sensibles, alardeando de su condición de judío marginado perseguido por los capitalistas y los terratenientes prusianos, y reclamando la solidaridad universal de todos los trabajadores, unidos por los lazos de indisoluble fraternidad que harían posible la construcción de una Alemania «digna y bella».

Thelema y las organizaciones patrióticas estaban dispuestas a actuar, pero tampoco los partidarios de la bolchevización descansaban.

A principios de diciembre se constituyó en la capital bávara la filial de la Liga Espartaquista, que poco después se transformó oficialmente en el Partido Comunista de Alemania. Comenzaba una mayor radicalización de la izquierda, acompañada de la erupción de enfrentamientos dentro de sus propias filas. Eisner se veía sometido a una tensión creciente entre los partidarios de dar todo el poder a los consejos y los que defendían el régimen parlamentario y la convocatoria cuanto antes de las anunciadas elecciones.

Ostario no se había equivocado en un punto esencial. Muy pronto se haría preciso conseguir armas y organizar milicias entre las fuerzas de oposición que pudieran hacer frente en las calles a la amenaza bolchevique. Los días soleados y de una luminosidad casi transparente, que habían sido el regalo dispensado por un cielo limpio y la ligera brisa de los Alpes, se habían transformado en jornadas sombrías en las que no paraba de llover. Pude entrever la amenaza tenebrosa de la guerra civil...

Aunque oficialmente suprimido por el Gobierno de Eisner, gran parte de los efectivos del Departamento de Información habían sido destinados a la sede del Mando Supremo del Ejército. El odio a Eisner atravesaba todas las líneas de la jerarquía militar y era especialmente perceptible entre los oficiales que habían ganado sus galones en el frente durante las sangrientas ofensivas del Somme y del Marne. No fue por ello difícil obtener —semanas más tarde, una vez se consideró que era el instante oportuno— las armas necesarias para los cuerpos de voluntarios en los almacenes de determinados cuarteles.

Al ser funcionario todavía en activo de la Administración militar bávara, no participé en los preparativos inmediatos, pero durante esos días me comuniqué de nuevo con Ostario y con el joven Ratsam, que cumplía eficazmente sus tareas de enlace; también con Hans Frank. En ocasiones, me entrevistaba con Peter, discretamente, en algunas de las zonas menos concurridas del Jardín Inglés e intercambiábamos las noticias recibidas.

Las extensas arboledas y los intrincados paseos del parque continuaban siendo un remanso de inesperada tranquilidad y sosiego en el corazón de un Múnich convulso.

Acababan de transcurrir las fiestas navideñas, en las que no habían faltado las promesas de paz y concordia por ambos lados, e iniciábamos un nuevo año. Sin embargo, el día anterior a la fiesta de Navidad, el propio Auer había tenido que huir con su familia y buscar refugio en el cuartel de la Türkenstrasse, amenazado de muerte por los radicales.

Ante el creciente desprestigio de Eisner, eran ahora los anarquistas, bajo Erich Mühsam, el jovencísimo poeta a quien Saskia y yo conocíamos de nuestras veladas en el Simpli, los que llamaban a continuar la lucha sin descanso, hasta lograr consumar el ciclo revolucionario.

Peter actuaba en esos días con una extraordinaria serenidad y sangre fría; vivía en primera línea los acontecimientos, sirviendo de intermediario entre los diferentes grupos de oposición.

En uno de aquellos rápidos encuentros, huyendo de las miradas de los curiosos que paseaban por las alamedas, me transmitió noticias de su padre y de lo que estaba llevando a cabo:

—Está intentando romper las líneas exteriores y escapar de Múnich —dijo— para establecer contacto con las unidades del Ejército que se hallan estacionadas en el norte de Baviera y en la frontera con Austria.

Peter respiró hondamente, estaba jadeando después de haber recorrido el trayecto desde su casa en la bicicleta que arrastraba consigo mientras andábamos. Percibí el orgullo que sentía por la importancia de la información que me trasladaba, antes de continuar:

—Lo difícil —añadió— es encontrar un lugar por el que romper las líneas y atravesar los puestos defensivos de los soldados fieles a Eisner que bloquean la entrada a Múnich.

El tiempo era frío, con neblinas matutinas que se convertían en borrascas de aguanieve y granizo conforme avanzaba el día, una singular venganza de la meteorología contra aquellos días primeros de noviembre cuyo esplendor había hecho presagiar un saldo que antes o después debía ser satisfecho, como un reflejo de la pesadilla en la que vivíamos.

Mientras conversábamos, comenzó a nevar, con grandes copos de una blancura inmaculada y esponjosa.

Peter miró en derredor suyo antes de seguir hablando. Algunas personas se aproximaban, paseando por los senderos de grava, pero aún se hallaban lo suficientemente alejadas, sin podernos oír. Intentaba protegerse de los copos de nieve con una especie de viejo capote militar que había sacado de la cesta de la bicicleta y que era demasiado grande para él.

Nos acercamos a sentarnos en un banco de piedra, bajo un pequeño templete, cerca de un macizo de rododendros a los que ya casi no se les podía distinguir por la nieve, no lejos del curso del río. Le observé con detenimiento. Había adelgazado desde la última vez, parecía más alto y desgarbado, la robusta nariz dominando el rostro ancho y fuerte, los labios finos, la forma de los ojos alargada, recordando los rasgos levemente orientales de su madre. Sentí un sentimiento de afecto por aquel muchacho al que las circunstancias obligaban a representar el papel de alguien con muchos más años y experiencia.

Sonreía con un rictus tímido, el labio inferior vibrando ligeramente por la agitación:

—Hess y Hans Frank y otros miembros de Thelema —prosiguió— siguen decididos a actuar. Están convencidos de que nuestra gran baza es que el gobierno de Eisner no puede vanagloriarse de nada que ofrecer a sus huestes. El hambre y la miseria son cada día mayores. Dice el padre que si no actuamos ahora, las consecuencias pueden ser funestas...

Hizo una breve pausa. Luego, con ojos de sincera melancolía, añadió:

—Lo que teme es que el caos y el desorden crezcan en toda Alemania y los aliados decidan aprovechar esa oportunidad para invadirnos después de que se firmen los tratados de paz.

Luego, casi en un susurro, dijo:

—Eso sería el fin de la patria...

Era cierto, como afirmaba el joven Ratsam, que los enfrentamientos sangrientos en las calles se habían hecho habituales. Salir de las casas y cruzar la ciudad no estaba exento de peligros. Cada cierto tiempo se escuchaba el eco de disparos perdidos, y en las caras atravesadas por el hambre y la angustia podía percibirse que los primeros días de la euforia por el advenimiento de la nueva religión del socialismo y la hermandad de todos los hombres habían dejado paso a un creciente odio y desconfianza. El temor ante un futuro cada vez más incierto se abatía sobre el ejército de los desempleados, y los obreros y marineros al servicio del nuevo régimen —a los que no se pagaba, o en el mejor de los casos con dinero que nadie quería— se mostraban cada día menos indulgentes. Era la soldadesca, sin oficiales ni jerarquía alguna, la que empezaba a ostentar su poder indiscriminado en muchos lugares de Múnich.

Las negociaciones para concluir el tratado de paz se hallaban bloqueadas, y las noticias que llegaban de Ginebra no dejaban espacio para la esperanza: sobre el Reich se cernía la amenaza, tras haber perdido la guerra, de ser declarado culpable del inaudito delito de agresor único y responsable criminal de las hostilidades, con la previsible consecuencia de reparaciones económicas y pérdidas de territorio ultrajantes. De forma insólita en la historia de la guerra, se hablaba también de exigir la entrega del káiser y de otros dirigentes políticos y líderes sociales, a quienes se pretendía juzgar individualmente como culpables e incitadores de las hostilidades.

Antes de separarnos, Peter quiso que supiera que existían nuevos planes, planes inmediatos, que no iban a tardar en ser puestos en acción:

—Los preparativos vuelven a estar muy avanzados —su voz reflejaba emoción, pero también un indiscutible timbre de honor— para poner en pie unidades de voluntarios armados dispuestos a derrocar al gobierno revolucionario... Todo está dispuesto, y esta vez Eisner no escapará.

VIII

Pero nuevamente los acontecimientos se sucedieron en contra de lo planeado.

Un día antes de que los conjurados tomaran por las armas las sedes del Gobierno y la Asamblea y los principales centros de comunicación, un informante pagado por Eisner consiguió infiltrarse en las reuniones secretas que tenían lugar en el Cuatro Estaciones, y los jefes de la operación fueron hechos prisioneros por la policía y encerrados en la cárcel.

Todo parecía otra vez perdido cuando empezaron a divisarse en el horizonte algunos signos de esperanza. Las elecciones al Parlamento bávaro, a las que finalmente había convocado Eisner para principios de enero, fueron un rotundo fracaso para él y su partido, al alcanzar únicamente tres de los ciento ochenta escaños en liza. Los socialdemócratas y el Partido Bávaro, católico y visceralmente enfrentado a Eisner y sus acólitos, habían conseguido mantenerse como las dos mayores fuerzas políticas. Se empezaban a escuchar las trompetas que anunciaban el fin del fantasmal reinado de Eisner.

Aunque más aislado que nunca, la reacción inicial de aquel iluminado fue fortalecer su fe en la misión a la que se sentía llamado desde lo alto. Ahora más que nunca, rumiaba en sus alucinaciones mesiánicas, haría falta alguien que defendiera con convicción la causa de la paz, fuera en el Congreso de la Internacional Socialista en Berna a principios de febrero, donde volvió a lanzar sobre Alemania palabras de infamante culpabilidad, o apelando a los prisioneros de guerra cautivos en Francia para que ayudaran a sus «hermanos franceses» en la reconstrucción del país vecino.

¿En qué quería Eisner convertir a los soldados alemanes que habían luchado por su patria, en lacayos serviles de sus enemigos, en traidores a sí mismos y al futuro de Alemania? ¿Un charlatán o un delincuente? ¿En qué había llegado a convertirse el ser más odiado de Alemania?

No cabía duda, sin embargo, de que sus días estaban contados. En Berlín habían caído Rosa Luxemburgo y Karl Liebknecht, la mayor amenaza revolucionaria contra la nueva República y contra los desesperados intentos de Ebert para impedir que la capital de Alemania acabara en manos de los bolcheviques.

El joven teniente Anton Arco-Valley no fue más que el ejecutor de una orden que se escuchaba desde lo más profundo de la Alemania sometida y a la que antes o después se debía dar respuesta. Quizás no fuera el momento más oportuno, pues su acto tuvo repercusiones inesperadas, justo cuando Eisner estaba a punto de desaparecer de la escena por su propio pie. Sin embargo, su acción fue un detonante para que se izara de nuevo la bandera de las esperanzas patrióticas.

Aunque austriaco de nacimiento, el conde Arco-Valley había servido durante la guerra con rango de oficial en la caballería bávara. Como muchos de sus camaradas oficiales, tuvo que sufrir a la vuelta del frente la deshonra infligida por unos radicales exaltados, quienes le despojaron entre burlas y chanzas de sus insignias de teniente. Lleno de desprecio hacia la revolución, había solicitado su ingreso como miembro de Thelema, pero fue rechazado a causa de las estrictas normas que impedían formar parte de la Orden a quien tuviera siquiera una porción de sangre que no fuera germánica y el conde Arco descendía de una abuela no aria. Era conocido además que su amante, una bella y conocida actriz, le había tachado públicamente de incapaz. Arco se sentía humillado y despreciado, pero con su valentía pagó con creces lo que el sentimiento del honor le reclamaba.

Era un día de finales de febrero, aunque de una luminosidad primaveral. Eisner acababa de abandonar el edificio del Ministerio de Asuntos Exteriores, acompañado de dos de sus asesores y varios guardaespaldas, y se dirigía hacia el Parlamento para pronunciar el discurso en el que se esperaba que anunciara finalmente su dimisión. Oculto en el portal de entrada de una casa, junto a la esquina del edificio del ministerio, le esperaba la mano que debía segar su vida. Arco-Valley odiaba a Eisner, en quien veía personificadas las causas de la postración de Alemania. Con la muerte de Eisner, el joven teniente buscaba conjurar el inicio de la recuperación de la soberanía de Alemania: un acto simbólico, un golpe certero asestado al enemigo.

Se le había escuchado decir:

—Eisner no es un alemán, es un renegado. Si Eisner muere, Alemania está salvada...

El teniente esperó a que el líder revolucionario y sus acompañantes traspasaran la bóveda de salida a la calle y se dirigieran con pasos rápidos hacia la calzada. Entonces corrió tras él y le disparó en la cabeza y en la espalda. El primer proyectil destruyó el cráneo de Eisner, el segundo le atravesó uno de los pulmones. El autoproclamado presidente de la República de Baviera intentó decir algo, pero las palabras se le ahogaron en la boca; apenas un instante después, cayó al suelo, rápidamente anegado en su propio baño de sangre.

Arco intentó huir, pero no pudo avanzar más allá de unos pocos pasos. Uno de los escoltas disparó rápidamente su arma, alcanzándole en la pierna. Luego, los fieles de Eisner se ensañaron con el cuerpo tendido en el suelo, dirigiéndole al menos cuatro descargas.

No había llegado, sin embargo, la hora final del joven oficial. Todavía exhalaba un soplo de vida cuando varios soldados depositaron su cuerpo treinta minutos después en el hospital clínico situado en la margen derecha del río Isar, donde conseguirían salvarle la vida.

A Eisner, por el contrario, le habría resultado inútil cualquier ayuda médica. Era ya cadáver cuando sus ayudantes y los escoltas lo trasladaron, en un improvisado cortejo fúnebre, hasta el interior del edificio del ministerio.

El forense no pudo más que certificar la causa de la muerte:

—Las balas penetraron por detrás del oído y le han perforado el cerebro. Murió en el acto.

El atentado produjo una gran conmoción. Apenas pocos minutos después, algunas mujeres del pueblo se acercaron corriendo al lugar donde Eisner había caído, para empapar en la sangre todavía húmeda del profeta sus pañuelos...

Las pasiones que la revolución había desatado se apoderaron súbitamente, como el virus de una feroz e incontrolable enfermedad, de la ciudad. La muerte del visionario de la nueva Sión hizo que el rencor que había conseguido acumular en su persona, y que había llevado a no pocos a desear su desaparición, se transformara en pesar y anhelos de venganza, y se intentara hacer de él un mártir de la República.

A las pocas horas, los rumores sobre la identidad del autor de los disparos no cesaban de circular en una y otra dirección por todo Múnich. Para unos, se trataba de un agente pagado por los socialdemócratas; para otros, de alguien que había actuado por encargo del Partido Bávaro.

La cólera y el odio que inmediatamente se desencadenaron no tardaron en cobrarse sus primeras víctimas.

En la calle escuché los gritos de grupos de marineros y soldados, que, con aspecto atrabiliario, vociferaban:

—¡Vamos, al Parlamento! Allí haremos limpieza. ¡De esos perros no va a salir ni uno solo con vida! ¡Venganza para Eisner!

En el hemiciclo de la Asamblea, poco después de que se hubiera pronunciado un breve panegírico fúnebre en honor del líder revolucionario, irrumpió con inusitada violencia un francotirador con un fusil oculto bajo el abrigo, que abrió fuego, primero, contra Auer, el jefe de la oposición, y enseguida, como si se tratara de un demiurgo aniquilador enviado por un dios enfurecido y ávido de sangre, en dirección a las filas de los diputados del Partido Bávaro.

Aún no había conseguido recuperarse ninguno de los presentes de la conmoción, ahogados los gritos de dolor y las peticiones de socorro por el ruido ensordecedor de los disparos, cuando desde la galería de invitados, otro francotirador desconocido empezó a disparar en todos los sentidos. Atenazados por el pánico, los valerosos e indomables representantes del pueblo de Baviera se arrojaron al suelo para intentar proteger sus vidas, parapetándose bajo los barrocos escaños de yeso y madera pintada, donde, sin embargo, varios de ellos no pudieron evitar ser alcanzados por proyectiles mortales.

Esta matanza fue el origen de la guerra civil latente que estalló, ahora sin límites. Una lucha de clases abierta acechaba detrás de cada grupo de personas que se cruzaba por las calles. El deseo de exterminar al otro bando se dibujaba cada mañana en los rostros demacrados y amenazadores que se agolpaban en las calles y arterias adyacentes a la estación central. Se sucedían las manifestaciones convocadas en apoyo a Eisner y de las que se escuchaban gritos que reclamaban la «verdadera revolución».

Los sublevados no estaban dispuestos a que la memoria del martirio de su Elegido se disipara. Para mantener los deseos de venganza bien aguzados, levantaron un extraño santuario en el lugar donde Eisner había sido abatido. Se erigió un gran mausoleo de flores sobre el que se dispusieron, formando una cúpula de hierro, doce fusiles; en el centro de esta insólita corona funeraria formada por las flores y las escopetas destacaba, bamboleándose, el retrato del Mesías bávaro.

Así se buscaba sacralizar la revolución y a su primer mártir. Fue el último e irrisorio acto de aquel fantoche. Por ello, apenas sentí repulsión cuando me enteré de que el blasfemo santuario había sido transgredido por una perra abandonada. La orina del animal, profusamente esparcida por las plantas y arbustos cercanos, provocó que otros perros vagabundos retornaran con frecuencia al mismo lugar...

El ciclo revolucionario estaba, sin embargo, lejos de concluir. Entraba ahora en su segunda fase, en la que los anarquistas se aprestaban a hacerse con el control, antes de que la amenaza comunista se convirtiera en realidad.

Tras la muerte de Eisner asumió el poder un nuevo órgano revolucionario, el Comité Central, formado por once miembros.

La entrada en función del Comité consistió en convocar una huelga de tres días y prohibir de forma indiscriminada la salida de Múnich. Soldados revolucionarios patrullaban por las calles e instalaban puestos de artillería en los cruces más importantes. Fue decretado formalmente el estado de sitio y a partir de las siete de la tarde se prohibió que nadie circulara por la ciudad.

El día del entierro de Eisner se ordenó que las campanas de las iglesias estuvieran tañendo toda la mañana.

En el gran atrio de entrada al cementerio del Este, Gustav Landauer, el líder de los anarquistas, dirigió un encendido panegírico del caído ante centenares de sus seguidores. ¡Un profeta y poeta, un ser amante de la Humanidad que creía en las gentes humildes y sencillas! Así lo definió. Eisner, en palabras de Landauer, había sido un visionario capaz de comprender que la guerra era el camino tortuoso elegido por la historia para hacer posible la revolución definitiva...

Al concluir su discurso, proclamó:

—¡Eisner ha sido el caudillo, nuestro guía hacia la revolución mundial, el conductor de esta revuelta universal en medio de la cual nos hallamos y que llevaremos hasta su consumación!

A las pocas horas de que finalizara la ceremonia, recibí un mensaje de Ostario a través de Peter Ratsam.

Para los dirigentes de Thelema y de las demás organizaciones patrióticas, con la desaparición de escena de Eisner la situación cambiaba decisivamente. Ya no bastaba con crear y organizar un movimiento político que reuniera a todas las fuerzas hostiles a los revolucionarios y que fuera capaz de hacer frente en el Parlamento a los extremistas. Ahora, se insistía, había que dar un paso más, antes de que los comunistas se hicieran con el control bajo la estricta obediencia de Moscú... Hacían falta medios; más hombres, armas y dinero. Al final del mensaje, Ostario preguntaba: «¿Va a estar dispuesto el Ejército a permitir que Baviera sea gobernada por Lenin y los suyos?».

En los días siguientes, el nuevo gobierno del Comité Central adoptó medidas drásticas para controlar cualquier posible foco de resistencia.

Como la universidad había sido una de las instituciones más críticas con Eisner, fue cerrada hasta nueva orden.

La prensa se sometió a la más estricta censura, obligada a publicar los artículos que el Gobierno, siguiendo la burlona lógica de aquellos días, dictaba: los periódicos católicos, artículos anticlericales; los diarios liberales, proclamas socialistas...

El Comité anunció también que se entregarían arsenales del Ejército a miembros de los partidos revolucionarios. Los demás ciudadanos debían depositar en los almacenes fieles a la causa las armas de las que dispusiesen.

A partir de finales de febrero, la revolución bávara osciló entre las presiones de los extremistas, que aspiraban a convertir Múnich en un sóviet ruso, y los grupos que reclamaban la herencia socialista de Eisner.

Las luchas de poder internas tenían lugar ante el escenario de la miseria, el hambre y la desolación que sufría una parte no desdeñable de la población. No sólo la masa de los desempleados apenas encontraba algo que comer: la falta de alimentos afectaba a la mayoría de los ciudadanos. El mercado negro florecía, a la par que el aumento vertiginoso de los precios. Los nuevos billetes que emitía cada semana el Comité Central no eran aceptados por nadie, ni en los comercios ni, por supuesto, entre los propios sublevados.

En los últimos días de marzo llegaron noticias de Budapest, sumida en el caos tras la volatilización del Imperio de los Habsburgo en los últimos meses de la guerra, anunciando que los comunistas habían derribado al Gobierno liberal y proclamado una República bolchevique, la República magiar de los sóviets. El nuevo hombre fuerte, Béla Kun, dirigió rápidamente un llamamiento a sus camaradas bávaros para que siguieran su ejemplo.

El anuncio del triunfo de los bolcheviques en Budapest cayó como una bomba en Múnich. Fue el aviso que los radicales estaban esperando para hacerse con el control definitivo de las calles. Desde los más diversos lugares de la ciudad resonaba ahora el griterío de las manifestaciones y la nueva consigna de los sediciosos —«¡Todo el poder para los sóviets!»— se escuchaba por doquier, mientras más banderas rojas se izaban contra el viento helado que llegaba de los Alpes. Como en Budapest y Petrogrado, la proclamación de una República sometida a los dictados del nuevo imperio moscovita parecía inmediata.

La tragicomedia bávara escenificaba también algunos de sus momentos más cómicos. Para decidir si se debía dar el paso hacia la República de los sóviets, un pequeño grupo de representantes de los partidos y de los consejos decidió reunirse clandestinamente en un lugar tan apropiado como el Palacio de los Wittelsbach: eligieron las habitaciones de la reina, quizá por considerarlas más confortables que el resto. Fue allí, donde, sentado cómodamente sobre la cama, el nuevo hombre fuerte de la situación, el anarquista Landauer, proclamó el tercer Gobierno revolucionario en pocos meses, esta vez bajo su presidencia.

—La revolución es siempre un acto creativo —así se dirigió a sus compañeros el nuevo cabecilla de los alzados—

que debe comenzar rompiendo con lo establecido. ¡Es preciso que sea la voluntad de las masas la que gobierne!

Landauer compartía con Eisner —junto con las largas melenas y una hirsuta barba— su peligrosa mezcla de literatura y política. Se trataba además de un sionista militante, cuya fe se alimentaba de la obsesión de que los judíos tenían un mandato mesiánico que cumplir, consistente en lograr la purificación espiritual del mundo, la unificación de todos los pueblos bajo el ideal de la Humanidad...

El día 7 de abril, el nuevo Gobierno, cuyos ministros se denominaban ahora «delegados del pueblo», mandó telegramas a todas las poblaciones de Baviera para que se hicieran redoblar las campanas en señal de júbilo por el nuevo mando revolucionario. Pero la respuesta en la mayoría de las poblaciones pequeñas y en las áreas rurales fue de alarma y rechazo. Quienes seguían controlando la situación en los pueblos y en el campo eran los partidarios de Eisner, enfrentados a muerte con los otros grupos de izquierda. La farsa de Schwabing amenazaba con transformarse en una encarnizada guerra civil también en grandes zonas de Baviera, mientras que el propio Comité Central no tenía muchas esperanzas de poder contener a sus huestes.

La reacción del Gobierno anarquista, ante la corrosión interna y la creciente presión exterior, fue declarar que la República bávara había sido creada para que cada cual pudiera satisfacer sus deseos.

Las oficinas del presidente del Gobierno bávaro se convirtieron de la noche a la mañana en la antesala de los proyectos más dispares y alucinados, por donde no cesaban de circular personajes estrambóticos. Uno de ellos, que apareció en la sede de la Presidencia —ante los atónitos ojos de sus antiguos compañeros— completamente desnudo y llevando una cabeza de cocodrilo en los brazos, consiguió que le dejaran perorar durante horas sobre la perversión del patrón oro y los fraudulentos avances de la técnica; otros, recibidos también con pompa y boato, hacían responsables de los males del mundo a la falta de un idioma universal, a los grandes almacenes, al control de la natalidad o a los alimentos cocidos...

Por medio de una catarata interminable de extravagantes decretos intentaba el nuevo Gobierno establecer el paraíso soñado de la utopía. Se dictaminó la nacionalización de los bancos y de las grandes empresas; se clausuraron los restaurantes y cafés, con la excepción del Café Stefanie, que servía de inoficioso cuartel general a la insurrección. Se anunció que, a partir de ese momento, las universidades bávaras estarían dirigidas por los estudiantes y que el título de profesor quedaba suprimido. La prensa pasaba a estar sometida al control de una comisión compuesta únicamente por literatos. Se declaró el fin del «pensamiento legalista» y se obligó a los diarios a publicar poesías de Hölderlin y Schiller cada día en sus primeras páginas.

El delegado del pueblo para la Justicia consideró necesario crear, a imagen de la Revolución francesa, tribunales cuya finalidad era eliminar cualquier tipo de actividad contrarrevolucionaria.

A renglón seguido, su compañero, el delegado del pueblo para la Vivienda, prohibió los alquileres y dictaminó que todas las buhardillas vacías debían ser inmediatamente puestas a disposición de los artistas de la ciudad. Otra orden establecía que a partir de ese momento todas las viviendas que se construyeran debían tener la sala de estar encima de la cocina.

Durante esas jornadas críticas, continué sin descanso realizando las tareas que se me encomendaban por el mando. Llevaba bastantes días sin ver a Saskia ni tener noticias suyas. Sus ausencias se habían hecho más frecuentes y prolongadas. La pesadumbre me oprimía el pecho. Le pregunté a Peter por ella. ¿Eran los intensos preparativos de Thelema para actuar en el momento adecuado lo que la retenía? Me respondió que él también hacía algún tiempo que no sabía de ella, y luego, con un gesto enigmático en el rostro que no supe interpretar, añadió:

—Saskia ha escogido su propio camino. Es posible que nadie sepa hacia dónde le va a conducir...

¿Qué es lo que sabía el joven Ratsam sobre mi mujer que yo desconocía? Aquella frase me llenó de cólera, de una ira resentida y amarga. ¿Por qué se sentían con derecho para opinar sobre ella? ¿Se trataba de la influencia —insondable— de Ostario? ¡Era a mí a quien pertenecía, yo quien la amaba y la necesitaba...!

Pero los acontecimientos externos nos desbordaban, obligándome a refrenar los sentimientos.

El penúltimo acto del drama bávaro lo escenificaron los comunistas. Hastiados de las quimeras de los anarquistas y poetas líricos de Schwabing, decidieron que si Múnich quería tener un sóviet, debía ser uno de verdad. Al mando de soldados adictos, se pusieron en marcha a la estación del ferrocarril, donde se habían hecho fuertes tropas regulares capitaneadas por oficiales alzados contra el Gobierno de Landauer.

Fue aquel atroz combate por el control de la estación un anticipo de las jornadas sangrientas que aún estaban por llegar. El hambre de muchos meses y el odio contenido que se respiraba detrás de cada gesto y de cada mirada estalló en una carnicería. Aquellas escenas de desolación y de ensañamiento con los cuerpos de los muertos y los heridos que Saskia había intuido, aterrorizándola, en sus sueños se hacían ahora realidad.

Mientras que la lucha en los alrededores del ferrocarril alcanzaba su punto álgido, los comunistas lograban alzarse con el poder. Su líder, Leviné, que había sido enviado desde Berlín para disciplinar a los camaradas bávaros, se apresuró a anunciar que el nuevo mando representaba, al fin, la verdadera dictadura del proletariado, y que estaba dispuesto, «siguiendo el ejemplo del hermano ruso», a continuar el combate contra la reacción que se avecinaba.

Poco apoyo podían esperar, sin embargo, los comunistas desde Moscú, dividido por la guerra civil, o de Hungría, en donde la revolución daba sus últimas bocanadas.

Firmemente convencidos, a pesar de la falta de ayuda del exterior o de otras zonas de Baviera, de que la historia estaba de su parte, Leviné y sus camaradas comenzaron a adoptar las medidas necesarias para avanzar hacia la bolchevización.

Anunciaron primero una huelga general indefinida, amenazando con disparar a todo aquel que no secundara esta consigna. Seguidamente, desarmaron a la policía y distribuyeron las armas entre los obreros que habían jurado fidelidad al nuevo régimen.

Para defenderse del exterior, reclutaron un Ejército Rojo, formado por soldados desmilitarizados, sindicalistas exaltados y algunos prisioneros de guerra rusos e italianos. Luego, ante la escasez de medios, se ordenó requisar todos los alimentos, la ropa y la vajilla que los soldados pudieran encontrar en los barrios burgueses. También se decretó la obligación de entregar el dinero líquido —billetes y monedas—, extendiéndose en contraprestación certificados de deuda sin valor. Ante la falta de entusiasmo de la población con estas medidas, el Comité decidió emitir millones de billetes nuevos inservibles.

A pesar del torbellino y del caos revolucionario, Thelema no permanecía impasible. Durante las semanas precedentes, los miembros de la Orden no habían cesado de participar activamente en la organización de los cuerpos de voluntarios, ayudando a escapar por entre las líneas de soldados adictos al Gobierno revolucionario —que seguían controlando férreamente cualquier entrada o salida de la ciudad— a decenas, centenares de personas que se unían a los cuerpos de voluntarios —el Freikorps y otros— y a las unidades que habían sido enviadas desde el Gobierno de Berlín, ahora temeroso ante la radicalización de la revolución bávara. A la vez, seguían colaborando con la resistencia interior.

En una de aquellas jornadas frenéticas, en las que transmitía informaciones clandestinas, salvando no pocos obstáculos, desde los cuarteles con oficiales leales y los cuerpos de voluntarios hasta las unidades que se hallaban estacionadas no lejos de Múnich, recibí un recado del padre de Peter Ratsam. Quería verme en su casa.

Aunque el general se había retirado del servicio activo en los últimos años para dedicarse a sus clases en la universidad y a sus libros, yo conocía las delicadas misiones que estaba llevando a cabo. Imaginé que quería que trasladara a mis superiores alguna información confidencial...

La villa de los Ratsam se encontraba en uno de los barrios residenciales de la ciudad. Me trasladé hasta allí en un tranvía que todavía realizaba el servicio regularmente. Estaba casi vacío, como si la revolución hubiera creado una dimensión nueva del tiempo y del espacio y ninguno de los habitantes de Múnich pudiera realizar ya sus tareas cotidianas, absorbidos por el frenesí de la insurrección.

El general me recibió al poco de llegar en un amplio salón de la planta baja. Se mostró cordial, aunque desde el principio noté en su rostro y en sus gestos, más desabridos de lo acostumbrado, una inquietud por alguna razón desconocida. No supe detectar si se trataba de una consecuencia de la agitación interior derivada del momento que estábamos viviendo o de un rasgo que revelaba cierta desconfianza hacia mí.

El espacioso salón con ventanales y puertas de cristal que se abría al jardín tenía las paredes casi cubiertas hasta el techo por estanterías con libros. Nada más entrar llamaban la atención varias estatuillas orientales de vivos colores, que reposaban en las repisas, y, en los espacios libres de los muros, rollos de bambú colgados verticalmente, con aguafuertes antiguos de guerreros de gestos amenazantes enmarcados por caligrafía japonesa de grandes trazos blancos y negros.

En una urna de cristal adosada a la pared central, junto a la chimenea, se podían contemplar varios sables de samurái, supuse que muy valiosos. A la izquierda del arco de madera que daba entrada a la sala, destacaba un gran mapa de

Europa y Asia Central —al este, el océano Atlántico, y en el extremo occidental, Vladivostok y la costa rusa del Pacífico—, en el que se habían dibujado con líneas de colores los cambios de las fronteras del Reich desde su fundación por Bismarck hasta el inicio de la guerra. Al fondo, tras las cristaleras, se divisaban los macizos de flores, ahora recuperando sus colores primaverales, los cedros y los abetos.

Antes de empezar a hablar me preguntó con una familiaridad ligeramente forzada si quería fumar, o beber algún licor, mientras me estudiaba discretamente con la mirada. No nos habíamos visto desde finales del verano, seis o siete meses atrás; el general conservaba su porte atlético, a pesar de que las puntas del bigote, el pelo y las patillas empezaban a blanquear.

Comenzó refiriéndose a Peter, alabando con orgullo la valentía que había mostrado desde la llegada de Eisner al poder y rememorando algunos de los detalles que yo conocía sobre las misiones que se le habían encomendado y que había realizado con gran inteligencia. Pasó luego a hablar de la situación de Leviné y los suyos.

—Cada vez les quedan menos apoyos —dijo mientras mecía ligeramente el cuerpo hacia delante y se le reconcentraba la expresión— y la población no está dispuesta a soportar mucho más. Antes o después conseguiremos que el Ejército se decida a entrar en Múnich. Tienen los días contados.

Se detuvo un momento para examinar la reacción de estas frases en mi rostro. Dudé unos segundos... ¿Me había llamado para hablar de los planes del mando militar y de las acciones que estaban preparando los cuerpos de voluntarios?

Entendí que debía disipar sus suspicacias:

—Hemos sido testigos de un ciclo revolucionario al completo —corroboré—. Ahora sabemos lo que la revolución encarna y lo que la revolución pretende. Nada será igual para quienes hemos pasado por esta experiencia. La memoria de estos días seguirá estando presente y eso hará de Múnich y de Baviera para el futuro un baluarte de las organizaciones patrióticas.

El general descansó la espalda en el sofá, reclinándose hacia atrás:

—¡Es la gran oportunidad para los cuerpos francos y para Thelema! —replicó, con energía—. Si son los grupos de voluntarios quienes conducen ahora al Ejército a actuar contra los bolcheviques, cualquier Gobierno bávaro posterior y el alto mando no podrán dejar de contar en el mañana con ellos.

Luego se detuvo un instante, para enseguida añadir:

—Siempre y cuando consigamos disciplinarlos...

Recalqué:

—Algunos de los cabecillas del Freikorps estarían más que dispuestos a asumir ese papel. El capitán Röhm, por ejemplo...

Röhm era bien conocido a causa de su audacia —y también de su brutalidad— durante la guerra, y tenía tras de sí a algunos de los grupos de voluntarios más decididos.

El general torció el gesto.

—No. Tiene que ser el Ejército quien controle directamente la situación.

Hice un gesto de incomprensión. Lo que acababa de afirmar parecía contradecir su opinión anterior. Sin embargo, añadió:

—El Ejército... debidamente aleccionado. En cuanto acabemos con la farsa de Leviné y sus acólitos es muy importante la educación de la tropa y de la población. Usted conoce la misión que está a llevando a cabo Thelema. Es necesario que la Orden Germánica se convierta en algo distinto cuando caiga el Gobierno revolucionario, debe atraer más gentes en torno a sí, obreros, soldados decepcionados, el pueblo que ha sufrido el caos revolucionario. Debe transformarse en una fuerza política y de propaganda mayor.

¿Era Ratsam la cabeza pensante detrás de Ostario y los suyos...? Yo poseía noticias de que la Orden había establecido relaciones con logias afines en otros países y de que el general había sido el interlocutor principal en esas conversaciones.

Durante aquellos meses en los que había sentido la cercanía de la inseguridad física y las amenazas de la insurrección, mis ideas habían madurado, distanciadas ahora de los sueños utópicos y de los juegos florales de Schwabing. Mis pensamientos habían adquirido solidez y forma. Era preciso un gobierno con autoridad, un gobierno con capacidad para adoptar decisiones. Frente a la amenaza de la dictadura del populacho y el horror de la guerra civil, sólo era posible una autoridad indiscutible.

Le describí brevemente al general mi proyecto de reflexionar y escribir sobre lo que estábamos viviendo:

—Tengo previsto hacer acopio de las experiencias de este tiempo. Estoy escribiendo un libro. Sobre la necesidad de un gobierno que esté por encima de los vaivenes de los partidos y las discusiones del Parlamento.

Pero el general parecía no haber escuchado estas últimas palabras. De repente, sin previo aviso, dejó de hablar y se produjo un silencio prolongado, embarazoso.

Después de varios minutos callados, Ratsam se levantó y se acercó a una de las estanterías, de donde extrajo un pequeño libro, encuadernado en tapas de color azul pálido. Luego se sentó en otra butaca, no enfrente de mí como hasta entonces, sino a mi lado; sin embargo, no pude leer el título de la cubierta.

Inconscientemente, una desazón creciente se había ido apoderando del ambiente de la entrevista. El general tenía el rostro grave, los párpados caídos; se ajustó, incómodo, la corbata por encima del chaleco. Ahora se asemejaba más que nunca con anterioridad a un árbol, un árbol maduro y lleno de raíces, un roble impasible ante las ráfagas del viento.

Inspiró pesadamente antes de hablar:

—Pero no le he llamado para conversar sobre la situación política, aunque valoro sus opiniones, que Peter me ha transmitido en varias ocasiones.

¿De qué se trataba entonces?

Volví a sentir instantáneamente pánico, el miedo cerval ante el rechazo, el temor de haber cometido algún error por el que recibir un castigo, una pena debida.

Sabía que el general conocía mis libros y artículos, quizás también mis publicaciones satíricas, en las que años atrás había fustigado a algunos de los prohombres de la burguesía de Múnich. No creo que Anton Ratsam se sintiera muy satisfecho con aquellos escarceos literarios, aquellos ensayos más propios de la bohemia que de un jurista aspirante a un puesto de profesor en la universidad y suboficial de información del Ejército. ¿Acaso se trataba de aquello?

Sentí de nuevo el deseo repugnante de agradar, de ser aceptado. Ansié en ese instante que Ratsam me considerara uno de los suyos, y a la vez odié con todas mis fuerzas ese afán repulsivo. Una vez, bastante bebidos, mi hermano Jupp, siempre tan dispuesto a la chanza, había bromeado conmigo, delante de Saskia. Dijo que «yo era como un judío», tan obsequioso, tan deseoso de complacer. Rompí, profundamente herido, enfurecido, durante meses, cualquier comunicación con mi hermano, ante la sonrisa displicente y mordaz de Saskia...

El general, sin pronunciar una palabra, el rostro severo, me acercó el lomo del libro, hasta que pude ver las letras del título grabadas en oro. Era una edición de las *Metamorfosis* de Ovidio, el gran manual del arte amatoria de la Antigüedad.

No sé de qué manera, pero, a pesar de mi ceguera absoluta, presentí algo. Instintivamente, noté como si una puñalada certera, afilada y dolorosa, me taladrara el estómago, un ardor punzante que ya no dejó de crecer en mi interior...

Ratsam se quedó mirándome a los ojos, sus densas cejas cayendo sobre los párpados, la mirada gris inquisitiva y triste:

—He de hablarle de su mujer.

¿Saskia? ¿Era Saskia la verdadera razón por la que me había hecho llamar, el motivo que había estado intentando disimular desde el principio?

¡Pero no era posible! ¿Otra vez? De forma casi inmediata, mis pensamientos se habían puesto a la defensiva y circulaban a toda velocidad por mi cerebro. ¿Volvían las sospechas y las murmuraciones, las calumnias sobre Saskia? ¿No habría manera de librarse de aquella carga de insidias y rumores envenenados?

—Usted tiene un gran porvenir por delante, en la universidad y en el mundo académico... —intentó continuar Ratsam, moviéndose en el sillón, inquieto.

Le interrumpí bruscamente, con la ansiedad recorriéndome el cuerpo:

—¿Qué quiere decir?

—Usted conocía su vida anterior... Creo que la encontró por primera vez en uno de esos locales de la parte baja de Schwabing.

—¡Pero eso no es cierto! —contesté gritando, sin cautela alguna.

Ratsam pareció un tanto sorprendido de mi reacción.

—¿No se daba usted cuenta de lo que estaba ocurriendo? ¿A qué le dijo ella que se dedicaba?

—Me contó que era bailarina, y que tenía contratos en varias ciudades. Sobre todo durante los primeros años después de conocernos, al principio, cuando a veces tenía que viajar durante varias semanas; luego, en los últimos años, pasaba más tiempo en Múnich...

—Bailarina...

—Sí, bailarina de danza española. Eso es lo que me dijo, y también lo que anunciaban unos carteles que me enseñó.

—¿Y nunca pensó que pudiera ser una excusa, una tapadera? ¿No ha habido nadie que a lo largo de los años, y antes de casarse, le pusiera en guardia? ¿No le hablaron de su vida pasada?

—¡No! ¡No puede ser!

Seguía negándome a aceptar la verdad, completamente ciego, todavía seducido por un extraño embrujo, por mi pasión febril por aquella mujer.

Ratsam no comprendía mi obnubilación. Me volvió a entregar el libro, que no había separado de sus manos. Lo abrió por una página seleccionada previamente, señalándome con el dedo índice una frase. El verso de Ovidio que Ratsam había escogido hablaba de «la entrega a la sangre vehemente de los marineros».

Sentí vergüenza, una monstruosa afrenta, el rostro me ardía.

Alcé de nuevo la voz, colérico, desesperado:

—¿Qué pruebas tiene? ¿Cómo puede saberlo?

El general intentó mostrarse paternal. Hizo como si no hubiera escuchado estas preguntas angustiadas. Dejó que me tranquilizara. Luego añadió:

—Mi querido amigo, puedo entender cómo se siente, aunque no su absurda ofuscación ante lo que muchas personas ya le habían advertido. No sólo por lo que respecta al género de vida de su mujer, sino también a los engaños y embustes, a las mentiras sobre las que se le puso sobre aviso y que usted no quiso aceptar. ¿Qué es lo que ella le dijo de sus orígenes?

Tartamudeé:

—Qquee, qquee... descendía de una familia principesca de la India... criada por unos tíos aristócratas en Hamburgo...

Solamente entonces aquella historia —tan obvia, tan ridículamente inventada— me empezó de repente a parecer fantasiosa, inverosímil.

Fue como si un denso manto, oscuro e impenetrable, que hubiera estado cubriendo mis ojos durante todos aquellos años, comenzara a serme retirado de los ojos.

—No eran sino patrañas. ¡Una aventurera de vida fácil! —exclamó Ratsam, mirándome ahora fijamente—. Ni siquiera su nombre es auténtico. Tuvo que falsificar sus documentos y los certificados oficiales. La policía le seguía los pasos muy de cerca y estuvo a punto de detenerla poco antes de que se encontrara con usted. Usted le vino muy bien para sus planes...

El general se interrumpió unos instantes, vacilando brevemente, dudando si debía continuar. Luego añadió:

—Era y es muy hábil. Una de las más sagaces que yo he conocido.

Estaba completamente demudado. Incapaz de expresar el más mínimo sonido, el menor lamento, con la cabeza hundida entre las manos. Sólo sentía vergüenza y una quemazón que me inundaba el vientre y los pulmones...

Ratsam permitió durante unos instantes que recuperara la compostura y, poco a poco, el ritmo de la respiración. Después dijo:

—Y el dinero. ¿No sospechó de su interés, de su ansia por el dinero?

¡La cuenta bancaria! ¡Ella siempre había querido poder disponer de mis depósitos en el banco! «Por si se produce una urgencia, un accidente, y no puedo localizarte fácilmente», así me había convencido.

—Pero eso no es todo... —se detuvo un instante—. Hay acusaciones todavía más graves contra ella. Y ésa es también la razón por la que he querido hablar con usted en una conversación privada. ¿No le llamaban la atención sus ausencias durante estos meses?

Con ojos huidizos, el general dirigió la mirada hacia una de las estatuillas de mayor tamaño, un buda grueso y de sonrisa plácida que descansaba sobre una mesilla cercana de madera tallada, como si buscara el apoyo de deidades lejanas. Enseguida continuó, la voz endurecida:

—Ella ha estado muy activa estos meses, desde que sus amigos de Schwabing llegaron al poder. Mucho más activa que todos nosotros...

No entendí lo que el general quería decir. Con dificultad había comenzado a aceptar las sospechas que antes había rechazado, pero me sentía incapaz de imaginar nada más. ¿A qué se refería ahora Ratsam?

Saqué fuerzas para replicar:

—Pero yo pensé que era la influencia de la Orden... su adiestramiento en los secretos de Thelema. —Dudé unos segundos—. El influjo de Ostario. Pensé que había caído —así dije, «que había caído»— bajo el ascendiente de ustedes...

Ratsam carraspeó:

—Ejemmm... Sí, efectivamente, ha estado trabajando para nosotros. Y en misiones a veces muy delicadas... Demasiado delicadas, si he de serle sincero.

—¿....?

Ratsam se levantó, luego dio un pequeño paseo circular siguiendo las formas y líneas de la alfombra. Se detuvo ante el mapa con las fronteras del Reich, contemplándolo. Al cabo de un rato, prosiguió, con voz inflexible:

—Esa farsante, que, lejos de ser la descendiente de una familia de príncipes hindúes, no es más que la hija de una modesta costurera de Viena, está muy acostumbrada a las falsificaciones y a ofrecerse al mejor postor. Sólo le importaba el dinero, quien le diera más... Y suponemos que ha estado entregando información reservada a los dos bandos, a nosotros y a sus viejos amigos de Schwabing, los líderes revolucionarios...

Me quedé petrificado, incapaz de hacer el más mínimo movimiento.

El general continuó:

—No dejan de acumularse pruebas contra ella. Usted se halla fuera de cualquier sospecha, aunque debería haber sido mucho más prudente... Su ofuscación por ella no tiene una explicación racional.

¿Verdaderamente era posible todo aquello? ¿Saskia se había dedicado a vender información a Thelema y a la vez a los sucesivos Gobiernos revolucionarios? ¿Era ése el motivo por el cual se ausentaba con tanta frecuencia?

El general pareció leer mis pensamientos. Dijo, con el rostro ligeramente menos adusto:

—Dudo mucho de que jamás le amara ni deseara ser su mujer. Esa clase de aventureras saben representar su papel con perfección inusitada y exclusivamente les mueve el dinero. También a nosotros consiguió engañarnos durante algún tiempo. No ha sido nada fácil desenmascararla. Pero si todavía tiene dudas, váyase a su casa. Me temo que le espera una desagradable sorpresa...

No quise escucharle.

—Pero ¿y ella? ¿Dónde está?

—La farsante ha desaparecido. No creo que usted la vuelva a ver nunca más. Aunque quizás la policía tenga más suerte.

El general dio por terminada la entrevista. Parecía como si descansara después de haber cumplido un penoso y molesto deber. Sin embargo, noté que progresivamente se había ido irritando. Me despidió con cierta frialdad, aunque con sus mejores deseos para mi trabajo intelectual.

Anton Ratsam no se había equivocado. Sus informaciones y las investigaciones llevadas a cabo por Thelema no se apartaban un ápice de la realidad. Cuando llegué a casa, confuso, desesperado, con el corazón palpitando, atormentado por lo que pudiera encontrar allí, mi sorpresa fue mayúscula.

La embustera, la hechicera, aquella mujer embaucadora y perversa había desvalijado por completo la vivienda, llevándose todos los muebles y objetos de valor, incluidos los cuadros y los libros. Lo mismo había hecho con mis ahorros en el banco. ¡Se lo había llevado todo! Y yo apenas conseguía liberarme de su encantamiento letal...

Aquella noche escribí en mi diario, profundamente deprimido: «¡Oh, hijas de Eva, aquellas que fuisteis engendradas por la serpiente, aquellas de entre vosotras que os conjurasteis con el dragón, las que perseveráis en la gran abominación, ojalá la maldición siga cayendo sobre vosotras por los siglos sin fin!».

La revolución bávara llegaba a su término. Mientras los cuerpos francos y las unidades regulares se organizaban a pocos kilómetros de Múnich, disponiéndose para el asalto definitivo, dentro de la ciudad la situación alcanzaba su cénit. En las tiendas no había nada para comer; el gas y el carbón habían desaparecido. El agotamiento y el hastío ante la huelga general se extendían incluso entre los partidarios de los rebeldes.

Las gentes, hartas ya de aquella peligrosa aventura que amenazaba con no acabar nunca, empezaban a dirigir sus gritos contra el Gobierno bolchevique: «¡Nosotros, bávaros, no somos rusos!», decían ahora. Pero a pesar del creciente rechazo popular contra Leviné y los suyos, el Ejército Rojo consiguió levantar barricadas en los puntos neurálgicos de la ciudad y amenazar con un baño de sangre si las tropas bajo el mando de la República —«los prusianos enviados desde Berlín»— conseguían entrar en Múnich. La mayor parte de los ciudadanos expresaba ya su ardiente deseo de que los comunistas y sus compañeros de viaje obtuvieran un merecido castigo.

Lo que ocurrió en los días siguientes fue una orgía de sangre y odio, donde las venganzas y las pasiones más bajas se apoderaron de la capital bávara y sus habitantes, mostrando la degradación moral a la que nueve meses de revolución habían conducido. Y de nuevo los miembros de Thelema tuvieron que sufrir las consecuencias en su propia carne. Fueron sus víctimas las que salvaron Múnich del terror y la violencia.

Tengo en la retina grabadas las escenas macabras del Instituto Luitpold. Durante años, el recuerdo de aquellos acontecimientos actuaría como un revulsivo, una eficaz vacuna que preservarían a Múnich y a Baviera de cualquier contagio revolucionario posterior y harían de ellas un santuario protector de las organizaciones patrióticas.

Todo comenzó cuando un retén de soldados bolcheviques hizo prisioneros a dos oficiales, a varios miembros de Thelema, y, en su brutal arbitrariedad, a un inocente aprendiz de pintor al que se le acusaba de haber despegado un cartel revolucionario. Tras interrogar a los rehenes, el comandante ordenó que fueran llevados de dos en dos al patio de la escuela, puestos de pie frente a la pared y ejecutados.

Pero no bastó con aquellas ejecuciones criminales. Los cuerpos de las víctimas fueron salvajemente despedazados por los soldados, ante la mirada impasible de sus jefes, y sus genitales arrojados al estercolero, junto con los restos de los animales sacrificados en un matadero cercano.

La noticia de los asesinatos circuló rápidamente dentro y fuera de Múnich, como una tea ardiente capaz de avivar el fuego de la ya generalizada indignación popular, forzando a los cuerpos francos a adelantar su entrada en la ciudad a la jornada en la que los rebeldes se preparaban para conmemorar el Día del Trabajo. A pesar de su vociferante propaganda, el Ejército Rojo no consiguió reunir más de unos pocos miles de soldados para combatir a las tropas que se acercaban a la capital bávara...

Por primera vez, la brutal aniquilación de las víctimas de Thelema había hecho sembrar la desmoralización incluso entre los partidarios del régimen revolucionario. ¿Qué ideal de Humanidad era este que se ensañaba con tal primitiva barbarie en inocentes? ¿Acaso aquél podía ser el añorado reino de paz y fraternidad, la nueva bandera de las altas exigencias morales que la revolución había levantado como suya?

Al conocer la noticia de lo ocurrido en la escuela Luitpold, no pocos oficiales del Ejército Rojo abandonaron sus puestos, presos del asco y el pánico; los soldados se despojaban de las armas, arrojándolas al borde de los caminos que conducían hacia los campamentos donde se habían apostado las unidades de voluntarios, y muchos huían, escondiéndose de la ira de sus camaradas de la víspera en los pueblos y graneros de los alrededores. Fue una retirada en masa.

Las tropas del Ejército regular, que finalmente entraron en la ciudad el mismo 1 de mayo, se encontraron con una resistencia disminuida. En Schwabing —¡siempre tan alocada!— fueron recibidos con gritos de júbilo y una lluvia de regalos. En las principales arterias comerciales de la ciudad las casas aparecían adornadas con telas azules y blancas. Las brigadas de voluntarios marchaban entonando canciones, disparando salvas al aire y lanzando gritos con el juramento de fidelidad a los colores bávaros y a la esvástica, el emblema que mostraban en los cascos de acero.

La resistencia de Leviné y los suyos no se hizo, sin embargo, esperar. En lugares dispersos de Múnich, el Ejército y los cuerpos francos se enfrentaron a grupos de milicianos dispuestos a mantener una encarnizada lucha hasta el final. El ruido de las ametralladoras, los incendios provocados por las granadas y las explosiones de las bombas de mano asolaron durante toda la noche las proximidades de la estación central, convertida nuevamente en improvisado cuartel de los sublevados.

A poca distancia de la estación, me encontré de repente inmerso en una de esas batallas campales. Desde la azotea de un cercano hotel los milicianos habían comenzado a disparar indiscriminadamente sobre los transeúntes. Enseguida, después de los primeros disparos, tropas de los cuerpos francos que se habían apostado bajo los soportales respondieron con fuego de ametralladora. Tras la primera batida, se produjo un prolongado silencio. Pude comprobar entonces que junto a los voluntarios del Freikorps había otras personas, provistas también de fusiles, que se les habían unido. Aprovechando la momentánea tregua, me acerqué a ellos.

En uno de los grupos distinguí a Hess y a Hans Frank, sin que ellos pudieran reconocerme. Hess llevaba una vieja chaqueta de caza y su gorra de aviador; Frank resultaba aún más pintoresco, vestido con pantalones bávaros y unas botas de montaña. Ambos llevaban un brazalete que mostraba la insignia de los cuerpos francos.

Hess y otros siete u ocho más de sus compañeros se aproximaron con cautela hacia la puerta de entrada del hotel. Decidí ir tras ellos, algo rezagado. En la planta baja del edificio no se distinguía ningún movimiento. Seguí con precaución escaleras arriba, resguardándome cada cierto tiempo en lugares seguros. Al llegar a la azotea, ya no se divisaba a nadie, el enemigo acababa de escapar. Regresamos a la calle, y cuando me disponía a atravesar el arcén, se inició de nuevo el tiroteo, esta vez un intenso fuego cruzado procedente de varios lugares a la vez. Desde el fondo de la calle llegaban ráfagas de fusiles ametralladores y muy poco después también el estallido de las granadas y las bombas.

En apenas unos minutos, las primeras escaramuzas se habían transformado en una lucha a muerte por cada milímetro de avance en la que ambos bandos acrecentaban por momentos sus efectivos de hombres y de armamento. De nuestro lado, eran ya varios centenares de voluntarios y de soldados los que combatían, y al cabo de un rato se consiguieron colocar en posiciones estratégicas los cañones que estaban siendo desplazados desde otros puestos.

Súbitamente, las ráfagas de ametralladora alcanzaron a varios de los soldados que estaban junto a mí, muy cerca. Dos de ellos cayeron muertos en el acto y otros tres resultaron gravemente heridos, el pecho y las piernas ensangrentadas y la ropa hecha jirones.

En todas las direcciones se extendían el humo y las llamas mientras voces cada vez más desvalidas pedían auxilio a los sanitarios. Hess había conseguido arrastrarse con agilidad por el suelo, protegiéndose del fuego enemigo, hasta alcanzar una de las ametralladoras y, después de apartar los cuerpos de los heridos, dirigía el tableteo intermitente del arma hacia los edificios donde se habían encaramado soldados enemigos aislados. Olía con intensidad a pólvora, a humo y a la sangre de los heridos.

En un instante fugaz, vislumbré cómo también Hess era finalmente alcanzado de forma superficial, las esquirlas de la metralla incrustándose en el muslo.

Intenté escapar rápidamente de aquel lugar, pero sólo pude esconderme en una de las iglesias de los alrededores, apenas unos metros más allá de donde había sido alcanzado Hess. En el interior del templo encontré a varias personas refugiadas, con el rostro transido por muecas de incomprensión y abatimiento. Una mujer de mediana edad, de pelo descolorido y aspecto campesino, el rostro desencajado, iba y venía por el pasillo central hasta el altar, profiriendo gritos en los que se entremezclaban el terror al *apocalipsis* —que estaba convencida se disponía a precipitarse sobre su cabeza— y los lamentos provocados por el hambre.

Cuando al cabo de algún tiempo me decidí a salir de nuevo a la calle, una vez el fragor de las detonaciones se escuchaba espaciado, algunos proyectiles sin rumbo, disparados desde la otra acera, fueron a impactar en el escaparate de una tienda muy próxima a donde yo me encontraba, haciendo que el cristal saltara en miles de añicos.

Hess seguía allí, tumbado en el suelo, no lejos de donde le había visto la última vez, con las heridas en la pierna muy provisionalmente atendidas. A pesar de lo precario de su posición, disparaba la pistola hacia un grupo de personas que corrían, entre las que me pareció ver a algunas mujeres y niños.

Entonces la vi... junto a uno de los grupos de soldados y de voluntarios que se habían refugiado bajo los soportales. Era Eva. Atendía a los caídos con una insólita mezcla de seguridad profesional y de ternura. Estaba radiante, la cabellera rubia recogida en una cola de caballo y los ojos diáfanos relampagueando. Me pareció más hermosa incluso que la primera vez, en casa de Ostario. En un momento inesperado, alzó la mirada y me reconoció, esbozando una sonrisa apenas dibujada en el rostro de cristal. Luego desapareció y no volví a verla jamás...

La situación en la calle se había ido decantando a favor de los cuerpos de voluntarios, más numerosos y embravecidos. En algunas de las casas de tejados escalonados los disparos y las bombas habían hecho boquetes en las fachadas. La lucha se acercaba a su fin.

Un puñado de tiradores enemigos logró huir en el último momento, antes de que se practicaran detenciones de varios milicianos y de sus cabecillas, así como de un obrero —el rostro ennegrecido por el humo— que llevaba una granada en la mano y se negaba a soltarla, hasta que sus propios compañeros le conminaron a que la arrojara a una distancia segura, donde estalló en cuanto rozó el pavimento.

Solamente de forma paulatina fue internándose en la ciudad el grueso de las tropas al mando del Gobierno republicano de Berlín. La toma de Múnich había estado prevista inicialmente para el día siguiente.

Hasta las dos de la madrugada, la situación continuó siendo bastante crítica.

Con frecuencia llegaban informes alarmantes a través de espías, muchos de los cuales no merecían excesiva credibilidad. Antes de que despuntara el alba, se rumoreó, por ejemplo, que las tropas comunistas estaban preparando una contraofensiva para reconquistar algunas de las arterias principales.

Es posible que con una mayor moral de combate, la lucha hubiera continuado durante varios días. Pero, progresivamente, el ruido de las explosiones y de las detonaciones, cada vez más aisladas, se fue apagando.

Cuando, por la mañana, se supo que los jefes bolcheviques se habían entregado y que la situación estaba bajo control, un sentimiento de liberación y de alegría recorrió las calles de la ciudad. La presión de aquellos siete meses de revolución había sido gigantesca. Landauer, Leviné y muchos otros de sus secuaces revolucionarios fueron ajusticiados.

Y entonces, en medio del júbilo y la satisfacción general, estalló la noticia. Fue un golpe certero y devastador, como la erupción de un temblor de tierra que hubiera estado desafiando la superficie recóndita y ahora decidiera actuar con toda su energía subterránea.

El 7 de mayo, a los pocos días de la caída del régimen de los Consejos en Múnich, los vencedores de la guerra hicieron públicas las condiciones definitivas del Tratado de Versalles.

El Estado alemán perdía el trece por ciento de su territorio y veía su población diezmada. Prusia Oriental quedaba dividida por el corredor de Dánzig. Alsacia y Lorena eran entregadas de nuevo a los franceses. El Ejército debía reducir sus efectivos a un máximo de cien mil hombres y se suprimían las escuelas de oficiales y el Mando Supremo Militar. Todo el valle del Rin, la próspera Renania, era tomada como rehén, ocupada y sometida a las tropas invasoras durante los próximos quince años; después debía ser «desmilitarizada» de forma indefinida.

Las exigencias económicas eran, si cabe, aún más escandalosas. A Alemania se le hacía responsable de todos los daños y perjuicios ocasionados durante la guerra —sin distinguir ningún origen ni imputación posible—; de todos los males que hubieran recaído sobre los aliados. Se le acusaba de ser la causante de las hostilidades —la única culpable militar y moralmente— y, por lo tanto, obligada al pago de todas las reparaciones. Además, debía de hacer entrega a sus enemigos de aquellos ciudadanos alemanes que fueran acusados por los vencedores de haber violado las reglas y prácticas de la guerra entre las naciones civilizadas.

¡Eran esas mismas «naciones civilizadas» las que imponían unas condiciones a los vencidos que violaban cualquier norma o costumbre de la guerra!

A las vergonzosas condiciones de Versalles se unió pocas semanas más tarde, en agosto, la aprobación en el Parlamento en Berlín de la Constitución de Weimar.

Versalles, Weimar, seguidas algún tiempo después por la creación en Ginebra de la Sociedad de Naciones, concebida desde su origen como una alianza para atenazar a Alemania: en ese triángulo opresivo se encerraba para los años por venir la magnitud de la aflicción de la patria.

IX

Adolf lleva semanas hastiado del ambiente lánguido y morboso del hospital de Pasewalk. Todavía tiene que protegerse con una venda que le cubre los ojos y que le cambia con gestos seguros pero suaves, casi dulces, una enfermera, Inge, de la que le agrada su fragancia a campo, a paja y heno, que parece flotar por encima del intenso olor del hospital. Cuando recibió el impacto del gas en la cara, un sabor pastoso y ácido que inundaba sus pulmones y le asfixiaba, los ojos le ardían, como si estuvieran punzándolos cientos de pequeñas brasas hirvientes. Después, sólo recuerda que perdió el conocimiento, para encontrarse al despertar en una cama mullida y limpia. Desde entonces, no han cesado a su alrededor las conversaciones sobre el fin de la guerra, que se espera llegue con rapidez.

Los rumores le alarman cada vez más. Un día, un grupo de marineros trae noticias que le intranquilizan profundamente: hablan de revolución y de alzamiento contra los que —proclaman estrepitosamente— han secuestrado al pueblo.

Aún convaleciente, no puede leer los periódicos, pero percibe en torno a sí un estado de febril efervescencia. Aumentan los comentarios sobre una sublevación inminente.

Poco después se produce el anuncio del final de la guerra. Para el cabo herido, que ha hecho del Ejército alemán su único hogar, es el desastre. Llegan marineros en camiones incitando al pueblo a la revuelta. Cuando recuerde estos acontecimientos tan decisivos en su vida, escribirá que «eran jóvenes judíos» los cabecillas de este combate contra la libertad y la dignidad de la patria; ninguno de ellos, añade, había estado jamás en el frente.

Lo que al principio parecía un suceso aislado, un acto de insurrección y de desmoralización, comienza a adquirir las características de una sublevación general. A ello se añaden las desesperanzadoras noticias que llegan desde el frente, que anuncian una palabra imposible: la rendición incondicional, una capitulación deshonrosa.

Es al día siguiente de la caída de los Hohenzollern y de las revueltas en Kiel, en Múnich y en Berlín cuando conoce toda la dimensión de la situación. Un pastor protestante se dirige a los pacientes, con voz grave y profundamente entristecida. El káiser ha abdicado, Alemania es ahora una República y los bolcheviques amenazan con conquistar el poder...

Mientras escucha estas palabras, un estertor de muerte se apodera de él. No puede soportarlo. Es como si la quemazón de los ojos, aún viva, hubiera estallado de nuevo, extendiéndose por todas sus vísceras. Se levanta con un fuerte impulso. ¿Todo ha sido, pues, en vano? ¡En vano los sufrimientos, el hambre y la sed, las interminables horas consagradas al deber bajo la cercanía de la muerte! ¡En vano el sacrificio de la vida de dos millones de alemanes! ¡En vano su heroísmo, su desafío permanente al destino bajo el fragor de las balas, la liberación, gracias a la guerra, de una existencia gris y fracasada!

Vuelve tambaleante, a tientas, al dormitorio, y se arroja en la litera, con lágrimas en los ojos. ¿Y la patria? ¿Acaso su pasado glorioso no avala la fe en ella? ¿Y el porvenir de Alemania? ¿Cómo superar la ignominia ante las generaciones futuras?

El cabo austriaco que ha decidido desde su temprana juventud que su único hogar es Alemania siente con particular dolor lo que muchos otros ciudadanos alemanes piensan en ese momento. ¡Criminales! ¡Míseros y depravados criminales! Todos ellos: el emperador Guillermo, el traidor que entregó su amistad a los cabecillas marxistas; los partidos; los capitalistas, incapaces de soportar los sufrimientos de la guerra; los renegados dentro del propio Ejército...

El joven Adolf, que había conseguido al fin rescatar su vida de la penuria y el olvido tras largos años de deambular sin dirección, gracias al Ejército y a la guerra, ve cómo todo lo que había logrado se desvanece hecho polvo.

En ocasiones posteriores se referirá a estos días tan decisivos en Pasewalk embelleciendo la historia, añadiendo detalles heroicos y dejando entrever tras los acontecimientos un significado más profundo. Contará que cuando se hallaba cegado por el gas tuvo una visión, una inspiración de lo Alto en la que se le decía que debía liberar al pueblo alemán y devolver su grandeza a la patria. Otras veces, ante auditorios diferentes, evitará esta presuntuosa versión, y relatará que en ese momento de vergüenza e ira, las vivencias de la guerra —los instantes de excitación antes del combate, el silbido cercano de la metralla que alcanzaba el rostro de un camarada, los enfrentamientos sangrientos en las trincheras— se le aparecieron condensadas en la memoria, y llegó a la conclusión de que todo se debía a un gran y único enemigo: el gran enemigo de Alemania eran los judíos y el marxismo. Eran ellos los que habían favorecido lo que estaba ocurriendo y quienes se lucraban de la situación de desolación y de derrotismo.

—¡Con ellos —exclamará— no cabe pacto alguno! Tratándose de sujetos de semejante ralea, sólo sirve una decisión inflexible: o ellos o nosotros.

Sin embargo, a pesar de sus declaraciones, los hechos muestran que no fue en ese momento cuando decidió dedicarse a la política. Los motivos que le llevaron a tomar la determinación más trascendental de su vida dependieron en realidad mucho más de los acontecimientos que de una suerte de inspiración sobrenatural.

El final de la guerra significaba que, como la mayoría de los soldados, tenía que afrontar la desmovilización. Sin ninguna actividad a la que regresar, tras haber sido el Ejército su único refugio durante cuatro años, el futuro volvía a ser incierto. Solamente la permanencia entre los soldados le ofrecía una oportunidad.

Consigue demorar el licenciamiento más que casi todos sus camaradas, hasta que las circunstancias de la revolución en Baviera le arrastren a convertirse, primero, en un propagandista de las ideas patrióticas, después, en un agente de información al servicio del Ejército, y, por último, en el líder inesperado de un minúsculo partido político que, inexplicablemente, conseguirá destacarse entre la miríada de grupúsculos opositores de la nueva República y transformarse en un movimiento de masas capaz de dominar la calle.

A finales de noviembre de 1918, pocos días después de abandonar el hospital, está de vuelta en la capital bávara. Ha comenzado el reinado de Eisner. Durante esos primeros meses de triunfo de la revolución en Múnich, el joven Adolf reacciona con una extraña pasividad. Se acerca ya a los treinta años de edad, no tiene estudios, profesión ni perspectivas. El cuartel al que le destinan está regido, como la mayoría, por un consejo de soldados. A pesar de sus sentimientos de incertidumbre e inseguridad, en medio de la confusión reinante, la situación del cuartel le repugna tanto que decide presentarse voluntario para vigilar un campamento de prisioneros cerca de la frontera austriaca.

Siente en esos momentos una amargura sin límites; se ve a sí mismo como un ser anónimo, anodino, alguien que no es ni vale nada, sin medios ni recursos para salir del agujero. Su única riqueza es la de ser un soldado desconocido: una llama permanente que convoca a sus muertos desde ultratumba.

—Vengo de entre vosotros; soy de los vuestros —así expresa sus sentimientos de esa época—. He salido del pueblo. Del pueblo de soldados y camaradas caídos. Conozco vuestros sufrimientos y vuestra rabia; vuestros deseos de devolver ojo por ojo, diente por diente...

En el campamento de prisioneros de guerra —soldados rusos en su mayoría, apresados en el frente oriental— le enfurece la indisciplina, la falta de autoridad y de moral militar que ve a su alrededor. Muy poco después, al cabo de dos meses, recibe el encago de desmantelar el campo de prisioneros y es enviado de nuevo a su batallón en Múnich.

Se le destina entonces al servicio de vigilancia en la estación central, donde se ha emplazado una unidad de su compañía encargada de mantener el orden en medio de la violencia y el caos que viven las calles de la capital bávara. Él tiene, sin embargo, muy poco que hacer —no se le ordena actuar para apagar los tumultos— y se dedica a ganar algún dinero, poco más de tres marcos al día, probando y vendiendo viejas máscaras antigás.

Lo poco que gana tiene un objetivo conocido. Lo que consigue ahorrar lo destina, como antes de la guerra en Linz, en Viena o en Múnich, a escuchar a su idolatrado Wagner. Esa ópera y ese Wagner al que aman y veneran con un fervor similar los líderes revolucionarios, la misma música que no dejará de sonar en los teatros de Múnich ni siquiera en los momentos de mayor enfrentamiento. El cabo austriaco, futuro Führer del pueblo alemán, y el presidente de la República bávara de los Consejos, unidos en su amor a la música alemana, a Sigfrido y Wotan, entrelazados por el anillo oculto de un pueblo sometido al que conducir a la luz...

Es en esa situación de inactividad y de frustración, sin esperanza alguna, cuando decide dar un giro a su vida.

Después de rumiarlo en su interior larga y trabajosamente, llega a la conclusión de que es preciso reaccionar frente a la aniquilación de la patria, del Ejército, de la cultura alemana. Reflexiona sobre esos nombres, los nombres de los cabecillas revolucionarios: Eisner, Landauer, Mühsam, Toller, Leviné. Son los nombres, los rostros del enemigo. El marxismo y el judaísmo. En esos meses, la mente del cabo condecorado con la Cruz de Hierro de Primera Clase parece cristalizar sus ideas. Las intuiciones y el duro aprendizaje de los años en Viena adquieren ahora formas y perfiles bien definidos. Como otros muchos compatriotas, ve que el enemigo está muy cerca de alcanzar su objetivo de destruir desde dentro el corazón de Alemania y de la civilización...

En el batallón del cabo austriaco se convocan elecciones para designar a los representantes de los cuarteles en los consejos de soldados, e inesperadamente decide presentarse. Es el primer paso de una inverosímil carrera política.

Contra todo pronóstico, resulta elegido segundo delegado del batallón. Los que votan por él conocen bien sus simpatías políticas, son aquellos que mantienen convicciones nacionales. Es cierto que en algún momento ha jugado de forma oportunista o pasiva, sin manifestar abiertamente su repugnancia ante la situación política o incluso condescendiendo con ella. Pero no es esa, desde luego, su convicción íntima. Lo demuestra al llegar a su término la revolución en Baviera y aprestarse a denunciar a otros dos delegados del consejo del batallón ante el tribunal que investiga las actuaciones de los soldados de su regimiento durante la época de los sóviets. Ese acto hará que otros, más arriba en la jerarquía, se fijen en él...

Es, tras la caída del último Gobierno revolucionario en Múnich, tras el triunfo de los cuerpos francos y la ejecución de los líderes de los sublevados, cuando se acerca finalmente su hora. Ha tomado ya una determinación clara. A partir de este momento intentará encontrar la mejor vía para llevar a la realidad su deseo de dirigir a las masas. Todavía duda, necesita probarse, y aún transcurrirá algún tiempo antes de que esté plenamente convencido de sus poderes, pero a partir de ahora va a saber aprovechar las oportunidades.

La primera de ellas se le presenta en el momento en que se vuelve a crear, en el seno de las unidades que han participado en el aplastamiento de los Consejos, el servicio bávaro de información del Ejército, bajo el mando del capitán Karl Mayr. El Departamento de Información del Ejército, el mismo en el que yo había servido durante gran parte de la guerra y en los meses de la revolución bávara, y del que había solicitado ser licenciado pocos meses antes de la llegada de Mayr para poder proseguir mi carrera académica...

Mayr recibe fondos considerables con el fin de organizar cursos para la instrucción de oficiales y soldados y financiar organizaciones, publicaciones y partidos patrióticos. El objetivo es educar políticamente y también infiltrar personas de confianza en la sociedad. Una tarea de propaganda y de inteligencia.

El nombre del cabo condecorado aparece en una de las primeras listas de posibles agentes de información elaboradas por Mayr y sus colaboradores.

Al cabo de unos días se le destina al primero de los cursos de instrucción, que se imparte en la Universidad de Múnich, ahora ya bien alejada de cualquier fervor revolucionario.

Por primera vez recibe allí una educación política formal. Escucha con atención las lecciones sobre la historia de Alemania, sobre la teoría y la práctica del socialismo, la naturaleza política de la guerra, o sobre la desastrosa situación económica por la que atraviesa la nación después de las imposiciones vergonzosas de Versalles.

De entre los profesores le interesan sobre todo dos. De uno de ellos, el ingeniero Gottfried Feder, absorbe la teoría que diferencia entre el capital productivo, fruto del trabajo, y el capital especulativo o financiero, y aprende también una consigna que sabrá proclamar eficazmente más adelante: es preciso liberar al pueblo de la esclavitud del interés del crédito y de quienes lo detentan, enriqueciéndose a su costa.

Otro de los profesores es un historiador, Karl Friedrich Müller, que le examina con atención y que no deja de sorprenderse de lo que observa...

Después de una de las primeras lecciones de historia, se forma en el aula, que se está vaciando ya, un grupito que parece estar completamente ensimismado por las palabras enfervorizadas de uno de los alumnos, pronunciadas como un torrente sin pausa, con un tono crecientemente apasionado y una voz gutural característica.

—Tuve la convicción de que era él quien les hacía sentir aquella inaudita exaltación, y a la vez sentí como si fuera el grupo quien le estuviera dando su voz —relatará años después Müller—. De nuevo aquel rostro pálido y delgado bajo un mechón de pelo marcadamente poco militar, con un bigotito corto y unos ojos azul claros, muy grandes, dotados de un brillo frío y fanático. Al final de la segunda lección, le llamé para hablar con él. Se me acercó, obediente, pero moviéndose de forma poco elegante, con una cierta timidez rebelde. La conversación no tuvo, sin embargo, el menor interés.

Los ojos, y la voz, sobre todo la voz áspera y quebrada del cabo austriaco...

Mayr le elige, al término de las clases, como uno de los veintiséis instructores destinados a impartir cursos de formación en un campamento del Ejército cercano a Augsburgo. Los temas que deben impartir los nuevos docentes son una repetición de lo escuchado en Múnich. Una de las conferencias lleva, por ejemplo, el título: «¿Quién es el responsable de la Gran Guerra?», otra: «El período de la República de los Consejos de Múnich», y una tercera: «Las condiciones políticas y económicas de Alemania después de la derrota». El caporal desarraigado, ahora convertido en instructor político, siente que vuelve a pertenecer a una comunidad, que de nuevo tiene una misión que cumplir.

La tarea le apasiona. Se entrega a ella con entusiasmo. Percibe que se establece una corriente de alta tensión entre él y su público, que su forma de hablar empuja a los soldados a escucharle, obligándoles a salir de su pasividad y su cinismo. Aquello que había deseado oscuramente, lo que había intuido en ocasiones anteriores —su vocación de orador político—, lo ve ahora plenamente confirmado. Es, más que un descubrimiento, una auténtica iluminación: ¡sabe hablar! ¡Es capaz de entusiasmar, de movilizar, de infundir una nueva fe!

Por primera vez en su vida ha descubierto algo en lo que logra un éxito completo. Ha descubierto su mayor talento.

—¡Era capaz de hablar! —escribe lleno de euforia—. Y podía ufanarme de cierto éxito: en el curso de mis lecciones conduje a muchos centenares de camaradas, a miles, en realidad, a su pueblo y a su patria. Nacionalicé a la tropa.

Muchos de sus oyentes se sienten extasiados desde el primer momento. ¿Por qué?

Les habla con pasión y con convicción casi fanática, con una voz que parece salir de ultratumba, repetitiva, martilleante, aportando razones lúcidas y claras, devolviéndoles una seguridad que parecía no iba a volver a ser posible.

Su oficial superior, Mayr, confía en él, y empieza a considerarlo un talento natural para la propaganda. Decide delegarle tareas de mayor responsabilidad dentro del departamento que dirige. Le encarga que asista e informe por escrito sobre la reunión que va a celebrar en la cervecería Sterneckerbräu uno de los muchos grupúsculos de tendencia patriótica que vuelven a borbotear en esos días en la capital bávara: el desconocido Partido Alemán de los Trabajadores.

Es así como sucede, aparentemente casi por azar.

El orador tenía que haber sido Dietrich Eckart, el ya reconocido poeta y escritor que después será uno de sus principales mentores, pero Eckart está enfermo y le sustituye alguien a quien ya conoce: el profesor de economía del curso de instrucción, Gottfried Feder.

El cabo en misión de inteligencia ha oído antes la conferencia, se aburre, y se dedica a observar a la veintena de asistentes, que le parecen muy poco interesantes y en nada distintos a otros grupos similares. Sin embargo, tras el debate que sigue al discurso, cuando, cansado, está a punto de marcharse, uno de los invitados ataca ferozmente al orador y defiende con vehemencia la separación de Baviera de Alemania y su unificación con Austria.

Estas palabras le enfurecen. Dar alas al separatismo bávaro significa destruir a la patria. Lleno de cólera, interviene con tal fogosidad y apasionamiento, que consigue desarmar los argumentos de su adversario. A la salida, el presidente del Partido, Anton Drexler, un obrero metalúrgico, alto, desgarbado y algo miope, se le acerca admirado y le entrega un panfleto que él mismo ha redactado. Drexler ha quedado asombrado por su fuerza e influencia como orador, y en la siguiente reunión les dice a sus compañeros, en su cerrado dialecto bávaro:

—¡Dios, qué pico de oro...! Éste nos podría venir bien.

Una semana después, el cabo del Departamento de Información del Ejército recibe, entre sorprendido y risueño, una tarjeta rectangular, escrita a mano, en la que se le informa que ha sido aceptado como miembro del Partido Alemán de los Trabajadores y de que debe asistir a una junta del comité dirigente para hablar de su incorporación.

Su reacción inicial es de asombro y rechazo. Pero luego reflexiona y decide acudir.

Lo que encuentra es una organización muy pequeña, que apenas cuenta con unas decenas de militantes, pomposamente burocrática. Tras la ceremoniosa lectura del acta de la anterior reunión, se prosigue con el informe sobre la muy escasa tesorería, y luego con la exposición detallada de las tres cartas recibidas desde aquella última sesión, culminando la junta con un largo y farragoso debate sobre la entrada de «nuevos miembros» —¡sobre su ingreso, el único candidato!—.

Sin embargo, percibe que el destino puede estar haciéndole guiños. El Partido Alemán de los Trabajadores no tiene nada, ningún programa, ni prospecto o impreso alguno; «ni siquiera —añadirá cuando lo recuerde— un mísero sello de goma». Pero luego afirma:

—Afronté entonces el problema más complicado de mi vida. ¿Debía incorporarme al movimiento o abstenerme de hacerlo?

El momento culminante de su existencia... Toma esa decisión, subraya, lleno de incertidumbre, tras dos días de angustiosas reflexiones y dudas. Pero cree que tiene una misión que cumplir. La resurrección nacional debe brotar de un grupo pequeño, como éste, de un movimiento no aferrado a los partidos tradicionales. Cuanto más pequeño, más fácil resultará imprimirle la forma adecuada, fijar su carácter, sus métodos y sus propósitos, conducirlo. Porque de lo que se trata no es de dar a luz un nuevo programa o plataforma electoral, sino hacer posible una nueva doctrina, un nuevo credo.

—Y así fue —afirma— como me afilié al Partido de los Trabajadores, obteniendo una tarjeta provisional de miembro que llevaba el número siete.

Pero aunque mintiera sobre el número de ingreso, lo cierto es que el cabo austriaco entra ese día a formar parte del Partido que él acabará dominando y utilizando como instrumento para su ascensión al poder. Tampoco fue él quien decidió, solo, su adhesión. Mayr le ayuda, le proporciona desde el principio fondos y le permite continuar en el Ejército durante varios meses. Tiene, en efecto, una misión que cumplir.

¿Y aquel movimiento político? ¿De dónde había surgido el Partido Alemán de los Trabajadores?

La creación del Partido obedecía a los designios de algunas personalidades influyentes de Múnich. Había nacido apenas pocos meses antes de que el cabo en misión de información hiciera su aparición en una de sus lánguidas reuniones y de la dramática decisión de inscribirse en él. Se había fundado durante la época de los consejos y era fruto de las ideas y los planes de Ostario y Anton Ratsam... El Partido manaba de una fuente singular, de Thelema. La Thelema que, al día siguiente de declarar Eisner la República de Baviera, había empezado a crear su propia fuerza paramilitar, capaz de hacerse posteriormente con armas procedentes del Ejército y cuyo objetivo era reaccionar frente a la revolución proyectando el secuestro de Eisner y el putsch, el golpe de Estado.

Entre los miembros de la Orden Germánica se encuentran también los que muy pronto serán los más estrechos colaboradores del cabo austriaco, entre ellos, Rudolf Hess y Hans Frank, además de Anton Drexler, Alfred Rosenberg, Julius Streicher o el propio Dietrich Eckhart.

Los acontecimientos se habían sucedido de forma vertiginosa.

Pocas semanas después de que se abortara el primer intento de golpe contra Eisner, Ratsam, Ostario, Drexler y otros miembros de Thelema habían decidido crear en un discreto hotel de Múnich el Partido, con una meta inicial: tratar de captar para el evangelio de la Orden Germánica a obreros y trabajadores manuales. Luego, no habían dejado de apoyar, sigilosamente, la progresiva implantación del movimiento político que, inesperadamente, acabaría meses después por engullirlos...

A poco de ingresar en el Partido de Thelema, el cabo austriaco intuye con rapidez que él debe convertirse cuanto antes en un agitador, en el «Tambor» de un *movimiento* cada vez más amplio que agrupe a esa miríada de organizaciones patrióticas que sólo se hallan unidas por su rechazo a Versalles y a Weimar.

Pero lo primero es hacerse con el Partido, dominarlo. Lo más urgente es disponer de un instrumento útil y bien engrasado, capaz de llevar a las masas el mensaje. Y él sabe hablar. La ruptura con el hasta entonces núcleo dirigente no se hace esperar. Tampoco la búsqueda de la independencia respecto a cualquier otro grupo o sociedad secreta. Para ello hace falta reforzar el poder del Comité Directivo y otorgarle autoridad completa, eliminando cualquier jerarquía lateral o superior, ya sea del círculo de obreros o incluso de la propia Thelema...

Ha tomado ya una determinación. Su voluntad se concentra en un objetivo, aunque el camino sea largo e intrincado.

Comienza escribiendo a mano las invitaciones para los actos públicos, poniéndose siempre como estrella invitada de las conferencias. La primera vez apenas consigue reunir a ocho asistentes, luego el número va elevándose con cada convocatoria. Habla a sus auditorios de la derrota, de los «crímenes de noviembre», cuando se entregó la patria, vergonzosamente, a los enemigos, de la actitud de los socialistas y sus manejos para obtener el traidor Tratado de Versalles, de los comunistas, de la cuestión judía...

No mucho tiempo después se atreve a convocar un mitin por medio de un anuncio en la prensa y logra llenar una sala de ciento treinta personas que, fascinadas por el discurso del ex caporal de ojos incendiarios, entregan a la humilde caja del Partido trescientos marcos.

El milagro se vuelve a repetir una segunda vez. También en esta ocasión enardece y arrastra. «¡Soy capaz de hablar!». A partir de entonces, las reuniones se celebran dos veces al mes y las invitaciones se imprimen rudimentariamente, atrayendo algunos centenares de asistentes que pagan su entrada, todavía los únicos ingresos del Partido.

El primer gran acto de masas se programa para el 24 de febrero de 1920 en la Hofbräuhaus. Drexler y el mismo Adolf temen que la asistencia sea embarazosamente escasa. Su nombre no se menciona aún siquiera en la publicidad, ni figura tampoco ninguna indicación de que se vayan a difundir los veinticinco puntos del nuevo programa del Partido, de los que él es el autor principal. Sin embargo, pese a la inquietud por los asistentes, la noche prevista para el mitin cerca de dos mil personas se apiñan, estrechándose unos contra otros, en el interior de la cervecería. Una parte no desdeñable de los asistentes son adversarios socialistas, dispuestos a reventar el acto.

Tras discursos más o menos convencionales apelando al orden y la salvación de la patria, la atmósfera cambia radicalmente cuando comienza a hablar él. Utiliza un tono mucho más áspero y violento, cada vez más agresivo y directo, de frases breves e incisivas. Descarga insultos sobre personajes conocidos, sobre el ministro de Hacienda de la República, al que acusa de ser un traidor, uno de los que asestaron a Alemania la puñalada por la espalda. Acusa con ferocidad a un renombrado capitalista de la ciudad, a los especuladores y los explotadores. Su público se enardece: —¡Hay que azotarlos! ¡Hay que ahorcarlos!

Cuando comienza a leer el programa del Partido, se escuchan muchos aplausos para puntos individuales, pero también interrupciones de los adversarios socialistas y sus secuaces. Los insultos y los golpes no tardan en hacer su aparición. Se organiza un gran tumulto. Al final, consigue que sea su voz, estentórea, gutural, la que se destaque de entre el griterío. Bajo una tormenta de aplausos, proclama las nuevas consignas del Partido y vocifera:

—¡Nuestro lema es sólo la lucha! ¡Recorreremos nuestro camino sin vacilar hasta alcanzar el objetivo!

Para terminar su intervención, lee, entre gritos cruzados de apoyo y de rechazo, una declaración de protesta porque se ha publicado que el Gobierno va a proporcionar doscientos mil kilos de harina a la comunidad judía, una acusación que provoca nuevos altercados entre el auditorio. El mitin se cierra con un gran alboroto en el que se oyen fuertes alaridos de los que claman que una dictadura de derecha se encontrará enfrente con la dictadura de la izquierda...

Ha conseguido su propósito: convertirse en el «Tambor», el que anuncia con estrépito la llegada de algo nuevo, el que llama y reúne en torno a sí, con aldabonazos violentos, a todos los que se hallan deprimidos y abandonados, para volver a hacer de ellos una comunidad, un pueblo unido por el rencor y la reivindicación.

Aunque los periódicos de la mañana siguiente apenas le prestan atención, las reuniones que a partir de entonces preside acaban intencionadamente en trifulcas políticas.

Los actos de masas que organiza el Partido se transforman bajo su influencia en algo distinto. El objetivo es darse a conocer; lo principal es que se ocupen de ellos, aunque les llamen payasos o delincuentes. Cambia entonces el nombre del Partido, añadiéndole «nacional» y «socialista», para diferenciarlo tanto de los partidos burgueses como de los movimientos de la izquierda.

El Tambor adopta los rasgos de un agitador, aprende de los extremistas la organización de actos públicos, busca intimidar al adversario, estudia cómo provocar alborotos y convertir al Partido en noticia. Se vanagloria de la eficacia del uso de la violencia. Descubre el efecto en las masas del color rojo, de los carteles en rojo intenso, con los que atrae también a seguidores de la izquierda. Hacia mediados de 1920 dibuja personalmente la enseña del Partido: la esvástica de Thelema dentro de un círculo blanco sobre fondo rojo.

Con estas tácticas logra que los locales se llenen mucho antes incluso de que comience el acto, y también que el número de adversarios presentes asegure que la atmósfera sea potencialmente explosiva. Para lidiar con los alborotos, se crea una brigada de protección de los locales donde tienen lugar los mítines, a la que se le llamará Sección de Gimnasia y Deportes, y que acaba convirtiéndose en la Sección de Asalto. Así nacen, casi inmediatamente, las SA.

A principios de febrero de 1921 habla en el acto público más numeroso celebrado hasta entonces por la organización: unas seis mil personas en la gran carpa del Circo Krone, cerca del Campo de Marte, junto al oeste del centro de la ciudad.

El Tambor aprende rápido. Su fuerza es la intuición y una sensibilidad singular que le hace captar los deseos y los sentimientos ocultos de la masa. Interioriza con celeridad los resortes de la oratoria y de la propaganda. Llega tarde para hacerse esperar y crear mayor expectación; comienza a hablar bajo, de modo que sólo le puedan escuchar las primeras filas para hacerse desear por el resto; luego hace restallar el látigo de su voz, cortante, inesperadamente áspera y desafiante, ensordecedora. Se muestra también distante, misterioso, mostrando sin pudor la fuerza física y el poder, siempre rodeado por una corte de musculosos guardaespaldas, cuyo emblema es la cruz gamada.

Repite una y otra vez las mismas ideas, los sentimientos de muchos otros alemanes. El contraste entre el pasado glorioso de la patria y la debilidad y humillación presente en la que se encuentra; su situación angustiada en manos de traidores y cobardes que no dudan en venderla, como una mujer de la calle, a los enemigos de antaño; las razones del hundimiento tras una guerra perdida desencadenada por esos mismos enemigos y, detrás de ellos, por el capitalismo financiero internacional, en manos de los judíos; la paz lograda a través de la vergüenza; el ignominioso Tratado de Versalles, instrumento de franceses e ingleses para destruir la nación; un gobierno mentiroso y corrupto asentado en partidos que dividen y enfrentan a los alemanes.

Para hacer vibrar a los asistentes, o para arrancar sus aplausos y vítores, sabe cómo excitar sus pasiones. No teme recurrir al engaño, siempre y cuando se muestre eficaz. Con tono patético, se erige en la voz de las víctimas, relata las penalidades que están sufriendo: el paro, el hambre, la delirante depreciación monetaria, la humillación de gloriosos soldados sumidos en la indigencia por la desmovilización. También, las violaciones de mujeres alemanas en los territorios ocupados por los franceses...

Tras conducir con su lúgubre retórica a sus oyentes a revivir las tenebrosidades de la muerte, les muestra el camino de la luz, de la resurrección y del ideal. La única, la verdadera víctima, es Alemania. Es a ella a quien deben dirigirse ahora todas las energías para restaurar el cuerpo de la unidad de la nación, a través del esfuerzo, el sacrificio y el combate de cada uno, con la forja de un nuevo vínculo entre los que trabajan con la cabeza y los que trabajan con las manos. Es a ella, a la patria herida, a la patria vilipendiada, la doncella abandonada y despreciada por sus hijos traidores, a quien se le debe, más que nunca, la entrega de la propia vida.

No hay nadie que no sea importante en esa lucha por la comunidad nacional y contra los enemigos de fuera y de dentro, en el combate, sobre todo, contra el enemigo interior, el que vive mezclado, agazapado y traidor, en medio de los ciudadanos alemanes, como si fuera uno más de ellos; el más peligroso y abyecto, el que ha producido el envenenamiento del pueblo, al que hay que aislar y aniquilar. Es preciso librar al pueblo alemán del bacilo que produce la tuberculosis racial, ese organismo enfermo que paraliza las energías, el que explota y se lucra de todas sus fuerzas sometidas a través del capital y de la especulación. Grita, exasperado, que el pueblo alemán tiene que estar dispuesto a hacer un pacto con el demonio para erradicar el mal. Y luego, exhausto, eleva la mirada y dibuja en tonos sublimes la visión de una Alemania gloriosa, con trabajo para todos, con casas luminosas y barrios bien ventilados, rodeados de zonas verdes, con educación para todo el pueblo, con óperas y galerías de arte.

El Tambor comienza a reunir a su alrededor a su primer círculo de camaradas y colaboradores. Uno de los primeros es Ernst Röhm, el capitán de los cuerpos francos con el rostro surcado de cicatrices y una leyenda de heroísmo y brutalidad, que se había convertido tras la guerra en una figura central en la organización de los grupos paramilitares y en todo el conjunto de la derecha patriótica. Röhm se da cuenta del potencial del Tambor y consigue sustituir a Mayr como vínculo clave con el Ejército, asegurándole sus fondos.

También Hess, conducido hasta Hitler por Anton Ratsam y otros miembros de Thelema, quien desde que le escucha por primera vez en un local de Múnich se siente arrebatado y despliega una adoración sin límites por él, no queriendo ser a partir de ese momento más que un instrumento en sus manos, un operario en la misión que la Providencia ha tenido a bien encomendar al cabo austriaco.

Y el estudiante de arquitectura de origen báltico Alfred Rosenberg, que ha traído consigo de Rusia una traducción de los *Protocolos de Sión.* Al mismo tiempo, y en un lugar preeminente, Dietrich Eckart, que le introduce en la sociedad de Múnich, puliendo su estilo literario y oratorio, y enseñándole modales. Muy pronto, asimismo, su fotógrafo y confidente, Heinrich Hoffmann.

La política consume ya prácticamente toda su existencia. Se ha convertido por de pronto en un orador político estimado y conocido en la capital bávara. Cuando no está pronunciando discursos, o preparándolos, afirma pasar el tiempo leyendo. Aunque, en realidad, gran parte de lo que lee son periódicos, que le proporcionan munición regular para fustigar a los políticos de Weimar. En las estanterías de su modesta habitación escasamente amueblada al borde del río Isar tiene libros de historia, de geografía y sobre el arte de la guerra. También obras de mitología germánica y varias biografías de su gran ídolo, Federico el Grande de Prusia.

Más que leyendo, una parte importante de su tiempo transcurre en los cafés de Múnich. En uno de ellos, en el Café Neumaier, cerca de la estación central, sentado en los largos bancos junto a las mesas de madera, celebra corte todos los días, y discute con su círculo íntimo de política, o se lanza a disertar, como siempre en largos monólogos, sobre arte y arquitectura, sus dos grandes pasiones.

Pero la batalla por el dominio del Partido continúa abierta. Drexler le reprocha la pérdida de identidad obrera y teme el poder que ha ido acumulando; el todavía presidente se dedica a tejer redes de alianzas con otros grupos de ideología afín para aislarle.

El Tambor le deja hacer, no le desafía inicialmente; luego plantea una grave crisis de confianza, que hace tambalearse al Partido, y se aleja. Se traslada a Berlín durante varias semanas, provocando un vacío de poder, para lanzar a su regreso a Múnich un desafío a la dirección: o la presidencia con plenos poderes, o su salida.

Ha calculado con precisión cada uno de los pasos que ha dado. Nada más conocerse su amenaza de abandonar el Partido, y ante la resistencia de Drexler y sus fieles, comienzan a llegar a la sede del Movimiento las renuncias de numerosos miembros. Para muchos de los afiliados recientes que siguen ciegamente a Hitler, la alternativa es volver a las catacumbas.

El Tambor vuelve a obrar rápidamente y con habilidad. Fuerza una salida beneficiosa para él. Hace que sus partidarios desaten una agria polémica en los periódicos, utiliza a Eckart de mediador con el Comité, y cuando Drexler convoca una reunión en una cervecería con una docena de sus seguidores, cita a escondidas en el mismo lugar a más de medio millar de partidarios suyos.

El éxito es rotundo. Mientras Drexler y su pequeño grupo de fieles celebran su reunión oficial en torno a una mesa, no cesan de escucharse desde una espaciosa sala contigua las aclamaciones y las arengas reivindicatorias del Tambor, que reclama la presidencia con plenos poderes. Cuando sus propuestas son finalmente sometidas, pocos días después, al escrutinio de los militantes, se aprueban por aclamación a mano alzada, con una sola excepción, la de Drexler:

—¡Me ha robado el Partido...! —lo único que le quedará por decir, lastimoso, a un Drexler desplazado a un cargo puramente honorífico.

A finales de ese año, el Partido alcanza la cifra de seis mil afiliados. El cabo austriaco, convertido en propagandista y agitador político, empieza a tener una plataforma desde la que iniciar la ascensión al poder.

Continúa cortejando a personas y grupos afines y creando su círculo de fieles. Se le unen entonces Strasser, Streicher, Hans Frank, a los que seguirán poco después Göring, Himmler, Von Neurath... Todavía vive en una pensión humilde, se viste sin distinción y sus ingresos personales proceden de las conferencias que da al margen del Partido o de donaciones de sus seguidores más entusiastas, pero comienza a tener trato con sectores influyentes.

Poco después se hace también con el periódico que algún tiempo atrás había adquirido Ostario, y que se convertirá rápidamente en un instrumento esencial para la propaganda. De nuevo, Thelema ha sembrado el terreno...

Ejerce una extraña influencia sobre el sexo femenino. Las mujeres se sienten atraídas por su soltería, su aura de misterio, su creciente popularidad y su obsesiva mirada. A sus numerosas amantes las trata con aparente ternura y respeto, y en otros momentos, más frecuentemente, con una inesperada crueldad y desprecio. A las esposas de algunos de sus nuevos y ricos amigos les deja comportarse maternalmente y a la vez las seduce con su firme determinación, su sensibilidad inmadura y sus oportunos gestos de caballerosidad. Entre ellas se encuentran también desde muy pronto Cósima y Winifred Wagner, la esposa y la nuera del compositor. Todas aportan fondos, le introducen en sociedad y le otorgan su protección en los momentos de mayor riesgo.

A la vez que cultiva sus maneras burguesas, muestra la cara más agresiva y sin compromisos del Partido. Los altercados con las otras formaciones, sobre todo con los comunistas —pero también con los socialdemócratas y los autonomistas bávaros— van en aumento. Después de un sangriento enfrentamiento con los comunistas en una cervecería, funda —ahora oficialmente— las SA, las Fuerzas de Asalto, estructuradas militarmente por Röhm. Pocos meses más tarde, este cuerpo paramilitar suma ya un millar de miembros adiestrados y uniformados con pantalón negro, camisa parda y gorra del mismo color.

La situación catastrófica de Alemania favorece sus objetivos. Los aliados reclaman, de acuerdo con lo estipulado en Versalles, no sólo la reducción del contingente militar y el pago de las reparaciones, sino también la supresión de las milicias armadas que pululan por el país. El presidente Ebert logra su desarticulación en el resto de Alemania, pero se encuentra con la fuerte resistencia de Baviera, que, apelando a su autonomía, se niega a disolverlas. Muchos de sus efectivos, una vez disueltos los cuerpos de voluntarios, nutrirán de militantes al Partido del Tambor.

El 15 de abril de 1922 se firma el Tratado de Rapallo, por el que Alemania y Rusia restablecen relaciones diplomáticas y renuncian a cualquier posible reivindicación mutua. Para las organizaciones patrióticas y los grupos nacionales, pero también para un amplio abanico de la población, Rapallo significa la venta de Alemania al sionismo comunista de Moscú. A los pocos meses, su artífice, el ministro de Asuntos Exteriores, Walter Rathenau, cae bajo las balas asesinas de dos ex militares de orientación patriótica.

El 22 de octubre de ese mismo año tiene lugar la Marcha sobre Roma y la llegada de los fascistas italianos bajo el mando de Mussolini al gobierno de la península itálica. Los acontecimientos van dando la razón al Tambor... Poco después se escucha por primera vez en un acto del Partido:

—Lo que un grupo de hombres audaces ha hecho en Italia puede hacerse en Alemania. Tenemos en Baviera al Mussolini alemán: ¡Adolf Hitler!

El Partido había incorporado ya anteriormente algunos de los rasgos de los seguidores del Duce, como el saludo ritual de la Roma imperial con el brazo alzado o las normas en el manejo de las banderas. Pero la Marcha sobre Roma tiene un efecto electrizante. Su éxito acaba de convencer a Hitler de que la marea de la historia se mueve en su dirección. Empieza a pensar que puede lograr en Alemania lo mismo que Mussolini ha hecho en Italia.

En el verano de 1923, la vida resulta insoportable en Alemania. Inflación, paro, hambre, caos político e intentos de secesión yugulan el comercio y la industria y depauperan a las clases medias. La República de Weimar está al borde de uno de sus numerosos colapsos. Un incidente aparentemente menor a principios de ese año actúa como mecha para la pólvora esparcida por toda la geografía alemana.

El año anterior debía haberse efectuado la entrega a Francia, como parte de las reparaciones por la guerra, de cien mil postes de teléfono. Ante la imposibilidad de cumplir con esta exigencia, debido a la falta de existencias, el Gobierno francés, deseoso de volver a humillar a Alemania y de apropiarse de su territorio, ordenó en los primeros días de enero que seis divisiones franco-belgas penetraran en la cuenca del Ruhr. El objetivo era evidente: neutralizar el centro económico del país, ocupar las tierras alemanas que habían sido uno de los ejes del Reich desde Bismarck.

La indignación y la cólera estallaron en toda la patria. El Gobierno de Berlín se vio arrastrado por los acontecimientos y obligado a demostrar que estaba haciendo algo para oponerse a la ocupación. Se desencadenó una campaña de desobediencia generalizada contra los ocupantes, por primera vez apoyada abiertamente por el propio Gobierno republicano, que tuvo como efecto generar mayores represalias de los franceses, con detenciones, encarcelamientos y expulsiones de ciudadanos alemanes.

Un obrero ferroviario, veterano de guerra, fue despedido de su trabajo y deportado junto con su familia por pronunciar, ante el monumento a los caídos, un enardecido discurso de defensa de la patria humillada. A un maestro se le detuvo y encarceló por hacer volver la espalda a sus alumnos cuando pasaban desfilando soldados franceses. Los estudiantes caminaban durante kilómetros para ir a la escuela antes que viajar en el ferrocarril conducido por los invasores.

La chispa de la resistencia se convirtió en un fuego ardiente cuando el intento de varios trabajadores de llevar a cabo otros actos de sabotaje fue castigado con su ejecución sumaria. Este hecho produjo la resistencia pasiva de miles de obreros alemanes y la parálisis de la industria en toda Renania. Pero también agudizó los problemas económicos, el hambre, la pobreza y la falta de empleo. La inflación se desbocaba; en el transcurso de un solo día, la moneda apenas valía la tercera parte de su valor inicial. Por un dólar americano se pagaban el 1 de agosto de 1923 la increíble suma de más de un millón de marcos; pero un mes más tarde, eran ya cerca de cien millones.

Empezaron a multiplicarse los rumores y las conspiraciones para derribar al Gobierno de Berlín y poner punto final a la indeseada República de Weimar. El Tambor no era el único que estaba pensando en una marcha sobre la capital, pero sí uno de los que con mayor vigor se lanzó a una gran ofensiva propagandística, fustigando a los «asesinos de noviembre» y poniendo de manifiesto la hipocresía depredadora de los franceses.

Tras finalizar el verano, cayó el Gobierno en Berlín y fue sustituido por una coalición dirigida por el liberal Gustav Stresemann, quien tardó poco en iniciar una política de sometimiento a las condiciones ominosas de Versalles, incluyendo los pagos de las reparaciones.

El Tambor presintió entonces que se le presentaba una oportunidad única. Era el momento de dar el golpe y marchar sobre Berlín, para acabar con las traiciones y cesiones cobardes de los que estaban llevando a Alemania al suicidio.

Al anochecer del 8 de noviembre de 1923, bajo una ligera nevada, el Mercedes rojo del Partido que utilizaba Hitler se detuvo ante una de las cervecerías del centro de Múnich, la Bürgerbräukeller, donde se estaba celebrando una reunión política convocada por el nuevo presidente de Baviera, Von Kahr, y a la que habían sido invitados cerca de tres mil muniqueses pertenecientes a las clases sociales más influyentes de la ciudad.

Del automóvil descienden, además del chófer, el propio Hitler, Göring y Rosenberg; en otros coches les siguen media docena de guardaespaldas y una compañía de las SA. Franquean sin dificultad el cordón del servicio de seguridad y penetran en la gran sala abovedada de la cervecería, donde en ese momento el presidente Von Kahr está interviniendo. Al escuchar el alboroto que se ha suscitado en la entrada, Von Kahr interrumpe su discurso. De pronto ve ante sí a Hitler, que lleva una pistola con la que dispara hacia el techo reclamando silencio. Después, se dirige al estrado que acababa de abandonar Von Kahr y grita:

—¡Ha estallado la revolución nacional! ¡El edificio está rodeado por seiscientos hombres armados! ¡Si no se restablece inmediatamente el orden, se instalará una ametralladora en esta sala!

Para, seguidamente, añadir:

—El Gobierno de Baviera ha sido derrocado, y se va a formar un nuevo Gobierno provisional...

Mientras Göring acallaba las protestas que desencadenaron estas palabras con otro disparo al techo, Hitler obligó a punta de pistola a Von Kahr, al máximo mando militar de Baviera y al jefe de la policía a que le acompañaran a una habitación contigua, donde les explicó que iniciaría la marcha sobre Berlín y se pondría a la cabeza del nuevo gobierno del Reich. El generalísimo Ludendorff se haría cargo del Ejército nacional. Ellos serían recompensados por su apoyo con cargos importantes.

Atónitos y escépticos, los tres prisioneros se negaron incialmente a aceptar lo que se les proponía, pero, forzados por los sublevados, decidieron tratar de ganar tiempo y «seguir la comedia».

Hitler volvió entonces al local del mitin para dirigirse al público, al que, a pesar de lo imprevisible de la situación y de su aspecto un tanto ridículo —llevaba un chaqué que le estaba grande y le hacía parecer, según testigos presenciales, un «cobrador de impuestos vestido el domingo con su mejor traje»—, consiguió ganar para sus planes, gracias a un dramático llamamiento a que respaldara su acción para salvar a la patria. Al final consiguió arrancar una salva de aplausos mientras anunciaba la composición del nuevo Gobierno.

La situación se tornó algo más convincente cuando apareció en escena el mariscal Ludendorff. A pesar de que ignoraba exactamente lo que estaba ocurriendo, manifestó que la situación de emergencia nacional que vivía Alemania reclamaba adoptar una decisión radical, por lo que aconsejó a la audiencia que se uniera al putsch. Von Kahr y sus compañeros no tuvieron más opción que volver al estrado y, acompañados ya por Ludendorff, expresar su apoyo antes de que Hitler se dirigiera con palabras cargadas de sentimiento a los reunidos:

—Voy a cumplir el juramento —clamó— que me hice a mí mismo hace cinco años cuando era un pobre ciego inválido en un hospital militar: ¡no descansar hasta lograr la caída de los verdugos de noviembre, hasta que sobre las ruinas de la infeliz Alemania de hoy surja una vez más una patria poderosa, grande, libre y llena de esplendor!

Los aplausos atronaron la sala y Von Kahr y las demás autoridades se sumergieron en la helada noche de Múnich prometiendo fidelidad a la «revolución». Hitler parecía haber triunfado.

Sin embargo, transformar manifestaciones y proclamas de cervecería en poder real no resultó tan fácil.

Los planes del Tambor para ejecutar un golpe contra Berlín y Weimar estaban mal concebidos y sufrían de una sorprendente improvisación permanente. A pesar de las proclamas, sus hombres no habían ocupado la central de teléfonos, no eran dueños de los cruces de carreteras, los puentes ni los ferrocarriles. Tampoco habían logrado apoderarse de los cuarteles del Ejército, ni de las comisarías de policía. No habían notificado siquiera sus planes a las secciones del Partido en otras ciudades para que intentasen sublevar a las guarniciones y controlar las comunicaciones. En suma, sólo disponían de la sede del Ministerio de la Guerra, donde Röhm se había atrincherado.

Al comprobar Von Kahr y los otros dirigentes bávaros que el control de Hitler sobre la policía y el Ejército era mínimo, se apresuraron a emitir en las primeras horas de la madrugada un desmentido a través de la radio en la que repudiaban el intento de golpe, declarando que su inicial adhesión había sido conseguida bajo amenazas. Von Kahr ordenó inmediatamente la impresión de varios miles de carteles que reproducían el comunicado emitido por radio y condenaban el putsch, mientras la policía cortaba las principales carreteras de acceso a la ciudad.

Cuando amaneció el 9 de noviembre, húmedo y frío, la suerte estaba echada. Hitler, que había asistido paralizado al brusco viraje de la situación, tomó la audaz decisión, siempre acompañado por Ludendorff, de congregar rápidamente a cerca de tres mil partidarios armados en pocas horas y ponerse en marcha hacia el centro de Múnich, en dirección a la Odeonplatz.

La tensión que se respiraba en las calles era extraordinaria. Los manifestantes se vieron obligados a cambiar varias veces de itinerario para no encontrarse de bruces con los fuertes contingentes policiales que impedían la entrada en la plaza. Del cercano Ministerio de la Guerra, defendido por Röhm y cercado por efectivos del Ejército desde primeras horas de la mañana, llegaba el sonido de disparos aislados. El cielo de la capital bávara se llenaba de una algarabía ensordecedora, donde se entrecruzaban —junto a los vítores, los aplausos y las maldiciones— las canciones y los gritos de ¡alto!

Al final de la Residenzstrasse, la policía esperaba a los sublevados con los fusiles apuntándoles y las bayonetas caladas. Luego, alguien, de uno u otro bando, hizo los primeros disparos. Instantáneamente, el aire se llenó durante apenas treinta segundos de los silbidos de las balas mientras los contendientes de ambos lados intentaban buscar refugio. Muchos cayeron abatidos por los disparos, heridos por las esquirlas o arrollados por los que rompieron a correr en busca de protección. Sólo dos hombres se mantuvieron en pie, en medio del fragor de las balas, y continuaron andando, impertérritos, hacia el cordón policial: Ludendorff y su ayudante, que atravesaron las filas de las fuerzas de seguridad sin detenerse hasta llegar al monumento a los héroes alemanes en la Odeonplatz, donde finalmente fueron cortésmente detenidos por la policía.

Tras la primera escaramuza y el cese de las detonaciones, la confusión se había apoderado de ambos bandos. La policía atendía a los heridos y recogía los cadáveres de sus cuatro muertos y de las catorce bajas que se habían producido en las filas de los sediciosos. Göring había sido gravemente herido de un tiro en una pierna. El propio Hitler, empujado violentamente al suelo nada más producirse las primeras ráfagas, tenía dislocado un hombro y únicamente seguía con vida gracias a los dos correligionarios que, mortalmente heridos, habían cubierto con su cuerpo al futuro Führer antes de caer al suelo.

Cuando la policía se apresuró a detener a los principales cabecillas —Göring, Röhm, Streicher y los demás—, se produjo la estampida.

Göring consiguió escapar, y no paró de huir, alcanzando primero Austria, y luego Italia y Suecia. Hitler permaneció dos días refugiado en una casa de campo, padeciendo fuertes dolores bajo la influencia de una crisis nerviosa que le llevaba a hablar de quitarse la vida, hasta que la misma noche en que sus seguidores habían planeado sacarlo fuera de Baviera, la policía llegó a su refugio con una orden de registro y el Tambor se entregó inmediatamente y sin oponer resistencia.

El golpe había fracasado estrepitosamente y el Partido corría serios peligros de desaparecer, una vez sus máximos dirigentes habían sido hecho presos o estaban en paradero desconocido.

Pero Hitler no tardó en recobrar el ánimo y en darse cuenta de que podía implicar a un gran número de destacados políticos bávaros y poner al descubierto la participación del Ejército en la intentona.

El Gobierno bávaro, consciente de esta amenaza, consiguió convencer a las autoridades de Berlín de que el juicio se celebrase no ante el Tribunal del Reich en Leipzig, sino ante un tribunal especialmente constituido en Múnich, desde donde se podía controlar mejor su curso.

Cuando se inició el proceso, el Tambor pudo comparecer vestido con ropa de civil y portando ostentosamente la Cruz de Hierro colgada del cuello.

La vista se convirtió en una farsa en la que Hitler argumentó hábilmente, identificando su propia suerte con la de Alemania. Traicionada la patria en 1918, lo era ahora nuevamente en su persona. Si los jefes de policía y del Ejército no hubieran abandonado el plan trazado y se hubiera realizado la marcha sobre Berlín, el resto de Alemania se habría levantado como un solo hombre para expulsar a los criminales de noviembre...

Como ocurría habitualmente con sus arengas políticas, el Tambor logró seducir al público y atraerse también a los miembros del tribunal, que cada vez mostraba más indulgencia con él. Hitler, persuadido ahora de que era la Providencia quien le había salvado, logró intimidar a los testigos de la acusación, y el fiscal optó finalmente por no citar a una serie de testigos cuyo testimonio hubiera resultado perjudicial para la defensa.

Con su aguda percepción de las realidades del poder y su capacidad de cautivar al populacho, Hitler se dio cuenta de que a los ojos de la opinión pública podía transformarse en el Sigfrido heroico cuya única ambición había sido liberar a su pueblo de la opresión y del sometimiento. Asumió personalmente toda la responsabilidad del golpe, declarando que servir a los intereses de Alemania no podía ser considerado alta traición:

—¡El eterno Tribunal de la Historia —exclamó, en una sala repleta de público entusiasta y de flores traídas por sus seguidores, entre otros, muchas mujeres— nos juzgará como alemanes que querían lo mejor para su pueblo y para su patria!

El veredicto final condenaba a Hitler a cinco años de reclusión, de los que apenas cumpliría uno y el resto se le conmutarían por libertad provisional, mientras Ludendorff, como se esperaba, quedó absuelto. El Tambor fue confinado en la antigua fortaleza de Landsberg, situada a unos cuarenta kilómetros al oeste de Múnich, una prisión para reos que se consideraba habían actuado por motivos honorables. La celda que se le destinó era grande, estaba bien ventilada y confortablemente amueblada. Otro guiño del destino quiso que se tratara de la celda que hasta ese momento había albergado a Arco-Valley, la mano que había acabado con la vida de Eisner. Los visitantes, numerosos, tenían libre acceso y le llevaban regalos, flores, cartas y telegramas de apoyo del exterior.

Durante esos meses de reclusión en Landsberg, acompañado de su chófer y de Rudolf Hess, Hitler decidió dictar a sus dos compañeros las páginas de *Mein Kampf*, mientras reflexionaba sobre el fracaso del putsch...

La vía de una Marcha sobre Roma como la de Mussolini quedaba descartada para Alemania. Era esencial conseguir el apoyo de las masas a través de la propaganda y de los discursos públicos, a través de *su persona*. La conquista revolucionaria del poder, defendida por Röhm, no funcionaría en ningún caso si se emprendía sin el apoyo del Ejército. Para derribar el edificio de Weimar haría falta algo más que unos cuantos disparos mal dirigidos, incluso en un periodo de máxima crisis, como 1923; sería preciso contar con piezas clave del orden establecido, introducirse desde dentro en los bastiones del poder.

—Si somos capaces de hacer que surja una nueva clase de líderes de entre el pueblo, entonces la nación volverá a cristalizar como una realidad unida en torno a ellos —profetizará algo más tarde el Tambor, para seguidamente preguntarse—: ¿Se halla ya entre nosotros la personalidad de ese nuevo líder? Nuestra misión no es buscarlo... Sólo si el caudillo es enviado desde el cielo, podemos estar seguros de que se trata de él. Nuestra tarea consiste, cuando llegue, en presentarle un pueblo maduro y preparado...

X

—¿Y qué hizo usted después de haber vivido los sucesos revolucionarios en Múnich y de que se restableciera el orden? ¿Después de que el cabo austriaco emergiera de la nada, se hiciera con el Partido e intentara conquistar el poder con el putsch?

Es otra vez Neuborn, mi acusador, mi inquisidor, el perseguidor entre las sombras, quien me acosa, quien me interpela y cuestiona... El escenario, muy similar al de otros interrogatorios anteriores: el fiscal sentado al otro lado de la mesa de madera, en el centro de la estancia, y al fondo los dos guardias con las porras y el correaje blanco, los cascos relucientes en la penumbra del atardecer. Le acompaña su asistente, un hombrecillo gris y mediocre, con el cráneo rapado, la cara huesuda y delgada, los ojos huidizos atravesados, sin embargo, por un inesperado relámpago de perspicacia. No sé cómo se llama, aunque no es un oficial; jamás habla, pero Neuborn parece confiar en él como un testigo silencioso y fiel. También ha venido la dactilógrafa, una muchacha alemana, pálida, con el pelo color rojizo y no demasiado agraciada que parece desear diluirse detrás de los gruesos cristales de sus gafas de concha oscura.

—Me alejé de Múnich, estaba agotado por toda la tensión de esos años —le contesto—. Inicié mi carrera académica, lejos de los grandes centros urbanos. Me trasladé a

Bonn, a una universidad de provincias, y, en el silencio, durante más de una década, elaboré mi obra, escribí mis libros. Luego, con el paso de los años, conforme iba siendo conocido, colaboré con el Partido del Centro, católico y uno de los pilares del sistema de Weimar. Estaba lejos de lo que Hitler y sus camisas pardas maquinaban, primero en el sur, en Baviera, y después, con Goebbels, extendiéndose también a Berlín y al resto de Alemania.

Pero resulta obvio que no es ese período de mi vida —el de la estabilidad y el trabajo silencioso— el que más interesa a Neuborn.

—No necesita inculparse —me espeta de repente, ejercitando sus artes de tahúr—. Ya sabe que no está usted obligado a hablar de lo que no quiera o de lo que piensa que pueda ser utilizado en su contra por la acusación...

Hace una pausa durante la cual dirige su mirada hacia mis manos, nerviosas. Luego, con una sonrisa glacial, añade:

—Ahora bien, de aquello que hable, le estaría agradecido si no dijera más que la verdad, sin callar nada ni adornar lo que cuente. ¿Está dispuesto a actuar así?

Contesto con el mismo nivel de cinismo:

—Sí, por supuesto.

—Y cuando refiera algún asunto sobre el que usted no quiera testificar, o cuando se trate de algo que le pueda inculpar, entonces diga sencillamente que no quiere hablar de ello.

¿Sencillamente? ¿Debo expresarme con sencillez, como una paloma, como un cándido pajarillo, delante de un depredador hambriento con las uñas bien afiladas?

—Ya fui interrogado nada más acabada la guerra y luego en el campo de prisioneros —replico—. Como le he dicho, en esas ocasiones, invariablemente, siempre acabamos conversando sobre cuestiones académicas. Me alegraría poder contar todo lo que sé, hacerme transparente a mí mismo... Pero antes me gustaría saber con exactitud la acusación formal por la que se me retiene aquí.

—No sé qué es lo que otros le habrán preguntado —dice Neuborn secamente, y se detiene unos instantes mientras me mira con impaciencia. Luego prosigue—: Lo que le puedo decir abiertamente es en lo que *yo* estoy interesado. Se lo he dicho hace unos días, nada más empezar, y usted lo sabe perfectamente. Quiero que me diga cuál fue su participación, de forma directa o indirecta, en la planificación de una guerra de agresión contra gran parte de Europa, en los crímenes de guerra y en los crímenes contra la Humanidad que ha llevado a cabo el régimen asesino de Hitler. Sabe muy bien de qué estamos hablando...

Respondo en un tono neutro, desapasionado, como si leyera un informe sobre las condiciones técnicas de un edificio o describiera cómo se realiza la fotosíntesis en las plantas:

—La planificación de guerras de agresión es un nuevo delito internacional, muy amplio, que incluye cuestiones muy diversas...

Neuborn no cede un solo milímetro, insiste, buscando provocarme:

—Presumo que usted, como profesor universitario especialista en estas materias, conoce perfectamente lo que es una guerra de agresión. ¿No está de acuerdo conmigo en que se atacó por sorpresa a Polonia, a Noruega, a Dinamarca, a Holanda, a Francia, a Rusia? ¿Fue así o no?

—Sí, sí..., por supuesto.

—¿Y no fue usted quien le suministró a Hitler la argumentación teórica, la justificación para lo que estaba haciendo?

—¡No, en absoluto!

—Cuando se lee lo que ha escrito, es difícil negar una más que evidente cercanía a lo que Hitler proclamaba...

—Yo solamente explicaba lo que estaba ocurriendo, describía acontecimientos y sus previsibles líneas de desarrollo. Ya le he contestado que en no pocas ocasiones intuí, predije, lo que después sucedió.

Hace de nuevo una pausa. Se ha puesto las gafas, acercándose algunos de los libros y artículos que descansan a su lado, en el pupitre del ayudante, y que forman, apilados, una montaña rectangular hecha de papel impreso.

—No es ésa desde luego la impresión que se obtiene —dice, quitándose las gafas y señalando con el índice los ejemplares— cuando se leen sus escritos. En no pocas ocasiones se asemejan mucho al más puro estilo hitleriano. Cuando defiende, por ejemplo, la idea de que Alemania necesita un espacio vital propio... ¿No es eso lo mismo que vociferaban Goebbels y Hitler?

—Yo no hablaba de «espacio vital», sino de «grandes espacios». Entre ambas ideas existe un matiz importante, una diferencia notable.

Me escudriña, los ojos le brillan con astucia.

—¿Sí? ¿Verdaderamente son dos conceptos distintos? El Führer también era partidario de los grandes espacios, de la división del mundo en áreas de influencia... Todo el este de Europa y Rusia, hasta los Urales, debían ser esclavizados por la raza de los superhombres arios. ¿No es así? ¿No era el Führer también partidario de esa idea imperialista de grandes zonas de influencia?

—Le diré que no sólo él... También dirigentes políticos y jefes de Gobierno de otros países.

No le ha gustado mi respuesta. Se ha detenido y ha mirado de forma casi imperceptible hacia el asistente, como si quisiera que éste le disipara una objeción molesta, una mosca que revoloteara incómodamente y a la que palmotear... Pero su irritación apenas ha durado unos segundos. Enseguida continúa:

—Usted ha afirmado que sólo sirvió a sus amos nazis durante unos años.

—Estoy orgulloso de poder asegurar que a partir de 1936 no tuve nada que ver con ellos.

—Antes sí, eso no lo niega. ¡Antes sí lo que usted escribía y decía se diferenciaba bien poco del más puro estilo hitleriano...!

—No, no he dicho eso en ningún momento. Sólo puedo contestar que hasta 1936 lo que defendían los nacionalsocialistas podía tener un cierto sentido para mí...

—¿Y todo lo que llegó a defender públicamente durante esos años de oportunismo servil? ¿No se avergüenza de ello?

—Es muy fácil avergonzarse ahora... No se trata de negar los hechos, yo no lo pretendo. De lo que se trata es de intentar entender y de darle un sentido a todo lo que ha ocurrido. No puedo dejar de pensar y de intentar buscar una explicación.

—No creo que deba dejar de hacerlo... ¿Quiere eso decir que está dispuesto a reconocer su papel durante el Tercer Reich? ¿Que empieza a aceptar lo que hizo? ¿Reconoce que participó en la preparación de actos criminales, tal y como le he expuesto?

De eso se trata por tanto, quiere una confesión, una confesión completa, y luego probablemente exija que le dé nombres y delate las conductas de otros.

Respondo, elevando la voz:

—¿En calidad de qué estoy aquí? ¿De acusado?

—Eso todavía debe decidirse. Le vuelvo a plantear la pregunta crucial: ¿colaboró usted con el régimen nazi en la elaboración ideológica de los hechos criminales aquí reseñados? ¿No fue usted uno de los profesores de mayor prestigio e influencia, un instrumento clave para la difusión de las ideas criminales de los nazis? ¿Contribuyó o no desde una posición importante a envenenar intelectualmente al pueblo alemán?

—No estaba en una posición decisiva, ni mucho menos participé en los preparativos de la guerra.

—¿No? ¿Acaso un profesor universitario con su prestigio y renombre, a través de sus clases, de sus artículos y conferencias, de su actuación dentro del Partido, no estaba en un lugar tan influyente como el de otros funcionarios de la Administración o del Gobierno? Eso es justamente lo que la Fiscalía pretende demostrar: que se ha de castigar también a los artífices intelectuales, a los que incitaban al odio racial y a los crímenes contra la Humanidad y luego se lavaban las manos. ¿No fue usted uno de ellos, quizás uno de los más escuchados?

—¿En un Estado totalitario? ¿Cree usted que había muchas otras opciones en un Estado como el nacionalsocialista, donde el control de las SS y de la policía de seguridad no dejaba ningún resquicio?

—Precisamente en un régimen totalitario; ahí es donde se requiere poseer convicciones lo suficientemente firmes como para no ser triturado por las hordas.

—Mire, sólo tengo el deseo de entender yo mismo lo que hice y por qué lo hice. Me resultan demasiado importantes mi nombre, el respeto a mi fama, mi persona. He tenido y tengo cientos de discípulos en todo el mundo; miles de oyentes y de lectores.

—¿Su fama, su persona? Le diré que sobre lo que los demás piensan de usted hay opiniones bastante dispares... Su carácter y su personalidad están llenos de rasgos ambivalentes.

¿Un juicio de intenciones, es eso lo que pretende? Primero, la descalificación moral, mi demolición como persona, luego la extracción cuidadosa de los fragmentos de información valiosos de entre las ruinas...

No esquivo su mirada penetrante.

—Si quiere saber lo que me ha ocurrido, se lo puedo resumir en dos palabras. Fui engañado. Algo muy similar a lo que me sucedió con mi primera mujer. Se lo he contado con detalle... Lo mismo que me sucedió con aquella hechicera se repitió a través de mi colaboración con Göring y con Hans Frank. Me engañaron, caí en la trampa que astutamente habían tejido en torno a mí.

Neuborn esboza una sonrisa indescifrable, de satisfacción encubierta. Quizás piense que está cerca de obtener su objetivo, que estoy a punto de derrumbarme de un momento a otro. Avanza los brazos, adoptando una postura más agresiva, y pregunta:

—¿Le engañaron o se engañó a sí mismo...? ¿No era el gran profesor, reconocido y respetado, que estaba deseando que le tomaran en cuenta e influir, hacer valer sus conocimientos y su erudición? ¿No creyó que podría ser más inteligente que ellos, incluso más hábil?

Le respondo, desviando la mirada al fondo de la sala:

—Hasta la muerte puede engañarnos... Lo que pasó es que desconocíamos a lo que nos enfrentábamos. Era de una naturaleza nueva y distinta a todo lo que habíamos visto hasta entonces. La energía de las masas, el poder de la técnica, la capacidad ilimitada de destrucción con armas de mayor potencia y alcance: todo hacía que un poder ignoto, una acumulación de violencia en las manos de un solo hombre desencadenara unas fuerzas a las que apenas cabía oponerse. Se trataba de un tipo de dictadura totalitaria de nuevo cuño que no conocíamos.

—¿Usted no sabía lo que es una dictadura?

—No. Era ciertamente algo nuevo. Los métodos de Hitler eran nuevos. Sólo había un paralelismo posible, la dictadura comunista de Lenin.

—¿Se trataba de algo tan desconocido?

— Sí, sin duda.

—¿Intentó en algún momento oponerse? Algunos de sus amigos dieron su vida porque creyeron que no podían seguir colaborando con el régimen del terror. Incluso después de haber colaborado con los nazis y de haberles hecho no pocos servicios, tuvieron la honestidad moral de hacer todo lo posible para acabar con el tirano.

—Mire... no confiaba demasiado en las personas que sabía estaban dirigiendo los movimientos de oposición; en otras, sí confiaba, pero quizás no vieran en mí a la persona adecuada para llevar a cabo misiones que exigían un conocimiento interno del aparato del Partido y de la Administración que yo no poseía. Además, le diré que quien no piensa en otra cosa que en escapar del engaño, acaba cayendo en él. Con el temor angustioso de tener que vivir en una permanente esquizofrenia, muchos de ellos se convirtieron en hombres máscara, en sombras de sí mismos, y eso tampoco fue muy útil.

No es la respuesta que Neuborn esperaba. Frunce las cejas, los ojos oscuros atentos a cualquier muestra de condescendencia por mi parte, la nariz aguileña formando un triángulo con el rostro afilado y los músculos tensos en un rostro del que es difícil deducir todas sus intenciones.

Prosigue, cambiando de repente las formas, suavizando el tono, incluso aparentemente adulador:

—Usted siguió colaborando, incluso cuando se hizo patente la falta absoluta de escrúpulos y los primeros crímenes del Führer. ¿Cómo es que con toda su erudición, tan cultivado, habiendo bebido en las fuentes de la cultura clásica, siendo uno de los críticos más agudos de las patologías de la civilización europea, no se dio cuenta de que el Tercer Reich estaba llamado a generar un gran vacío, una gran destrucción? ¿No fue capaz de darse cuenta del tipo de asesino patológico que era Hitler?

Decido mostrar una cierta indulgencia, quizás esa actitud permita poner término cuanto antes a este tormento:

—Es verdad, tiene razón, lo que hoy hace explosión en Europa se preparó a mediados del siglo XIX. La hoguera que hoy arde se apiló entonces. Quien conozca las profundidades de lo que se pensó en Europa, y sobre todo en Alemania, entre 1830 y 1848, estaba algo más preparado para esta increíble aniquilación... Desde entonces, en Europa se ha vivido en un campo de fuerzas extremas. Hitler levantó la tapa de la olla, creyendo que él tenía la llave para poder volver a encerrar al genio en su marmita, pero se equivocó. También él se engañó. Quizás no fuera sino el adelantado del engaño que todos hemos sufrido...

Vuelve a modificar el ritmo del interrogatorio. De nuevo hace ademán de escrutarme, de querer remover los cimientos de mi carácter, como si estuviera ante el microscopio y yo no fuera sino un germen infeccioso, un microbio cuya patología fuera necesaria aislar e identificar, antes de depurar y expurgar.

—Sigo haciéndome la pregunta de quién es usted en realidad —dice—. Me parece que son sus muchos disfraces los que al final le imposibilitan contemplar las cosas con claridad y aceptar sus acciones con responsabilidad. ¿Cuántos papeles ha representado al mismo tiempo? Hacia afuera, aparentaba ser una persona educada y afable, leal amigo de sus amigos, amante de la conversación, de un buen vaso de vino y de contar bromas. Eso es lo que algunos dicen de usted. Alguien de buen corazón, que incluso ayudaba a personas concretas. Y es cierto que, en ocasiones, con riesgo evidente, siguió auxiliando a algunos de sus conocidos judíos más antiguos, prestándoles dinero, facilitándoles la salida de Alemania... Otras veces, sin embargo, se comportaba como un ambicioso sin el menor escrúpulo cuya única meta era salvar el pellejo, ganarse el favor de sus verdugos, demostrar que era más inteligente que ninguno, más agudo e ingenioso.

Neuborn espera unos instantes para ver la acción que estas palabras ejercen sobre mí. Luego afila el rostro, señala con el índice hacia donde estoy sentado y pregunta, elevando la voz:

—¿Qué hay, qué se esconde en su interior? Su personalidad resulta opaca; lo que se vislumbra desde fuera es un torbellino de frustraciones y pasiones mezquinas, de alguien que piensa que lo que debe ocurrir en la realidad se puede dirigir y planear desde su cabeza... Le diré lo que veo hasta ahora en usted: la ambición de superar sus orígenes humildes, la vergüenza por el escándalo de su primera mujer, el rencor a todo aquel que no reconociera su superioridad...

»Con las noticias privilegiadas que recibía, poseyendo la información que sus poderosos amigos le facilitaban, ¿por qué no se exilió cuando pudo, como otros, como algunas de las grandes figuras de la intelectualidad alemana, Thomas Mann, por ejemplo, al que usted conoció en Múnich, pero por el que parece que también sentía un amargo desprecio?

Mi acusador me hace graves reproches. Acusador y perseguidor, *prosecutor*. Me cuestiona como ser humano, me incrimina. ¿De qué sirven los pensamientos y sentimientos más personales, nuestras razones más profundas...? Me pregunto cuál es la tarea que realiza el espíritu. ¿No es a través de nuestra mente como nos apropiamos del mundo exterior y así alcanzamos una mayor pureza moral? ¿Es posible obtener un análisis de la realidad, poseer una noción nítida de las cosas y a la vez ser poco transparente por dentro? El intelecto contra el instinto...; Se trata de una vieja cuestión que no creo pueda solucionarse fácilmente. ¿Qué debo hacer entonces? ¿Debo esforzarme por ser más diáfano, aceptar el diván del psicoanalista que me está ofreciendo?

Los americanos piensan que siendo transparentes todo se soluciona. Es un residuo de sus orígenes calvinistas, de los padres fundadores, tan convencidos de que no debe existir ninguna mediación, ningún intermediario entre Dios y la conciencia de los hombres. «Abramos el interior a la luz que llega de lo alto y la comunidad seguirá unida». Se consideran un pueblo elegido: marchan como los escogidos de Sión hacia la conquista del globo. Ninguna cláusula secreta, ninguna diplomacia de salón; las potencias europeas debían renunciar a cualquier finta entre bastidores, nada a través de lo cual el espíritu pudiera volver a escabullirse. Había que acabar con los Metternich y con la razón de Estado... Wilson era bien consciente de todo ello: las reparaciones, la ocupación de Alsacia y el Sarre, luego de Renania y del Ruhr. Era un nuevo orden, el orden de los que se sabían vencedores.

¿Debo intentar mostrar que, en realidad, no soy tan oscuro, sino ingenuamente traslúcido...? Lo único necesario son radiólogos benévolos.

—Thomas Mann —respondo— era un hombre muy desgraciado. ¿Había que abandonar Alemania, o había que salvar lo que se pudiera, sabiendo que el régimen no podía durar eternamente, que estaba, antes o después, tocado de muerte? ¿Qué es lo que lograron los emigrantes de positivo? Mann no consiguió nada. Los emigrantes se dedicaban a atacar a los que nos habíamos quedado dentro y a atacarse entre ellos por pequeñas rencillas. Tuve amigos exiliados en Suiza que me dijeron que habrían vuelto a Alemania si hubieran podido, incluso si para hacerlo hubieran tenido que arrastrarse a cuatro patas... Cada persona pertenece a un lugar, a un país, a una lengua, a una cultura. No hubiera podido escribir mi obra científica fuera de Alemania. Además, yo siempre he apreciado el placer de una buena conversación; y no es fácil encontrar interlocutores que a uno le sigan interesando.

—¿Eso es lo que más lamenta en la cárcel? Usted me ha hablado de la sabiduría de la celda...

—Sí, observo mi celda y me doy cuenta de que estoy desnudo. El más desnudo de los hombres es el que se ve despojado de todo delante de un hombre vestido y poderoso, el que se ve desarmado delante de un hombre confiado.

Durante unos segundos parece que he conseguido desconcertarle, pero enseguida se recompone y dice:

—Yo no voy armado, y mi poder no es otro que el poder de la ley, esa autoridad por la que usted, como jurista, dice sentir respeto.

—La ley tiene poca vigencia en una celda estrecha, como en la que estoy confinado. Tan pequeña y tan vasta. Aquí estoy reducido a mis últimas reservas, y mis últimas reservas son un resto de energía física. Y los recuerdos... que dejo escritos en el papel como si fueran pequeños botes salvavidas, perdidos en el océano oscuro que nos rodea.

—¿Ve como al escribir sus recuerdos comienza a aceptar su responsabilidad? Aunque no pretendo iniciar un programa de reeducación, y menos en estas circunstancias. De todas maneras, creo que sigue en contacto con algunos de sus amigos y con su mujer... su segunda mujer. No todos le han abandonado.

—Alma, mi esposa, es una persona extraordinaria. Ha sido mi gran apoyo en estas horas de desesperanza. Pero sigo estando solo. Siento un miedo cerval ante el espíritu malo y falso, el enemigo maligno, de cuya perfidia nunca estamos seguros, y mucho menos cuando nos sentimos confiados. Desconozco cuál es el espíritu que pretende acompañarme en estos muros...

—¿Lo supo en sus días de Múnich, cuando, como otros, jugaba a los conjuros? ¿O en la época de Berlín, cuando pensó que podría conseguir darle la vuelta, burlarse de él?

—Me insta usted a que colabore, a que me haga cristalino. ¿Es el comandante Neuborn quien debe emitir el juicio, declarar si soy culpable? En todo caso, no deseo seguir siendo un sospechoso permanente, le ruego que antes o después llegue el veredicto. Si se ha de fallar una sentencia, que así sea, pero de una vez por todas. Lo que me parecería inadmisible es que estuviera siendo juzgado y tuviera además que cargar con el lastre de la sospecha durante días sin término...

Observo su reacción, me detengo. Luego, complaciente, añado:

—¿Quiere que le enseñe las cartas que recibo? Le ofrezco las cartas que me ha mandado mi amigo Antaios. Me da consejos...

—¿Antaios, el escritor? ¿Le da consejos sobre lo que hizo, o sobre lo que debería hacer ahora? ¿No fue él también uno de los inspiradores del Tambor, como usted le llama, no recolectó el Führer mucho de lo que usted y su amigo Antaios, tan pulcros, tan instruidos, habían sembrado? Déjeme ver qué es lo que dice. Y sus cartas de respuesta, ¿le contesta usted o su mujer?

Neuborn coge en sus manos las dos cartas de Hans Antaios que he recibido estas últimas semanas y mi carta de respuesta. Se las entrego, y él parece recogerlas como si fueran un pago debido, el inicio del resarcimiento por una deuda insoluble.

Empieza su lectura, con voz pausada y un tono levemente mordaz, descreído, mientras con los ojos dirige una orden a la mecanógrafa para que transcriba todo lo que lee:

Berlín, 10 de marzo de 1947

Querido profesor:

Gracias a que mi mujer está en permanente contacto con la suya puedo escribirle esta carta y saber que llegará a su destino. A través de Alma, hemos podido conocer todos los detalles de su desgracia.

Le ruego que nos considere unidos a su infortunio en estos momentos en los que muy pocos son capaces de ver más allá de sus sentimientos o de sus opiniones o necesidades puramente subjetivas. Lo que nos sucede es parte de un gran movimiento tectónico, al que los alemanes, con nuestra pasión por la búsqueda de lo desconocido, nos hemos acercado demasiado. El dolor permite ahora ver, en la penumbra sólo a veces iluminada por violentos resplandores, cómo el volcán sigue alimentando sus entrañas...

El vencido, todo el mundo lo sabe, lleva la peste en el cuerpo. Cuando el coloso yace en el suelo, bandadas de moscas empiezan a revolotear en torno a su cadáver.

El final catastrófico de la guerra se asemeja al hundimiento de un barco; en él han desaparecido innumerables personas. Es posible que hayan encontrado un barco y se hayan salvado. Pero resulta terrible la espera de sus allegados en la incertidumbre.

Lo que está ocurriendo en Núremberg es que el soldado se ha erigido en juez y el vencedor en dispensador, sea bien de perdones o de decretos de condenación. Este tipo de actos tienen inevitablemente siempre algo de arbitrarios.

Me han prestado hace poco un libro sobre las prisiones. Desarrolla la idea de que hoy los auténticos pensadores y soñadores se encuentran en ellas, como don Quijote, por ejemplo, que también estuvo en la cárcel, mientras que el obtuso Sancho hace de vigilante. Éste es un capital de todos los alemanes; en algún momento dará sus frutos.

Sé que volveré a verle pronto, y que cuando eso sea posible, tendremos muchas cosas que contarnos. Quizá entonces nuestra situación aquí haya mejorado. Este mes han quedado reducidas a la mitad nuestras ya escasas raciones de alimento; y lamentablemente tampoco podría ofrecerle ahora nada de vino.

Me entero por los periódicos de que este modo de hacernos pasar hambre despierta satisfacción en muchos otros lugares del mundo, mientras nosotros apenas sobrevivimos en cámaras frigoríficas. Dentro de las habitaciones el aliento se queda flotando en el aire en forma de nubecitas congeladas. Un periódico comunista francés afirma que todavía nos van demasiado bien las cosas y se asombra de que nuestros niños tengan calzados para ponerse.

Es evidente ahora darse cuenta de que lo peor no es el sufrimiento, sino la desolación y el vacío. Regresé anteanoche de la segunda visita que he realizado a mi hermano en la zona de ocupación francesa. El pueblo en el que vive me ha causado una impresión inquietante. Entre las instantáneas que se me han quedado grabadas se encuentra la de un grupo de figuras humanas pálidas, a punto de caer desmayadas al suelo, que estaban de pie formando un círculo en un cruce de calles. Un obeso policía francés regulaba el tráfico. Dentro del uniforme del policía habrían cabido tres de aquellas personas. Desgraciadamente, no han faltado allí en estos días los fusilamientos arbitrarios, en los que han participado sobre todo alsacianos.

Por suerte, no han sido destruidas en aquella región demasiadas casas. Todo lo contrario de la aniquilación que ha sufrido Hamburgo, donde estuve antes de Nochebuena. Percibí hasta qué punto la bestialidad que ha llegado del este proyectaba allí sus sombras. Los seres humanos, aunque conservaran la totalidad de sus miembros, parecían mutilados. Se les veía escarbar entre las ruinas en busca de pedazos de madera y de escoria, y afanarse en los jardines delanteros de las casas alrededor de espléndidos árboles viejos que han caído víctimas del hacha. Es preciso que lo alto caiga, ése es uno de los rasgos fundamentales de este tiempo.

Cuando uno camina por las carreteras alemanas puede tropezarse con figuras humanas que no ha visto nunca. Son los prisioneros que vuelven a casa, con su halo gris que revela el más extremo de los sufrimientos. Se les ha infligido todo lo que los seres humanos podemos infligir y se le ha robado todo lo que los seres humanos podemos robar. Son mensajeros de lugares donde han sido incontables las personas que han sido ultrajadas y llevadas a la muerte, por hambre, frío, o a causa de las innumerables vejaciones.

Con uno de ellos me he encontrado hoy. Lo único de lo que no le habían despojado era de una bata gris de franela a través de la cual pasaba silbando el gélido viento del norte. Debía de venir de muy lejos y ha pasado a mi lado como una sombra, sin desviar la mirada. Tan lejos de mí se hallaba que no he podido, como en ocasiones similares, ni siquiera dirigirle la palabra.

Me llegan noticias de los suicidios de amigos y conocidos. Entre el terrible número de los que se han quitado la vida, parece que han sido muchos a los que la noticia de la muerte de Kniébolo dio no sólo la señal, sino también una justificación interior. He leído en estos días la frase «el mundo dejará de tener sentido para mí en el momento en que ese hombre deje de vivir». El historiador que afirmó esto pasaba por ser una de las cabezas más agudas entre los partidarios de Kniébolo...

Ha habido una serie de días en los que parecía que atravesábamos una jaula de barrotes mortales, como si una señal o una marca especial se grabara a fuego en nosotros.

Lo vi con nitidez en casa del amigo al que fui a visitar en Hamburgo. Me describió las noches de terror que vivió como fugitivo cuando se produjo la invasión de los rusos. Él y sus hombres salieron huyendo de la casa del dueño de una finca de Pomerania y se refugiaron en una zanja en medio de un pinar. A su alrededor caían las balas como en una exacerbada batida de caza, y desde donde se hallaban escondidos veían el resplandor de las llamas y oían los gritos de las mujeres en la vivienda mientras eran violadas. La dueña de la propiedad, una mujer joven de treinta años, mató con inyecciones de morfina a su numerosa familia, a sus hijos y a su anciano padre, y al final se pegó un tiro.

En realidad, estos lugares no poseen ningún nombre, pues los tenemos a millares...

También me contó que otro de los amigos de las noches berlinesas pasó toda la guerra en un campo de concentración, en compañía de su mujer, que le dio allí un hijo. Himmler quiso que trabajara para él como experto; tenía que analizar documentos de procesos medievales contra las brujas. Junto a la historia de la Inquisición, iban a ser una parte importante de la persecución que se planeaba hacer contra la Iglesia.

Cuando se confirmó la noticia del suicidio de Kniébolo, se me quitó un peso de encima; en ocasiones había temido verlo expuesto en una jaula en alguna gran urbe fuera de Alemania y paseado como un trofeo de un lugar a otro. Eso, por lo menos, nos lo ha ahorrado.

Neuborn se interrumpe, alza los ojos, me pregunta con un ademán displicente:

—¿Kniébolo...? ¿Es así como llamaban a Hitler?

Le respondo, sin pestañear:

—Es el nombre en clave que utilizábamos habitualmente en nuestras conversaciones y en la correspondencia... Luego lo utilizó también Antaios cuando empezó a escribir sus diarios.

—¿Y qué quiere decir? ¿Qué es lo que significa?

Vacilo unos instantes en responderle. Luego le contesto, mirándole fijamente:

—Es un juego de palabras... Entre esclavo, siervo, *Knecht*, y *diabolus*.

—Siervo del diablo... —musita Neuborn, con una forzada naturalidad. Después, en un tono intencionadamente burlón, inquiere—: ¿Usted cree que Hitler estaba poseído por algún tipo de hechizo, o que hizo una especie de pacto con el demonio, que utilizaba la magia negra o alguna forma de artes ocultas?

—No lo sé. Kniébolo quiere decir ambas cosas: es el que intenta someter a los poderes ocultos y también el que acaba siendo sometido por ellos.

—Como una especie de Fausto —apostilla, con rapidez, mi acusador, antes de añadir—: ¿Cree usted verdaderamente que Hitler estaba *poseído*, que existe eso que se suelen llamar las potencias inferiores, la brujería, los demonios, la magia y la nigromancia, y que acaso eso explicaría el fenómeno inaudito de Hitler, su transformación desde un marginal y fracasado aspirante a artista hasta convertirse en el Führer indiscutido del pueblo alemán y luego en uno de los mayores homicidas de la historia?

—No creo que pueda contestarle —le replico—. Pero ha habido rumores y algún escrito en este sentido... No me parece que sea más descabellada que otras explicaciones de las que se han dado. Son muchas las razones que han confluido en la figura fallida de Hitler. Sin duda, en su caso se trata de una forma de desarraigo específico, el de esos seres que se quedaron de repente sin ningún suelo en el que apoyarse, sin ninguna creencia tradicional, y que buscaron refugio en cualquier sustituto espiritual, podía ser Wagner, la música o también los poderes ocultos, aferrándose con todas sus fuerzas a esas divagaciones para no encontrarse de nuevo con el vacío.

—Eso explicaría por qué tantos creyeron encontrar en él al Mesías esperado —asiente con la cabeza Neuborn. Su actitud ha cambiado radicalmente. Hemos entrado en conversación, ahora mi perseguidor, mi acusador, habla, aunque sea durante unos minutos, de tú a tú conmigo. Dice, reflexionando—: Sí, es posible que tenga razón... Había muchos otros que, como él, necesitaban construir castillos en el aire, creer en algo y una vez hallaban esa nueva fe se convertían en fanáticos, en partidarios acérrimos de esa nueva secta.

—Eso fue, por cierto —aclaro— lo que estaba detrás del mito del Führer. Para no pocos, Hitler se transformó en mucho más que un gran jefe político o militar, o que en un gran hombre de Estado. Veían en él a un mago, un brujo. Sus logros durante los primeros años resultaban milagrosos: el rearme, el fin del oprobio de Versalles, la recuperación económica, los éxitos diplomáticos... En poco tiempo acabó con la hiperinflación y con el desempleo de más de seis millones de personas. Para todos los que se habían quedado sin ninguna otra esperanza, el nacionalsocialismo se convirtió en el sueño mágico que hacía posible la realidad.

—¿Y Hitler era una especie de médium, el gran maestre de esa nueva magia, el sacerdote de una religión o un rito desconocido?

—Él era el primero de los que se habían quedado vacíos por dentro, sin nada en lo que confiar o esperar. Fíjese —añado, mirándole a los ojos— en su extraño comportamiento, tan oscilante entre los extremos... Necesitaba momentos de exaltación, sobre todo, cuando lanzaba sus discursos, en los que llegaba casi al paroxismo, o también, de repente, paseando por un sendero abandonado por las montañas, en donde al fin conseguía llenar esa infinita oquedad interior, dejar de ser él mismo, mientras le inundaba el sentimiento de la naturaleza, o de la masa, para después volver a sentir un agotamiento y un abandono más desoladores aún. Entonces se mostraba colérico, hipersensible, se sentía sin energía y era incapaz de tomar una sola decisión. En esos momentos le urgía, a través de una conversación frenética, volver a recuperar de forma artificial aquel éxtasis, y exigía tener un auditorio, oyentes entregados que le ayudaran a levantarse del vacío que experimentaba.

—¿Y eso es también lo que su amigo Antaios pensaba sobre el Führer?

—Le ruego que siga leyendo. En las cartas que me ha escrito dice algo de lo que opinaba sobre él, cómo fue cambiando su percepción conforme se afilaban los rasgos de la figura de Kniébolo.

Neuborn comienza de nuevo a leer la carta interrumpida. Su expresión se ha vuelto ahora más seria, menos confiada y satisfecha. Le escucho mientras reproduce con su voz las palabras en tinta de Antaios.

XI

Hemos hablado en no pocas ocasiones del papel de Kniébolo en esta historia macabra. ¿Vale la pena seguir preguntándose quién era o a qué respondía el «cabo bohemio», como le llamaba, hasta que se le heló el gesto, Hindenburg?

Para mí, como usted ya conoce, ha sido, entre otras cosas, un caso prototípico de provocación y respuesta. Uno de los grandes temas de la historia es el relevo mutuo de estos dos momentos, su movimiento pendular. A cada golpe le sigue su contragolpe; a cada desmesura, su correctivo.

Después de 1918, Alemania había pasado a desempeñar el papel del provocado, y Kniébolo se convirtió en su abogado, se hizo cargo de la réplica. Era parte de su singular carácter que pasase de la réplica a la provocación desmesurada, lo que a su vez exigió una respuesta masiva. Ésa es la situación que ha dejado tras de sí. Es como en una partida de ajedrez, cuando se les da juego demasiado pronto a las figuras de peso. Una buena posición de salida se transforma en su contraria. La voluntad del jugador sobrepasa a sus planes, va más allá de sus intenciones iniciales, de la apreciación medida de las posibilidades con las que cuenta.

No, no hacía política «con una frialdad glacial», como se jactó en alguna ocasión: ahí se engañaba a sí mismo. Acertó mejor en sus primeros tiempos, cuando reivindi-

caba el puesto de Tambor. No sé exactamente en qué momento pasó a exigir más, a querer tener el papel de jefe, de Führer. Pero ése es un punto de inflexión. Probablemente fue cuando estuvo encarcelado en la fortaleza, en Landsberg, después del putsch... A ello se tiene que haber añadido alguna razón objetiva; la falta de otras fuerzas políticas capaces de enfrentarse a él o quizás de guiarlo; el no haber tropezado ni a la derecha ni a la izquierda, ni entre sus seguidores ni en el Gobierno, con una voluntad superior. Había un vacío de poder, y él supo aprovecharlo. No se explica su éxito sin la réplica que encontró en él su voz, una voz que anunciaba que la voluntad, y no el conocimiento, era lo que daba significado al mundo, algo que gran parte del pueblo aprobaba.

Yo apenas conocía su nombre cuando lo vi en un circo de un suburbio de Múnich en uno de sus primeros mítines. Cuando le oí hablar, me impresionaron su palidez y el entusiasmo con el que decía cosas vulgares; más que aportar ideas nuevas lo que hacía era desencadenar nuevas energías. Parecía no que fuera él quien se enseñoreara de la palabra, sino la palabra de él: así es como hay que imaginarse a un médium, casi exhausto por las palabras que le inundan. Creo que la luna tuvo que desempeñar un papel en su horóscopo; si lo comparamos con Mussolini, éste era un tipo solar, mucho más claro y transparente, también más previsible.

Sobre todo fueron los que se consideraban más astutos los que se equivocaron al juzgar a Kniébolo. No tuvieron en cuenta que era capaz de arrancar fuerzas de lo informe, de reunirlas y de reflejarlas como un espejo cóncavo. Había que fijarse en esa cara blanca, aún ingrávida: la luna que todavía no se ha llenado. Era un cazador de sueños, de los que salen sigilosos por la noche y se apoderan de los deseos oscuros de la gente. Es probable que tuviera una juventud soñadora y que, como me dijeron en cierta ocasión que pasé cerca de su lugar de nacimiento, en su infancia pasara desapercibido. Más tarde vi el retrato de su madre, que es muy ilustrativo. Esas imágenes hacen pensar en el otro lado de las cosas, en una secreta historia que nunca se escribirá.

Múnich fue un terreno propicio para sus comienzos, más propicio que Berlín. La población es más impulsiva y había pasado por la República de los consejos. En el circo donde Kniébolo pronunció su discurso le escuchaban obreros, soldados desmovilizados vestidos con guerreras de paño caqui, muchachos con caras campesinas. Las gentes de las montañas venían a la ciudad. Estaban todas hechizadas por su palabra.

Ese tipo de discursos no están hechos para pensar sobre ellos; son sortilegios. De ahí que tampoco quepa rebatirlos con argumentos. No decía nada nuevo, nada que no hubieran dicho ya los socialdemócratas o los nacionalistas. Se notaba que todo lo que decía era de tercera mano, pero eso no importaba mucho. Hacía propuestas inconexas, como, por ejemplo, la de que el Gobierno imprimiera francos franceses falsos para crear inflación en Francia. Pero lo que decía estaba impregnado de una fortísima intensidad, de un fluido poderoso.

Tuve la sensación de encontrarme en un crisol de pasión patriótica, en un lugar en el que, a altas temperaturas, se realizara una fusión, una unidad de la nación. Y esa impresión no era equivocada. Junto a esta fuerte sensación, detrás, actuaba otra cosa, algo más imperioso, la enorme energía de la sociedad sin clases, un descubrimiento que difumina los colores de la paleta, destruye las jerarquías, libera a cada persona de su dependencia y las absorbe, lanzándolas velozmente al vacío. Es como un torbellino en el que la masa se reconoce en un individuo singular, reconoce su igualdad y su unidad, e incluso su libertad. Probablemente sea mejor que este individuo no tenga rostro, no tenga una fisonomía definida, para que la masa pueda proyectar toda su fe, todo su oscuro sentimiento y su enormidad en él...

Lo que se apoderó de mí en aquel momento fue algo diferente, como una purificación. El esfuerzo inmenso de cuatro años de guerra había llevado no sólo a la derrota, había llevado también a la humillación y la vergüenza. El país, desarmado, se hallaba cercado por vecinos peligrosos, armados hasta los dientes, estaba desmembrado, amputado por corredores, saqueado, explotado. Era un sueño perverso, una pesadilla lúgubre. Y allí estaba, de pie, aquel desconocido y decía lo que había que decir, y todos sentían que tenía razón. Decía lo que el Gobierno tendría que haber dicho, si no con palabras, sí al menos con sus gestos y su actitud. Él vislumbró el espacio que se había abierto entre el Gobierno y el pueblo, y se apresuró a llenarlo.

No era un discurso lo que yo estaba oyendo, sino el emerger de una fuerza de los elementos. Debe de haber sido una época en la que la inflación ya estaba muy avanzada. El hambre no tiene límites, las masas hambrientas son buenos oyentes. Recuerdo que, al acabar la reunión, unos hombres con insignia en el ojal pasaron bolsas en las que echamos billetes. Billetes de miles, de decenas de miles de marcos: apenas tenían algún valor.

Muchas de las cosas que han sucedido después las había visto yo en sueños hace años; en la realidad, resultan ser más consecuencia del azar, y también aparecen más desnudas que en las imágenes oníricas...

Perpetua, mi mujer, no consigue encontrar consuelo para la muerte de nuestro querido hijo. Echo mucho de menos a Ernstel desde que cayó en el frente, hace ahora ya más de dos años. Fue enviado allí en represalia, como castigo por haberse expresado demasiado libremente. Durante las vacaciones de los últimos años, dábamos grandes paseos por los bosques y mantuvimos algunas conversaciones profundas. Ahora, a veces, reparo en un claro del camino, allí donde me dijo frases tales como que «la curiosidad de las cosas del más allá es tan fuerte que la muerte apenas puede esperar». Por las pocas noticias que he tenido, creo que supo hacerle frente con gallardía.

En menos de dos años he perdido a mi padre, a un hijo y la ciudad en la que nací. Estamos ahora en medio del ló-

brego torbellino del maelstrom. *Los amigos, los conocidos, los hermanos están en grave peligro. Sin embargo, cuánto lamento no poder tener una conversación con usted, acompañada de un buen borgoña. Lo más desagradable de esta época es no poder tener a nadie con quien hablar sobre lo que hay detrás de los acontecimientos que estamos viviendo.*

Le sugiero que no olvide aquella máxima de Lao-Tse: «Quien carga con la culpa de la comunidad es su protector; quien soporta la desgracia de la comunidad es su maestro».

Y le deseo también de todo corazón que salga fortalecido de la prueba que le aflige.

Cordialmente suyo,

HANS ANTAIOS

La carta parece haberle transmitido a Neuborn nuevas energías. Me mira con cierto regocijo, extiende los brazos, enciende una pipa, lanza el humo al aire, inesperadamente relajado; la viva imagen del sabueso que no ha dejado de husmear en los alrededores y ahora olisquea la proximidad de pistas frescas.

—Landsberg... —dice, con curiosidad, interrogándome con el brillo de la mirada—. ¿Fue entonces, cuando estuvo preso en la fortaleza, después del fracaso del golpe, cuando se convirtió en el Führer...? ¿Eso es lo que piensa su amigo Antaios? ¿Por qué? ¿Qué es lo que sucedió en Landsberg?

Al principio, no le respondo. Luego, al cabo de un rato, le digo:

—¿Quiere saberlo...? Quizás no sean más que conjeturas.

—Por supuesto que debe contar lo que sepa —replica, con el tono endurecido—. Es conocido que durante esos meses de reclusión estuvo acompañado en la prisión por Hess y por su chófer, que recibía muchas visitas —cientos de ellas— y que vivió confortablemente mientras dictaba a sus dos compañeros su libro. ¿Acaso se debió al éxito de sus intervenciones durante el juicio, al fervor con el que los periódicos y una parte nada desdeñable de la población seguían sus peroratas delante del tribunal lo que le hizo convencerse de que era él el Mesías esperado?

—Es posible... Quizás tenga usted también información sobre quiénes fueron dos de los visitantes más asiduos; las dos personas que, por separado, permanecieron muchas horas con él, enseñándole gran parte de su doctrina.

Me interrumpe, ansiosamente:

—¿Quién? ¿Quiénes fueron...? ¿Dietrich Eckhart? ¿Fue él quien le transmitió allí sus ideas?

—Eckhart fue sin duda un personaje decisivo; le imbuyó su obsesión por la propaganda y le transmitió las técnicas de dominio del populacho. También le enseñó a escribir mejor y a interpretar los *Protocolos de Sión* como una gran conjura orquestada por los judíos bolcheviques para hacerse con el poder universal... Pero uno de los visitantes más frecuentes, gracias a Hess, no fue otro sino Ratsam, Anton Ratsam, el general...

Neuborn reacciona visiblemente sorprendido:

—¿Está usted seguro?

—No existe la menor duda. Como he escrito en los informes que le he ido entregando, ambos, Ratsam y Eckhart, habían sido los fundadores del círculo interior de Thelema, donde se cultivaba la doctrina mística de la Orden Germánica. Ambos le adoctrinaron sobre una de las creencias principales de la Orden, la idea de la gran transformación, el cambio de era, la ascensión del hombre nuevo y de la nueva raza... Eligieron a Hitler como el profeta de esa nueva creación.

—¿Es decir, que fue en ese momento, durante los meses pasados en Landsberg, cuando comenzó a creer que él tenía una gran misión que cumplir, que él era el genio de la nueva Humanidad que habían anunciado otros, como Nietzsche?

—Hitler creía que la Providencia había querido que él se convirtiera en el conductor de la nueva Humanidad. Él tenía que liberar a las masas de la sujeción a una moral de débiles, del sometimiento a las quimeras de la conciencia. Eso fue de lo que se convenció... La pesada carga de la decisión individual y de la responsabilidad personal debía ahora ser asumida por el Führer. Era preciso liberarse del espíritu, de la conciencia, y cumplir la misión de crear un nuevo mundo, para lo que haría falta destruir todo lo antiguo.

—¿Y usted cree que fue allí, en la fortaleza de Landsberg, mientras Hess escribía en *Mein Kampf* lo que Eckhart le dictaba sobre las técnicas de la propaganda, que Eckhart había aprendido de los bolcheviques, y Ratsam le hablaba de la necesidad de asegurar un espacio vital para Alemania, donde Hitler se convenció de que debía ser el artífice de esa revolución de dimensiones insospechadas?

—Es muy posible... —Me detengo, dudando sobre si debo continuar. Él me inquiere con la mirada, reclamándome que siga. Luego, con cierto titubeo, añado—: Es probable que Ratsam practicara también con él algún tipo de ceremonia ritual, una consagración...

Neuborn casi se levanta de un salto del asiento:

—¿Piensa verdaderamente que eso es lo que ocurrió?

—No lo descarto... Ratsam era un iniciado. Durante su estancia en el Japón había vivido largas temporadas en monasterios de una secta tibetana. No sé hasta dónde pudo llegar: ¿astrología oriental, chamanismo, nigromancia? Lo que sí parece fuera de toda duda es que en esos meses de confinamiento Kniébolo llegó al convencimiento de que la violencia, e incluso el paroxismo de la violencia, hasta llegar a la destrucción y la aniquilación, debían convertirse en instrumentos de la tarea que estaba llamado a cumplir.

—¿Incluso el crimen? ¿Quiere usted decir que Hitler se convenció en ese momento de que toda acción, incluso el crimen, podía ser positiva si con ello se avanzaba en la tarea de la nueva creación?

—Sí, eso creo... Pero todavía le diré algo que tardé muchos años, hasta la guerra, en comprender: el terror, la crueldad, la violencia y la destrucción se transformaron para Hitler en el auténtico motor de la historia y en el instrumento esencial para acceder a un poder cada vez más vasto, más ilimitado...

—¿Cómo es posible entonces que usted no fuera capaz de darse cuenta de lo que Hitler traía consigo? ¿No vio lo que significaba esa figura?

Se detiene unos segundos, con un gesto de inquietud, luego pregunta, incrédulo:

—¿O quizás lo supo y decidió jugar a aprendiz de brujo...? No, no puedo imaginarlo...

Callamos instantáneamente los dos. Neuborn me permite que no hable, que guarde silencio. ¿Acaso puede responderse a esa pregunta?

Le tiendo después a mi acusador la carta que envié a Antaios como respuesta a la suya. No tengo grandes esperanzas, pero quizás esas breves líneas puedan ayudarle a comprender algo más, al menos a intuir la complejidad de mi caso y la dificultad de mi situación.

Neuborn comienza a leer mientras el asistente no deja de tomar notas y la joven mecanógrafa sigue el movimiento de las pulsaciones de sus dedos con ojos de vidrio:

Núremberg, 16 de marzo de 1947

Querido amigo Antaios:

La soledad de la celda de la prisión no es angustiosa, encuentro reservas en mi espíritu, a pesar de las difamaciones y la mentira que he de soportar. No olvide que estoy enterrado vivo, que se me impide cualquier contacto con el exterior; soy un apestado al que no pocos utilizan como lugar donde justificar sus propias inmundicias.

Hoy las sentencias de muerte se anuncian antes en los periódicos. En estas circunstancias, se está agradecido a las noticias de los buenos amigos, y en particular a la oportunidad que se nos brinda de que nuestra visión no quede oscurecida por las privaciones y el abandono. Espero que esta carta llegue a sus manos y que pueda usted leerla. Dios me ha protegido hasta ahora, y he tenido que pensar con frecuencia en uno de sus versos favoritos: «Pisaréis sobre serpientes y escorpiones, sin que nada pueda haceros daño...». ¿Volveremos a poder compartir un vaso de buen vino, en su casa de Kirschhorst o en algún otro lugar? ¿Dónde? ¿Cuándo?

No debo lamentarme. En general, las cosas no han ido tan mal después de casi dos años de sufrir interrogatorios y procedimientos incriminatorios. En el campo de prisioneros, pasé más de un año durmiendo en un saco de paja, comiendo en un cuenco de hojalata y compartiendo la suciedad y el frío con personas extrañas. Mi salud se deterioró y todavía no he podido recuperarme de unos insoportables dolores renales. Para un hombre de casi sesenta años, no resultó agradable, pero en el campo había personas mayores que yo que siguieron adelante, por lo que prefiero callar, no sea que vayamos a peor...

Aquí, en Núremberg, el peligro de la desesperación se cierne cada día. Estoy indefenso, pero no he sido destruido, como dice uno de los poetas que más me acompañan. Gracias a la reflexión y al trabajo intelectual que he llevado a cabo desde 1910 hasta el final de la guerra me he ido preparando interiormente. Ahora veo que todo tenía su sentido, como una especie de armadura o de rearme espiritual.

Nada más acabada la guerra, en el verano de 1945, levanté mi débil e inerme voz, y enseguida se me cerró la boca. Con mi opúsculo sobre la necesidad de distinguir entre adversario y criminal y sobre las graves consecuencias de la criminalización del enemigo salvé entonces el honor de la ciencia europea del derecho. Pero no solamente Alemania, toda Europa, reaccionó enmudeciéndome.

Ni siquiera en Estados Unidos hubo una sola voz que llamara a la serenidad y a un análisis objetivo de la situación; sólo se oyeron gritos pidiendo venganza. Ningún jurista, ningún diplomático, ningún periodista o escritor fue capaz de hablar con las palabras de un vencedor digno y superior. Por todas partes no se escuchó más que el silbido venenoso de la ira y la rabia. Nadie volvió a recordar públicamente aquel discurso del joven Julio César en el Senado romano, cuando se debatían las penas a aplicar a los partidarios de Catilina: precisamente ante delitos innombrables, es adecuado preservar el equilibrio y no dejarse arrebatar por la venganza.

También la pena debe ser digna, y no ir más allá de lo que la ley establece. Jamás un hombre poderoso debe actuar como un mequetrefe airado, pues justamente en tiempos de guerra civil cada acto que se ejecuta conducido por el odio puede acabar teniendo consecuencias incalculables. Pretender que la guerra que se hace es una guerra justa es declarar la guerra total al enemigo. Todo esto está dicho ya con gran claridad en ese discurso clásico y yo no hice más que recordarlo.

¡Qué duda cabe de que Kniébolo era un criminal! Pero no es ni el más grande de toda la historia, ni el responsable de todos los crímenes del mundo. En realidad, como ya conversamos en Berlín y en París en varias ocasiones, se trata de un caso desesperado del utopismo aplicado a la política. Lo que Kniébolo quería era ser un artista, un gran artista, veía ante sí su vida como una novela. Aunque ello significara destruir todo lo que se opusiera a su voluntad.

Nuestra época se le apareció como una gran aventura, como una era en la que las posibilidades de encantamiento de la masa podían ser infinitas.

Eso lo aprendió de los británicos: la voluntad de conquista. En realidad, lo que el pobre Kniébolo buscaba era llegar a un acuerdo con los ingleses, entrar en el negocio, por fin ser un gran señor, formar parte del Imperio, sin darse cuenta de su agonía y de la agonía de Europa.

Desde la perspectiva de Alemania, la guerra no fue sólo una guerra con dos frentes. Se quisieron librar dos tipos de guerra a la vez, pensando ingenuamente que eso era posible: una guerra no ideológica contra los países europeos en el frente occidental y una guerra ideológica y de aniquilación contra la Unión Soviética y los pueblos eslavos (a la vez que se hacía el desesperado intento de capitular en el oeste). Por eso la respuesta ha llegado del este, de Rusia, y el amo de Núremberg no es otro sino la Unión Soviética, que se aprovecha de la cólera moralizante de los americanos.

Mi caso es el triste sino del vencido que no supo o no quiso saltar la línea en el momento apropiado, y que en no menos de tres ocasiones fue tragado por el gran pez, por la monstruosa ballena. Es la situación que ya le describí, querido amigo Antaios, en Berlín en julio de 1938. Lo que yo he hecho ha sido atravesar el dintel de la puerta secreta de ese santuario escondido en el que habitan las perplejidades de la justicia y todos los problemas para los que la diosa Temis —la diosa que mantiene en su mano la balanza, mientras ciega sus ojos con una venda— no tiene solución. Si se desvelan esos lugares ocultos, todas las pasiones estallan con fuerza y violan a la conciencia en su último asilo, en ese último refugio con el que aún cuento.

Sólo los más osados se atrevieron a entrar en ese santuario sin hacerle violencia.

Sinceramente suyo.

—¿Usted sigue buscando argumentos, justificaciones a lo que hizo?

Neuborn no ceja. El interrogatorio se prolonga, pero él no parece necesitar un descanso. Fuera de la prisión, debe de haber anochecido hace ya un buen rato. Noto el rostro de cansancio de la secretaria, los dedos entumecidos por el trabajo continuo. Apenas hemos hecho algunas pausas intermitentes, y el resto del tiempo no ha parado de teclear. No me cabe duda de que es un material que Neuborn considera valioso, es algo que puedo percibir en sus gestos, repentinamente joviales, aunque sabe ocultar sus sentimientos con notable habilidad.

Me inquiere, burlón, mientras se recuesta hacia atrás en la silla:

—¿Siempre piensa usted que haciendo una referencia erudita a los mitos, si habla de dioses y diosas de la Antigüedad, o de lo que usted llama *sus arcanos*, el tribunal se va a mostrar más comprensivo, que va a sentirse seducido por su cultura? ¿Es el truco que solía utilizar en sus libros, con esos lectores que usted afirma tiene todavía en todo el mundo? ¿Eso es lo que acostumbraban a hacer usted y su amigo Antaios: darle un significado enigmático a lo que decían para que pareciera más importante, más *profundo?*

Decido de nuevo no contestar. Me mira entonces con seriedad, reprochándome con los ojos mi actitud. Luego dice, sin disminuir el tono sarcástico:

—¡Magia negra y astrología! ¡Eso es lo que me tiene que contar! ¿Debo creerle o reírme?

—Hitler no hubiese sido lo que fue —le replico— sin la crisis del año 29 y la hiperinflación que volvió a golpear a los alemanes, todavía de forma más inmisericorde que a principios de la década; después del Martes Negro y la caída de las bolsas. Cuando Hitler regresó de Landsberg a Múnich, después de cumplir una parte muy reducida de su condena, el Partido prácticamente se había disuelto y él tenía prohibido participar en actos públicos durante los siguientes cinco años. Tuvo que volver a empezar de nuevo y los primeros resultados electorales fueron catastróficos, tanto para el Partido como para el conjunto de la derecha patriótica. Sin la crisis de las bolsas, Kniébolo hubiera pasado a la historia como una nubecilla de otoño.

Me detengo unos instantes para observarlo. Me da la impresión de que tampoco es eso lo que esperaba oír. Añado:

—Ya le dije que no se debe buscar una sola causa, sino múltiples. Nada de lo sucedido resulta sencillo.

—¿Tampoco sus motivos, por tanto?

—En efecto.

—Volveremos a hablar sobre el Führer y sobre lo que usted opinaba de él. Más adelante. Pero antes quiero conocer el contenido de la última carta que le ha escrito Antaios. Espero que en el próximo interrogatorio detalle usted con precisión cómo decidió introducirse en la guarida del lobo. ¿Así se llamaba él a sí mismo, no es cierto: Wolf, *lupus*, el Lobo? Así llamó también al cuartel general que hizo construir años después en el nordeste de Alemania, la Guarida del Lobo. Ya tenía decidido el papel que iba a representar... ¿Y usted, cuál de sus múltiples papeles quiso interpretar cuando se acercaba la hora decisiva para Hitler, la toma del poder? Enséñeme, enséñeme —hace un gesto con las manos, atrayendo hacia sí posesivamente la carta que queda por leer— lo que le sugiere *el gran* Antaios:

Berlín, 5 de abril de 1947

Querido profesor:

Poder recibir noticias suyas ha sido un motivo de gran alegría, un rayo de luz en el correo que habitualmente recojo. Aunque seguimos preocupados por su futuro, veo que los golpes del destino no consiguen someterlo. Mi mujer le ha escrito a la suya. Estaba decidida a ir a Berlín y romper una lanza en su favor en castillos que, desgraciadamente, ya no mantienen el viejo orden. Entre tanto, he podido volver a tomar contacto con algunas de las personas de la vieja capital, y me pregunto si puede ser útil que intente seguir enhebrando el hilo.

Le envío algunos recortes de periódicos que se refieren a los interrogatorios a los que está siendo sometido en Núremberg. Me han llegado algunos de los comentarios que conocidos comunes han hecho recientemente sobre usted. Todo ello es, por supuesto, superfluo. En general, soy de la opinión, también cuando me han dirigido a mí los ataques y yo pensaba que se había alcanzado el non plus ultra, que las gentes necesitan en ocasiones descargarse de su parcela de odio, y que si eso les aligera, al menos ha servido para reconciliarles con el mundo.

Nada de ello afecta a su obra y lo que de ella perdurará. A mi parecer, su valor está en el futuro. Es como la hermosa copia del cuadro del Bosco que usted tuvo la amabilidad de enviarme hace años. En el Bosco, los animales están todavía en el espacio del Medioevo, en el que siempre aparecen dos partes muy diferenciadas, cada una de ellas plena de sentido.

En aquel cuadro, conforme los animales de aspecto amenazador se van alejando hacia el fondo de la perspectiva, se produce de forma pictórica un mayor acercamiento al mal.

Lo llamativo de las pinturas del Bosco es que esa manera de distinguir se nos ha hecho completamente extraña; ya en los paraísos que pinta poco después Brueghel las plantas y los animales son especies abstractas, sin distinción moral.

Lo que ha ocurrido desde el Bosco es la pérdida de la percepción del bien y el mal. Por eso todo lo que es amoral nos parece tan actual. Me da la impresión de que se corresponde con la descomposición de la forma. Como si todo lo que ha venido después, incluido Kniébolo, no fuera sino una advertencia de que la marea ha ido creciendo, ahogándonos.

Usted tuvo el valor de alzar la voz y recordar una lucha tan elemental como la del perro y el gato, la relación entre el amigo y el enemigo, pero no supo ponerse en guardia frente a su propio diagnóstico. Yo le avisé sobre el peligro de las trampas de la política. El choque con la realidad estaba así programado.

Lo que a mí me interesan son otras dimensiones distintas, y mis instrumentos de medición son otros. Por eso tampoco mis ambiciones se mueven en el terreno de los partidos y la política.

Ello no empalidece lo que en cierta ocasión escuchamos juntos sobre la necesidad del error en la vida humana. Nuestra existencia se asemeja al recorrido de una curva, que se hace a base de la suma de errores.

Kniébolo y el Bosco. Cuando un amigo me enseñó las galeradas del libro que publicó sobre Kniébolo, cuyo subtítulo era Una fatalidad alemana, *en la cubierta que eligió se veían legiones de hombres armados que se hundían en el fango con sus estandartes. Por desgracia, aquello era algo más que un panfleto político; era una visión. Tuvo que ser inmediatamente antes de que Kniébolo fuese nombrado canciller del Reich. Mi amigo me pareció en ese momento un hombre dispuesto a volarse a sí mismo con dinamita; le desaconsejé vivamente la publicación de aquel escrito, y no me hizo caso. Poco tiempo después desaparecía en las cárceles.*

Habían pasado diez años desde que escuchara por primera vez a Hitler en aquel discurso de Múnich. Muchas eran las cosas que habían cambiado en el mundo y también en mi modo de ver la realidad. Cuando pienso en la propia curva de mi vida, veo que ha marchado, a menudo contra mi voluntad, en la dirección contraria a los sucesos. Mi opinión sobre él mudó de raíz, recorriendo un camino desde algo así como: «Este hombre tiene razón», pasando por «Este hombre es ridículo», hasta: «Este hombre va a ser fatídico».

En general, mi opinión y mi juicio se fueron distanciando conforme él fue pasando de la réplica a la provocación. Ya los detalles de la intentona de Múnich me contrariaron. Cuando se produjeron los grandes éxitos electorales y la toma del poder, yo estaba ya muy alejado de los acontecimientos.

No me cabe duda de que subestimé las dotes de aquel hombre. Le poseía una fuerza capaz de desencadenar un movimiento sin medida alguna. Su intuición para los es-

lóganes simplificadores, que captaban las tendencias de la era de las masas y las máquinas, era extraordinario, sobre todo si se piensa en su origen. A sus seguidores les incitaba a que se dejaran llevar solamente por sus instintos.

Si fracasó, no fue tanto por falta de las cualidades necesarias, si no por su naturaleza interior, su insaciable ansia de poder. Su sistema —o mejor, su carencia de sistema— se mantuvo, sin embargo, hasta las últimas fases del terror. Es propio de la era en la que vivimos que se produzcan este tipo de ascensos demoníacos, pero en ellos hay siempre algo misterioso que se escapa a la competencia profesional del historiador. Apenas hay en la Edad Moderna otro hombre que haya concitado tanta cantidad de odio, pero también de entusiasmo, como él.

Los elementos fisonómicos no carecen de significado. A menudo se ha subrayado su parecido con Charlie Chaplin. El parecido alcanza más allá de la superficie. Chaplin ha sido un desencadenador de risotadas explosivas, a través de las cuales el espectador se da cuenta de su insostenible y paradójica situación como ser humano. Es el individuo aislado en cuyo interior ha penetrado el espíritu de la técnica y que se retuerce de risa cuando ve volar su casa por los aires. Kniébolo también cocinaba con dinamita.

Visto desde fuera, lo sucedido desde luego resulta incomprensible. Un hombre se arruina a causa de una mujer que a nosotros no nos parece bella ni dotada de personalidad. Hay sectarios que se dejan quemar por una desviación mínima de las creencias, y fanáticos que mueren por una idea abstrusa y contradictoria. En ese tipo de situaciones siempre se muestra algo ininteligible.

Son momentos de una rara intensidad. Cuando en nuestra vida penetra, de forma imperiosa, sin alternativa posible, un hombre, una mujer, una idea o un dios, se produce una disposición al seguimiento a vida o muerte con una determinación absoluta. En ese preciso instante, el ser humano se ha encontrado con su destino; obedece a un llamamiento que le llevará al triunfo o a la catástrofe, y en este último caso, a tener que pagar su obsesión con su vida, con su honor, con su patrimonio.

En las situaciones de fracaso, los hombres tratan de engrandecer con los recuerdos aquellos momentos que les favorecen, y eso lo hacen con gran ingenuidad, queriendo olvidar. Tratan de borrar las horas de entrega a una causa, que son tal vez lo mejor de su biografía. En la absolución pronunciada por el tribunal de los muertos, cuentan no sólo las buenas acciones, sino también los errores. Los tibios son los únicos que son vomitados.

Por eso, mi querido profesor, con su llamada a la decisión, usted estaba haciendo explotar una mina de larga onda expansiva. Yo también intenté con mis libros orientar los acontecimientos, habrían podido ser útiles para abandonar la fijación en el Partido y en el Estado nacional.

Kniébolo ha sido el instrumento de fuerzas más poderosas que él desconocía. Quizás haya sido el precursor de fenómenos que retornen después. El nazismo era revolucionario, y a la vez ha llevado a cabo una tarea de recuperación de elementos del pasado y anticipación del futuro, poniéndolos al servicio del impresionante movimiento hacia la creación del Imperio mundial, en cuya formación están cooperando fuerzas contrarias y al que la Segunda Guerra Mundial nos ha acercado entretanto de manera bien visible.

Kniébolo conocía y estimaba, igual que muchos otros soldados que lucharon en el frente, y no sólo alemanes, mis obras sobre la Primera Guerra. Me lo hizo saber y le envié las sucesivas nuevas ediciones. Me daba las gracias, directamente, o encargaba de ello a Hess. También recibí su libro, que acababa de publicarse.

Como otros, también yo estaba convencido de que en el aire había una atmósfera especial, que algo distinto estaba necesariamente a punto de llegar. Personalmente me hallaba contento con mi situación y no deseaba cambios. El trabajo en el escritorio y en el jardín, las conversaciones con los amigos, de vez en cuando un viaje hacia regiones del sur. Los puestos, los honores, los nombramientos no podían hacer otra cosa que perjudicar mi trabajo. Había pagado bien cara mi aventura con los cuerpos francos, y había aprendido.

Por ello me permití, cumpliendo los a veces incómodos deberes de la amistad, avisarle de los peligros que corría antes de tomar la decisión que ha tenido las mayores consecuencias para su vida.

Cuando Göring le propuso nombrarle consejero de Estado, le desaconsejé iniciar ese camino y poner tierra de por medio: le sugerí marcharse con sus suegros a Serbia, donde podría haberse dedicado a escribir sobre teoría de la Constitución, lejos del centro del huracán.

Recuerdo también la discusión que tuvimos tras el golpe de Kniébolo contra Röhm y las SA, la Noche de los Cuchillos Largos. Me opuse con energía a su opinión de que, tras la ley de poderes absolutos, no cabía dudar de la legalidad de las decisiones del Führer. Usted escribió aquel artículo en el que justificaba las acciones contra Röhm y los jefes de las Fuerzas de Asalto, y afirmaba que «el Führer crea el derecho». No pude entender su completa falta de visión. Sobre la cuestión de la legalidad de las acciones adoptadas por Kniébolo quizás se hubiera podido hablar, pero lo que me sorprendió fue la tozudez con la cual una persona de tanta agudeza como usted no se diera cuenta de que sostener públicamente esa posición era —por muy lógica que resultara desde el punto de vista jurídico— en aquel momento hacerse el haraquiri político. Significaba dejarle al dictador las manos completamente libres; el paso siguiente fue exigir el fundamento de fidelidad personal al Ejército. Usted, que había querido domesticar el Movimiento y fortalecer al Estado para que lo encorsetara, le estaba dando al Führer los últimos recursos legales para que su voluntad fuese la ley.

En uno de aquellos días, yo regresaba de las islas del mar del Norte después de un breve descanso y pasé fugazmente por su casa en Berlín. Medio en broma le pregunté si tenía ya preparada la ametralladora en el sótano... Recuerdo que no le gustó nada el comentario, pero me parece que yo tenía razón. Si usted hubiera seguido en ese momento mi consejo —y también mi ejemplo, y conste que no considero que mi vida sea ejemplar, ni mucho menos—, quizás no estuviera hoy con vida. Pero si yo hubiera seguido su consejo y me hubiera puesto al servicio del régimen, seguro que hoy estaría muerto, física y moralmente.

Su estimado,

HANS ANTAIOS

Parte segunda

En los territorios del lobo

XII

—¿Cree usted que el Ejército tiene el deber de proteger a Hindenburg?

La pregunta me la estaba haciendo el general Hammerstein, el jefe del mando militar central. Vacilé durante unos breves segundos. Hammerstein tenía los labios suavemente humedecidos por la copa de vino blanco que ahora hacía reposar, con gesto decidido, en una repisa de la biblioteca.

Me examina detenidamente, con los ojos inquisitivos del que está acostumbrado a ordenar a los hombres en categorías, la vieja casta prusiana que se dejará seducir si consigo desplegar mis plumas de pavo real y a la vez abrirle la puerta de algún lugar que desconozca...

No rehuí su mirada, conscientes ambos de la provocación que me había lanzado, y, observando discretamente alrededor, le respondí:

—El mariscal Hindenburg es el presidente del Reich, el valedor de algo mucho más importante que la ley o la Constitución. Estamos en un momento decisivo. Hindenburg es ahora el último bastión del orden.

Hammerstein pareció asentir con una ligera inclinación de cabeza. Intuí que había conseguido superar la primera línea de trincheras. Podía comenzar a tejer la tela de araña:

—El presidente está sometido a la ley y al Parlamento, pero también es un símbolo, una representación viva de la mejor parte de Alemania y del Estado alemán, de Prusia y sus tradiciones. Lo que hay que preguntarse ahora es cómo conseguir que la maquinaria de los partidos y el bloqueo permanente del Parlamento no nos hagan caer en las manos de los comunistas —y añadí, haciendo una breve pausa, la mirada de Hammerstein fija en mí—, o de los nazis.

Estamos en casa del mayor Marcks, meses antes de que me acerque al centro del huracán. Aún los ruidos de la tormenta parecen estar lejos, como los rumores de una marea que comienza a batir con fuerza —un golpeteo cada vez más próximo y audible— las olas sobre la arena.

Todavía siguen funcionando, aunque chirriantes, las poleas de la maquinaria que hará que desfilen, uno tras otro, los sucesivos personajes de un drama agónico, los tres cancilleres del Reich a los que serví, convencido de que la República de Weimar era un cadáver en descomposición. Primero Brüning, luego Von Papen y, finalmente, Schleicher, este último durante apenas dos largos y abrumadores meses.

Sólo un cambio de régimen desde dentro podía impedir que el país se precipitara hacia el abismo al que los extremistas nos estaban empujando. Ésa era mi convicción más profunda. El Parlamento y los partidos habían cumplido con creces su papel: si algo habían mostrado los años de la República desde hacía apenas tres lustros, desde el final de la Primera Guerra, es que pertenecían a una época pasada.

¿Cómo podía Alemania hacer frente a las múltiples tensiones disgregadoras de los partidos, los sindicatos, las miríadas de grupos de interés, los Estados federados, que la desmembraban, aquel asalto permanente a todo lo que significara mantener la unidad de la nación? Había llegado al convencimiento de que la República de Weimar, nacida en plena revolución después de la derrota, estaba condenada al fracaso. El Estado sucumbía bajo la presión de los intereses opuestos de los sindicatos y los empresarios, se enzarzaba en las luchas fratricidas de los partidos y sus periódicos afines, extenuado por el pago de las reparaciones y todavía sometido a la voluntad de los aliados por las condiciones bochornosas de Versalles.

Von Papen era el canciller desde junio de ese año del 32, y el general Kurt Von Schleicher, en ese momento, el todopoderoso ministro del Ejército. Se trataba de dos habituales de las intrigas palaciegas que rodeaban el entorno del presidente Hindenburg, su antiguo compañero de armas y héroe de la guerra. Cuando comencé a colaborar con ellos, después de haberlo hecho con el canciller Brüning al poco tiempo de trasladarme a Berlín, aún creía en la posibilidad de un poder presidencial fuerte en torno al Viejo General y sus hombres de confianza, un Gobierno con autoridad para poder decidir por encima de los intereses de unos y de otros.

Los partidos podrían seguir declamando sus juegos florales en el Parlamento, haciendo y deshaciendo coaliciones, llamando a elecciones cada pocos meses o enfrentándose en las columnas de la prensa. Pero para impedir que el espectro de la guerra civil acabara haciéndose realidad, era urgente volver a unir al pueblo alemán y conducirlo por un camino distinto.

Las anotaciones en mi diario de esos meses anteriores a que Hitler llegue al poder están llenos de una inquietud contenida. Parece que los poros de mi cuerpo perciben el peligro, como si el sudor frío de los dedos llegara hasta la tinta, y la sensación del riesgo próximo fuera un acicate para la acción...

Por primera vez desde hacía años me sentía extrañamente libre, poseído de una ligereza de ánimo que me impulsaba a actuar. Veía cómo las circunstancias se confabulaban para que yo ocupara el lugar que me correspondía. No permanecería al margen; esta vez no.

Habían transcurrido apenas doce años desde mi precipitada salida de Múnich. Durante ese tiempo, había conseguido rehacer mi vida y convertirme en un prestigioso profesor universitario cuyas obras diseccionaban y alertaban sobre las sucesivas fases del proceso de descomposición de Weimar. Alma, mi segunda mujer, actuaba como una naturaleza protectora, capaz de alejarme de la presencia destructora en mi espíritu de aquella hechicera en cuyas redes había caído de manera tan ingenua en mi juventud... El traslado a Berlín desde Bonn, una ciudad agradable, pero demasiado provinciana para mi gusto, había abierto nuevas oportunidades.

Era el futuro de Alemania, que se desmoronaba día tras día ante nuestros ojos, el que dependía de que yo supiera encontrar las fórmulas adecuadas, la solución jurídica que hacía falta. Podía tener la llave en mi mano, las salidas posibles al laberinto en el que nos encontrábamos. Desde hacía años había intuido y explicado cuál era la senda por la que caminar.

Los demás estaban esperando que yo indicara la dirección. Esta seguridad anestesiaba cualquier duda. Luego hubo un instante centelleante en el que, de repente, todo cambió, y los acontecimientos adquirieron un ritmo vertiginoso, hasta que mis actos comenzaron a independizarse de mi voluntad, como si una mano los dirigiera desde arriba o desde algún otro lugar situado fuera del teatro de marionetas y ya no hubiera otra alternativa que formar parte del escenario...

El general Hammerstein y el mayor Marcks eran dos hombres influyentes en el entorno del ministro Schleicher, y el Ejército, la única institución con la que contar en esos momentos en Alemania. Weimar se había convertido en una herida abierta que supuraba, gangrenando todo lo que tocaba.

Jamás logró superar el vicio de su nacimiento. A la derrota y a la revolución habían seguido la brutal inflación, el hambre y la miseria, las deudas de guerra, la progresiva descomposición del Estado. Los partidos y sus acólitos en los periódicos y en las calles se habían apoderado de él, los gobiernos se sucedían como fruto amargo de un Parlamento sometido a las más burdas proclamas políticas. La autoridad del Estado aparecía una y otra vez sumergida bajo la violencia de fuerzas incontenibles: todos los intereses desatados contra ese enemigo común. No fui el único que ante la crisis del Estado y la situación de emergencia en la que nos encontrábamos recurrí a la mejor parte de nuestra historia, a la tradición de autoridad que Prusia encarnaba, por encima de los partidos y sus proclamas y campañas electorales. No fui el único, pero sí el más consecuente.

Hammerstein, alto y refinado, hacía bascular ligeramente la barbilla, inclinándose hacia mí, el monóculo agrandando a intervalos el ojo azul, casi cristalino. ¿Comprendía que no cabía otra solución?

Insistí consciente de que mis palabras caían sobre terreno abonado:

—El presidente debe asumir su responsabilidad. No puede dejar que la situación siga pudriéndose hasta llegar al final. Los bárbaros están a las puertas de Roma y no se contentarán con saquearla. Sólo el Ejército puede convencer a Hindenburg. ¡Necesitamos un poder central que gobierne!

Pude confirmar al día siguiente que aquella conversación no había dejado indiferente al jefe del Alto Mando. Por la mañana, Marcks me telefoneó a casa y me aseguró que su superior «había quedado fascinado», ésas fueron sus palabras, conmigo.

En la recepción en casa de Marcks había muchas personas, y Hammerstein había parecido titubear, bajando la voz hasta resultar casi inaudible:

—Hummm... está el problema de la legalidad... El Ejército no actuará contra la Constitución. Pero coincido con usted en que éstos son días en los que hay que combatir por la posición del presidente.

Comprendí que había acertado con mis palabras. Era sin duda lo que los colaboradores más cercanos de Schleicher estaban deseando oír. ¿Pero se hallaban dispuestos a que les acusaran de ser los sepultureros de Weimar? ¿No les frenaría en el último momento el escrúpulo de que estaban obligados por el juramento de fidelidad a la ley, a la letra —bien muerta— de la Constitución? Yo estaba convencido desde hacía años, y así lo había repetido con frecuencia en mis conferencias y en mis libros, que son los hombres y no lo escrito en un papel quienes deciden el curso de la historia.

Me enfrenté con resolución a los ojos inteligentes del general Hammerstein y dije:

—Fue César quien salvó a la República romana.

El general dudó un instante, pero pareció sentirse halagado. Eran conocidas sus aficiones intelectuales, sus lecturas históricas; no en vano se le llamaba «el general rojo», amigo incluso de sindicatos y socialdemócratas. Conseguir aquel baluarte, la *posición Hammerstein*, era ganar gran parte de la primera batalla. Continué:

—Y la salvó de sí misma, a pesar de tener que asumir nuevos poderes contra el Senado. Si no hubiera actuado así, habrían triunfado la anarquía y la guerra civil.

Hice una pausa, esperando su reacción, y luego añadí:

—En realidad, son las situaciones de emergencia las que muestran que, para mantener la ley, hace falta en ocasiones completar las lagunas de esa ley. Poner en suspenso la legalidad para salvar a la legalidad. No es otra la historia de Roma y de la mayoría de los regímenes políticos a lo largo de la historia. Los partidos se desangran mutuamente, el terror y el caos amenazan, y surgen figuras que son capaces de entender los signos de los tiempos: César en Roma, Cromwell en Inglaterra, Luis Napoleón en Francia... Pero no afirmo que estemos todavía en una situación similar. Ahora sólo se trata de que el presidente no tenga dudas cuando se requiera que gobierne por medio de decretos. ¿No es acaso su propia existencia política la que está en juego?

Hammerstein movía la cabeza con leve gesto afirmativo.

—Es usted un hombre insólito, mi estimado profesor. En sus manos, la historia parece que adquiere la dimensión de lo insondable...

El general se permitió una sonrisa irónica, a la vez que giraba de forma casi imperceptible el cuello. Marcks se aproximaba, y Hammerstein consideró que no debía continuar la conversación ante su subordinado, a pesar de conocer la estrecha relación que me unía con el mayor. Aún tuvo, sin embargo, tiempo de susurrar, casi entre dientes:

—Creo que usted debería conocer al ministro.

Pero, por de pronto, no pasó nada. Solamente un ataque contra mí a los pocos días en un periódico de izquierdas en Sajonia, en el que se me acusaba de estar maquinando un complot, algo que no era sino el resultado de la calenturienta imaginación del periodista. Ni yo había pasado a ser la eminencia gris del Ministerio del Ejército ni los planes de dotar a Hindenburg con mayores poderes a partir de las cláusulas presidenciales de la Constitución iban por ahora más allá de una bienintencionada especulación.

El hecho es que, y a pesar de mis conversaciones telefónicas de esos días con el mayor Marcks y el teniente coronel Ott —el otro alto oficial de la máxima confianza de Schleicher—, no fui invitado a las reuniones de planificación en el ministerio. No cabía duda de que se estaba preparando algo importante, pero yo no seguía siendo más que un asesor; bien informado, sin duda, pero poco más.

Me sentía inquieto y agitado. Todo dependía ahora de que supiera actuar con rapidez.

Decidí empezar a redactar un panfleto con el que mostrar los argumentos que justificaban por qué aferrarse a la estricta legalidad había conducido en no pocas ocasiones al suicidio colectivo. Como había venido haciendo en los últimos tiempos, durante esas semanas de espera aproveché para comentar las partes principales de mi informe con los asesores del ministro, con Marcks y Ott. Así conseguí mantenerme en contacto permanente con ellos; era el ministro, el propio general Schleicher, quien debía ahora dar las indicaciones oportunas y decisivas.

A pesar de la confianza de la que gozaba, me sentía descorazonado. Veía cómo se iban concretando poco a poco los planes para que Hindenburg, de guardián de la Constitución, pasara a tener el control sobre ella. Se anunciaba al fin el triunfo del soldado sobre la burguesía decadente que había capitulado en la guerra y había infligido la vergüenza de Versalles, dando pie a la destrucción de Weimar. Sentía con fuerza que de lo que ocurriera en aquellos días dependía no sólo el futuro, sino la posibilidad de reescribir la historia de Alemania de los dos últimos siglos... Y yo no estaba allí.

Era la frustración de quien ha visto con claridad lo que es preciso hacer y lo que ha de llegar, y al que una vez más no se le dejaba participar. El camino era muy claro: Schleicher, como ministro del Ejército, tenía que dar el impulso definitivo para que Hindenburg asumiera el dominio sobre el poder ejecutivo, convirtiéndose así en un presidente con plenos poderes, no en una mera figura honorífica.

Busqué de nuevo la cercanía de Marcks y de Ott, invitándoles a cenar a mi casa, obsequio al que a su vez cada uno de ellos correspondió pocas semanas después.

La mujer de Marcks, Martha, era, además de hermosa y cultivada, una excelente cocinera. Alma se entendía muy bien con ella. Y compartía, por otra parte, la entusiasta afición por las plantas y las flores tropicales de la mujer de Ott, una italiana del Alto Adigio que cantaba arias con una voz que me hacía imaginar una piedra preciosa y rara, de tonalidades y colores brillantes.

Nos reunimos a mediados de junio en mi casa. Bebimos excelente borgoña y conversamos hasta altas horas de la madrugada sobre literatura, los autores expresionistas que triunfaban y la última obra que había puesto en escena el gran director Max Reinhardt. Hacía una noche de principios de verano, serena y perfumada, y el jardín traía las fragancias de los rosales, de los tulipanes y las margaritas. Tras una cena exquisita —Alma conseguía encontrar los mejores condimentos y especias de todo Berlín—, Marcks recitó, con voz de barítono, a Goethe y a Kleist. Discutimos después, la lengua mucho más libre tras los efectos del alcohol, sobre el último libro de mi buen amigo Hans Antaios, un relato lleno de doble sentido en el que dibujaba con ráfagas sombrías y alucinadas un mundo regido por nuevos titanes, por la técnica y la ciencia, las muchedumbres, la transformación de la naturaleza y del hombre...

Antaios acertaba en los síntomas, tampoco él creía que los parlamentos y el liberalismo pudieran sobrevivir, aunque quizás en ese momento se equivocara en sus advertencias; para mí no existía duda alguna de que una era tocaba a su fin. No cabía escudarse tras posturas puramente literarias.

Conversamos también sobre las cosmogonías y teogonías antiguas, por las que mis interlocutores sentían una abierta curiosidad, mientras los ojos de las damas brillaban. Pero nada más. Era obvio que Schleicher tejía los hilos para dar un golpe de mano y cambiar el rumbo. Que se dirigía contra los comunistas, pero también contra los nazis, y que pretendía volver a recuperar el núcleo del poder fortaleciendo la figura del presidente.

Durante la velada en mi casa, me sentía muy cansado. Estaba irritable y nervioso, a pesar del buen tiempo. Alma intentaba levantarme el ánimo y se mostraba especialmente solícita con el teniente coronel Ott, quien sin embargo, tampoco quiso hacerme partícipe de lo que se estaba tramando en las otras ocasiones que nos vimos en los primeros días del mes de julio.

Pocas semanas después me encontraba paseando por la avenida del Kurfürstendamm a primera hora de la mañana, con un amigo, el secretario de la legación serbia, cuando leí en los escaparates de la sede del periódico principal de Berlín que Von Papen había sido nombrado por decreto presidencial comisario del Reich para Prusia. Entendí inmediatamente lo que eso significaba. Von Papen, como canciller, suspendía sine die el gobierno de Prusia, poniendo así punto final al bloqueo parlamentario entre socialdemócratas y nacionalsocialistas que había hecho imposible la gobernación del Estado más extenso y poblado de los que formaban parte del Reich.

En realidad, lo que esa noticia desvelaba es que las incesantes maniobras de Schleicher detrás de Von Papen habían triunfado y que, al fin, el ejercicio de la autoridad no dependería del chantaje de las mayorías parlamentarias. Se alejaba a los radicales del poder y el presidente asumía el mando en una situación decisiva, delegando a su vez sus plenos poderes en un comisario nombrado directamente por él, sin intermediación del Parlamento.

Todavía existía una posibilidad para evitar caer en el abismo. Sentí los ojos húmedos de emoción cuando me dirigí al joven eslavo que me acompañaba:

—Se han puesto las bases para que se cumpla todo lo que he venido anunciando en estos últimos años. Hace falta un Gobierno que gobierne, y que dictamine claramente quiénes son los que están en este lado de la línea y quiénes los que están enfrente. Nos acercamos al momento en el que ya no se podrá evitar la decisión; los acontecimientos me dan la razón.

En la mirada de mi joven interlocutor se insinuó un rasgo de incredulidad, pero no quiso dejar de participar de mi excitación, asintiendo con cierta cautela.

Seguimos caminando por el bulevar, disfrutando de la temperatura veraniega y de la umbría que proyectaban las arboledas de tilos y acacias. Aquí palpitaba el corazón de Berlín, entre el ruido de los automóviles y los resplandecientes anuncios luminosos, ahora apagados. De vez en cuando nos cruzábamos con gentes de las que alcanzábamos a oír frases perdidas en ruso o francés. Se veían muchos uniformes militares y mujeres hermosas recién salidas del baño.

Nos dirigimos a una de mis cervecerías preferidas. A media mañana ya resultaba difícil encontrar un sitio para sentarse, pero nos acomodaron con rapidez cerca de la ventana, y pedí dos *pils*. El sabor acre a centeno y el frescor de la espuma acabaron de ponerme de un excelente humor. Acababa de leer el sorprendente relato que mi acompañante había publicado en su versión alemana hacía pocas semanas, en el que narraba la historia de su país a través de bellas parábolas.

La conversación hizo que recordara uno de los sueños que Hans Antaios me había relatado en nuestro último encuentro pocas semanas atrás. Un sueño en el que el protagonista era yo mismo.

Antaios había imaginado que me encontraba atravesando las salas de un vasto y rico palacio. A cada paso que daba, resultaba más admirado de su grandeza y la exuberancia de su lujosa ornamentación.

La audacia de haber penetrado en aquella majestuosa mansión encontraba, sin embargo, un rápido castigo; poco después de atravesar las primeras estancias era hecho prisionero por los guardianes del alcázar y entregado a un curandero. Sufría las incisiones que el hechicero realizaba en mi cuerpo con un estilete afilado, aunque lo extraordinario era que, a pesar de lo profundo de las heridas, no lograba que fluyera la sangre.

Antaios se había preguntado si la impericia del mago tenía el sentido de que alguien me haría pagar con dolor y sufrimiento las deudas contraídas, o si, por el contrario, el hecho de que el curandero triunfara finalmente en su propósito y la sangre brotara de mi carne quería decir que yo iba a ser el deudor de algún tipo de transacción o comercio...

Mis pensamientos volvieron enseguida a la noticia del día. Era un instante cargado de historia.

—También Bismarck tuvo que solucionar la crisis constitucional de Prusia con una decisión a favor de su monarca y en contra del Parlamento —le dije a mi acompañante nada más tomar asiento. Me sentía extrañamente seguro, como impulsado por un muelle—. Eso le garantizó al Reich la gloria y la hegemonía en Europa durante el siguiente medio siglo. No hay otro desenlace posible más que el régimen presidencial.

El joven serbio fijó la vista en una de las camareras, como si reconociera en ella alguna imagen lejana, el recuerdo de unos ojos o un rostro, acaso un deseo intenso y fugaz... Luego volvió la mirada, todavía ligeramente turbada, hacia mí:

—¿Cree usted que ese general tan amante de las intrigas y tan poco dotado para la retórica, Schleicher —me preguntó, sondeándome—, tiene algo de la grandeza de un Bismarck? ¿O piensa acaso que el viejo Hindenburg es algo más que un león atrapado...? Considero que el cabo austriaco, a quien tanto desprecia Hindenburg, pero del que cada vez es más dependiente, resultará imparable. Ha conseguido atemorizar y someter a todo aquel que se le ha puesto en el camino, y me parece que, antes o después, obtendrá la mayoría en las elecciones.

—No sin la ayuda del presidente —repliqué, mirándole a los ojos—. Por eso es tan importante que el Viejo Soldado se sienta fuerte y protegido. No permitirá que un desclasado y sus camisas pardas sean sus sucesores. Aunque odia la República y a sus partidos, a todo lo que ha traído consigo Weimar, el Viejo se negará a ser su enterrador.

—Yo veo las cosas con menos optimismo que usted. —El semblante tenuemente oriental del diplomático pareció cubrirse de una tristeza premonitoria—. No pasa ningún día sin que se anuncie algún muerto en los enfrentamientos callejeros entre los comunistas y los nazis. La situación económica está totalmente descontrolada, y cuando la gente pasa hambre, es fácil convencerles con la promesa de una Alemania fuerte y próspera. El país ha perdido todo su crédito, los prestamistas se le echan encima como aves de rapiña voraces. Intuyo que Hindenburg nos va a decepcionar a todos y que tiene ya muy poca resistencia. No hay más que darse cuenta de la arrogancia con la que Hitler actúa. Sus camisas pardas y negras, las SA y las SS, saben sacar partido de cada paso en falso de sus contrincantes; a la violencia, reaccionan con más violencia, con más muertos. Es una espiral en la que cada uno tiene que mostrar que es más fuerte que el otro.

El bullicio alrededor había crecido, con más gente entrando y saliendo de la cervecería. Hizo una breve pausa, antes de continuar:

—Pero estoy de acuerdo con usted de que no se trata de un dilema sencillo. Es cierto que los nazis se han convertido en una forma de orden que cada día que pasa desea más gente. Si se actuara con firmeza contra las SA, los comunistas se harían con el control de la situación. Y eso sería aún peor...

Suspiró, como si quisiera evitar tener que decir lo que a continuación, con una leve sonrisa malévola, añadió:

—¿Sabe que está circulando el rumor de que es usted quien ha llevado a Schleicher a lo que algunos califican como un golpe de Estado encubierto?

Reaccioné con violencia, quizás demasiado ofuscado, encolerizado. No podía permitir la menor muestra de condescendencia con aquellas difamaciones, que, convenientemente diseminadas, podían acabar siendo un dardo mortal.

—¡No hace falta que me diga quiénes son los que están detrás de esos insultos! Sé quiénes son —le repliqué, alzando la voz—. ¡Jamás han entendido nada de lo que Schleicher, Ott, Marcks, y otros pocos más con sentido de Estado, con responsabilidad y respeto ante la historia alemana, estamos haciendo...! ¡Esos estúpidos jamás comprenderán nada! No sé cómo he podido fiarme. ¡No se dan cuenta de que hace falta un Estado fuerte, una intervención quirúrgica eficaz, sólo así podrá salir a la superficie todo lo que aún está sano!

Aquella misma noche tuve que defender el nuevo decreto que otorgaba plenos poderes a Hindenburg ante mis colegas de la universidad. Eran conocidas mis frecuentes declaraciones públicas en favor del régimen presidencial, y no se me ocultaba que entre los profesores se encontraban algunos de los que me atacaban con mayor fiereza por mi cercanía a los asesores de Schleicher.

Dicté por la tarde mi última clase del curso ante un aula abarrotada de público. El ambiente de los estudiantes —se veían gorras y camisas pardas de las SA y no pocos uniformes del Partido— era de expectación, no de rechazo. Los profesores, en la sala de reuniones de la facultad, fueron mucho más críticos, y los que más podían perder con la nueva situación política reaccionaron con fuerza. A pesar de ello, conseguí hacer ver a los menos obcecados que era imposible seguir como estábamos, aherrojados por el permanente bloqueo parlamentario, cuyo ciclo consistía en convocar elecciones, no poder formar gobierno por la fragmentación y el enfrentamiento entre los partidos, y tener que volver a convocar elecciones al poco tiempo, con el mismo insatisfactorio y frustrante resultado. Aquel absurdo recorrido tocaba a su fin.

Delante de un selecto auditorio de profesores escuchando mis palabras desarrollé la tesis de que, al haber suspendido al Gobierno prusiano de sus funciones, el Estado abría la puerta para reconstruir un gobierno fuerte y recuperar así la dignidad nacional.

Al día siguiente por la mañana recibí una llamada telefónica del director de una conocida revista controlada por los círculos próximos a Von Papen y a Schleicher solicitándome un artículo sobre la decisión del Gobierno. Se me pedía que explicara las razones y el curso futuro de las reformas. Lo interpreté como un mensaje cifrado de que se contaba conmigo... Pedí un día para poder pensarlo antes de contestar que sí.

Sin embargo, no había tenido todavía ninguna noticia del mayor Marcks. Estaba agitado; intuía con claridad que había llegado la hora. Me decidí a telefonear a Ott, quien nada más empezar la conversación, me dijo que fuera a verlo al ministerio.

En el viaje en taxi a través de las calles del centro de Berlín, bastante excitado, reflexioné sobre el trabajo que me esperaba.

Nada más llegar, después de subir la escalinata principal y tras estudiar brevemente la situación en el despacho del teniente coronel, fuimos juntos en su coche oficial desde el Ministerio del Ejército hasta el solemne edificio del Ministerio del Interior. En la puerta de entrada nos estaban esperando los cargos principales del ministerio y los colaboradores más directos del canciller, que me recibieron con saludos cordiales. Apenas pude contener la satisfacción; era patente que mi momento había llegado.

Al poco de entrar en la sala de reuniones, se dirigió a saludarme mi amigo Steinitz, más serio y reservado que de costumbre. Apenas intervino a lo largo de la jornada, pero no cabía duda de que contemplaba aquel instante con una mezcla de preocupación y de alivio... Se empezaban a cumplir los planes de los que veníamos hablando desde hacía tiempo. ¡Cuántas horas habíamos pasado juntos estudiando las diferentes alternativas, coincidiendo en el análisis de lo que estaba ocurriendo y de lo que era necesario hacer! ¡Fuera todo aquello que impedía actuar a un Estado fuerte, todo lo que debilitaba el cuerpo malherido de Alemania! Ésa era la condición para que la nación volviera a reavivar sus energías, tan mermadas bajo el corsé de Weimar.

En la reunión expuse con detalle mis puntos de vista sobre la situación constitucional y sobre la intención del Gobierno socialdemócrata de Prusia de presentar un recurso contra el Gobierno del Reich. Eso significaba un proceso ante el tribunal de garantías constitucionales en Leipzig. ¡Un gran proceso judicial! Se había abierto la crisis de la que esperábamos obtener la concentración de todo el poder en manos del Gobierno central. Era el primer paso hacia la consolidación de los poderes excepcionales del presidente y con ello empezar a pensar en el final de la pesadilla en la que nos encontrábamos, dando tumbos de un lado para otro.

Los acontecimientos habían madurado: no hubo ninguna duda sobre mi nombramiento como defensor principal del Reich en las vistas ante el tribunal constitucional. Así, me convertí en el asesor principal de la estrategia del Gobierno durante los próximos meses.

Después de aquella entrevista en el ministerio, pude disfrutar de un cierto respiro, aunque por muy pocos días. Los acontecimientos comenzaban a moverse en la buena dirección y había mucho que hacer...

Todo experimentó, sin embargo, de forma inesperada un giro dramático cuando semanas después, el 31 de julio del 32, el Partido de la esvástica consiguió los mejores resultados de su historia en las elecciones al Reichstag, unos comicios que Von Papen había convocado con la inconsciente y candorosa esperanza de obtener un mayor respaldo popular y así desprenderse de la argolla de hierro que Hitler intentaba colocarle en el cuello. ¡Qué ingenuidad! ¡Eran los resultados electorales más sorprendentes que un partido obtenía en toda la historia de la República de Weimar!

Este triunfo envalentonó a Hitler. Los últimos años habían hecho de él un tribuno, el *Tribuno* capaz de dar voz a una población anhelante de un futuro más luminoso que el del hambre, la miseria y la falta de trabajo. La inflación y la indigencia habían sembrado la senda de los triunfos sucesivos del Tribuno y sus vociferantes y violentos seguidores. Desde los años veinte, desde el fallido putsch de Múnich, el Partido había atravesado altibajos y momentos críticos, sin conseguir perfilarse, a pesar de su continuada expansión, como un partido de gobierno. Ésta era su gran oportunidad.

A mediados de agosto, el Tribuno y sus dos lugartenientes, Göring y Strasser, iniciaron las conversaciones para formar Gobierno con los dirigentes del Partido del Centro, la segunda formación política más votada. Pero

Hitler, en una de sus características jugadas de póquer, exigió como requisito previo para cualquier negociación, el puesto de canciller. Tanto los políticos del Partido del Centro como el propio Hindenburg se negaron rotundamente.

La consecuencia inmediata de este rechazo fue un recrudecimiento de la violencia de las manifestaciones callejeras que en cientos de ciudades y pueblos a través de toda Alemania terminaban en sangrientos enfrentamientos entre los nacionalsocialistas y los comunistas.

Hitler presionaba por todos los medios para obtener el poder. Von Papen, todavía canciller, intentó entonces pararle los pies con una resolución por la que se podía sentenciar a pena de muerte al que cometiera homicidio motivado por motivos políticos, y luego estableció tribunales especiales que actuaban como última instancia en este tipo de procedimientos.

Fue un grave error. Hizo que no pocas personas que hasta ese momento habían visto con disgusto las tropelías de las SA se escandalizaran ante lo que parecía un claro intento de criminalizar al partido nazi. A través de estas medidas, Von Papen consiguió dos efectos indeseados: que se pusiera punto final a cualquier intento de que los nazis llegaran a gobernar con fuerzas moderadas —lo que quizás hubiera tenido una influencia domesticadora sobre las futuras acciones de Hitler—, y también que el Tribuno, encolerizado, le declarara abiertamente la guerra.

A partir de ese momento, el Partido de la esvástica cruzó la línea de una legalidad que sólo existía ya desde hacía tiempo en los papeles.

Cuando se intentó aplicar la nueva legislación al primer caso de violencia política, que había tenido como resultado un brutal asesinato de opositores políticos de los nazis en el norte de Alemania, Hitler hizo público un manifiesto en los periódicos de todo el país en el que reprochaba a Von Papen actuar con una vara de doble rasero:

«Con esa sentencia de muerte por motivos políticos —declaraba—, nuestra posición con respecto a este Gobierno que se dice nacional está definitivamente aclarada. Vamos a liberar a la palabra "nacional" del freno de una neutralidad hipócrita, que, como demuestra esta sentencia, en realidad no es sino un instrumento para intentar someter con el látigo a la verdadera Alemania patriótica».

Por si todavía necesitaba mostrar con mayor evidencia su debilidad, el Gobierno maniobró para que, con el consentimiento de Hindenburg, la pena de muerte que se había dictado contra el militante nazi fuese conmutada por prisión perpetua. Menos de un año después, el procesado se encontraba nuevamente libre en la calle.

Mientras continuaba defendiendo al Gobierno en el juicio ante el tribunal constitucional de Leipzig, seguía de cerca los acontecimientos. Me reunía todos los días a preparar la estrategia con los hombres de Schleicher y de Von Papen. Pero las circunstancias habían cambiado de raíz después del triunfo electoral de los nazis. Ahora se trataba de trabajar en un doble frente: el proceso casi había pasado a un segundo plano ante la necesidad de salvar al Estado de la más completa bancarrota política...

La pregunta me sigue golpeando en el cerebro desde entonces. No he dejado de revivir cada día aquellos momentos decisivos. ¿Qué hubiera debido hacer en ese instante, cuando todavía era posible escapar, cuando empezaba a vislumbrar el profundo foso que se estaba abriendo bajo nuestros pies? ¿Perderme en disquisiciones formales, tocar la lira, como Nerón, mientras Berlín estaba a punto de arder...? Nos hallábamos en una situación de emergencia, en una disyuntiva crucial: cualquier intento de formar un Gobierno de coalición con otras fuerzas políticas era imposible y la alternativa significaba poner el poder en las manos de Hitler.

¿Qué debería haber hecho? ¿Escapar, huir...? ¿Hacia dónde? Sugerí, aconsejé, interpretando no la letra de la Constitución, sino las exigencias de salvar a la nación, que no se convocaran nuevas elecciones y que el Gobierno actuara por medio de decretos, sin contar con un Parlamento que se hallaba incapacitado para realizar su función. Estábamos ante un caso de extrema necesidad, en una situación de excepcionalidad, y en ese momento no cabían vacilaciones... El presidente debía ejercer el mando supremo para disolver la Cámara y no celebrar durante un tiempo nuevos comicios.

Éstas fueron justamente las propuestas que Von Papen y sus ministros transmitieron en aquellos días a Hindenburg. Mientras Göring, el fiel escudero de Hitler, obtenía, gracias al arrasador éxito electoral, la mayoría suficiente para ser nombrado presidente del Reichstag, Von Papen le aconsejaba al Viejo Soldado lo que yo le transmitía.

Era lo que había anticipado como única salida para la República de Weimar bastante tiempo atrás y que ahora finalmente era aceptado por los que debían adoptar las más altas decisiones: la única salida posible era proclamar la dictadura del presidente.

XIII

A pesar de todo lo ocurrido desde entonces, sigo teniendo la convicción —aquí, entre las paredes de mi celda— que la obligación primera de cualquier Gobierno es impedir la guerra civil, la destrucción de la nación, y no había alternativa. Un estudio encargado por Schleicher a Ott, y que yo conocía en detalle, sobre la capacidad del Ejército para mantener la paz en caso de que estallara la guerra civil entre comunistas y nacionalsocialistas había concluido con la realista, y angustiosa, valoración de que el Ejército no tenía ni los hombres ni las armas necesarias para garantizar la seguridad de Alemania y a la vez defender las fronteras exteriores...

La estupidez de Von Papen, sus permanentes vacilaciones y su debilidad ante el acoso al que le sometían los nazis, con continuos altercados y desacatos a su autoridad, iban erosionando cualquier vía de escape. Ante la reacción de todos los partidos en el Parlamento, contrarios a los decretos de emergencia, Von Papen volvió a dudar y empezó a desandar parte del camino recorrido. Tampoco Hindenburg era capaz de superar su obsesión legalista, su aferramiento obtuso a la promesa de que él jamás violaría la Constitución, cuando la Constitución no era ya nada más que papel mojado desde hacía bastante tiempo.

Se intentó de nuevo posponer la declaración del estado de necesidad. Los militares seguían atemorizados por la palabra dictadura, sin querer admitir que mientras tanto, desde abajo, se preparaba una dictadura mucho más destructora y cruel, la dictadura de la plebe. Se quiso volver al viejo método, pensando que esta vez sí se lograría arrinconar a Hitler, o no existiría ya ninguna excusa para dejar de entregarse en sus manos...

Fueron convocadas nuevas elecciones para el 6 de noviembre y volvieron a dar un cuadro similar de profunda división del país: los nazis seguían siendo el partido victorioso, pero perdían más de treinta parlamentarios respecto a las últimas votaciones, mientras que los comunistas veían aumentar el número de sus representantes. Los resultados ponían de manifiesto sobre todo una devastadora pérdida de autoridad para el Gobierno de Von Papen y la exigua coalición de partidos moderados, «la coalición de Weimar», que le había mantenido.

Durante esas semanas nos reuníamos casi cada día en casa de Steinitz o en la mía. Su mujer, Cornelia, era de origen holandés; bella como una estatua griega, acogedora y hospitalaria, siempre dispuesta a entregarse al bienestar de los demás: el complemento ideal para alguien que, como Steinitz, había sufrido desde la infancia la dificultad del trato con otras personas.

Aunque se le consideraba uno de los mayores expertos en materia de finanzas públicas de Alemania y desde los años veinte había ocupado los puestos de máxima responsabilidad técnica en diferentes ministerios, siendo respetado por todos como una de las figuras clave de cualquier Gobierno, Steinitz no otorgaba fácilmente su confianza y se mostraba frecuentemente huidizo y retraído. Solamente un reducido grupo de amigos que compartían sus intereses y sus conocimientos enciclopédicos podía aspirar a formar parte de su círculo interior. Se le conocía oficiosamente como «la Eminencia Gris» y su fidelidad a lo que significaba Prusia y a la misión de recuperar para Alemania el lugar que le correspondía en el concierto de las naciones no era puesto en duda ni por sus escasos, aunque en ocasiones despiadados, enemigos.

Comprendíamos que éramos distintos; él, más reservado y cauto, más escéptico; yo, menos conocedor de las intrigas burocráticas, quizá más vehemente. Pero desde hacía años nos incitábamos mutuamente en un diálogo continuado en el que escudriñábamos las señales de lo que estaba ocurriendo a nuestro alrededor y planeábamos actuar en consecuencia. Lo que empezó siendo una relación profesional, en la que él me pedía consejo en cuestiones legales y yo aprendía de su dominio de la maquinaria del Estado, acabó siendo una amistad fraterna, aunque siempre respetuosamente distante. Me mudé de casa, para poder vivir cerca el uno del otro, a Berlín-Dahlem, y nuestras mujeres se veían con frecuencia. Fue Steinitz quien me introdujo en los pasillos del poder.

Pero, afortunadamente, no todo era política durante aquellos fatídicos y decisivos meses. Berlín vivía su época de máximo esplendor. Frecuentaba, casi siempre con amigos y conocidos, o en ocasiones sólo con Alma, los conciertos, el teatro, la ópera. Me enfundaba el frac y asistía a las recepciones en las embajadas, a los bailes de sociedad, entre ellos, el más brillante, el de los corresponsales de prensa extranjeros. Paseaba por Unter den Linden y por el Kurfürstendamm y todos los domingos daba siempre una larga caminata por nuestro barrio, acompañado de alguien que tuviera noticias recientes o un punto de vista original sobre alguna cuestión que me interesara. Hablaba, conversaba de día y de noche con los amigos y con mis discípulos, siempre al calor de una buena botella de vino (del que a veces bebía demasiado) o de una cerveza. Muchas veces nos quedábamos hablando de literatura, de arte o de filosofía hasta las primeras horas de la madrugada.

Siempre he pensado que un buen interlocutor es algo impagable: Antaios, Steinitz, algunos —pocos— colegas de la Universidad, cumplían esa función. Participaban de mi entusiasmo por el diálogo, de mi curiosidad hacia todos los campos del saber. Y luego estaban los artistas, los pintores, los escultores y los músicos; algunos de los más innovadores en una ciudad que todavía se creía a la vanguardia de lo nuevo venían con frecuencia como invitados a casa y nosotros no dejábamos de asistir a sus inauguraciones y a sus conciertos. Había decenas de excelentes salas de música, pero yo tenía debilidad por la intimidad de los auditorios pequeños y de las casas particulares; aunque también sentía un inaudito placer cuando la suntuosidad de las grandes representaciones de ópera —Wagner, Mozart, también Verdi y Hindemith— en el Teatro de la Ópera Alemana o los rutilantes conciertos en la Filarmónica me inundaban con su esplendor.

Alma me había hecho el regalo de nuestra pequeña hijita, con la que empezamos a compartir algunas salidas familiares.

Recuerdo un día en el que fuimos a contemplar las estrellas y los cuerpos celestes en el planetario, cerca del canal, y luego paseamos por el parque del Jardín Zoológico. Sobre el canal del río Spree se desplazaba torpemente una barcaza de recreo. Transportaba algunos visitantes que parecían escandinavos, acaso suecos o noruegos, y que agitaban los pañuelos como si iniciaran un largo viaje lleno de peligros y aventuras por aquel angosto y pacífico sendero de agua. Había niños de la edad de nuestra hija sonriendo y moviendo las manitas y los brazos mientras sus madres intentaban que no se acercaran demasiado al borde del barco.

En un instante inesperado, el paquebote inició un movimiento brusco, se oyó el crujido de la quilla golpeándose contra el fondo del canal y la proa comenzó a girar aceleradamente, produciendo un torbellino en el agua y asustando a los pequeños, que enseguida empezaron a llorar y se refugiaron en el regazo de sus madres. Por fortuna fue una falsa alarma, pero aquel pequeño incidente me hizo reflexionar: cualquier movimiento que no estuviera bien calculado podía cambiar el curso de los acontecimientos y tener repercusiones insospechadas....

Después fuimos al planetario, donde por una vez no había demasiada gente. Contemplar el cielo inmóvil y eterno de los planetas, las infinitas miríadas de estrellas y astros luminosos, al lado de la angustiosa pequeñez y debilidad de los esfuerzos humanos, ahondó mi desazón. Las aguas que se agitaban en la superficie de la política podían acabar hundiendo la frágil nave del Estado alemán. ¿Qué ocurriría entonces? Tengo grabada en mis recuerdos la imagen de nuestra pequeña, que agarraba fuertemente mi mano con los dedos, como si quisiera protegerme con sus escasas fuerzas del torrente que estaba a punto de desbordar todas las riberas hasta entonces conocidas.

De vuelta al canal del río, nos dirigimos caminando con placidez hasta los jardines del Tiergarten, donde nos habíamos citado con Hans Antaios, su mujer y su hijo de corta edad.

Antaios disfrutaba con las visitas al parque, donde podía contemplar raras especies botánicas y en ocasiones descubría algún coleóptero que despertaba su curiosidad de entomólogo. A través del ojo del naturalista, el escritor observaba los estratos de la naturaleza y de los tiempos pasados, como si los sedimentos fueran una inscripción que debía ser descifrada para atisbar el futuro. El descubrimiento de un escarabajo, un lepidóptero o una planta tropical de inusitadas tonalidades de color o de forma se convertía así en una fiesta para él; eran huellas visibles de seres que actuaban como dioses benéficos ante la agitación de los humanos, criaturas cuyos ritmos de nacimiento, vida y muerte habían existido y seguirían existiendo durante siglos.

En el portal de entrada de los jardines, Antaios me mostró con detenimiento la decoración oriental del arco y el muro transversal, y juntos comentamos la historia de su construcción. Pocos pasos más allá, un hombre vestido con un mono gris oscuro y una gorra vendía globos de colores. Se trataba probablemente de uno de los muchos obreros que habían perdido su trabajo y no tenían otra indumentaria que ponerse para salir a la calle.

Había algo desacostumbrado en su mirada que al principio no supe lo que era. Le observé sin que me viera desde uno de los ángulos del paseo de coníferas de la entrada del parque y me di cuenta de que uno de sus ojos era de vidrio; de un color entre verde y azulado que no era idéntico al otro, al genuino que le había servido de modelo.

La niña sintió en su rostro la mirada fija de aquel hombre y noté su inquietud. La acerqué con suavidad hacia mí, pero el vendedor de globos parecía tener interés en entablar conversación con nosotros, y sin poder evitarlo, se nos aproximó. Tenía una voz aguda, como un pitido, que después, cuando había dicho ya algunas palabras, se convertía en un cacareo de gallina, repetitivo y hueco:

—¡No dejen de ver los tigres y los leones! —gritaba—. Han traído desde la India hace unas semanas varios tigres de Bengala. Son de una ferocidad extraordinaria. ¡No dejen de verlos...! —Y luego añadió, con cierta satisfacción y mientras hacía un gesto cómico con los brazos—: Los guardas se han visto obligados a tener que aumentar las compras de carne, me han dicho que comen al día cuarenta kilos de carne fresca.

Parecía amable, aunque de cerca el ojo falso resultara aún más desagradable que desde la distancia. No sólo estaba encasquillado como un cuerpo extraño en mitad del glóbulo ocular; la violencia que había sido necesaria para introducirlo en la cuenca seguía sin duda afectando a toda aquella parte de la cara, como demostraban las estrías rojas, tumefactas, que resaltaban sobre el blanco del ojo.

Insistía, sin separarse de nosotros:

—¿Quiere un globo para la niña? Es muy barato. —Luego dijo, con aire melancólico—: Todo es ahora muy caro, menos los globos... o todo muy barato. Depende de cómo se mire.

Nos alejamos en cuanto fue posible y continuamos nuestro paseo hacia el interior del parque hasta que Antaios hizo un ademán para que nos distanciáramos de nuestras mujeres. Desde el primer momento le había notado apesadumbrado. En cuanto estuvimos solos, me confió su inquietud:

—No veo otra salida que retirarme a un lugar apartado, en el campo, en algún pueblo pequeño... A lo largo de todos estos años he rechazado en varias ocasiones las ofertas de Göring y de Hess. Si me quedara en Berlín, no tengo duda de que la presión se haría mayor.

Vestía meticulosamente y la impresión que transmitía era la de una estricta disciplina interior. En esa época su fama se debía sobre todo a sus memorias de la guerra, en donde había descrito las vivencias del combate como una iniciación patriótica. Para los nazis se trataba sin duda de una presa codiciada. ¿Pero qué sentido tenía huir en esos momentos de Berlín?

—Querido amigo Antaios, usted lo tiene fácil —le repliqué—. Puede irse al campo y escribir sus relatos situándolos en épocas pasadas, o rodeados de escenarios de fantasía. Pero, ¿qué he de hacer yo, un jurista, alguien cuyo trabajo está íntimamente vinculado a la marcha del Estado? ¿He de dedicarme a la historia de las instituciones etruscas, algo bien alejado de lo que está ocurriendo? No. Debo aportar soluciones, idear alternativas. Steinitz cree que todavía hay una salida. Schleicher, Von Papen y el Viejo Soldado también lo piensan y por eso cada uno de ellos ha empezado a actuar por su cuenta. Von Papen maniobra para acercar a Hindenburg a los nazis, mientras que Schleicher confía en que la solución esté en una alianza con los socialdemócratas. ¿Dónde quiere que me esconda?

Resultaba impensable que fuera una falta de audacia lo que hacía vacilar a Antaios, escapar. ¿Quizás tuviera en esos momentos informaciones más precisas sobre lo que se estaba tramando? ¿O acaso me estaba olfateando, tanteando para saber hasta dónde estaba yo dispuesto a llegar?

En su rostro se dibujó una leve sonrisa irónica, como si estuviera sopesando mis pensamientos. Luego agregó, mirándome fijamente desde la profundidad de sus ojos grises:

—La sentencia en el proceso del Gobierno de Prusia contra el Reich no ha sido la que se esperaba. Aunque le felicito por su excelente actuación ante los jueces, la decisión final no ha confirmado la suspensión del Gobierno de Prusia decretada por Von Papen. Hitler no va a dejar que, después de las próximas elecciones, se le vuelva a escapar la presa de la Cancillería. Hará todo lo posible para que el Viejo acabe aceptándolo... Si es necesario, se vestirá con su mejor frac y presionará por todos los medios para que Hindenburg lo nombre canciller. Dejará que el Ejército siga ostentando algunos puestos clave, quizás pacte inicialmente con los conservadores. Pero no será más que una táctica pasajera, antes de controlarlo todo...

—De lo que se trata ahora es de ganar el máximo tiempo posible —respondí, interrumpiéndole—. Lo que está claro es que Weimar se ha acabado, y que si el régimen presidencial no es posible, habrá que pensar en otra alternativa. El hombre del momento es Schleicher. No veo a otro. No creo que Hindenburg aguante a Von Papen todavía mucho tiempo como canciller.

Antaios arqueó visiblemente las cejas en un gesto de incomprensión:

—¿Schleicher...? ¿Cree de verdad que los socialistas van a aceptar un pacto con Schleicher, como él propone? Nunca. La izquierda no cerrará jamás un pacto con un militar, con un general. Sería una profunda traición a todo por lo que lucharon antes y después de la guerra. El Ejército y los socialistas son como agua y fuego; no van a llegar a un acuerdo con un oficial que además representa a la vieja casta prusiana. ¡Nunca! Se equivoca usted. Además, Schleicher se preocupa de la situación de los obreros con el mismo gesto con el que se inquietaría por la enfermedad de un buen caballo al que ya no pudiera montar.

No quería oponerme frontalmente a Antaios. Por otro lado, compartía con él gran parte de su análisis de la situación y reprobaba con el mismo desdén las ligerezas de Von Papen, pero estaba unido a Schleicher y sus hombres. Aún confiaba en sus posibilidades y en su astucia.

Recalqué, mientras me acercaba más a él y bajaba el tono de voz:

—Schleicher es un personaje fuera de lo común. Estará de acuerdo conmigo en que ha sabido moverse con habilidad. No creo que exista otro oficial de alta graduación que domine con tanta eficacia los mecanismos de la maquinaria política, de los partidos y el Parlamento. Ha sabido enseñorearse del Ejército como si fuese su guardia de corps.

—Ése es el problema, en efecto... —Antaios me miraba ahora con cierta condescendencia—. Está comprometiendo demasiado al Ejército, y a la vez maquinando continuamente intrigas políticas. Si cae por su culpa, Von Papen no se lo perdonará.

Todavía añadí, respirando profundamente:

—Para mí la cuestión principal en estos momentos es cómo conseguir gobernar sin los partidos y a la vez mantener la Constitución, porque el Viejo no deja de repetir que él ha hecho un juramento solemne. Entonces, ¿qué hacer? Cualquier tentativa de llegar a un acuerdo en el Reichstag está condenada al fracaso.

Volvimos a aproximarnos a las damas, que nos miraban desde lejos con desconfianza en los rostros, sin poder ocultar su inquietud.

Los pequeños nos habían dicho en la entrada que les gustaría ir a ver a *Harry,* el elefante gigante del que los periódicos informaban que se le había extraído una muela, pero sin darnos cuenta nuestro paseo nos había llevado a la zona de los animales salvajes. No vimos en esa ocasión a los tigres de Bengala, que quizás estaban descansando de una de sus pantagruélicas comilonas, pero sí a una pantera negra, que se movía en su jaula, mientras sus felinos ojos de esmeralda nos interrogaban, inquisitivos. Me acordé entonces de aquellos versos, angustiados, de Rilke: «Le parece que sólo hay miles de barrotes / y que detrás de ellos ningún mundo existe».

La niña me observaba también, con su dulce mirada, cansada y con frío, pero no me pareció verla asustada. Más bien interpreté que me impulsaba, con su mirada oscura fija en mí, a no quedarme confinado en una jaula...

A las pocas semanas de esta conversación con Antaios, Schleicher había conseguido desbancar a Von Papen y ser nombrado él mismo canciller, una estratagema que Von Papen no le perdonaría jamás y que le llevaría, despechado, a acelerar sus maniobras de acercamiento a los nazis.

Schleicher se hizo inmediatamente con el control de la policía e intentó ampliar su base política a través de un acuerdo con Strasser —el líder del bloque económico del Partido Nacionalsocialista Obrero Alemán y uno de los más firmes candidatos a una posible sucesión de Hitler o incluso a capitanear una escisión dentro del Partido—, junto con los sindicatos socialistas y con los políticos del Partido del Centro. Su objetivo a la desesperada era lograr un frente de amplio espectro que atravesara los partidos y a la vez dividiera a los nacionalsocialistas.

Pero el plan era prácticamente inviable. Pocos días antes de que se reunieran los principales representantes de los obreros con el nuevo canciller para acabar de discutir su estrategia, tuve una conversación nocturna con un conocido que trabajaba en los sindicatos. Encontré una cerrazón absoluta. ¡Qué ceguera! ¡Qué falta de visión para comprender que no había otra solución! Para los socialistas, el mundo se acababa si el ministro del Ejército no era un civil, si seguía siendo un militar, como defendía Schleicher. ¡Completamente inaceptable, si el canciller también era militar! Esa cerrazón y el rechazo radical del Tribuno a cualquier escenario que no le pusiera en las manos ser él el canciller hicieron que los planes de Schleicher —en los que yo nunca había creído demasiado— se desbarataran.

La situación llegó a su límite extremo. No había escapatoria posible. Todos mis esfuerzos por construir una alternativa al caos estaban a punto de sucumbir. Deseaba irme de Berlín, de aquel agujero negro y azotado por el inhóspito viento del norte que se precipitaba al abismo; escapar del incendio que, no tenía ninguna duda, arrasaría con todo. Me sumergí en una profunda depresión. Toda la tensión de aquellos meses pareció que se abalanzara sobre mí, como un inmenso fardo insoportable. Marcks estaba tan deprimido como yo, pero Ott seguía aferrado a la idea de que se debía disolver el Parlamento y convocar nuevas elecciones, esperando no se sabía qué auxilio del cielo. ¿Pensaba alguno de ellos que Schleicher tenía acaso la menor posibilidad frente a Hitler y sus camisas pardas?

Anoté en mi diario que en esos días fuimos a escuchar un concierto en el Kurfürstendamm. A las cuatro de la tarde llegaron las visitas, varios amigos de la época de Múnich y también de Berlín, entre ellos, la mujer de Ott y Peter Ratsam, que llevaba varios años viviendo en Berlín y al que hacía algún tiempo que no veía. Pensé que sería un magnífico complemento para la Facultad de Ciencias Políticas, con sus vastos conocimientos de geografía y geopolítica. Nos sirvieron el café y nos dirigimos después en taxi a la casa donde se celebraba el concierto. ¡Qué extraordinarios intérpretes! La anfitriona tocaba la viola de gamba con sensibles dedos de marfil y un muy conocido músico escocés, el clavicordio. Entonaron con brío una sonata de Becarini y una fuga de Cabezón, el compositor de corte del gran Felipe II de España. Conseguí que me tranquilizara pasajeramente la sonoridad de la música y la maternal hospitalidad de las mujeres.

Pero no lograba salir de mi estado de tristeza y amargura... Se estaba derrumbando un mito, el mito del triunfador de Verdún; el Viejo Soldado que no había capitulado ante los aliados en el frente lo estaba haciendo ahora ante el cabo austriaco.

Intentaba cumplir como podía con los múltiples compromisos del día: por la mañana, las clases, luego preparar los artículos en prensa o alguna entrevista en la radio; el almuerzo, con algún conocido, que a veces venía desde Múnich, Bonn, o de otras ciudades; a primera hora de la tarde, el dictado de cartas; después, asistir a alguna conferencia o escribir.

Estábamos ya a finales de enero. Hacía un invierno frío y destemplado, en el que se alternaban períodos de niebla con un insalubre vendaval que soplaba desde las estepas del norte. La nieve gris caía en copos pequeños y nerviosos, azuzados por la ventisca y las ráfagas de lluvia, y apenas conseguía cubrir las calles y los árboles; enseguida se mezclaba con el barro y se convertía en una mixtura sucia y polvorienta.

Llamaba con cierta frecuencia a Steinitz, o me acercaba a verle, aunque él prefería recluirse en el ministerio y seguir desde allí los acontecimientos. Con Antaios intercambiábamos libros y citas. En esa época, libros de profecías de la Edad Media, como los vaticinios de Nostradamus, la misma afición que también Peter Ratsam compartía y que había heredado de su padre. Pero seguía sintiéndome muy abatido. Ni Alma ni los juegos de la niña conseguían levantarme el ánimo.

Asistí durante esos días a una de las sesiones de la Sociedad de los Miércoles. Los miembros de este antiguo club, del que formaban parte altos oficiales, aristócratas, escogidos profesores de la universidad y algunos funcionarios de la Administración, se solían reunir para cenar, bajo la batuta de Steinitz, en casa de alguno de ellos, que era también el encargado de exponer después de la cena una cuestión científica sobre la que fuera experto. Era el círculo escogido de Steinitz; el lugar donde, más allá de la agitada actividad del día, se podían escuchar ponencias sobre asuntos de alcance general. Esa noche le correspondía a un profesor, director del Jardín Botánico y miembro de la Academia Prusiana de Ciencias.

Se trataba de un erudito de fama mundial, que desde principios de los años veinte había enseñado en la Universidad de Berlín. El cráneo delgado, las gruesas lentes y el bigote recortado casi a cepillo transmitían la imagen del erudito de la vieja escuela, pulcro y almidonado, no desprovisto de fuertes sentimientos nacionales.

Puedo recordar que con su vocecilla aflautada habló sobre los nuevos métodos de la botánica para conseguir hacer crecer de forma artificial plantas hasta entonces desconocidas. Una de las formas de obtener nuevos tipos de vegetales consistía, según explicó, en someter algunos de sus órganos a unas condiciones anómalas o de extraordinaria exigencia. Era lo que hacían los japoneses, por ejemplo, para lograr que crecieran bonsáis enanos; una técnica similar a la utilizada en nuestros jardines para conseguir sauces con el tronco erguido. Sin embargo, estas innovaciones sólo podían perdurar mientras se pudieran mantener las condiciones excepcionales que las habían hecho posibles.

Un método más estable, afirmaba el director del Jardín Botánico, era seleccionar de entre la masa de las plantas determinados individuos dotados con características especiales y desarrollar estas plantas separadamente. La innovación de los especímenes singulares no era en realidad tal, pues sus características se encontraban con anterioridad escondidas en la masa, siendo únicamente su manipulación genética lo que hacía posible desarrollos inesperados.

Lo paradójico es que sólo a través de la observación precisa del comportamiento del conjunto, de la muchedumbre, los científicos eran capaces de desarrollar mutaciones individuales. El ponente concluía que en el futuro, y gracias a las investigaciones que se estaban llevando a cabo sobre la influencia de las sustancias químicas en los cromosomas de las plantas, sería posible elaborar tipos de plantas desconocidas y cruzarlas entre sí para obtener nuevos tallos... Reflexioné en ese momento sobre la capacidad del ser humano para influir y modificar los procesos de la naturaleza.

Una mañana, después de las clases, me acompañó a casa un estudiante, miembro de las SA, que me había escrito una carta muy calurosa con motivo del proceso en Leipzig. Me habló de la impaciencia de las Fuerzas de Asalto, que esperaban sin éxito el nombramiento de Hitler, y me dijo que él y otros muchos jóvenes como él pensaban que el Gobierno sólo podría vencer a los comunistas si se decidía a emplear métodos terroristas. Como esta vía le estaba lógicamente vedada, se había asignado a los nacionalsocialistas esa ingrata tarea; pero ellos tampoco iban a poder cumplir esa función durante mucho tiempo más... Me pareció que tenía bastante razón y me acordé del pobre Ott, que seguía esperando lo imposible.

El estado de profunda ansiedad en el que me encontraba hizo que cogiera un buen resfriado, obligándome a guardar cama durante varios días.

Fue entonces cuando llamó Ott para comunicarme la dimisión de Schleicher como canciller.

Apenas había aguantado dos escasos meses. Comprendí que era el final... Von Papen debía haber llegado a un acuerdo con el Tribuno. Al día siguiente aparecieron cartas en los periódicos reclamando a Hindenburg que no hiciera uso de sus poderes excepcionales. Entendí que lo que se estaba buscando era forzarle a admitir a Hitler como canciller, para que gobernara, quizás con los conservadores y el Partido del Centro.

Al día siguiente, cuando ya me encontraba algo mejor, después de comer en casa con un pintor de origen italiano, me llamó Antaios. Me sorprendió su tono decidido e incluso marcial. Opinaba que era conveniente que ahora se hiciera la luz y que ante las medias verdades de Weimar y del liberalismo se supiera al fin dónde estaba cada uno.

Steinitz llamó aquella misma tarde, y dijo que quizás fuera necesario sacrificarme en ese momento, para recuperarme después, lo que no entendí muy bien. Añadió que no pensaba que el nuevo Gobierno se pudiera formar con rapidez.

Todavía bajo los efectos del fuerte resfriado, dos días después de la dimisión de Schleicher me levanté y dirigí mis pasos a uno de los cafés de la ciudad.

Una extraordinaria agitación dominaba el ambiente; los camareros corrían de un lado a otro, con la boca abierta y los rostros incandescentes. Todo el mundo estaba muy nervioso, porque Hitler acababa de ser nombrado canciller...

XIV

—¿Y fue entonces cuando ofreció sus servicios a los nuevos señores? ¿Cuándo decidió que debía cruzar el Rubicón, que usted debía formar parte de lo que le parecía el inicio de una nueva época?

Es de nuevo Neuborn quien acecha, quien me vigila, impasible, semioculto en la penumbra de la sala de interrogatorios. Cae la tarde, pero ha dado orden de que no se encienda todavía ninguna luz, como si deseara que mis recuerdos se condensaran y llegaran a materializarse en su presencia. Su voz suena perentoria, hueca, exigente.

—Si piensa que aquella situación era fácil, comete un grave error. Yo estaba lleno de miedos y de dudas. Le recordaré que lo que se produjo cuando Hindenburg anunció que nombraba a Hitler canciller fue un estallido de alegría. La reacción de la mayoría de los alemanes fue de entusiasmo. De todas partes le llegaban cartas espontáneas de felicitación; era como si el cielo se hubiese despejado después de una larga tormenta, como si se hubiera vuelto a hacer la luz tras un largo período en el que las nubes habían cubierto la atmósfera. Se notaba que las gentes volvían a tener esperanza. El ambiente era verdaderamente el del inicio de una nueva era.

—¿Y no pensó que quizá habría otros muchos ciudadanos, tan alemanes como usted, que verían aquella explosión de júbilo con inquietud y con angustia? ¿Los judíos, amenazados, todos aquellos a los que el Partido consideraba sus enemigos o sencillamente potenciales opositores suyos, los partidos de izquierda y los sindicatos, e incluso todo aquel que no se dejó cegar y había escuchado lo que Hitler llevaba diciendo desde hacía años?

—Le diré que al principio las voces críticas fueron muy pocas. Al fin y al cabo, al nuevo canciller lo habían elegido millones de ciudadanos alemanes, y otros muchos simpatizaban con él. ¿Debía negarme a aceptar los hechos? No creo que fuera el momento de salir corriendo. Yo había intentado hacer todo lo posible para salvar lo que quedaba del débil régimen de Weimar. Estaba tan cansado de la tensión de esos meses que me marché de Berlín y acepté un puesto en otra universidad para apartarme del aire tan enrarecido que había respirado en esos últimos tiempos. Necesitaba descansar, reponer fuerzas, ver las cosas con un poco más de perspectiva.

—Sí, su extraña marcha a Colonia... ¿No fue más bien un movimiento táctico para volver a Berlín con todos los honores? Así conseguía que sus testaferros maniobraran para que la Universidad de Berlín le hiciera titular de una cátedra, su sueño tantas veces acariciado. Y, desde ahí, ya no había límites; cualquier objetivo estaba al alcance de sus manos... Había que hacer un nuevo Estado, ¿y a quién sino al famoso y respetado profesor de la Universidad de Berlín iban a recurrir los nuevos amos, a los que, por otra parte, no había dejado de acercarse? ¡Y desde luego que lo consiguió! Lo que logró fue convertirse en una de las figuras más influyentes de la primera época de gobierno de los nazis; lo que hizo fue, nada más y nada menos, que redactarles las primeras y más importantes leyes. Aquellas que fueron decisivas para acabar con la legalidad de Weimar y hacerlo todo controlable, todo homogeneizado, «igualado», para que el Partido sustituyera al Estado. ¿Acaso los nazis no le llenaron de honores y de sinecuras?

—Permítame que le diga que creo que sigue juzgando los acontecimientos con superficialidad. Yo actué con bastante más cautela y prevención de lo que usted dice. Al principio, me aparté de cualquier colaboración con el nuevo Gobierno. Fueron las elecciones de marzo del 33 y la votación de la Ley de Plenos Poderes en favor de Hitler en el Parlamento lo que definitivamente mostró que los antiguos partidos eran ya carcasas vacías sin ninguna capacidad de respuesta, y que no tardarían en ser barridos del escenario. ¿Qué debería haber hecho como jurista? Los nacionalsocialistas habían llegado al gobierno por métodos legales, las elecciones acababan de ratificarlo, y la Ley de Plenos Poderes se había aprobado basándose en la propia Constitución de Weimar. Aquí entramos en un problema insoluble: habían llegado al poder de forma legal y yo, como jurista, como experto en Derecho Constitucional, debía respetar la nueva situación.

—¿Aun cuando no había duda sobre las intenciones criminales de ese nuevo Gobierno que usted afirma que era legal...? ¿No era evidente que se estaban empleando medios aparentemente legales para destruir la ley, cualquier tipo de ley, y hacerlo depender todo de la voluntad única y discrecional del dictador? ¿No fue justamente eso en lo que colaboró sin ningún escrúpulo de conciencia? ¿Cómo es posible que siga hoy todavía sin estar dispuesto a admitir su responsabilidad?

—Le rogaría que no efectuara juicios sobre lo que podría estar pasando en esos momentos por mi conciencia... Le puedo asegurar que no fue una decisión sencilla. Como ya le he dicho, mi naturaleza es pacífica; yo soy un científico, un intelectual al que le gustan las ideas, los análisis teóricos. Lo que estaba ocurriendo entonces era fascinante desde el punto de vista de mi especialidad científica. Tenía que ocuparme de lo que estaba sucediendo como un matemático tiene que ocuparse de los números para hacer matemáticas.

—¿Quiere eso decir que cuando se amenaza a la democracia, cuando se la pone fuera de juego por medios supuestamente legales, no es necesario oponerse a esa perversión, reaccionar con energía, con la fuerza, si es necesario? ¿O, al menos, no ponerse al servicio de los criminales?

—En esos momentos estábamos muy lejos de saber en qué acabaría Kniébolo y su régimen... Lo que yo veía era el entusiasmo de la gente, un nuevo Estado que actuaba por medios legítimos y la posibilidad de devolver a Alemania su grandeza perdida. No fui yo desde luego quien le otorgó plenos poderes a Hitler. A partir de aquel instante fue cuando todo de verdad cambió. Recuerdo que en un paseo con el mayor Marcks por el parque del Jardín Zoológico justo después de que el Viejo Mariscal aceptara al cabo austriaco como canciller, me dijo que él y sus amigos, incluido Schleicher, harían todo lo posible para acabar con aquella aventura que les parecía iba a terminar en desastre. Yo comprendía entonces sus razones para pensar así, pero al cabo de unos meses, el marco legal había cambiado radicalmente. El suelo que pisábamos era distinto.

—¿No le parece esa actitud puro oportunismo? Las leyes cambian y hay que amoldarse a ellas: ¿no significa renunciar a cualquier juicio moral, a cualquier valoración de lo que se hace o no se hace? ¿No es una manera de actuar profundamente cínica e inmoral?

—Mire... yo me había dedicado a pensar y a escribir sobre las posibles alternativas al bloqueo permanente de Weimar; había analizado todos los escenarios. Y ahora, ¿cuál tenía que ser mi reacción lógica? ¿Esconderme en el campo, exiliarme al extranjero, alejarme de la posibilidad de crear algo nuevo? Podía y debía influir sobre Hitler y su camarilla, ayudar a *civilizar* aquel movimiento que todavía buscaba lo que quería ser, indicar caminos para defender al Estado. ¿A eso lo llama usted inmoral? A Frank y Hess les conocía desde los tiempos de Múnich, a Göring me lo había presentado Steinitz y no me pareció inicialmente más oportunista o con menos escrúpulos que bastantes de los corruptos políticos de Weimar. Con el propio Steinitz, con Peter Ratsam y otros habíamos hablado muchas veces de las cosas que se podrían hacer si se lograban despejar los escombros de Weimar.

—¿Y su vanidad, su enorme ego, sus ganas de figurar y de influir y de mover los hilos, imaginando que los demás se moverían en sus dedos como marionetas...? ¿No fue ése su error y el de otros intelectuales y escritores prestigiosos?

—Le repito que si se juzga desde fuera, desde todo lo que ha pasado después, desde la realidad que nos rodea, desde esta destrucción y aniquilamiento, la perspectiva no puede ser más equivocada. ¿Éramos seres particularmente depravados y corruptos, unos gánsteres envilecidos, por haber confiado en un futuro mejor? ¿O absolutamente estúpidos, porque en ese momento deberíamos habernos dado cuenta de que el régimen acabaría estando dirigido por asesinos...? También ellos cambiaron, también a ellos les transformó el poder y las circunstancias; aunque le parezca increíble, también en ellos podían verse en ese momento cualidades positivas. Yo conocía y hablaba con mucha gente. Los militares, algunos de ellos de muy alta graduación, decían que había que darle una posibilidad a Hitler. No eran precisamente los más necios los que confiaban en que, una vez en el poder, las obsesiones del Tambor se normalizarían: pensaban que en cuanto dispusiera del Ejército desaparecerían muchos de los complejos de inferioridad que le atenazaban; a él y a los millones que le votaban. Desde el desastre de noviembre del 18 para muchos alemanes se trataba del primer rayo de luz que vislumbraban.

—¿Y llegó a convencerse de que si colaboraba y le hacía las leyes al régimen, que si lograba influir sobre el Führer, iba a poder cambiar el curso de la historia de Alemania...? ¿He de creer lo que dice, tan ciego de su propia vanagloria estaba?

—A veces todo parece ocurrir de forma arbitraria, casi azarosa... En el Gobierno que se formó después de aquella primera noche en la que miles de uniformados del Partido desfilaron rindiendo honores y aclamando al nuevo jefe, mientras Hindenburg y su camarilla los observaban, derrotados, desde detrás de la ventana, sólo había cuatro ministros nacionalsocialistas; los otros ocho no lo eran. Sin los conservadores, Hindenburg se hubiera seguido resistiendo a que Hitler se hiciera con el mando. Por eso nombró vicecanciller a Von Papen, y Steinitz pasó a ser una persona influyente en el nuevo orden. Entonces me pidió que colaborara. Me solicitó que empezara a trabajar en la nueva ley de gobernadores del Reich, los delegados del poder central en los Estados. Fue como un alud de nieve, al principio son solamente pequeños copos, bolas minúsculas que comienzan a rodar, y que luego no se pueden parar...

No, no fue fácil. Y, a la vez, hubiera resultado infame huir. Esos meses fueron un tiempo de profunda desazón y de desasosiego. Pero también de nuevas posibilidades abiertas; esperaba, quizás cándidamente, que la historia aún estuviera por escribir.

Solíamos tener las reuniones en el Ministerio de la Cancillería para ir redactando los puntos sucesivos de la nueva ley. Llegaba muy temprano, a primera hora de la mañana, cuando Berlín aún estaba inmersa en la inocencia rosácea del amanecer. Me acomodaba en el despacho de Von Papen, con su jefe de gabinete y con Steinitz.

En realidad, eran sesiones de trabajo muy agradables. Von Papen se mostraba personalmente simpático y relajado. Se comportaba de forma ligera y a veces hasta banal, sin jamás perder sus formas de caballero de la vieja escuela, pero no era tan estúpido como yo había creído.

Lo que sí me pareció fue sorprendentemente ingenuo. Estaba luchando por su existencia política, y todavía creía que se estaba preparando el terreno para la vuelta de la Monarquía; sugería que los gobernadores debían ser una suerte de legados o enviados del rey. ¡Pobre Von Papen!

A la mitad de una de las primeras reuniones se tuvo que ausentar para asistir al banquete que daba el presidente Hindenburg —su viejo camarada, al que no había dudado en traicionar— con motivo del nacimiento de su último nieto, y ya no volvimos a deleitarnos con su presencia en las demás sesiones de trabajo...

La vida fuera seguía como si apenas hubiera ocurrido algo de importancia. Acompañado por Alma, visitaba las exposiciones y escuchábamos con avidez, queriendo apurar a grandes sorbos la vida que aún era nuestra, los conciertos y las óperas. La Filarmónica había anunciado para esa primavera un programa inédito, brillante. Las veladas con los amigos, los paseos por los grandes bulevares y por los parques, las excursiones, el fin de semana a Potsdam o a los lagos. Daba mis clases y dictaba conferencias, a veces lejos de Berlín, en otras ciudades de Alemania; era un nombre cada vez más conocido y respetado. Lo que decía en la prensa o en las entrevistas y en las intervenciones en la radio se comentaba con admiración.

Berlín centelleaba en sus fiestas, en sus teatros y en los cabarés. El jazz y la nueva música americana seguían encandilando a los jóvenes. Se bailaba y se disfrutaba alegremente de todo lo que la existencia podía ofrecer. Fue una auténtica primavera dorada, el final de los felices años, como un último suspiro del atardecer, antes de que una larga noche, sombría y sangrienta, cayera sobre el cielo de Berlín.

En las grandes plazas —Potsdamer Platz, Alexanderplatz, Pariserplatz...—, en el recorrido desde el Kurfürstendamm hasta Unter den Linden, se amontonaban las gentes mientras los anuncios luminosos parecían cada noche apoderarse de una ciudad que vibraba con frenesí. En los cafés y en las cervecerías los acontecimientos políticos de las últimas semanas habían pasado a ser percibidos con una cierta muestra de indiferencia. Sin embargo, comenzaba el boicot a los comercios y tiendas de los judíos.

No dejaba de asistir a las reuniones de la Sociedad de los Miércoles, donde Steinitz ejercía de gran anfitrión.

Cualquier acontecimiento de la actualidad o hecho influyente del pasado podía ser objeto de la curiosidad de sus miembros. Nada de lo que estaba sucediendo escapaba a la mirada microscópica, a la búsqueda de las líneas históricas escondidas detrás del acontecer en el que nos adentrábamos.

La etnografía, la evolución del sentimiento patriótico en la Grecia clásica, Rubens y su pintura como el reflejo de una naturaleza donde los dioses aún poblaban la tierra, la patología de las enfermedades venéreas y los obstáculos a su desarraigo entre la población de los suburbios de las grandes ciudades, la concepción de un teatro nacional alemán... o la vida amorosa de los reptiles. También por supuesto las ideas del momento, como la política económica del fascismo italiano, la técnica y estrategia de la guerra aérea o el futuro de la reforma de la administración prusiana. Estos y otros muchos temas eran tratados por los asistentes a las reuniones de la Sociedad de los Miércoles.

Durante aquellas semanas en las que estábamos redactando las partes principales de la ley de los gobernadores del Reich, Steinitz invitó a su casa a los miembros de la Sociedad y dio una charla sobre los últimos acontecimientos políticos en Alemania.

Eran reflexiones que habíamos debatido en nuestras largas conversaciones en no pocas ocasiones.

Steinitz interpretaba que, más allá de las modificaciones legales, lo importante era el cambio profundo que se estaba llevando a cabo en la estructura del Estado.

Lo que los hechos acaecidos durante el año anterior habían mostrado era la incapacidad de las diferentes fuerzas sociales de sacar adelante una idea nacional. Ni el Ejército, un instrumento esencial para el mantenimiento del orden, pero imposibilitado en última instancia para ejercer el poder político; ni los sindicatos o los industriales, defensores de intereses particularistas; ni los partidos, fuesen los socialistas o el Centro, habían conseguido unificar al pueblo alemán bajo un movimiento vigoroso. Sólo la coalición entre las fuerzas de inspiración nacional —las de tradición conservadora y apoyadas por el Ejército, por un lado, y las seguidoras de un líder, los nacionalsocialistas, por otro— había sido capaz de superar la inoperancia del sistema de Weimar.

El colapso de una República exhausta había conducido, según las explicaciones de Steinitz, a un dilema ineludible. Solamente habían sido posibles dos caminos distintos: la reforma o la revolución. El camino de la reforma se había intentado primero con Von Papen y luego con Schleicher con la fórmula del régimen presidencial, que, sin embargo, había fracasado por no contar con un líder capaz de aglutinar tras de sí el apoyo del pueblo.

Restaba entonces como única vía la revolución. Una revolución que se había hecho necesaria porque Hitler rechazaba entrar a formar parte del sistema; que se llevaba a cabo sin derramamiento de sangre, de forma legal y sin caer en la guerra civil, sin que se hubiera producido tampoco una Marcha sobre Roma como en la Italia gobernada por Mussolini.

Ahora bien, Steinitz recalcaba, con una expresión de gravedad y el ceño fruncido, su delgado cuerpo casi flotando en el sofá, que se trataba indudablemente de una revolución cuya meta era hacerse con el poder del Estado utilizando los mecanismos existentes, la propia Constitución aún vigente, con el fin de eliminar la división y la fragmentación políticas de Weimar: éstos eran los objetivos de la nueva ley sobre los gobernadores y de las medidas para homogeneizar los derechos de todos los Estados del Reich. Lo que se estaba intentando era crear un núcleo fuerte en torno a la persona del canciller, tratar de lograr lo que Scheicher y Von Papen no habían conseguido, pero con nuevos odres. En caso de fracaso, la alternativa para continuar avanzando hacia la construcción de un nuevo Estado de base nacional sólo acabaría siendo una: el caos.

La cuestión decisiva, por tanto, era saber si en el futuro el nuevo Estado se parecería más al modelo de la Italia fascista, o si, visto desde una perspectiva a más largo plazo pudiera ser imaginable un orden sustentado en la autoridad de las clases superiores, responsables y con capacidad de dirigir el sentir nacional del pueblo alemán...

¿Existía alguna posibilidad en ese momento, al inicio de la llegada del Tribuno al poder, de que Steinitz y sus amigos, yo mismo entre ellos, hubiéramos podido llevar a cabo esas ideas? Él confió todavía durante años en que sí, mientras los tentáculos del monstruo le fueron rodeando cada vez con más fuerza, conforme la oscuridad alrededor y la soledad dentro se fueron haciendo mayores... Pero en ese momento, cuando Kniébolo era alguien que todavía se veía obligado a vestir de civil para poder sentarse a hablar con Hindenburg, cuando aún se trataba de un recién llegado, de un arribista, y sus camisas pardas, el capitán Röhm a la cabeza, tenían algo de vándalos incontrolados a los que el Ejército antes o después metería en vereda, el selecto grupo de la Sociedad de los Miércoles podía seguir cenando tres platos con postre y pensar en que se podía girar hacia atrás la rueda de la historia y que el Führer, tan inexperto en los entresijos de la administración del Estado alemán, acabaría siendo sometido por la maquinaria y sus avezados maquinistas.

Quizás también yo lo pensé. El hecho es que siguieron reuniéndose puntualmente y hablando de planes utópicos cada vez más irrealizables. En los últimos años de la guerra se veían forzados a traerse de sus hogares un trozo de pan y algo que lo acompañara, porque no quedaba nada para comer. Hasta el final. Y el final no fue generoso con ellos.

Me seguía viendo también de vez en cuando con mis viejos camaradas del Departamento de Información de la época de Múnich. Muchos de ellos estaban ahora destinados en Berlín y seguían realizando tareas de inteligencia. Eran una fuente de comunicación imprescindible para mí. A lo largo de los años habíamos mantenido el espíritu de camaradería y nos considerábamos unidos por muchas experiencias comunes, sobre todo las vividas durante la época de la República de los Consejos en Múnich.

¡Cuántas veces recordábamos, a altas horas de la madrugada, bajo los efluvios de varias botellas de borgoña o de un magnánimo vino de Alsacia que reservaba con mimo para nosotros el dueño de una de las más selectas bodegas de la ciudad, los vertiginosos, y con la distancia del tiempo, incluso jocosos sucesos de aquellos días! Eisner, Arco-Valley, mi amistad con Schwarzenhorst y la extraña relación con Ostario; existía una confianza mutua que no hubiera podido darse sin las circunstancias de aquellos años y que nos permitía hablar entre nosotros sin reservas.

En una de esas salidas nocturnas, un antiguo suboficial de mi servicio, ahora jefe de una de las secciones principales del renovado departamento, se refirió a Peter Ratsam:

—Ratsam se ha convertido en un personaje importante... —comenzó diciendo, con el gesto repentinamente más serio—. Además de sus actividades docentes en la Alta Escuela de Ciencia Política, es uno de los responsables de misiones especiales en el Ministerio de Exteriores. Fue el resultado de una llamada directa al Führer de Hess, con el que sigue teniendo una relación muy estrecha, quien le ha pedido que se ocupe de algunos asuntos de confianza... Parece que el padre de Ratsam, el general, es un gran entusiasta del nuevo orden, y que Hitler se sigue viendo con él, aquí en Berlín, o en Múnich, para solicitarle su opinión sobre cuestiones de política internacional.

Me sorprendió la cercanía de los dos Ratsam a los nuevos dirigentes, pues era conocida la ascendencia judía de la madre. En los meses siguientes tuve ocasión de comprobar que aquellos casos sólo eran posibles bajo la intervención personal de alguno de los dirigentes más cercanos al Führer.

—Siempre fueron como padre e hijo, Hess y el viejo brigadier —asentí con aire despreocupado. Era una época en la que todavía se podía hablar con bastante libertad—.

El padre que acaso Hess hubiera deseado tener: menos autoritario, más cálido y acogedor. Fue él quien le abrió la curiosidad por las culturas antiguas y la mitología. ¡Qué extraño ser Rudolf Hess! Tan huidizo, tan impenetrable. ¡Y ahora es uno de los hombres más poderosos del Estado!

—Se dice que Ratsam se ha convertido en una especie de consejero áulico de Hess, y de que tiene planes muy concretos para el futuro —dijo mi viejo camarada, bajando la voz y adoptando un aire misterioso que en esas circunstancias todavía me resultó cómico mientras sorbía con cierto estrépito enormes tragos de negra cerveza bávara.

—Gran parte de lo que Hess sabe, o cree saber —repliqué, demasiado confiado—, se lo debe a Anton Ratsam. Pero no sé si el Führer les hará mucho caso.... Tanto el padre como el hijo son muy anglófilos; Peter habla inglés casi sin acento. Supongo que Hess les prestará más atención. Las teorías del general son bastante especulativas, como todo lo suyo, pero se trata sin duda de una gran oportunidad para llevar a la práctica lo que Peter siempre ha pensado.

Hice una leve pausa mientras llamaba al camarero para pedir algo más de bebida, y pregunté:

—¿Y Ostario...? ¿Sigue en Múnich o volvió a emprender uno de sus largos viajes?

Llevaba cierto tiempo sin tener noticias del Maestre de Thelema, aunque sabía que la Orden seguía activa en Berlín.

Mi antiguo compañero de armas se sintió obligado a bajar de nuevo la voz:

—Hess sigue obsesionado con la astrología y las ciencias ocultas. También, de otra manera, Himmler, y bastantes jerarcas del Partido, excepto Göring, que se ríe de todo eso que llama «payasadas místicas» de Hess. Hitler les escucha y en las decisiones importantes no actúa sin saber lo que prevén los horóscopos, pero también atiende a otros cálculos. ¿Sabía usted que una de las primeras decisiones que ha tomado nada más hacerse con el mando ha sido prohibir las órdenes y los círculos secretos?

No pude evitar una expresión de asombro.

—¿Todo lo que pudiera suponer alguna forma de competencia o rivalidad? ¿Como si él fuera el único heredero, la persona en la que debieran converger todas las energías dispersas? Como si quisiera negar la existencia de precursores, sólo él y su idolatrado Wagner...

—Sí, eso parece —contestó mi interlocutor, con un ligero titubeo, los ojos abiertos.

—¿Y esas reglas se aplican también a Thelema, a pesar de todo lo que Hitler le debe?

Me respondió moviéndose con inquietud en el asiento:

—Le diré que Ostario y algunos otros como él corren un grave peligro... Han empezado a circular rumores sobre venganzas personales y ajustes de cuentas. En las alturas —susurró entre dientes, mientras elevaba hacia el cielo, con un gesto que no pudo dejar de resultarme teatral, las órbitas de los ojos— se considera que han ido demasiado lejos.

Pero era éste un camino en el que mi viejo camarada, a pesar de su locuacidad natural, no quiso adentrarse. Se volvió para pedir otra cerveza a la camarera. Permaneció luego en silencio. Era obvio que estaba esperando mi opinión sobre lo que estaba ocurriendo.

—El objetivo del Führer ahora —dije, mientras él se inclinaba hacia delante— es ganarse la confianza del viejo Hindenburg, que le sigue mirando con repulsión. Por eso no puede permitirse ningún error y hará todo lo posible para aparentar respetabilidad hacia afuera, como si se tratara de uno más de los políticos tradicionales que Hindenburg sabía dominar con tanta habilidad. —Hice una pequeña pausa, luego continué—: Uno de sus mayores problemas es Röhm. Las algaradas y los golpes incontrolados de las SA le empiezan a poner nervioso, porque no ayudan nada a su imagen de honorabilidad y orden. Además Röhm actúa cada vez con mayor independencia.

Era éste uno de los puntos más candentes en aquel momento: saber hasta dónde llegaría cada uno de los clanes nazis, en quién se apoyaría Kniébolo y qué papel podría jugar el Ejército.

Los ojos le brillaban por la curiosidad y las mejillas se le habían enrojecido levemente.

—¿Cree usted que Röhm puede acabar convirtiéndose en un verdadero problema? —preguntó

Dudé unos instantes, la mirada perdida hacia el fondo de la sala, donde había bastante ruido:

—Hitler va a tener que jugar con destreza su vieja táctica de dividir el poder y hacer que se enfrenten unos contra otros para tener siempre la última palabra como árbitro. Veo a Himmler y a Röhm luchando por cada palmo de terreno, a las SA enfrentándose por cada milímetro con las SS.

Se hizo una pausa. Estaba más serio. Luego se decidió a intervenir:

—La mayoría de la población apoya al Führer... También quizás porque se esperaba con temor que las represalias contra sus enemigos serían más drásticas. Pero sobre todo —añadió— porque ha restablecido el orden en las calles. Además, ha empezado a hacer cosas, con bastante eficacia por ahora. Nadie pensaba que, además de dar discursos, supiera gobernar.

Yo era de la opinión en esos momentos de que si Hitler lograba restablecer la confianza, darles pan y trabajo a las masas de desempleados y romper las ataduras de Versalles, nada podría detenerle. El tiempo no tardó en darme muy pronto la razón.

Mi interlocutor tenía un interés particular en que le confirmara o negara, gracias a mis contactos con el Ejército, las noticias que escuchaba sobre el ambiente que reinaba en los cuarteles.

Con el ceño fruncido, mientras se oían las risas del fondo y el sonido característico de las jarras de cerveza entrechocándose, me inquirió:

—Y los militares, ¿están dispuestos a aceptar la situación sin protestar?

—El Ejército está tranquilo —contesté, mirándole de frente—, excepto Schleicher y su gente. Pero la mayoría de los generales se sienten reafirmados al comprobar que el cabo austriaco no era tan feroz como lo describían. Les ha sorprendido ver que el entendimiento de Hitler con Hindenburg es mejor de lo que se esperaban.

Se bebió de un trago la cerveza que le quedaba en la jarra. Luego, volviéndose a inclinar hacia mí, sin ocultar su interés, me espetó:

—Pero usted habrá tenido ocasión de hablar con el Führer... ¿Qué piensa de él?

Vacilé unos segundos en responderle. ¿Mi opinión en aquellos tiempos, al principio de hacerse con el poder, sobre Kniébolo...?

La primera vez que lo vi de cerca había sido con motivo de la recepción que Göring celebró tras el cambio de Gobierno, a la que Von Papen me invitó para que pudiera conversar con el canciller.

He de decir que tanto Hitler como Goebbels me causaron una honda impresión; sobre todo, Hitler. Entendí por qué en sus días de Múnich, después del fallido golpe y la prisión en Landsberg, había recibido el apodo de «el Lobo». Actuaba cuidando mucho sus modales y desplegando todos los registros de su capacidad de seducción, pero detrás de los ojos hundidos se vislumbraba una voluntad que no retrocedería ante ningún obstáculo. Una determinación indomable, irrefrenable, de poder ilimitado. Era como el toro que aparece en la arena de la plaza: decidido, lleno de fuerza y con ganas de clavar los cuernos en todo aquello que se moviera, pero bajo la piel de un ser insólitamente vulnerable. Nada detendría, sin embargo, aquella voluntad de dominio.

Recuerdo que intercambié con él unas pocas palabras de cortesía y que alabó el trabajo que estaba haciendo sobre la ley de los delegados del Reich. Sonrió mientras no dejaba de mover las manos nerviosamente; después observé que hablaba con otros grupos y que las manos se habían transformado en una potente maza que utilizaba para remachar las palabras de una conversación de la que se podían escuchar frases que sonaban cada vez más cortantes.

Von Papen se pasó un buen rato al lado de Hitler y estuvo después conversando muy simpático conmigo, haciendo bromas sobre la última representación de la ópera *Rienzi*, una de las favoritas del Führer desde joven, y sobre las penalidades de uno de los barítonos, a los que su mujer engañaba con el tenor principal. A la buena sociedad de Berlín le divertía que el marido ofendido hubiera pensado que lo mejor para poner punto final a aquella situación fuera afiliarse a las SA y pedir protección a Röhm. Cuando Röhm, que jamás en su vida había pisado una sala de conciertos, se enteró de la historia, quiso que el pobre barítono le acompañara a alguno de los tugurios nocturnos que solía frecuentar, donde era fácil que sus jóvenes amigos terminaran borrachos dándose una buena tunda.

No tuve ninguna duda de que Von Papen no jugaba absolutamente ningún papel, que Hitler se desharía de los conservadores en cuanto tuviera una oportunidad. ¿Y el Ejército...? De nuevo surgía la pregunta crucial. ¿Hasta cuándo toleraría el Ejército aquella aventura, a Kniébolo, a las SA y las SS, a Himmler, Goebbels y Göring? Sin duda Schleicher seguía teniendo importante apoyos, pero los nuevos generales al mando parecían estar convencidos de querer darle un margen de maniobra al Tribuno...

Seguía trabajando con Steinitz en la elaboración de la ley. Nos reuníamos prácticamente cada día en su despacho o en una de las salas del primer piso del edificio de la Presidencia, semana tras semana.

Me pareció que Steinitz no sabía muy bien hacia dónde estábamos yendo a gran velocidad. Yo tenía serias dudas de que algunas de las alternativas que barajábamos pudieran ser aceptadas por los jerarcas del Partido. Sin embargo, en una de aquellas sesiones, cuando no encontrábamos ninguna solución, apareció de repente Göring, jovial, riendo y contando anécdotas, vestido con una chaqueta cruzada de color claro y pantalones marrones. Con gran seguridad y sin darle casi importancia, propuso una salida que consideramos adecuada.

Göring parecía recién salido de la época guillermina, lleno de un barroquismo contenido, a la vez que muy ejecutivo; pensé que quizás era el tipo de persona que hacía falta en aquella situación. Enseguida nos pusimos a revisar el borrador, y al cabo de una hora, con gran alivio por mi parte, la ley estaba casi terminada.

Por la noche, mantuve una conversación sobre el Führer con la señora Steinitz en su casa.

Era impresionante comprobar cómo una gran parte de la población se sentía electrizada, transportada, por la figura de Hitler. Con los años he pensado en una suerte de fascinación hipnótica, en los primeros tiempos casi ilimitada. Ella me confesó abiertamente que se sentía muy afectada por la personalidad del canciller. Decía que veía en él a otro Cristo, a un genio; que soñaba permanentemente con él, y le profetizó un final trágico.

Comenté con el anfitrión aspectos concretos de la ley de los delegados del Reich, pero nos sentíamos demasiado agotados para seguir hablando del mismo asunto, hasta que Steinitz, ya más distendido, relató algunas historias del Führer, al que por su trabajo veía casi cada día.

Nos contó, por ejemplo, que en una ocasión en la que estaban los dos solos en su despacho le había dicho que tenía un tremendo sentido de culpa por el maltrato que se les suele dar a los animales. También que cuando iba a la Cancillería siempre llevaba zapatos de charol y traje azul oscuro, evitando ponerse traje con chaleco, porque le parecía de clase media. Para las ocasiones oficiales, le dijo cordialmente, que prefería ponerse el frac.

Cuando los dos salíamos al jardín para despedirnos, Steinitz me transmitió de forma confidencial que los nazis estaban muy molestos porque Antaios había rechazado la oferta de pertenecer a la nueva Academia Alemana. Se le reprochaba con acritud lo que se interpretaba como una grave afrenta al régimen y una muestra de soberbia de «un artista narcisista e ingrato». Yo le hablé de mi preocupación por algunos amigos judíos con los que estábamos en contacto permanente y que nos habían dicho que se sentían profundamente ofendidos en sus derechos como ciudadanos por lo que se estaba empezando a hacer contra ellos. Recuerdo que Steinitz, perdiendo su compostura habitual, defendió con mucho vigor a los judíos.

Algunas semanas después me hice miembro del Partido. Era el día 1.º de mayo. Había una larga cola de gente esperando, y el número de afiliación que me dieron fue bastante alto.

La vieja camada del Partido nunca sintió mucho respeto por los nuevos miembros del año 33; hacían bromas sobre ellos y los llamaban «la valiente trinchera del 33»... Yo fui uno más de los que se afiliaron en ese tiempo.

XV

—¿Para convertirse entonces en un corifeo, en el jurista principal del régimen? ¿No empezó entonces a rodearse de personas que, como usted, habían comenzado a entusiasmarse con los nazis? ¿No era usted en esa época una de las figuras principales de los grupos de intelectuales y de profesores que se pusieron al servicio del Partido?

—Desde luego, mirado desde donde estamos ahora, casi quince años después, resulta sarcástico pensar quiénes eran los que se mostraban más afines al nuevo régimen, Heidegger, el Oráculo, Gottfried Benn, el poeta y médico al que llamábamos «el Doctor», también pastores protestantes y clérigos católicos que aparecían en casa vestidos de repente con el uniforme del Partido y que hablaban de una nueva era en la que el espíritu dominaría. ¡Una revolución del espíritu! ¡Un nuevo curso de la historia!, eso es lo que decían. El Oráculo me remitió una carta en la que martilleaba con su peculiar estilo que confiaba en mi colaboración decisiva para regenerar desde dentro la enseñanza del Derecho, para sentar las bases de la nueva jurisprudencia. Se sentía aislado y con pocos apoyos el Oráculo; hablaba de la necesidad de reunir a todas las fuerzas llamadas a preparar la venida de lo que estaba por llegar, y acababa siempre sus escritos con un clamoroso saludo hitleriano.

—Muchos se extrañaron de su cambio, del paso de instigador del régimen presidencial y asesor áulico de los militares a convertirse en redactor de algunas de las leyes más relevantes del nuevo Estado y en protegido de Göring. ¿Es cierto que a algunos de sus discípulos se los encontró usted por la calle y no dejó de impulsarles para que se afiliaran al Partido? ¿Por qué? ¿No se daba cuenta de que se metía en la cueva de Alí Babá? ¿De que no habría salida posible una vez se comprometiera con los nuevos amos?

—Yo tenía confianza en Steinitz. A través de él, de Peter Ratsam, que seguía trabajando en el Ministerio de Exteriores, y de mis antiguos camaradas del Departamento de Inteligencia del Ejército disponía de una magnífica información sobre los movimientos internos, en el Gobierno y en el Partido. Seguía también en contacto con Marcks y Ott, y era yo en ocasiones quien le transmitía a Steinitz mensajes de primera mano sobre las complicadas relaciones entre el Ejército y los nazis, o entre Röhm y Hitler. Fueron unos años confusos, desconcertantes, en donde el Partido todavía no se había apoderado del Estado, aún no vivíamos en un sistema totalitario, ni en un régimen del terror. Todo eso vino después. Pero había gente, y no las peores cabezas, que imaginaban como posible una evolución del régimen, quizás hacia un gobierno de autoridad que reinstaurara las tradiciones de Prusia. Algunos soñaban incluso con la vuelta de la Monarquía; el Ejército continuaba siendo el eje central de la situación.

—¿Quiénes eran entonces sus verdaderos amigos...? ¿Los conservadores, la vieja élite militar e industrial, los que consideraban ingenuamente que Hitler defendía sus intereses con otros medios? ¿O Göring, Frank y Hitler?

—Le puedo demostrar que las veces que vi o hablé con el Führer fueron muy escasas. Con Göring nos reuníamos en las sesiones del Consejo de Estado.

—Sí, su cargo de consejero de Estado. ¡Con qué orgullo llevó ese título, hasta el final, y lo utilizó una y otra vez, junto a todas las demás distinciones, los nombramientos y los reconocimientos que le dispensaron los nazis! ¿No siente ahora vergüenza de cuando fue nombrado consejero de Estado nada menos que por Göring? Sólo sirvió de pantalla, un escaparate del régimen para acabar de comprometer a los que hubieran podido tener recelos, aquellos que estaban de acuerdo con el nacionalismo y no habían aceptado la derrota en 1918. ¿Acaso no fue usted un cebo más, alguien que se prestó, con su prestigio y su reputación, a atraer a otros compañeros de viaje?

¿Fue ésa verdaderamente mi función? ¿La de un simple correo? ¿La de una alcahueta? ¿Para qué sirvió en realidad el Consejo de Estado? Todo mi orgullo estaba en establecer la continuidad con la historia de Alemania; quizás de esa manera se le pudiera dar al nuevo Estado una dirección, un sentido.

Hitler nunca le dio gran importancia al Consejo, cuyo rutilante título oficial era «Consejo de Estado de Prusia», quizá porque mantenía sus reservas y no se acababa de fiar de la estrategia de crear órganos que parecían querer emular instituciones del pasado, o, peor aún, pretender construir para el futuro. Göring, por el contrario, sí cayó en la red que con tanta habilidad había tejido Steinitz. Göring disfrutaba con aquella pompa, y hubiera deseado más, pero el Tribuno, que ocultaba su instinto de jabalí bajo las formas del protocolo y la etiqueta, no estaba dispuesto a dejar que ninguno de los lobeznos de la camada diera un paso en falso.

Para la inauguración del Consejo de Estado, Göring, como presidente del Gobierno prusiano, había anunciado grandes celebraciones. La Prusia nacionalsocialista tenía que resplandecer a la luz de la tradición secular del Imperio alemán.

Se había previsto que la inauguración tuviera lugar en el Palacio Real de Berlín con la presencia de Hindenburg, quien sin embargo le hizo llegar su «deseo» a Göring de que se hiciera en otro lugar. Göring era el recién nombrado presidente de Prusia, pero querer aparecer como heredero de los reyes le pareció al Viejo Soldado una broma de mal gusto. También Hitler rechazó la invitación a entrar en el juego de la escenificación histórica que Göring había preparado, y, a pesar de estar previsto como la estrella fulgurante que debía brillar en aquel acto, no quiso asistir. El Lobo no se dejaba fácilmente ganar con muestras de devoción, aunque la fidelidad de Göring estuviera en principio fuera de toda duda.

Göring nombró como miembros del Consejo a los altos funcionarios más destacados de la vieja administración prusiana, a los secretarios de Estado, muchos de los cuales habían servido durante la época de Weimar con lealtad a los sucesivos ministros de distintos partidos e ideologías. Junto a ellos, designó a los dirigentes nazis más importantes y a otras personalidades destacadas de la cultura, el arte o la universidad.

Era una mañana clara del mes de septiembre. Las pequeñas nubes esponjosas del amanecer se habían desdibujado y lucía un sol veraniego que comenzaba levemente a mostrar la tenue pátina del otoño, aunque aún brillaba con fuerza.

Todo el centro de Berlín, desde la Wilhelmstrasse, donde estaba situado el Ministerio de la Presidencia, hasta el edificio principal de la universidad, en cuya Aula Magna se iba a celebrar finalmente el acto, rebosaba de gentes que aplaudían la columna de coches oficiales desplazándose al son de la música de la guardia militar por el gran paseo Unter den Linden, entre un mar de banderas que se agitaban al viento. En el primer coche abierto se habían acomodado Göring y el jefe de las SA, Röhm, y en el siguiente automóvil, Himmler, erigido ya en líder de las SS.

El Aula Magna de la universidad, al final de la amplia avenida, estaba decorada con flores y estandartes. Entre el público invitado se podía encontrar a los representantes principales del Ejército, de la industria, del comercio y los bancos, de las iglesias y del mundo de la cultura, que se sentaron al lado de la vieja guardia nazi y de los líderes regionales del Partido. Observé más camisas pardas que fracs entre los consejeros de Estado, un mayor número de uniformes y vestimenta civil entre los asistentes.

—¿Y fue entonces cuando intervino usted, uno de los conferenciantes más distinguidos, al que se le había encargado mostrar con su persona y sus palabras que la revolución estaba dispuesta a abrir las puertas, al menos hacia afuera, a nuevos acólitos? ¿No fue usted quien habló, de forma tan ruin, de que ésa era la hora en la que se tocaban las campanas de muerte del parlamentarismo en Prusia?

—No, ésas fueron las palabras que utilizó Göring. Él habló primero, una larga y aburrida perorata, yo veía el nerviosismo en las caras de algunos, incluso hubo quien no pudo evitar bostezar. La sala del Aula Magna de la universidad estaba repleta de gente, hacía calor y hubo que abrir las ventanas que daban al patio de entrada. Se oía el ruido, amortiguado, de los coches circulando y el griterío lejano de las calles. Göring no era un buen orador, y en vez de atenerse al texto que Steinitz le había preparado, aprovechaba cualquier ocasión para divagar con anécdotas históricas o introducir recuerdos personales. Siempre acababa hablando de sus experiencias como piloto, como piloto y como cazador.

—¿Pero no se trataba acaso de lo que usted y su amigo, la Eminencia Gris, el fiel Steinitz, pensaban que se debía hacer? ¿No creían también, como decía Göring, que era Bismarck quien había luchado contra el espíritu del Parlamento, quien había vencido en la crisis constitucional de Prusia del siglo pasado, derrotando a los liberales, un combate que ahora por fin llegaba a su apoteosis con el triunfo de Hitler...? Para Göring, y supongo que también para usted y sus amigos, Hitler había conseguido algo mucho más grande que Bismarck. No sólo había logrado la continuidad con la obra del Canciller de Hierro, con el Segundo Reich, sino que además tenía el apoyo indiscutido del pueblo tras de sí. El nacionalismo y el desprecio a la democracia y al Parlamento eran para ustedes y sus amigos casi sinónimos. ¿No fue así como se convirtieron en algo más que meros compañeros de viaje? ¿No hicieron ya en ese momento, cuando tomaron posesión de sus cargos de consejeros, el juramento de que se comprometían a propagar las ideas del Führer, de que el pueblo alemán solamente podía salvarse con una lealtad ciega a Hitler?

—Se equivoca usted... Todo aquello me parecía que continuaba siendo una gran pantomima, un teatro grotesco. Había que exhibir hacia el exterior que se estaba de acuerdo para no levantar ninguna sospecha. Pero cuando me veía a solas con Steinitz o con algunas otras personas de confianza, no ocultábamos nuestra aprensión... La tensión a la que estábamos sometidos era enorme. Nos hallábamos en el centro de un núcleo de fuerzas que combatían en direcciones opuestas. Göring intentaba llevarse bien con Röhm y con Himmler, pero cada paso que daba era controlado con férrea vigilancia por las SS. La Gestapo comenzaba a organizarse. Para cada dirigente del régimen ése era el momento más importante para asegurarse un territorio autónomo, de suficientes dimensiones para sentirse protegido. Luego ese terreno acotado nunca les parecía bastante, y se lanzaban a la lucha por el territorio de los demás. ¡Era abominable! ¡Cada paso que se daba abría una nueva caja china, y dentro más y más feudos irreconciliables!

—¿He de darle crédito a lo que me está contando? ¿Pensaba entonces así, o sus ambiciones eran en realidad otras, muy distintas...? Los hechos incontrovertibles son que se convirtió en profesor de la Universidad de Berlín y en consejero de Estado prusiano, un honorable órgano del Estado, un representante del nuevo orden que los nazis estaban creando, y se dedicó a divulgar las ideas de sus nuevos señores con particular entrega a la causa. Usted dice que en realidad no creía en todo aquello, pero ¿no es cierto que contribuyó a desarrollar los principios nacionalsocialistas? ¿Qué es sino burda ideología nazi lo que afirmó en su conferencia en la inauguración del Consejo de Estado?

—No es cierto... Hablé de la nueva organización de las comunas y los ayuntamientos. En todo momento me remití a las reformas que llevaron a cabo las grandes figuras de la historia de la administración prusiana, el barón Von Stein, Hardenberg. Le diré lo que pretendíamos con el Consejo de Estado: que los gerifaltes del Partido recibieran un asesoramiento competente. Mientras nos lo permitieron, pudimos trabajar sobre cuestiones que eran importantes para el pueblo alemán: medidas contra el paro y para la creación de nuevos puestos de trabajo, propuestas para sanear la delicada situación financiera del Estado, iniciativas económicas y nuevas leyes.

—Los gerifaltes del Partido... Habla usted como si no se hubiera convertido en uno de ellos, como si no hubiera recorrido la geografía alemana impartiendo conferencias, incluso en reuniones cerradas del Partido, con esos que usted ahora llama fanáticos y a los que intentaba adular. Como si no hubiera hecho lo posible para que sus «brillantes» ideas pasaran luego a convertirse en leyes. Exabruptos tan influyentes, déjeme que le lea sus propias palabras, tengo aquí algunos de sus escritos, como que el Partido tenía que ser el eje de la organización de los municipios, o que era la voluntad del Führer la que creaba el Derecho... Nada menos.

—Si eso fue así, no era yo el único, desde luego. No fueron pocos los que se confundieron, los que fueron engañados... Recuerdo que a los pocos días estuve en una gran concentración de organizaciones católicas, y que al final se terminó cantando el himno del Papa y el himno nacional, con el brazo derecho bien levantado. El propio Hindenburg resolvió una encarnizada disputa sobre cuál era la bandera que se debía izar en los actos oficiales, permitiendo que se izaran juntas las dos, la del Reich con la esvástica. Eso sí que fue un cambio importante y simbólico: se aceptaba la continuidad de los dos emblemas, la tricolor del Imperio alemán y la roja con la cruz gamada.

—Necesito saber exactamente cuál fue su papel en ese momento tan decisivo en el que se produce el cambio desde dentro del sistema político. Sin divagaciones. Usted llegó a decir que no se podía seguir metiendo el vino nuevo en odres viejos, que en algún momento habría que fabricar odres nuevos... ¿No quería decir con eso que estaba dispuesto a dejarse utilizar para favorecer lo que los nazis tenían en la cabeza, arrastrando a la gente más indecisa con su retórica, con sus ideas bien envueltas en trabalenguas jurídico?

—No, en absoluto. No fue así como ocurrió. Yo, Steinitz, Ratsam y otros queríamos actuar como un lastre, intentábamos retrasar aquello que cada vez era un proceso más acelerado, algo que empezaba a alcanzar la velocidad de un tren sin frenos. Yo defendía por todas partes, por ejemplo, que, junto al movimiento ideológico, el nacionalsocialismo, que se había encarnado en el Partido, y junto a la voluntad del pueblo, que se manifestaba en el Führer, debía existir un Estado fuerte, debían crearse instituciones permanentes y equilibrios entre los diferentes poderes. No era eso desde luego lo que Röhm o Himmler tenían en la cabeza...

—Al final todo aquello no fue más que arena, arena que se llevó el viento. Los nazis avanzaron mucho más deprisa, y el propio Göring se encontró de repente con que su flamante Consejo de Estado no era respetado por nadie. Como en tantas otras ocasiones, la revolución acabó devorando a sus hijos, y a los primeros que devoró fue a sus mascarones de proa, a sus ridículos compañeros de viaje. Eso es algo que usted debería haber sabido, que usted sin duda intuyó, quizás supo...

La revolución devora a sus hijos... La vieja cuestión. Pero antes, la revolución quiso hacer tabla rasa con todo aquel que no estaba dispuesto a seguir adelante o que se atrevió a levantar la cabeza e intentar otro rumbo distinto.

Hasta finales del 33 parecía que la situación se estabilizaba; en las elecciones de noviembre, el Partido había conseguido más del noventa por ciento de los votos. Hitler seguía interesado en no enfrentarse al Ejército, lo necesitaba para mantener la apariencia de normalidad y para sus planes futuros, de la misma manera que necesitaba a Hindenburg, mientras viviese, para comprometer a la vieja élite. Pero a la vez dejaba hacer a las SA, no frenaba la arrogancia impertinente de Röhm y sus camisas pardas, cada vez más envalentonados y deseosos de arrasar con cualquier vestigio del viejo orden. Röhm gritaba a los cuatro vientos que hacía falta llevar a cabo la segunda revolución, la verdadera, la que sólo podían realizar los miembros del Partido de la primera hora, la que prescindiría por fin de la vieja casta militar, de los grandes banqueros e industriales que seguían impidiendo el triunfo de las auténticas fuerzas nacionales y sociales.

De repente, empezaron a crecer, como una plaga de insectos, como un zumbido de abejas, los rumores; pareció que todo se tambaleaba y que dentro del Partido podía estallar la crisis, que el terreno sobre el que pisábamos era mucho más quebradizo y frágil de lo que imaginábamos. La amenaza de la guerra civil volvió a hacer su aparición...

A principios de la primavera del 34 recibí una llamada de Marcks. Por primera vez le noté fuera de sí, su flema habitual había dado paso a una agitación que me hizo sospechar que la situación era más crítica de lo que los rumores y las noticias que me llegaban podían hacer suponer.

—No sé si está al tanto de lo que está ocurriendo, querido profesor... —Marcks pareció vacilar al otro lado de la línea. Me extrañó que hablara de forma tan directa; al teléfono ya no se permitía ninguna confidencia—. Es posible que lleguen a cumplirse algunos de nuestros augurios más pesimistas. Aunque quizás no todo esté perdido y todavía haya una posibilidad... —Y después, recuperando el aplomo, con una voz que se parecía más a una orden que a una amable invitación, añadió:

—Schleicher desea verlo. Le gustaría que se reuniera con él en su casa mañana por la tarde. No queda mucho tiempo.

Dudé al contestar. No creo que comprendiera en ese instante el peligro que corría, pero lo debí de presentir, pues intenté esbozar una excusa cortés. Desde su sustitución por Von Papen y la llegada de Hitler al poder, Schleicher vivía apartado en su residencia de las afueras de Berlín. Los nuevos mandos del Ejército habían decidido que podían sacar ventajas de una alianza táctica con Hitler, y por tanto hacían todo lo posible para que el nombre de Schleicher y de los oficiales sobre los que todavía ejercía influencia fueran marginados de los lugares de decisión.

Vislumbré también el doble juego del Führer, cómo utilizaba las bravatas de Röhm, sus protestas de que había llegado la hora de hacer tabla rasa con el pasado y efectuar la verdadera revolución pendiente, para así presionar al Ejército y acercarlo cada vez más a su terreno. Pero el Lobo tendría antes o después que elegir entre Röhm y el Ejército, entre la agitación permanente y el Estado. No cabía duda de que estábamos en uno de esos momentos decisivos en los que cualquier paso equivocado podía tener consecuencias funestas... Marcks tenía razón; quizás en plena confusión, en medio del caos al que parecía que nos aproximábamos sin escapatoria posible, hubiera aún una posibilidad.

Schleicher habitaba en una hermosa villa, cerca de uno de los lagos de los alrededores de la capital. El teniente coronel Ott y el mayor Marcks pasaron a recogerme a mi casa. En el coche, apenas cruzamos unas palabras banales sobre la climatología y la última obra de teatro que habíamos visto juntos, en la que Gustav Gründgens había vuelto a brillar con su magia de consumado actor.

La casa de dos plantas del antiguo ministro del Ejército se divisaba nada más rebasar una de las pequeñas colinas que se destacaban frente al lago. Schleicher nos recibió con amabilidad, preguntándome con sincera preocupación nada más llegar por la salud de mi mujer, que acababa de superar una fuerte gripe. El general nos hizo pasar a la biblioteca, donde ya estaban esperando Hammerstein, el antiguo jefe del Mando Supremo del Ejército, y Steinitz.

La conversación giró rápidamente a la crisis planteada por Röhm. Hammerstein llevaba meses fuera del Ejército, del que había solicitado ser licenciado a causa de su radical oposición a la nueva situación política. Fue el primero en intervenir:

—Hay que contar con el hecho de que Röhm ha demostrado a lo largo de su carrera ser un gran organizador y un hábil estratega. Sin él, Hitler no hubiera llegado nunca a ser lo que es. Tiene tras de sí más de tres millones y medio de camisas pardas. Le debe mucho. —Hizo una pausa, antes de que se le contrajera el rostro, visiblemente molesto—. ¡Esa banda de criminales y de pervertidos! ¡Es infame!

Observé a los otros tres militares presentes. Deduje que a Hammerstein le correspondía realizar el informe de la situación y que Schleicher no hablaría hasta el final.

Hammerstein volvió a tomar la palabra:

—Sus métodos son y han sido el terror y el asesinato. Llevamos años teniendo que soportar que se creen campos de prisioneros de las SA donde aterrorizan a sus adversarios; que se interrumpan con violencia los juicios en los que se les acusa de actos criminales; y que se apoderen de las calles con sus manifestaciones incontroladas y sus amenazas a todo aquel que ose mostrar la menor disconformidad con su forma de actuar. Han llegado a linchar incluso a compañeros de Partido que les afearon su comportamiento o que no se mostraron tan brutales como ellos. En Berlín es un espectáculo atroz, pero en el campo y en las ciudades pequeñas del interior la policía no se atreve ni siquiera a enfrentarse a ellos. ¡Hay que acabar con esta chusma!

Ott hizo ademán de hablar. Era uno de los pocos oficiales de alta graduación que no habían secundado la llamada de los nuevos mandos del Ejército a apoyar las acciones dirigidas contra los partidos de izquierda y los sindicatos.

—Lo que está en juego es el futuro del Ejército —dijo—. Ott estaba pálido y más delgado que la última vez que nos habíamos visto. Su voz sonaba metálica, dura—: No nos oponemos a que sea el Partido quien tome las riendas del Estado —continuó—, pero lo que el Ejército representa y su independencia deben quedar salvaguardados. Lo que Röhm pretende es someter al Ejército bajo el mando de las SA, como Musssolini hizo en Italia; transformarlo en una milicia popular controlada por las Fuerzas de Asalto, un Ejército político, al servicio no sólo del Führer, sino de su lugarteniente y gran capitán Röhm. Con eso sería invencible, estaría por encima de todos los demás; habría conseguido crear un Estado dentro del Estado...

Al fondo de la sala, sumido en sus pensamientos, Schleicher parecía querer demorar su intervención; su rostro, en tantas otras ocasiones impasible, se mostraba ahora invadido por una sombra de grave preocupación.

Era fácil darse cuenta de que se hallaba ante un difícil dilema. Si daba un paso en falso, podía ser acusado de alta traición por sus propios compañeros generales. Por otra parte, tampoco se habían olvidado sus intentos de llegar a un acuerdo con Strasser y con determinados sectores del Partido, ahora en clara minoría y a los que Hitler había jurado venganza. Como los demás, Schleicher era consciente de que quizás hubiera una posibilidad de cambiar el curso de los acontecimientos y de que finalmente el Ejército se hiciera con el poder. Pero era un terreno enormemente resbaladizo... El enfrentamiento entre Hitler y Röhm beneficiaba sus objetivos, ¿pero por cuánto tiempo? ¿Hasta cuándo estaría Hitler dispuesto a aguantar la presión que ejercía Röhm? ¿Y si todo fuera una estratagema para acabar aniquilando al Ejército?

Steinitz, que se había mantenido en silencio, contemplando desde los ventanales la suave puesta de sol sobre el lago, el lento descender del disco solar hasta llenar el horizonte de los resplandores de una hoguera lejana, se ajustó las gafas antes de decir con una frialdad contenida:

—Röhm se ha hecho, es cierto, con un poder paralelo al de Hitler. Ha creado eso que llama «Comisariados», con los que se entromete en todo tipo de cuestiones, los ejercicios militares, las paradas de la tropa, las universidades... Ha establecido sus propios tribunales y jueces, e incluso una policía rural que aterroriza a todo el mundo con sus fechorías. También ha sabido tejer una estrecha red de contactos con los empresarios, con la prensa, con la Administración. No hay día que yo mismo no reciba la visita inesperada de alguno de sus secuaces sugiriendo con muy poca diplomacia qué es lo que a su capitán le gustaría que introdujéramos en este o aquel decreto. Pero no creo que se atreva a más... Lo que le reprocha a Hitler es que no sea fiel a sus viejos camaradas, que se deje guiar por los que considera una camarilla de inútiles, por Göring, Goebbels, Himmler y Hess. Según Röhm, son ellos los que están impidiendo que se haga la auténtica revolución, que triunfen por fin las SA.

Steinitz se interrumpió unos instantes para ajustarse los anteojos, antes de añadir:

—Es un salvaje, pero por eso es posible que no fuera nuestra peor opción... Es más débil que Hitler. En todo caso el Führer va a tener que elegir entre Röhm o Himmler, las SA o las SS. ¡No soy nada optimista con lo que pueda pasar!

Yo confiaba en el buen sentido de Steinitz, en su conocimiento de los intrincados laberintos del aparato del Estado, aunque no siempre compartiera todos sus puntos de vista. La estrategia que estaba proponiendo —apostar por Röhm— era sin duda muy arriesgada.

Pensé en esos momentos que los militares seguían mostrándose tan presuntuosos como siempre, convencidos de que al final sin ellos no habría ninguna solución posible. Comenzaba a intuir la astucia demoníaca del Tribuno, a comprender el sentido del nombre que Antaios le había dado, Kniébolo. El Lobo era más hábil de lo que ellos pensaban.

En realidad, Hitler tenía que estar en el fondo de acuerdo con los objetivos de Röhm, con su rechazo de la casta del monóculo... Pero si lo apoyaba en las circunstancias actuales, no sólo se le arrojarían encima el Ejército y Hindenburg, con el que todavía tenía que contar para seguir dándole al régimen la apariencia de legalidad de la que disfrutaba; también pondría en peligro la alianza con los conservadores y la débil recuperación económica que estaba consiguiendo. Además, apoyar a Röhm tendría un inmenso coste político de cara al exterior, pues los hombres de las SA eran vistos como los radicales del movimiento; levantaría al instante una oleada de protestas, creando una gran desconfianza entre los otros países europeos, lo que chocaba de raíz con sus propósitos de guardar las apariencias por un tiempo prudencial.

Fue Hammerstein, irónico y vehemente como le conocía de otras situaciones, el que se refirió entonces al primer encuentro del Führer con las máximas autoridades militares a los pocos días de llegar a la Cancillería, cuando él era todavía el jefe del Mando Supremo:

—Hitler prometió al Ejército cuando vino al Cuartel General cambiar radicalmente las cosas y conseguir el rearme. Lo primero, liquidar Versalles. También habló de no tolerar ninguna propaganda pacifista y de que, al contrario que en Italia, el Ejército y las SA no se fusionarían; él deseaba que el Ejército fuera apolítico y estuviera por encima de los partidos... Nuestros queridos compañeros de armas que se han convertido en sus perros falderos están haciendo todo lo posible para que el Ejército acabe siendo una criada del Partido. Han introducido la insignia nazi como símbolo oficial de las Fuerzas Armadas y están llevando a cabo la purga de los no arios. Desde los oficiales hasta la tropa más baja tienen que someterse a los cursos de doctrina nacionalsocialista: ¡es una capitulación en toda regla! ¿Qué más tenemos que esperar? ¿Y ustedes dicen que debemos seguir confiando en que Adolf Hitler protegerá al Ejército contra las SA?

La tensión estaba enrareciendo el ambiente. Hammerstein se había despedido del Ejército a principios de otoño, harto de las intrigas y furioso con la decisión de muchos de los generales y oficiales de alta graduación de no oponer ninguna resistencia. Creía que con ello se había impedido cualquier posibilidad de que los militares volvieran a tomar la iniciativa. Después de su marcha, que para muchos significó un alivio, el nuevo ministro del Ejército había prohibido a su gabinete que mantuviera ningún contacto con él.

Ott quiso serenar los ánimos. Junto con Marcks, era el único de los presentes que seguía en activo y continuaba teniendo excelentes contactos entre los oficiales:

—Debemos tener en cuenta —intervino, adelantándose hacia el centro de la estancia— el compromiso que Röhm firmó en el Cuartel General del Ejército, en presencia del canciller y del ministro, y también la reacción posterior de las SA...

Hizo una breve pausa, mientras dirigía la mirada hacia Schleicher. Luego, prosiguió, diciendo:

—Según los ayudantes que fueron testigos de esa reunión, Hitler se empleó a fondo durante la cena para conseguir que Röhm aceptara bajo juramento la primacía del Ejército y que las SA sólo se ocuparían de la formación militar suplementaria. Pero desde entonces no ha hecho sino justo lo contrario de lo que le prometió a Hitler: ha seguido comprando armas en el extranjero y él no deja de desfilar, montado a caballo, delante de las masas enfervorizadas de las SA, amenazando y chantajeando. Con esa actitud desdeñosa está consiguiendo que sean los demás, Hess, que le odia, Bormann, Göring y Himmler, los que, ante la pasividad de Hitler, hayan empezado a mover los hilos...

Al fondo de la estancia, Schleicher se había refugiado en un tenso silencio. De vez en cuando lanzaba pequeñas ráfagas de complicidad a Steinitz, que seguía escudriñando, absorto, el horizonte.

Las últimas luces del atardecer habían dado paso a una noche serena, iluminada por la luna, que dibujaba los perfiles de los yates de recreo anclados en el puerto deportivo, cuyos muelles y dársenas se divisaban desde los amplios ventanales de la residencia del general.

Antes de que el ex canciller tomara la palabra, fue Ott el que de nuevo intervino:

—La información de que disponemos —se giró de forma casi imperceptible hacia Marcks, quien confirmó con la cabeza— es que Röhm, a la salida de firmar ese compromiso delante de Hitler, le acusó de falta de lealtad y le insultó diciendo que no era nada más que «un cabo ridículo». También vociferó que si no podía ser con él, las SA seguirían adelante sin el Führer...

Se detuvo unos instantes, antes de continuar con el rostro y la voz graves:

—Estas frases llegaron hasta el Führer y como es lógico también hasta Himmler. Nuestras noticias son que, muy a pesar suyo, a Göring no le ha quedado otra alternativa que aliarse en un matrimonio de conveniencia con Himmler, a quien le ha traspasado el control de la policía secreta. Es la oportunidad que Himmler y Heydrich esperaban; es decir, que la lucha entre Röhm y Himmler, entre las SA y las SS, se está ya librando y los cuchillos afilándose. No creemos que el Führer pueda mantenerse al margen durante mucho más tiempo...

Fue tras estas palabras de Ott cuando Schleicher se decidió finalmente a intervenir:

—Señores, creo que estamos en una situación completamente distinta a la que nos encontrábamos hace unas semanas o incluso días —dijo, ante el silencio expectante de los demás—. Estamos ante una crisis del Estado y del movimiento político que se ha apoderado de él. La lucha abierta entre las SA y las SS ha hecho que se abran las esclusas de aguas fétidas que estaban sumergidas bajo la apariencia de legalidad y los respetuosos besamanos a las señoras del canciller.

Hizo una pausa, su mirada de águila descansando fijamente en cada uno de los que le escuchábamos. El general parecía haber estado reflexionando desde hacía meses sobre lo que estaba a punto de decir.

Miré a Steinitz, quien advirtió mi ligero desconcierto, pero no hizo ningún gesto para tranquilizarme.

—Han empezado a circular listas secretas... —Schleicher continuó, ajustándose el monóculo, la calva resplandeciente—. Listas con nombres de objetivos de ejecuciones sumarias que provienen de los dos campos y están creando una gran inquietud y angustia en todos los niveles del Partido Nacionalsocialista.

Imaginé por unos instantes lo que aquello podía llegar a suponer. Schleicher inspiró aire con determinación, antes de añadir:

—En este clima de terror, el pueblo alemán está reconociendo por fin el verdadero rostro de los usurpadores. ¡Es como si estuviera cayendo la venda que ha hecho imposible ver con claridad a tantas gentes de bien durante este último y terrible año! Nuestros conciudadanos se dan cuenta de todo lo que han tenido que aceptar a cambio de falsas promesas y una aparente seguridad. Se ha perseguido cruelmente a los partidos y a los sindicatos, a los judíos. Se han enfrentado con las iglesias y no han dejado de acosar desde el primer día a la prensa. Además, han hecho desconfiar a los demás países, que recelan de los objetivos de Hitler.

Schleicher se interrumpió durante unos segundos. Me pareció un hombre que cargaba sobre sus espaldas con una gran responsabilidad, un peso insoportable al que el destino le había conducido desde que aceptara el cargo de canciller y tuviera que dimitir a los pocos meses, después de que Kniébolo consiguiera embaucar a Hindenburg. Recordé las palabras de una conversación con Antaios, pocos días antes, cuando me dijo que «cada uno de nosotros es un Atlas que lleva sobre sus espaldas el Universo...».

Los rasgos del ex canciller, irguiéndose del sofá hasta situarse en el centro de la habitación, se hicieron más rígidos cuando prosiguió con voz firme, diciendo:

—Quizás sea éste el momento de actuar sin vacilaciones. En este preciso instante en que el Partido Nazi está dividido y en plena guerra interna. ¡Ahora es cuando el Ejército, la mejor parte del Ejército tiene que intervenir! ¡No cabe ninguna indecisión! —Y, luego, enseguida, con gesto de intercambiar una confidencia, bajando la voz, el general añadió—: Von Papen está de acuerdo y Hindenburg también. El presidente le ha dicho a Von Papen que las cosas están muy mal, y que intente ponerlas en orden.

Aquello me pareció un sarcasmo. ¿Pensaba Hindenburg, el viejo y solitario soldado, que Von Papen iba a ser capaz de hacer algo en plena salida nocturna de los lobos olisqueando sangre? ¿Ésa era la sutil percepción de la realidad de la que gozaba, en sus últimos tiempos, el aún presidente del Reich?

Más tarde, algo más relajado, sentados en el salón y ante una botella de oporto, el general nos relató que habían estado a punto, él y su joven esposa Katia, de sufrir un accidente de automóvil poco después de atravesar Potsdam. En la última décima de segundo, el chófer había reaccionado con la necesaria sangre fría para impedir una tragedia.

Al alcanzar un alto con poca visibilidad de la carretera, otro vehículo surgido de la niebla se había abalanzado sobre ellos sin apenas permitirles la menor maniobra de distracción. Ambos estaban seguros de no tener escapatoria, de que el choque frontal era inminente. Karl, el conductor, había reaccionado rápidamente. En vez de girar el volante con un fuerte bandazo, había calculado con nervios de acero la trayectoria del contrario para, en el último instante, conseguir desplazar con un golpe lateral, de fuerte impacto pero sin graves consecuencias, al otro automóvil fuera de la carretera...

A los dos días de la reunión en casa de Schleicher, Von Papen, con su acostumbrada falta de oportunidad, se decidió a saltar a la palestra. En una conferencia en la Universidad de Magdeburgo, lanzó una soflama muy crítica contra la violencia y el radicalismo de las Fuerzas de Asalto, contra la falta de escrúpulos y el ansia de riquezas de los seguidores de Hitler; también, como si no fuera responsable de lo que durante año y medio había estado aprobando un Gobierno del que formaba parte nada menos que como vicecanciller, contra la censura de la libertad de opinión y la «ambición totalitaria» del nuevo Estado.

Como en tantas otras ocasiones, anteriores y posteriores, fue Kniébolo el primero en actuar. Y lo hizo sin contemplación alguna, inmisericorde. Dos semanas después de la conferencia de Von Papen en Magdeburgo, con el apoyo de Göbbels, Göring y Himmler, lanzó a las SS contra las SA y erradicó, de paso, cualquier germen de oposición en el Ejército y entre las fuerzas conservadoras y católicas.

El asesinato de Schleicher fue atroz...

La misma tarde de ese 30 de junio de 1934, Steinitz me contó los detalles.

Debió de ser en los minutos cercanos al mediodía. El ex canciller había pasado la mañana en su despacho, en la planta baja de la vivienda. A esa hora, es posible que pudiera contemplar desde su mesa de trabajo el lento discurrir de los veleros en el agua. Era un día de mucho calor en el que los termómetros marcaban treinta grados, y las orillas del lago estaban llenas de bañistas, pequeñas manchas de color agitándose sobre el horizonte de un azul denso y brillante. Schleicher no había dejado de recibir hasta la misma víspera avisos de cautela de sus confidentes en el

Ministerio del Ejército. Se rumoreaba que el general estaba en contacto con Röhm y que éste estaba preparando un golpe. A su mujer, muy preocupada por estas noticias, Schleicher le había contestado que hacía meses que no veía a Röhm y que no debía inquietarse por aquellas patrañas sin importancia.

A pesar de lo confuso de la situación, Schleicher se sentía confiado. Según sus cálculos, Hitler seguía necesitando al Ejército y a Hindenburg. Aunque sus relaciones con los nuevos mandos fueran malas, Schleicher no veía posible que Hitler se atreviera a hacer daño a un general, antiguo canciller del Reich y viejo camarada de Hindenburg. La inquietud de los jóvenes oficiales del ministerio no estaba justificada... Lo que había que hacer era mantenerse discretamente al margen, y esperar que la tormenta amainara. La prudencia le había dictado finalmente aguardar, no hacer ningún movimiento, esperar hasta volver a contar a su favor con más apoyos dentro del Ejército.

Después de cenar, el ex canciller había dejado abierta la puerta que comunicaba el estudio-biblioteca con el comedor y se había acomodado en el sofá de cuero, esperando que la gobernanta sirviera los licores. El general se había permitido bromear durante la cena con su mujer sobre los miedos e inquietudes de los oficiales del ministerio, asustadizos como doncellas...

Esa mañana, la radio había transmitido largos extractos del discurso del ministro del Ejército, reafirmando la fidelidad del Ejército al Führer. Schleicher se había mostrado furioso con su sucesor, con sus maneras de cortesano servil de Hitler, con la indiferencia cruel y despiadada con la que había perseguido a sus antiguos colaboradores del ministerio.

Sonó el teléfono. Era un viejo compañero de armas que quería hablar con él. En ese mismo instante, repiqueteó el timbre de la puerta principal y Schleicher interrumpió momentáneamente la conversación, ordenando que fueran a abrir.

En el hall, la gobernanta descorrió la mirilla de la puerta. Eran cinco hombres, vestidos con largos impermeables, que habían descendido de un coche negro, aparcado delante del portal.

—Quisiéramos hablar con el general Schleicher —dijo uno de ellos.

La voz, autoritaria, no admitía réplicas. La gobernanta entreabrió la puerta, dudando ligeramente, y aún tuvo la sangre fría de intentar volver a cerrarla, pero uno de los hombres, con un movimiento brusco, la empujó, aplastándola contra la pared. Los otros se dirigieron rápidamente, como si conocieran al detalle los planos de la vivienda, hacia el interior.

El interlocutor del general al otro lado del hilo telefónico escuchó un golpe seco, el ruido del aparato al caer al suelo, y, después, a lo lejos pero claramente audible, la voz del general, respondiendo con aplomo a la pregunta sobre su identidad:

—Sí, yo soy el general Schleicher.

Inmediatamente se escuchó el traqueteo intermitente de las detonaciones antes de que uno de los asesinos se acercara a colgar el auricular.

Aterrorizada ante esta escena, la gobernanta se desplomó cerca del cuerpo inmóvil del general, cuyo torso reposaba inclinado en uno de los brazos del sofá, como si en el último instante Schleicher hubiera intentado huir. Tenía perforaciones de bala en el pecho y en los brazos. La sangre fluía a borbotones sobre el suelo.

De repente, se oyó un grito. Katia llegó corriendo desde el otro extremo de la vivienda, aterrorizada por las detonaciones, y al ver la escena no pudo evitar lanzar un segundo grito, aún más desgarrador. Los hombres vestidos con los impermeables negros seguían teniendo los revólveres en la mano mientras Katia avanzaba hacia ellos con los brazos levantados, mirando espantada el cuerpo inerme de su marido. Todavía tuvo tiempo para intentar volver a gritar, ocultándose el rostro con las manos, pero rápidamente su aullido entrecortado se mezcló con el estampido seco de las balas. Katia se desmoronó, también ella abatida por los hombres de la Gestapo.

La gobernanta se había levantado y permanecía petrificada en el arco de entrada al despacho. Uno de los asesinos se acercó a ella, susurrándole:

—Señorita, no tenga miedo, a usted no le vamos a hacer nada.

Seguidamente, los hombres de la Gestapo registraron a toda velocidad los cajones del general, apoderándose de documentos y papeles, y se alejaron de la vivienda sin haber cerrado siquiera las puertas. La gobernanta se quedó inmóvil, con los ojos fijos en los cuerpos sin vida del general y su mujer, hasta que una de las doncellas, que se había escondido en el primer piso, se armó de valor y descendió las escaleras, encontrándose al ama de llaves bajo una fuerte conmoción.

Fue la doncella quien avisó a la policía, que redactó un informe oficial siguiendo las instrucciones recibidas del Ministerio de Interior en el que se afirmaba que el general se hallaba comprometido en el complot de Röhm y que, al intentar ser detenido por las fuerzas de seguridad, se había resistido violentamente, resultando muerto en el acto. Al cabo de pocos días, se descubrió en un descampado el cuerpo sin vida del ama de llaves, único testigo del atentado...

Así fueron asesinados también otros muchos de mis conocidos y amigos: el adjunto de Schleicher en el Ministerio del Ejército, el secretario particular de Von Papen, los dirigentes principales de las organizaciones católicas, todos aquellos que podían movilizar actos de oposición al régimen... Von Papen sobrevivió única y exclusivamente por la protección personal de Göring, que impidió, rogándoselo al Führer y ejerciendo su autoridad ante Himmler, que el vicecanciller corriera la misma suerte. Tres hombres del servicio de seguridad se presentaron en el palacio de la Vicecancillería y lo registraron de arriba abajo, hasta que encontraron a uno de los hombres de confianza de Von Papen escondido en un armario, y, en cuanto se dieron cuenta de que era su jefe de prensa, le dispararon a bocajarro.

Pero así fueron también eliminados, a sangre fría y haciendo oídos sordos a cualquier protesta o lamento, Röhm y los principales dirigentes de las SA.

El propio Hitler, con un grupo escogido de fuerzas de las SS y de la Gestapo, se dirigió en coche durante la noche al pequeño enclave de Bad Wiessee, donde el máximo líder de las SA celebraba una reunión con sus hombres durante el fin de semana, antes de que se iniciara el período estival. Entrando violentamente en las habitaciones y en las salas del hotel, y después de registrar todos los lugares en los que pudieran encontrarse sus víctimas, los fusiles de repetición y las ametralladoras segaron a lo largo de toda la noche las vidas de los principales cabecillas y mandos de las Fuerzas de Asalto.

Acciones similares se llevaron a cabo en Berlín, en Múnich y en Silesia. Pelotones de ejecución funcionaron hasta la madrugada y al día siguiente en los patios de los cuarteles. Decenas, cientos de víctimas, entre ellos siete de los trece generales con los que contaban las SA. No hubo juicios ni ningún tipo de acusaciones sumarias. Los hombres morían gritando *Heil Hitler!* o maldiciendo al Führer.

Durante las detenciones se produjeron escenas repugnantes; muchos de los principales SA eran pederastas, algunos se habían acostado esa noche con compañeros muy jóvenes, apenas adolescentes o niños.

No hubo piedad para los familiares ni para los amantes. Se eliminó a los condenados en sus propias camas o degollándolos en celdas siniestras... «La Noche de los Cuchillos Largos», «Un San Bartolomé a la alemana»: así encabezaban sus titulares los periódicos y los noticiarios extranjeros durante los días siguientes, intentando explicar la masacre.

Esa noche se selló no sólo el sometimiento de las SA al poder del Führer y el triunfo de las SS, sino sobre todo la gran derrota del Ejército.

La pregunta decisiva que surgía de todas las gargantas al día siguiente era cómo iban a responder los militares. ¿Qué haría el Ejército ante el asesinato de sus generales, de un ex canciller, de los dirigentes opositores al régimen?

En la calle, la primera reacción fue sorprendentemente contradictoria. Las gentes se sentían liberadas del yugo de las SA, y lo cómodo era interpretar las purgas como una enfermedad de crecimiento, como el sarampión necesario para la madurez del movimiento nazi. Se aseguraba que las fuerzas moderadas podrían ahora favorecer un curso más sensato y frenar a Hitler. Pero, por otra parte, quien más y quien menos intuía que se había alcanzado un límite. Del que había sido capaz de llevar a cabo aquella carnicería no iba a ser posible esperar a partir de ese momento sino peligros y destrucción...

Por un momento pareció que todo permanecía suspendido en el aire. El futuro dependía del Ejército, de la reacción ante el asesinato de sus generales. Hitler, temeroso e inseguro sobre lo que pudiera ocurrir, consideró oportuno desaparecer de Berlín durante diez días después de la masacre.

Con su afilado instinto depredador, Kniébolo había eliminado al general que habría podido hacer del Ejército de nuevo un factor político del que no se hubiera podido prescindir.

En contra de lo que podía esperarse, no hubo entre los antiguos compañeros de Schleicher ninguna reacción. Apenas alguna protesta aislada, rápidamente silenciada.

Una vez más, el Lobo había ganado la partida.

XVI

—Diputados, miembros del Reichstag alemán. —Así comenzó el Führer su discurso en la ópera Kroll a los dos semanas de haber acabado con las ambiciones de Röhm.

Hitler estaba nervioso, el rostro de un color violáceo, tensas las líneas de la frente y las mejillas. La voz, dura y gastada, más áspera y brusca que de costumbre, sonaba como el golpeteo de un arma. Las palabras parecían lanzadas como órdenes o como hondas de piedras:

—Quiero, delante de este foro, el más cualificado de la nación, dar al pueblo alemán aclaraciones sobre los acontecimientos que deseo que permanezcan en nuestra historia, y para la eternidad, como un recuerdo lleno de enseñanzas, y también de tristeza.

El calor no había dejado de aumentar desde finales de junio. Hitler había esperado cerca de dos semanas, dos largas semanas después de la noche sangrienta, para dar las explicaciones oficiales a los alemanes sobre lo que había ocurrido. Ese viernes, una atmósfera de pesantez caía a plomo sobre la capital del Reich. La sesión del Parlamento estaba convocada para el final de la tarde. Los coches oficiales habían ido llegando, como un enjambre de cucarachas oscuras, de las que surgían, vistosos, los uniformes nazis, hasta aquel edificio de la ópera Kroll, al oeste de la Königsplatz y cerca del Spree, en donde tenían lugar las sesiones del Reichstag desde el incendio que, a las pocas semanas de la llegada de Hitler al poder, lo había destruido.

A la entrada, se suceden los saludos. Los uniformes negros y blancos se entremezclan. Son los gestos, seguros y altivos, de los vencedores de la primera gran purga. Las palabras y las órdenes a los subordinados, cortantes, resuenan ante el edificio neoclásico de finales del XIX. Cuando Hitler entra y se dirige hacia la tribuna, protegida por hombres de las SS, pues se teme un atentado, todo el mundo se pone en pie y saluda con el brazo en alto y un atronador *Heil Hitler!*

Como consejero de Estado, he ocupado el asiento que se me ha reservado en la tribuna de invitados. Soy de los pocos que visten traje civil.

Göring, en su calidad de presidente del Reichstag, abre la sesión, y le cede inmediatamente la palabra al Führer, que ya se halla en la tribuna.

—Mi discurso será claro y sin rodeos —prosigue Hitler—. Sólo me impondré algunas reservas, y serán las únicas, allí donde lo exijan los intereses del Reich o el sentimiento del pudor...

La voz del Führer intentaba sonar apaciguadora, pero sus movimientos, violentos, incontrolados, le traicionaban. Algunos periódicos habían descrito abiertamente las «escenas repugnantes» de sangre y sexo, pero no era esto lo que le preocupaba. Steinitz me había informado de que en la primera reunión del gabinete después de la acción contra Röhm, Hitler apenas se había detenido en ella, afirmando que se había tratado de una revuelta militar para la que no cabía pensar en procedimientos legales. Si en un barco se produce un motín, éstas habían sido las palabras del Führer, el capitán no sólo puede, sino que está obligado a acabar por todos los medios con la rebelión. El gabinete también había decretado que las acciones contra la revuelta se hallaban legalmente justificadas por tratarse de una situación de necesidad.

—No eran solamente —insistía el Führer en su discurso— las intenciones de Röhm, sino también su actitud lo que producía su alejamiento del Partido. Todos los principios que han hecho posible nuestra grandeza empezaban a perder su sentido. La vida que el jefe de las SA llevaba y, con él, cierto número de dirigentes, era intolerable desde el punto de vista del nacionalsocialismo. Existía el peligro de que esas costumbres depravadas se extendieran a otros ambientes, contagiando al resto de nuestro pueblo.

El silencio en la ópera Kroll era absoluto. Fuera, las gentes se amontonaban bajo las copas sombreadas de las arboledas del parque. La prensa, controlada por Goebbels, había hecho un buen trabajo; tras la conmoción inicial, ahora una mayoría de la población parecía justificar la Noche de los Cuchillos Largos. Solamente los periódicos extranjeros hablaban de la «podredumbre nazi» y se referían a la «ferocidad calculada y repugnante» de aquellos actos.

La expresión de Hitler se iba haciendo más dura y agria conforme seguía hablando.

—Los motines se juzgan por sus propias leyes. —La voz del Führer sonaba ahora como un martilleo cada vez más incesante—. He dado la orden de fusilar a los principales culpables y he dado también la orden de cauterizar los abscesos que mostraban el veneno que llevábamos dentro, hasta quemar la carne viva... Y he transmitido igualmente la orden de matar a cualquier rebelde que, al ser arrestado, hubiera mostrado resistencia...

Aquél a quien seis meses antes Hitler tuteaba y mimaba como su más fiel y antiguo camarada se había convertido en un «absceso», en un cáncer a extirpar.

El Führer comenzaba a gritar y a agitar los brazos, el cuerpo inclinado bruscamente hacia delante, el dedo índice amenazador, el pelo cayendo sobre la frente, en gestos de furia cada vez más incontrolados, hasta tronar casi al límite de sus fuerzas:

—¡Fusilar, quemar la carne viva, matar...! —Las palabras de Hitler parecían traer a la memoria la violencia de aquella noche envuelta en sangre—. ¡Había que salvaguardar a la nación contra el enemigo que atentaba contra ella, parapetado tras una hipócrita lealtad! ¡Expurgar, cauterizar, sajar todo aquello que se levantaba contra el pueblo alemán...! La nación debe saber que su existencia no puede ser impunemente amenazada. Cualquiera que levante su mano contra el Estado será aniquilado. El Estado nacionalsocialista no es aquel espantapájaros, débil y ridículo, que fue Weimar. Ante la insurrección es preciso reaccionar con rapidez. ¡Sajar! ¡Es preciso sajar! Nadie está al margen, nadie puede dejar de cumplir sus obligaciones; y menos que nadie, los que han recibido un mandato del pueblo, los que ostentan los cargos del Estado. ¡A ésos se les pedirá mayor entrega en la causa nacionalsocialista!

El rostro de Kniébolo mientras pronunciaba estas palabras parecía revivir aquellas horas sangrientas en las que el cabo desarraigado convertido en juez supremo de la nación había conseguido identificarse definitivamente con su papel. Pensé en Schleicher y en Katia; en Von Papen, al que únicamente la mano protectora de Göring había conseguido salvar de una muerte infame, ahora bajo arresto domiciliario; pensé en los otros, en los cuerpos mutilados, torturados, de mis amigos, y una corriente de terror me recorrió todo el cuerpo. Empezaban a ser *mis* muertos; ciertamente no los últimos, pero sí muy queridos y cercanos. Katia, tan radiante; Schleicher, siempre dispuesto a arriesgarse caballerosamente. ¿Dónde estaban ahora? Bajo una fría y olvidada losa.

Perseguido por aquella pasión que se apoderaba de él hasta hacerlo su esclavo, Kniébolo continuaba su discurso en la ópera Kroll. La escenografía no podía ser más apropiada. Todos los miembros del Parlamento y los altos jerarcas del Partido sentados en los palcos y en las tribunas, ensordecidos por los gritos crecientes de Hitler, la mandíbula desencajada, el puño cerrado, los ojos desorbitados y encendidos... Las banderas rojas con la esvástica parecían ocupar toda la sala, colgando desde los palcos, inundando de rojo el proscenio, ondeándose al compás de las palabras del Führer, cada vez más aceleradas:

—La acción acabó después de la noche del domingo, 1 de julio. Se ha restablecido el estado de la legalidad. Algunos traidores, bajo el mando del general Schleicher, y en connivencia con los más abyectos intrigantes dentro del Partido, habían establecido contactos con el embajador de una potencia extranjera para impedir que el nacionalsocialismo cumpliera la misión que le ha encomendado el pueblo alemán. Estoy dispuesto, yo solo, a asumir delante de la historia la responsabilidad de las decisiones que he tenido que tomar para salvar aquello que nos es más precioso en el mundo: ¡el pueblo alemán y el Reich alemán!

Al acabar, el auditorio se levantó como un solo hombre, los aplausos parecían no tener fin, y las gentes marchaban a sus casas cantando por los paseos del Tiergarten y las avenidas cercanas.

No fue hasta varias semanas después cuando conseguí contactar con el mayor Marcks. La situación seguía siendo muy tensa y peligrosa. No teníamos duda alguna de que nuestros teléfonos eran vigilados, por lo que decidimos reunirnos en las afueras de Berlín, en un café anónimo.

Marcks estaba profundamente afectado por el asesinato del general y de su mujer.

—Lo más terrible es que el nuevo mando estaba de acuerdo con que se encarcelara a Schleicher, y fueron ellos, los generales, sus viejos camaradas, grandes expertos en mentir, quienes comenzaron a divulgar el infundio de que el ex canciller había intentado defenderse cuando le arrestaban y que fue entonces cuando le dispararon...

Marcks se mostraba perturbado, temeroso. Todos los planes y estrategias de los últimos años se habían desmoronado como un juego de naipes. No cabía ninguna duda de que si le hubieran encontrado durante los días de máxima actividad de las razias hubiera corrido la misma suerte que su antiguo jefe. Por fortuna, Steinitz había podido informarle a tiempo y se había conseguido refugiar en casa de unos amigos en el campo, a varios cientos de kilómetros de Berlín, de donde acababa de regresar. Era consciente, sin embargo, de que su vida seguía corriendo un riesgo inmediato. Marcks estaba convencido de que el Ejército no tardaría en plegarse completamente a la voluntad de Hitler:

—El Alto Mando ha prohibido que se hable de nada de lo que ha sucedido. Se ha rechazado cualquier tímido intento de los demás de llevar a cabo una investigación sobre los asesinatos y el ministro hizo todo lo posible para que ningún militar en activo fuera al entierro. ¡Es una infamia y un deshonor público!

Intenté levantar el ánimo del buen Marcks, pero se encontraba sumido en un profundo abatimiento. Desde hacía algún tiempo, yo había comenzado a perder la esperanza en los militares. La obsesión del mando y la obediencia ciega, la ambición de las órdenes y condecoraciones, el placer por las intrigas y las manipulaciones políticas les habían corrompido. Kniébolo había sabido llevarlos a su terreno, atraerles con las promesas de devolverles la gloria perdida en Versalles; ahora estaban en sus manos.

—Ya no les condiciona solamente el juramento de obediencia, ni son los compromisos de lealtad al mando lo que les mueve —continuó Marcks, adivinando mis pensamientos—. No pocos de los generales piensan que sus intereses y los de Hitler coinciden, y que ahora, después de haberse librado de Röhm, quizás sea más fácil atraérselo hacia ellos. ¡Sigue siendo el complejo de la derrota! ¡El revanchismo les ha hecho convertirse en esclavos de las ambiciones de poder de un mago infernal!

Fue la primera vez que empecé a vislumbrar que no sería posible una alternativa. Kniébolo había percibido, con su extraña capacidad de intuición, que un Ejército que estaba dispuesto a aceptar sin quejas el asesinato de sus más altos oficiales había dejado de ser un obstáculo para su carrera hacia el poder sin límites.

Yo corría un peligro similar al de Marcks.

¿Sentía él también aquel miedo visceral, el mismo terror que me agarrotaba las piernas y los brazos, que me hacía respirar con dificultad? ¿Sabía él lo que era escuchar, muy cerca, cada noche, las guadañas de los verdugos, o como militar estaba acostumbrado al silbido de la muerte?

Luego añadió, sumido en la desesperanza:

—El tremendo error del Ejército fue exponerse en la lucha política contra Röhm.

De repente me di cuenta de que el diálogo con el mayor Marcks se había convertido en el soliloquio de un hombre asediado. No me sentía ya seguro hablando con él. Su sino en esos momentos era el de un fugitivo que se preguntaba obsesivamente a sí mismo si tendría escapatoria posible, un cerebro angustiado que lograba a duras penas vislumbrar algo en medio de las tinieblas. Ahora me miraba fijamente a los ojos, como un enajenado, indagando en lo que yo pensaba, en lo que yo estaría dispuesto a hacer... o dejar de hacer.

Al cabo de una pausa, girando la cabeza nerviosamente hacia la puerta como si temiera la llegada inmediata de los verdugos, dijo:

—Hitler supo tender la trampa y ha cazado al Ejército en sus propias redes. Hemos sido el instrumento ideal para destruir a las SA y a Röhm, y al final hemos caído en manos de las SS. Ahora somos sus prisioneros, los rehenes del Führer y de Himmler. Las tornas han cambiado. Hitler va a darle a Himmler lo que Röhm tanto deseaba: armas y una división militarizada. ¡Es el final de la Reichswehr! No estamos seguros ninguno.

Marcks tenía razón. El asesinato de Schleicher nos comprometía a todos. Si las purgas continuaban, los próximos objetivos seríamos nosotros.

Me inundó una sensación de ansiedad aterradora: vi que estaba absolutamente expuesto. Nada me garantizaba que esa misma noche no fuera yo el que cayera bajo una nueva batida de colaboradores de Schleicher. Si quería salvar la vida necesitaba ayuda, protección, como fuera...

¿Frank? ¿Göring? Göring había conseguido salvar a Von Papen, pero a costa de no poca presión sobre Himmler. Frank comenzaba a tener cada vez más reconocimiento por parte del Führer.

Durante esos días, los oídos me zumbaban y sentía un dolor insoportable que me atenazaba cada músculo y miembro del cuerpo. Comencé a tener alucinaciones. De repente, escuchaba con una agudeza inusual el ruido de los sables y los aullidos de las víctimas, que retumbaban, como una obsesión letal, en mi cabeza. No conseguía dormir, perseguido por las pesadillas, por las imágenes. En otros momentos eran los gritos de Katia lo que oía; sus lamentos de dolor —que llegaban desde allí abajo, desde su tumba— los que me ensordecían. Y el general aparecía con el rostro desfigurado, al lado de Röhm, de cuyo cuerpo obsceno, enrojecido como un cerdo, se habían seccionado los genitales y el órgano viril...

Juzgar. ¿Quién puede juzgar? Quien no ha oído los chillidos de las víctimas y los exabruptos de sus torturadores, quien no ha sentido de cerca el hedor de los cadáveres, quien no ha percibido el olor pestilente de las entrañas desgarradas, antes de que la sangre, liberada del freno de válvulas, venas y arterias, salpique las paredes y los objetos desparramados por el suelo, tras las detonaciones de las armas de los asesinos, quien no ha escuchado narrar la crueldad y la violencia salvaje de aquella noche, la primera, pero desde luego no la última, quien no ha visto, oído, palpado y percibido con los cinco sentidos la cercanía del carnicero, afilando el cuchillo, ése difícilmente puede juzgar.

Al principio, pareció como si Kniébolo, aún vacilante, quisiera enterrar todo el asunto para no darle más publicidad. Pero después del discurso de la ópera Kroll, la presión para salir en defensa de los actos del Führer se hizo muy intensa. En una reunión con los principales juristas del Partido, Göring marcó claramente las líneas rojas:

—La primera ley de cualquier comunidad humana —el mariscal del Aire no podía ocultar la preocupación que le recorría, como la huella de un látigo, las líneas de la frente— es la seguridad de la vida de sus ciudadanos. Al actuar con decisión, el Führer ha liberado a Alemania de una gravísima amenaza.

Su tono de voz adquirió con rapidez una seriedad conminatoria:

—Como juristas del Partido y guardianes de la ley, están ustedes llamados a defender al Führer y al Estado contra ataques injustificados. ¡Todo aquel que, como servidor del Estado, no cumpla sus obligaciones como fiel miembro del Partido tendrá que cargar con las consecuencias!

Recordé en aquellos momentos los versos del abandono, la plegaria que me acompañó desde entonces en no pocas horas de soledad: «¡Oh Dios, no puedo ocultar la mucha angustia que me producen los verdugos, enviados quizás por ti, para, en la enfermedad o en la tribulación, despojarme de mis sentidos, matar mi entendimiento!».

No, no dejaría que la angustia matara mi entendimiento... Reflexioné sobre las posibles alternativas. Desde el punto de vista jurídico, Hitler había dejado un pequeño portillo abierto. Con la ley en la mano, se podía justificar que la eliminación de las SA había sido una medida de emergencia. Incluso podía admitirse que se había producido una legalización retroactiva con el decreto que el gabinete había aprobado inmediatamente después de la acción contra Röhm.

Sí, cabía una posibilidad de defender la legalidad de las purgas, sin aceptar los asesinatos de los que no habían pertenecido a la banda de criminales de las SA. Kniébolo había acusado a Schleicher de ser cómplice de los planes de Röhm, pero tanto él como Göring habían reconocido públicamente actos de violencia no autorizados, no cubiertos legalmente por el estado de emergencia, y se habían comprometido a perseguir a los autores...

Yo no podía dejar de obedecer las órdenes de Göring, no en mi posición, tan comprometida, pero tampoco podía acatar la muerte del general y de Katia. Escribí un artículo que se hizo famoso. Intentaba, con palabras cuidadosamente escogidas, abrir aquella pequeña brecha que las palabras de Hitler habían hecho posible.

En ese escrito afirmaba que en un momento de peligro existencial para la comunidad es el Führer el que debe protegerla frente al peor de los abusos, frente a la anarquía y la violencia de la guerra civil. Las trágicas experiencias de nuestra historia alemana —proseguía— estaban presentes en el acto de purificación que se había llevado a cabo.

Era cierto que teníamos aún bien vivas en la memoria las imágenes de la revolución de Múnich después de la Primera Guerra. Escribí que en realidad la acción excepcional de Hitler contra las Fuerzas de Asalto estaba avalada por la necesidad urgente de superar definitivamente la derrota y la traición del 18, «el puñal en la espalda», y también todas las deslealtades y traiciones sufridas por Alemania desde entonces.

Las palabras me fueron arrancadas penosamente de los dedos, una a una, al escribir que el Führer carga con el peso y las enseñanzas de la historia alemana, que es de esa fuente de donde surge la fuerza para crear un Estado nuevo y un orden nuevo. Como había dicho Hitler en su discurso de la ópera Kroll, y los jerarcas del Partido reclamaban, yo resaltaba que en ese momento de extremo peligro para Alemania él era el juez supremo, quien creaba, sin mediación alguna, el Derecho. Pero, añadía, tasando cada palabra, el matiz de cada frase, esos poderes excepcionales estaban limitados a un período de tiempo determinado, sólo mientras fuera necesario el estado de emergencia. Una vez finalizada la acción quirúrgica, se debía volver a la normalidad de las leyes. Y señalaba que las acciones descontroladas debían ser castigadas.

De esa manera intentaba impedir que Hitler actuara a partir de ese momento sin ningún respeto a las leyes, que utilizara las acciones contra Röhm y las SA como una excusa para que la voluntad del Führer pudiera convertirse a partir de entonces en ley...

—¿Era ésa su verdadera intención? ¿Quiere usted decir que, como en otras ocasiones, desempeñaba un doble juego muy arriesgado? ¿Por un lado, mostrar su fidelidad sin resquicios al régimen, y, por el otro, indicar dónde estaban los límites de lo que se podía y no se podía hacer? ¿No volvió más bien a cegarle su vanidad, su soberbia? ¿Cómo no se dio cuenta de que su oportunismo, tan cobarde, lo iba a entender todo el mundo como uno de los apoyos más incondicionales a la masacre de la Noche de los Cuchillos Largos que se escucharon en aquellos días aciagos? ¿No consiguió con sus dobleces y sutilezas legitimar aquella carnicería?

Neuborn sigue juzgando, desde fuera, desde la seguridad que le da el Ejército de los vencedores. ¿Acaso no he intentado explicar y describir en qué consiste el terror, lo que se siente cuando la víspera han sido asesinados algunos de tus mejores amigos, un ex canciller junto con su esposa, y las noticias que recibes sobre los calabozos de la Gestapo es que hay un lugar reservado para ti...?

—Yo estaba conmocionado por la capacidad que Hitler había demostrado de saltar por encima de todas las barreras. Mi situación era muy precaria. Estudié las posibilidades que tenía de poder exiliarme o de retirarme a algún lugar escondido, fuera de los focos de la vida pública. Pero pensé que ya no tenía huida posible; en cualquier lugar al que fuera estaba al alcance de las SS, de Himmler y de Heydrich. No, lo que necesitaba era mayor protección, pues había pocas dudas de que si no hubiera sido por Göring, que fue quien dirigió las purgas en Berlín, habría acabado también con una bala en la cabeza.

—¿Por qué no hizo caso de los que le aconsejaban que se retirara, que se estaba internando en el lugar donde la malla de la red se hacía más asfixiante? En vez de apartarse, lo que hizo fue intentar congraciarse con los enemigos más peligrosos, quiso acercarse a las SS.

—No sé si puede darse cuenta de lo que estaba ocurriendo... Lo único que separaba a Hitler del poder absoluto era Hindenburg. Como jefe supremo de las Fuerzas Armadas, el Viejo Soldado era el último bastión de la independencia del Ejército. Pero Hindenburg murió un mes después de que Röhm fuera eliminado y Hitler no perdió un minuto en unir en su persona el cargo de canciller y de presidente del Reich. El siguiente paso fue el juramento de fidelidad personal de todo el Ejército al Führer, que obligaba a cada soldado a un compromiso de obediencia personal con Hitler. Con ello, terminó la ficción de que se estaba llevando a cabo una «revolución legal». A partir de esos dos actos, tuve bien claro que entrábamos en una nueva realidad, que había que tener en cuenta el nuevo terreno que pisábamos.

—Y su reacción fue ofrecerse a Frank y a Göring sin condiciones y asumir la ideología criminal del régimen. Muy consecuente por su parte. ¿No fue en esa época, muy pocos meses después, cuando comenzó a escribir algunas de las mayores indecencias antisemitas que puedan imaginarse...? ¿Hacía falta llegar hasta esa humillación y esa colaboración cómplice y cobarde con aquella banda de asesinos?

—Ya le he dicho que no tenía escapatoria. Después de la desaparición de Röhm, las cosas parecieron volver a su orden, y por un corto período de tiempo creí poder recuperar la seguridad... La colaboración con Göring funcionaba satisfactoriamente y Steinitz confiaba en que el curso de los acontecimientos todavía no estuviera escrito. Sin embargo, al cabo de algún tiempo, cuando el régimen emprendió la persecución encarnizada de todo aquél al que pudiera considerar su enemigo, me llegaron informes de que Himmler había afirmado en una reunión del Partido que yo había participado en la confabulación de determinados sectores del Ejército, que se decía preparaban un golpe de Estado, para suministrarles la justificación legal... Como ve usted, mi posición seguía siendo extremadamente delicada. Tras mucho pensar, intenté dos caminos distintos: el primero consistía en refugiarme en Italia, buscando el amparo del único que hasta ese momento se había atrevido a levantar la voz, el único al que Hitler parecía todavía respetar, el Duce, Mussolini. Pero para ello necesitaba poder ir a Roma con algún tipo de misión o encargo oficial.

Decidí ponerme en contacto, a través de personas de confianza, con Peter Ratsam, a quien había vuelto a ver en contadas ocasiones desde que comenzara a trabajar con Hess.

A los dos días de hacerle llegar mi petición, recibí una carta manuscrita suya. Me comunicaba brevemente que, junto al trabajo para Hess, había empezado a asesorar a Ribbentrop, quien en esa época dirigía en el gabinete del Führer el Departamento de Política Exterior. Ratsam me invitaba a cenar en su vivienda oficial en el ministerio. Acepté sin vacilar.

El Ministerio de Asuntos Exteriores se encontraba en un viejo edificio de la Wilhelmstrasse, muy cerca de la Cancillería. Era ya de noche cuando llegué y las calles estaban vacías.

Peter Ratsam, los gestos cadenciosos, la sonrisa tímida, pero hospitalaria, el bigote castaño recortado de forma desigual sobre los labios carnosos, me estaba esperando en una discreta sala de recepción cercana a la entrada al ministerio y me recibió con cordialidad. Al saludarnos, noté su mano sudorosa, apretando la mía y rápidamente desligándose de ella. Estaba más grueso, pero su mirada no había perdido nada de su centelleo inteligente.

Para llegar a sus habitaciones había que atravesar un laberinto de pasillos, escaleras de mármol y salones decorados con retratos históricos antes de pasar por una biblioteca en la que una placa dorada indicaba que nos hallábamos en el lugar habitual de reunión de la Sociedad Geográfica Alemana. Al salir de la biblioteca, una escalera de hierro muy estrecha conducía hasta el apartamento en el que Ratsam vivía solo, acompañado por su ama de llaves.

Fue servida una espléndida cena, que no pude por menos de alabar. Mientras comíamos, Peter rememoró los viejos tiempos de Múnich y su amistad con Hess, quien les seguía visitando con frecuencia en la casa de campo de la familia en el sur de Baviera. Deduje de la conversación que el joven Ratsam se había convertido en un enviado personal para misiones especiales de Hess y del propio Hitler, y que el lugarteniente del Führer había querido encomendarle la dirección del servicio de información del departamento de Ribbentrop, algo que éste veía como una intromisión en su esfera de competencia.

Después de cenar Peter me condujo a su estudio, dominado por una mesa de trabajo en la que se apilaban libros y papeles y sobre la que se apoyaba un enorme globo terráqueo.

Observé los objetos a nuestro alrededor. Encima de una mesilla ocupaban un lugar destacado un ajedrez y un juego japonés. Al fondo, colocado delante del ventanal, destacaba un escritorio de época, sobre el que colgaba una piedra irisada de forma ovalada, atravesada por vetas de cristal.

El muro estaba decorado con grabados antiguos, junto a un paisaje alpino y retratos de sus padres. En el centro de la amplia estancia dormitaba un imponente piano de cola.

Ratsam parecía cansado de la difícil relación con Ribbentrop, de las dificultades para que el antiguo comerciante de vinos entendiera las sutilezas de la diplomacia y su trasfondo. Era evidente que como pedagogo de Hess y Ribbentrop, Ratsam encontraba en su viejo amigo las puertas y los oídos más abiertos que con su superior inmediato.

Me ofreció una copa de licor, que acepté, agradeciéndoselo, antes de que se hiciera con varias de las carpetas y papeles que se hallaban sobre el escritorio y comenzara a ojearlos de pie.

—Como sabe, querido profesor, llevo tiempo dedicándome a las cuestiones relacionadas con los alemanes que residen en el extranjero y al problema de las fronteras del Reich.

Ratsam desplazó su voluminoso cuerpo hacia uno de los sillones y se sentó, antes de pasar con rapidez las páginas de un cuaderno de color gris. Su amplia frente mostraba arrugas prematuramente pronunciadas, la cara ligeramente enrojecida. Le encontré envejecido y más cauteloso que de costumbre. Se había convertido en un profesional de los servicios secretos.

Después de una pausa, levantando la mirada hacia donde minutos antes había indicado que me sentara, prosiguió:

—Es algo en lo que Hess tiene un interés especial, pues él también se considera en cierto sentido un alemán del extranjero, ya sabe que nació en Egipto, en Alejandría. La política de las minorías alemanas que viven en los países vecinos es esencial para el futuro de Alemania, sobre todo la incorporación de las que habitan en las regiones del Danubio. Usted conoce los trabajos que mi padre y yo hemos escrito en estos años sobre la necesidad de un nuevo equilibrio europeo.

Conocía bien las opiniones de Peter y del viejo Ratsam sobre la necesidad de que Alemania no podía quedar sometida a las condiciones impuestas por Versalles, sobre la lógica de un nuevo orden en Europa: a Alemania le correspondería la supremacía en Centroeuropa, mientras que Gran Bretaña obtendría garantías del Reich para el mantenimiento de sus colonias. Nuestros enemigos eran Francia y la Unión Soviética bolchevique, no Gran Bretaña, país que Peter conocía muy bien, al que viajaba con frecuencia y con cuya clase dirigente mantenía unas excelentes relaciones.

—El problema es que, aun cuando Hitler coincide básicamente con esos objetivos —continuaba Peter, dirigiendo una mirada hacia el retrato de su padre—, no ocurre lo mismo con todas las secciones del Partido. En estos momentos vivimos un duro enfrentamiento con la organización exterior y con las SS.

Ratsam se interrumpió brevemente. Cambiando sólo de forma superficial el rumbo de la conversación, mostró sus excelentes fuentes de información al añadir:

—Creo que usted está teniendo también algún pequeño problema con el amigo Himmler...

En la nota que le había hecho llegar, describía de manera muy sumaria mis planes en relación con Mussolini. Ratsam había comprendido rápidamente:

—¿Cree usted que el Duce podría serle de utilidad?

—Pienso que sería posible convencer a los italianos para que crearan un centro de investigación que pudiera servir para favorecer las relaciones ítalo-alemanas. Le diré en la confianza que tenemos —levanté los párpados hacia la mirada huidiza de Peter Ratsam— que no veo otra salida para mí. Sería la única manera de poder refugiarme fuera de Berlín.

Aparentó titubear durante unos instantes. Después dijo:

—Hummm... Estoy dispuesto a ayudarle, querido profesor. —Ratsam adoptó una actitud más formal, aunque hacía esfuerzos por no resultar distante; el brillo cordial recobrado en la mirada así lo avalaba—. Pero debo pedirle un pequeño favor.

Arqueé las cejas, ligeramente sorprendido, antes de que el asesor y hombre de confianza del lugarteniente del Führer, me preguntara:

—¿Desde cuándo conoce al Duce? ¿Cuál es su relación con el entorno de Mussolini?

Dudé unos segundos. Luego, respondí:

—Me lo presentaron hace dos años, en el congreso que el Duce organizó para conocer más de cerca a los dirigentes del Partido. La excusa que se utilizó fue promover un encuentro internacional de intelectuales, al que invitó a una docena de profesores y escritores conocidos. El título del congreso era «El futuro de Europa». El Duce había leído alguno de mis escritos en el que alababa lo que se estaba haciendo en Italia; además, desde hacía tiempo mantenía correspondencia con sus asesores más directos. Estuvo muy cordial en la recepción y después me invitó a conversar con él y sus consejeros de política exterior en dos ocasiones más.

—¿Y cree usted que si le visita ahora no despertará más sospechas?

—No lo sé. Desde luego, es muy posible que Himmler vislumbre mis intenciones... Todo ocurrió de forma pública la última vez. Viajamos en un tren especial desde Berlín a Roma; para algunos de los que fuimos, como yo mismo, se trataba de la primera ocasión de conocer más de cerca a algunos de los líderes más destacados del Partido, Rosenberg, Göring, Schacht y otros. También vino Hans Frank. Desde entonces, tengo una buena relación con algunas personas del entorno de Mussolini y en varias ocasiones hemos hablado sobre la posibilidad de crear ese instituto germano-italiano de relaciones exteriores del que le hablaba. Quizás sería la ocasión de poder alejarme, al menos temporalmente, de Berlín... Pero para que el proyecto sea posible hace falta hablar antes con el Duce. —Y añadí a continuación, clavándole la mirada—: Sería muy útil poder contar con el apoyo del ministerio.

Los ojos sibilinos de Ratsam parecieron reaccionar a estas palabras con interés. Era el momento de desvelarme lo que traía entre manos:

—Para nosotros es vital que Mussolini no siga presionando a Hitler con sus planes de desplazamiento de los grupos étnicos de alemanes que viven en el Tirol del Sur. Quizás podría llevar a cabo una misión secreta que nos sería de gran utilidad: ese instituto podría ser un buen instrumento para que el Duce comprendiera nuestros motivos. Cuente con el apoyo del ministerio...

—Pero al final aquella visita al Duce no produjo los efectos buscados.

—No, lo que ocurrió es que Himmler fue informado por sus agentes en Italia de la entrevista con Mussolini, y, a pesar del apoyo que recibí del embajador en Roma, Von Hassell, Himmler hizo todo lo posible para impedir la fundación del instituto. Yo me quedé aún más en el centro del punto de mira de las SS, sin que todavía conociera con detalle todo lo que se estaba tramando contra mí.

—Y entonces se dejó usted arrastrar por la barbarie. Cedió, entregó lo que le quedaba de independencia interior, de honestidad. Estuvo dispuesto a aceptar públicamente lo más infamante y despreciable del régimen, aquello que les hizo convertirse en asesinos en masa, los mayores criminales de la historia. Su antisemitismo. ¿No fue entonces cuando asumió la ideología antisemita de las SS? ¿Fue el miedo lo que le llevó a traicionar aquello en lo que usted alguna vez había creído, el mínimo respeto a la vida de los seres humanos? ¿Cómo pudo ser tan ingenuo, o tan desalmado, y suponer que su repentino cambio de posición no haría sospechar todavía más a sus perseguidores?

—Creo que va usted demasiado deprisa... Aún nos hallábamos en los comienzos del sistema del terror. En contra de lo que yo había previsto, las purgas de las SA no apaciguaron a los elementos más radicales del partido. Himmler y Heydrich, que se había erigido en el jefe absoluto de la Gestapo, vieron una grieta abierta para favorecer sus propias ambiciones de poder, y la supieron aprovechar. Sintiéndose respaldados por el poder creciente de las SS, la vieja camada del Partido reclamó una depuración de la ideología, y empezaron a dirigir su ira y su resentimiento contra los que habían participado en los últimos gobiernos de Weimar y quienes se habían distinguido apoyando públicamente a Von Papen y a Schleicher. Se trataba de desembarazarse de los elementos conservadores que no estuvieran dispuestos a aceptar todas las consecuencias del régimen. Comenzaba una segunda purga, más extensa y prolongada que la de Röhm.

—Y usted se convenció a sí mismo de que, a pesar de las concesiones que había hecho ya a Hitler hasta ese momento, no era suficiente, que tenía que ir más allá...

—Mire... Todavía en los primeros tiempos del poder nazi yo había defendido la necesidad de mantener el Estado y sus instituciones; había intentado oponerme al impulso que empujaba a someterlo todo al Partido y al movimiento nacionalsocialista. Lo que yo había perseguido defender no era desde luego lo que las SS estaban preparadas a admitir. Además, la envidia y los recelos de los miembros más viejos del Partido respecto a los afiliados del año 33 eran cada vez mayores.

—Es decir, usted había querido enseñarles a los nazis lo que tenían que hacer y ahora se mostraba bien claro que ellos no estaban dispuestos a que un recién llegado disfrutara de todos los honores y los cargos que había ido acumulando. ¡Profesor de la Universidad de Berlín, consejero de Estado, jefe de los juristas del Partido, director de la principal revista jurídica del Partido! ¡Qué manera de caer en la vergüenza y el oprobio!

—Le ruego que no se precipite. Hay otros muchos aspectos que tener en cuenta. Los nazis sospechaban de los intelectuales, sobre todo si sus ideas podían ensombrecer la mezcolanza ideológica que, con retazos de ideas de aquí y de allá, habían ido formando. El poder tiene su propia lógica, una lógica brutal, que barre todo lo que encuentra en su camino; y lo primero que suele apisonar en esa marcha acelerada son las ideas que sirvieron para arrastrar a las masas, pero que después, una vez alcanzado el objetivo, sólo son un estorbo. Me costó tiempo entender que esa lógica acabaría también aplastándome, como un gusano...

—Todos sus puestos oficiales y su reconocimiento público, sus conferencias, sus apariciones en la prensa y en la radio no le sirvieron para tener la suficiente influencia y popularidad en el Partido. ¿No es cierto que intentó hablar entonces con el Führer, acercarse a Goebbels y a Hess?

—Frank me avisó de que Hitler despreciaba a los intelectuales, que si pedía hablar con él podía ser contraproducente. Además, ¿qué le hubiera dicho a Hitler? ¿Le hubiera dado una clase, una lección magistral? Los únicos con los que podía contar eran Frank y Göring.

—¿Y sus conferencias y escritos antisemitas de esos años, el despreciable congreso que organizó sobre los judíos y el Derecho en Alemania? ¿Cómo se explica que llegara a rebajarse tanto, hasta aceptar el racismo y los propósitos genocidas de los nazis? ¿Estaba dispuesto a aceptar aquella sarta de disparates con tal de salvar el pellejo y seguir avanzando en su carrera, acercarse más y más al poder? ¿O es que, en el fondo, compartía algunas de aquellas ideas? ¿No era consciente, usted, con su inteligencia, con sus dotes de percepción, con sus excelentes fuentes de información en el Ejército y en el Ministerio de Asuntos Exteriores, de las claras intenciones de Hitler, usted, que había tenido amigos judíos, a los que debía una parte importante de su carrera? ¿No se dio cuenta de que se aproximaba a una inmensa bola de fuego que lo consumía todo, que se alimentaba de arribistas como usted y que sólo iba a dejar cenizas tras de sí?

Neuborn se exaspera. Es el monólogo de un justiciero. Replico, casi sin voz:

—Son muchas cuestiones y muy complejas... que tocan algunos de los nervios centrales de mi persona. Espero que tenga la suficiente paciencia para que pueda explicárselo.

Yo fui en realidad una víctima de las intrigas a alto nivel de un régimen que comenzaba a desplegar su potencial totalitario. En un sistema de esa naturaleza, la clave es saber dónde se concentra el poder. Kniébolo había conseguido someter al Ejército y ofrecerles lo que los militares habían esperado de él: el rearme, la vuelta al servicio militar obligatorio, la quiebra progresiva de las ataduras de Versalles, que culminó durante esos meses con la liberación del territorio de Renania ocupado por los franceses. En el interior, dejaba a Himmler construir su imperio de intimidaciones y represalias, a Goebbels extender el control de la propaganda y a Göring, Hess, y los demás ocupar parcelas de poder, para luego enfrentarlos unos con otros y obligarlos a buscar la mediación, el arbitraje, cada vez más encumbrado, más inaccesible, del Führer, juez de las vidas de unos y otros.

El primer ataque fulminante contra mí apareció en una de las publicaciones de las juventudes del Partido. Se me acusaba de querer defender el Estado frente al Partido y el movimiento, de no creer en la idea nacionalsocialista de la pureza de la raza ni en la necesidad de establecer una comunidad racial pura. Eran acusaciones graves, sobre todo en ese momento en el que se exigía absoluta conformidad con la línea dura.

Los ataques se repitieron en los siguientes meses en otras revistas, algunas muy próximas a las SS; se me reprochaba cada vez con mayor acritud mi colaboración en el pasado con Schleicher y Von Papen, y, antes aún, mi cercanía al catolicismo y al Partido del Centro, también mis amistades con judíos. Empezaron a crecer los rumores de que se había desatado una campaña para obligarme a abandonar todos mis puestos oficiales, que era el mismo Rosenberg quien había expresado claramente sus dudas sobre mi fidelidad ideológica.

Tanto Steinitz como Antaios se mostraban muy inquietos sobre esos rumores, que empezaban a aparecer en algunos periódicos. Antaios me avisaba, desde su refugio en el campo, de que «me estaba acercando peligrosamente al campo de tiro». Su mujer tuvo la ocurrencia de mandarme, a través de la mía, una litografía del bello y tenebroso grabado de Goya en el que aparece en primer plano un empalado, mientras las brujas, al fondo, cocinan su brebaje, todo ello envuelto en tinieblas y luces de fuego... Me querían alejar como fuera del centro del huracán.

Intenté reaccionar. Lo primero era conocer con precisión el alcance de las sospechas que se cernían sobre mí, saber cuál era el terreno exacto que pisaba, quién o quiénes eran los que buscaban mi aniquilamiento, y para ello establecí contacto, a través de los canales habituales, con mis antiguos camaradas del Servicio de Información del Ejército.

Me sorprendió que algunos de mis viejos compañeros rehuyeran entrevistarse conmigo. ¿Me encontraba ya al otro lado de la línea, era uno de los marcados a fuego, uno de aquellos a los que ya no convenía acercarse, pues antes o después su proximidad acabaría siendo un lastre, un peligro para la propia vida o la de los allegados? Afortunadamente, el recuerdo de las jornadas de Múnich, el vínculo creado por el asesinato de Schwarzenhorst, continuaba siendo más fuerte que el miedo.

Me reuní con dos de ellos en un café de los alrededores de Potsdam, lejos del bullicio de la capital. Eran los dos únicos, dentro del departamento, en los que ahora podía confiar:

—Querido profesor —me dijo, nada más sentarnos, el de más alta graduación, con un deje de inquietud en la voz—, me temo que tiene usted algunos enemigos dispuestos a llegar hasta el final.

Nos acabábamos de acomodar y de hacerle un gesto al mozo para que se acercara. Me desconcertó conocer la magnitud de la conjura que se estaba preparando contra mi persona. Fue como si recibiera el impacto de un proyectil, el golpe seco y contundente de una sentencia de muerte.

El oficial, responsable de uno de los servicios que servía de convergencia de caminos a los múltiples conductos de información del régimen, frecuentemente enfrentados entre sí, agregó con rostro severo:

—Ese colega suyo que se ha erigido como uno de los teóricos de la pureza racial —no quiso decir su nombre— está agitando las aguas: lleva bastante tiempo haciendo una intensa campaña contra usted, utilizando los canales más nauseabundos, los estercoleros que sólo pueden despedir más odio y rencor; intenta aglutinar a todos los que puedan tener algo en contra suya... Y ha encontrado a un buen grupo dentro del Partido.

—¿Y de qué se me acusa? ¿Cuál es el argumento que está utilizando esa carroña? —pregunté, profundamente inquieto.

Mi interlocutor pareció vacilar un instante. Podíamos hablar tranquilos en aquel lugar, casi desierto, pero entonces, ¿a qué se debían sus recelos? Intuí los pensamientos que podían estar pasando por su cabeza. En los pasadizos cada vez más laberínticos del régimen, las informaciones confidenciales parecían cobrar vida propia... ¿Qué consecuencias podía tener que yo conociera aquella información reservada? ¿Hasta dónde estaba dispuesto cada uno a arriesgarse, a arriesgar la vida de su familia, de sus parientes, de sus vecinos? ¿Contaba yo con el suficiente apoyo de instancias influyentes como para no tener mi viejo camarada que exponerse imprudentemente? Noté que, de manera imperceptible, vigilaba su lenguaje; sin apenas desearlo, siguió hablando de forma menos amistosa, con desconfianza:

—Se alega —dijo, casi en un susurro— que en el pasado usted dio pruebas de falta de cercanía al Partido, que incluso criticó abiertamente al nacionalsocialismo. Se le echa en cara que un católico nunca podrá aceptar el principio de la pureza racial. Otros círculos están recogiendo información sobre su vinculación con Schleicher... Le acusan de ser un oportunista, un traidor.

Comprendí que mi posición, aparentemente sólida hasta ese momento, se erosionaba con rapidez, que vivía sobre un terreno de arenas movedizas. Debía actuar con rapidez, antes de que los rumores se convirtieran en decretos condenatorios sin posibilidad de apelación.

El oficial añadió, con los ojos moviéndose nerviosamente de un lado a otro:

—Lo peor es la acusación de connivencia con los judíos. Tenemos noticias de que se están expurgando todos sus escritos en busca de aquellos pasajes en los que puedan aparecer citas de autores judíos o referencias a su amistad con judíos. Es posible que la campaña se extienda también a sus discípulos. Ya sabe lo que ha ocurrido con Heisenberg...

Werner Heisenberg, el Premio Nobel de Física, había sido acusado de continuar citando a Einstein y de perpetuar con ello la influencia judía en la vida intelectual alemana. Los periódicos del Partido, y sobre todo *Escuadra Negra,* el órgano de las SS, habían llegado a hablar de él como de «un judío blanco» que tenía que desaparecer, como los demás judíos. Otros profesores conservadores, algunos de los cuales conocía bien desde hacía años, también habían empezado a ser la diana de los ataques de los fanáticos colaboradores de *Escuadra Negra.* Además, había empezado la persecución abierta contra cualquier núcleo de oposición católica.

El oficial de información no quiso acabar la conversación sin referirse al punto neurálgico de la encrucijada en la que me encontraba. Necesitaba diluir las sospechas y obtener protección de lo más arriba posible.

—Frank está empleándose a fondo para ser el próximo ministro de Justicia —continuó, con una sonrisa enigmática que interpreté como esperando que, en el futuro, pudiera devolverle con creces su auxilio en aquellos instantes—. El Führer sigue confiando en su abogado; sabe que Frank siempre dudará, aguijoneado por los escrúpulos, pero que al final hará lo que él le ordene. Usted tiene buenas relaciones con Frank desde hace muchos años — y luego, con un gesto de vanidad, restándole importancia, pero con orgullo profesional, con vanagloria y también con desprecio, el oficial de información añadió, silbando como una serpiente—: Pero quizás sea la señora Frank la que mejor pueda ayudarle...

Entonces, al cabo de pocas semanas, se abrió otro frente contra mí, que fue aprovechado por las SS para continuar la campaña. Desde Suiza, algunos emigrantes, entre ellos conocidos de otras épocas, quisieron dar rienda suelta a su resentimiento contra mi persona.

Comenzaron a publicar artículos en la prensa extranjera, abonando las informaciones que las SS estaban recogiendo sobre mi colaboración con Schleicher. En algunas revistas se citaba incluso que yo había calificado anteriormente al nacionalsocialismo de «locura masiva organizada».

¡Mis queridos amigos y discípulos en el exilio! Dispuestos a clavar el estilete hasta el fondo, dispuestos a que yo no pudiera moverme de la línea de fuego. ¡Estaban obsesionados, poseídos por la inquina del exiliado! Durante semanas y meses se dedicaron a publicar, exponiendo ante los ojos de mis perseguidores documentos comprometedores, todo aquello que pudiera ser utilizado en mi contra por los verdugos del régimen. Que estaba utilizando al Partido en mi beneficio, que era un ser moralmente despreciable y un ventajista...

¡Discípulos, amigos! Aprendí con amargura cómo a veces son los más cercanos quienes con más ansia desean anudar el cordel en torno al cuello de quien no actúa según sus personales deseos. ¡La moral inflexible de los que se consideran mejores que los demás!

Mi espíritu se agitaba, preso como un pez en una red metálica, sin fisuras. Sentía la argolla de acero de los verdugos que se cernía en torno a mi cuello. Con cada movimiento agitado, no hacía sino aproximarme más al patíbulo de las ejecuciones. Necesitaba urgentemente protección. Como fuera. Debía buscar más ayuda, un apoyo más eficaz.

Brigitte... Brigitte era una mujer frustrada, abandonada por su marido, insaciable en sus deseos, desdeñada por un acompañante al que el poder había arrojado hacia pasiones cada vez más violentas que no podían ser satisfechas por una sola mujer. Sin embargo, su marido no quería separarse de ella. No ahora, cuando estaba a punto de alcanzar la posición tanto tiempo perseguida, el lugar al que en su opinión pertenecía por derecho propio, el cargo que afianzaría definitivamente su autoridad junto al Führer. Y el Führer había dicho bien claramente que a su alrededor no deseaba divorcios ni separaciones matrimoniales. Los dirigentes principales del Partido debían mostrar una apariencia de armonía burguesa, la misión de la mujer era procrear, ser un modelo de amante y fiel esposa, de madre fecunda para el pueblo. Alemania necesitaba más hijos, nada que recordara las orgías y la pederastia de Röhm.

Frank había sido un amigo, un amigo bastante cercano, antes de que el torbellino monstruoso de aquellos años, el *maelstrom* de la destrucción, se apoderara de él y lo convirtiera en uno más, uno de los más influyentes de los títeres del régimen.

Brigitte y yo nos convertimos en amantes... ¿Por qué?

Conocía a Frank desde los tiempos de Múnich, y a su mujer desde hacía años. Ella tenía curiosidad por el mundo de las ideas, admiraba aquellos universos distantes y extraños, tan alejados de ella, una mujer arraigada en la tierra; la aparente seguridad de mis argumentaciones, tan perfectas, tan cerradas en sí mismas, ante las que no cabía sino rendirse, entregar el juicio propio.

Yo era el Enano Listo, el que siempre sabía más que los otros, el que conocía inesperadas y ocultas relaciones, el que volvía a sorprender con un nuevo descubrimiento, con una misteriosa y más profunda revelación. Brigitte percibía —y era capaz aún de lamentarse de ello— el embrutecimiento, la creciente pesantez de los cuerpos y de los espíritus, aquel aire enrarecido que parecía ahogar cualquier intento de respirar limpiamente, de salir fuera. El Enano Listo poseía una puerta secreta para poder escapar de vez en cuando, para perderse en la imaginación, en los sueños, en las especulaciones...

La violencia se había ido apoderando de todos nosotros, una sensibilidad nerviosa, a flor de piel, una sensualidad que reaccionaba de forma asfixiante ante el progresivo sometimiento a la propaganda de cada partícula de nuestro ser. Vivíamos en una olla a presión que almacenaba sensaciones y sentimientos, refrenándolos, hasta que estallaban con una fuerza primitiva y salvaje.

Hacíamos el amor todos los martes. Puntualmente. Un coche del ministerio venía a recogerme a casa, a primera hora de la tarde, mientras Frank celebraba su reunión semanal con el Führer en la Cancillería. El chófer me acompañaba hasta una de las puertas más apartadas del ministerio, la que conducía directamente a la parte trasera del domicilio del aspirante a ministro de Justicia.

Otras veces la cita era en un restaurante discreto de las afueras, en una *chambre separée* dispuesta previsoramente... Nunca supe si había habido otros antes que yo, aunque lo supuse, ni lo que hubiera podido suceder si Hans Frank, mi protector, mi máximo auxilio ante las SS, se hubiera enterado.

La vivienda oficial de los Frank estaba decorada con cortinajes y muebles antiguos, sin gusto. Sólo llamaban la atención la cantidad de plantas y flores, que contrastaban por su colorido y vivacidad con la lúgubre solemnidad del interior. Dudo sin embargo de que tuvieran la suficiente luz para respirar en aquel ambiente opresivo.

Brigitte sobrevivía gracias a sus plantas y a sus amigas, su círculo íntimo, al que atraía el creciente poder del antiguo abogado del Führer. Ella despreciaba los libros, al contrario que el propio Frank —veo ahora su rostro fornido, el pelo moreno peinado hacia atrás, los ojos oscuros y los labios gruesos, como si estuviera delante de mí, y fue ahorcado en Núremberg, cerca de mi celda, hace poco más de un año—, que amaba los infiernos gloriosos de los poetas románticos alemanes e ingleses, la callada respiración de Rilke y la música. Siempre la música, envolviéndonos, transportándonos, llevándonos lejos de allí a otro lugar desconocido y anterior, antes de que Berlín se convirtiera en Berlín, en la capital del Reich de los mil años.

Era yo quien empezaba tocando el piano, Chopin, Schubert, mientras aquella mujer descansaba la mirada en los amplios ventanales a través de los que se divisaba, más allá de los otros edificios grises y taciturnos, apenas una línea azul.

Escuchaba la respiración contenida de Brigitte y mis manos saltaban de una tecla a otra, deslizándose por el agua vibrante del piano. Pensaba en Kniébolo: en su mímica, en su falsa magia sin contenido verdadero que seducía por los gestos violentos y el lenguaje primitivo, Kniébolo, que parecía repetir ecos de tiempos pasados, pero sin respeto hacia ellos, sin autoridad alguna. Era obvio que perseguía apoderarse del encantamiento que escondían, de su fulgor... Wagner, casi todo estaba ya en Wagner, en su grandilocuencia vacía —ya sólo vacío, hueco—, aquellas llamadas estruendosas a la tierra y a los dioses, los sonidos de los cuernos que buscaban replicar un temblor primitivo y originario.

Nos desnudábamos el uno al otro, en su habitación, como dos animales salvajes, sin control, mordiéndonos, rasgando la ropa, empujándonos hacia la pared y hacia la cama, deseándonos como si acabáramos de descubrir el sexo en un juego de violencias y de caricias. La empujaba, atrayéndola hacia mí, la seducía con mis manos y mis dedos, recorriendo su cuerpo, su pecho, su cintura, su sexo. Y luego la despreciaba, la esclavizaba, la dominaba...

Como Kniébolo con las masas humanas, a las que moldeaba según su voluntad, a las que se entregaba, a las que seducía y por las que se dejaba seducir. ¿Quiénes éramos, dónde estábamos, qué parte de nosotros, de nuestras máscaras, habíamos dejado atrás en ese instante, o en el siguiente, o cuál de nuestros histriónicos papeles empezaba entonces, en el instante inmediatamente posterior, a emerger? ¿Inauguraba el nacionalsocialismo una nueva manera de percibir, de sentir el cuerpo, la naturaleza, el ser humano, la atracción de los sexos?

Y sin embargo, gozaba del placer y de la fascinación de la mujer de Frank en mis brazos. Frank, de quien dependía mi vida, Brigitte, a quien abrazaba con un gesto posesivo, vengativo; era yo quien la protegía, anclada entre mi cuerpo, al fin dueño de mi destino.

Y ella, hermosa en su desnudez —los pechos levemente altivos, la fina espalda y los muslos torneados; una mujer aún joven, sensual, deseosa de ser poseída, de poseer—, quien a pesar de todo no podía dejar de sentir como mujer, de aparentar preocupación por mi situación, de transmitirme las informaciones sobre mis perseguidores y su caza:

—Hans está dispuesto a seguir manteniéndote contra viento y marea —me dijo en una de esas ocasiones, después de habernos amado—. Ha hablado con Göring y quiere hacerlo con Himmler, pero espera el momento oportuno para no levantar más suspicacias.

Encendió un pitillo mientras descansábamos encima de la cama, su cuerpo al lado del mío, exhausto, y yo veía una tristeza cruel reflejándose en sus ojos claros.

—Las nuevas leyes —prosiguió, con una frialdad creciente— van a conseguir lo que el Führer y Hans llevan tanto tiempo buscando, un camino para separar definitivamente a los judíos como raza manchada de la pureza de la sangre alemana. Se han prohibido todos los matrimonios mixtos y las relaciones entre judíos y alemanes, y se les va a forzar a llevar la estrella amarilla en todas las circunstancias. Hans está muy satisfecho, porque el Führer le ha hecho saber que agradece la rapidez con la cual se están aplicando estas medidas.

Nunca antes había hablado con ella abiertamente de la cuestión judía, aunque sabía que Brigitte participaba del antisemitismo de gran parte de los jerarcas del Partido.

—Debes hacer un gesto —añadió, mirándome a los ojos con resolución—, un reconocimiento público de adhesión a las nuevas leyes para borrar cualquier recuerdo de tus amigos hebreos... Hans espera mucho de ti y te necesita para llevar adelante los planes que tiene previstos para el ministerio.

Me pregunté por un instante quién era el que compraba a quién... ¿Era yo el que chantajeaba a la mujer de Frank, haciendo el amor con ella, Frank quien obtenía de mí lo que necesitaba, el gran experto jurídico, un fiel servidor, el Enano Listo capaz de otorgar el visto bueno a sus leyes raciales, o era ella la que nos tenía a los dos entre sus dedos, como marionetas, para satisfacer su despecho y sus deseos de venganza contra un marido que la olvidaba? ¿Qué sabría Frank sobre nuestros encuentros en su domicilio oficial, qué le contaría ella de nuestras conversaciones, qué le habría dicho ya?

—Hans me ha hablado de la carta que le mandó un alto cargo del Partido hace varias semanas —prosiguió ella, intuyendo lo que pasaba por mi cabeza—, acusándote de estar creando un círculo de nostálgicos reaccionarios en el interior de las organizaciones del Partido...

Se detuvo un momento, esperando ver el gesto de mi cara. Luego, añadió:

—Me dijo que estabas muy preocupado y furioso, que habías ido inmediatamente a verle. Te siguen acusando además de tu colaboración con Schleicher y con Von Papen, y de haber dicho en cierta ocasión que Hitler no duraría más de seis meses... Hans ha recibido estos días algunas cartas más, y hay otras instancias del Partido que se han dirigido a él, pidiendo aclaraciones.

Comprendí que estaba al tanto de los últimos acontecimientos y de que no debía callar por más tiempo:

—Por suerte ese problema se solucionó con la reunión que tuve con Hans —repliqué—, a la que también asistieron otros dirigentes del Partido y los principales autores de las cartas. —La miré a los ojos, pero no había en ellos ningún rasgo de piedad—. Aunque estoy seguro de que siguen pisándome los talones... Hace dos días ocurrió algo muy amenazador mientras daba una conferencia a un grupo de estudiantes del Partido. Me interrumpieron vociferando en mitad de la clase, estaba todo sin duda preparado, y me empezaron a hacer preguntas a voz en grito sobre la influencia de los católicos en la historia alemana. Uno de los estudiantes vino al estrado y repitió, coreado por sus compañeros, cada una de las acusaciones que han circulado desde hace meses sobre mí. ¡Fue espeluznante, como el coro de una ejecución medieval, todos contemplando al ajusticiado en la hoguera...! Ahora más que nunca necesito el apoyo de Hans...

Brigitte sonrió, apretando levemente los labios. Su cuerpo se arqueó mientras inclinaba los hombros para apagar el resto del cigarrillo con movimientos ágiles y calculados.

—No me extrañaría —el tono de su voz era gélido— que el asunto pasara antes o después al servicio de seguridad de las SS...

Los dos comprendimos al instante lo que eso significaba. Sin la menor muestra de vacilación, la mujer de Hans Frank agregó:

—Es muy importante que en cuanto el Führer haga a Hans ministro de Justicia te nombre secretario de Estado, sólo así estarás seguro... Pero antes tendrías que mostrar alguna señal que disipe parte de los cargos que han levantado contra ti. No tengo ninguna duda de que la peor acusación en estos momentos es la de que has defendido a los judíos. ¿Qué podrías hacer?

—Y por supuesto que usted hizo. —Es ahora de nuevo la voz de Neuborn quien me aleja de mis recuerdos y me devuelve a la realidad, esos recuerdos que he dejado por escrito para que él pueda juzgar, él y sus hijos, y los hijos de sus hijos...—. Claro que hizo. Nada menos que convocar aquel congreso sobre los judíos y la ciencia jurídica alemana, aquel gran espectáculo, con todo el apoyo de Frank y Göring, para que cualquiera de las acusaciones que se habían levantado contra usted se encontrara con la fachada impoluta de un perfecto nacionalsocialista... Usted ya había llegado a decir que las leyes de Núremberg, las leyes que discriminaban a los judíos y los expulsaban de la vida alemana, haciéndoles ciudadanos de segunda categoría, convirtiéndolos en seres infrahumanos, a los que se podía golpear y vejar impunemente, a los que se podía marcar con una estrella como se marca a los animales que se piensa llevar al matadero, eran «la Constitución de la libertad» de los alemanes, porque les liberaba de la pesada carga de sus judíos, el lastre de la impureza. ¡La Constitución de la libertad...! ¿Cómo pudo atreverse? Y ahora no tenía reparos en afirmar que *su* congreso, el que usted había organizado tan cuidadosamente, tan meticulosamente, había conseguido demostrar hasta qué punto se había introducido el pensamiento judío en la ciencia alemana y cuánto trabajo haría falta para purgar al Derecho alemán de tales influencias. Y lo difícil que sería establecer secciones separadas en las bibliotecas, en las que se contuviera el veneno judío, para garantizar que los puros arios no se contaminaran con el pensamiento judío. ¡Toda esa retahíla de estupideces, de ignominias abominables, en las que usted no creía, en las que no podía creer, pero con las que esperaba ganarse el salvaconducto, el certificado de buena conducta y su puesto, al fin, de secretario de Estado...! ¿No llegó a decir, delante de Frank y de los otros jefes del Partido, que los judíos eran unos «parásitos intelectuales» que no tenían nada que ofrecer a los alemanes?

—¡Le ruego que no insista por ese camino! ¡Si continúa hablando de esa manera no podré seguir! ¡Le recuerdo que no es sólo a mí a quien está usted queriendo juzgar...! Yo era un hombre débil, roto, llevaba semanas sin poder dormir, las pesadillas me aterrorizaban, cada noche y cada día que pasaban era una auténtica tortura. Creí que no podría aguantar la presión, que me volvería loco, vivía en una permanente esquizofrenia. No podía siquiera evitar hacer comentarios sarcásticos sobre los dirigentes del Partido, alusiones que indefectiblemente algún ambicioso hacía llegar a las altas instancias: fíjese cuál era mi estado. Ahora me llegaban noticias, cada vez más precisas, sobre los interrogatorios de la Gestapo, sobre los métodos de Heydrich. Steinitz me previno, debía dejar todos mis cargos, su mujer tenía alucinaciones, me dijo que había visto en sueños cómo era conducido a un campo, maltratado y torturado...

—De nada sirvió todo aquello; toda aquella estratagema, aquel teatro tan calculado por usted, tan minuciosamente dispuesto, no le llevó a ninguna parte. Al revés, produjo mayores sospechas, sus perseguidores se sintieron burlados, ahora le veían escenificar su conversión al buen nazi, su intento de acercarse a personas próximas a Hitler... En vez de convencerles, les hizo reaccionar con más virulencia, temerosos de que usted pudiera acabar afianzando su posición en el Partido o incluso en el Gobierno. ¿Y Frank, cuánto tiempo le sostuvo Frank, cuánto tiempo siguió usted jugando el doble, el triple juego con Frank y su mujer, con su pasado y lo que usted todavía confiaba en que pudiera ser su futuro?

—Frank estaba bajo una enorme presión de las SS. Después del congreso, y ante la posibilidad de que Frank utilizara el éxito que había tenido para afianzar mi posición en la Academia de Jurisprudencia, el Servicio de Seguridad decidió que debía actuar con determinación... Desconozco qué fue lo que utilizaron contra él, pero a partir de cierto momento Frank comenzó a dejarme caer. Es posible que estuviera en juego su propio futuro como ministro de Justicia, o quizás algo mayor. En todo caso, seguí sus consejos y durante algunas semanas dejé de acudir a las reuniones de los órganos del Partido que yo presidía.

—También logró que algunos de sus discípulos publicaran artículos defendiendo la integridad de sus convicciones nacionalsocialistas, alegando que usted, como el pueblo alemán, incluso como el mismo Führer, habían pasado del catolicismo al Estado, y del Estado al nacionalsocialismo... ¿No fue un movimiento un tanto audaz por su parte? Esa ligereza gustó todavía menos a los que querían acabar con usted.

—¡Fue un error, un trágico error! Yo no di ninguna indicación precisa para que se publicara nada, se precipitaron, y las SS pensaron que tenían a su presa bien agarrada por los colmillos... Aquello originó dos artículos en *Escuadra Negra* en los que se decía con claridad que yo había alabado en múltiples ocasiones a colegas judíos, que había tenido amigos sionistas y que en libros míos editados algunos años antes había afirmado que basar la política en la raza era absurdo... Esos artículos causaron un gran revuelo y una notable conmoción en el Partido. A los pocos días me había convertido en un apestado, todos los que antes me buscaban porque veían en mí un personaje respetado y con influencia en los círculos del poder me volvieron la espalda, y no pocos empezaron a conspirar contra mí para que no se recelara de ellos por haberme conocido... Fue una lección muy instructiva.

—Y así iba cayendo al fango el Enano Listo, el gran experto y jurista, el sutil intelectual. ¿Qué hizo entonces? ¿A qué más estuvo dispuesto para buscar protección?

—A pesar de todo, la situación era muy confusa. Steinitz consideraba que no se sabía aún si se trataba de un ataque en toda regla y hasta el final de las SS, y si Frank y Göring tenían alguna posibilidad de parar los golpes. Yo noté cómo alrededor mío se cernían más y más sospechas, y que se evitaba tener que encontrarse conmigo o saludarme. Recuerdo haber recibido una notificación del Ministerio de Justicia en la que se me comunicaba que «debido a los recientes acontecimientos», se me había retirado de un tribunal de exámenes. Estaba marcado, estigmatizado.

—¿Cómo consiguió que las SS no le encarcelaran? ¿Quién consiguió salvarlo, Frank, Göring... o la mujer de Frank?

Neuborn ha conseguido cercar a su presa. Enseña los dientes con satisfacción. Piensa que no hay escapatoria posible, que ha demostrado mi culpabilidad sin apelación. Respondo, intento explicar:

—Frank fue el primero en levantarse en mi defensa. Se dio cuenta de que los ataques y las investigaciones que estaban llevando a cabo las SS podían empezar a ser utilizadas en su contra y pensó que su ansiada promoción por el Führer podía correr peligro. Protestó contra los artículos de *Escuadra Negra,* aunque sabía que a la larga no podría enfrentarse contra las SS. Comenzó a hacer concesiones, haciéndome dimitir «por motivos de salud» de la mayoría de los puestos oficiales que dependían de él. Además, Himmler, al que le habían trasladado los informes y el voluminoso expediente que el Servicio de Seguridad había recopilado, empezó a apoyar abiertamente al director de *Escuadra Negra.*

Me detengo unos instantes. Neuborn desea que apure las heces, que llegue hasta el final, hasta quedar completamente expuesto, sin abrigo alguno... Continúo, en el límite extremo del agotamiento y la desazón interior:

—Fue el momento de mayor peligro. Los informes contenían una detallada exposición de todas mis actividades desde los primeros años e incluían todos mis contactos con Brüning, con Von Papen y con Schleicher antes de que los nazis llegaran al poder. Sabía que estaba continuamente bajo vigilancia y que desde hacía meses mi teléfono había sido interceptado. Todo había acabado. Si me quedaba en Berlín, lo más seguro es que acabara en un campo de concentración o pudriéndome en las mazmorras de la Gestapo en la Königstrasse. Steinitz y Ratsam me urgían para que emigrara, para que saliera fuera de Alemania mientras aún quedara alguna brizna de tiempo, mientras la garra no se cerrara definitivamente. Era una emigración deshonrosa, un exilio en tierras extrañas, muy peligroso... Mi instinto me hizo dudar, decidí esperar.

—Y entonces, de manera inesperada, sorprendentemente, los ataques de las SS parecieron amainar... ¿Usted seguía viendo a la mujer de Frank?

—Le diré que nunca supe exactamente qué es lo que pasó. Göring y Himmler debieron de llegar a algún tipo de acuerdo entre los dos. Göring no podía permitir que alguien que había trabajado cerca de él, a quien había nombrado consejero de Estado, fuera perseguido públicamente y temiera por su vida. Con todo su orgullo, Göring no estaba dispuesto a que Himmler le ganara la partida; le cortó los pies, no dejó que siguiera adelante. No creo que hiciera falta la intervención de Hitler, pues Göring mantenía un grado de autonomía suficiente. Fui cesado de todas mis actividades en el Partido, se me mantuvo el título de consejero de Estado, aunque el Consejo ya no se reunía, y se me permitió seguir enseñando en la universidad hasta el final de la guerra. De repente, inexplicablemente, me pude alejar del centro del torbellino, buscando la inmunidad del olvido... Y Göring protegió hasta el final el secreto del acuerdo y su contenido.

XVII

Las investigaciones de las SS continuaron durante todo el año siguiente. Ya sabía que en cada una de mis clases, en cualquier desplazamiento, al salir a la calle o en el fondo de un café, iba a descubrir a dos hombres vestidos de impermeable negro alejándose sin el menor intento de ocultar su presencia, tras haber tomado notas de lo que decía, el lugar hacia donde me dirigía o con quién hablaba.

Tuve que aprender a vivir con la desazón permanente de que estaba siendo vigilado muy de cerca y de que cualquier comentario o frase perdida que pudiera ser juzgado por mis indeseados acompañantes como sospechosa desencadenara de nuevo la persecución. A la censura de la prensa, de la radio y las noticias, a la cada vez más presente propaganda del régimen, se unía ahora también el control riguroso sobre el correo y sobre cualquier escrito que redactara. Durante años se me impidió viajar fuera del país.

Sentí la ausencia del Estado como un orden que garantiza la seguridad de sus ciudadanos. El movimiento nazi y la ideología se habían transformado en dos insectos letales en la tela de araña que tejía el Partido y a través de la cual se introducían en todos los resquicios del Estado y sus instituciones. Parecía como si una sombra negra, cada vez más gigantesca, fuera alargando sus tentáculos y apropiándose no sólo de la vida pública, sino también de cada parcela de la existencia del pueblo alemán. Me agobiaba, emponzoñando los pulmones, ahogándome, la falta de libertad, el aire que respirábamos se iba haciendo cada vez más denso, los presagios que se anunciaban más sombríos...

Mi posición personal había mejorado, pero no estaba completamente fuera de la línea de peligro. El acuerdo de las SS con Göring me permitió conservar mi puesto como catedrático en la universidad y una callada actividad en la Academia de Jurisprudencia, a pesar del rechazo y los obstáculos que seguía encontrando. Quienes habían iniciado la persecución seguían recelando y buscando pruebas para comprometerme definitivamente. Algunos de los que habían sido mis discípulos o conocidos necesitaban demostrar ahora, tras mi marginación de los cargos del Partido, que jamás habían tenido contacto con el caído.

La situación era tanto más delicada cuanto que algunos de mis perseguidores compartían lugar de trabajo conmigo; uno de ellos, el que más se había destacado en el acosamiento, era también profesor en la Universidad de Berlín, y en la Academia de Jurisprudencia la secreta satisfacción ante la caída del pedestal del Enano Listo se unía a los sentimientos encontrados de pánico y rencor.

Tuve que volver a concentrarme en mí mismo, sacar fuerzas de mi voluntad de sortear las dificultades, de mi curiosidad por el conocimiento y la ciencia. Unos cuantos —muy pocos— amigos se habían mantenido fieles, pero otros muchos habían optado por alejarse. Conforme los ataques de las SS se fueron olvidando, y yo desaparecí de la escena pública, recuperé una cierta tranquilidad. Pero mi opinión sobre Kniébolo y lo que él representaba adquirió durante aquel tiempo una perspectiva cada vez más negativa.

El año 37 fue un periodo esencial para la consolidación del poder de Hitler en el interior de Alemania y la puesta en marcha de sus planes futuros.

Durante los doce meses anteriores, tras ocupar Renania y el inicio de la Guerra Civil en España, el éxito de los Juegos Olímpicos en Berlín había supuesto el reconocimiento internacional de una Alemania nueva que volvía a ser respetada en el concierto de las naciones. Las alianzas, primero con Italia y luego con Japón, habían logrado liberar al Reich del ostracismo al que Versalles le había condenado. Yo, como otros muchos, como la mayoría del pueblo alemán, celebraba el acta de defunción de Versalles, la quiebra de aquellas ataduras que habían conducido a nuestro país a la miseria y al caos. Pero el repudio de la derrota era sólo el comienzo del ciclón que parecía rodear y arrastrar a Kniébolo, de las energías numinosas que él parecía concentrar y, tras el paso por su oscura personalidad, volver a relanzar con más virulencia.

Por aquellos días volví a leer la historia del Golem, el relato procedente de las viejas tradiciones de Centroeuropa sobre el muñeco de cera cuyo enigma anuncia el infortunio. Comencé a pensar que en Kniébolo se consumaba una ofrenda sacrílega, que se trataba de una figura que no sería capaz de controlar aquella barbarie que comenzaba a alzarse, amenazadora, arrogante; la revuelta de todos los viejos espíritus que la civilización europea había aprendido a controlar y domesticar a lo largo de dos mil años, y que ahora volvían a vagar, inhóspitos y salvajes, por el territorio de los humanos...

Durante esa época del inicio de mi exilio interior en Alemania, la amistad con Steinitz no dejó de crecer. Alma y Cornelia seguían viéndose con frecuencia, unidas en su amor a la naturaleza, a la música y al arte. Aún no había caído enferma Cornelia y tampoco Berlín había perdido todo su esplendor, aunque algunos de los directores de orquesta y de los autores de teatro más célebres se habían visto obligados a partir... Acudíamos con frecuencia a las inauguraciones, y nuestra casa, siempre abierta, incluso en los peores momentos, se alegraba de forma especial cuando los huéspedes eran pintores o escritores.

Aunque supo mantenerse en su puesto hasta el final, la posición de Steinitz había comenzado a ser cada día más insostenible. El pobre Steinitz había dejado de creer muy pronto en Göring, de quien ahora tenía pruebas fehacientes de su ambición corrupta y de su debilidad ante el Führer, pero al que esperaba todavía poder influir, del que esperaba poder obtener ayuda para favorecer las tendencias moderadas, o auxiliar a personas concretas, en no pocas ocasiones salvando su vida.

En los primeros tiempos, Steinitz confiaba en que, como había sucedido con todos sus superiores anteriores, iba a poder controlar a Göring. ¿Por qué no también a Göring, que no era un fanático, ni un estúpido, uno de los pocos entre los dignatarios nazis que tenía formas y modales, el único quizás que parecía tener algo de humor, una de las carencias habituales de los dirigentes de la esvástica que Steinitz llevaba peor? Además, Göring se sentía atraído por la historia y el esplendor de Prusia, por sus príncipes y aristócratas, por los palacios y las obras de arte, por todo el lujo que pudiera acumular y del que había conseguido atesorar una parte no insignificante; sus mansiones empezaron a llenarse en esa época de obras de arte y de antigüedades expropiadas a los enemigos del nuevo orden.

En Göring, Steinitz había creído encontrar el instrumento adecuado para sus planes. En realidad, el mariscal de campo y héroe de la Gran Guerra, el *bon vivant* que amaba a las mujeres y ambicionaba cargo tras cargo, honor tras honor, estaba muy aislado y sólo lo mantenía la cercanía y su fidelidad perruna a Hitler. Durante los primeros tiempos, Steinitz había otorgado a los nazis un margen de confianza; ahora se debatía entre el creciente desprecio y rechazo hacia ellos y la oportunidad que tenía de seguir actuando entre bastidores.

En Steinitz había visto reflejos de mí mismo en múltiples ocasiones. ¿Acaso no había luchado con todas sus fuerzas para llegar a donde estaba? ¿Debía abandonar esa posibilidad de influir y de orientar? Como ministro de Hacienda del Gobierno de Prusia, que presidía Göring, y en virtud de ese cargo, también miembro del gabinete del

Reich, gozaba de unas fuentes de información privilegiadas. En los primeros años, Hitler se permitía todavía reunir regularmente al gabinete, y Steinitz conseguía, con apenas disimulada satisfacción, poder utilizar sus extraordinarios conocimientos de los entresijos de la Administración y su capacidad dialéctica para enfrentar a unos con otros y acabar erigiéndose como el vencedor de cualquier cuestión intrincada que se planteara.

No pasó mucho tiempo hasta que Hitler comenzó a darse cuenta de que no era uno de los suyos. Sin embargo, lo seguía necesitando. Al principio, los largos y aburridos soliloquios de Hitler se dirigían a todos los ministros por igual, hasta que empezaron a ser cada vez menos a los que estaba destinado el martilleo repetitivo y abrumador del Führer. En los últimos tiempos ya sólo se dirigía a él, al funcionario tranquilo y silencioso, la Eminencia Gris, que sabía cómo desentrañar aquel escollo jurídico aparentemente insalvable o conocía el funcionamiento de la oficina más oscura de la Administración, que le observaba inmóvil desde una de las esquinas, pero que, gracias a su instinto, Kniébolo sabía se hallaba cada vez más cerca de sus opositores.

Steinitz había conseguido no poco de Göring. Mi seguridad se la debía en gran parte a él. Había sido una mano, tantas veces eficaz, que desesperadamente intentaba introducir cordura en la maquinaria enajenada del régimen. Ahora, sus esperanzas de lograr encauzar a los nazis se disipaban de día en día:

—El sistema —me dijo nada más iniciar una de nuestras frecuentes conversaciones— está construido de tal manera que cualquiera que intenta salirse de él, o introducir una pequeña brecha, es absorbido de nuevo con vehemencia.

Steinitz no podía ocultar su melancolía, velada detrás de las gafas de erudito y la sonrisa irónica:

—He hecho una y otra vez lo que estaba en mi mano —prosiguió—, pero cada vez consigo menos. Ahora tengo la certeza de que el Führer es la encarnación de una energía inapelable, que viene de lejos y a la que nadie podrá detener.

Estábamos dando un paseo por los alrededores del Wannsee, no muy lejos de donde se encontraba la antigua villa de Schleicher y Katia, ahora clausurada por la Gestapo. Era un domingo por la mañana, de un día de principios de otoño, cuando los arces, las hayas y los robles que dominan el lago despliegan el esplendor de sus colores, amarillos, ocres oscuros, rojizos, rodeados de una infinita variedad de verdes.

—Usted sabe, querido profesor, que ha habido momentos en los que yo mismo me sentí atraído por sus extrañas capacidades.

Habíamos dejado aparcado el coche oficial cerca del embarcadero del lago, y tras alguna vacilación, decidimos tomar con buen ritmo el sendero que se intrincaba en el bosque y conducía hasta las cumbres de la colina.

—De repente, en medio de una discusión altamente técnica —añadió, tras iniciar la subida, el ministro—, es capaz de sacar las conclusiones más oportunas y, con una lucidez inaudita, mostrar la salida al problema que teníamos planteado. Su estilo de trabajo es poco convencional, piensa en círculos concéntricos, como si fuera acercándose con sigilo a su presa, y luego, inesperadamente, diera el golpe que desconcierta y que, a causa de su audacia, acaba fascinando.

Steinitz se detuvo, apoyándose en la veranda que enmarcaba el camino, antes de recuperar el aliento:

—Es curioso, el Führer no tiene paciencia para leerse entero un informe exhaustivo, pero luego sorprende con conocimientos de detalle, que incluso se les habían escapado a los redactores del estudio... En esos instantes, desencadena un vigor desconocido, como sus obsesiones, que tienen una fuerza que ya no es humana.

Era el momento en el que la figura de Kniébolo comenzaba a ganar una dimensión cada vez más ambigua. También sus rasgos físicos habían cambiado y adquirido mayor complejidad. Empezaba a sentir la urgencia de su misión, como si el tiempo se le acabara. Esa obsesión, agudizada poco tiempo después, al filo de cumplir los cincuenta años, fue una de las razones que le abocaron a tomar la decisión definitiva de ir a la guerra. Entonces, algunos meses antes, los posibles focos de oposición estaban siendo acallados, las cárceles se llenaban con todos aquellos que pudieran enfrentarse al régimen, y empezaban los éxitos en la política exterior. Kniébolo se acercaba al núcleo incandescente del poder.

—En la historia del Golem —fijé la mirada en el semblante muy delgado y en los ojos, ahora ligeramente apagados, de Steinitz— se cuenta que para conocer el misterio que esa figura oculta, es preciso coger el pedazo de papel que tiene pegado a la lengua. Solo así se puede conocer su secreto... Todavía no sabemos quién es o qué es lo que representa Hitler, sólo adivinamos que trae la desgracia. Ha conseguido lo que parecía imposible: le ha dado la vuelta a Versalles, y los industriales, el Ejército y el pueblo alemán están en sus manos.

Me detuve, para respirar algo de aire y contemplar el paisaje, luego añadí:

—Es cierto que casi todos los políticos franceses y los laboristas británicos están furiosos con los pasos que ha ido dando, pero le han empezado a tomar en serio y no se enfrentarán directamente con él. Ott dice que los generales están ahora muy satisfechos con el rearme y el prestigio que Hitler ha devuelto al Ejército, y eso pesa mucho más que la inquietud por las reacciones negativas que está suscitando fuera.

Steinitz, los rasgos afilados, un pequeño reguero de sudor sobre la frente, corroboró:

—Los éxitos económicos son indiscutibles.

El ministro había sostenido a lo largo de décadas que en cuanto se prescindiera de la deuda por las reparaciones, Alemania volvería a destacar con luz propia.

Después agregó, inclinando la cabeza, como si hiciera una leve reverencia, en un gesto que interpreté no exento de mordacidad y de preocupación:

—Las autopistas, las factorías, la disminución del hambre y de las cifras de desocupados, la fabricación incesante de automóviles y aeroplanos, el orgullo devuelto al pueblo alemán... Se ha convertido en la esperanza de toda una nación. Nada le detendrá.

Hacía pocas semanas que Mussolini había realizado su primer viaje a Alemania, siendo recibido con grandes honores y pompas oficiales. Kniébolo tejía pacientemente y con determinación su red de alianzas.

Caminábamos ascendiendo lentamente, el uno detrás del otro, a ratos absortos en nuestros propios pensamientos. Steinitz se volvió hacia mí cuando ya nos aproximábamos a la cima del montículo desde la que se divisaba en todo su esplendor la hermosura del lago y el paisaje de villas y parques que lo rodeaban y, con evidente satisfacción en el rostro ahora distendido, dijo:

—Creo que conseguiremos apartar a las SS de su interés por usted. Comienzan a tener muchas cosas que hacer y Himmler ha empezado a prepararse para los objetivos que Hitler tiene en la cabeza. Algunos de sus enemigos más encarnizados insisten para que se siga adelante, pero Göring no va a ceder. Debería usted ocuparse de otras materias, dejarles el campo libre a esos colegas tan voraces que tiene...

Hizo una breve pausa para averiguar el efecto de estas palabras. Luego añadió, con tono más severo:

—Tenga mucho cuidado. Ya no se puede hablar sin peligro, excepto en algunos lugares muy restringidos. La Gestapo tiene espías en los sitios más inesperados: la señora de la limpieza, la florista, el chico que viene a traerle un paquete de libros... Cualquiera puede estar al servicio de alguien que a su vez está al servicio de un agente de la Gestapo. Cuanto más arriba, el número de espías y de informadores aumenta exponencialmente; al final, en la cúspide, vence quien dispone del mejor servicio de información. Por eso Himmler no deja de ganar terreno. Le ruego que tenga mucho cuidado. —Y, al final, con una sonrisa maliciosa, me lanzó—: Sobre todo con su lengua.

De regreso, cuando volvíamos hacia el coche, Steinitz me preguntó por Ratsam y por las últimas noticias de Antaios. Quería saber desde cuándo conocía a Peter, si la Orden de Thelema seguía activa, también cuáles eran las relaciones que Ratsam tenía en Gran Bretaña.

Le conté que Antaios me escribía con frecuencia y en ocasiones nos visitábamos; su opinión sobre el Führer no había cambiado, y era perceptible su alegría al haber recuperado en mí a un interlocutor que volvía a compartir gran parte de sus puntos de vista.

Cuando llegamos al automóvil, aparcado en la ribera del lago, casi exhaustos después de la larga caminata, observé que el chófer estaba profundamente dormido. Se sobresaltó al escuchar el chasquido metálico de la puerta trasera al cerrarse, y en el más puro acento berlinés, visiblemente azorado, preguntó:

—¿El ministro desea que le lleve a casa...? —dudó unos instantes, todavía confundido, y farfullando equivocadamente las palabras, en realidad quiso decir «o al ministerio», pero sin darse cuenta de lo que decía, de la profunda verdad inconsciente de sus palabras, todavía medio somnoliento, añadió—: ¿o al Tiergarten, al parque de las fieras?

Al cabo de algún tiempo después recibí un correo de Ott desde su nuevo destino en la embajada de Tokio. Había sido ascendido a coronel. Regresaba durante una corta temporada a Berlín, y me citaba para hacer juntos varios días después una excursión a la propiedad que poseía en el norte, cerca del mar Báltico. Nos invitaba a pasar el fin de semana a Alma y a mí, junto con Marcks y su mujer y algunos otros conocidos.

Agradecí aquella invitación, una atención que no recibía desde mi caída en desgracia con los nacionalsocialistas. Ott había aceptado el puesto de agregado militar en la embajada de Tokio, lo que le permitía mantener de forma reservada la comunicación con sus antiguos colaboradores en el Ministerio del Ejército y a la vez observar las vicisitudes de las relaciones del Reich con el Imperio del Sol Naciente. La firma del acuerdo contra la Internacional Comunista, el llamado Pacto Anticomintern, entre Hitler y el emperador japonés el otoño anterior no había sino puesto de manifiesto la importancia que la relación con el país asiático tenía para el futuro de Alemania.

La casa de campo que Ott había heredado de la familia de su mujer estaba ubicada en las estepas de Brandeburgo. Era un recuerdo vivo de la pasada grandeza de Prusia.

El primer día cenamos en el amplio comedor decorado con retratos de sus antepasados y una gran profusión de cuernos y cabezas de ciervos y jabalíes que colgaban de los muros. Tras la sobremesa, una vez que se habían retirado las damas y otros acompañantes, Ott quiso hacer un aparte conmigo y con Marcks en la biblioteca, iluminada por los resplandores que lanzaba la vieja chimenea de piedra con escudos grabados en el basamento.

—Ha ocurrido un acontecimiento importante... —nos dijo nada más acomodarnos junto a los leños.

El coronel había ocultado hasta ese momento una inquietud que ahora dotaba a sus gestos, habitualmente serenos y marciales, de una agilidad nerviosa. Sin disimular su preocupación, continuó:

—Hitler ha reunido al Mando Supremo y a los principales cargos de la Cancillería para anunciarles sus planes militares y su «determinación inconmovible», como repitió varias veces a lo largo del discurso, de actuar dentro de un cierto tiempo, cuando las circunstancias lo permitan, en relación con Austria y Checoslovaquia. Acaba de celebrar su cincuenta aniversario y está obsesionado. De repente teme que se le acabe el tiempo, que pierda la ventaja que ha conseguido ganar en estos últimos años en material y en armamento. Piensa que si no actúa pronto, el equilibrio de fuerzas puede cambiar.

Comprendí la gravedad de lo que Ott estaba anunciando y sobre lo que no había tenido información contrastada hasta ese instante. Agradecí con un gesto de la mirada la confianza que el coronel depositaba en mí; la cuarentena que durante los últimos años había tenido que sufrir en determinados ambientes empezaba a relajarse.

En la frente del mayor Marcks —el pelo todavía rubio, los rasgos del rostro bien formados— se dibujó la ansiedad en cuanto comenzó a hablar:

—Los dos últimos años le han hecho ver hasta dónde pueden llegar la vanidad y la ambición de la mayoría de los oficiales y los generales y cómo utilizarlos para sus fines. Está claro que ha ido preparando el terreno para sus verdaderos objetivos: los Sudetes, Polonia, supongo que también Francia.

—Efectivamente, querido Marcks —le interrumpió Ott, con un gesto firme—, lo ha comprendido perfectamente. Hitler no se quedará satisfecho con resolver el problema de las minorías ni tampoco con presionar para obtener una mayor influencia del Reich sobre sus vecinos. Lo que quiere es más territorio. Más tierras y más hombres: Austria, Bohemia, Moravia; someter en el campo de batalla a Francia, revertir la vergüenza del fin de la guerra, vengar la cuchillada por la espalda... Es una obsesión, la obsesión que comparte con la mayoría del Ejército, pero frente a la cual él no va a permitir ninguna vacilación ni ningún obstáculo.

Las noticias eran, aunque ciertamente no inesperadas, muy preocupantes. La lógica interna del nacionalsocialismo se adentraba en una nueva dimensión. Me dirigí hacia Marcks, aunque esperando que fuera Ott quien me diera la respuesta:

—¿Y cuál es la opinión del Estado Mayor? ¿Están dispuestos a ir con él hasta el final, incluso hasta una nueva guerra?

—Hitler dijo claramente que la ocupación y la separación de Checoslovaquia sólo sería el principio.

Mientras decía estas palabras, Ott se había levantado del sillón en el que estaba sentado, cerca de la chimenea, y después de avivar el fuego, esperó unos segundos antes de continuar:

—La reacción de una parte de los que estaban en la reunión fue bastante virulenta. Los jefes del Ejército, Blomberg y Fritsch, y también el ministro de Asuntos Exteriores, Von Neurath, se manifestaron abiertamente en contra de los planes del Führer, avisando del grave error que supondría querer llevar a cabo una operación militar clásica, desencadenar un conflicto que obligaría a las potencias occidentales, a Gran Bretaña y Francia, a Holanda y Bélgica, quizás también los países escandinavos, a entrar en guerra, una guerra que acabaría siendo no sólo europea, sino muy probablemente mundial.

Ahora por fin empezaban a entender los militares que todo lo que había anunciado el cabo austríaco, el Tambor, el Tribuno, desde el principio no eran las ensoñaciones de un artista frustrado, sino que estaba dispuesto a llevar a cabo sus objetivos costara lo que costara, y por supuesto sin preguntarles a los generales su opinión.

—No creo que Hitler siga preocupándose demasiado por lo que el Estado Mayor pueda pensar o dejar de pensar... —Yo reflexionaba en voz alta sobre lo que había estado rumiando en la soledad de los últimos tiempos—. Mi convicción es que seguirá adelante, y que si alguien se interpone en su camino, lo quitará de en medio.

—Sí, así es —dijo Ott, la cara huesuda y alargada muy rígida.

Luego volvió a levantarse, de nuevo inquieto, y se puso a recorrer el centro de la sala, la copa de licor en la mano, hasta fijar su mirada en el rostro, grave, sombrío, de Marcks. Se detuvo en seco, añadiendo:

—Creo que hemos llegado al punto en el que Hitler va a prescindir definitivamente de la vieja clase dirigente, de los que han sido sus compañeros de viaje durante estos años. No me extrañaría que prescindiera también de bastantes de los generales... —se interrumpió un instante, buscando la cercanía del fuego—. No descarto que se sienta decepcionado en su fuero íntimo. Hasta ahora seguía pensando que el Ejército jamás le abandonaría, que él continuaba siendo uno de los suyos, que el Alto Mando estaría dispuesto a lanzarse contra el enemigo en cuanto le dejaran libre, y ahora se da cuenta de que no, de que es él quien tiene que azuzar a los generales. Ha llegado a la convicción de que no tienen los nervios para seguirle en sus planes de dominación universal; porque ahora no hay duda de que eso es lo que Hitler quiere...

Nos quedamos los tres en silencio. Solamente se oían las ráfagas de viento, atravesando las arboledas cercanas, y el crepitar de las llamas.

Al cabo de algunos minutos fue el mayor Marcks quien se decidió a poner punto final a la conversación, antes de retirarnos a nuestras habitaciones:

—La información que se me transmitió —Marcks seguía disponiendo de buenas conexiones entre los oficiales más jóvenes— es que a causa de esa fría reacción del Alto Mando se marchó enfurecido a su refugio en las montañas bávaras, a Berchtesgarden, y no ha querido recibir, a pesar de sus llamadas continuas, a Von Neurath, que está desolado.

Esa noche dormí mal. Tuve sueños agitados, de animales que chillaban, enfurecidos y angustiados, como si estuvieran a punto de ser sacrificados. Los presagios de la guerra, el rostro obsesivo de Kniébolo me persiguieron en mis pesadillas. Me desperté de madrugada y ya no pude volver a conciliar el sueño. Sentía frío, a pesar de las mantas, un frío que atravesaba los huesos hasta el tuétano. Las imágenes de los muertos no dejaban de volver a la memoria...

Por la mañana, antes de regresar a Berlín, Ott me habló a solas de la misión que Peter Ratsam había llevado a cabo en Japón y en otros países de Asia, un viaje de cerca de dos meses dirigido a fortalecer las relaciones del Reich en aquel lugar del planeta. El coronel, que apenas había tenido contacto con Peter hasta esos momentos, alabó sus conocimientos, y con cierto aire de secretismo, añadió:

—No me sorprendería que llegara a jugar un papel relevante. Ya lo habría quizás tenido si no fuera por el problema de su madre... Hess confía plenamente en él, y también Hitler escucha sus consejos, sobre todo en relación a Inglaterra. No creo, sin embargo, que sigan su opinión en la cuestión de los Sudetes, ni a él ni a su padre; el problema de las minorías es para Hitler solamente un pretexto.

Al cabo de pocas semanas de mi encuentro con Ott y Marcks estallaron los escándalos que implicaron a los dos máximos jefes militares, al ministro del Ejército, Von Blomberg, a quien se le reprochó haber contraído matrimonio con una mujer que se demostró había sido prostituta, forzándole de manera deshonrosa a dimitir, y al jefe del Estado Mayor, Fritsch, acusado sin fundamento por las SS de homosexualidad y apartado a su vez del Ejército.

Ninguno de los demás generales se atrevió a exigir una investigación ni a impedir la humillación definitiva del Ejército. La consecuencia del complot urdido por Himmler fue que Hitler asumió «personal y directamente» el mando sobre el Ejército. El ministerio fue desmantelado y sustituido por un Mando Supremo de las tres armas que reportaba directamente al Führer. Kniébolo aprovechó también las circunstancias para deshacerse de Von Neurath, uno de los últimos representantes de la vieja clase aristocrática que quedaban en su entorno, y sustituirlo por el fiel Ribbentrop. Con ello se aseguraba que los instrumentos principales de la política exterior y del Ejército estuvieran en manos de incapaces a los que poder manejar con facilidad.

El ambiente que respirábamos se cargaba de expectativas de guerra. Hablé con mi mujer. Los rumores que escuchaba en la calle eran una mezcla de desasosiego y de entusiasmo. Alma parecía alegrarse con cada una de las noticias que llegaban. Se oía decir que, tras no haber conseguido la alianza con Gran Bretaña, el Führer volvía ahora su atención a Austria y los Sudetes. Al parecer, Hitler había enviado un ultimátum al canciller austriaco para que Austria entrara a formar parte del Reich. Con el fin de presionarle y tener el control de la situación, Kniébolo había maniobrado para que las fuerzas de seguridad y la policía quedaran bajo el mando del cabecilla nazi en Viena, Seyss-Inquart.

Una mañana muy temprano, mientras estaba realizando mis ejercicios gimnásticos antes de asearme, reapareció Alma en el dormitorio, presa de una gran excitación, y me dijo, casi sin poder hablar:

—¡La radio acaba de anunciar que nuestras tropas han invadido Austria y depuesto al canciller!

Para Alma, que siempre había sido partidaria de un gran Reich alemán, al que debía incorporarse Serbia, su patria, la noticia era el inicio de una nueva época largo tiempo esperada.

Llamé a Ratsam al día siguiente y quedé con él para comer en un restaurante de las afueras. Ya no era vigilado tan estrechamente, pero no tenía la menor duda de que si éramos vistos juntos, alguien deseoso de congraciarse con los servicios de seguridad se encargaría de despertar las sospechas de la Gestapo.

El restaurante era un local de comida tradicional berlinesa próximo a Köppenick, y, tras las cervezas de rigor, Peter pidió, no sin cierto sarcasmo, un escalope vienés. Yo preferí que me sirvieran sopa campesina.

Ratsam estaba de un humor contradictorio, a ratos casi exultante, en otros momentos profundamente abatido, lo que no dejó de provocar mi curiosidad.

Quise primero desviar la conversación hacia su reciente viaje a Oriente; le inquirí sobre los últimos acontecimientos en la guerra que enfrentaba al Japón con el Imperio chino a raíz de la invasión japonesa de Manchuria:

—¿Crees que los chinos serán capaces de aguantar el empuje de los japoneses? —le pregunté—. Parece que están recuperando terreno.

Ratsam comprendió inmediatamente que no deseaba conocer la versión oficial de los hechos, sino lo que él pensaba, y replicó:

—Mi opinión es que la guerra debería ser lo más corta posible, sin que suponga un excesivo esfuerzo militar para el Japón y sin que China caiga en un estado de caos permanente. Estuve durante diez días recorriendo el frente, visité Tientsin y Pekín, justo después de que los japoneses la acabaran de ocupar, y vi mucha destrucción.

Sentí en mi interlocutor una emoción intensa al recordar aquellas imágenes. Me llamó la atención comprobar que cuando mencionaba a China hablaba con admiración y respeto de los restos del esplendor de una gran civilización antigua.

Continuó relatando sus experiencias, los ojos brillándole con una luz soñadora. Por un momento sonreí ante la escena, que pasó fugazmente por mi cabeza, del corpulento Ratsam rodeado de un grupo de orientales conversando a gran velocidad.

—Pekín era una ciudad mortecina —agregó—, un pálido reflejo de épocas gloriosas, pero no pude dejar de percibir la grandiosidad de la cultura china. Detrás de la devastación de la guerra, se podía vislumbrar un espíritu que no será fácilmente doblegado. Yo creo que los chinos, como hicieron los rusos ante Napoleón, soportarán el sufrimiento con entereza, y lo más prudente sería que intentáramos convencer a nuestros amigos japoneses para que actúen con mano menos dura.

—He oído hablar de tu conferencia en Hamburgo sobre el viaje. Me dicen que fue un gran éxito.

—Sí... —Ratsam pareció ensimismarse en sus propios pensamientos—. Considero que el conflicto sino-japonés nos ocupará durante mucho tiempo; es una de esas situaciones que influirán en el futuro, más allá de lo que pueda suceder en los próximos años. Como ocurre con tantas otras líneas de choque de la política internacional, responde a una cuestión de fondo que permanecerá.

Ambos éramos docentes en la Escuela de Política, pero la cercanía de Ratsam a Hess y su actividad en el ministerio desde hacía años le habían otorgado una autoridad que superaba su juventud. Desde los tiempos de Múnich, aquel muchacho algo melancólico y reservado, que parecía querer cargar sobre sus espaldas el peso del mundo, se había convertido en un intermediario inexcusable en misiones secretas en Inglaterra, en los Sudetes, en Italia y en el Lejano Oriente. Dudé sobre si estaría dispuesto a vencer su reserva diplomática y hablar de la cuestión candente: ¿qué ocurriría después de la anexión de Austria?

Tras pedir al camarero que nos trajera una botella de vino, Ratsam prosiguió, diciendo:

—Uno de los momentos más emocionantes fue la recepción oficial en el Palacio Imperial de Tokio, sin duda una de las experiencias más impresionantes del viaje. El príncipe Kanin me produjo una gran conmoción. Comprobé que por encima de las fronteras y las diferencias de razas, existe un sentido de nobleza y una sabiduría que unen a las clases superiores, y también a las clases inferiores de todos los países; los que no se entienden entre ellos son los niveles intermedios, y por eso se desprecian mutuamente.

Quise darle un giro a la conversación:

—¿Te estás refiriendo a nuestros *mauritanos* —ése era el término que utilizaba Antaios para designar a los hombres de Himmler—, a nuestros eficientes torturadores de las SS? ¿O acaso a nuestro César, que acaba de atravesar victorioso los Alpes...?

Buscaba provocarle con estas palabras. Conocía la creciente desconfianza de Ratsam hacia Hitler, pero no sabía cuál era su relación personal con el Führer en esos momentos.

Ratsam permaneció impertérrito.

—He de decir que a la vuelta del viaje de Oriente tuve la mejor impresión suya que he tenido nunca. Viajé en tren con él y con Hess desde Múnich, y durante gran parte del trayecto estuve explicándole las conclusiones de la visita. Nunca antes me había parecido tan sensato y con tanto acierto en los comentarios que hacía.

No pude refrenar mi espíritu cáustico y dije:

—O sea, que ahora que he caído en desgracia y apenas consigo recuperarme del batacazo, nuestro buen amigo Ratsam se va a hacer hitleriano.

Entonces sí que Peter no pudo impedir una sonrisa. El vino se me había subido a la cabeza y una extraña predisposición a echar lastre por la borda, a despreocuparme del peso de la conciencia, siquiera por algunos segundos, parecía estar haciendo mella en mi cerebro.

Ratsam se detuvo durante una larga pausa, buscando las palabras adecuadas:

—Sigo pensando que el Führer es una fuerza que absorbe, vaciándolo, todo lo que se acerca a él, pero no puedo dejar de reconocer su insólita capacidad de, a veces, darse cuenta con rapidez de situaciones complejas, acertar con el núcleo de la cuestión y tener un instinto especial para las oportunidades y los riesgos.

Me dijo también que en las conversaciones con él, Hitler se mostraba interesado y reservado, casi tímido. Peter suponía que porque desconocía los detalles, y no quería cometer algún error en sus apreciaciones. En otras ocasiones, sus ideas vehementes y con frecuencia inflexibles, obligaban a un permanente ejercicio de diplomacia, para exponer de forma neutra cualquier opinión propia.

Sentí que podíamos hablar con mayor libertad. Le abordé directamente:

—¿Crees que es posible todavía alguna salida, que ante la magnitud de lo que está fraguándose y lo que ello puede significar para Alemania, el Führer intentará llegar a algún tipo de acuerdo, forzar al máximo para conseguir sus fines sin desencadenar una nueva guerra? Estoy persuadido de que los alemanes no desean la guerra.

—Mi querido profesor —Ratsam adoptó un tono que me pareció excesivamente paternalista para sus años—, usted conoce perfectamente que hace tiempo que soy de la opinión de que no existe ninguna posibilidad para el futuro, de que la catástrofe que se avecina es imparable, y que se tratará de una hecatombe europea de dimensiones mundiales. Usted habrá escuchado que no pocos me han apodado Casandro, el que no cesa de anunciar la llegada de la destrucción, y al que nadie hace caso...

Le respondí, con un deje de ironía:

—Pero en estos momentos deberías ser más optimista. ¿No se cumple con la adhesión de Austria uno de tus grandes sueños?

—Le puedo asegurar —Peter me clavó su mirada— que hasta el último instante estuve intentando que nuestras tropas no marcharan sobre Viena.

Se detuvo, el rostro mucho más tenso. Luego, continuó:

—Estaba trabajando por la tarde en el cuarto piso del ministerio cuando desde Viena llegó el informe cifrado de que Seyss-Inquart tenía la situación controlada, de que se debía impedir por todos los medios que nuestras tropas ocuparan Austria... Avisé inmediatamente a Hess por teléfono, quien me dijo que el Führer había estado trabajando veinte horas seguidas y que tras ingerir varias pastillas para dormir, había conseguido conciliar el sueño. Contacté después con el ayudante personal de Hitler, quien me contestó que los preparativos estaban tan avanzados que no cabía marcha atrás... ¡Hice absolutamente todo lo que pude, pero Hess no fue capaz o no quiso oponerse a una decisión detrás de la que estaban con todas sus consecuencias Hitler y Göring! ¡Ni siquiera el Mando Central del Ejército conocía los detalles de la operación!

Había ido levantando la voz, perdiendo su prudente reserva inicial. Tenía las mejillas enrojecidas y el rostro ligeramente congestionado. Bebió un gran sorbo de agua, antes de responder:

—Sí, he sido siempre partidario de la vuelta de Austria al Reich, siempre opiné que la separación entre los grandes imperios de habla y de raza alemana era un desafío a la historia, pero no de esta manera, no como quien arriesga una posición en el ajedrez sin estar cubierto. Ha sido un gran triunfo para Hitler, pero eso es justamente lo que más me inquieta...

Todavía se hallaba muy viva en nuestras retinas la imagen de la entrada triunfal de Kniébolo en Viena: la escena para la posteridad del gran caudillo saludando con el brazo extendido desde el coche descubierto a una multitud que clama por la integración inmediata en el Reich.

Tras haber franqueado la frontera, el pueblo austriaco había recibido a nuestras tropas con delirio, sin cesar de arrojar flores a su paso. Después de volar desde Berlín al sur, los algo más de cien kilómetros que separan su ciudad natal de Linz habían sido para el Führer un recorrido triunfal. No hicieron ni siquiera falta los pasos intermedios que el propio Hitler había previsto para controlar al Gobierno de Viena, pues gran parte del pueblo se manifestó en las calles a favor de la anexión. «Como Führer y canciller de la nación alemana y del Reich, proclamo ante la Historia la entrada de mi patria en el Reich alemán». Esas habían sido sus resonantes palabras en el Hofburg, el palacio de los emperadores austriacos.

Este recibimiento apoteósico tuvo un efecto decisivo para afianzar en la mente de Kniébolo la certeza de haber sido elegido por la Providencia para conducir al pueblo alemán, a todo el pueblo de habla alemana, hacia el futuro excelso que le correspondía. El Anschluss se convertía en el punto de partida para la política de expansión hacia el Este.

Ratsam coincidía con mi análisis. Él opinaba que con la adhesión de Austria se creaban además obstáculos añadidos para cualquier negociación con Gran Bretaña.

Desde hacía años Peter había ido creando una discreta red de contactos con algunos de los dirigentes británicos más influyentes, en particular entre aquellos círculos que mostraban simpatías hacia el Führer. Conversaciones que tenían lugar sin conocer las cartas del contrario, incluso sin que estuvieran establecidas las reglas del juego, pero en las que ambas partes sabían que, aun tratándose de una navegación sin rumbo conocido, cada barco tenía que llegar a ser el bote de salvamento del contrario.

Ratsam confiaba en que su intervención pudiera influir sobre la lógica de los acontecimientos a los que la anexión de Austria empujaba. Es más que probable que confiara incluso en ocupar el puesto que Von Neurath antes o después debía de dejar libre. Su viejo sueño de adolescente... ¿Acaso no era él quien conocía mejor que nadie los hilos del ministerio, quien había servido eficazmente de intermediario, de hombre de confianza y de árbitro en misiones delicadas e importantes? El nombramiento de Ribbentrop había sido sin duda un grave estorbo para sus planes.

Le pregunté, todavía molesto por su actitud desdeñosa:

— ¿Y Ribbentrop?

Echó el cuerpo hacia atrás, ligeramente incomodado, pero enseguida recuperó la compostura. Adoptando mi mismo tono burlón, respondió:

—¿Qué quiere que le diga, estimado profesor? Ribbentrop es un comerciante de champán que desconoce la historia y los intereses de los países, y cuya vanidad no tiene límites, pero goza de la confianza del Führer. Después de la tabla rasa que se hizo con la generalidad, hacía falta poner en posición de firmes al Ministerio de Exteriores. Afortunadamente, he podido asegurar que su entorno más inmediato sea de mi confianza...

¿Era, pues, cierto que aspiraba a poder seguir influyendo en la sombra sobre Ribbentrop, y sobre Hess, y sobre Hitler? ¿O acaso intentaba neutralizar a Ribbentrop, haciendo que su red de contactos en el exterior se transformara en una tela de araña en la que podían quedar enganchados peces cada vez más gordos, incluido su nuevo ministro?

Desde la calle llegó el ruido, metálico y chirriante, del tranvía, deteniéndose ante la puerta del local. El camarero parecía decidido a que una parte sustanciosa de la bodega de la casa acabara en nuestros estómagos agradecidos y amenazaba desde el mostrador blandiendo una nueva botella de Riesling.

Ratsam había empezado a moverse nerviosamente en la silla, dando por terminada la conversación, pero antes de levantarse añadió:

—Los Sudetes... Confío en que podamos llegar a una solución satisfactoria para los Sudetes. Mi única esperanza sigue siendo que Hitler mantenga su palabra e intente llegar a un acuerdo con Inglaterra. Pero no puede ser un acuerdo parcial. Es necesario que las dos grandes potencias europeas se entiendan y lleguen a una alianza lo más amplia posible.

¿Tenía Ratsam a través de Hess alguna posibilidad real de que se le escuchara?

Hitler seguía obsesionado con Gran Bretaña, de la que admiraba desde su imperio colonial hasta la eficacia de sus servicios secretos, y por la que mostraba una fascinación casi infantil. Gracias a ello, los consejos de Ratsam encontraban un terreno abonado. Pero era obvio que Ribbentrop, con un instinto certero, intuía que detrás de la fachada de eficaz mensajero y diligente intermediario de Ratsam se escondía mucho más, y maniobraba para desacreditar a su inteligente y temido rival.

¿Con qué probabilidades de éxito contaba Peter? Hitler demoraba sus decisiones y mostraba interés por aquellas opiniones que mejor se ajustaban con sus intenciones. Se apropiaba de los conocimientos e informaciones de Ratsam allí donde podían resultarle útiles y movía los hilos para que su camarilla palaciega se enfrentara, mientras aceleraba la producción de armamento, asegurándose de que británicos y franceses siguieran muy retrasados en su rearme.

Antes de salir a la calle, animado por la conversación y la bebida, Peter se volvió ligeramente hacia mí y con un tono cordial que no había usado antes, me dijo:

—Estreno mi obra de teatro sobre Sila dentro de unas semanas en Hamburgo. Me gustaría que pudiera asistir. Es una representación exclusivamente privada, para algunos amigos y conocidos. Si quiere, podemos ir juntos en el tren.

XVIII

Dudé durante varios días sobre si aceptar o no la invitación de Peter Ratsam. Todavía no me sentía con ánimos para aparecer en público en una reunión en la que habría o bien dirigentes del régimen que podían haber participado en la persecución contra mí o bien gentes próximas a Ratsam que posiblemente me miraran con recelo. Pero tenía curiosidad por asistir a la representación de una de las obras de teatro de Peter y además durante el viaje podríamos conversar con mayor tranquilidad.

Finalmente nos citamos en la estación del Zoo, al otro lado del Kurfürstendamm.

Fui desde casa con Alma en el tranvía.

Ella, los ojos azabaches, la cara redonda y luminosa, iba cubierta con un gran chal de color oscuro que le llegaba casi hasta los pies y le hacía aparentar más voluminosa, pero con el que llamaba la atención, provocando que no pocos hombres se dieran la vuelta para mirarla.

Era un día soleado, de una primavera cuya generosidad había hecho de Berlín un vergel tapizado de flores y de grandes manchas verdes de hierba, entre las que hacían su aparición macizos de capullos en todas las tonalidades posibles.

A medida que recorríamos las principales arterias del centro, la ciudad, con sus cuatro millones de habitantes, me hizo pensar en una inmensa cantera abierta. Por todas partes se veían las nuevas construcciones de edificios oficiales: la renovada Cancillería, el Banco Central, los nuevos ministerios y otra infinidad de agencias o delegaciones deseosas de defender ante la gigantesca burocracia del Tercer Reich los intereses, las secretas aspiraciones, las pequeñas y grandes ambiciones de hasta el más humilde de los representantes locales del Partido.

Los sueños de remodelación urbana de Kniébolo comenzaban a hacerse realidad en la vieja capital prusiana. Las obras se realizaban con una energía incontrolada, como si el tiempo se consumiera, con aquella misma idea fija que atenazaba a Kniébolo. Emergía una gran aglomeración ciudadana a un ritmo frenético y agresivo que buscaba transformarlo todo, y hacerlo no a través de un crecimiento ordenado, sino a golpes de fuerza y de voluntad, sólo posible gracias a la organización y disciplina, a la obediencia ciega del pueblo alemán.

Cada jornada que transcurría, Berlín se asemejaba más a un inmenso falansterio de hormigas perfectamente adiestradas, corriendo febrilmente de un lugar a otro, un ejército de insectos que intentaba vencer cualquier obstáculo reduciéndolo a un problema de cálculo y de planificación. Cifras y más cifras, cifras que se manejaban reemplazando a las ideas en las mentes, números y más números que parecían salir de los cerebros enfebrecidos de miles de abejas laboriosas, que pululaban, dirigiéndose todas ellas hacia algún lugar aún ignorado, pero al que nos aproximábamos a gran velocidad.

Todavía revoloteaba en el ambiente el optimismo creado por la anexión de Austria, pero no era difícil entrever ya, tras aquella imparable actividad, una ansiedad creciente, quizás simplemente el miedo, el miedo cerval de los espectadores ante la dimensión que empezaban a cobrar los acontecimientos.

Nada más llegar a la estación nos dirigimos hacia el tren, que estaba puntualmente estacionado, esperando que el segundero diera la hora de salida.

Alma se mostraba agitada, con un nerviosismo a intervalos bullicioso y, en otros momentos, apesadumbrado. Pero intentaba sonreír y responder con amabilidad a los saludos de Peter, que apareció acompañado de uno de sus discípulos, un joven estudiante de mirada clara y el pelo ensortijado, los gestos francos y directos, por el que inmediatamente sentí simpatía.

Tomamos asiento en nuestro compartimento y enseguida comenzaron a desfilar ante nuestros ojos las casas y calles de los barrios del oeste, Charlottenburg, las viviendas burguesas de los barrios residenciales, los edificios de la época guillermina, simétricos, humanizados gracias al verde de los árboles y al rojo carmesí de los geranios, dispuestos con orden en las ventanas. El tren ganaba velocidad y rápidamente dejamos atrás el aeropuerto. Divisé desde las ventanillas a lo lejos las pistas de aterrizaje, los hangares y un par de aeroplanos resplandeciendo bajo el brillo del sol.

Conforme avanzaba el trayecto, Alma se fue tranquilizando. A su lado se había sentado el joven universitario, Rainer, y se la veía disfrutar de la conversación sobre los viajes de estudio que éste había hecho en los últimos años acompañando a Ratsam. Habían recorrido desde los fiordos de Noruega y el Báltico hasta los museos y monumentos de Italia y España.

En el compartimento se habían aposentado otros tres pasajeros: un hombre de mediana edad, calvo y con un bigote oscuro recortado, que miró con el ceño fruncido cuando Peter le pidió permiso para encender un cigarrillo, señalando con gesto apremiante el letrero de «Prohibido fumar» que podía leerse con letras bien visibles junto a la ventana; a su lado, un joven bien vestido y con fuerte acento americano, un polaco emigrado a Estados Unidos ocupado en negocios de exportación; y enfrente de él, junto a la ventanilla, una señora entrada en los cuarenta, pero jovialmente vestida, que hablaba sin interrupción en cuanto podía de su tienda de modas del Kurfürstendamm.

Habíamos recorrido los últimos suburbios y comenzamos a atravesar la marca de Brandeburgo, los campos de trigo y cebada cultivados casi hasta la línea del ferrocarril, las granjas de tejados rojos. Veíamos las carretas y coches de caballos escondidos en el pajar, y una y otra vez el bosque, el bosque alemán, la magia de las espesas arboledas de hayas, robles, abetos y tilos que reaparecía ante nuestra vista como un santuario siempre renovado.

Peter me hizo un gesto imperceptible para que le siguiera al pasillo del vagón en el que estaba nuestro compartimento, y nos quedamos los dos de pie en el corredor, apoyando los codos en el pretil de la ventana, observando el paisaje, tras comprobar que nuestro vehículo no iba demasiado lleno.

Sacó un cigarrillo de su pitillera y lo encendió. El tren atravesaba ahora la estación de una ciudad pequeña, por la que pasó sin detenerse, lanzando un sonoro pitido al aire.

Peter deseaba retomar la conversación que habíamos dejado interrumpida días atrás:

—Ott le envía sus saludos cordiales... —empezó diciendo—. Me mantengo en contacto regular con él desde el viaje a Japón. Ha vuelto a ser ascendido, esta vez a general.

Entendí que eso significaba que la misión encomendada a Ratsam por Hess, o quizás directamente por Hitler, y en la que Ott debía desempeñar un cierto papel, había tenido éxito y se habían consolidado las relaciones del Reich con el Imperio del Sol Naciente.

—¿Sigues tan impresionado por tu viaje al Lejano Oriente? —le pregunté.

—Sí, el Führer está intrigado con los japoneses. Se muestra convencido de que asegurarán su hegemonía en Asia, y dice que cuando eso suceda quiere hallarse del lado del vencedor...

Me contó a grandes rasgos las gestiones diplomáticas que había llevado a cabo su padre con la embajada japonesa en Berlín.

—Supongo que el general piensa que tras el pacto con los japoneses se han sentado las bases para que pueda realizarse su gran visión... Lo que él siempre ha propuesto: la creación de un gran bloque continental que integre el centro de Europa, los Urales y Asia Central hasta el Extremo Oriente, con el Reich y el Japón como los dos grandes ejes de esa línea estratégica —le inquirí.

Ratsam dudó unos segundos. Luego dijo sin demasiada convicción:

—Así es.

Intuí en la vacilación de Peter que debían haberse producido discrepancias entre el general y él, supuse también en su relación con los dirigentes nazis. Yo sabía que en los últimos años se había formado sus propias opiniones, cada vez con mayor independencia de las del general.

Me dijo, refiriéndose a su padre, a su hasta ese momento incondicional apoyo a Kniébolo:

—Creo que se equivoca... —mientras hablaba, Peter desvió la mirada—. Antes o después, Hitler atacará la Unión Soviética; no veo otra alternativa. El relativo buen entendimiento actual sólo puede ser una fachada, una comedia útil a Stalin y al Führer durante algún tiempo. Además, cualquier nuevo equilibrio es imposible sin el acuerdo con los ingleses y los americanos, y ni británicos ni estadounidenses estarán jamás dispuestos a un reparto del globo tan perjudicial para sus intereses. ¡El objetivo de una alianza con los bolcheviques es una locura!

Desde el extremo del corredor, el revisor avanzaba pidiendo amablemente los billetes de los pasajeros que se encontraban de pie y golpeando cada cierto tiempo con los nudillos en las puertas acristaladas de los compartimentos, hasta aproximarse al nuestro. Desde las ventanas a ambos lados del tren no se veían ya más que árboles, bosques atravesados por la luz brillante de un mediodía limpio. A través del cristal, los rayos del sol comenzaban a calentar con fuerza.

Peter cambió de conversación hasta que desapareció el revisor, un hombrecillo de aspecto insignificante pero ostensiblemente crecido gracias a su uniforme de agente de los ferrocarriles del Reich.

Una vez lo habíamos perdido de vista, continuó:

—Le contaré lo que me ocurrió en cierta ocasión en el hotel en el que me hospedaba, cuando quise darme un baño de vapor. —El rostro se le iluminó—. La tradición japonesa es tomarlos a altísimas temperaturas, a treinta ocho grados centígrados, en unas grandes cubas de madera, algo difícil de soportar para quien no está acostumbrado a hacerlo... Cuando por fin conseguí que mi cuerpo comenzara a habituarse y no sintiera el dolor del principio, me di cuenta de que estaba rodeado de pequeños cuerpos orientales pertenecientes a varias familias formadas por la abuela, el padre, los hijos e hijas menores, todos ellos contemplando con respeto mi metro noventa de Humanidad, hasta que no mucho tiempo después, rota la distancia inicial, uno me tiraba del bigote, el otro auscultaba mi estómago, y una abuela completamente desdentada me preguntaba, entre risas y chapoteos de los demás, si en mi visita estaba acompañado por la *okusama,* mi honorable esposa.

—Y la muy honorable esposa no hacía su aparición.

—En efecto, ante la indisimulable pérdida de prestigio que esa ausencia me acarreó... Hasta que empezaron a aparecer camareros del hotel vestidos con kimono y zapatillas de seda, decenas de ellos, avisándome de que tenía una llamada de teléfono de la embajada alemana en la recepción del hotel. ¡La embajada alemana! Este aviso levantó grandes oleadas de admiración. De repente, me convertí en alguien importante. Los ojos maravillados que me acompañaron a lo largo de todo mi recorrido desde los baños hasta el conserje se transformaron en adoración cuando de los retazos de la conversación telefónica se pudo escuchar que al cabo de dos días iba a ser recibido en el Palacio Imperial por el príncipe Kanin. ¡El príncipe Kanin! ¡La familia imperial! Todo el personal y los huéspedes del hotel que se hallaban en la recepción se inclinaron haciendo una profunda reverencia como si fuesen un solo hombre. Nadie osaba mirarme a los ojos, ni tampoco yo sabía muy bien qué hacer. Las circunstancias parecían haberse confabulado para impedir mi vuelta a los baños. Entonces, cuando intentaba con paso decidido regresar a mi habitación, se me resbaló una de las zapatillas de seda y me quedé descalzo... ¡Un huésped del príncipe Kanin pierde sus zapatillas en el vestíbulo! Algunos de los rostros de ojos astutos no pudieron evitar esbozar una tímida sonrisa. Si yo resultaba comprometido, les deshonraba a ellos. ¿Qué hacer? Opté por quitarle importancia a la situación, riéndome con fuerza... Todas las caras estallaron también en risas. Aquello me salvó y conseguí pasar el resto del día disfrutando de un baño familiar.

Peter sonreía como un niño al que se le hubiera perdonado una pequeña travesura. Los rasgos endurecidos de su cara, la mirada que habitualmente aparecía cargada, se mostraban distendidos.

De repente, desde el compartimento empezaron a llegar, cada vez de forma más audible, los gritos entrechocados de lo que parecía una agria discusión.

Me giré discretamente y observé al hombre calvo y a la mujer rubia levantando los brazos y dirigiéndose de forma amenazadora los índices, mientras los demás miraban a la mujer con rencor. Alma estaba pálida. No quise, sin embargo, interrumpir la conversación con Peter.

Bajando pausadamente la voz, Ratsam dijo:

—Fue el padre quien hizo posible que fraguara el pacto con los japoneses; y luego, con Italia y Hungría, el Pacto Anticomintern... Él no se atrevió, pero mi madre me contó la entrevista que celebró con los japoneses en el jardín de casa, en Múnich, y en el que, junto a los enviados del emperador, estuvo presente Hess.

Así pues, el general no había disminuido su colaboración con los nacionalsocialistas y continuaba realizando misiones diplomáticas delicadas para ellos.

Algo alterado por lo que estaba ocurriendo en el compartimento, aunque aparentando naturalidad, Ratsam añadió:

—Lo que creo que más convenció al Führer para acercarse a los japoneses fue su salida de la Sociedad de Naciones, ante tanta condena por la ocupación de Manchuria. Fue una manifestación de orgullo, de no estar dispuestos a someterse a franceses y británicos, ni a los americanos. Eso le causó una gran impresión a Hitler, y no tardó en imitarlos. Desde entonces, la aproximación ha sido cada vez mayor.

Aún pude decirle, mientras volvía a observar las escenas del paisaje:

—Como sabes, he sido y sigo siendo un gran crítico de esa idea fantasiosa de la Sociedad de Naciones. No creo en el falso universalismo de los americanos y estoy convencido de que fue un invento para continuar sometiendo a Alemania de forma servil. No me preocupa que deje de existir...

Peter me interrumpió, súbitamente desasosegado por alguna razón desconocida, quizás algún pensamiento o recuerdo que yo había evocado con mis palabras y que le sumió en un repentino silencio.

Habíamos atravesado gran parte de las planicies del noroeste de Alemania y nos acercábamos a Hannover. También Ratsam escudriñaba de vez en cuando, intentando no girar demasiado la cabeza, lo que ocurría en el compartimento. Las cosas tenían el aspecto de haberse calmado.

Al cabo de un rato, el hombre bajo del bigote recortado y el cráneo abombado se levantó de su asiento y salió al pasillo, para, tras caminar junto a nosotros, dirigirse al otro extremo del vagón. Parecía enfermo o asustado, o ambas cosas a la vez. No tenía un aspecto saludable, con los ojos hundidos y una infección mal curada en el cuero cabelludo, a pesar de que las mejillas estaban enrojecidas, fruto de la discusión anterior. Pensé que iba a entrar en el servicio, situado al final del vehículo, pero continuó sus pasos más allá, en dirección al vagón restaurante que lucía el nombre comercial de Mitropa.

Alma aprovechó la circunstancia para salir a su vez del departamento y relatarme, haciendo esfuerzos por bajar la voz, lo que había sucedido:

—Ese hombre es un maleducado —dijo, todavía bastante exaltada—. Ha insultado al joven americano, un polaco emigrado que lleva viviendo varios años en Nueva York y que está muy orgulloso de haber adquirido la nacionalidad estadounidense, llamándole cobarde. Ha sido de repente, sin ninguna razón aparente. Primero no dejó de refunfuñar cuando el otro le preguntó con amabilidad si no le importaba que fumara, y luego se molestó varias veces cuando abrimos y cerramos la ventana. Alegaba que tenía asma, lo que seguro que no es más que una excusa. A ese hombre le pasa algo. De vez en cuando miraba de reojo, angustiado, a la valija de cuero negro de la que apenas se separa, como si se la fueran a quitar. Cuando ha empezado a enfurecerse, se le veía muy agobiado. Gritaba: «¡Cobardes! ¡Asesinos!», y luego susurraba, muy entrecortado, unas frases que me han parecido entender como «nadie... nadie quiere saber lo que está pasando en Alemania». Después, cuando se ha calmado, ha salido precipitadamente del compartimento, yo estaba de pie sacando un libro de la maleta, casi me tira al suelo.

Vi que la mujer rubia nos miraba a los dos. Era de estatura mediana, pero tenía unos ojos insinuantes, una lozanía despreocupada, la impertinencia de alguien que se debía de mover en los laberintos del régimen como un pez en el agua, que no tendría demasiados escrúpulos en ofrecer sus servicios, supuse que sexuales, pero también de otro tipo, más peligrosos, al mejor postor. Había un tipo de mujer que parecía poseer una sonda especial para navegar por los sedimentos profundos del régimen, como esos batracios que habitan las simas del océano y la evolución de la especie les ha dotado con una parte de su cabeza transformada en lámpara. No, aquella mujer no tendría dificultad para comunicarse a través de sus finas antenas con las otras miríadas de hormigas que caminaban por los pasadizos y túneles del régimen, siempre obteniendo pequeñas ventajas, sabiendo en cada momento sacar el beneficio oportuno.

Conseguí tranquilizar a Alma y hacer que volviera al compartimento. Ratsam nos había escuchado algo alejado, aparentando desinterés, como si en lo ocurrido no viera más que una pequeña trifulca doméstica.

Habíamos llegado ya a Hannover, y en el vagón hubo viajeros que subieron y otros que descendieron del tren. Permanecimos un buen rato detenidos. Me llamó la atención divisar más banderas con la esvástica que en Berlín. En el andén había un grupo de las Juventudes Hitlerianas, chicos y chicas jóvenes de aspecto ario que cantaban canciones patrióticas ante una benevolente indiferencia generalizada.

Aunque no era un día de fiesta, observé que había hombres y mujeres solicitando dinero para la Obra de Ayuda Invernal, uno de los múltiples canales de recolección de fondos del régimen, todos con sus huchas de color rojo. Dinero destinado teóricamente a los más necesitados en un país que empezaba a no tener trabajadores en paro. Dinero que comenzaba a destinarse a otros fines, a los objetivos últimos del Lobo...

Pero la gente contribuía, a veces para quitarse de encima a un insistente moscón, en muchas otras ocasiones para que los demás no notaran que aquí podía haber alguien que no se adecuaba a las reglas, o simplemente para no llamar la atención, para hacer lo que todos hacían. A cambio de su generosa aportación a la causa recibían una pequeña insignia, que no protegía lo más mínimo frente a la posibilidad de volver a ser abordado por un nuevo peticionario, y un ramito de flores.

Vi también cómo subía en otro de los trenes que se había detenido enfrente del nuestro un equipo deportivo, de extranjeros, muy posiblemente británicos. Me figuré que debían de ser los participantes en alguna regata de remeros, parecían estudiantes de un *college* inglés. Varios llevaban jerséis de color blanco con el escudo del equipo bordado sobre la lana. Iban andando en pequeños grupos, de manera poco disciplinada, moviéndose con libertad, sin nadie que ostentara de forma visible el mando, pero se les notaba el orgullo de pertenecer a su equipo y defender sus colores en una ciudad alemana.

Recuerdo que pocos meses después asistí a una competición de remo en la universidad entre estudiantes ingleses y alemanes. Era un premio conocido que llevaba el nombre de Göring y que iba a ser entregado al ganador nada menos que por el propio mariscal del Aire en persona. ¡Qué gran honor!

Pero lo sorprendente fueron los preparativos y el desarrollo de la carrera. Se veía que los estudiantes británicos estaban desorganizados y que carecían de entrenamiento. Su entusiasmo por participar era también más bien escaso.

¡Qué diferencia respecto a nuestro equipo! Jóvenes atléticos, bruñidos por el entrenamiento, perfectamente organizados. Se trataba de máquinas de ganar. Les acompañaba un nutrido grupo de partidarios que no paraban de animarles, gritando frases de apoyo que repetían coreando con fuerza.

Los ingleses llegaron varios minutos después de la hora para la que estaba prevista comenzar la carrera. Por el contrario, nuestras embarcaciones estaban simétricamente dispuestas desde una hora antes para empezar a remar en cuanto se oyera el pistoletazo de salida. Cuando sonó, las embarcaciones guiadas por los jóvenes ingleses fueron incapaces de avanzar con el ritmo requerido, presos de una notable confusión inicial. Por las caras de algunos de los remeros parecía como si no hubieran oído bien la señal de salida. Los seguidores de nuestro equipo no dejaban de jalear y espolear a los suyos, seguros de la victoria, mientras los contrincantes comenzaron a organizarse y a remar en silencio, bastante detrás de los nuestros.

Estas diferencias en la actitud, y también la distancia entre ambos equipos, se mantuvieron hasta haber cubierto algo más de un cuarto del recorrido total. Sin embargo, poco a poco, los británicos iban recuperando terreno y espíritu de lucha. Ahora empezaban a oírse con más claridad las frases de ánimo de su entrenador.

Cuando los *boys* pasaron por debajo de uno de los puentes del río, alguien de entre los espectadores tuvo la estúpida idea de escupirles. Fue un signo de desprecio que pareció colmar el vaso de la humillación británica. La situación cambió radicalmente en pocos minutos. Ese gesto de desdén había hecho aflorar el orgullo deportivo de los ingleses. Comenzaron a bogar con nuevos bríos, aproximándose a nuestro equipo. Tras cada impulso de los remos hundiéndose en el agua conseguían situarse más cerca de la estela de los que todo el mundo había ya dado por ganadores. Al final, sin embargo, los británicos consiguieron vencer por escasos segundos de ventaja.

Aquello me hizo pensar... ¿Dónde estaba la raíz de las diferencias entre Inglaterra y Alemania?

Además de las distancias políticas, se trataba de un reflejo psicológico. Gran Bretaña había vivido días felices y tranquilos, había vencido en la Primera Guerra. Alemania era un país preso del sentimiento de la injusticia sufrida; se le había querido someter y doblegar. Se le había tratado de forma ultrajante, marginándola, imponiéndole el yugo de unas condiciones insoportables. El natural deseo de que se hiciera justicia con nosotros, de que se devolvieran sus legítimos derechos a los alemanes, estaba hipertrofiado.

Visto desde otra perspectiva, lo que se hacía patente era también el contraste entre, de un lado, la voluntad, una voluntad de hierro, monstruosa, desmesurada, una seguridad desproporcionada en las propias fuerzas, en el esfuerzo sin límites, y de otra, una insólita confianza en el azar, en un cierto toque de gracia, de desenvoltura. Parecido quizás a lo que la cultura china denomina pasividad o armonía de los contrarios, algo que Peter había percibido en su viaje y que, en el Lejano Oriente, se mostraba de forma similar en el enfrentamiento secular entre chinos y japoneses...

Durante el tiempo de espera a que el tren se volviera a poner en marcha, meditaba sobre las misiones secretas que Ratsam estaba llevando a cabo y que yo conocía, mientras él aprovechaba para estirar las piernas, paseando por el andén. Sus buenos oficios para que Ribbentrop se entrevistara con el embajador británico en Berlín, en cierta ocasión, durante horas, y para que recibiera regularmente visitas de alto nivel llegadas de Londres. También sus negociaciones a lo largo de los dos últimos años con el presidente checoslovaco, Benesch, para conseguir que se concediera autonomía cultural y política a las minorías alemanas en territorio checo y se llegara a un pacto de no agresión entre Berlín y Praga. Intentos estos últimos prontamente fallidos, pues en el cerebro de Kniébolo se había ido conformando la obsesión de que sólo con la destrucción de la República Checa eran posibles los ambiciosos planes de remodelación territorial en el centro y el este de Europa que le guiaban. Nadie en ese momento, ni los gobiernos ni la prensa extranjera, que se limitaron a tibias protestas, ni mucho menos el pueblo alemán, parecían ser conscientes de lo que la anexión de Austria realmente significaba.

Kniébolo jugaba sus cartas. Todavía en el mes de marzo, el propio Peter había participado como miembro destacado en una delegación oficial encargada de llevar a cabo una revisión pacífica de los límites fronterizos entre el Reich y la República Checa. La decisión de atacar a los checos no debió de ser adoptada de forma oficial probablemente antes de finales de ese mes de mayo de 1938 en el que nos dirigíamos a Hamburgo para ver la representación del *Sila* de Peter Ratsam. Y aún en los últimos días de septiembre, Kniébolo o O'Daijin («el jefe», en japonés, como solían llamarle en su lenguaje privado Peter y su padre) anunciaría en su famoso discurso en el Sportpalast de Berlín: «¡No queremos ningún checo!», a pesar de que el destripamiento de la República Checa estaba decidido desde al menos seis meses antes.

Divisé al jefe de estación levantando el banderín amarillo y silbando con todas sus fuerzas, un pitido que se extendió por la estación central de Hannover y que hizo que los pocos viajeros que se habían decidido a bajar del tren se apresuraran a regresar con rapidez. En los últimos segundos antes de partir, distinguí a lo lejos, a la altura de los vagones de cabeza, a varios agentes de los cuerpos de seguridad entrando en uno de ellos.

Ratsam apagó con presteza el resto del cigarrillo que estaba fumando y subió al pescante de nuestro vehículo, permaneciendo de nuevo junto a mí, de pie, en el pasillo. El rostro se le había ensombrecido, mostraba las señales de una fuerte lucha interior.

En ese momento, emergió nuevamente de la oscuridad de la plataforma de paso del vagón contiguo el hombrecillo calvo, al que no habíamos vuelto a ver desde que se marchara, visiblemente ofuscado, de nuestro compartimento.

Iba vestido con un traje de tres piezas, con varios botones del chaleco desabrochados por arriba y la corbata ligeramente caída. Observé entonces que se trataba de un buen traje, pero el aspecto descuidado de la ropa y la herida mal curada de la cabeza reforzaban la imagen de abandono. Los ojos huidizos y temerosos reflejaban el deseo de escapar, de huir.

Se acercó hacia donde estábamos nosotros junto a la ventana. Olía a sudor, un olor húmedo y resistente, y comprobé que el cuello de la camisa estaba muy sucio. Debía de llevar varios días de viaje. Nos preguntó con corrección a qué hora tenía prevista la llegada el tren a Hamburgo. Era obvio que estaba buscando entablar conversación con nosotros:

—Les ruego que me disculpen por lo que ha ocurrido antes en el compartimento —empezó a decir con un gesto de timidez.

Se interrumpió mientras sacaba el pañuelo del bolsillo y trataba de secarse, nerviosamente, el sudor. Luego, dijo:

—Tienen que comprenderlo. Me puse muy tenso. Estoy enfermo, enfermo del corazón, y tengo que tomar mi medicación...

Me di cuenta de que tenía los globos de los ojos de color amarillo. Dudé de que lo que afligiera a aquel hombre fuera una afección cardíaca.

—Parece ser que se puso a discutir con aquella mujer, que incluso la insultó —le inquirí, mientras indicaba con un gesto de los ojos en dirección al interior del compartimento. Alma había bajado la cortinilla del cristal de la puerta nada más ver que el hombre se nos aproximaba con deseos de hablar.

—No es culpa mía —replicó—. Esa mujer de pelo rubio no me ha quitado los ojos de encima desde que empezamos el viaje en Berlín. Ha estado espiando cada uno de mis movimientos... No sé qué es lo que quiere. Hasta para un ciudadano alemán —exclamó, recalcando estas últimas palabras— resulta hoy difícil llevar una vida honrada.

El pobre hombre estaba buscando ayuda desesperadamente, pero no era un estúpido. Al poner en cuestión la honorabilidad de la mujer vestida de rojo, pretendía que comprendiéramos que él no tenía nada que se le pudiera reprochar.

De forma precipitada dijo entonces, dirigiendo una mirada de auxilio hacia Peter:

—He visto que llevaba en el maletín la inscripción del Ministerio de Asuntos Exteriores. Yo soy abogado en Berlín. Antes tenía muchos contactos con colegas de Francia y de otras partes de Europa; también en América. He hablado antes con su ayudante —añadió, mientras buscaba con la vista un punto de complicidad o al menos de indulgencia en el rostro melancólico de Ratsam— y le he contado que la última vez que estuve en Nueva York fue en un congreso internacional de abogados, hace años. Me ha parecido un joven muy inteligente, que no se deja influir por lo que los demás dicen...

Observé cómo estas últimas palabras hacían que Ratsam moviera con desasosiego el labio superior. Comprendí que estaba pensando lo mismo que yo, y respondí, tranquilizador:

—No se preocupe. Siéntese con nosotros hasta que acabe el viaje. Ya no queda mucho para llegar a Hamburgo.

Le abrí con solicitud la puerta del departamento, facilitándole el regreso, mientras el joven Rainer retiraba las piernas hacia un lado para dejarle pasar. Sentí cómo caía sobre mí la mirada de irritación de Alma y de la otra mujer, que, sin embargo, se mantuvieron calladas el resto del viaje.

Ratsam permanecía abstraído desde la salida de la estación de Hannover. Había otras cuestiones que retenían más su atención. El problema de los Sudetes...

Volvió a encender un cigarrillo, pensativo, mientras me demandaba:

—¿Cree usted que existe la más mínima posibilidad de que ingleses y franceses no declaren la guerra en cuanto entremos en Checoslovaquia? No veo ninguna alternativa. Me parece imposible que no se abran las hostilidades.

Le contesté, después de una pausa:

—Quizás sea Mussolini el único que pueda detener a Hitler. Le sigue teniendo una gran admiración y además el Führer no puede permitirse quedar aislado. A Mussolini le preocupa el problema del Tirol del Sur y sabe cuáles serían las consecuencias de una guerra para Alemania, para Italia y para toda Europa. Él, desde luego, no está dispuesto a dejarse conducir por las ambiciones de Hitler si le pueden arrastrar a consecuencias funestas.

Pocos días antes había concluido la visita oficial de Hitler a Italia, en la que se había hecho patente el nulo entusiasmo de cualquiera de las dos partes por embarcarse en las aspiraciones territoriales de la otra. Tras la digestión del caso austriaco, el Duce deseaba un período de tranquilidad y de buenas relaciones con Inglaterra. Para satisfacer a Mussolini, Hitler había declarado que no se tocarían las fronteras con Italia, que no existía un problema similar al de los Sudetes en el Tirol del Sur. La visita había finalizado con poco más que la concesión alemana de no interferir en los objetivos italianos en el Mediterráneo y con la garantía italiana de no poner obstáculos a los planes de Kniébolo en el Báltico. Ciano, el ministro de Asuntos Exteriores de Mussolini, había despedido a sus huéspedes anunciando pomposamente que se tenía confianza en la capacidad de la diplomacia alemana para resolver el problema de las minorías de los Sudetes sin provocar una guerra.

—¿Sabe usted lo que significaría una nueva guerra en Europa?

Toda la tristeza almacenada en los ojos enrojecidos y en el rostro de Ratsam parecieron concentrarse en aquel instante en esta pregunta.

Sin dejarme contestar, añadió:

—Lo que digo desde hace años a mis interlocutores ingleses es que sería el fin de la preeminencia en el mundo de la cultura europea. Un continente arrasado, que solamente sobreviviría, en el mejor de los casos, como una colonia de los rusos y los americanos. La guerra sería la destrucción no sólo de Alemania, sino también de gran parte de los países vecinos y de muchas ciudades francesas, quizás de Londres y otros grandes núcleos urbanos en la isla. ¿Hasta dónde llegarían los soviéticos, hasta el Elba? Eso es lo que veo con claridad desde hace años; por eso me intentan ofender llamándome, cada vez con más sarcasmo, Casandro.

En ese instante percibí de nuevo aquel extraño sentimiento que en ocasiones dimanaba de Peter Ratsam, cuando su habitual afabilidad se transmutaba en frialdad, en indiferencia cruel. Como si los rumbos del destino estuvieran ya trazados desde antiguo y él fuera un simple ejecutor de los mismos, una pieza más en el engranaje de una maquinaria mortífera y aniquiladora.

Casandro... ése era el sino destinado a los visionarios, a los profetas, a los que quedaban señalados por el misterio de la Esfinge. Durante los últimos años, cuando conversaba con él, en ciertas circunstancias presentía una sombra o sospecha, como si se tratara de un insólito reflejo de las energías demoníacas que irradiaban de Kniébolo y de su entorno de manipuladores del poder.

Le miré de frente, observándole, mientras Ratsam hacía un ademán autoritario con la mano, como si quisiera cortar de cuajo mis pensamientos.

Dije:

—Recordarás que en la Conferencia de Paz, en París, en 1919, después de que se firmara el armisticio al final de la guerra, también los aliados estaban convencidos de que las fronteras del nuevo país que se creó artificialmente, Checoslovaquia, no tenían ningún sentido desde el punto de vista de los diferentes pueblos que lo componen.

Antes de que pudiera explicarme con más detalle, Ratsam me interrumpió:

—Por supuesto. Incluso las autoridades americanas se opusieron con firmeza a esa fijación de fronteras que iba radicalmente en contra del sacrosanto principio de que cada nación debe tener su propio Estado. Nadie les preguntó a los alemanes que fueron obligados a formar parte del nuevo Estado checo qué es lo que ellos querían. Y son tres millones. Es una herida que ha estado supurando desde Versalles.

—Y que ha vuelto a abrirse después de la anexión austriaca —añadí, corroborando lo que Ratsam estaba diciendo—. De lo que no estoy tan convencido es de que la cuestión pueda solucionarse simplemente otorgando más autonomía a esas regiones, como tú siempre has mantenido.

Ratsam vaciló un instante... Luego replicó:

—Los checos se niegan porque piensan que ése sería el camino para la disolución de su Estado. Ribbentrop quiere cortar por lo sano, sin importarle los cadáveres que se queden en el camino: insiste en que lo que hay que hacer es provocar a los checos y dejar que el Ejército haga su trabajo... Afirma que el Führer nunca se ha equivocado, que hay que tener fe en él. Él la tiene, sin duda; una fe mística, casi religiosa, insensata. Está convencido de que Inglaterra no se arriesgará a poner en peligro el Imperio sólo para proteger a los checos.

Desde el vagón contiguo llegaban los ruidos de pasajeros que intentaban entrar en nuestro vehículo, acompañados por un mozo que les llevaba las maletas. Uno de ellos llevaba un uniforme de comandante del Ejército. El tren había aumentado considerablemente su velocidad, pensé que muy cerca del límite, posiblemente debido al retraso sufrido en Hannover, y traqueteaba y chirriaba como si fuera a salirse de los goznes. Ratsam pareció reconocer al militar, porque giró sigilosamente la espalda antes de que el otro le viera. Sólo después de que el último de los nuevos pasajeros se hubiera instalado en los compartimentos del vagón, continuó:

—Cada día hay más división dentro del Partido. Göring se ha pasado al campo de los que defienden que hay que ejercer toda la presión que se pueda, pero sin llegar a la guerra. Hess se pierde de nuevo en las brumas de sus alucinaciones...

—¿Y Hitler?

—Lo que llega desde la Cancillería son frases del estilo de que «Alemania necesita la guerra para que su juventud se fortalezca con el acero». El Führer quiere sin duda la guerra, aunque por ahora una guerra localizada, para mostrar al mundo quién es el más fuerte pero sin que se le pueda ir de las manos.

Luego, bajando la voz, y mirando de nuevo de reojo, con actitud desdeñosa, a la mujer vestida de rojo del compartimento, añadió:

—Los ingleses confían en que el Ejército se oponga a una aventura militar. Ciertamente, la mayoría de los generales no desean verse envueltos en otra guerra, y además saben que no están preparados... Es probable que al final todo el mundo intente obtener algo de tiempo. Por eso hay que obrar con rapidez; puede ser que todavía sea posible actuar de forma que se evite la guerra...

Hice un gesto de sorpresa al escuchar estas palabras, pero Ratsam no se inmutó. Después de escudriñarme, prosiguió, diciendo algo inesperado:

—En estas circunstancias, no es extraño que el número de los que piensan que hay que apartar a Hitler y a su camarilla del poder vaya en aumento...

Respondí, asustado:

—¿Qué quieres decir?

Se detuvo unos instantes. Luego, apenas con un leve murmullo, añadió:

—Muy confidencialmente le diré que los británicos están dispuestos a emitir una declaración de advertencia, un aviso al Führer de que no aceptarán sin reaccionar cualquier nuevo paso —me seguía mirando fijamente—; una llamada de atención que sea suficiente para frenarle, pero no demasiado explícita para que no haga crecerse demasiado a los malditos checos.

Intuí entonces el doble juego, la arriesgada apuesta, en la que Ratsam se hallaba inmerso. Aunque no llegué a conocer hasta algún tiempo después las ramificaciones de lo que aquella actitud significaba.

Estábamos aproximándonos a Hamburgo. Nos detuvimos en la estación antes de la última parada. Bajé a dar un rápido paseo, aprovechando el cuarto de hora de espera que estaba previsto, y me acerqué a ver la locomotora, que desde el principio del trayecto me había impresionado por su potencia y su moderna tecnología.

Me sentía cansado y con ganas de llegar a Hamburgo. La conversación con Ratsam me había producido la satisfacción de volver a contar con información de primera mano sobre lo que se estaba urdiendo en las altas esferas, pero también sentía el malestar de la pérdida del anonimato en el que había vivido durante los dos últimos años. Pensé con remordimiento en Alma y en la niña, en las muchas noches de insomnio y de angustia, y también en el aislamiento en el que habíamos vivido. Estaba inquieto por la acogida que se me podría dispensar entre los amigos y conocidos de Peter. Era mi primera salida fuera del agujero después de los ataques de las SS.

Ratsam... Reflexioné sobre lo que me había contado.

Cada vez resultaba más patente que para sobrevivir en un régimen desconocido como aquél, en un régimen totalitario, era ineludible estar dispuesto a desprenderse de cualquier rasgo humano, cubrirse de una armadura a prueba de chantajes y crímenes, alejar cualquier gesto o pensamiento que mostrara la menor muestra de debilidad ante el Lobo y su camada. Era preciso acercarse al borde del abismo, mostrar familiaridad con los depredadores. Si no, se acababa cayendo entre las ruedas. ¿Era Peter Ratsam capaz de todo aquello? ¿Era ése el precio que había que pagar para poder seguir con vida en la cueva de Alí Babá y sus cuarenta ladrones? ¿Con qué fin, para conseguir qué...?

«El desierto crece, ¡desgraciado aquel que lleva en sí la soledad profunda que todo agosta!». Esa frase era la dedicatoria de un libro que me había enviado Antaios. Se trataba de una novela de aventuras: la historia del capitán de una fragata hundida por los corsarios en las profundidades de los mares del sur.

¿Era cierto que él intentaba buscar, como me decía, «una vida nueva, limpia de toda violencia»? ¿Dónde? ¿En qué lugar lejano?

No, eso no era posible, no lo era porque el desierto crecía dentro de nosotros, el desierto crecía a nuestro alrededor, agostando las vidas de los hombres y de las ciudades, empujando a la barbarie.

Regresé al compartimento, en donde sólo encontré a Alma y al joven polaco. Ratsam apareció poco después acompañado por su joven discípulo, pero no había ningún rastro de la mujer rubia con el *décolleté*, ni del abogado berlinés.

El tren no arrancaba, a pesar de que ya pasaba de la hora. Transcurrieron quince minutos más de impaciente espera. Era evidente que algo inusual estaba ocurriendo, pues nada indicaba que la locomotora fuera a ponerse en movimiento. El revisor y el jefe de estación permanecían juntos de pie en el andén, mirando en dirección a la cabecera del tren. No se escuchaba ningún anuncio por los altavoces y la atmósfera comenzaba a cargarse de una tensa inquietud que se transformaba en presentimiento. No sabíamos nada, pero temí que hubiera ocurrido una tragedia. ¿Una muerte? ¿Se había producido algún accidente grave entre los pasajeros?

Nos precipitamos a la ventana del pasillo, y después salté al andén. Había otros muchos pasajeros descendiendo del tren en los que se reflejaba la misma sensación entremezclada de incertidumbre y premonición. Desde uno de los primeros vagones se acercaban, con pasos rápidos, tres funcionarios de las fuerzas de seguridad; dos de ellos iban vestidos de uniforme, el tercero se protegía del viento con una gabardina marrón de amplias solapas y un sombrero del mismo color. Entre los tres llevaban preso a nuestro desaparecido compañero de viaje, el hombrecillo temeroso y con los ojos amarillentos que nos había abordado a Peter y a mí en el pasillo, disculpándose por su comportamiento.

Tenían que pasar por delante de nosotros para llevarlo a la comisaría de la estación. Estaba pálido, el rostro completamente empapado en sudor. Intentaba protestar y desasirse de sus capturadores, pero al hacerlo sólo conseguía que lo agarraran de los brazos con más fuerza y casi le arrastraran para avanzar con mayor celeridad.

Todo el mundo se había quedado inmovilizado en el andén, sin que nadie se atreviera a decir una sola palabra o hacer el menor gesto. Muchos se esforzaban por intentar mirar hacia otra parte. Flotaba una sensación de incomodidad en el ambiente, pero también de alivio. No había ningún rastro de la mujer rubia. Al vernos a Ratsam y a mí ante el vagón, mientras lo trasladaban, el hombre hizo un último gesto con la mirada, un gesto que no supe descifrar y que quedó prácticamente ahogado por los murmullos, cada vez más indignados, que llegaban hasta mí:

—¡Un judío! —se escuchaba—. ¡Un judío que intentaba escapar y al que se acusa de haber estafado millones de marcos! ¡Pretendía alcanzar la frontera cogiendo el expreso de esta noche!

Y otras voces, que clamaban:

—¡Por suerte la Gestapo ha conseguido apresarlo antes de que lograra huir!

No pude evitar mirar a Ratsam, que aparentaba haberse diluido en el magma de sus pensamientos. Él, el «medio judío», el racialmente impuro, el mestizo asimilado, más peligroso por ello para la propaganda del régimen que cualquier otro. Él, Peter Ratsam, íntimo de Hess y asesor áulico del Führer; él, el «judío protegido», cuyo destino habría sido muy similar al de aquel pobre hombre si no hubiera contado con la protección directa del lugarteniente de Hitler, ¿qué es lo que estaría pensando en aquellos momentos?

XIX

El lugar en el que se representaba la obra escrita por Peter Ratsam era un antiguo y conocido teatro situado cerca del Alster, el resplandeciente lago interior de Hamburgo rodeado de villas y de edificios oficiales de la ciudad hanseática.

Alma estaba preocupada. Temía por mí, pero también presentía algo de la conversación que había mantenido con Ratsam. Desde lo ocurrido en el tren, Peter había permanecido en silencio, y durante el trayecto en taxi al hotel apenas dijo muy de vez en cuando algunas palabras entrecortadas.

Su actitud cambió en cuanto llegamos al lugar donde nos hospedábamos. Ahora era de nuevo el joven y brillante profesor de la Universidad de Berlín, el alto funcionario diplomático que escribía obras literarias de considerable talento. Después de registrarse en la recepción, se separó de nosotros, saludando con amabilidad a varios conocidos que se le acercaron en el pasillo.

Cuando llegamos horas después, ya avanzada la tarde y después de habernos refrescado en el hotel, a la entrada del teatro, nos encontramos con varios grupos aislados de personas que esperaban.

La sala prevista para la representación, que no era la principal, sino una de forma cuadrada, más pequeña y situada en la planta superior, me pareció fría e inhóspita.

Había menos gente de lo que yo había previsto. La mayoría, alumnos de la universidad y estudiantes de doctorado de Ratsam, a quienes saludé con brevedad. Entre ellos, el joven Rainer. Me volvieron a llamar la atención los estrechos lazos que unían a aquellos jóvenes; era evidente que se trataba de un vínculo más intenso que el de un grupo de estudiantes que casualmente hubieran coincidido en las aulas. En torno a Peter se constituía, atraídos como el imán por una férrea aunque siempre reservada voluntad, una peculiar atmósfera de seguidores incondicionales, un círculo restringido. No eran únicamente requisitos académicos o intelectuales, ni siquiera determinadas cualidades personales las requeridas para formar parte de él, sino una complicidad de distinto origen...

También me sorprendió comprobar que, a pesar del puesto oficial que ocupaba Ratsam, no se veían uniformes entre los invitados a la función; los militares habían optado, algo nada habitual en aquellos tiempos, por vestir traje civil.

Reconocí al general Beck, todavía en esos momentos jefe del Mando Supremo del Ejército. También distinguí, oculto en la penumbra, a Steinitz; en la entrada me hizo un gesto con los ojos, indicando que no era oportuno que nos vieran conversando juntos. Observé la presencia de varios miembros de la Sociedad de los Miércoles, a los que recordaba de las invitaciones en casa de Steinitz, que me saludaron cortés, pero distanciadamente. Entre los asistentes se encontraban personal del ministerio, los colaboradores directos de Ratsam, y algunos embajadores, jefes de misión en el extranjero.

Quedaban pocos minutos antes del inicio de la representación y sin apenas intercambiar saludos nos acomodamos en una de las últimas filas. En la sala, débilmente iluminada, se respiraba un aire cerrado, espeso.

Ratsam exteriorizaba un humor excesivamente expansivo para su natural. Luego se sentó en el centro de la primera fila. Pude distinguir a sus padres a la derecha y al secretario de Estado de Asuntos Exteriores, el barón Von Weizsäcker, a su izquierda. Me dio la impresión de que el general había envejecido, sus anchas espaldas se encorvaban, y no pude dejar de sentir una corriente de afecto por Martha. Al divisar desde las filas traseras sus rostros rígidos e inseguros pensé que quizás también ellos, como yo mismo, como Peter, se sintieran atrapados en una trampa, una malla sin fisuras...

Antes de que se alzara el telón, Peter se levantó y se acercó con paso ligeramente dubitativo al estrado. Las luces se habían apagado y solamente se distinguía su figura. Empezó a hablar dando las buenas tardes, agradeciendo la asistencia y explicando que quería dirigir unas palabras a los asistentes para situar el marco histórico de la acción de la obra:

—Mi *Sila* —carraspeó, aclarándose la voz, que sonaba algo artificial y hueca— no es sólo el gran contradictor de Julio César; no es únicamente el tribuno popular que sabe lo que el pueblo romano está reclamando y no siente el menor escrúpulo en satisfacer los instintos innobles de la plebe. El Sila que me interesa retratar es un culto e inteligente cínico que se siente fascinado por la magia y la técnica del poder, un ser humano que se convierte conforme avanza el tiempo de la tragedia en un tirano.

¡Ésa era pues la intención de Ratsam! Por eso había querido que fuera a ver la representación... Para que comprendiera su posición tan expuesta, la permanente esquizofrenia de los que colaboraban y cada vez se encontraban interiormente más alejados del régimen, de sus exigencias y de sus actos. Deseaba que reflexionara, que reflexionáramos, ¿para qué? ¿Para que huyera, para que me apartara completamente? ¿O porque él mismo necesitaba saber qué hacer ahora que Kniébolo se acercaba a su objetivo, una guerra, una guerra europea y mundial? Me atravesó el cuerpo un estremecimiento interior, imaginé el bisturí del cirujano cuando comienza a sajar la carne de un cuerpo enfermo al escuchar aquellas palabras tan francas.

Ratsam había conseguido con pocas frases captar la atención de su auditorio. Se oyeron en una esquina de la sala algunas toses, pero ninguna de las hileras de nucas rapadas que podía vislumbrar en la oscuridad delante de nosotros hizo el menor movimiento.

Peter continuó leyendo el papel que tenía preparado:

—Su destino es común a otros personajes similares que a lo largo de la historia humana se han visto inextricablemente envueltos en el torbellino incontrolable que crea en torno a sí el ejercicio del mando. —La voz metálica y apenas audible del comienzo había ido ganando fuerza, ahora era un río que corría, ágil y veloz, a través de las piedras y la arena del cauce—. Sila y los que le rodean acaban comportándose como autómatas, seres enajenados que matan primero a sus enemigos para defenderse de ellos y luego no pueden aislarse del pacto perverso de sangre que han creado, hasta llegar a asesinar a sus parientes y amigos por el placer de sentir su poder.

Pensé enseguida en los personajes de Shakespeare. Hamlet, Macbeth y Lear, las figuras del drama y del duelo...

Ahora sí se escucharon con claridad desde detrás del telón algunos ruidos, fruto del nerviosismo de los actores, posiblemente aficionados, esperando entrar en escena. Sus movimientos hacían flamear la cortina que cubría el fondo, como si se tratara de una bandera, despertando una imagen familiar, el ondear cotidiano de estandartes e insignias en las calles y en los balcones.

El vigor creciente de la voz de Peter se había ido apoderando del espacio de la sala. Se detuvo un instante, luego dijo:

—Como en mis obras anteriores y las que tengo previsto escribir, lo que me fascina es el ciclo de vida y muerte, de creación y destrucción que atraviesan estas figuras que parecen llegadas de otras épocas, de otros mundos, que han dejado de ser humanos...

Alma me tomó suavemente la mano. Una suavidad que, a pesar de la angustia que contenía, resultaba cálida, maternal. Me trajo a la memoria otras ocasiones en las que había experimentado aquel deseo suyo, instintivo, de actuar como una cubierta protectora, quizás de ocultar asimismo su propio desasosiego bajo el manto de los sentimientos de mujer. Yo conocía la fuente de su ansiedad. Acaso volviera a alzarse en esos momentos delante de ella la figura de Saskia, la rival que aun después de desaparecer, durante años había oscurecido el espíritu de su marido, y de la que ella, como un San Jorge enfrentado al dragón, había querido liberarme, sin tener jamás la seguridad completa de haberlo conseguido del todo.

Los ojos de Ratsam adquirían un destello vidrioso, el silencio de la sala era absoluto:

—Les puedo adelantar que he comenzado con los preparativos de otra pieza teatral, *La leyenda china,* en la que espero poder verter las impresiones de mi viaje al Lejano Oriente de hace varios meses.

Recordé retazos de las conversaciones que había mantenido con Peter durante las últimas semanas. Nuestro diálogo sobre los dos grandes países, China y Japón, y la sabiduría escondida tras el sentido de la cultura china...

Y entonces, de repente, inesperadamente, creí comprender más. Algunas de las zonas en el claroscuro del cuadro comenzaron a ganar luminosidad.

Vi en el centro de la escena al fugitivo por antonomasia, a Hamlet, ahogado en el torrente de sus dudas, aplastado por una carga más pesada y lacerante que su vida y la de sus antepasados. El joven príncipe de Dinamarca escucha una voz obsesiva, fanática e insistente; una voz que le compele a actuar, a vengar la muerte de su padre. Se trata de una voz que llega de ultratumba, un sonido repetitivo en su cerebro que no le abandona y que se convierte, a pasos agigantados, conforme el tiempo del drama se despliega, en un fantasma, una alucinación que se apodera de él y se vuelve violentamente en su contra. Y le obliga, sin huida posible, a convertirse en un criminal, en un magnicida, en el asesino de un asesino, del rey, su padrastro, y antes del padre de Ofelia, su enamorada, a la que aboca a la locura, para después precipitarse en una orgía de destrucción que acaba con su herencia y su reino. Y al final de la tragedia, ¿qué es Hamlet? ¿Un criminal o un héroe? ¿Una víctima o un verdugo?

Pensé en Ratsam, al servicio del régimen durante tantos años, ahora forzado a tener que tomar una decisión. Consciente, como su ambiguo Sila, de que el poder y el crimen van unidos de la mano...

Sí, ahora vislumbraba a Hamlet, al propio Ratsam, en el cuadrilátero de la lucha que se libraba en el interior de cada alemán, en el interior de cada familia y de todo el país.

¿Actuar? ¿Enfrentarse a la barbarie? ¿Dudar, permanecer impasibles? ¿Qué diferencia había? Y reconocí también, en el centro de la arena, a O'Daijin, el Jefe, el Dictador, el Tambor y Tribuno convertido en Führer, en Kniébolo, y a los dos lados, a su derecha y a su izquierda, al viejo y al joven Ratsam, como Luzbel —el «ángel de la luz»— y Miguel —«¿quién como O'Daijin, el eterno, el creador del Reich de los mil años?»—. Y junto a ellos, siguiendo piadosamente cada gesto del jefe, arrebatado en su entrega, estaba Todomachi, como le llamaban en su lenguaje críptico, «el amigo», el discípulo fiel convertido en protector de la madre y de los dos hijos, el inescrutable e indescifrable Rudi, Hess —«soy Rudi Hess»—, como le escuché en Múnich, en casa de Ostario, cuando quizás no era tampoco sino otro Hamlet desesperanzado y angustiado.

Peter movía las manos, con un gesto que no era habitual en él, un gesto cautivador, un movimiento grácil que invitaba a introducirse en sus laberintos interiores.

Pero mi cabeza ya no estaba allí. Me abordaban, inundándome el cerebro, imágenes febriles, una alucinación detrás de otra: Hess y Hitler abrazando al viejo Ratsam en la confortable celda de Landsberg, el honorable militar y erudito que les ha salvado del suicidio, el inspirador del círculo íntimo de Thelema. Y luego el Tribuno escuchando atentamente los consejos de Peter, su asesor áulico, «su judío» deseoso de clavar la daga a Ribbentrop, el títere que le impide realizar su sueño de infancia. El protector y los protegidos...

¿Qué sabía en realidad Peter, qué sabían él y el viejo general sobre O'Daijin y Todomachi? ¿Qué podían conocer sobre la voz del ultramundo que había hecho posible el movimiento, sobre el poder alucinógeno y persuasivo de ciertas fuerzas, de ciertos ecos y visiones? Y luego, la destrucción de la ciudad, la orgía de la sangre, Hamlet.

Ratsam, Steinitz y yo mismo habíamos intentado combatir la fe atávica en la llamada de los muertos que se había apoderado de Kniébolo y lo arrojaba a las tinieblas. ¿Qué o quiénes éramos nosotros, apenas meros comparsas de una vieja mascarada? ¿Dónde estaba la línea divisoria entre el acto heroico y el crimen? ¿Éramos libres de poder elegir, o *la voz* poseía todo desde antiguo? Y ahora, ¿qué buscaba hacer Ratsam? ¿Qué podría hacer Steinitz?

—Verán ustedes que lo paradójico de esta obra es que la desmesura de Sila no carece de grandeza. —Las palabras de Peter y sus ojos ansiosos me sacaron de mi ensimismamiento. Continuaba desde el estrado—: Pero los métodos sangrientos e inhumanos del tirano acaban por arrastrar cualquier existencia humana primero, las vidas de los que le rodean, y luego también las de todo el pueblo, al absurdo y a la aniquilación.

Peter hizo una pequeña pausa, humedeciéndose ligeramente los labios con la lengua, antes de proseguir. Miré sin pestañear a Alma, que se negaba a girar su cabeza, evitando así que yo supiera que ella adivinaba mis pensamientos. Sentado varias butacas más adelante, Steinitz cuchicheaba con la persona que tenía a su derecha, a quien no pude distinguir con claridad.

Ratsam prosiguió:

—Al contrario que en *Sila,* en *La leyenda china* terminan venciendo las fuerzas del bien, de la bondad y de la sabiduría, que salvan al imperio.

Con un leve destello de travesura infantil en los ojos, Peter añadió:

—Pero como bien saben ustedes, que al final quien salve la vida sean los que desean la justicia y la paz no suele ser lo habitual; no es lo habitual en el teatro, y sin duda no lo es en la vida real.

Alma estaba inmóvil, aferrada a la silla, sin querer moverse. En innumerables ocasiones me había implorado, a veces gritando, o sollozando desconsolada: «¡Jamás vuelvas a dejarte vencer por tus malos espectros! ¡Nunca más te acerques a ellos, a los cortadores de cabezas, a los asesinos!». Y recordé también los consejos de Antaios: «Cuidado. Tanto las balas como los libros tienen su propia fatalidad».

Peter estaba terminando su introducción. La intranquilidad de los actores, escondidos detrás de los cortinajes del telón, había ido creciendo. Supuse que sólo les llegaban sonidos o frases entrecortadas de lo que Ratsam estaba diciendo, que para ellos sólo se trataban de sonidos vacíos, de frases sin sentido a la que darían en breves instantes la vida ficticia de la representación teatral. Comparsas; figurantes de una obra cuyo sentido no podrían entender...

—Antes de concluir estas palabras —Peter se mostraba deseoso de acabar cuanto antes—, me gustaría hablarles muy brevemente de Zosias. Es el otro personaje principal de mi pequeño drama. Zosias es un filósofo griego, rico en sabiduría, al que Sila, el dictador romano, obliga a asumir una alta responsabilidad, un alto cargo en el Estado, bajo pena de exilio en caso de no aceptarlo. Una orden contra la que Zosias se resiste con todas sus fuerzas.

Ratsam permaneció en silencio unos segundos; parecía haber perdido parte de su seguridad y aplomo anteriores. Se despejó el mechón de pelo de la frente con un gesto nervioso; volví a percibir el olor a sudor húmedo y a herrumbre que impregnaba la sala. Después oí como decía:

—Ante la destrucción que Sila trae consigo, Zosias, convencido de que se encuentra al final de una era, busca conservar y guardar para el futuro todo aquello que es precioso para él, todo aquello de valor espiritual o moral que pueda salvar.

Peter acabó de leer el papel. En la oscuridad de la sala, pude reconocer la figura del vecino de Steinitz; era Von Hassell, el hasta hacía pocos meses embajador del Reich en Italia, de quien se decía que había sido apartado sin contemplaciones de su puesto a causa de las constantes críticas de su mujer al régimen, que él sin duda no sólo compartía, sino favorecía.

Cuando estaba a punto de bajar del escenario, queriendo despedirse con cierto aire festivo, Ratsam añadió:

—Espero que disfruten con esta obra, en la que encontrarán también motivos suficientes para sonreírse, gracias a la ironía que encierra, de los tiempos en que vivimos. Les agradezco que hayan hecho el viaje desde Berlín para asistir a esta modesta función.

Y se levantó el telón.

Pero no, a pesar de las palabras animosas de Ratsam, no conseguí que su *Sila* me entusiasmara. La acción dramática estaba bien planteada, pero la obra tenía todos los defectos de su autor: era excesivamente ambiciosa, demasiado cargada, y los personajes, en muchos fragmentos de los diálogos, no pasaban de ser pálidas encarnaciones de las ideas de su autor. Pero reconozco que hubo también determinadas escenas y algunas frases que no erraron su impacto; como cuando Zosias, el sabio y erudito griego, le recrimina a Sila, el dictador romano, «ser, a la vez, el Señor del mundo y el que viene a negarlo».

Cuando la representación finalizó, hubo discretos aplausos, más audibles desde las filas de los amigos jóvenes de Ratsam.

A la salida, me sentí obligado a aproximarme al general, al que hacía años que no había vuelto a ver. El viejo Ratsam me saludó con hosquedad, sin saber muy bien si darme la mano o mantenerla firmemente asida a su bastón. Su mujer se mostró, sin embargo, más acogedora. También conmigo, como entre padre e hijo, cumplía fielmente su impuesta misión de mediadora. De la brusquedad del viejo guerrero deduje que las ingenuas esperanzas que había depositado en Kniébolo seguían vivas, y que la escenificación del ambiguo *Sila* de su hijo le había dejado probablemente con la cabeza hirviendo. De hecho, el viejo soldado siguió confiando en su amigo Hess, el Todomachi, y en O'Daijin casi hasta el final, algo que su hijo no dejaría de reprocharle.

El camino hacia la guerra, que había adoptado un curso inexorable, pareció desviarse pocos meses después con la celebración de la Conferencia de Múnich. A través de las sucesivas negociaciones con el *premier* británico Chamberlain y su homólogo francés Daladier, Kniébolo maniobró hábilmente, y consiguió, bajo la amenaza de desencadenar la guerra en Europa, que británicos y franceses aceptasen sin condiciones la entrega de la región de los Sudetes al Reich. Kniébolo actuaba como un chantajista sin escrúpulos, coaccionando, mostrándose dolido y humillado allí donde hacía falta, enseñando las zarpas y ocultando en todo momento sus intenciones, hasta conseguir sus objetivos.

La obsesión con la necesidad de mantener la paz a cualquier precio nublaba todas las cabezas. Esa cerrazón llevó al *premier* británico a cometer un grave error.

Hitler amenazó a Chamberlain con la entrada de las tropas alemanas en los Sudetes, y éste no fue capaz de manifestar antes de la Conferencia su determinación de actuar en caso de que el Führer consumara sus amenazas. Kniébolo mostraba así de nuevo al mundo cómo al final sus enemigos terminaban sometiéndose a su voluntad. Para el pueblo alemán era un nuevo triunfo de su Führer, del destino histórico que él encarnaba y cuyo final sólo podía conducir a restituir al Reich su lugar entre las grandes potencias.

Por todas partes, la opinión pública celebró el resultado de Múnich como un gran éxito del deseo multitudinario de paz. Durante escasas semanas, tanto los nazis como los aliados estuvieron convencidos de que habían obtenido un triunfo: Hitler, consiguiendo la anexión de los Sudetes; británicos y franceses, creyendo mantener la paz; y Mussolini, erigiéndose en el insustituible aliado de Hitler y en embajador de buenos oficios con los aliados. Mientras tanto, todos, cínicamente, intentaban ganar tiempo para continuar con los preparativos militares de la guerra.

Días antes de que terminara la Conferencia, fui testigo del escaso interés del pueblo alemán por verse envuelto en una nueva guerra; la memoria de los horrores de la última estaba todavía muy presente.

La radio anunció que el Führer había ordenado desfilar a una división acorazada por las calles de Berlín, en dirección a la frontera checa, para fortalecer allí la presencia de nuestras tropas. El propósito evidente del desfile era enardecer a las masas y así demostrar a los observadores exteriores no solamente el poderío militar del régimen, sino también que los alemanes apoyaban como un solo hombre la política en los Sudetes.

Llegué con Alma hasta la esquina de Unter den Linden donde la columna motorizada tenía que doblar para enfilar la Wilhelmstrasse, esperando una masiva recepción popular. Nos sorprendió la reacción de absoluta indiferencia. A pesar de que se había elegido la hora de salida de las fábricas y las oficinas, obreros y oficinistas pasaban de largo, sin apenas girarse, y se internaban en los túneles del metro, con pobre o nulo interés en el espectáculo que su Führer les había preparado.

Únicamente un grupo pequeño y disperso se apresuró a apostarse a ambos lados de la calle, hasta que al cabo de un buen rato de espera llegó un policía aislado andando desde la Cancillería, y con gritos estentóreos anunció que el Führer iba a saludar desde su balcón a las tropas que marchaban, orgullosamente, a la frontera checa.

Una parte del escaso público se puso entonces en movimiento. Alma y yo fuimos hacia la Cancillería, movidos por la curiosidad y sorprendidos de la reacción popular, tan alejada de lo que mostraba todos los días con gran júbilo la propaganda oficial. Allí arriba, en el balcón central estaba el Führer, y abajo, delante del edificio, no habría más de doscientas o trescientas personas. Hitler nos miró, primero con rostro sombrío, y después cada vez más enfurecido, con el semblante congestionado, hasta que con un gesto bronco, colérico, decidió prescindir de que la tropa le saludara desfilando por las calles de Berlín y se retiró del balcón.

Varias semanas después de la Conferencia de Múnich y de la anexión de los Sudetes, viajé con Alma a Núremberg a visitar unos amigos. El dueño de la casa era un editor muy conocido, perteneciente a una familia enraizada en el norte de Baviera desde el siglo XVIII. Eran judíos asimilados que se habían convertido al protestantismo y habitaban desde generaciones en suelo alemán, a los que había conocido al principio de los años veinte, cuando se publicaron mis primeros libros.

La casa se encontraba en uno de los barrios residenciales de Núremberg, una villa rodeada de jardines y de arboledas de coníferas.

Fuimos recibidos en la entrada por los dueños de la casa, doblemente agradecidos por nuestra presencia dadas las circunstancias. Freudenberg había sido oficial de artillería en la Primera Guerra, herido en el Marne y condecorado con la Cruz de Hierro de Primera y Segunda Clase, y ello le había salvado de las medidas más severas durante los primeros años del régimen, pero era evidente que cada día que pasaba las condiciones para él y su familia se hacían más difíciles. Desde hacía tiempo habían realizado los preparativos necesarios para emigrar a América, pero vencer las dificultades burocráticas no era tarea sencilla, y las listas de espera no dejaban de alargarse, por lo que su futuro era muy incierto. Además, aunque antes o después consiguieran salir de Alemania, les dolía dejar la tierra que aún seguían sintiendo como su patria.

Freudenberg era un hombre de estatura considerable, con el pelo todavía rojizo y unas largas patillas pasadas de moda que le cubrían los dos lados de la cara hasta el mentón. Su pasión eran las ciencias naturales, la investigación química y física, y junto a la editorial heredada de la familia, había fundado con tenacidad e inteligencia varias fábricas y sociedades mercantiles en las que hasta la llegada de los nacionalsocialistas comercializaba y exportaba a toda Europa los productos inventados y patentados por él mismo. Las noticias que me llegaban es que en los últimos años no había podido impedir la decadencia de aquellas empresas comerciales.

Gran parte de la velada transcurrió escuchando música, hablando con placidez de libros y de arte, y disfrutando de los excelentes vinos de la casa. Sobre la situación política apenas intercambiamos algún comentario, pues conocía la angustia íntima de mis anfitriones.

Alma había ido venciendo su inicial desconfianza hacia los Freudenberg a lo largo de los años que llevábamos viviendo en Berlín, en donde solían hacernos esporádicas visitas. Le gustaba el carácter sensible y nada pretencioso de la mujer de Freudenberg, una excelente pianista que componía también versos que recordaban al primer Hölderlin: un alma romántica y sensorial.

Tanto mi mujer como yo habíamos estado preocupados por el destino de los Freudenberg y de su hija Rahel, quien apenas salida de la adolescencia, vivía con ellos. En la medida de nuestras posibilidades habíamos intentado ayudarlos, y por medio de nosotros, sobre todo Steinitz había conseguido, con no poco riesgo y esfuerzo y gracias a su privilegiada posición, obtener que algunas de las medidas más gravosas que afectaban a los judíos no se les aplicasen.

Al terminar la cena, nos acomodamos los cinco en el salón de la casa, de cuyas paredes colgaban obras de pintores muy apreciados por mí: Nolde, Gilles, August Macke, incluso un pequeño Renoir. El mes de noviembre había llegado frío; nos sentamos en torno a la chimenea encendida.

La señora Freudenberg hizo una alusión a que se habían oído sirenas de automóviles en la lejanía y que, al parecer, varias de las calles del centro estaban cortadas. Aunque pensábamos continuar el viaje al día siguiente a Bayreuth, no le dimos mayor importancia a la noticia.

—Quizás haya habido algún accidente de coche o estén preparando una concentración pública —dijo Alma con aire distraído.

Núremberg era el lugar elegido por Hitler desde los primeros tiempos para celebrar los congresos anuales del Partido, que se habían ido transformando en monumentales manifestaciones de fuerza y en espectáculos de una estética sombría donde participaban cientos de miles de uniformados bajo la batuta del ministro Speer y de Goebbels.

La conversación fue derivando con fatalidad hacia las cuestiones que habíamos intentado evitar durante la velada. Intervino primero Freudenberg:

—Como saben —el dueño de la casa no podía ocultar su tristeza por la situación en la que se encontraban, pero su voz era firme—, se nos ha prohibido ser miembros del Partido, a pesar de nuestro vínculo profundo con Alemania y de que me siento personalmente orgulloso de que el Führer haya rescatado para nuestra patria los territorios perdidos tras la guerra. Hitler ha conseguido sin derramar una gota de sangre que se nos limpiara a los alemanes del oprobio de Versalles.

Rahel parecía asentir, sin apoyar la espalda en el sillón, a mi lado. Sentí la sensualidad que emanaba de su cuerpo, los ojos oscuros e infinitos, la piel, del color suave del olivar, el talle, un junco erguido.

Su padre me observó un instante, picado por la curiosidad, y luego continuó:

—Yo y otros muchos de nuestros amigos hemos apoyado las reivindicaciones de los Sudetes y de las otras minorías de alemanes en el este. Le agradezco al Führer que haya hecho posible el sueño de una gran Alemania, más incluso que haber conseguido salvar la paz en Múnich, a pesar de que no hay duda de que se la debemos a él, como el propio Chamberlain ha reconocido públicamente.

No me sorprendieron estas palabras del antiguo oficial, aunque sí su tono decidido, en el que parecía no caber ningún resquicio de resentimiento. Conocía lo que pensaba Freudenberg y cómo su sentimiento patriótico, herido pero inconmovible, le hacía olvidar que Kniébolo había vuelto a repetir pocos días atrás su firme voluntad de «acabar con todos los judíos».

¿Cómo era posible que aquel hombre culto y refinado, que había viajado y visitado otros países, un profundo conocedor de la historia del judaísmo en Europa, siguiera confiando ciego, suicida, en el mito del Führer, continuara pensando que eran sólo los asesinos psicópatas del entorno de Hitler, Streicher, Rosenberg, Himmler... quienes influían sobre él, sólo ellos quienes le empujaban hacia su furor destructivo? ¿Tenían Freudenberg y otros como él la secreta esperanza de que, como en Múnich ante la posibilidad de desencadenar la guerra, Kniébolo acabaría buscando un acomodo para «sus» judíos?

Alma, mi buen hada, me miró con sus ojos inquietos y protectores. Ella sabía hasta qué punto yo mismo me sentía angustiado, desbordado, por mis conflictos interiores, mis demonios, que libraban una encarnizada batalla campal, unos contra otros, la sensación de ahogo y de falta de aire para respirar, la quiebra de todas mis seguridades...

La señora Freudenberg, con un gesto dulce, como intentando alejar los malos augurios, añadió, mirando hacia el fuego de la chimenea:

—Gran parte del odio se explica por las inclinaciones más bajas, desgraciadamente las más habituales de la naturaleza humana. Aquí, en Núremberg, todo el comercio antes de 1933 estaba en manos de pequeños tenderos, muchos de cuyos padres llegaron de Polonia o de Rumanía, judíos del este. Como consecuencia del aumento de los precios, casi todos los agricultores acabaron debiéndoles dinero. ¡Y eso no gusta a nadie! Les faltó poco para, cuando se dictaron las nuevas leyes, quitarse de encima el peso de las deudas.

—Sí, es verdad —dijo impulsivamente Alma—. En Berlín lo que ha movido a mucha gente ha sido el problema de la falta de vivienda; era una manera de lograr enseguida y con poco dinero lo que querían desde hacía tiempo. A veces les ha bastado con tener un pariente o un amigo que fuera un pez gordo del Partido para quedarse con pisos desalojados a la fuerza. Otros se han enriquecido con las fábricas...

Se detuvo. Freudenberg levantó ligeramente las cejas, queriendo restar importancia a las palabras de Alma.

Pero, a pesar de nuestra buena voluntad, la larga sombra que había estado cerniéndose durante todo el día sobre nosotros y nuestros anfitriones comenzó a desplegar su perversa influencia.

Pocos días antes había llegado de París la noticia de que un joven judío polaco, desesperado porque sus padres habían sido deportados por las autoridades de Hannover, había cometido un atentado contra un funcionario de nuestra embajada en París. Hablamos sobre este hecho, que, bien utilizado por la propaganda, mantenía en ese momento soliviantada a gran parte de la población. Me mostré yo más comprensivo con los motivos que habían podido llevar a aquel joven exasperado a cometer un acto similar que nuestros anfitriones, que lo criticaron con dureza.

Casi por necesidad, la conversación tomaba derroteros incómodos. Ya en otras ocasiones anteriores había intercambiado con Freudenberg mis ideas sobre la cuestión judía. Conocía mis opiniones, mi interés por el significado de la historia de su pueblo, y él había ido superando la inicial incomprensión y luego el rechazo que mi conducta durante los años de colaboración con Göring y Frank le habían causado.

También ellos, Freudenberg y su adorable esposa, intentaban entender, explicarse a sí mismos de alguna manera aquella furia del destino que se cebaba sobre sus cabezas, y frente a la cual se sentían impotentes e inermes, silenciados antes de poder expresar una sola palabra.

Sentían que les habían abandonado las potencias occidentales, los otros países europeos, orgullosos representantes de la civilización, cuyas protestas ante las deportaciones no habían pasado de ser piadosas reclamaciones diplomáticas. Les habían desamparado los americanos, con las extremas limitaciones impuestas a la entrada de inmigrantes judíos en el flamante país de la libertad. Les habían olvidado los clérigos de ambas confesiones religiosas, católicos y protestantes, de los que pocos se atrevían a levantar la voz. Y les había despreciado sobre todo su patria, la tierra con cuya historia y cultura se sentían hondamente identificados, Alemania, por la que el dueño de la casa había perdido una pierna luchando contra los franceses en aquella infausta guerra sin cuyas consecuencias las medidas contra ellos quizás jamás se hubieran adoptado.

Quise encontrar palabras que lograran explicar, que intentaran dar alguna razón:

—La política de asimilación... —dije—. La obsesión de querer sacar a los judíos del gueto. Ahí está el origen. Moses Mendelssohn fue quien sentó las bases para que a lo largo del siglo XIX los judíos fueran emancipados, para que se les reconocieran los mismos derechos que a los otros ciudadanos...

Freudenberg movía ligeramente la cabeza, corroborando mis palabras. Él era un reformado, un descendiente de aquellos que se habían decidido a utilizar de forma cotidiana la escritura hebrea, la lengua sagrada reservada exclusivamente para las Escrituras; de aquellos que habían comenzado a construir templos en los que la plegaria por el regreso del Mesías había sido reemplazada por las oraciones que celebraban la fraternidad de todos los hombres. Y así, fueron sus antecesores los que empezaron a hacer posible la creencia en un mundo puramente secular, una fe sometida a la razón. ¿Cómo iban aquellos judíos reformados a rezar por la tierra prometida, por la restauración de un reino mesiánico en Israel, si lo que querían ante todo era convertirse en buenos ciudadanos alemanes?

Añadí, dirigiéndome hacia nuestro anfitrión:

—Moses Mendelssohn descubrió que si la religión se transformaba en algo puramente personal, en una cuestión privada, sería posible seguir siendo judío y a la vez buen alemán... ¡Ésa fue su increíble audacia!

Sentí sobre mí la mirada intensa de Rahel, sus preguntas, que yo no podía responder. ¿Por qué? ¿Por qué nos persiguen? ¿Por qué desean que desaparezcamos de la faz de la tierra? ¿Qué hemos hecho? ¿Cuál es nuestro pecado? ¿Cuál el pecado de nuestros padres, el que ahora recae sobre nosotros?

Comprendía sus interrogantes, me compadecía de ella y de su familia, pero tampoco podía negar que aquel gesto audaz de sus antepasados, la salida de la sinagoga, la mezcla con los gentiles, había desencadenado una espiral de acontecimientos de la que acaso Kniébolo no fuera sino un mero ejecutor postrero.

Me fijé en uno de los cuadros que adornaban el salón. Era una acuarela de uno de mis pintores favoritos, Gilles. Representaba a un caballero montado en un pollino, difícilmente un animal noble, sobre el fondo, en el que se divisaba una ciudad renacentista. No era un cuadro abstracto, se podía distinguir al jumento, pero tampoco del todo figurativo. El animal trotaba, y la figura del caballero aparecía envuelta en una ligera niebla, el *aura* de aquel retrato, su trasfondo apenas visible.

El cuadro tenía un significado que escapaba a su representación. La atmósfera en torno al caballero tenía presencia, ocupaba un espacio; la descripción del caballero y su extraña cabalgadura no se acababa en los rasgos externos, no podía acabarse ahí, había algo más, indescriptible, en su interior, que me obligaba a volver a mirar una y otra vez, a observar —distraído, mientras conversábamos— la escena.

Freudenberg había adoptado una actitud mucho más severa.

Se levantó, dirigiéndose hacia mí con los ojos fijos y una expresión, por primera vez desde que habíamos entrado en la vivienda, de preocupación en su rostro. Comenzó a hablar, casi en un susurro, titubeando al principio:

—Usted conoce la vieja historia de los cabalistas —estaba pálido, el rostro como la cera—, la narración del Dios que se ve obligado a destruir una parte de sí mismo para dar lugar, para hacer posible la creación...

Hizo una pausa, mirando alrededor. Luego continuó, todavía en voz baja:

—Según esa vieja leyenda, para que exista el mundo es preciso un acto de violencia, una catástrofe, una explosión primera; un momento inicial, que es lo contrario de un acto de creación. No un «*fiat!*, ¡hágase!», que crea, sino un acto que destruye.

—Sí, la conozco. Hemos hablado de ello en otras ocasiones; en otras circunstancias... —repliqué.

Freudenberg no permitió que le interrumpiera:

—Esa historia empezó a narrarse en el entorno de los judíos expulsados de España en el siglo XVI, los que se exiliaron del país que llamaban Sefarad. La expulsión fue el origen del destierro, de la ausencia de un hogar, de un lugar propio; la fuente de la leyenda del judío errante. Desde entonces, muchos de nosotros hemos buscado un hogar, hemos luchado contra el exilio, contra el destierro permanente.

Levantó la voz, con decisión:

—¡Por eso elegimos ser alemanes!

Yo había meditado sobre aquella antigua leyenda de la cábala en muchas ocasiones, desde los tiempos de Múnich, desde las largas conversaciones con otro de mis amigos, caído en las trincheras de la guerra, y que después proseguí con su hermano, cuando pasábamos noches enteras intentando comprender lo que significaban aquellas alucinaciones sobre un Dios sufriente, una divinidad impotente ante la destrucción, un Ser que no era capaz de controlar su propia creación.

El semblante de Alma, mi ángel terreno, mi buen duende protector, parecía de nuevo estar diciendo: «Querido profesor, ya vuelve a dejarse llevar por las fantasías, por el deseo de encontrar el lado más oscuro, lo que usted llama la *cifra secreta* de las cosas. Baje usted a esta tierra de los mortales, descienda de las alturas, mi querido profesor y marido».

Entonces, Rahel, después de haber interrogado con mirada inquisitiva a su padre, se decidió a preguntar, ante la sorpresa de éste:

—¿Y usted cree que ése es el sino de los judíos? ¿Vagar sin hogar en esta tierra, esperando, esperando al Mesías que nunca acaba de llegar?

Había un encanto especial en aquella muchacha, en la forma de su cuerpo, en el halo que la rodeaba, una inusual combinación de tristeza y orgullo, de resignación y de indeleble sentimiento de superioridad.

Pensé en los pasquines grotescos que se podían ver en algunos lugares de Núremberg. Streicher, uno de los primeros mentores de Kniébolo, el hombre que había hecho del odio a los judíos una religión enfermiza, era todavía en esa época el cabecilla nazi de la región. En las esquinas de las calles colgaban la portada de la revista que editaba, con los dibujos obscenos en los que con frecuencia se caricaturizaba el insaciable apetito sexual de los judíos, violentando a rubias doncellas germanas...

Su padre volvió a intervenir:

—En el relato místico de los cabalistas, el intento de atrapar la luz divina que se derrama en el origen no resulta eficaz; hay centellas de esa luz divina que caen en el abismo que no es Dios, y otras, que después de haber caído en el abismo, regresan al interior de Dios.

Rahel le miraba con extrañeza. Prosiguió:

—Sí... esa rotura inicial se interpreta en el sentido de que todo el mundo creado está bajo el efecto de un profundo dislocamiento, un desequilibrio. Lo propio del mundo sería entonces la imperfección, el exilio y la catástrofe. Los rayos divinos habrían quedado atrapados en la materia, e incluso el mismo Dios se vería forzado a combatir permanentemente el mal, sin garantía de poder vencer. Mi querida Rahel —Freudenberg levantó las manos, no supe si con un ademán que parecía implorar que, por favor, no siguiéramos por aquellos caminos o, si por el contrario, deseaba que su hija escuchara con atención, que se impregnara, para no olvidarlo el resto de sus días, de lo que estaba diciendo—: ¡Nosotros estamos en primera fila, sufrimos los embates del Maligno, sin poder rebelarnos ante el mal...!

Dije entonces, sin lograr evitarlo, como si las palabras no salieran de mí, mientras el brillo de las pupilas de mi mujer se endurecía y yo palpaba su creciente ansiedad:

—La lucha entre el bien y el mal, los dos principios que nos gobiernan desde el origen del mundo... El uno con tanta potencia y vigor como el otro.

Freudenberg no se inmutó y replicó, observándome con tristeza:

—¡He intentado luchar toda mi vida contra esa visión maniquea, y ahora no cesan de imponérnosla! ¡Ésa es la falsa gnosis del nacionalsocialismo, lo que les impulsa a aniquilarnos: nos necesitan como si fuéramos el Mal, para poder ser ellos el Bien!

Estaba abatido. Su mujer le rogó que se calmara, que habláramos de otras cosas, pero él deseaba continuar, nunca antes le había visto en ese estado, el enfurecimiento y la desolación de una figura mítica, como un Polifemo sufriendo ante la ceguera de su único ojo:

—Nosotros somos descendientes de judíos marranos, aquellos que permanecieron en España después de la expulsión y que fueron obligados a vivir una doble vida, una vida exterior y otra vida interior, secreta. Hacia fuera se ajustaban a las normas externas del cristianismo e incluso muchos de ellos se hicieron bautizar, pero ocultamente siguieron cumpliendo sus ritos judíos. La tensión en la que vivían hizo que muchos acabaran por desconfiar de cualquier creencia, de cualquier fe. Luego emigraron, a Ámsterdam, a Venecia, a Hamburgo, que es la ciudad donde se asentó nuestra familia. Siempre hemos renegado de cualquier fanatismo. ¡Hemos sido los mejores alemanes! ¡Los que más contribuimos a la cultura, a la gran historia de Alemania! ¿Cuántos nombres de judíos ha habido en la literatura, en la gran música, en la pintura alemanas? ¡Decenas, cientos!

Estaba fuera de sí, un hombre profundamente desesperado:

—¿Cómo es posible que no entiendan que somos alemanes? ¡Tan alemanes como ellos! ¡Los mejores alemanes!

Intentamos a duras penas que se calmara. Después, al cabo de un rato, aún intervine, añadiendo lo que quizás mis anfitriones menos hubieran deseado escuchar:

—Una fe secular; los primeros que creyeron en un espíritu capaz de salir fuera, un espíritu libre, liberado de las instituciones y del Estado, los primeros que salieron a conquistar el mundo... Lo mejor y lo más peligroso de la historia de Alemania...

Me miraron, consternados. Entendí que no debíamos continuar. Se había hecho demasiado tarde.

Nos retiramos casi sin dar las buenas noches, con una excusa. La señora Freudenberg hizo un ligero ademán para que me alejara, con un gesto que no supe interpretar si mostraba rencor o el deseo de proteger a su marido. Rahel estaba lívida, apenas musitó algunas palabras al despedirse.

Salí al jardín, y contemplé el firmamento, cubierto por la niebla nocturna, tras la cual apenas se distinguía el resplandor del brillo de las estrellas. Me sentía atribulado; inquieto y afligido. Alma no dejaba de mirarme con dureza.

Sin embargo, a la mañana siguiente, era el 9 de noviembre del 38, fue Rahel misma quien insistió para que no tuviéramos que ir hasta la estación a coger el tren, y quiso acompañarnos en el coche conducido por uno de los empleados de su padre a través de la nueva autopista que se dirigía a Bayreuth.

Fue horroroso... Nada más alejarnos de la casa, en una de las calles principales que conducían hasta el centro distinguimos una masa de gente, y conforme nos acercábamos pudimos ver un incendio en una vivienda de la que los bomberos arrojaban por la puerta muebles cubiertos de hollín. El edificio poseía algo que lo distinguía de los demás, y también las personas que estaban fuera mostraban un aire muy distinto al que se espera en un incendio. La gente estaba contenta, se alegraban de las llamas...

Salí con rapidez del coche y le pregunté a una de las mujeres que miraban impasibles el fuego qué es lo que ocurría. Me contestó secamente, con un fuerte acento bávaro:

—Esta noche ha ardido la sinagoga.

—¿Por qué? ¿Qué ha sucedido?

—¿Cómo? ¿No sabe que los judíos han matado a un diplomático alemán?

Me detuve, sin habla. Rahel se había quedado en el coche con Alma. Noté en su rostro la zozobra, y un presagio.

Continuamos atravesando Núremberg. Hilando los retazos de conversación de las personas que habíamos encontrado, pudimos deducir que otros grupos de judíos se hallaban retenidos en un almacén cercano, esperando a ser trasladados. En el camino hacia el cobertizo pasamos por delante de varios comercios en cuyos escaparates se había pintado con grandes trazos blancos la Estrella de David. Todos los cristales, al igual que las ventanas, estaban rotos, y el interior de las tiendas había sido fruto del expolio y la ira desenfrenada del populacho. Lo que no habían conseguido llevarse consigo estaba esparcido por el suelo, en algunos lugares formando grandes piras, dispuesto para ser pasto de las llamas.

Delante del almacén había mucha gente, alargando las cabezas en dirección al interior, mirando con curiosidad. Me sentí avergonzado de lo que estaba ocurriendo y quise evitar, sin lograrlo, que Alma y Rahel se acercaran y comprobaran con sus propios ojos lo que sucedía.

A través de las ventanas se podía ver a unas cincuenta personas en un gran cobertizo vacío. La mayoría estaban de pie, con la vista perdida en la pared, otras se paseaban sin rumbo fijo, algunas se habían sentado, a pesar del frío, en el suelo. Casi todas tenían las huellas, en los rostros y en la ropa, de haber sido sacadas con violencia de sus camas, muchas estaban medio vestidas. Bastantes de ellas habían sido golpeadas y mostraban las señales de las vejaciones sufridas en la cara y en el cuerpo. Les vigilaban una decena de uniformados de las SA.

Regresamos rápidamente al automóvil y a la casa de los Freudenberg, que no distaba más de veinte minutos de donde estábamos. Rahel sollozaba, tratando con los brazos de ocultar la cara, enfurecida y roja de vergüenza.

Les había bastado poco más de una hora, desde que nos habíamos ido con el coche, para destrozar la vivienda. La puerta principal estaba fuera de su quicio, los muebles, esparcidos y tirados en el jardín. Por la escalera caía agua, debido, como pudimos comprobar, a que los intrusos habían dejado los grifos abiertos, como si sólo se tratara de una malvada broma infantil.

El pasamanos de la escalera y casi todas las puertas de las habitaciones estaban destrozadas, pasto informe del hacha y la saña. El Steinway en el que la noche anterior la señora Freudenberg había tocado para nosotros piezas de los grandes compositores alemanes no había corrido mejor suerte. Los pocos cuadros del salón que no se habían llevado estaban deshilachados, acuchillados con furia y tirados al suelo. La pintura que yo tanto apreciaba había desaparecido.

Nos costó encontrar a la dueña de la casa. La hallamos en la buhardilla, enajenada, dando pequeños golpes con la cabeza en una esquina, las manos ocultándose el rostro. Al verla, Rahel empezó a lanzar chillidos al aire, y no consiguió calmarse hasta varias horas después, gracias a los tranquilizantes que le obligó a tomar un médico al que logramos persuadir para que viniera hasta la casa.

Su padre se encontraba bajo un fuerte trauma. Le habían golpeado en la cara y en la espalda con una porra o algún otro objeto contundente, y el rostro y el cuerpo se habían hinchado, mostrando en sus heridas de intenso color violeta el lugar en el que había recibido los golpes. Tuvo que ser ingresado en el hospital, con varios órganos vitales gravemente afectados.

Ése fue mi triste 9 de noviembre de 1938, el día que la prensa extranjera comenzó a conocer como «la Noche de los Cristales Rotos».

XX

Durante aquellos meses, cuando la soledad se incrementaba a cada instante, murió la mujer de Steinitz, Cornelia, después de una larga y penosa enfermedad. Steinitz perdía al único ser humano que conocía todos sus pensamientos y entendía sus sentimientos; la había perdido, y junto con ella, él también dejó de existir. El hombre que tenía que seguir viviendo era otro.

La acompañé durante los últimos días en su lecho de agonizante. Steinitz estaba desolado, apenas comía desde hacía semanas, su cuerpo esquelético era un reflejo del dolor que se acumulaba y penetraba en la profundidad de sus ojos, sus pequeños y habitualmente vivaces ojos, de los que parecía haber sido extirpado para siempre el brillo de la luz.

Es difícil siquiera imaginar la naturaleza del conflicto interior, la tribulación íntima a la que este hombre, exteriormente sereno y controlado, una pieza clave del funcionamiento de lo mejor que quedaba de la vieja Administración del Estado prusiano, sobrevivía a cada minuto, en cada hora.

Gracias a las ocasiones en las que le había resuelto a Göring las más intrincadas cuestiones legales, disfrutaba de un cierto margen de maniobra que había utilizado para reconducir no pocas injusticias e impedir que se cometieran mayores desafueros. Sin embargo, había tenido también que constatar, con una creciente amargura, que Göring, con frecuencia, cuando se trataba de tomar las decisiones finales, se dejaba «arrastrar» por Hitler.

Steinitz se había ido convenciendo de la ilegitimidad del régimen. Cuando se produjo la crisis de los Sudetes, llegó a la conclusión de que Hitler ya no podría echarse atrás. La guerra estaba en la lógica del callejón sin salida en que el Führer conducía a Alemania, una guerra que no iba a poder quedarse limitada a un conflicto local. En Kniébolo, Steinitz veía ahora los rasgos de una criatura infernal, obsesionada con llevar al Reich y a Europa a una hecatombe sin precedentes.

Poco a poco se había ido dando cuenta de que sus múltiples intentos de dar un giro a la marcha de los acontecimientos, su esperanza de que fuera posible introducir algo de cordura en la creciente enajenación de los dirigentes nazis, de poder actuar a través de medios legales había resultado ineficaz. Además, le corroían, como a mí, como a otros muchos, dudas y remordimientos que le erosionaban por dentro...

¿Cómo era posible que, una y otra vez, Kniébolo acertara en sus objetivos y en sus cálculos irracionales? ¿Cómo explicar las victorias, los triunfos innegables del Führer? ¿Por qué, como yo le había oído decir a Antaios, la Providencia había puesto en manos de los alemanes naipes tan infalibles para que, de una manera absurda y sistemática, los jugaran mal?

¡Cuántas veces había mostrado Steinitz su oposición a las decisiones más insensatas, y sin embargo aquellos desmanes que se oponían frontalmente al buen sentido, al equilibrio y a la realidad de las cosas, habían acabado teniendo éxito!

Las victorias exteriores y la recuperación económica eran un hecho, la política de coacciones y amenazas de Kniébolo había devuelto al Reich a sus fronteras naturales. Estos trofeos empujaban a seguirle a no pocos que en otras circunstancias no se hubieran dejado maniatar. A lo largo de los años, muchas personas cercanas a Steinitz se habían marchado de su lado, o se habían visto forzadas a marcharse, y las que seguían junto a él estaban cansadas de las continuas advertencias y de los augurios pesimistas, que nunca llegaban a cumplirse, del escuálido y obstinado ministro, el Niño Jesús entre los lobos, la Eminencia Gris. Demasiadas se habían conformado con la situación y bastantes otras querían hacer carrera, sin dejarse influir por prevenciones y miedos juzgados como derrotistas.

De esa manera, Kniébolo y su claque de aventureros sin escrúpulos se habían ido encontrando cada vez con menos oposición, incluso entre los guardianes del viejo régimen que aún sobrevivían en puestos de la Administración.

¿Qué debía hacer Steinitz? ¿Debía continuar sirviendo en una posición tan avanzada a un Estado dominado por el Partido y sus luchas intestinas de poder, a una jauría de criminales voraces que negaban de forma cada vez más radical todo aquello en lo que él creía? ¿Cómo justificar ante su conciencia aquella inhumanidad en la que participaba cada día, aunque hiciera todo lo posible para intentar evitar los peores males?

En todo ello reflexioné mientras velábamos, Alma y yo, durante largas horas a Cornelia, turnándonos con Steinitz y otros amigos cercanos, primero en aquella habitación blanca y soleada del hospital berlinés de la Charité, y después, en las últimas semanas, en su propia casa.

Cornelia ya sólo recuperaba la consciencia a intervalos, y sobrevivía al dolor únicamente a base de elevadas dosis de morfina. La enfermedad se había ido apoderando progresivamente de su cuerpo, y su rostro, antes sereno y dotado de una dulzura desacostumbrada, mostraba las marcas crueles del sufrimiento.

Durante aquellos días apenas intercambiábamos alguna palabra entre nosotros. Steinitz tenía una apariencia cadavérica, como si su propio cuerpo experimentara gran parte del proceso de deterioro por el que atravesaba su ser más querido. Cornelia conocía con detalle las dudas e incertidumbres, la angustia que inundaba el espíritu de su marido, y en más de una ocasión pensé que la enfermedad hundía sus raíces en la proximidad, casi unión, de ambas naturalezas.

La temperatura exterior había descendido y los días se cubrían de la pátina gris de un otoño que amenazaba con servir de preludio a un invierno frío y ventoso. De repente, una de aquellas tardes comenzó a nevar y durante varios días y semanas pareció que podría continuar nevando sin interrupción hasta el final de los tiempos.

Cornelia se despertaba de vez en cuando y emitía unos quejidos apagados, ocasiones en las que se acercaba desde el pasillo, vigilante, alguna de las enfermeras, una hermana vestida con el hábito de color blanco de su orden y la gran cofia en forma de vela. Volví a admirar el desvelo y la abnegación de aquellas mujeres, el suave olor a la higiene del cuerpo y el alma, la proximidad de su trato con lo espiritual. Vigilaban el estado de la enferma, le medían la fiebre, le inyectaban las medicinas, la lavaban y perfumaban, mientras la nieve caía a través de la ventana y cubría las calles de Berlín. Era una nieve esponjosa, de un blanco intenso, blanco que rivalizaba con la blancura amarillenta de las paredes, con el blanco purísimo de los hábitos y el blanco de las sábanas de la enferma, que de vez en cuando se enrojecían con manchas oscuras de sangre.

Un atardecer escuché el canto de las hermanas, el canto de las vísperas de la liturgia católica que yo oía tantas veces de pequeño en la parroquia y que mi padre acompañaba tocando el armonio.

Sentí una paz de otros tiempos, de épocas casi prehistóricas, mucho antes de que el diluvio, imaginé, en las pesadillas de las duermevelas cotidianas, comenzara a caer sobre nosotros, antes de que la tierra de Alemania se conmocionara y se abrieran grandes grietas en el suelo, gigantescos desfiladeros y acantilados, grandes bocas de animales descomunales, de cetáceos monstruosos que devoraban árboles y montes, colinas y ríos, unas inmensas tragaderas que arrasaban con todo lo que tenían delante, las fauces que consumían a personas y casas, a familias enteras, y ahora a Steinitz, a la pobre Cornelia, y amenazaban a Ratsam, y a tantos otros.

Steinitz vagaba por los corredores del hospital o se quedaba encerrado en su casa, sin querer ver a nadie, sin comer ni apenas dormir, abandonadas por primera vez en su vida sus obligaciones oficiales, esperando, como un alma en tránsito, una señal, un signo que llegara de su otro yo menos terrenal, el de la moribunda, y le indicara la dirección por la que caminar.

¡Qué extraño, qué excepcional era todo aquello que estábamos viviendo! El mundo contemplando asombrado, asustado, a aquel personaje de caricatura circense a punto de extender sus brazos a la conquista del globo. Antaios decía que se parecía a Chaplin, al pequeño Charlot de las películas mudas; pero no, era demasiado grotesco para ello, demasiado real también. Demasiado cruel y sangriento, demasiado bárbaro.

¿A cuántos habría salvado Steinitz de los campos? ¿A cuántos habría ayudado a escapar al extranjero? Imaginé el destino de Freudenberg y su familia, de Rahel, y otros miles, cientos de miles, mujeres y niños, ancianos, expulsados de sus casas, desnudos, despojados de cualquier rasgo humano, obligados a desfilar bajo los golpes de los verdugos hacia los trenes, y los otros muchos, simples opositores políticos, encarcelados, torturados por los hombres de la Gestapo y de las SS. ¿Y quién no conocía a algún SS brillante, cautivador, o simpático y cordial, buen padre de familia, excelente intérprete de piano? Era efectivamente una inversión de los valores, un combate por el alma de los alemanes, que atravesaba de par en par las ciudades, los barrios, los vecinos, había dividido a las familias, partía en dos a tantos alemanes confundidos, desorientados, ahogados por la propaganda omnipresente, por aquella satisfacción en la revancha, el orgullo de que al fin se hiciera justicia, de obtener nuestro lugar bajo el sol, y luego, conquistar el planeta. «Hoy nos pertenece Alemania, y mañana, el mundo entero». Por fin la realidad, la historia, la omnipresente y todopoderosa Historia, como pensábamos, nos hacía justicia, por primera vez éramos nosotros los justos, los justicieros, a punto de blandir el sagrado martillo de Thor, y por fin enseñar de lo que podíamos ser capaces, los pirómanos de la guerra civil que venía larvándose en el indigesto estómago de Europa desde hacía siglo y medio.

¿Y Steinitz? ¿Y Ratsam?

En no pocos lugares había conseguido Steinitz frenar la ascensión del rostro más bárbaro del régimen. El teatro estatal de Berlín se había mantenido a un magnífico nivel, sin influencias exteriores; en la universidad había conseguido promover a los buenos profesores; era tan decisiva su acción a favor de la vida cultural que se le consideraba el ministro de Cultura en la sombra. No había dejado de crecer el número de los que necesitaban y recibían su ayuda. La acumulación de material almacenado por los servicios de seguridad contra él bastaría para hacerle caer y arrastrarlo por el fango. Todos los días arriesgaba varias veces su vida. Pero para el mundo exterior, para nuestros enemigos, si ahora fuera juzgado no sería más que un compañero de viaje, un colaboracionista, uno de los que pusieron sus talentos y capacidades al servicio de la maquinaria de la arbitrariedad, de los que allanaron el camino y los objetivos del dictador.

¿Y Ratsam, abrumado bajo el peso de su doble, de su triple y cuádruple vida, «judío protegido» por Tomodachi, asesor áulico de Kniébolo y emisario secreto con los ingleses, agente de información y familiar de lo oculto?

Steinitz me había dicho: «He luchado durante años por conseguir influencia y poder. ¡Esta posición, que ahora tengo, no la van a obtener los nazis gratuitamente!».

Escindidos, partidos por la mitad, como Alemania, como Europa, como su propia conciencia. ¿Y yo?

¡Qué extraño, qué extraordinario país! Ingenuos, románticos, deseando soñar grandes, inconmensurables sueños, y soñándolos sin darse cuenta, y a la vez seres crueles, taimados, astutos, con frecuencia temiendo no ser lo suficientemente astutos y crueles. Lamentando llegar siempre tarde y luego dando un salto mortal, en el vacío, un salto por encima de las cabezas de todos los demás. Poco hábiles, inexpertos de lo humano, casi infantiles, y al tiempo cargados de autocomplacencia y orgullo, niños sabios, inseguros o con exceso de seguridades, grávidos de verdades metafísicas, y sin embargo pretendiendo conocerlo todo de antemano, antes siquiera de empezar a hablar o a imaginar...

¡Qué indescifrables aquellos años, y los que siguieron hasta que llegó el final! ¿Quién podrá comprenderlos, acercarse siquiera a ellos?

Recuerdo que uno de aquellos atardeceres en que Cornelia, la joven holandesa que había llegado a Alemania y había conseguido entender muchos de sus secretos gracias a su amor por Steinitz, se apagaba entre dolores en una clínica de Berlín, me sobresaltó de repente el golpe seco contra la pared de la puerta, abierta de forma inesperada y brusca, de su habitación de moribunda, y después, se escuchó el sonido insistente de la radio apoderándose de los corredores e introduciéndose en el cerebro de los agonizantes, lejana, pero perfectamente audible, a la que una mano desconocida elevaba más y más el volumen para que se pudiera oír con claridad la voz áspera y gutural, el martilleo creciente, la agresividad en aumento de las palabras del Führer. Y mi sorpresa, al salir al pasillo y contemplar, desconcertado, a un grupo de monjas, las mismas que habían cantado la antigua liturgia católica de las horas días antes, sentadas en torno al aparato, absortas, presas de un angelical arrobo, escuchando sin que se les escapara apenas la respiración las frases salvajes, los insultos y amenazas; y quizás también asintiendo interiormente a las ideas y las emociones, tan opuestas, tan radical y necesariamente contrarias a las suyas, de su Führer Adolf Hitler...

Enterramos a Cornelia en el cementerio protestante de Steglitz una mañana en la que la nieve había dado paso a una lluvia impertinente y gris, empujada de un lado a otro por ráfagas de viento del este que apenas nos permitieron sostener los paraguas durante los pocos minutos que duraron las oraciones y responsos al pie de la tumba. Entre los asistentes a la ceremonia pude distinguir a Ratsam y a los miembros de la Sociedad de los Miércoles, y también a bastantes jerarcas nazis. A la salida, Steinitz recibió los pésames respetuosamente, pero sin ocultar una ligera muestra de sorpresa por la presencia de algunos de ellos.

Insistió para que le acompañara en el coche hasta su casa, arguyendo que vivíamos muy cerca.

Creí percibir en sus gestos y en su rostro que la fuerte tensión a la que había estado sometido durante los últimos años se había convertido en algo distinto. No era, ni mucho menos, una liberación, sino una mutación, una transformación interior; aquellas semanas y meses a los pies de la cama de Cornelia le habían hecho madurar en la decisión que le ocupaba la mente y que ya no dejaría de ser una idea fija, una obsesión. Nada más entrar en el automóvil, me dijo, sin poder contenerse:

—Todas las vías de acabar con el régimen por métodos legales están agotadas. Ahora ya sólo puede ayudarnos un Hitler muerto. ¡Tenemos que actuar!

Me sorprendió el tono férreo y sin alternativa posible de esta resolución. Meses antes todavía la incertidumbre y los escrúpulos le habían hecho sufrir dolorosamente, como un veneno corrosivo en el cerebro. Me había relatado los apremios de uno de sus conocidos, que le decía: «Su única posibilidad, señor ministro, es aprovechar el malestar existente entre determinados círculos de la policía de Berlín y organizar un comando que quite de en medio de una vez por todas a Hitler». Steinitz se había estremecido, respondiendo: «¡Pero eso sería un vulgar asesinato!». Y el otro le había contestado: «Es posible. Pero llegará el día en que su conciencia no le permitirá a usted seguir colaborando, y entonces intentará infructuosamente utilizar medios violentos. Cuando sólo tenga un muro frío e insalvable delante, se acordará de este momento, cuando todavía puede actuar, y lo lamentará». En aquella época Steinitz aún había respondido: «Quizás sea así. Pero tiene que haber otras maneras para que vuelva a triunfar el derecho sin tener que cometer un crimen».

Eran los mismos escrúpulos que habían impedido, retrasado o anulado varias de las tentativas de los militares de acabar con el régimen en los últimos años y que seguían frenando a gran parte de los que, como Steinitz, se habían ido convirtiendo en opositores convencidos. Ahora, la desaparición de Cornelia, el vacío que ella había dejado, ya no permitía que su entendimiento se dejara llevar por otras consideraciones, quizás de conveniencia o de mera supervivencia física. Steinitz había visto la muerte de frente, ya no le asustaba, Cornelia estaba allí, en el otro lado, del lado de los que descansaban, de los que ya no necesitaban torturarse la conciencia, y todo ello le hacía ahora tratar a la muerte como una sombra familiar, una alternativa más deseable que la simple supervivencia sometida a las intenciones suicidas de Kniébolo. Comprendí en sus ojos ardientes que para Steinitz a partir de ese momento no se planteaba ya la cuestión de la desaparición de su ser físico, sino de oponerse como fuera a la destrucción infamante de Alemania.

—¡No hay otra alternativa, hay que actuar! —volvió a repetir, con determinación. Miré de reojo al conductor, pero Steinitz me indicó que era de absoluta confianza—. No sabemos todo lo que Dios puede llegar a permitir —dijo—, pero cuando a una nación se le fuerza a llegar hasta tan lejos, posee el derecho de acudir a cualquier medio para acabar con ese *asesino,* incluso el atentado.

Tres meses atrás había saltado la noticia de que uno de los principales jefes militares y amigo muy próximo de Steinitz, el general Beck, había dimitido de todos sus cargos y puestos oficiales en protesta por el curso de los preparativos hacia la guerra. Yo apreciaba a Beck, al que conocía de las reuniones de la Sociedad de los Miércoles, uno de los pocos militares con formación intelectual, quien en algunas conversaciones había sostenido que nunca antes en la historia de Alemania se había atentado contra un jefe de Estado, por lo que una acción dirigida a eliminar al Führer seguía siendo un magnicidio...

Pregunté a Steinitz por la actitud de los generales:

—Marcks me dice —le transmití— que existe mucha inquietud entre los mandos y los oficiales por la manera en que Hitler se está metiendo en un callejón sin escapatoria posible.

Steinitz se había quitado las lentes y se disponía a limpiarlas con el pañuelo, un gesto muy característico suyo. Me agradeció lacónicamente todo lo que había hecho por Cornelia durante los meses de su enfermedad. Luego dijo:

—Temen la guerra y el aventurerismo del Führer. Todos guardan muy frescas en la memoria las atrocidades de la última guerra. Pero siguen pensando que están obligados a Hitler por el juramento personal de fidelidad que prestaron; les horroriza la posibilidad del atentado y de convertirse en frondistas. Además, tienen horror vacui, el horror al vacío de lo que pueda venir después.

Estábamos atravesando el centro de Berlín, Unter den Linden, la Puerta de Brandeburgo y la Potsdamer Platz, en dirección al oeste de la ciudad. Detrás quedaban el cementerio y también nuestras casas; era obvio que Steinitz quería hablar sin prisas conmigo. Una simple señal con los dedos de la mano había bastado para que el chófer comprendiera que el ministro deseaba dar un paseo en coche. Comenzaba otra vez a nevar, y los arcenes se habían ido cubriendo de una masa terrosa y sucia, la mezcla informe creada por el barro y los copos de nieve.

Mientras recorríamos con la vista las grandes avenidas y rotondas, los bulevares y los jardines, me di cuenta nuevamente de hasta qué punto la furia constructora del régimen se ensañaba con Berlín. Por todas partes se divisaban excavadoras en el suelo, grúas tan altas como torres de acero erigiéndose en los cuatro puntos cardinales de la capital. Se distinguía a los obreros encaramados encima de las grúas, pequeñas figuras diminutas trabajando al anochecer bajo la luz de los fanales, se oía el percutir de las máquinas perforadoras rompiendo el asfalto, el rugido de las mezcladoras de cemento y el ratear de los motores. Los nuevos cuarteles y dependencias militares, cada vez más numerosos, los estadios, los puentes y pasos elevados, las autopistas y los dos aeropuertos del extrarradio... todo envuelto en un frenesí incontrolado.

En el interior de los barrios residenciales, como el que se extendía desde el Tiergarten hasta el canal, se podía observar la desaparición acelerada de las antiguas villas, sustituidas por las oficinas de los ministerios y la tentacular burocracia de las agencias, delegaciones y sucursales de los dirigentes provinciales nazis, deseosos de que se les viera y se les escuchara en Berlín. Delante de los edificios, junto a las aceras, aparcaban en fila india las limusinas negras, las banderitas con la esvástica al lado de los retrovisores. Desde lejos, se asemejaban a insectos, escarabajos bien alimentados, con la panza gruesa y la cabeza llena de antenas.

Vastísimas alamedas, explanadas y paseos, ciclópeas estatuas en las plazas y los parques, adornando cada minuto de la vida de los berlineses con la peculiar estética entre neoclásica y «nueva objetividad» del régimen. Un escaparate de cartón piedra, un gran escenario en el que representar paradas militares y disciplinados desfiles de masas. Ésa era la nueva Berlín del Führer.

Los berlineses soportaban estoicamente esta transformación de su ciudad, aunque en la calle se oían también comentarios ácidos sobre los costes de aquel monumentalismo y el encarecimiento de la vivienda. Ahí sí que se tocaba un punto lastimoso. Se decía que sólo la decoración del interior de la nueva Cancillería, cuyas fachadas tenían al parecer una longitud de cuatrocientos metros y una altura de veinte, había costado quinientos millones de marcos. En la esquina con la Wilhelmstrasse se podía distinguir el viejo edificio que había ocupado Bismarck cuando era canciller, completamente integrado, casi como una casita de muñecas, en el paisaje de las nuevas construcciones oficiales. Un chiste berlinés de esa época —ni siquiera Kniébolo había podido acabar con la inveterada tradición berlinesa de las bromas rápidas e ingeniosas— ironizaba sobre las quejas de dos obreros que caminan delante de la Cancillería. Uno le pregunta al otro: «¿Qué crees qué Hitler hubiera hecho construir si llega a tener los medios para hacerlo?».

Durante el recorrido, Steinitz me dijo que desde hacía varias semanas había intensificado sus contactos con personas y grupos cada vez más críticos con el régimen.

—A pesar de sus escrúpulos, hay algunos militares de alta graduación y también oficiales con mando operativo que están dispuestos a colaborar... Habrá que ver en qué medida.

Me inquietaron estas confidencias. Steinitz necesitaba confiarse. Bajo la pátina de frialdad y de extrema corrección prusiana se escondía, yo bien lo sabía, una naturaleza sensible, necesitada de afecto humano, aunque sus rasgos externos mostraran una impenetrabilidad creciente.

No pude evitar que me hablara de los nombres de los generales con los que había estado conversando, los apoyos con los que pensaba podría contar:

—Desde luego, Von Witzleben, que no quiere saber nada de política, pero le repugna lo que está sucediendo; también en buena medida el sucesor de Beck, Halder, y los generales Stülpnagel, Falkenhausen y Treskow; y en el contraespionaje militar, en el gabinete del almirante Canaris... todavía muy pocos. Pero chocamos con la negativa inflexible del jefe del Estado Mayor, Von Brauchitsch.

Cualquier orden tendría que pasar necesariamente por él y no cesa de decir que el Ejército no debe mezclarse en política, que Inglaterra es el gran enemigo de Alemania y que el pueblo necesita algo parecido al nacionalsocialismo, por lo que no ve ningún sustituto válido al Führer.

Bajé los ojos de la mirada tenaz de Steinitz, sin poder ocultar mi incomodidad. Me sorprendió conocer el alcance de lo que el ministro estaba tramando, los planes de un levantamiento militar... ¿Serían capaces los generales, tan orgullosos de sus códigos de honor, de sus órdenes y condecoraciones, tan dependientes de la jerarquía y del juramento prestado, de dar los pasos necesarios en esa dirección? Pero no menos me inquietaron los abrumadores riesgos que mi buen Steinitz estaba asumiendo y la confianza que parecía dispuesto a depositar en mí.

Expresé mis dudas con un hilillo de voz:

—No creo que los militares lleguen a decidirse a llevar a cabo una acción en contra de la legalidad. Son como un gran rebaño, acostumbrados a obedecer las órdenes de la cadena de mando, cuya máxima preocupación es estar atentos a las orientaciones que marque el jefe superior. Además, están entusiasmados con lo que Hitler les ha conseguido: todo lo que Versalles y luego Weimar les negó.

Me interrumpí durante unos instantes, y luego añadí, ahora sí intentando penetrar en los ojos inflexibles del ministro:

—No, no les veo capaces de un golpe de Estado; porque —Steinitz mantenía firme la mirada— eso es de lo que se trataría...

—A veces tengo que pasar horas con cada uno —replicó Steinitz, imperturbable. Unas gotas de sudor le brotaban en las sienes, aunque no hacía calor en el coche, un sudor enfermizo, deduje que fruto del agotamiento o de la ansiedad—. Horas... para que comprendan que también ellos son responsables de lo que está ocurriendo, que también ellos colaboran con los crímenes y las deportaciones, con los saqueos y las torturas de la Gestapo. ¡Es casi imposible hacerles ver que de las órdenes que ellos dicten va a depender el destino de Alemania y de Europa!

Él conocía tan bien como yo la psicología de los altos oficiales. Todos los intentos de los generales por frenar a Kniébolo, incluidas las tentativas de apartarle del poder que habían tenido lugar pocos meses atrás, chocaban con algunos reflejos mentales fuertemente asentados.

—Es la misma generación —repliqué— que luchó en las trincheras como oficiales al mando de sus hombres en la Gran Guerra y que obtuvo la amarga enseñanza de que jamás debía volver a mezclarse con los políticos. El síndrome de un Ludendorff haciendo calamitosamente el ridículo, y luego la humillación sufrida a manos de los políticos de Weimar, e incluso el esperpento de los últimos años de Hindenburg.

Steinitz parecía no estar escuchándome, aunque es probable que estuviera esperando oír otras cosas de mí y que me concediera unos minutos de reflexión.

Ordenó al conductor que se dirigiera hacia la iglesia de la Conmemoración, al inicio del Kurfürstendamm, para observar el atrio y las paredes cubiertas de mosaicos con las escenas de gloria de los reyes de Prusia, un lugar al que el ministro acudía con cierta frecuencia para contemplar la grandeza y el destino extraviados, acaso también para encontrar la justificación última a lo que estaba determinado a llevar a cabo ahora ya sin recelo alguno.

Eran más de las cinco de la tarde, la hora de salida oficial del trabajo, y aunque en los últimos años se había instaurado la costumbre de trabajar hasta al menos dos horas más tarde porque las necesidades del Estado nacionalsocialista así lo demandaban, se veía a mucha gente en la calle, entrando y saliendo nerviosamente de las tiendas, precipitándose en los túneles del metro o esperando en las paradas la llegada del tranvía o de los autobuses de dos pisos. Se podían vislumbrar también desde el coche, después de que la nieve hubiera dejado de caer, a los omnipresentes grupos de miembros del Partido pidiendo dinero a los transeúntes: los muchachos de las Juventudes Hitlerianas, la Obra de Auxilio Invernal, la Agencia de Bienestar Popular...

Era como el zumbido de las abejas laboriosas, yendo de aquí para allá, o de los microbios que se transmitían unos a otros la epidemia, mientras los transeúntes se saludaban de la manera habitual. Todo seguía ocurriendo con naturalidad, como el que traga el veneno escondido en la comida más cotidiana e inocua.

Experimentaba esa misma sensación al atravesar el portal de cualquier edificio de viviendas, en cuyos muros se podía leer enseguida, bien visible, la convocatoria diaria para asistir a las diferentes reuniones de adoctrinamiento organizadas por las muy variadas secciones del Partido: la de las madres de familia, los médicos, los maestros, los vecinos, los niños, los viejos; las asambleas de fin de semana, las salidas colectivas al campo, las celebraciones del paso a los sucesivos grados de las Juventudes Hitlerianas, la agrupación de los obreros hitlerianos, o de las jóvenes hitlerianas...

Todos y cada uno tenían su lugar dentro de la gran colmena de células laboriosas y perfectamente jerarquizadas en la que se había convertido Alemania, las continuas manifestaciones en las calles, gentes desfilando, una ininterrumpida parada militar, todo estaba perfectamente ordenado y dispuesto, disciplinado, sometido a los objetivos de su Führer, Adolf Hitler.

Cada edificio debía contar con el refugio reglamentario, en esquinas y plazas estratégicamente situadas se habían ido instalando los búnkeres subterráneos, a menudo utilizando las construcciones del metro o las canalizaciones.

Steinitz regresó de sus cavilaciones, después de un largo silencio.

—Una de las pocas cosas que me preguntó Von Brauchitsch fue si sabía si el extranjero estaría dispuesto a firmar la paz con una Alemania diferente —dijo.

—¿Y qué le contestó usted?

—Sin dudarlo, dije que sí.

Steinitz me clavó los ojos, con un brillo en el que detecté el inicio de una cierta prevención, pero en el que todavía dominaba la confianza.

Luego, cuando nos aproximábamos a la avenida que conducía hacia nuestras respectivas viviendas, el ministro le indicó al conductor que detuviera el automóvil junto al arcén y bajara las celosías de color negro de las ventanillas para protegernos de las miradas curiosas de los que pasaban.

Volvió a mirarme fijamente a los ojos, mientras añadía:

—He intentado también implicar a Göring.

Tragué saliva, antes de preguntarle:

—¿Con qué resultado?

—Dijo que no se opondría a un traspaso del poder, siempre y cuando se le garantizara la supervivencia y poder vivir sin ser molestado fuera de Alemania de los ahorros, no precisamente escasos, que ha acumulado.

No pude evitar replicar:

—¡El Gordo sería capaz de vender a su misma madre con tal de que le dejaran seguir disfrutando de la buena vida!

—Me figuro que, como siempre, seguirá tocando las cuerdas de varios instrumentos a la vez, y que una respuesta así suya no es muy de fiar, pero esa garantía mínima nos ha sido de gran utilidad... Le diré también que Göring le ha tomado gusto a su papel de mensajero de la paz y en estos momentos tan cruciales nos está ayudando. Se ha comprometido a tomar contacto con intermediarios suecos para impedir la guerra y llegar a un acuerdo con los otros países europeos.

No me cabía la menor duda, como tampoco podía quedarle a Steinitz, de que el mariscal del Aire y jefe del Gobierno de Prusia estaba demasiado apegado a sus castillos, fiestas y recepciones como para prescindir de todo aquello por una guerra de inciertas consecuencias. Y también de que en el momento decisivo, conociendo sus debilidades y su no pequeña responsabilidad con los delitos del régimen, apenas se podría confiar en él. Pero Steinitz estaba dispuesto a agotar hasta el final todas las opciones.

Y fue entonces, cuando el ministro, con su voz atiplada, después de limpiarse los anteojos y secarse el fino reguero de sudor que le caía desde la frente, me espetó:

—Y usted, querido profesor, ¿qué piensa hacer usted?

Era obvio que el resultado de Múnich no podía dejar satisfecho a Kniébolo. El Lobo había gustado el sabor de la sangre, y estaba convencido de que los corderos seguirían asustándose sin reaccionar ante sus zarpazos. Ribbentrop y Himmler no necesitaron muchos argumentos para persuadirle de que, como demostraba el hecho de estar todo el mundo tan eufórico con Múnich, Alemania no había sabido aprovechar hasta el final el horror a la guerra de las potencias occidentales. Chamberlain cometió un grave error si en algún momento pensó que el compromiso del Führer en Múnich iba a poder ser un salvaconducto para la paz.

En realidad, Hitler utilizaba cualquier acuerdo diplomático como si fuera simplemente una masa de yeso o materiales de pintura, algo voluble y manejable en cada momento para seguir ejecutando los designios de su gran obra artística.

No había transcurrido siquiera un mes desde la firma de los acuerdos de Múnich para que volviera a lanzar sus amenazas, planteando nuevas exigencias: ahora reclamaba entablar negociaciones con el Gobierno polaco para discutir el destino de Danzig, separada del resto de Alemania desde Versalles, y del corredor que debía volver a unir esta antigua ciudad con la frontera del Reich.

Su siguiente paso fue presionar para que franceses y británicos redujeran el nivel de las garantías que habían otorgado a los checos. Chamberlain volvió a caer en la trampa, y aceptó en un discurso en el Parlamento británico el interés prioritario del Reich sobre el resto de los territorios checos. Británicos y franceses mostraron de nuevo ser un apoyo muy débil para la supervivencia de sus teóricos aliados. Convenientemente secundado por los dirigentes eslovacos, deseosos de obtener la independencia, lo que quedaba de la República Checa después de la anexión de los Sudetes cayó en manos de Kniébolo como un fruto maduro.

La reacción de Mussolini, que hasta ese momento había confiado en que Hitler mantuviera sus promesas y que no estaba dispuesto a que el Führer tomara unilateralmente la iniciativa, consistió en apoderarse de Albania.

La conmoción que esta decisión produjo fue enorme. Dio lugar a un cambio radical de las posiciones de cada uno. Por primera vez, las grandes potencias, Gran Bretaña y Francia, pero también los americanos y los rusos, se sintieron directamente amenazados por la voluntad de expansión de Hitler y del Duce, y Londres se apresuró a extender rápidamente una tupida red de alianzas en el este de Europa, de la que se hizo partícipes a Grecia, Rumanía y Turquía. El mismo Chamberlain se transformó, aparentemente de la noche a la mañana, en el gran propagandista del rechazo a la política de *apaciguamiento*, papel que hasta ese momento había encarnado casi en solitario su gran rival, Winston Churchill.

El Gobierno británico, espoleado por Washington, estaba ahora firmemente decidido a impedir cualquier avance territorial de Hitler en Europa. Un nuevo movimiento en el tablero tendría como respuesta inmediata el contraataque.

Sólo desde la lógica inexorable de las alianzas pueden explicarse los compromisos automáticos a los que entonces condujeron los polacos a los británicos. El Gobierno de Varsovia obtuvo el derecho de obligar a Inglaterra y al Imperio a ir a la guerra si se consideraba agredido.

¿Esperaba Londres de esta manera conseguir frenar a un Kniébolo ensoberbecido con las fáciles victorias que sucesivamente había ido obteniendo? ¿No hubiera sido necesario actuar con mayor decisión antes, antes de que el Führer convirtiera su nuevo desfile triunfal por las calles de Praga en demostración evidente de que contaba con el apoyo entusiasta de los ciudadanos checos para sus planes, y así, paso tras paso, el desenlace acabara siendo inevitable?

Desde América, el presidente Roosevelt apelaba enfáticamente a la paz y declaraba al Reich y a los demás países miembros del Eje, si se iniciaba la guerra, agresores, sin respetar las convenciones diplomáticas que exigían previamente haber sondeado las intenciones de los adversarios. Roosevelt y Churchill parecían aceptar de esta manera como inexorable el curso de los acontecimientos.

Kniébolo, por su parte, no dudaba en lanzar, uno tras otro, sus dados marcados. Primero, atacó públicamente a Roosevelt, burlándose de sus declaraciones y rescindiendo los acuerdos de no agresión del Reich con Gran Bretaña y Polonia. Luego anunció su disposición a negociar acuerdos de amistad y ayuda mutua con los países medianos y pequeños, invitación que fue seguida por Dinamarca y los países bálticos.

El siguiente movimiento táctico fue lograr que Italia se adhiriera al Pacto de Acero suscrito con el Japón imperial, una negociación que no estuvo carente de dificultad, pues las relaciones entre el Führer y el Duce seguían siendo tormentosas. La ocupación de Praga por las tropas del Reich y la invasión de Albania por las italianas, ambas llevadas a cabo con el desconocimiento mutuo, habían mostrado la fragilidad de la amistad entre el Reich y la Italia del Duce.

Como yo conocía de primera mano a través del embajador italiano, en realidad, ni Mussolini, ni mucho menos su ministro de Exteriores, el conde Ciano, deseaban una guerra en la que antes o después terminarían estando sujetos a la voluntad de Hitler.

A pesar de ello, Mussolini se dejó llevar por uno de sus arrebatos de cólera contra lo que escribían sobre él los periódicos ingleses y acabó cediendo de forma inesperada a las coacciones de Kniébolo para que firmara el Pacto de Acero.

Cualquier cálculo por parte de Ciano o de Mussolini esperando poder mantener a Italia al margen de las ambiciones de Kniébolo en caso de guerra resultaba más que ilusorio. La conclusión del Pacto, que dejaba de ser de naturaleza meramente defensiva, fue celebrado en Berlín como un gran triunfo de la diplomacia del Tercer Reich, una bofetada lanzada al rostro de sus adversarios.

El último acto, teatral, insólito, y por ello no menos eficaz y definitivo, fue el acuerdo con Stalin.

De entre todos sus enemigos, era sin duda Stalin por quien Hitler sentía el mayor respeto, el único al que admiraba por su determinación férrea e implacable. Sólo a él lo consideraba a su altura. Después de los acuerdos de Múnich, Stalin se había quedado aislado, igual que Kniébolo tras la ocupación de los territorios checos. Dos chacales solitarios y con instintos carniceros se encontraron frente a frente.

Franceses y británicos aprovecharon la situación para comenzar a aproximarse a los soviéticos, conscientes de que un acuerdo entre Berlín y Moscú podía decidir el futuro de Europa. Stalin, por su lado, buscaba sacar la mayor ventaja posible del súbito interés que las dos partes demostraban por él y comenzó a negociar un pacto militar de la Unión Soviética con las dos potencias occidentales en paralelo a las conversaciones con el Führer.

Entonces, Kniébolo volvió a maniobrar con mayor celeridad y astucia que sus adversarios. A finales del verano, había conseguido sellar la alianza con Stalin, tras firmar un protocolo confidencial sobre el destino de Polonia, de los pases bálticos y de Finlandia, un acuerdo que implicaba el reparto de Polonia y la asignación mutua de esferas de interés entre Stalin y Hitler en el este. Con este triunfo en la mano, el Führer se sintió seguro para conseguir vencer cualquier resistencia de los británicos; pensó que como ya había ocurrido con los Sudetes y con la República Checa, al final, Londres dejaría también caer al Gobierno polaco.

Pero se equivocó. No calculó que los británicos se hallaban presos de las garantías que habían otorgado a los polacos, que Chamberlain tenía ahora detrás de sí al Parlamento y a una opinión pública hastiada de sus astucias y amenazas, dispuesta a no ceder aunque ello supusiera ir a la guerra.

La guerra era, había sido desde el principio, el objetivo principal de Kniébolo. Su única duda estribaba en saber si sería posible mantenerla como una operación limitada a Polonia y quizás a otros países vecinos, o si, por el contrario, el desencadenamiento de un conflicto generalizado, que no era de su agrado todavía, iba a resultar ineludible.

Convencido de su misión providencial y cegado por los efectos que la presión sobre los ingleses había tenido hasta entonces, el 31 de agosto dio la orden irrevocable de atacar Polonia, aun sabiendo que Mussolini había decidido quedarse al margen y que Londres había vuelto a ratificar públicamente su decisión de apoyar al Gobierno polaco.

En la mañana del 1 de septiembre me encontraba escuchando la radio en casa, en mi gabinete, cuando oí el parte oficial: soldados polacos habían atacado un puesto fronterizo y la contraofensiva del Reich acababa de comenzar.

Me precipité a la calle a por más noticias.

Nada parecía haber cambiado. Las gentes se mostraban extrañamente apáticas, como si lo que estaba ocurriendo no tuviera nada que ver con ellas. Ningún rostro excitado o angustiado. Los obreros que estaban construyendo un nuevo edificio al final de la calle continuaban con su trabajo, sin inmutarse, no pasaba nada.

A las diez de la mañana se transmitió por la radio el discurso de Kniébolo en el Reichstag. Parecía como si él fuera el más sorprendido por la nueva situación. Se le notaba a disgusto ante unos hechos consumados de los que ahora se veía sin escapatoria.

No, sus palabras no sonaban triunfales ni enardecidas, sino más bien poco convincentes, y tampoco los gritos de júbilo entre su auditorio, que transmitía el locutor, parecían ser muy entusiastas. Cuando anunció que Italia había decidido no sumarse a la guerra, titubeó, falto de ánimo. «Para esta lucha no necesitamos la ayuda de ningún país extranjero —dijo, con cierta prevención—. ¡Esta misión la llevaremos a cabo con nuestra propias fuerzas...!».

Reflexioné enseguida, sorprendido: ¿el Duce, obligado por el Pacto de Acero, a suministrar por mar, tierra y aire todas las tropas necesarias, se niega a entrar en guerra...? ¿Es eso lo que ocurre? ¿Por qué? ¿Acaso aguardan Ciano y Mussolini que el Reich se desangre, que, sin apoyo exterior alguno, Kniébolo se vea obligado, antes o después, a reducir sus ambiciones territoriales, a las que siguen temiendo? ¿O es simplemente de nuevo la vanidad, el orgullo infantil del Duce y su entorno lo que les lleva a pensar que van a obtener alguna ventaja de su actitud?

Tampoco sonaron muy decididas las palabras de Hitler cuando al referirse después a otro de los grandes ejes de sus planes, la ratificación del pacto con Stalin, dijo con pocas palabras que no podía más que subrayar cada una de las frases que había escuchado del ministro ruso Molotov.

Las bazas del destino estaban lanzadas al viento. La guerra era sin duda la culminación del enfrentamiento con las democracias occidentales, ¿pero debía irse a ella a cualquier precio, como estaba haciendo Kniébolo...? No podían pasar muchas horas antes de que británicos y franceses intentaran frenar a nuestras tropas, y una segunda Gran Guerra se desatara sobre el cielo y las tierras de Europa. El ultimátum de los aliados exigiendo a Kniébolo la retirada del territorio polaco llegó efectivamente por la noche.

Sentí la urgencia de salir de casa de nuevo y dirigirme al centro. Quería saber lo que estaba sucediendo en las calles, en los cafés.

La ciudad se hallaba sumida en la más absoluta oscuridad.

Era la primera consecuencia palpable de nuestra nueva existencia. Ante un previsible ataque enemigo, todas las luces y reflectores estaban apagados para impedir localizar los blancos. Había que acostumbrarse a la sensación de encontrarse en un túnel, un agujero sin salida visible. Sólo al cabo de un rato, caminando por las calles sin luz, empecé a habituarme a la oscuridad y pude distinguir las líneas blancas de los arcenes.

Poco después, a las ocho, se oyó la primera alarma antiaérea.

Me encontraba muy cerca del edificio de la biblioteca de la universidad. Pareció de repente que las gentes a mi alrededor se multiplicaran, dirigiéndose apresuradamente hacia los refugios. Corrí hasta una de las bocas del metro, donde ya se agolpaban personas de todas las edades a las que se les entregaba una máscara de gas y un fajo de instrucciones suplementarias antes de internarse en las profundidades del búnker.

No vi en ese momento caras temerosas, ni tampoco se escuchó, a pesar de las alarmas, ningún avión sobrevolando por encima de las nubes negras de Berlín. Pero era palpable que los pensamientos de cada uno rondaban en torno a lo que el futuro podía depararnos. El ruido ensordecedor de las sirenas, las máscaras de gas, la ansiedad ante los inminentes bombardeos enemigos... ¿Acaso no era todo aquello el inicio de lo que se anunciaba como una devastadora guerra? ¿Cuánto tiempo duraría? ¿Cuánto estarían dispuestos a aguantar nuestros nervios...? ¡Qué extraño que ni uno solo de los cazas polacos consiguiera traspasar las líneas aquella noche! Al día siguiente, todo podía haber cambiado, una vez Gran Bretaña y Francia hubieran declarado la guerra al Reich.

Más tarde, todavía con noche cerrada, recorrí algunas de las calles principales del centro. Todavía las gentes estaban bajo el efecto de un poderoso narcótico. Los cafés y restaurantes, las cervecerías estaban repletas, apenas conseguí encontrar un sitio donde sentarme. Intercambié unas pocas palabras con el camarero, que no parecía muy afectado. Alrededor se oía un zumbido de conversaciones y de risotadas nerviosas, todos parecían hablar más alto y fuerte de lo habitual.

La vida nocturna de Berlín, tan agitada durante los años anteriores a la llegada de los nacionalsocialistas al poder, se había hecho bastante puritana bajo Kniébolo. Pero desde hacía algún tiempo, el ambiente enfebrecido y fantasmagórico del Berlín de la época dorada había vuelto a hacer su aparición.

Se buscaba, como fuera, sin límites, el placer. Los teatros, los espectáculos de varietés, los cabarés y clubes nocturnos, el dinero que fluía junto al champán y al vino, la atracción por el desnudo femenino, ahora justificado con el curioso argumento de que así se estimulaba la política de natalidad del régimen...

La noche de Berlín había vuelto a ser tan cosmopolita como años atrás, sólo que, en vez de americanos, ingleses o franceses, los visitantes llegaban ahora del este de Europa, rumanos, húngaros, también griegos, para los que la capital del Reich se había convertido en un poderoso imán.

Un imán de poderoso magnetismo, o quizás un cráter en erupción sobre el que bailar anestesiados, antes de que la lava incandescente se derramara como un hervor incendiario sobre la ciudad, anegando casas, personas y animales, automóviles, edificios de acero y cemento, teatros y salas de ópera, las orgullosas construcciones y sueños dorados del régimen...

Rodeado de aquel bullicio, solo, me sentí inmerso inmediatamente en mis propios pensamientos, girando obsesivos sobre el momento en el que nos encontrábamos.

Alemania volvía a estar aislada, lanzada hacia una aventura de consecuencias desconocidas, pero sin duda de altísimo riesgo. Hasta ahora las sucesivas acometidas del ciclón Kniébolo habían terminado con éxito. El Reich volvía a ser poderoso y temido; eso era lo que los militares aplaudían, y lo que hacía tan difícil la misión negociadora que Ratsam, Steinitz y su entorno se habían impuesto a sí mismos. ¿Pero qué ocurriría si crecía el número de los enemigos? ¿Qué sucedería cuando británicos y franceses estuvieran suficientemente armados? ¿Qué cabía esperar si los americanos, quizás también Stalin, entraban en guerra? Kniébolo solo podría sobrevivir si era capaz de establecer nuevos equilibrios, nuevas alianzas.

Alemania tenía derecho a que se le garantizara su seguridad y su espacio de acción en el este. Para ello era preciso hallar una fórmula, un nuevo sistema de contrapesos en Europa, una idea que pudiera abarcar y contener las ambiciones de Kniébolo. ¿Por qué dar por supuesto que no cabía otra alternativa que la de un largo y aniquilador enfrentamiento entre los aliados y el Eje?

¿Era posible que Kniébolo, con su acostumbrada tosquedad, hubiera zanjado el nudo gordiano del equilibrio europeo de un tajo, a pesar de su convencimiento íntimo de que el acuerdo con Gran Bretaña era imprescindible si Alemania no quería sucumbir bajo la tenaza de un doble frente, el occidental y el oriental, la pesadilla revivida de la Gran Guerra?

Pensé en Steinitz, en Ratsam y en los demás, en los miembros de la Sociedad de los Miércoles... Pensé también en Hans Frank, en Hess y en Göring, que hasta el último momento había intentado impedir la invasión de Polonia. Los tres sometidos a la voluntad del mago, confiando con esperanza irracional en la buena estrella del Führer. Pensé en Brigitte... Hacía meses que no la veía, aunque no había dejado de recibir cada cierto tiempo sus cartas.

Salí del local y me dirigí, algo mareado por el vino y el ruido, hacia el Kaiserdamm. Me costó trabajo encontrar un taxi. Cuando al final logré que un vehículo se detuviera junto a mí, otra sombra surgió de repente de la noche y saltó antes que yo al interior. Finalmente, acordamos compartir el coche y nos deslizamos dando tumbos por las calles débilmente iluminadas de Berlín, mi compañero de viaje tan borracho como el taxista, y los dos, el taxista y mi acompañante, maldiciendo sin descanso y con ironía berlinesa la oscuridad y la guerra.

Al día siguiente, Gran Bretaña y Francia declaraban formalmente el inicio de las hostilidades contra Alemania.

Parte tercera

Desdicha. *Finale furioso*

XXI

—La propaganda es la sal del Tercer Reich.

El guía que nos conducía por los pasadizos de la UFA, los monumentales estudios de producción cinematográfica del régimen, instalados en uno de los suburbios de Berlín, llevaba una insignia bien visible del Partido en la solapa, y tras pronunciar esta frase de bienvenida, había emitido un pequeño silbido de alivio. Tenía los labios gruesos y carnosos, la cara enrojecida y unos ojos acuosos que se dilataban saliéndose de las órbitas cada vez que pronunciaba una frase que pudiese ser interpretada por los visitantes como un acorde excesivamente libre, el más leve sonido que pudiera haberse distanciado de una partitura aprendida y memorizada muchas veces con el fin de no cometer el menor error.

Los visitantes éramos nosotros, Steinitz y yo, y mientras el director nos guiaba por aquella ciudad de cartón piedra convertida en un laberinto de callejuelas y decorados, iba mostrando las nuevas cámaras y los potentes reflectores importados de Estados Unidos, los micrófonos de cabelleras estriadas, los raíles que transportaban los materiales y unían entre sí los escenarios, creando un ambiente de perpetua agitación, en donde sin embargo reinaba un silencio únicamente roto por las órdenes de los realizadores jefe, rodeados en cada escenario que atravesábamos por decenas de ayudantes, chicos jóvenes con el pelo caído sobre la frente y la corbata desanudada, con aspecto de agotamiento, o muchachas de sonrisa fácil y mejillas pintadas, las faldas pegadas a las piernas, tomando notas, recogiendo cada indicación y trasladándola enseguida, con ligeros movimientos de los labios, al resto de los componentes de aquellos equipos en donde de la perfecta ejecución de cada detalle dependía visiblemente el triunfo o el caos del mundo nuevo a cuya creación estábamos asistiendo.

—Las películas que producimos en la UFA están dirigidas a las masas, es un cine para el gran público que necesita distraerse de los avatares de la guerra, pero que también debe ser educado. Señor ministro, es una tarea muy delicada, ¿sabe usted?

Era gordo y rechoncho, con unas manos pequeñas que me llamaron la atención porque a pesar de la tosquedad de los dedos resultaban inesperadamente femeninas, acaso porque llevaba varios anillos, uno de ellos era grande, de lapislázuli. Los anillos, el frac viejo que llevaba con indisimulable orgullo, la calva oronda, resplandeciente, acompañado todo ello por las profundas reverencias que hacía delante de Steinitz cada cierto tiempo, le daban un aire cómico, histriónico, como si se tratara de un jefe de orquesta de pueblo o de un empresario circense.

—La propaganda es un arte, señor ministro, un arte que sólo pocos saben llegar a dominar. —De nuevo, otra reverencia. Y después, entornando los ojos, fingiendo delectación—: La gran Leni Riefenstahl... y por supuesto, nuestro ministro de Propaganda del Reich, el doctor Joseph Goebbels.

Noté cómo un estremecimiento de asco recorría el rostro hierático de Steinitz. Se había quitado las lentes, redondas y menudas, y las estaba limpiando meticulosamente con el pañuelo. Era un día frío de invierno, durante la noche había nevado y aunque el sol ya había avanzado sobre el cielo a lo largo de la mañana, todavía el hielo recubría zonas de la superficie del suelo.

Estábamos recorriendo, sin que el director interrumpiera en ningún momento su cantinela, los enormes hangares que se utilizaban para los escenarios interiores, algunos de ellos eran como catedrales frías y oscuras, con la iluminación concentrada en el lugar en el que se rodaba, el espacio en el que se escenificaba como si fuera palpable y tangible, moldeable, la vida de las gentes, del fiel pueblo alemán, o bien historias de tiempos pasados, observadas a través de los ojos de los censores, relatos que debían servir de ejemplo y modelo.

El fiel pueblo alemán seguía obstinado, a pesar de la fascinación por su Führer, en rechazar aquella guerra que parecía ahora tan irreal como los decorados de la UFA. Por eso se pensaba en las alturas que hacía falta más propaganda.

La ocupación de Polonia se había saldado rápidamente, en el mismo mes de septiembre, con el espectacular triunfo de las tropas del Reich. Hans Frank había sido nombrado gobernador general de los territorios ocupados. Brigitte conseguía hacerme llegar unas cartas breves, lacónicas, de escritura angustiada y culpable. Aunque las noticias que recibía es que disfrutaba de su nueva posición, obteniendo de ella todos sus beneficios...

A cambio del compromiso de garantizar un mayor suministro de alimentos y de recursos naturales, tan necesitados por la maquinaria voraz del Reich, los rusos habían conseguido el apoyo de Kniébolo para apoderarse de una parte de Finlandia. De un momento a otro se esperaba con inquietud el inicio de las operaciones en el frente occidental. Pero en las últimas semanas apenas había ocurrido nada en el este, y la invasión de Francia parecía retrasarse indefinidamente.

¿Es posible que Kniébolo esperara que los ingleses pudieran llegar a un acuerdo? Lo dudo. Quizás únicamente como táctica dilatoria para ganar tiempo y conseguir fabricar el armamento que necesitaba para lanzar las nuevas ofensivas.

Sin embargo, la orden de atacar en el oeste se había suspendido una y otra vez. Se decía que Hitler había tenido uno de sus accesos de cólera al darse cuenta de que el Ejército no había sido capaz de elaborar con la suficiente previsión un plan de inicio de las operaciones. Me transmitían también informes de que no pocos generales habían intentado poner obstáculos para demorar la ofensiva.

No sabía por qué razón Steinitz me había hecho llamar, pero era evidente que algo importante se estaba tramando. Desde nuestra última conversación más larga habían transcurrido algunos meses. ¿Pero por qué citarnos en la UFA y tener que soportar las frases, pomposas e insufriblemente pedagógicas, del director Schenkel?

—La propaganda ha alcanzado un punto de perfección difícil de imaginar hasta hace poco. Ahora está presente en todos los momentos de la existencia humana —el director se sonrió, mirando con cierta curiosidad a Steinitz, cuyo semblante permanecía impenetrable— y nos sorprende incluso a nosotros, porque se expande como un virus, cada vez penetra en ámbitos más alejados, en lugares de la vida cotidiana y de la mente en los que jamás hubiéramos imaginado que fuera posible su acción.

Fue ahora Steinitz quien levantó las cejas, sorprendido ante las palabras del director. ¿Quién era aquel «nosotros» repentino, con el que el orondo Schenkel se revestía, intentando trastocar las posiciones de poder, elevándose desde el servilismo hasta la camaradería, o incluso a la amenaza encubierta? ¿Estaba insinuando algo? Era su subordinado, alguien con poco conocimiento, dada su posición, de lo que se pudiera estar preparando en las altas esferas. Pero si de algo había sido consciente Steinitz en los últimos años era de la rapidez con la que personajes subalternos podían convertirse en testigos de cargo.

Salimos a una de las callejuelas de la ciudad del cine. Noté el viento frío atravesándome el cuerpo y me subí las solapas del abrigo, antes de darme cuenta de que ante nosotros surgía, como un gran barco varado en la playa, uno de los platós exteriores de mayor tamaño que ocupaba el centro de una plazuela rectangular.

No pude evitar un escalofrío al ver lo que estaban filmando; se representaba la escena de una mañana brumosa y gris, el joven príncipe vestido de negro torturando su mente, y siendo atormentado por los espectros. Se representaba el drama, ¿acaso hubiera podido ser otro?, del joven príncipe Hamlet.

Steinitz me contó después que varios días atrás había recibido la llamada telefónica de Schenkel, invitándole a visitar, en su calidad de máximo responsable de las actividades culturales de la ciudad de Berlín, las nuevas instalaciones de la UFA. Al conocer una de las filmaciones sobre las que se estaba trabajando, el ministro había querido que le acompañara.

Observé el montaje para la filmación. Los pies de la cámara estaban enterrados con bastante profundidad, aunque el decorado era poco más que una plataforma de madera cubierta de arena al fondo de la cual se habían colocado las almenas de cartón pintado. Tampoco el castillo era tal, sino un andamiaje recubierto de papel maché que en la lejanía aparentaba una construcción similar a Elsinor. Los arbustos colocados detrás de la escena simulaban un horizonte de espeso arbolado. Y dos cabalgaduras que se acercaban con dificultad, arrastrándose entre el barro y el agua derretida de la nieve que había ido fundiéndose a lo largo de la mañana, anunciaban el regreso de los dos compañeros de estudios de Hamlet, Guildenstern y Rosencrantz. Incluso el actor que encarnaba al joven príncipe no dejaba de quejarse de que hacía demasiado frío para seguir filmando.

¿Qué ocurriría cuando la propaganda, los polvos mágicos de Goebbels y su fámulo el director Schenkel, ideados para curar la incredulidad del pueblo alemán, dejara de tener ninguna relación con la realidad, cuando se hubiera conseguido suplantar con perfección lo verdadero por lo falso, cuando nada se distinguiera ya del decorado, del papel maché? ¿Seguiría funcionando el sistema, girando las poleas y los tornos del teatrillo, y el buen pueblo alemán continuaría creyendo en los disfraces de los actores, en el ciclo de las estaciones del año, en la lógica de las matemáticas? ¿O el papel cartón, el simulacro, acabarían sustituyéndolo todo, hasta hacer que nada tuviera ya importancia, ni relieve ni consistencia?

Me fijé en la panza de Schenkel, luchando por abrirse paso entre los pliegues del chaleco. A pesar de su indumentaria ridícula, los ejércitos de actores, ayudantes y auxiliares de dirección, los tramoyistas y dactilógrafas, le rendían pleitesía, era respetado y poderoso, temido, posiblemente tuviera amantes jóvenes, con seguridad alguna de aquellas muchachas que le seguían con veneración, a las que regalaría objetos caros, perfumes, pieles, posiblemente les facilitara también una ayuda desde arriba para un pariente o un amigo, quizás había comenzado así su ascensión por los tortuosos pasillos del régimen, facilitando retazos de información a otros más poderosos que él, pero eso ya no era necesario, su posición era ahora más estable, sin duda había tenido que luchar hasta subir por los escalones de la jerarquía, debía de haber empezado muy abajo, como guardaespaldas o como chófer, antes de que se dedicara a comer y beber sin la asfixiante preocupación por el día siguiente, antes de que le fuera útil a Göring y a los otros prometiéndoles esta o aquella bella y dispuesta actriz o azafata, o más útil todavía a Goebbels, produciendo las películas que debían inculcar el espíritu de familias rubias y resplandecientes; madres de familia sanas, sanas y devotas del Führer.

—El cine es uno de los instrumentos más eficaces y que con mayor habilidad se pueden utilizar para la propaganda.

Ése era su tema, no cabía duda. El director Schenkel había comprendido que su labor era muy importante y estaba dispuesto a que nos enteráramos de ello... ¿Pero era realmente tan estúpido? Había algo de astucia campesina en aquellos ojos abotargados e inexpresivos, que a veces refulgían durante breves segundos, sobre todo después de haber conseguido que Steinitz le prestara fugazmente atención.

Entramos de nuevo en los edificios de los estudios. Atravesamos uno de ellos, en el que se estaba filmando una comedia rural bávara, bastante grosera por los escasos minutos que afortunadamente tuvimos que escuchar; en otro, que también recorrimos casi sin detenernos, la escena estaba situada en un pueblo de pescadores del mar del Norte. En el interior de los hangares seguía haciendo frío, pero Schenkel sudaba como un puerco, el cuello de la camisa completamente empapado, a pesar de que se había quitado el abrigo y la chaqueta del frac.

Insistió para que le acompañáramos a su despacho, quería obsequiarnos con un licor húngaro, «un obsequio de unos buenos amigos», según nos dijo con un gesto de complicidad, pero Steinitz declinó con amabilidad la oferta y conseguimos despedirnos de él. Se quedó atrás de pie, casi en posición militar, con el gesto descompuesto del rostro, los ojos sin poder esconder una mirada torva y resentida.

No había posiblemente mejor lugar en todo Berlín que la ciudad de la UFA, escondidos entre sus callejuelas y rodeados por el bullicio de los tramoyistas y los cámaras, para tener una conversación reservada, y eso era a todas luces lo que Steinitz había planeado.

—Si realmente queremos la paz, es preciso que el enemigo reciba un gesto de nuestra parte —dijo en cuanto se sintió seguro.

Se había vuelto a poner los guantes y su nariz afilada se destacaba del cuerpo. Sus gestos eran concentrados, y a la vez ágiles, nerviosos. Tuve la impresión inmediata de que desde nuestro último encuentro el peso de la carga que el ministro Steinitz llevaba en su conciencia no había hecho sino aumentar.

Le repliqué, refiriéndome a las informaciones que yo recibía:

—Los ingleses siguen diciendo que no están preparados todavía para ninguna aproximación. Están convencidos de que es previsible que el Reich comience llevando la ventaja, pero que al final nuestras tropas se quedarán sin aliento. Confían en ganar la guerra. Además, no creo que Chamberlain esté dispuesto a conceder a Hitler ni un milímetro después de la experiencia de Múnich.

Yo mantenía buenos contactos con la embajada inglesa, aunque enseguida pensé que no podían ser mejores que los de Steinitz, muy posiblemente no le estaba diciendo nada nuevo, por eso no me extrañó su poca atención inicial, parecía sumergido en sus pensamientos.

Luego añadí, abordando con la mirada sus ojillos inquietos:

—¿Una paz de los ingleses con Hitler? ¿Es eso lo que desean sus amigos? —Pensé en Von Hassell, en Beck y en los demás, también el propio Ratsam debía ya de formar parte de su círculo—. ¿Hacer de Kniébolo un héroe, preservarlo como el gran hacedor de la paz y concederle además la gloria de haber ganado nuevos territorios, de haber devuelto el honor a Alemania?

—¿Qué prefiere usted? ¿Qué es lo que sugiere? ¿Qué es lo que tendríamos que hacer? —Steinitz, quien por un instante había vuelto el rostro hacia los hangares de la UFA, tras comenzar a andar con pequeños pasitos, se giró hacia mí, deteniéndose con brusquedad. Nos habíamos ido alejando de las oficinas centrales y del despacho de Schenkel, nadie reparaba en nosotros—. ¿O es que usted elige continuar con la guerra? ¿Acaso piensa que ésa sería la única forma de deshacerse de él? ¿Es decir, arriesgar la vida de miles de soldados alemanes, y posiblemente destruir Alemania y Europa?

El cielo se había arremolinado, tempestuoso, y de repente comenzó a nevar, al principio con copos pequeños. Buscamos refugio en uno de los arcos de entrada de los edificios que albergaban los estudios. Acostumbrados a las súbitas apariciones berlinesas de la nieve, los habitantes de la ciudad del cinematógrafo no parecieron inmutarse demasiado. Muchos de los escenarios exteriores aparecían ahora cubiertos con lonas negras, que se fueron cubriendo de blanco inmaculado.

Steinitz continuó:

—Usted sabe que ha habido al menos dos intentos serios de alzamiento de los militares, y muchos otros planes para acabar con él. Como le dije la última vez, llevo meses hablando con los generales, uno tras otro. En mi casa y en mi despacho del ministerio...

Me alarmé seriamente ante la gravedad de las últimas frases que había pronunciado; su posición era cada vez más expuesta. Luego dijo, con voz más queda:

—La mayoría están ahora conmocionados por la crueldad de los asesinatos de las SS en Polonia. Pero no se sienten responsables de la guerra ni de los crímenes de Hitler. Casi sin excepción piensan que tienen la conciencia limpia: ellos no han querido la guerra, lo que buscaban era una Alemania fuerte.

Desde Polonia llegaban noticias escalofriantes. Después de la ocupación del territorio polaco por el Ejército, las SS habían eliminado a los dirigentes políticos, a los empresarios e intelectuales más prestigiosos, a los clérigos más combativos. El aniquilamiento planificado de las poblaciones invadidas extendía el odio como un manto espeso e impenetrable. Los generales se defendían afirmando que ninguno de ellos había participado en la política de tierra quemada y que intentaban lo poco que estaba en sus manos para impedir aquellas atrocidades.

Steinitz, torciendo ligeramente el gesto con una mueca irónica, añadió:

—Le diré que se puede encontrar la fauna más variada entre nuestros muy condecorados altos mandos. Desde el que está obsesionado con no traicionar su juramento de fidelidad hasta quien susurra que él, en su posición, no puede arriesgarse, pero a la vez reclama que, si nuestros planes tuvieran éxito, no olvidemos que es de los más antiguos en el generalato...

Seguía nevando, cada vez con más fuerza. El frío se apoderaba de brazos y piernas, los copos de nieve eran como restos de algas o pequeñas medusas enviadas por un dios marino que fuera señor de las aguas y de los aires y pretendiera apoderarse de nuestros ánimos debilitados. Pero en aquel instante nos sentimos protegidos, quizás por la sensación de lejanía del terror que comenzaba a insinuarse detrás de cada respiración, de cada leve movimiento. Los dos viejos amigos rodeados por las bambalinas de papel cartón, aquel entorno de fantasía que reflejaba la fugacidad de las obras de los hombres, de las guerras y los imperios, incluidos Chamberlain, quien, estábamos seguros, no tardaría mucho en caer, como Mussolini y los otros, acaso también algún día Kniébolo.

Seguíamos de pie bajo los soportales. Quise hacer un estado de la situación; sabía que Steinitz apreciaba mi sinceridad:

—El Führer tendrá que tomar una decisión, antes o después —dije—. No le queda mucho tiempo antes de que los ingleses estén preparados para contraatacar. Sólo tiene dos opciones: intentar llegar a algún tipo de acuerdo beneficiándose de la posición de ventaja que ha alcanzado, o seguir adelante e invadir Holanda, Bélgica y Francia. Si Hitler invade Francia, Gran Bretaña se sentirá directamente amenazada y la guerra se librará hasta el último hombre.

Asintió con un ligero gesto de la cabeza. Enseguida apostilló:

—Por eso hay que aprovechar el margen que todavía tenemos para intentar una paz lo más equilibrada posible.

Se interrumpió, mientras volvía a dirigir su mirada expectante hacia mí. Luego añadió:

—¿Sabe que se estuvo a punto de tener éxito con la última tentativa de apresar a Hitler?

Los ojos de miope de Steinitz se habían reavivado, como los de un águila escrutando los desniveles del terreno. Continuó diciendo:

—Ahora mismo existen varias líneas de comunicación abiertas con los británicos; a través de las casas reales de Holanda y Bélgica, por intermediación del papa Pío XII, en Oslo y otros lugares. Hemos enviado una persona a nuestra embajada en Suiza para que desde allí mantenga un contacto lo más permanente posible con Londres.

Steinitz quería expresarme de nuevo su confianza, acercarme a él, pero chocaba contra mi resistencia interior, que no dejaba de crearme dudas e interrogantes sobre aquellos planes.

Yo pensaba que un Hitler preso era un riesgo aún mayor. Hitler no podía ser sino el objetivo principal de cualquier acción, previo a toda negociación. ¿Pero iba a ser capaz el Ejército de alzarse contra el Führer, de dar un golpe de Estado? El Führer, que tenía detrás de sí a la gran mayoría, entusiasmada, del pueblo alemán. ¿Qué ocurriría si únicamente una parte del Ejército se alzaba contra su comandante en jefe y la consecuencia era la división del país con la instauración de tribunales de sangre en toda Alemania...?

¿Y después qué sucedería, quién iba a gobernar, y cómo? ¿El buen Steinitz, Von Hassell, Beck, los militares? ¿La paz con los aliados era todavía posible? ¿No significaba irremisiblemente, aunque se intentara justificar, un acto de alta traición?

Era obvio que la eliminación del tirano debía contar con unas estrictas condiciones para poder ser legítima.

La muerte del tirano, el tiranicidio... Detrás de nosotros se acumulaban un buen número de siglos de historia occidental discutiendo sobre si se trataba de un acto justificado o no. ¿Debía yo, un jurista, prescindir de los razonamientos legales? Ahí estaba, ante nuestros ojos, la lección desmesurada, pavorosa, de Shakespeare. Hamlet se reprocha, atormentado, su inacción, y medita de forma obsesiva, angustiosamente, sobre los planes que ha de llevar a cabo para cumplir la voluntad de la voz que viene del más allá, las palabras del espectro de su padre. ¿Y qué ocurre?

Se decide a obrar, y no sólo mata al tirano: termina aniquilándose a sí mismo y a todos los que le rodean, hasta destruir su reino y dárselo a otro. ¿No corría el Reich el riesgo de caer en manos de un tercero más poderoso, de Stalin, de los británicos? ¿Qué quedaría de Europa si Alemania, aprovechando los rusos la situación de caos creada por el atentado y sus consecuencias, terminaba convirtiéndose en una colonia soviética?

Steinitz escudriñó mis pensamientos, adivinándolos. No hacían falta grandes explicaciones entre nosotros, por eso insistió:

—Hemos de obrar cuanto antes. Es urgente. He llegado a una situación en la que mi existencia sólo tiene un sentido. ¡Mi vida no vale nada si no conseguimos aniquilar a Hitler y a su camarilla! ¡No, no quiero vivir un solo minuto más! ¡No puedo soportar seguir viviendo mientras se asesina todos los días de forma tan impune, mientras hay miles de alemanes que se manchan cada día las manos con sangre, y sangre de inocentes! ¿Es que no lo entiende? ¿No lo comprende? ¿Sabe usted lo que me dijo ese monstruo a finales de diciembre?

Había dejado de nevar, pero seguíamos de pie, en el mismo lugar. Steinitz estaba muy exaltado, como sólo le había visto hasta ese momento en dos o tres situaciones límite, las venas de las sienes encendidas, los labios lívidos y una mirada de melancolía sin fin.

—¿Sabe lo que me confió? —repetía, con el dedo índice señalando en dirección a la línea del horizonte, que ahora por medio de sus palabras se había transformado en un amenazador interrogante—. Me dijo que el ataque a Francia y Bélgica le iba a costar un millón de hombres, así lo dijo, «que le iba a costar un millón de hombres, pero al enemigo también», algo que «el enemigo no estaría dispuesto a soportar». Hablaba como si los seres humanos fueran de su propiedad, como si los pudiera utilizar, ¡a decenas, a centenares de miles!, igual que soldaditos de plomo, a su plena disposición, con la seguridad de que su voluntad siempre acabaría imponiéndose sobre los otros, incapaces de llegar tan lejos como él. ¡Ese hombre es un asesino, un criminal que sólo merece la muerte!

Intenté tranquilizarle con una referencia histórica, aunque era impensable que mis palabras lograran apaciguarlo:

—Es lo mismo que dijo Napoleón cuando la noche de la batalla de Borodino le fueron mostrando los cuerpos de masas de soldados franceses muertos, y él contestó que una sola noche en París pagaría con creces por aquella debacle...

Me miró irritado, pero prosiguió:

—Si no hubiera sido por el mal tiempo, estoy seguro de que ya habría invadido Francia. Los preparativos se han retrasado muchas veces. Jodl, como general en jefe del operativo, le dijo que podían llegar hasta Burdeos en mayo; pero él tiene otras ideas, más ambiciosas... Aunque las cosas no le están saliendo por primera vez como las había previsto. ¡Lo más ridículo es que el plano de las operaciones haya caído en manos de los aliados por culpa de aquel piloto que se estrelló en Bélgica llevando todos los documentos en un maletín!

Esbozó una leve sonrisa, tan heladora como el viento gélido que nos llegaba hasta los tuétanos. Enseguida sus rasgos volvieron a hacerse duros, antes de añadir, expresando sus reflexiones en voz alta:

—No, no bastaría con encarcelar a Hitler y llevarlo ante un tribunal. Desde la celda seguiría ejerciendo su influjo infernal. Ya ahora resulta inaudito observar cómo en medio de las luchas de poder que se libran a todos los niveles del régimen su autoridad es absoluta.

Estábamos bastante lejos del bullicio de las calles principales de la UFA, pero en la distancia se oían los martillazos de algún decorado que debía de estar siendo desmontado o trasladado a otro lugar.

Steinitz hizo un gesto nervioso, se metió las manos en el bolsillo del abrigo y las sacó, desazonado, no buscaba protegerse del frío, sino del futuro angustioso que divisaba, y luego continuó, de nuevo poseído de aquella determinación inflexible:

—Hemos hecho no pocos planes para asegurarnos el control de la situación, una vez se elimine a Hitler. Los núcleos centrales de poder son, además de las SS y el Mando Supremo del Ejército, la policía, la radio y determinados nudos de transporte. La eliminación del Führer es la condición necesaria, pero, aunque le sorprenda, no el más importante de los preparativos. No contamos con mucho tiempo. Cuando se profundice en territorio francés y los escenarios militares se expandan, será mucho más difícil poder controlar todas las centrales de mando. Además no me extrañaría que entonces aumentaran los efectivos de las SS...

Volvió a sumirse en un silencio prolongado. Quise desviar su atención:

—Antaios me ha escrito una carta relatándome sus impresiones de un viaje que ha hecho al frente.

Steinitz apreciaba la obra literaria de Antaios, pero había algunos rasgos de su carácter que le resultaban desagradables, desconfiaba de su actitud poco comprometida y distanciada. Para el ministro, Antaios se perdía en disquisiciones estéticas o teóricas. Al oír su nombre, frunció levemente las cejas. Yo continué sin detenerme:

—Le llamó la atención la decisión y la moral de combate que reina tanto entre los oficiales superiores como entre los mandos intermedios, y por contraste el más absoluto rechazo a la guerra que siente la tropa. Me recordó que es lo contrario de lo que ocurrió en la Gran Guerra.

Steinitz no pareció prestarle demasiado interés a este comentario. Con el mismo gesto adusto de minutos antes inclinó su cabeza hacia la mía, antes de susurrar:

—Usted sabe tan bien como yo que no se trata sólo del combate contra uno de los mayores tiranos de la historia. Lo que está en juego es saber si nos hallamos ante el fin de una civilización... En todo caso, nada volverá a ser lo mismo en Europa después de Hitler.

Los dos coincidíamos en ese diagnóstico. También Ratsam. Pero pensé que cada uno debía encontrar su propia respuesta ante la lacerante pregunta de qué se debía hacer.

El ministro continuó:

—No tengo dudas sobre el hecho de que Hitler dejará su huella, aunque sea vencido. Una huella indeleble. Él es el instrumento elegido para abrir la era de las grandes mutaciones... Las formas de la vieja civilización europea atravesarán en el porvenir épocas de revoluciones y atentados, de nuevos experimentos políticos donde el terror y la violencia serán los que dicten los acontecimientos. También su política racial permanecerá de una u otra manera; esa obsesión con la selección natural y la biología... No creo que quede mucho de nuestro modo de ver y de sentir. Hay una comprensión de los hechos que ya no será posible.

Y luego, levantando de nuevo la voz, con aquella energía en los ojos y en los gestos del cuerpo, en todo su ser, que la muerte de Cornelia había introducido en él, como la cólera de los profetas o de los poseídos, Steinitz volvió a recalcar con fuerza:

—¡Por eso, mi querido profesor, es tan necesario actuar! Para que los que vengan detrás al menos tengan una luz que les ilumine, una memoria que pueda servirles de guía cuando tengan que caminar por entre las tinieblas y el fuego. ¡Somos los últimos, los restos de una gran civilización que está llamada a consumar su curso en la historia! ¡Usted, que sabe todo esto, como nosotros, no puede quedarse indiferente! ¡Debe actuar!

Hamlet. La maldición de Elsinor... Steinitz sufría, como yo, como Antaios, como Ratsam; nos dolíamos ante la aniquilación del Reich y de lo que el Reich significaba para Europa. Sufríamos ante la destrucción de la cultura europea. En Shakespeare, al final los torrentes y las aguas rebeldes despedazan el cuerpo inerme de Hamlet. El tiempo, inexorable, era el único que no perdonaba, el que hacía irrupción en el drama y se apoderaba de sus figuras, el demiurgo que desencadenaba la tragedia final. Antaios me recomendaba en sus cartas un camino distinto, la senda del silencio, y del duelo en el silencio. Steinitz exigía una ayuda que no podía darle. Además yo tenía el compromiso de Göring...

No quise responderle a lo que me solicitaba. Solamente dije:

—Ésas son palabras muy similares a las que le he oído a Ratsam en varias ocasiones.

—Sí, su amigo el joven Ratsam. No deja de sorprenderme. A mí y a otros muchos de los que estamos comprometidos. Es un personaje fuera de lo común. Posee conocimientos extraños, sobre la psicología de los ingleses, sobre el horóscopo de Hitler; parece dominar con facilidad los métodos para descifrar las situaciones sometidas al azar, vislumbrar los sucesos imprevisibles... Es una especie de Houdini y a la vez un científico, alguien que no abandona la observación atenta y precisa que le proporciona el microscopio. Le invité hace poco a la Sociedad de los Miércoles y nos leyó fragmentos de la última obra teatral que está escribiendo. Fue francamente interesante.

Me pregunté si Ratsam estaría dispuesto a ir más allá de su afición por las conspiraciones de salón. No creo que Steinitz y sus amigos pensaran en él como alguien dispuesto a apretar el gatillo del arma decisiva en el instante requerido.

Sin duda tampoco ése, ni el de conspirador en la sombra, podía ser mi papel. Pero no quise precipitarme ni defraudar a Steinitz. Quizás había que intentar otras alternativas posibles. Por eso, le sugerí:

—¿Y Mussolini?

Hacía varias semanas que el Duce había remitido una carta a Hitler en la que le recomendaba no lanzar una ofensiva hacia el oeste; al contrario, le sugería moderar su estrategia. El propio Mussolini se ofrecía como intermediario para entablar conversaciones de paz. Si Alemania no aceptaba ese «generoso» ofrecimiento, Italia estaría liberada de cualquier compromiso militar con el Reich y podría decidir en cada momento lo que estuviera más de acuerdo con sus intereses. Una misiva inesperada que llevaba el sello inconfundible del embajador italiano en Berlín. Pero Hitler no se había dejado engañar. No contestó a la carta, y dejó que el Duce se abrasara en el imposible guiso que él mismo había cocinado, hasta obligarle a tener que distanciarse totalmente de lo escrito y simular que era otro quien lo había hecho... Ahora se acababa de hacer público el nombramiento de un nuevo embajador italiano en Berlín, el *signor* Alfieri, que reemplazaba al anterior, caído en desgracia. El Führer había triunfado una vez más y el Duce quedaba desairado.

—He llegado al convencimiento de que Mussolini no es más que un oportunista, un jugador de ocasión que sólo actuará cuando vea que pueda llevarse una parte del botín —contestó Steinitz, sin ocultar su amargura—. Hemos intentado que se aproximara como posible intermediario a los americanos, e incluso se ha conseguido trasladar a Washington una iniciativa para entablar conversaciones de paz, pero Roosevelt no la ha aceptado.

Hacía demasiado frío para continuar hablando. Teníamos los dos la cara roja y la nariz convertida en un bloque de hielo. Recorrimos en dirección inversa el laberinto de pasadizos de la UFA y nos subimos al coche oficial del ministro.

En el trayecto de vuelta hacia el centro de Berlín, Steinitz permaneció hermético y silencioso. Insistió, amablemente, en acompañarme hasta mi casa y al despedirnos sólo me dijo una frase, el resumen de lo que había querido transmitirme:

—Es fundamental que los británicos confíen en nosotros, que comprendan que una vez desaparecido el Führer no tendrán nada que temer, deben ayudarnos ahora...

No le volví a ver hasta el cabo de bastantes meses, quizás el período de tiempo más largo sin comunicación entre los dos durante los últimos años. Aunque nos llamábamos cada cierto tiempo, era evidente que la falta de relación personal obedecía a que yo no podía seguirle en el camino que estaba recorriendo.

Pero quizás pudiera serle útil de otra manera.

La siguiente vez que nos vimos fue con motivo de una comida en la residencia de Göring. El Consejo de Estado había dejado de reunirse, pero Göring seguía manteniendo una relación intermitente con *sus* consejeros, a los que invitaba de vez en cuando a alguna celebración oficial.

Yo acababa de publicar poco antes mi libro sobre el establecimiento de áreas de influencia en Europa, que estaba teniendo un éxito considerable. Mi intención era mostrar que el entendimiento con Gran Bretaña era posible. El pacto con la gran potencia marítima estaba escrito en la lógica de la geografía y de la política. Un acuerdo con Londres que garantizara al Reich su zona de influencia en el este de Europa y a los británicos la continuidad de su Imperio podía crear una situación estable en el centro de Europa.

Desde nuestra última conversación en la ciudad del cine habían ocurrido acontecimientos decisivos. Hitler había ocupado primero Noruega y Dinamarca, antes de invadir sucesivamente Bélgica, después Holanda, y finalmente Francia. Era el momento de la apoteosis del Führer. La invasión de Francia había sido un recorrido triunfal, con apenas resistencia del Ejército enemigo, y la entrada de Kniébolo en París como un gran caudillo victorioso, de pie, al frente de un vehículo blindado, el brazo en alto, avanzando con el rostro impasible sobre los Campos Elíseos, condenaba irremisiblemente cualquier gesto de oposición como un acto de alta traición.

El ambiente que reinaba en el palacete que Göring había acondicionado como su residencia privada, una combinación artificial y ostentosa de casa de campo y mansión urbana, era, de acuerdo con las circunstancias del momento, eufórico, y la comida, digna de las mejores bacanales del Imperio romano. Había caviar, langosta, cochinillo asado, ensaladas y delicias de repostería de todo tipo. No cabía duda de que las cartillas de racionamiento de los berlineses no habían hecho su aparición en la residencia del primer ministro de Prusia y mariscal del Reich.

Pude contar cerca de cincuenta o sesenta invitados, entre ellos Steinitz y también Ratsam. De forma inesperada para mí se me asignó un sitio bastante cercano a los lugares de honor, junto a la esposa del nuevo embajador de Italia. Era una mujer de rasgos airosos, descendiente de una vieja familia milanesa, poseída por unos ojos oscuros que destilaban conocimiento del mundo y una sulfurosa malicia.

Apenas nos habíamos sentado inició un interrogatorio vivaz e inmisericorde, surcado por una sonrisa malévola, sobre mi último libro:

—¿O sea que usted piensa que el Führer acabará llegando a un acuerdo con la Pérfida Albión...?

Tenía los dedos largos y los cabellos castaños, cuando el otoño se anuncia sin olvidar aún el fulgor intenso del estío. Su marido se había ganado la fama en pocos meses de ser uno de los personajes más obsequiosos de Berlín. No había ocasión que no aprovechara para mostrarse amable y regalar flores, mandar telegramas de felicitación, o estar dispuesto a celebrar todo tipo de fastos, conmemoraciones y cumpleaños. Podía pasar de festejar algún acontecimiento enviando cestas con frutas recién traídas de Italia a crear un premio de nombre exótico para los mejores jinetes de cada regimiento, siempre bajo la atenta y mordaz mirada de su mujer. Se habían convertido en el matrimonio más sociable de todo Berlin y las recepciones de la embajada italiana estaban siempre rebosantes de invitados y de mujeres resplandecientes.

No quise concederle la menor ventaja:

—Vamos hacia un nuevo orden en Europa. Lo que yo busco es ayudar a crear un sistema estable, en el que se reconozca la influencia de las dos grandes potencias, Alemania y Gran Bretaña. El pacto del Reich con la Unión Soviética da garantías para que Alemania cumpla la misión histórica que tiene encomendada en el centro y el este de Europa.

Ella contraatacó con vigor:

—Estimado profesor, ¿y eso no es reconocer las conquistas del Führer como si fuesen las fronteras del nuevo orden? ¿Como si Francia, Bélgica, Holanda y los países escandinavos no hubieran tenido otra función en la historia que actuar de satélites del Reich germánico? ¿Qué ocurrirá entonces con Italia? ¿Cuál es el papel que usted le otorga en ese equilibrio de grandes espacios?

Me fijé en las paredes, cubiertas de grandes tapetes gobelinos y de cuadros de maestros italianos. Göring no había dejado de hablar desde que nos habíamos sentado a la mesa de una de sus grandes pasiones, sus colecciones de arte; la que más apreciaba era la galería de tablas de Cranach, según decía la mayor existente en el mundo.

No quise responder a la *condottiera* Alfieri inmediatamente. Observé a Steinitz, sentado a pocos metros del anfitrión. A su lado estaba la mujer de Göring, Emmy, con aquel aire de ingenuidad que la rodeaba, como pidiendo disculpas por el exceso de comida, de bebida y de lujo en el que vivía. Ratsam, al otro lado de la mesa, discutía animadamente con el embajador británico.

Decidí adelantar mis posiciones ofensivas:

—Estará de acuerdo conmigo en que no existirá una situación estable en Europa mientras Alemania no mantenga una actitud de fuerza; sólo así podremos negociar con los ingleses. Italia tiene, por su parte, que cumplir con su misión en el Mediterráneo.

—¿Es decir, que usted cree que el Duce cometió un error no apoyando más abiertamente al Führer en la invasión de Francia?

La señora Alfieri estaba dispuesta a entrar en terrenos movedizos. Respondí con parsimonia, mostrándome partidario de la propaganda oficial:

—No, no he sugerido eso. La batalla de Francia ha sido un gran éxito del Ejército alemán. Nadie, ni siquiera el Führer, había calculado que la resistencia de los soldados franceses fuera tan débil. El Führer supo elegir el punto de quiebra exacto de sus líneas defensivas, por Sedán. El aniquilamiento del Ejército francés en seis semanas ha sido un gran triunfo de la potencia militar del Reich. Eso lo admiten hasta los más críticos... El pueblo alemán adora a su Führer.

Hitler había ordenado que la capitulación de las tropas francesas tuviera lugar en Compiègne, en el mismo vagón de ferrocarril en el que se había firmado la derrota en la Primera Guerra. Era el símbolo definitivo de que al fin se había invertido la humillación del 18. Las imágenes del vagón de ferrocarril recorriendo después toda Alemania, como un trofeo de guerra arrancado a los enemigos, habían enardecido a la población.

—Le diré, estimado profesor, que he oído otras versiones, alguna de técnicos militares muy cualificados. Al parecer, si el Führer no hubiera tomado la decisión errónea de atacar por Sedán, es más que probable que no sólo todo el material británico, sino incluso el conjunto de las tropas inglesas estacionadas en el continente, habrían caído en manos alemanas.

Aquella mujer hablaba con una libertad de palabra desacostumbrada. ¿Me estaba intentando provocar o había en aquellos ojos profundos, en aquel inusitado candor, un genuino deseo de conocer la realidad de lo que estaba ocurriendo? Su marido era un hombre que procedía de los círculos oficiales, un personaje de la confianza del Duce. ¿Y ella? Mi posición, todavía expuesta, era suficientemente conocida. Le miré con tenacidad a los ojos, esperando que mostrara alguna debilidad, pero ese gesto sólo consiguió envalentonarla:

—Había oído decir que desde su caída en desgracia se había alejado usted del régimen, incluso que mantenía una actitud ambigua... —Me quedé petrificado. ¿Era ésa la opinión que circulaba sobre mí en los círculos oficiales?

Estábamos en verano, ella llevaba un traje de color fucsia, con amplio escote, y una gargantilla de brillantes en el cuello. Era hermosa, y peligrosa como un áspid.

Prosiguió, sin apenas darme un respiro:

—¿Cree usted seriamente que los ingleses van a estar dispuestos a llegar a un armisticio con quien consideran el mayor tirano de la historia de Europa? Churchill no es Chamberlain. Ha sido elegido para que demuestre que los ingleses no se rendirán ni pactarán.

No tenía escapatoria; debía hablar y disipar cualquier duda, cualquier sospecha sobre mi actitud:

—Yo creo que el Führer ha buscado sinceramente durante estos últimos meses un entendimiento con los británicos. En realidad, es difícil saber qué es lo que mantiene todavía a Churchill. Las tropas británicas en el continente han sido derrotadas y se han visto forzadas a refugiarse en la isla, los pilotos alemanes dominan el espacio aéreo sobre el Canal, es muy probable que se esté preparando la invasión... Churchill no ha mostrado el menor desánimo, quizás porque confía en amigos poderosos, en América, o incluso en Rusia. Pero sabe que tiene mucho que perder y que su posición es muy débil. Debería dar un paso en nuestra dirección o acabará siendo barrido.

Nos estaban sirviendo la comida. Intenté no beber demasiado vino e hice un gesto desesperado en dirección hacia Steinitz, rogándole con la mirada que me salvara de la señora Alfieri, pero no había mucho que se pudiera hacer.

Recuerdo que después del banquete, Göring y su mujer quisieron mostrarnos otras zonas de la residencia. Recorrimos la biblioteca, abarrotada de espléndidos ejemplares procedentes de las mejores bibliotecas europeas y entregados como botín de guerra al gran mariscal del Aire. Atravesamos vastos salones. En uno de ellos, la pared principal estaba dominada por un ventanal que ocupaba casi toda la superficie del muro, como un ojo deforme y grotesco que quisiera apoderarse de todo cuanto pudiera divisar; en otro, las paredes estaban recubiertas de una monotemática colección de fotografías. En cada una de ellas aparecía el Führer, en mil y una poses: el Führer acariciando a Edda, la pequeña hija de Göring, con gesto de padre bondadoso y tierno; el Führer en el Obersalzberg, su refugio en las montañas, vestido con indumentaria bávara, dando un paseo acompañado de sus buenos amigos Hermann y Emmy; el Führer, tratando de encontrar un hueco para colgar una nueva condecoración en la pechera cubierta de medallas, órdenes e insignias del mariscal del Aire; y así, decenas de fotografías: un panteón dedicado a la memoria de un leal y premiado servidor. Observé que durante esa visita de las demás estancias, la señora Alfieri no quiso separarse de Ratsam.

Aún hoy, siete años después, no he conseguido entender por qué durante esos meses del verano de 1940, cuando no pocos en el entorno de Kniébolo le azuzaban para que iniciara los ataques aéreos contra la isla, con la esperanza de conseguir someter el ánimo de los ingleses, Churchill no quiso otorgar la menor baza a la oposición al régimen nazi.

El *tam-tam* de los rumores transmitía que no estaba dispuesto a conceder a la oposición la garantía de que, si conseguían desembarazarse del Führer, se firmaría una paz con Alemania que aceptara sus fronteras naturales. No quería aceptar esas fronteras. Churchill no se fiaba de los que consideraba un grupito reaccionario y desleal. ¿Pero no hubiera sido más inteligente llegar a un acuerdo con Hitler después de la invasión de Francia, incluso como recurso para ganar tiempo? ¿No hubiese sido más lógico entenderse con el dictador alemán que levantar las ambiciones del no menos feroz dictador soviético?

La señora Alfieri no estaba dispuesta a dejar que descansara un segundo. Ahora me miraba con sus ojos penetrantes, verdes y líquidos, sólo superficialmente bondadosos:

—Sé que usted también se interesa por una cuestión que me fascina, la de las razones del tiranicidio. El poder omnímodo del tirano y la justificación de la muerte del tirano... —Pareció vacilar—. Pero no se preocupe, no pretendo que sigamos por ese camino. Usted dice, no sé si lo piensa también, que las condiciones han cambiado, que es posible en estas circunstancias un acuerdo de paz.

Después de esta frase, hizo una breve pausa para comer. Luego añadió:

—Estará de acuerdo conmigo en que lo importante ahora es entender el punto en el que estamos y hacia dónde nos dirigimos. ¿Sabe que ha habido mucho movimiento estas últimas semanas, intercambios de notas con los embajadores británicos en Washington y aquí en Berlín? Quizás conozca también el nuevo ofrecimiento del rey de Suecia para actuar como intermediario con los ingleses.

—Sí... —repliqué, titubeando—, he escuchado esos rumores, y también que Churchill se niega a entablar conversaciones. Es posible que eso nos lleve a un cambio de escenario. El Führer se siente cada día más defraudado con la actitud británica, y al parecer Ribbentrop no deja de repetir que Inglaterra ya ha sido vencida, que lo único que hace falta es que lo reconozca; y para eso, según él, el mejor método es utilizar un idioma más drástico, lanzar a nuestros bombarderos sobre Londres.

—¿Y no cree que eso podría ser contraproducente, que podría alentar la resistencia del pueblo británico?

Nuestros anfitriones también insistieron en enseñarnos la cocina, probablemente el lugar más secretamente apreciado por el mariscal del Aire. Era enorme, con un pequeño ejército de cocineros, pinches y camareros a disposición del patrón. Había uno de los jefes, gordo como un tonel, que no cesaba de probar de todos los platos que se elaboraban mientras profería insultos y le daba empellones a uno de los aprendices más jóvenes, que respondía a cada golpe con una reverencia servil. Al final del recorrido, nos llevaron a ver la piscina de aguas templadas y dos metros y medio de profundidad que Göring había hecho construir en el piso inferior. Cerca, en otra de las estancias, se encontraba el ferrocarril eléctrico de la pequeña

Edda, con sus túneles y viaductos, las colinas coloreadas y los puentes surcados por automóviles, mientras a través de los senderos los campesinos acompañaban a las vacas. Observé también una muñeca de trenzas rubias destripada, en el suelo.

¿La *signora* Alfieri estaba deseosa de saber cómo veía yo el futuro? Pues bien, yo se lo iba a contar, con todos los detalles:

—Se oye hablar —dije— de que quizás sea más eficaz, en vez de bombardear Londres hasta aniquilar cualquier resistencia, lanzar un comando que ocupe el sur de la isla, y desde allí llevar a cabo la invasión. Pero según me dicen, los almirantes están en contra. Lo que preveo es que si el Führer se convence de que los ingleses no cederán por las buenas, empezará a otear otros objetivos.

—Es decir, Rusia... —dijo ella con ojos de curiosidad y de audacia.

Las noticias sobre las dificultades para mantener el pacto entre Stalin y Hitler habían empezado a ser públicas aquel verano. Ya que no podía doblegar a Gran Bretaña, Kniébolo imaginaba que lo podría conseguir a través del sometimiento de Rusia. Si vencía a la Unión Soviética, los británicos acabarían rindiéndose ante el amo absoluto de Europa, el dueño sin límites desde el Atlántico hasta los Urales.

Me acerqué a la sorprendente mujer del embajador italiano para susurrarle en voz baja:

—Habría que aprovechar esta situación de fuerza para reconciliarse definitivamente con Francia. Es una oportunidad de oro. Por desgracia, la mayoría de los franceses confían en su fuero íntimo en que al final las tornas cambien, y están convencidos de que el Führer en realidad lo que desea es humillarlos, de que quiere una paz a costa de Francia.

Los ojos de la señora Alfieri volvieron a brillar con un reflejo de endiablada inteligencia, antes de contestar:

—Le confesaré una cosa, estimado profesor, no le voy a contar a nadie todo lo que usted me ha dicho; habrá observado que en realidad soy inofensiva, *piadosamente* inofensiva. Es más, le diré una cosa que podría comprometernos a los dos. Si Hitler se decide a atacar a Rusia, su destino, como lo estuvo el de Napoleón, estará sellado; se lo tragará la cólera de la historia.

Sólo añadí una frase:

—Señora, es posible que tenga usted razón.

Apenas pude cruzar con Steinitz unas breves palabras de despedida a la salida. Ratsam se había alejado con rapidez del grupo de invitados nada más recoger el abrigo. Era obvio que no quería que le vieran en público cerca de Steinitz o de mí.

Cuando me senté en el taxi de vuelta a casa, me di cuenta de que alguien había dado las órdenes oportunas para que dejaran en el bolsillo interior de mi gabán un pequeño sobre con una nota en su interior. Reconocí enseguida la letra precisa y alargada de Steinitz. Había escrito en inglés, y luego subrayado con un trazo grueso: *Beware of the ladies!*, «¡Cuidado con las señoras!».

XXII

Mis encuentros con Steinitz se fueron haciendo cada vez más espaciados. Durante aquel verano y el otoño apenas nos llamamos en algunas ocasiones para intercambiar unas frases sobre el tiempo y hablar de una nueva representación teatral.

No fue hasta las últimas semanas de enero del año siguiente, 1941, cuando volví a recibir una nota suya; esta vez me proponía una excursión a la casa de Goethe en Weimar, que estaba siendo renovada y acondicionada como museo. Nos acompañaría el propio Ratsam.

Yo continuaba teniendo noticias esporádicas de las idas y venidas de los grupos de oposición, pero había decidido seguir los consejos de Antaios y permanecer al margen. Estuve reflexionando sobre la invitación de Steinitz durante un par de días, y a pesar de mi resistencia interior, el deseo de volver a verle pudo más y al final acepté.

Era domingo. Tomé el tranvía para ir a la nueva casa del ministro.

Me conseguí acomodar con dificultad. Los autobuses, los tranvías y los vagones del metro iban siempre llenos, pero sobre todo los días de fiesta, cuando circulaban en menor número. La gasolina estaba racionada y sólo les estaba permitido viajar en taxi a los enfermos, a los inválidos y ancianos, o a quien tuviera que transportar un equipaje muy pesado. Tampoco se podía ir en coche, excepto si se trataba de un vehículo oficial o se realizaba alguna actividad expresamente autorizada. Los policías vigilaban para que se cumplieran las normas y no era extraño ver algún automóvil detenido en la calle mientras un guardia obligaba a sus ocupantes a salir a la calzada.

Estaba prohibido coger un taxi para ir al teatro, a un restaurante o para visitar a un amigo. Quien tenía permiso para ir en coche, sólo recibía la gasolina necesaria para realizar la tarea autorizada. A causa de la escasez de combustible, muchos de los automóviles privados solían llevar en el asiento delantero, al lado del conductor, una pequeña estufa, que se utilizaba para quemar madera y así obtener el gas que servía como combustible.

El sistema era bastante eficaz, aunque obligaba a tener que limpiar los cilindros del motor todos los días. Los autobuses y algunos camiones de transporte también usaban gas, que obtenían a partir de las basuras y otros restos orgánicos. Todos llevaban un gran depósito al lado del asiento del conductor. Por estas razones, era bastante habitual ver circular los días de labor unos vehículos pequeños de tres ruedas que se usaban para el transporte, y también bastantes carros y coches de caballos.

En el tranvía, había familias que iban a pasar el día a los lugares de excursión que el Partido les ofrecía. Otros se dirigían a escuchar un concierto o planeaban dejar discurrir la mañana charlando en alguno de los numerosos cafés abiertos.

Después de las primeras paradas, empezaron a subir jóvenes de ambos sexos con esquíes colgados de la espalda que se dirigían hacia el Grunewald. De vez en cuando se divisaban, a través de las ventanas del tranvía, grupos de camiones transportando soldados que visitaban Berlín, a veces también tanques y unidades de artillería.

La nieve cubría las calles con una sólida capa. En Unter den Linden, las gentes se apretujaban delante de los escaparates, se veía a niños cogidos del brazo de sus padres intentando agarrar con la otra mano los patines de hielo que se les escurrían, y a muchachas casi adolescentes vestidas con botas acompañando, solas o en grupo, a los soldados.

Un parterre muy amplio, cubierto de césped y flores, dividía el bulevar por la mitad, y en él se había instalado una orquesta de trompetas y trombones cuyo sonido llegaba hasta el interior del tranvía. Se entreveían también a través de los cristales unas figuras disfrazadas de personajes medievales —de campesinos y molineros—, rodeados por caballos y otros animales. Vendían salchichas calientes a los viandantes, quienes a su vez pagaban con tarjetas de racionamiento. Era una fiesta popular que se celebraba en honor de los triunfos del Führer.

A ambos lados de la calle deambulaban de arriba abajo hombres y mujeres con huchas, pidiendo monedas para la Obra de Ayuda Invernal. Había otras personas disfrazadas con traje de época y montadas en coches de caballos que se detenían en las esquinas para recoger dinero. Entre los que recaudaban se podía ver bailando a algunos vestidos de deshollinador, con sombrero de copa y escoba, siguiendo la vieja tradición alemana, que ve en ellos portadores de bien y felicidad.

Con independencia de los discursos en la radio y las declaraciones de los dirigentes nazis en los periódicos, nada parecía indicar que Alemania estuviera en guerra. Solamente las noticias que circulaban sobre movimientos de tropas y una agitada actividad diplomática parecían romper este hechizo. Hacía tiempo que no se oían sirenas anunciando aviones enemigos y el frente quedaba muy lejos... Todo eso cambió meses después con la campaña de Rusia.

Desde Berlín fuimos hasta Weimar en el coche de Steinitz.

La autopista, ancha y rápida, con dos amplios carriles a cada lado separados en el centro por arbustos, era un magnífico escaparate del régimen. En el trayecto nos cruzamos continuamente con camiones que transportaban material militar y soldados, también con tanques y carros de artillería. Apenas circulaban automóviles.

Ratsam llevaba una camisa blanca, con el cuello abierto bajo la americana gris, y unos zapatos de fieltro. Estaba algo menos grueso y había perdido pelo desde la última vez que nos habíamos visto, aunque lo más inquietante eran unas profundas ojeras que le daban un aire de alerta permanente.

Me saludó con afabilidad, pero luego, en cuanto nos acomodamos en el coche e iniciamos el recorrido, su actitud se hizo más lúgubre:

—He hecho varios viajes en estas últimas semanas —dijo— y en todas partes he visto los cuarteles, los campamentos y bases aéreas con aire de fiesta. El día del Ejército se celebró en muchos lugares con paradas militares y ejercicios de tiro, además de teatro y variedades y diversiones de todo tipo en las que han participado actores conocidos, cantantes y artistas.

Se interrumpió unos segundos. Luego, mirando hacia el infinito a través de la ventana, añadió:

—Es un país que baila, canta y ríe... Los teatros siguen estando llenos a rebosar, y sólo de vez en cuando el regreso de algún grupo de heridos del frente parece oscurecer esta visión. El Führer les ha devuelto a los alemanes su orgullo, y los alemanes no quieren saber ya nada del pasado, y mucho menos del futuro. ¡Que siga bailando y tocando la orquesta, como en el *Titanic!*

Steinitz parecía perdido en sus propios pensamientos. Intervine, desplazando el cuerpo hacia adelante; Ratsam iba sentado al lado del chófer:

—El ser humano se acostumbra a todo, incluso a las sirenas de alarma. Todavía la gente tiene la esperanza de que la guerra se acabe pronto, de que antes o después los ingleses terminen siendo razonables.

Esa semana el informativo oficial que elaboraba el Ministerio de Propaganda y cuya retransmisión en las salas de cine la población seguía con interés había difundido un reportaje hecho por cámaras americanos, con imágenes de los ataques aéreos de nuestros pilotos en Londres.

La película empezaba mostrando cómo el personal de tierra cargaba las bombas —según decía el locutor, de más de tres metros de largo y tan pesadas que necesitaban un tractor y la ayuda de seis hombres— en el vientre de un gran bombardero. Luego se podía seguir el curso de los aviones entre las nubes, aproximándose al cielo de Londres. Abajo, en el suelo, se dibujaban los perfiles del Támesis. Cuando las bombas llegaban al suelo y estallaban, no se oía nada, se apagaba el sonido. Montañas de tierra y cascotes saltaban por los aires en silencio, esparciendo nubes de humo y fuego. Después se podían ver las escenas, filmadas por los americanos, de las ruinas de Londres. El rey Jorge y la reina recorrían, rodeados de personas con uniforme, los edificios y las casas destruidas, moviéndose con dificultad por entre las ruinas y los escombros. No se escuchaba la voz de ningún locutor que explicara quiénes eran aquellas dos personas, por lo que el público no tuvo ninguna reacción especial al verlos. Las imágenes del bombardeo terminaban con un primer plano de Churchill. Ahora sí se oyó con claridad la fuerte voz de un locutor, que gritaba: «¡El culpable de todo esto es Winston Churchill!». Pero tampoco el público, para mi sorpresa, reaccionó al escuchar estas palabras.

Steinitz había cerrado los ojos y parecía dormitar en su asiento. Continué, dirigiéndome a Ratsam:

—No creo que la mayoría de los alemanes quieran que la guerra siga adelante. Lo que más temen es que se repitan los errores y las escenas sangrientas de la Primera Guerra. Ni tampoco creo que odien a los ingleses o a los americanos...

Ratsam no tenía demasiadas ganas de hablar de la guerra. Por eso me dijo, después de que recordáramos la representación de su *Sila* en Hamburgo:

—Es curioso que los teatros de Berlín sigan estando llenos todas las noches. A pesar de la oscuridad y de lo incómoda que resulta la ciudad cuando nieva, las gentes siguen necesitando escapar de la realidad, o verla con otros ojos.

—¿Sigues escribiendo teatro? —le pregunté, mientras él hacía un esfuerzo por relajarse.

—Sí, ahora estoy acabando una obra sobre el primer emperador romano cuyo título, muy simple, es *Augusto*.

—Es cierto —añadí— que lo que más le sigue gustando a la gente son las piezas de tema clásico. ¿Quizás buscan trasladarse a otra época, olvidarse del presente, o encontrar algún ejemplo en el que mirarse y escapar con la imaginación durante un tiempo?

Ratsam se sintió interpelado:

—Querido profesor, eso sería confiar mucho en nuestros compatriotas... En realidad, lo que ocurre es que el Tercer Reich no ha sido capaz de crear sus propios modelos artísticos. Se habla mucho de arte popular, pero dudo mucho de que los alemanes se sientan representados en esas figuras monumentales, esa gigantomaquia cuya función es dotar de respetabilidad y de clasicismo al régimen.

—¿A qué te refieres? —le inquirí.

—A ese arte oficial que representa a un joven con el torso desnudo y perfil de héroe griego que sostiene con la mano el arado, mientras a su lado una muchacha de ojos claros levanta la vista hacia la madre que le sigue uniendo con la tierra... Todo ese idilio pastoral que tanto le gusta al Führer, porque piensa que así es o así debe ser el nuevo pueblo que el nacionalsocialismo está creando.

Estábamos llegando cerca de Weimar. Steinitz se removía somnoliento en el asiento.

Contesté a Ratsam:

—Sí, estoy de acuerdo contigo, el arte del pueblo sólo puede ser la sátira, una chanza grosera que desvela toda la miseria y la crueldad de la vida, de la que no cabe sino reírse, como quien bebe varias botellas de vino y luego se acuesta a dormir.

Peter no quiso captar mi ironía; la melancolía parecía haber vuelto a hacer presa en él.

—Así es, eso es lo que está representando Alemania, una sátira cruel y vacía, una comedia cruel. Y algunos imaginan que son héroes griegos... —dijo.

En ese momento, Steinitz se despertó y se quedó con los ojos fijos mirándole a Ratsam.

En Weimar, Goethe había pasado gran parte de su vida como consejero de los príncipes del lugar. Decidimos visitar primero la pequeña y acogedora casita del huerto en la que había residido un tiempo. Paseamos los tres por el jardín, que yo tenía grabado en la memoria con plantas y flores llenas de alegría y ahora aparecía casi enteramente cubierto por la nieve. Hacía viento, unas fuertes ráfagas del norte que agitaban las hayas y las grandes coníferas, y cuyo zigzag a través de las ramas producía un sonido lleno de gravedad, como los tubos de un órgano o la melodía de un poema antiguo.

Luego visitamos la mansión, en el centro de la hermosa ciudad medieval. Aquí la atmósfera era distinta, aquí el joven Goethe de los versos encendidos y la rebeldía contra lo establecido se había convertido en un respetable ciudadano, satisfecho de sí mismo y de su obra, consciente de su prestigio y su autoridad, que no dejaba que nadie, ni siquiera la fiel Christiane, se acercara a él.

¿Dónde se habían perdido los ideales de sus años de juventud, aquellos que habían inspirado a toda una generación, en qué recoveco del camino se había quedado estancado el soñador, el apasionado amante, el buscador incansable de todo lo que pudiera atraer su sensibilidad o su curiosidad?

Reflexioné también, mientras paseábamos, en lo que estaba sucediendo.

¿Dónde, en qué momento del sendero se había distraído Alemania, alejándose de las otras naciones, llegando retrasada a la historia, siempre detrás de los demás? ¿No era ese sentimiento de sentirse distintos, menos ágiles y rápidos, menos hábiles para serpentear el curso de la historia, una de las poderosas razones que explicaban por qué el Reich había descarrilado en sus sucesivas trayectorias, primero con Bismarck, luego en la Gran Guerra y ahora con la figura oscilante de Kniébolo?

Traje a la memoria la visita que pocos meses antes había realizado Molotov a Berlín. El pacto con los rusos apenas tenía un año de vigencia y ya los nubarrones cubrían el horizonte. Kniébolo se obsesionaba ahora con la quimera de que el camino para doblegar a los ingleses era someter antes a Rusia. Cuando llegó el ministro soviético a Berlín, la estación del tren y las calles de los alrededores estaban decoradas con banderas, unas con la esvástica y otras con la hoz y el martillo, los dos símbolos inverosímilmente unidos...

No sabíamos entonces que, a pesar del objetivo del viaje, que era consolidar la amistad germano-soviética, de él surgió justo lo contrario, los planes de Kniébolo contra Stalin comenzaron a madurar. A ello no fue ajena la interminable exposición de ambiciosos objetivos soviéticos en el Cáucaso, en el mar Negro, en Turquía, Bulgaria y Rumanía, que Molotov desgranó con detalle en las conversaciones con sus atónitos interlocutores berlineses.

Recorrí junto con Steinitz y Ratsam las calles de la ciudad, intentando protegernos bajo los soportales del viento y del frío. Después fuimos a visitar las tumbas de Goethe y Schiller en el cementerio. Me extrañó comprobar que había muy pocas flores en la tumba de Goethe, el padre de la cultura alemana, mientras grandes ramos, incluyendo los de asociaciones nacionalsocialistas, inundaban la de Schiller, el héroe de la libertad.

Fuimos luego a recuperar fuerzas a un pequeño restaurante muy agradable que estaba en una de las casas antiguas cercanas a la plaza del mercado.

Encontré a Ratsam más comunicativo que de costumbre. Hablamos de Goethe y de cómo el consejero áulico de los príncipes de Weimar también había sido partidario de llegar a un equilibrio con los ingleses sin humillar a los rusos.

Sin que pudiera evitar escuchar la conversación, Ratsam y Steinitz comenzaron a intercambiar opiniones sobre los planes que estaban elaborando para Alemania y para Europa si se conseguía tener éxito en las tentativas de eliminar a Kniébolo...

Una de las propuestas de paz, redactada por Ratsam, sugería el establecimiento de una unión económica entre todos los países europeos, con un órgano central en el que estuvieran representados delegados de las diferentes naciones. También se pensaba crear un ejército europeo, con participación de los países que así lo desearan, que garantizara la seguridad colectiva. Otra de las muy realistas sugerencias de Ratsam, Steinitz y sus amigos era proponer que los intereses del Imperio británico dejaran de ser puramente nacionales, pues se entendía que afectaban a todos los Gobiernos europeos. Aconsejaban además establecer una sociedad que administrara conjuntamente las colonias del Imperio y asignara de forma equitativa los recursos naturales de África...

No menos descabellados me parecieron los planes para acabar con Kniébolo. Una de las posibilidades a las que no se dejaba de dar vueltas consistía en tratar de internarse en el cuartel general del Führer, acompañando a un masajista que solía realizar su trabajo con varios de los máximos dirigentes del régimen, y aprovechar esa ocasión para llegar hasta Kniébolo y ejecutarlo.

Otra alternativa que se barajaba era hacer prácticas de tiro con un conocido cazador, amigo de Steinitz, para que pudiera llegar a dispararle a Hitler en alguno de los raros momentos en que salía al balcón de la Cancillería; ¡desde un hotel que se encontraba al otro lado de la calle, nada menos que a cien metros de distancia!

Todo aquello me pareció bastante alejado de la realidad y no hizo sino acrecentar mi desconfianza.

De vuelta por la autopista en el automóvil, comprobé que Steinitz se mostraba bastante más pesimista que meses atrás.

—Creo que el Führer —dijo— no tardará mucho en anunciarles a los generales que preparen el ataque a Rusia. Cada día está más ofuscado con que ésa es su única salida.

Ratsam asintió, diciendo:

—Me encuentro con muchas personas que piensan que la invasión de Rusia no es deseable, pero a las que les parece que es una consecuencia ineludible de la guerra.

Por la calzada contraria se desplazaba una unidad de carros de combate. Mientras Ratsam hacía una breve pausa para observarlos, me di cuenta de que sus labios vibraban con una mezcla de odio y de fascinación. Luego añadió:

—Hitler es un megalómano sin medida alguna que además se ha convertido en presa de sus propios actos. Un paso le fuerza automáticamente a dar el siguiente.

Intervino, con tono resuelto, pero sin apenas alzar la voz, el ministro:

—¡Está ciego y ha conseguido cegar al pueblo alemán, que no se da cuenta de lo que está en juego! Le he repetido en muchas ocasiones a Göring que si consiguiéramos llegar a un acuerdo con los ingleses, entonces no haría falta ninguna guerra en el este. Pero si no conseguimos el acuerdo, entonces tampoco nos sirve de nada la guerra con los rusos.

Ratsam había ido recuperando su aplomo. Giró la cabeza hacia los asientos de atrás mientras corroboraba estas palabras.

Les miré con detenimiento a los dos, tenían los ojos embriagados de los conjurados, de los que no estaban dispuestos a ceder hasta el final.

Sin tener en cuenta lo que mi silencio podía significar, Ratsam dijo:

—Von Hassell está muy activo, tiene una magnífica relación con el ministro británico lord Halifax, y ha conseguido a través de intermediarios en Suiza establecer contactos con él.

El automóvil rodaba ahora con rapidez por la autopista. De nuevo volví a ver desfilar los cuarteles engalanados, los soldados con sonrisas en los labios.

El vagón del ferrocarril de Compiègne había sido finalmente instalado en el parque del antiguo palacio de los reyes de Prusia, al otro lado de Unter den Linden. Con el pago de un módico precio se podía entrar, visitar el pasillo oscuro del vagón y mirar a través de las ventanas. Pasamos por delante de él al regresar a Berlín. Había una larga cola de gente esperando para verlo. Era el gran símbolo de la ahora vieja derrota y de la victoria presente, la demostración palpable de que el Führer vencería siempre.

No muy lejos, en uno de los cuarteles cercanos a la calzada, vimos a soldados haciendo acrobacias encima de caballos y de motocicletas. Varios tanques emulaban la guerra con proyectiles de salva, y los niños podían subirse, emocionados, a los carros blindados, mientras unos muchachos, apenas adolescentes, disparaban con fusiles ametralladores a un aeroplano de madera que surcaba el aire. Según se decía, las jóvenes podían llamar por teléfono y hablar por apenas diez peniques con un soldado desconocido. Ésa era la gran atracción, el momento individual de gloria.

Estábamos atravesando las avenidas centrales de Berlín. Ratsam prosiguió:

—Nos falta la respuesta de alguien con autoridad para obtener las garantías que necesitamos de parte de los ingleses y saber que respetarán nuestras condiciones. Eden hace todo lo posible para obstaculizar nuestros intentos. Es un político mediocre y miope, que sólo piensa que lo importante es ganar la guerra, sin preocuparse por lo que venga después... Necesitamos movilizar a gente que esté cerca de la corte; la aristocracia está más apegada a las tradiciones, por eso entiende mejor lo que perseguimos. Contamos también con buenas relaciones en algunos de los clubes...

Steinitz inclinó afirmativamente la cabeza:

—Sin una garantía de alguien cercano a las más altas esferas, al rey o al *premier,* los generales no se moverán.

El ministro dio órdenes al conductor para que nos dirigiéramos a mi casa y después a la residencia de Ratsam. Luego agregó:

—Temo además otra cosa... Sospecho que Hitler alimenta la idea de que es mejor tener alejados a los generales, ocupados con una guerra en Rusia. Así podrá estar en situación de controlar mejor, a través de las SS y la Gestapo, la vida dentro de Alemania.

Yo me sentía cansado, con una enorme desazón dentro de mí. No quería hablar. Antes de que el chófer detuviera el vehículo delante de la puerta de mi casa y Steinitz me despidiera con unas palabras de cortesía, mascullé una disculpa no solicitada. Todavía pude oír los últimos retazos de la conversación. Ratsam insistía:

—Hay personas muy influyentes en el entorno del rey que piensan que el margen de actuación que queda es escaso... Si no se negocia ahora y la guerra continúa, después será mucho más difícil. Nuestras posibilidades se esfumarán. ¡Es preciso que el mensaje adecuado llegue cuanto antes al lugar preciso!

También recuerdo que entonces Steinitz preguntó:

—¿Y Hess? Mis noticias son que está haciendo todo lo posible para impedir que la guerra se prolongue. ¿Hasta dónde estaría Hess dispuesto a llegar...?

Desde finales del verano, Hess había estado barajando las opciones para entablar conversaciones de paz con los ingleses.

Al cabo de varios años, en dos momentos distintos, primero Heinz, el hermano menor de Peter Ratsam, y más tarde aquel joven amigo, Rainer, al que yo había conocido en el viaje en tren a Hamburgo, me contaron los detalles de lo que ocurrió.

A principios de septiembre de ese año, 1940, Hess le había escrito una carta al general, el viejo Ratsam, preguntándole su opinión sobre posibles alternativas a los preparativos en marcha para atacar Gran Bretaña. Respondía así a las constantes peticiones del general, quien durante todos aquellos meses no había cesado de insistirle en que la guerra debía llegar cuanto antes a su término. Los argumentos del viejo Ratsam, junto a las conversaciones con Peter, habían acabado de convencer al lugarteniente del Führer y ministro del Reich sin cartera de que se debía intentar abrir caminos para una negociación.

Hess odiaba a Ribbentrop, al que consideraba causante de algunos de los pasos más decisivos hacia la guerra que Hitler había dado. En sus elucubraciones, Hess acariciaba dos objetivos: servir a su amado Führer y a Alemania, y a la vez desembarazarse del indeseado ministro de Asuntos Exteriores.

El complot contra Ribbentrop le resultaba bienvenido a Peter Ratsam. Nada mejor que dejar que Hess se confiara y aprovechar las misiones secretas que el número dos del Führer le encomendara para transmitir los mensajes que Steinitz, Von Hassell, Beck y los demás estaban necesitando hacer llegar a los círculos influyentes de Londres.

El general respondió a la carta de Hess sugiriéndole que quizás lo adecuado fuera que su hijo Peter se citara con algunas personalidades británicas escogidas en Lisboa. Hess expresó su interés en identificar a una persona perteneciente a los círculos del poder británico que estuviera dispuesto a considerar «los deseos de paz» del Führer, mientras que los Ratsam, cautelosamente, no dejaban de señalarle que la credibilidad de Hitler entre británicos y americanos era prácticamente nula después de haber roto una y otra vez los acuerdos y compromisos suscritos. Para los anglosajones, el Führer era «un enviado del diablo», frente al cual la única alternativa era combatir hasta que fuera vencido.

Hess insistía. Quizás el propio Peter estuviera en situación de poder establecer él mismo los contactos a alto nivel en Inglaterra...

Era la señal que Peter había estado esperando.

Pero no se precipitó. Le contestó por escrito a Hess que el único escenario en el que veía posible iniciar algún tipo de negociación pasaba por obtener de los americanos la garantía de que no iban a entrar en guerra. Para ello, era preciso ponerse en contacto con la embajada británica en Washington con el fin de que actuara de enlace. Ratsam indicaba también el nombre de la persona que podía servir como contacto al máximo nivel. Hess le contestó diciendo que reflexionaría sobre lo que le había transmitido. Peter supuso que con ello estaba indicando que quería consultar el plan con el Führer.

La persona elegida por los Ratsam para que actuara como intermediario era Douglas Hamilton, el duque de Hamilton, descendiente de una antigua familia aristocrática cercana a la corte, primo segundo del rey, a quien Peter conocía y trataba personalmente desde hacía años.

A finales del mes de septiembre Hess se reunió en varias ocasiones con Peter Ratsam para diseñar los detalles de la estrategia.

Lo más difícil era conseguir hacer llegar una nota al duque invitándole a una entrevista confidencial, de manera que ni el servicio secreto británico ni el espionaje alemán pudieran hacerse con ella ni sospechar lo que se estaba tramando. La nota, escrita de manera cifrada, sin nombres propios, firmada con la primera letra del nombre de pila de Ratsam, «P.», y conteniendo algunas informaciones falsas que Hamilton pudiese advertir fácilmente, iba a ser transmitida por medio de una persona interpuesta —una vieja dama de la confianza de Ratsam— a través de varios conductos indirectos hasta el duque. En la nota se solicitaba de lord Hamilton que confirmara por los mismos canales confidenciales dos puntos: primero, que estaba dispuesto a entrevistarse en Lisboa con el remitente de la carta, es decir, con Peter Ratsam, y segundo, que indicara el lugar donde fuera posible comunicarse con él durante un periodo de tiempo determinado.

Peter le reiteró a Hess que para que su misión tuviera éxito era imprescindible contar con el respaldo del Führer, con el fin de aparecer frente a sus interlocutores británicos como un emisario con autoridad, un intermediario oficioso que sin representar formalmente a las autoridades del Reich pudiera disfrutar de un cierto margen de maniobra.

Ratsam esperaba aprovechar las circunstancias para transmitir a los dirigentes británicos la propuesta de Hess de negociar un acuerdo de paz, y a la vez favorecer los propósitos de Steinitz, Von Hassell y los demás. Ratsam estaba firmemente dispuesto, si se obtenía la ayuda de los británicos, a crear las condiciones para que pudiera darse el cambio de régimen... Era la ocasión que Steinitz y los demás conjurados habían estado aguardando desde hacía años.

Sin embargo, durante esos meses, Londres no había dejado de enviar mensajes al otro lado, muy probablemente manipulados por el servicio secreto británico, en los que se indicaba que determinadas personas del Gobierno de Su Majestad habían mostrado veladamente su admiración hacia Hitler, refiriéndose en círculos restringidos a la situación de su país como «desesperada».

Fue aquí donde se produjo el cortocircuito, el cruce de líneas que tan funestas consecuencias habría de tener.

Ratsam estaba convencido de que el contacto con los ingleses debía realizarse a través del embajador británico en Washington, lord Lothian, o del jefe de la legación en Madrid, sir Samuel Hoare, por ser ambos muy próximos a Churchill. Pero Hess, desconociendo la realidad de la política inglesa y suponiendo que la autoridad máxima era la del rey, se decidió por la alternativa de escribir la carta al duque de Hamilton, pensando que lo más beneficioso era lograr el contacto con un personaje cercano a la corte, en vez de aprobar el viaje de Ratsam a Lisboa para entrevistarse con alguien enviado por sir Samuel Hoare.

Esa iniciativa inesperada de Hess amenazó de repente con desbaratar completamente los planes de Ratsam.

De hecho, la nota de Ratsam al duque de Hamilton sugiriendo su intermediación nunca logró alcanzar su destino. Fue interceptada por el servicio secreto británico y no llegó a su destinatario hasta cinco semanas más tarde. El espionaje inglés, al examinar la misiva y comprobar que se trataba de una propuesta de paz en toda regla, consideró que podía utilizarla de forma muy ventajosa e ideó sus propios planes...

Al comprobar que no obtenía respuesta de Hamilton, Ratsam intentó otra vía.

A finales de enero, Von Hassell había mantenido en Ginebra una importante entrevista con el presidente de la Cruz Roja Internacional, el suizo Carl Jacob Burckhardt, quien le transmitió privadamente un mensaje que había recibido de esferas oficiales británicas. Ese mensaje señalaba que, con excepción del ministro de Asuntos Exteriores, Anthony Eden, había interés por parte británica en lograr un acuerdo de paz con el Reich. La impresión que transmitió Von Hassell a los que le estaban aguardando en Alemania es que los ingleses estaban dispuestos a dar las garantías requeridas en relación con las fronteras del Reich y la organización futura de Alemania. Las bases del acuerdo preveían el restablecimiento de la plena soberanía de Bélgica y de los Países Bajos, así como de una Polonia desprovista de sus antiguas regiones alemanas. Daneses y checos quedaban bajo la influencia del Reich, al que se le restituían también sus colonias en África. Ningún acuerdo, sin embargo, era posible si Hitler seguía ostentando el poder.

La persona elegida para continuar las conversaciones secretas iniciadas por Von Hassell no fue otro sino el propio Ratsam.

A principios de marzo, Von Hassell y Ratsam se reunieron en casa de Steinitz para estudiar entre los tres cómo utilizar los contactos de Von Hassell en Suiza para obtener un compromiso formal de los aliados. En paralelo, a Steinitz se le encomendó, junto con Beck y los otros generales afines, tener a punto el dispositivo militar y civil para sustituir al Führer.

Un mes y medio después se celebró la entrevista de Ratsam en Ginebra con el presidente de la Cruz Roja Internacional. La reunión no consiguió, sin embargo, ante la desesperación de Ratsam y de Steinitz, los frutos deseados. No se obtuvo de los aliados las garantías necesarias para que los generales, algo más dispuestos a colaborar con los planes de Steinitz y sus amigos ante la posibilidad cada vez más cercana de una guerra con dos frentes, se decidieran a avanzar seriamente en los planes para la eliminación de Kniébolo. El único camino alternativo que quedaba era intentar hablar con sir Samuel Hoare en Madrid o Lisboa y conseguir las garantías precisas.

Mientras se lograban ajustar las diferentes piezas del rompecabezas, el tiempo transcurría, y Hess mostraba cada día mayor impaciencia ante la marcha de los acontecimientos externos. Los preparativos para la invasión de Rusia se aceleraban, y el lugarteniente del Führer comenzó a rumiar en su cerebro de forma obsesiva que debía actuar con mayor iniciativa propia, aunque ello supusiera distanciarse de los deseos de Hitler.

Sus esfuerzos en pos de lo que consideraba era la única escapatoria a la destrucción de Alemania le alejaban, por primera vez en su vida, del camino estricto marcado por su Führer. Es posible que esta situación provocara un choque nervioso en el hipersensible Hess. Para evitar que los otros canales de comunicación abiertos con los ingleses se vieran perjudicados, Ratsam se veía obligado a reconducir las inquietas iniciativas de Hess a la misión que se suponía debía llevar a cabo el duque de Hamilton.

Desde los tiempos de Múnich, Hess y los Ratsam se intercambiaban con cierta frecuencia predicciones astrológicas. Gran parte de la confianza mostrada por Hess hacia Peter se debía al aparato científico que éste desplegaba para fundamentar los hallazgos astrológicos de Hess y al estrecho vínculo que los Ratsam eran capaces de establecer entre los movimientos de los planetas y la estrategia política a seguir. El adjunto de Hess, Schulte-Strathaus, pertenecía al círculo íntimo del viejo Ratsam y era uno de los mayores asesores del lugarteniente del Führer en cuestiones astrológicas y ocultistas.

La fascinación de Hess por la astrología le condujo a ahondar en su ofuscación mental y a caer en la red que los británicos habían tendido con destreza. Se convenció de que debía adoptar una decisión definitiva cuanto antes.

Hess estudiaba las cartas astrológicas cada día. El horóscopo del Führer se situaba a finales de abril y principios de mayo en un desacostumbrado punto depresivo; las predicciones sobre su persona eran señaladamente maléficas. Schulte-Strathaus le transmitió a Hess que el 10 de mayo seis planetas del signo de Tauro iban a coincidir en noche de luna llena. Esa posición de los astros era interpretada por Hess en el sentido de que los peligros que, según el horóscopo, acechaban a Hitler, debían ser cargados sobre sus espaldas, para así poder salvar al Führer de los riesgos que le amenazaban, y ofrecerle a Alemania la tan deseada paz. No en vano su consejero y hombre de confianza, Peter Ratsam, le había insistido en numerosas ocasiones sobre el hecho de que la relación entre Gran Bretaña y Alemania estaba lastrada por una crisis de confianza que era preciso superar. ¿Qué otra alternativa cabía elegir si no la de ejecutar un acto generoso que se interpretara sin ningún género de dudas como la voluntad alemana de vencer esa desconfianza?

Es difícil saber si Ratsam conocía los pensamientos que obcecaban durante esas semanas la mente del lugarteniente del Führer. Tampoco hasta qué punto el propio Hitler estaba puesto sobre aviso, por Hess o a través de terceras personas, de la decisión que se iba fraguando en su cabeza, aunque los indicios avalan ambas suposiciones.

Al parecer, el propio Peter, quien también utilizaba los conocimientos astrológicos con profusión, era el primero en estar convencido de que la constelación de planetas y astros nunca había sido tan negativa para el Führer. Ratsam y

Hess se comunicaban día tras día sus interpretaciones coincidentes sobre las estrellas. Hess estaba convencido de que el destino de Hitler dependía de lo que ocurriera en las siguientes semanas. El horóscopo de Hitler mostraba oposiciones extremadamente peligrosas. Durante esa época, Peter no se despedía de ninguno de sus amigos sin indicar que muy pronto podía ocurrir algún acontecimiento inesperado. El destino del Führer y de Alemania estaba llamado a decidirse a lo largo de aquellas semanas...

Hacia mediados de mayo, Ratsam pensó que había llegado el momento de llevar a cabo las negociaciones definitivas con los ingleses y conseguir el documento que los generales necesitaban tener en sus manos para decidir actuar. Tenía en todo caso la sensación de que los acontecimientos se precipitaban hacia su cénit.

Se fijó un encuentro con un contacto británico que podía ser muy importante. El lugar elegido para la entrevista fue Madrid. Uno de los discípulos de Ratsam recibió el encargo de organizar su desplazamiento bajo la excusa de tener que dar una conferencia en una sociedad científica española. Era la cobertura requerida para que nadie levantara sospechas sobre un viaje inesperado. Estaba previsto que Ratsam diera la conferencia el día 12 de mayo y después celebrara la decisiva entrevista con sir Samuel Hoare.

Pero el 10 de mayo, la noche en que el Führer ordenó uno de los mayores ataques aéreos llevados a cabo hasta ese momento sobre suelo inglés, Hess emprendió su sorprendente vuelo hacia Inglaterra con el fin de entrevistarse personalmente con el duque de Hamilton y negociar personalmente el armisticio.

La iniciativa, completamente inesperada, trastocó todos los planes, creando una situación insólita.

Al día siguiente se empezaron a hacer públicas las primeras noticias. Rudolf Hess, el hombre de confianza del Führer, su secretario y lugarteniente desde los tiempos de Múnich y del putsch, su sucesor designado, había atravesado el Canal de la Mancha pilotando él mismo un aeroplano y había aterrizado en Escocia, entregándose a los ingleses. Sus primeras palabras, al ser detenido por la policía escocesa, habían sido: «¡Quiero ver al duque de Hamilton!».

La propaganda se esforzaba por transmitir por todos los canales imaginables «la explicación»: Hess se había vuelto loco como consecuencia del exceso de trabajo y de sus tendencias hacia el misticismo y la nigromancia. Inmediatamente se prohibían todas las organizaciones y asociaciones teosóficas y ocultistas. Se encarceló al astrólogo personal de Hess y al propio Ostario, así como al propietario de la fábrica de aeroplanos que había puesto uno de sus aparatos a disposición de Hess, y se inició la persecución de todo aquel que hubiera podido ayudar al secretario personal del Führer a realizar su acto de «traición». Fue hecho preso también Schulte-Strathaus, el ayudante de Hess, al que éste había confiado tres cartas que debían ser entregadas en mano a sus tres muy cualificados destinatarios, el Führer, la mujer de Hess y el viejo Ratsam. En cuanto las tuvo en su poder, Kniébolo retuvo no sólo la suya, sino también las otras dos misivas, cuyo contenido jamás llegó a conocerse.

Peter había regresado desde Madrid el mismo día del vuelo de Hess. No había tenido conocimiento previo de su decisión final. Capaz habitualmente de un gran autocontrol, estaba al borde de la más completa desesperación y pensaba seriamente en el suicidio...

Poco a poco empezaron a divulgarse más detalles. Hess había volado hasta las cercanías de la residencia de Douglas Hamilton, saltando en paracaídas antes de que el aeroplano se estrellara contra el suelo. Los británicos le habían apresado a los pocos minutos de tocar tierra, sin que pudiera siquiera acercarse a la casa del duque de Hamilton, y desde entonces estaba siendo interrogado por el servicio secreto británico. Hess había supuesto en su imaginación calenturienta poder estar en situación de negociar directamente con el monarca inglés, prescindiendo de Churchill y su Gobierno, y así traerle la paz en bandeja de plata a su Führer.

Para Ratsam, se trataba de una catástrofe sin paliativos. De entre todos los escenarios y alternativas posibles jamás se le había ocurrido pensar que el resultado final pudiera ser aquél. Hess había puesto de cabeza todos sus cálculos, los planes para los que había vivido y conseguido sobrevivir a la asfixia del régimen durante los últimos años. Los Ratsam perdían no sólo a su protector, sino también su credibilidad en el extranjero y ante el propio Hitler... ¿Qué le quedaba ahora? Después de haber llegado tan lejos en las negociaciones secretas con los ingleses, una simple brizna de tierra lanzada al viento, un acontecimiento inesperado y fatal, fruto del azar y su confluencia con una mente incontrolable, enajenada, había hecho que todo se derrumbara como un castillo de naipes...

Ahora sí que se cerraba cualquier atisbo de esperanza para impedir la invasión de Rusia, tras un acuerdo con los británicos. Con la desaparición de la escena de Hess y de Douglas Hamilton como interlocutor viable, reflexionaba, angustiado, Ratsam, se evaporaba también cualquier esperanza de movilizar a los generales y lograr que se decidieran a dar el paso definitivo. Aquel acto de locura haría que la guerra alcanzara inexorablemente una nueva dimensión. Ganara o perdiera Hitler en el desafío lanzado a Stalin, resultaría ya imposible frenar la entrada de los japoneses y los americanos en la guerra, y con ello, el desencadenamiento de una guerra mundial, la primera guerra planetaria... Su propia vida corría un peligro próximo y fatal.

Poco tardó en hacerse realidad este último temor. Aquella misma noche, dos agentes de la Gestapo inspeccionaron las habitaciones de Ratsam, antes de detenerlo y conducirlo escoltado en un avión especial hasta el Obersalzberg, el refugio del Führer en las montañas bávaras.

Al llegar allí, no fue llevado a presencia de Hitler, quien, sin embargo, le estaba aguardando. Se le conminó a que escribiera cuanto antes los detalles de sus conversaciones con Hess.

Para la redacción de su declaración, Ratsam decidió elegir un camino muy arriesgado, pero que en caso de tener éxito, podía ser la única escapatoria posible. En su informe expuso de forma meticulosa y precisa sus conocimientos sobre la alta sociedad británica, las relaciones de parentesco entre la aristocracia y la corte, la psicología de Churchill y sus previsibles reacciones, las características del pueblo inglés... En todo momento dio a entender que Hess no había obrado sin el conocimiento de Hitler.

Utilizando frases obsequiosas y cercanas al pensamiento del Führer, Ratsam intentó mostrar no sólo su fidelidad a Kniébolo, por encima incluso de las intenciones últimas de Hess, sino también que todavía no se debían cerrar las puertas a una negociación en el futuro, donde sus buenas relaciones con las altas esferas del poder británicos podían seguir siendo útiles. Peter se dio cuenta con rapidez de que de su capacidad para saber tocar aquellos puntos políticamente más sensibles en la mente de Hitler dependía que siguiera con vida o fuera entregado a los verdugos de las SS.

Redactó sus alegaciones sin descansar un minuto. A las pocas horas, las había completado.

Hitler leyó su informe, pero no quiso recibirlo. Ordenó que se le trasladara al día siguiente a las cárceles de la Gestapo en Berlín, donde debía continuar siendo interrogado.

Mientras tanto, el vuelo de Hess había empezado a tener consecuencias muy negativas para los dirigentes nazis.

Gran parte de los observadores extranjeros lo interpretaron como la demostración palpable de que en los círculos más cercanos al Führer no se creía en la posibilidad de la victoria, y que Kniébolo empezaba a perder sus apoyos más sólidos. El nacionalsocialismo mostraba de repente su debilidad interna en el momento de máxima expansión militar de Hitler. Pero, sorprendentemente, tampoco los británicos parecían muy dispuestos a sacarle todo el partido a aquel golpe de gracia que había caído en sus manos...

La reacción excitada de Hitler y su camarilla fue desencadenar una nueva oleada de detenciones. Todo aquel que hubiera podido estar cerca de Rudolf Hess se convirtió en sospechoso y fue encarcelado, muchos de ellos torturados en las mazmorras de las SS o de la Gestapo. El viejo Ratsam fue detenido y confinado en su casa de Múnich.

En cuanto aterrizó el avión que trasladaba a Peter desde la capital bávara a Berlín, sus captores le condujeron a la cárcel de la Gestapo, en el centro de la ciudad. Sin embargo, las condiciones en la prisión fueron menos drásticas de lo esperado; vivía en una pequeña habitación y dormía en un camastro, sometido durante todo el día a los interrogatorios de un oficial del servicio de seguridad de las SS, cuya habitual brutalidad apenas conseguía ocultarse bajo una amabilidad forzada.

Todo ello mostraba que Hitler seguía dudando sobre las verdaderas intenciones de Ratsam. Los interrogatorios perseguían comprobar cuál había sido su participación en los proyectos de Hess. Se le acusaba de haber incitado al lugarteniente del Führer a volar a Inglaterra con el fin de comprometer el curso de la guerra y con ello el destino del Reich. Se trataba por tanto de alta traición. El castigo era la horca.

Un día se presentó ante él Heydrich, el más temible de los dirigentes de la Gestapo, el cerebro que había diseñado el aparato del servicio de seguridad. En vez de ordenar que lo trasladaran a su oficina, había preferido utilizar la sorpresa e intentar intimidar a Ratsam en su celda.

Heydrich le interrogó durante horas. Al finalizar, Peter se desplomó, exhausto, aunque satisfecho. Había conseguido centrar la atención del carnicero máximo de la Gestapo en los errores y falsedades de Ribbentrop, el responsable en última instancia de las actividades de Ratsam en el ministerio, sin desvelar nada que pudiera inculparle o descubrir su doble juego y sus relaciones con Steinitz y los grupos de oposición.

De esta manera, logró dar un giro al curso previsible de los acontecimientos. Los informes finales sobre él, tras sucesivas semanas de interrogatorios de las SS y de la Gestapo, no contenían material suficiente para condenarlo y llevarle al patíbulo. Se recomendaba, sin embargo, por motivos de seguridad, dejarle pudrirse en la cárcel.

El fallo sobre su destino dependía ahora exclusivamente del Führer, quien se dio más de un mes para dictaminar sobre su futuro. Es posible que pesaran en Hitler durante esos días decisivos para la vida de Ratsam sus argumentos en el Obersalzberg, o quizás el deseo de continuar disponiendo de una fuente de información que en el momento indicado pudiera comprometer a Ribbentrop... Lo cierto es que al cabo de algún tiempo Peter Ratsam fue de forma inesperada puesto en libertad sin cargos y logró recuperar sus responsabilidades, aunque muy reducidas y bajo permanente vigilancia, en el ministerio, ante la mirada de estupor de Ribbentrop y sus acólitos, que habían aguardado un final muy distinto. Con el transcurso de los meses, se supo que Hitler había manifestado un «interés especial» en la persona y las actividades de Ratsam; eso significaba que todavía pensaba que podía resultarle útil, también que cada uno de sus movimientos iba a estar estrechamente vigilado...

Los interrogantes siguen abiertos, aún hoy, años después. ¿Qué ocurrió en realidad entre Hess y Ratsam? ¿Cuál era la misión secreta de O'Daijin, el amigo, el protector, el antiguo miembro del círculo más estrecho de los Ratsam, unido a ellos sin duda por mucho más que lazos de lealtad y fidelidad? ¿Existía una prolongación de Thelema al otro lado del Canal, otra sociedad secreta hermana, el Vril o Círculo de la Luz, y era en algunos de sus miembros, en su familiaridad y cercanía al Gobierno británico, en quienes los Ratsam y Hess habían confiado sin sospechar, hasta caer en una trampa inesperada?

El episodio, un tanto fantasmagórico de Hess, dejaba muchas preguntas sin responder.

Heinz, el hermano menor de los Ratsam, y también al parecer el propio general, estaban convencidos de que la ceguera final del lugarteniente del Führer, su inesperada decisión, se debía a una astuta estratagema de los servicios secretos británicos.

Según la verosímil versión de los Ratsam, Hess había sido engañado por las informaciones que recibía de un astrólogo suizo que se hallaba al servicio del espionaje inglés, un experto agente capaz de establecer conclusiones sobre las posiciones astrológicas de Hitler muy similares a las de Ratsam y Hess, y hacérselas transmitir, hasta ganar poco a poco su confianza, al agitado lugarteniente del Führer.

La conjunción de los planetas y su significado podían ser fácilmente determinados. Lo difícil era conseguir que en el horóscopo de Hess, y sobre todo en su mente, obtuviera carta de naturaleza la convicción de que el 10 de mayo era una fecha particularmente prometedora para «una jornada en búsqueda de la paz» y de que el lugar para encontrar esa paz era Escocia, unida a determinadas alusiones a la residencia campestre del duque de Hamilton.

El plan del espionaje británico buscaba convencer a Hess de que determinadas personalidades de la política inglesa estaban dispuestas a acordar un armisticio con el Reich, actuando Douglas Hamilton de introductor. Al parecer, los mensajes diseminados por los agentes británicos terminaron por ganar la confianza del lugarteniente de Hitler, quien llegó a convencerse de que un grupo de británicos de alta posición que seguían siendo fervientes partidarios del Führer estaban dispuestos a colaborar con sus ansias de paz. La tela de araña, hábilmente desplegada por los servicios secretos, acabó engullendo a su presa.

Ahora bien, en realidad lo que el espionaje británico pretendía inocular en la mente de Hess no se hallaba muy alejado de lo que los propios Ratsam le transmitían desde hacía años...

Este hecho obliga a seguir planteándose no pocas preguntas.

¿Estaba Peter Ratsam al tanto de la estratagema diseñada por los ingleses? ¿Llegó incluso a participar en ella? ¿Tuvo conocimiento de las sutiles tretas del espionaje británico, y fue sólo acaso la mayor celeridad del enemigo lo que impidió que Ratsam controlara el proceso como lo tenía previsto y éste acabara finalmente escapándosele de las manos?

Su hermano Heinz lo negaba rotundamente, pero en uno de los informes redactados por Peter antes del descalabro de sus planes, descubierto poco después del vuelo de Hess a Escocia y enviado inmediatamente al Führer, Ratsam se explayaba sobre las «conexiones inglesas», mencionando a Douglas Hamilton, sir Samuel Hoare y otros destacados políticos conservadores como formando parte de una «mesa redonda de jóvenes imperialistas» deseosos de obtener la paz con el Reich, a los que también se hallaban próximos un cierto número de altos funcionarios del Ministerio británico de Asuntos Exteriores.

¿Y la extraña reacción del Gobierno, el deseo de Churchill de olvidar rápidamente lo sucedido, sin intentar sacar una obvia ventaja de la humillación de Hitler?

Los Ratsam afirmaban que en el complot para hundir a Hess habían participado los americanos. Según Heinz, aunque inicialmente el plan había sido considerado completamente descabellado al otro lado del Atlántico, sólo explicable como fruto de la febril imaginación de algunos de los más activos jefes del espionaje británico, la ayuda *oficiosa* de los americanos habría resultado indispensable para el éxito de la trama.

Lo cierto es que los estadounidenses la consideraron una vez se conoció el accidentado aterrizaje de Hess como una de las operaciones de inteligencia más afortunadas de toda la guerra y estuvieron convencidos de que, bien aprovechada por el Gobierno británico, habría podido convertirse en una gran victoria de los ingleses, precisamente en una de las horas más bajas y oscuras de su historia.

Sin embargo, Churchill apenas hizo uso de la extraordinaria baza que se le brindaba para obtener un importante triunfo de propaganda sobre Kniébolo, y al cabo de pocas semanas no pocos Estados neutrales se cuestionaban sobre si lo que inicialmente había parecido un brillante golpe de efecto al régimen nacionalsocialista no era en realidad un impacto en la línea de flotación de las clases dirigentes británicas.

En las conversaciones posteriores con su familia tras ser puesto en libertad, Peter se mostraba convencido de que una mayoría de los miembros del gabinete de Churchill se habían mostrado recelosos a explotar el vuelo de Hess por temor a que se descubriera que un número no pequeño de dirigentes británicos en posiciones influyentes eran partidarios de acercarse a la mesa de negociaciones, algo que podría ser fácilmente utilizado por Kniébolo, Goebbels y Himmler para demostrar que seguía habiendo personas próximas a sus ideas entre la alta aristocracia y la burocracia inglesas.

Quizás Churchill temía efectivamente que si apuraba demasiado la ventaja obtenida, ésta pudiera transformarse en lo contrario. Por otra parte, no estaba totalmente seguro de las maniobras que el servicio secreto había urdido, ni hasta dónde llegaba la tela de araña...

La versión oficial del Gobierno británico sobre el extraño vuelo de Hess fue la misma que la del Gobierno alemán: locura y ofuscación mental. Y el lugarteniente del Führer fue inmediatamente encerrado en una prisión de máxima seguridad sin que se le permitiera ningún contacto con el exterior, ni se divulgara ninguna información sobre los interrogatorios posteriores.

Hasta el día de hoy, aquí, en mi celda, en Núremberg, pienso que las preguntas decisivas no han sido contestadas. ¿Por qué continuó Churchill obstaculizando con tanta tenacidad cualquier apoyo a los grupos de oposición a los nazis y con ello una salida negociada de la guerra? ¿Por qué el *premier* británico optó por Stalin frente a un acuerdo con la oposición al Führer...?

XXIII

A pesar de todas las noticias y los informes que recibía, *el zar rojo* confió hasta el último momento en que Kniébolo no invadiría la Unión Soviética.

Para Stalin era difícilmente imaginable que en la situación en la que se encontraba el Reich, tan necesitado de materias primas y de alimentos, Hitler fuera a echar por la borda el pacto de amistad y abriera un segundo frente en el este.

Sin embargo, entre la población dentro de Alemania, y sobre todo entre las máximas instancias del Partido, se consumaba en esos momentos la apoteosis de dos grandes alucinaciones: el sueño de un Ejército invencible, capaz de arrollar a un enemigo tras otro en pocas semanas, y el mito de un Führer tocado por la gracia de la Providencia. Envuelto en esa oleada de entusiasmo y de veneración hacia su persona, Kniébolo perdió cualquier sentido del equilibrio, rompió el pacto con Stalin y dio la orden de atacar a la Unión Soviética... Repetía así el error fatal de Napoleón casi siglo y medio antes.

Ante la plana mayor de los generales reunidos, Hitler declaró que la ofensiva contra los bolcheviques se iba a librar como una «guerra de aniquilación». Sin prestar oído alguno a sus protestas, el Führer les martilleó que iba a repetir con éxito la estrategia de Blitzkrieg —de *guerra relámpago*— que tan positiva había resultado en el frente occidental.

Y así, a las pocas semanas de lanzarse la ofensiva, nada más empezar el verano, el Führer se apresuraba a anunciar, con gran despliegue propagandístico, que a mediados de agosto las tropas del Reich entrarían victoriosas en Moscú y el 1 de octubre la guerra contra los rusos habría acabado. Kniébolo proclamaba extasiado, imbuido de su propia ceguera, que el sometimiento de Rusia sería un efecto casi colateral del titánico esfuerzo bélico desplegado contra Inglaterra. Y Gran Bretaña, cuya resistencia en el aire duraba meses, caería después como un merecido botín... sin necesidad de pacto alguno.

Se produjo entonces un momento álgido, lo que los científicos llaman un punto de *alteración sustancial*, como cuando el gas se licúa o los cristales se solidifican.

A pesar de todas las optimistas proclamas y las victorias iniciales, augurando que las expectativas del Führer iban a volverse a cumplir, la guerra en el frente oriental se estancó. Los avances en el frente ruso eran apenas perceptibles, el Ejército Rojo resistía sin rendirse día tras día, semana tras semana, después de las primeras exhibiciones de fuerza de nuestras tropas. El gélido invierno ruso se avecinaba, amenazando con obstaculizar cualquier progreso de las operaciones militares. En toda Alemania se sufría bajo el efecto de los racionamientos, de la escasez de combustible y alimentos, la destrucción causada por los ataques aéreos enemigos y la progresiva pérdida de hombres en las trincheras.

Durante cerca de un mes las líneas del frente abierto en las cercanías de Moscú no experimentaron ningún movimiento. Hitler se vio obligado a desplazar gran parte de los soldados y del armamento del que disponía, ordenando su traslado desde Alemania o desde otros frentes, y a prepararse para librar la batalla definitiva.

Como si se tratara de los tentáculos de un gigantesco molusco que atrajera hacia sí todo lo que pudiera servir para atacar al enemigo, Kniébolo concentró delante de Moscú un gigantesco ejército de más de un millón de hombres. Era la expresión máxima del poderío militar y de la exaltación del combate del nacionalsocialismo. Como proclamaba el periódico oficial del Partido: «¡Esta vez se va a por todas, a por el copo!».

El 2 de octubre, el Führer decidió dar la orden de ataque. La enorme masa de hombres y material se movió hacia adelante con rapidez. Ese primer día, la ofensiva fue descomunal, jamás se había visto nada semejante; pero a las cuarenta y ocho horas siguientes los resultados continuaban siendo inciertos. Inquieto como un león enjaulado, preso de una ansiedad cada vez mayor, el Führer no pudo aguantar en el frente y regresó a Berlín apenas dos días después para inaugurar con un discurso descorazonador la campaña de la Obra de Auxilio Invernal.

El ambiente no era ciertamente el más propicio, a pesar de los denodados esfuerzos de Goebbels y su maquinaria por mantener el ánimo de la población, y aunque se había impuesto una censura absoluta sobre lo que ocurría.

La moral de los alemanes estaba por los suelos. A principios de año, Kniébolo había anunciado que la victoria definitiva no tardaría en llegar después del verano; ahora volvía a Berlín sin cumplir sus promesas y se iniciaba ya el tercer año de la guerra. El Führer no tuvo reparos en pregonar otra vez que la gran ofensiva estaba ya en marcha. Antes de la llegada del invierno se habría llegado al final. Luego, consternado ante el escaso entusiasmo percibido, partió rápidamente de nuevo al teatro de operaciones.

No cabía duda de que el fiel pueblo alemán comenzaba a impacientarse. Las gentes esperaban noticias sobre los resultados de los ataques. Sin embargo, desde Moscú no llegaba ninguna información. El 8 de octubre se transmitió un comunicado oficial del Mando Supremo en el que se decía que se habían hecho «progresos»... Por fin, Hitler, tras haberse detenido durante horas estudiando los mapas, como si esperara que de esa reconcentrada atención se desprendiera algún tipo de decisiva influencia sugestiva, y después de haber anunciado muy satisfecho lo positivo que se veían las cosas en ellos, llamó a su menudo e insignificante jefe de prensa, el *Doktor* Dietrich, y le ordenó que partiera sin dilación a Berlín para comunicar a la prensa mundial la buena nueva que únicamente la megalomanía creciente del Führer había conseguido detectar.

Recibí una invitación para asistir a la rueda de prensa en la que Dietrich debía comunicar la situación de la ofensiva.

Era un momento crucial en el curso de la guerra. Si Hitler lograba dominar a la Rusia bolchevique no sólo conseguía revalidar los objetivos militares que habían conducido a Napoleón a la catástrofe ciento treinta años atrás, sino que se aseguraba, además de los ilimitados recursos naturales del Cáucaso y las estepas siberianas, un ejército de más de doscientos millones de obreros a los que utilizar como esclavos, cuyo potencial de trabajo era mayor que toda la capacidad unida de Inglaterra, Estados Unidos y Sudamérica. Entonces sí era posible que Gran Bretaña cayera en los brazos de Kniébolo como una fruta en sazón...

Llamé a Antaios, que disfrutaba de unos días de permiso en Berlín, y le sugerí acompañarme a escuchar al pequeño Dietrich. Creo que le interesó tanto el contenido de lo que pudiera anunciarse como la posibilidad de observar de cerca las maniobras denodadas de la propaganda, y aceptó.

Para las grandes ocasiones era habitual que la sala de prensa del ministerio fuera dispuesta en forma de anfiteatro, y se convocara a los representantes de todas las radios y los periódicos extranjeros acreditados en Berlín. Se esperaba con expectación una declaración excepcional.

Acordamos ir juntos en el subterráneo hasta el ministerio de Goebbels, el tétrico edificio de la Wilhelmstrasse.

Antaios pasó a recogerme por mi casa. Iba vestido de civil, con un gabán de color beis y el cabello grisáceo inmaculadamente peinado. Fuera hacía un día frío y gris, de invierno berlinés, sin que los rayos del sol consiguieran atravesar la sólida capa de nubes que envolvía la ciudad.

En cuanto comenzamos a caminar hacia la estación del metro, Antaios me puso al corriente de las últimas novedades:

—Desde que fui destinado hace varios meses al Cuartel General del Ejército en París —esbozó una ligera sonrisa— mi vida ha cambiado por completo. Ahora dependo del coronel Speidel, bajo la máxima autoridad del general Von Stülpnagel. Son dos personajes increíbles, salidos de un mundo y de una época ajenos a nuestra existencia cotidiana, a pesar de que se trata de dos de los máximos responsables de las tropas de ocupación.

Mientras descendíamos por las escaleras de la estación, recordé el comentario sarcástico que había escuchado recientemente en una conversación con varios amigos. Para entender el Berlín de aquellos años era necesario pasearse por sus calles y avenidas, sentir los cambios en la atmósfera conforme la guerra iba avanzando; pero para ver y conocer de verdad a los habitantes de Berlín lo que había que hacer era viajar en metro... Allí no sólo se *veía* a los berlineses, también se les *olía*.

Era cierto. El escaso tiempo disponible a causa de la aglomeración permanente de viajeros y el gran número de trenes en actividad, hacía que resultara imposible limpiar y airear los vagones. Tampoco las costumbres higiénicas personales se mantenían tan estrictas como antes de la guerra. Un olor penetrante, mezcla de sudor, polvo y suciedad, se había ido posando, en forma de infinitas capas superpuestas, día tras día, en el techo, en el suelo y en las paredes de cada uno de aquellos desvencijados vehículos de madera que nos transportaban diligentemente hacia el centro; algo que Antaios percibió inmediatamente, nada más comenzar el trayecto.

—Me recuerda el hedor de los soldados en las trincheras —dijo, poco después de acomodarnos en el vagón—, ese momento en el que los cuerpos expelen un agua amarilla y pestilente, el sudor del miedo y de la angustia antes de iniciar el combate...

Aquel hedor se fue haciendo con los años, conforme pasaba el tiempo y la guerra parecía no llegar nunca a su fin, no sólo más denso, sino también más agresivo. En el verano parecía posible que uno llegara a asfixiarse en aquella atmósfera cerrada y oclusiva, y esta afirmación hay que tomarla literalmente, porque no era infrecuente que alguno de los viajeros se desmayase y hubiera que sacarle a respirar aire fresco en la siguiente estación.

Nos habíamos apretujado en uno de los extremos del vehículo, junto a la ventana, intentando protegernos de las miradas curiosas y los empellones de los viajeros, que intentaban sin muchos escrúpulos hacerse con el mayor espacio posible.

Encontré a Antaios con buen aspecto físico. Noté, sin embargo, que el sonido de su voz se había vuelto metálico e impasible. También sus apreciaciones resultaban asépticas y frías, como si solamente la literatura pudiera ya servirle de coraza frente a los horrores cotidianos de la guerra. La escritura transformaba, purificándola, la realidad, y Antaios aprendía, como los maestros clásicos, a sublimar la destrucción y la violencia gracias a la alquimia del arte.

—Le hablaba antes de Stülpnagel —continuó—. Es notable la sutil combinación de delicadeza, incluso de gracia, la facilidad del virtuoso, que en él se da y que hace pensar en el primer bailarín de una corte, con rasgos a la vez melancólicos y perceptivos, arbóreos... Emplea giros de la antigua cortesía española, y suele llevar botas altas de charol, y en el uniforme, botones de oro.

Pocas semanas atrás, con motivo de dictar una conferencia en París, había podido visitar a Antaios. Se trataba de la primera ocasión, desde la persecución de las SS, en la que se me permitía viajar con los correspondientes salvaconductos oficiales fuera de Alemania.

Durante esa breve estancia, Antaios había mostrado su fascinación por la Ciudad de la Luz, por sus plazas y calles, los cafés y teatros, las iglesias y sus catacumbas; también por la finura de los rostros y las bocas, y la perfección literaria del idioma, una orquesta bien modulada compuesta de sonidos agudos y graves, de provocaciones y de timideces. Juntos habíamos recorrido los puestos de los *bouquinistes* al borde del Sena, los recónditos museos, los parques y bosques, y habíamos conversado durante horas sobre la situación. Ahora volvíamos a rememorar aquellos instantes.

—Sabe usted, querido profesor —me dijo—, que sigo siendo víctima de aquellos accesos de tristeza que en ocasiones me despiertan al alba. Son sentimientos que se precipitan sobre nosotros, ante los que no cabe defensa alguna, como una tormenta de lluvia o de nieve.

Estábamos rodeados por rostros muy pálidos, semblantes enfermizos de un blanco mortuorio, de los que únicamente destacaban los ojos sin vida, reblandecidos y rodeados de anillos enrojecidos, como si tuvieran el agotamiento incrustado en la piel. Pensé que quizás, con el tiempo, uno pudiera llegar a acostumbrarse a aquellas caras sin aliento, pero esa impresión resultaba empobrecida por el contraste con los soldados que de vez en cuando subían al vagón. Entonces se advertía con claridad las diferencias entre quienes comían saludablemente y respiraban al aire libre, y los millones que trabajaban en las fábricas hasta diez o doce horas diarias, con la carencia más básica de alimentos y medicinas.

La melancolía de Antaios apenas se traslucía detrás de sus gestos, medidos y compuestos. Prosiguió, diciendo:

—Tengo la sensación de que ya no es posible permanecer durante más tiempo, como lo ordenaría la prudencia, retraído, sin salirse de los bordes que enmarcan el escenario, los límites de la representación a la que estamos asistiendo de manera obligada... Siento como si una fuerza me empujara hacia delante, compeliéndome a salir al exterior, como en el acto de nacer. En estos tiempos uno se encuentra con gentes que se sitúan al otro lado de la realidad, más allá de todo lo que está sucediendo, y que son capaces de resistir el dolor y al mismo tiempo disponen, gracias a él, de una muy afinada capacidad de percepción.

Para Antaios, haber sido destinado al Cuartel General en París significaba una auténtica liberación. Los primeros años de la guerra los había pasado en el frente occidental, gran parte del tiempo sofocado bajo una espera mortecina o reflexionando sobre las dimensiones de la devastación. Ahora vivía cómodamente instalado en el hotel Raphaël, al lado del Arco de Triunfo, y trabajaba en las oficinas instaladas en el Majestic. Se hallaba en el centro del mando estratégico, sometiendo al bisturí de su agudo análisis las reacciones de ocupantes y ocupados, de invasores y conquistados, los efectos del choque de los caracteres individuales con el curso de la historia. Un enclave crucial e inesperado en medio de la barbarie, en el interior del estómago de la Ballena.

Los oficiales bajo el mando directo de Speidel eran los responsables de realizar informes sobre la seguridad interior y el ambiente psicológico de la Francia sometida. Entre otras funciones, al capitán Antaios se le había encomendado la delicada misión de custodiar la documentación confidencial sobre las rivalidades de los diferentes niveles e instancias de las fuerzas de ocupación: los mandos del Ejército, del Partido, de las SS y de la Gestapo, los servicios secretos y de seguridad. Antaios, convertido en archivero de los pasadizos y antecámaras de la maquinaria del horror, almacenaba diligentemente toda esta información en una maciza caja fuerte de hierro instalada en su despacho.

El tren subterráneo proseguía su marcha, internándose en las entrañas de Berlín. De vez en cuando salía a la superficie, para volver poco después a sumergirse en las tinieblas.

Poco antes de entrar en una de las estaciones, el conductor del vehículo frenó con brusquedad y uno de aquellos obreros, la bolsa con sus enseres y algo de comer en la mano, perdió el equilibrio y se abalanzó involuntariamente sobre nosotros, cayendo al suelo entre los dos. Casi rozó su cara con la mía. Me fijé en que le faltaban varios dientes y los otros estaban en muy mal estado.

Los dientes... La falta de vitaminas llevaba a que la dentadura se debilitara con gran rapidez, por eso se ennegrecían y olían a muerto. Mi médico me había contado que todos los dientes, cuando se estropean, se caen a la vez, como un azucarillo disolviéndose en el agua. Los odontólogos estaban muy atareados en esa época, la mayoría de ellos se veían obligados a trabajar la mitad del tiempo para el Ejército y el resto al servicio de una clientela privada que no dejaba de incrementarse. Por eso muchos habían decidido incrementar sustancialmente sus honorarios, con el fin de ahuyentar posibles nuevos pacientes. Mi dentista decía, para disculparse, que no habían tenido otra alternativa, que no hacían más que adaptarse a los tiempos que corrían.

El hombre se levantó sin disculparse, tras proferir una exclamación. Antaios torció el gesto, parecía sumido en sus recuerdos:

—Me han estado contando lo que ocurre en el frente ruso, y, peor aún, en la retaguardia —dijo—. Me hablaron de un sujeto espeluznante, antiguo profesor de dibujo, que se jactaba de que en Lituania y en otros territorios fronterizos estuvo al frente de un comando asesino que había degollado un sinnúmero de seres humanos.

No pude evitar mirar a los ojos de algunos de los jóvenes soldados que estaban de pie o sentados con nosotros en el vagón. También yo conocía por relatos de terceras personas detalles espantosos de lo que estaba sucediendo en el frente. Los soldados parecían despreocupados, fumaban cigarrillos, uno de ellos muy rubio y con los rasgos de un chiquillo travieso de pueblo, el labio levantado, me devolvió la mirada con desvergüenza. Antaios hizo una pausa, antes de continuar:

—Tras reunir a las víctimas, el comando les ordenaba que cavasen fosas comunes y luego les obligaba a que se tendieran en ellas, uno encima de otro; entonces los mataba a tiros desde arriba, capa tras capa... Antes les robaba todo lo que tenían, los harapos que llevaban puestos, incluso la camisa y cualquier otro resto de ropa, y, sobre todo, la dentadura de oro.

De nuevo asomó en sus ojos aquella tristeza amarga, infinita. Iba, como siempre, impecablemente vestido. Sustituyendo a la corbata, se había anudado al cuello una pajarita de color claro. Cuando Antaios hacía su aparición en alguna reunión, no llamaba la atención por su aspecto marcial ni por el aura de misterio que le rodeaba, la primera impresión era la de su tenue sonrisa, una extensión de los labios finos y delicados, el rostro finamente esculpido, cuya pesadumbre no hacía sino conferirle mayor dignidad, aunque también lejanía y frialdad.

Me vino a la memoria una de las historias, narradas con indiferencia, casi como una broma grotesca, que había oído en aquellos días. Estampas obscenas del hambre que reinaba en los países conquistados. En el momento culminante de un gran concierto en honor de nuestras fuerzas, los trombones no suenan porque los debilitados músicos no tienen fuerza ni resuello suficiente para soplar...

La penuria comenzaba a hacer mella en los cuerpos y en los espíritus. Los berlineses estaban tan agotados y enfermos que la atmósfera circundante sólo necesitaba de pequeñas chispas para encenderse. Nunca habían sido particularmente amables o serviciales, pero ahora se habían vuelto histéricos y violentos. En diferentes ocasiones, las sacudidas de los frenos y las subidas y bajadas de nuevos viajeros provocaban que se escucharan gritos y palabras groseras y que algún codo aterrizara en las costillas de más de un viajero. Cuando esto ocurría, se desencadenaba inmediatamente una batalla campal de insultos, gritos y blasfemias, que cada vez se prolongaba por mayor espacio de tiempo y en la que todos los presentes parecían sentirse obligados a tomar partido. No se agredían físicamente, sólo se amenazaban, con improperios infantiles: «¡Te voy a enseñar quién soy yo, no sé qué es lo que te has creído!», o también, con cierta frecuencia: «¡Tengo un amigo que es un mandamás en el Partido, te vas a enterar!».

La frustración y la desesperanza progresiva se cebaban sobre todo entre aquel grupo social que más había contribuido a la llegada de Kniébolo al poder, los pequeños comerciantes y oficinistas, los maestros y pensionistas, el hombre de la calle, la clase media. Habían confiado en que el nacionalsocialismo diera la vuelta a las cosas, en despojar de sus privilegios a la vieja casta prusiana. Y lo que habían conseguido era aumentar la pirámide de grupúsculos ávidos de poder, la compraventa de favores y prebendas para poder subsistir. Conforme la guerra se prolongaba, más se transformaban las gentes en animalillos rapaces, en pequeñas alimañas azuzadas por el miedo, la enfermedad, el hambre y la angustia.

Antes de la guerra, por ejemplo, era habitual que las familias pasaran las veladas tranquilamente jugando a las cartas, acompañadas de una botella de vino del Rin. Ahora sólo se tenía un objetivo cada noche, emborracharse, emborracharse con cerveza, vino y cualquier sucedáneo de un mal alcohol, todo revuelto, emborracharse sin ninguna medida ni límite, para perder completamente la consciencia, para olvidarse durante algunas horas del temor, del odio y la miseria.

El miedo atávico, el terror instintivo ante la regresión a formas más inferiores y degradadas de la naturaleza había hecho que rebrotaran todo tipo de supercherías y embustes, como la frenología, las profecías, la quiromancia, la magia barata. Otro recurso habitual era atiborrarse de medicinas y píldoras a todas horas. No había comida ni otros muchos momentos del día en que no se viera a alguien sacando su cajita de medicinas de colores, convencidos de que en vez de hambre y miedo lo que les acuciaba era una enfermedad de extraños síntomas. Existía una pastilla, llamada Okasa, cuya eficacia para incrementar la potencia sexual se anunciaba como infalible, que se había convertido en una suerte de institución nacional para los alemanes. Y otra, llamada Pervitin, prometía dotar de incontrolables fuerzas de la naturaleza a las jóvenes. Muy pocos parecían darse cuenta de lo que les estaba sucediendo, y muchos menos se sentían capaces de tomar cualquier decisión al respecto. Sólo sabían que no tenían escapatoria.

Estábamos acercándonos a nuestra parada. Nos apresuramos a descender del vehículo una vez detenido. Tras subir las escaleras de la boca del metro, y una vez pudimos hablar sin recelo de que se escuchara nuestra conversación, pregunté a Antaios por sus recientes visitas a Steinitz:

—Supongo que habrá tenido ocasión de hablar con el ministro, tenía mucho interés en verle.

Antaios no me respondió.

Desconocía el detalle de lo que Steinitz deseaba comunicarle o lo que quería saber a través de él, aunque no me era ajeno que el capitán de las fuerzas de ocupación destacado en el Mando Supremo en París estaba bien al tanto de los movimientos y grupos de oposición dentro del Ejército, que contaban en la capital francesa con algunos de los altos oficiales más dispuestos. No ignoraba que sus dos jefes superiores, Speidel y Stülpnagel, se hallaban en contacto con Steinitz y sus interlocutores.

Al cabo de un forzado silencio, le volví a preguntar:

—¿Le habló el ministro de la decisión que ha tomado?

Entornando la mirada, Antaios levantó la cabeza hacia el horizonte, que aparecía envuelto en una ligera niebla de color amarillento. Había placas de hielo en el suelo, obligándonos a andar con cuidado para no resbalar mientras nos dirigíamos hacia el edificio del ministerio. Vimos a algunos corresponsales extranjeros que marchaban con paso veloz hacia el mismo lugar. Si Kniébolo había conseguido romper el cerco defensivo en torno a Moscú y derrotar a Stalin, la situación se transformaba radicalmente, el rumbo de la guerra tomaba un curso definitivo.

Tras protegerse los ojos con el dorso de la mano, cegado de repente por las ráfagas de sol que intentaban vencer a las nubes, finalmente dijo:

—Tengo un sueño que se repite muchas noches. Se parece a una pintura del Bosco, nuestro común y admirado amigo: una muchedumbre de seres humanos desnudos, entre los que se encuentran víctimas y verdugos. En primer plano, una mujer de extraordinaria belleza, a la que uno de los verdugos siega de un tajo la cabeza, que cae al suelo. Veo cada vez, en cada duermevela, repitiéndose de forma inmisericorde, cómo el tronco de la mujer se mantiene en pie un rato todavía, antes de derrumbarse. Lo extraño es que parezca deseable, incluso decapitada. Luego reaparecen otras imágenes lúgubres, de esbirros que se llevan a las víctimas cargadas sobre sus espaldas para degollarlas sin sobresaltos en otro lugar. Vislumbro que les han sujetado las mandíbulas con trozos de tela, para que el mentón no dificulte el tajo...

Dejamos de lado a una bandada de pájaros, bastante grandes y de colores blancos y grises. Batían las alas y descendían con vuelos cortos hasta rozar con las garras la nieve almacenada, buscando entre los restos abandonados algo de comida.

—Los generales siguen pensando que el atentado sería un asesinato —insistí.

Ahora sí Antaios replicó, con una leve sonrisa burlona:

—¡Los generales...! Tienen la agudeza necesaria para darse cuenta de hacia dónde van las cosas, pero les falta energía para oponerse a los que no conocen otros argumentos que la violencia. Los nuevos señores les utilizan como guardas rurales. ¿Qué ocurrirá cuando se derrumben también las pocas columnas que quedan entre ellos...? —Se detuvo, luego añadió, con voz grave—: El horror que se aproxima es mucho mayor de lo que hemos conocido hasta ahora, más lóbrego y vacío que el terror de plomo de la checa...

¿Era ésa la mancha negra y devoradora que se aproximaba, el presagio de la aniquilación, ante el que los alemanes no sabían reaccionar sino indigestándose de pastillas o corriendo a buscar el consuelo ambiguo y engañoso de la magia? ¿O lo que les movía era un terror más prosaico y superficial, el temor por sus propias vidas, por lo que les pudiera ocurrir si acababan venciendo nuestros enemigos? A un lado se hallaban Kniébolo y sus cortadores de cabezas, al otro la furia y el odio de todos aquellos a los que habíamos maltratado y sojuzgado, convirtiéndolos en siervos, los polacos y checos, los rusos, los franceses y todos nuestros vecinos. ¿Qué ocurriría si Hitler era derrotado por Stalin?

No se trataba ciertamente de una elección fácil. Los alemanes tenían ahora que escoger entre la Gestapo y las SS o la venganza de nuestros enemigos, cada día más numerosos, un dilema nada sencillo, ante el que poco podían servirnos las píldoras, aunque se tratara de aquéllas tan infalibles para elevar la potencia sexual.

Antaios continuó diciéndome que Stülpnagel, el comandante en jefe de las tropas de ocupación en París, volvía durante un tiempo a Berlín, relegado a un puesto subalterno, al mando de una unidad de defensa antiaérea. El procónsul abandonaba las comodidades del hotel Majestic. Según Antaios, había llegado a un punto de difícil retorno en sus enfrentamientos con los dirigentes del Partido, abrumado bajo el peso de las decisiones que se veía obligado a adoptar cada día y extenuado por las luchas intestinas con las SS, la Gestapo y los servicios de seguridad. «Él opta por la moderación frente a los actos de sabotaje de la resistencia francesa —me había dicho en Rambouillet, paseando en barca por el lago—, pero teniendo en cuenta la gran superioridad de sus adversarios, seguramente le ha parecido que un repliegue táctico era lo único posible».

¿Acaso resultaban verosímiles los repliegues a la retaguardia, la desaparición de la escena? ¿Dónde podría haberse escondido Stülpnagel? Quizás la Historia, con mayúscula, no estuviera aún escrita, pero nuestra historia individual, la de cada uno de nosotros, sometida a la implacable circunstancia de un régimen totalitario como el nacionalsocialista, tenía ya pocas escapatorias. No me cabía ninguna duda de que el general Stülpnagel regresaría al cabo de poco tiempo para asumir la responsabilidad que en sus manos había depositado la Providencia.

¿Podían Stülpnagel o Antaios escapar al dilema de tener que dar órdenes y ajusticiar en la horca a los miembros de la resistencia francesa que cometían actos subversivos en las calles de París, a aquellos que, en ocasiones de forma heroica, en otras, traidora y cruelmente, ponían bombas, segaban las vidas de nuestros soldados y a veces, también, las de sus propios conciudadanos?

Eran estos pensamientos los que se habían apoderado de la mente de Antaios durante todo el trayecto, los que seguían sin apartarse de su cerebro:

—El mejor regalo para la resistencia —dijo— sería adoptar medidas colectivas de represión, crear mártires, hacer que con un solo disparo se pudieran desencadenar enormes remolinos de odio. Ésos son los argumentos de Stülpnagel frente al Mando Supremo en Berlín y la Gestapo, eso es lo que les repite y causa su enfurecida repulsa: «Las represalias consiguen lo contrario de lo que se proponen».

De repente, surgiendo de la niebla, divisamos enfrente de nosotros la mole aún desdibujada del ministerio de Goebbels. Antaios pareció querer responder a lo que le había preguntado:

—¿Los atentados...? Hace tiempo que estoy convencido de que los atentados modifican poco las cosas y, sobre todo, no aportan ninguna mejora. El efecto de tales acciones se sustrae al cálculo. Los he estudiado en diferentes momentos a lo largo de la historia, y casi siempre desencadenan fuerzas completamente distintas a aquellas que el autor sospechaba...

—Es lo que le ocurre a Hamlet, como le escribí hace ya meses —repliqué.

Estas palabras no parecieron inmutarle. Añadió:

—En vez de cambiar la dirección de los acontecimientos, los atentados modifican su ritmo: los sucesos se hacen más acelerados, o se ralentizan.

Sentí de repente una ráfaga de rencor, de celos. Hoy los juzgaría como injustos. Pero en ese momento pensé que era yo quien le había sugerido a Antaios que reflexionara sobre la naturaleza de los atentados, yo quien le conducía hacia no pocos de los caminos y senderos que luego recorría en sus obras literarias; él quien necesitaba de mí. Pero era Hans Antaios, mi otro yo, mi *Doppelgänger,* mi doble y a la vez tan diferente de mí, quien residía en el hotel Raphaël y era invitado a las recepciones y a las veladas literarias, a los círculos artísticos, mientras yo continuaba pudriéndome en un Berlín azotado por la disentería.

Con frialdad de entomólogo, altivamente, Antaios dijo:

—Se puede observar que, en general, el atentado, si bien no favorece a la causa de la víctima, en todo caso la impulsa con energía hacia delante y la desarrolla hasta sus consecuencias últimas.

Habíamos llegado a pocos metros del ministerio. Mostramos nuestra documentación en el puesto de guardia y se nos franqueó la entrada.

En el interior, las telas de color burdeos y los pesados cortinajes de época continuaban decorando el teatro del palacete que Goebbels utilizaba como su cuartel general. La gran sala se encontraba rebosante de corresponsales de todos los países, sentados impacientes en las filas de sillas mientras cuchicheaban en voz baja. Al fondo, en el antiguo proscenio, se había colocado una mesa de roble alargada, en torno a la que pululaban, yendo y viniendo atareadamente, un sinnúmero de mandatarios con uniforme; manchas de color marrón, verde o gris, y en dos variedades de azul, moviéndose ágilmente sobre el improvisado escenario.

En las filas de asientos de delante se habían aposentado altos mandos del Ejército con condecoraciones en la pechera, jerarcas del Partido y funcionarios del ministerio.

Se iban a anunciar las primeras noticias oficiales que llegaban desde el frente tras el inicio de la ofensiva sobre Moscú y todo apuntaba a que estábamos a punto de vivir un momento histórico.

Como no dejaba de ser habitual en casi todos los acontecimientos organizados por el Partido, con excepción hecha de cuando hablaba el Führer, la llegada a Berlín de Dietrich, su leal jefe de prensa, se produjo con precisa impuntualidad.

Llevábamos un buen rato esperando sentados al fondo de la sala cuando vimos cómo de repente se alteraba el rumor de las conversaciones, los grupos de uniformados y funcionarios se reorganizaban hasta formar una falange de bienvenida al enviado del Führer, quien entró con la sonrisa en la boca, extendiendo el brazo con un saludo tenso y caricaturesco que imitaba el gesto de su patrón.

Siguieron los apretones de manos durante largos minutos, nuevos saludos con el brazo en alto, y multitud de cámaras que se encendían y apagaban con un efímero fogonazo. Luego, detrás del podio sobre el que se había instalado Dietrich, se descorrieron las cortinas que ocultaban el muro y se descubrió con lentitud, buscando deslumbrar a los asistentes, un gran mapa en el que estaba representado la mayor parte del territorio ruso hasta los Urales.

Dietrich finalmente reveló la noticia que se había estado aguardando con tanta expectación.

Las últimas unidades del Ejército Rojo, dijo con voz firme, habían sido apresadas por dos grandes tenazas formadas por las tropas del Reich a pocos kilómetros de Moscú y se hallaban al borde de su completa destrucción.

No cabía, pues, ninguna duda. La ofensiva había sido un éxito y en pocas semanas Kniébolo conseguía de nuevo lo imposible, un triunfo inesperado y definitivo sobre sus enemigos y los que desconfiaban de él. Con los incombustibles recursos naturales de la geografía rusa, el Führer tendría ahora en su mano la llave para poder dirigirse con todas sus fuerzas contra los ingleses. La guerra en el frente oriental se había decidido y ahora sólo quedaba vencer la obstinación de Churchill...

Sin embargo, sorprendentemente, los periódicos de la mañana siguiente no destacaban ninguna frase del discurso del *Doktor* Dietrich ni tampoco el parte oficial desde el frente.

Las gentes en la calle parecían haber recuperado de improviso, gracias a las buenas noticias, el optimismo y el buen humor. Los rostros, tan abatidos durante los meses anteriores, volvían a alborozarse. Comenzaron a circular los rumores: «Stalin ha solicitado ya el alto el fuego», «Moscú ha caído hoy a mediodía»...

En los días siguientes, las librerías se llenaron de gramáticas de ruso y de manuales para principiantes. Todos querían lograr un puesto importante en la nueva y rica colonia. Se publicó un discurso en los periódicos de uno de los principales dirigentes del Partido, con el título: «El futuro económico de Europa está asegurado». Volvían a oírse canciones patrióticas y la población se mostraba eufórica ante la posibilidad de que los soldados pudieran regresar a casa por Navidad. El ambiente había cambiado de raíz; ahora todo el mundo retozaba como niños pequeños ante el regalo del tan anhelado fin de la guerra.

Poco a poco los mensajes en la prensa y en la radio fueron desvelando la magnitud del engaño...

En las jornadas posteriores al discurso de Dietrich todavía se podían leer noticias anunciando que «La ofensiva en el este estaba ya decidida», o bien: «Unidades del Ejército Rojo se hallan al borde de ser destruidas».

Al cabo de algunos días lo que se publicaba era ya bastante más descorazonador: «Las operaciones en el este siguen adelante según el plan previsto». Después de varias semanas cualquier referencia a la gran operación contra el Ejército ruso había desaparecido de los titulares.

Las consecuencias fueron devastadoras para la credibilidad del régimen. A partir de ese momento, entre Goebbels y los alemanes se levantó un muro de desconfianza que ya no volvería a ser demolido. Comenzaron a proliferar los chistes sobre el famoso discurso del pequeño Dietrich. Una caricatura que corría de mano en mano enseñaba a un oficial de propaganda junto a una trinchera sosteniendo en la mano un gran cartel en el que se podía leer: «¡Rusos! ¡Habéis dejado de existir!», y firmaba: «Dietrich».

A raíz de este suceso se produjo un hecho muy significativo: las ventas de los periódicos bajaron drásticamente y la gente empezó a escuchar únicamente lo que decían las radios extranjeras, sobre todo las de Londres y Moscú. La BBC británica se convirtió en más fiable para los alemanes que lo que sus dirigentes les ensalzaban.

La realidad se hizo súbitamente mucho más dura y más incómoda de aceptar. Las Navidades se acercaban; las tiendas y los comercios estaban vacíos. No había alcohol para preparar los licores navideños, ni carne de ganso o de conejo para la comida de Navidad. En las tiendas de juguetes sólo se podían encontrar dados de cartón, uno de ellos con el título «Bombas sobre Inglaterra». Las largas colas delante de los comercios empezaron a hacerse interminables.

Hasta al cabo de bastantes semanas no volvió a llegar otra noticia del frente ruso, ahora afirmando que nuestras tropas habían conquistado una ciudad llamada Rostov que se hallaba situada a orillas del río Don. Enmarcado en negro, se decía también que había sido necesario evacuar seguidamente a las tropas a causa de los ataques de la población contra nuestros soldados...

Comenzaba la contraofensiva del Ejército Rojo desde pocos kilómetros a las afueras del mismo Moscú. Kniébolo se había enzarzado en un combate a muerte contra Stalin que duraría todavía más de un año, hasta la debacle de Stalingrado.

En ese mes de diciembre de 1941, otro hecho decisivo vino a sumarse a las desventuras que ya no dejaron de azotar a Alemania. Los japoneses atacaron la base americana de Pearl Harbor en el Pacífico, y con ello se produjo la entrada de Estados Unidos en la guerra. A la continuidad de las operaciones en el frente ruso y el occidental, a las batallas en el norte de África, se añadían ahora los ilimitados recursos de la gran potencia transatlántica; el conflicto se convertía en una conflagración mundial que alcanzaba los cinco continentes. Pocos días después del ataque a la base estadounidense en el Pacífico, el Reich y la Italia de Mussolini declaraban formalmente la guerra a los norteamericanos.

El fiasco del vuelo de Hess a Escocia y los sucesivos fracasos de la estrategia negociadora de Ratsam, Steinitz, Von Hassell, Goerdeler y los demás mostraban ahora algunas de sus más negativas consecuencias. Hitler se encontraba frente a los dos grandes imperios, el soviético y el anglosajón, sin recursos materiales, sin alimentos, hombres o armas para seguir combatiendo con posibilidades de éxito en una lucha en la que el Reich apenas contaba con algunos aliados frente a un número incontable de enemigos.

XXIV

A principios del año siguiente, Washington había conseguido que otros veinticinco países firmaran junto con Estados Unidos un protocolo para llevar a efecto los principios de la llamada Carta Atlántica, organizándose como «Naciones Unidas» y adoptando el compromiso de no llegar a acuerdos de paz separados con el Reich y Japón. Era la mayor alianza nunca conocida de la era moderna.

Poco después, el nombramiento de Speer como nuevo ministro de Armamento y el relanzamiento de la producción en el interior de Alemania hizo posible que Hitler continuara la guerra.

Un día, inesperadamente, llegó la primavera.

Amaneció clareado. El sol, todavía débil, jugueteaba con las ráfagas del viento del este que parecía no iban a desaparecer nunca, pero los árboles, las plantas y una tímida eclosión de flores en los parques y en las avenidas mostraban la inflexible mudanza de la naturaleza.

Sentí cómo la sangre bullía de nuevo. Llamé a un joven amigo, Nicolás, y le propuse, como otras veces en los últimos años, dar un paseo por el bosque del Grunewald.

Era el hijo de una de las grandes figuras de la Universidad de Berlín, al que yo respetaba como uno de los patriarcas de la ciencia alemana. En su casa solíamos reunirnos junto con otros profesores y diplomáticos, con escritores y artistas, rodeados por los libros y protegidos por la serena discreción de la señora de la casa, una princesa rumana treinta años más joven que su marido.

Ella, de una belleza imperturbable, elegante, de ojos de gacela y pómulos salientes, cuyo padre había sido también un conocido profesor en su país natal, admiraba mis libros. Nos intercambiábamos frases, citas escondidas, claves para encontrar pasadizos recónditos. Desarrollamos una relación personal hecha de sobreentendidos y de astucias intelectuales. ¿Acaso es posible que en algún momento nos llegáramos a amar...? No lo sé, no lo creo, puede ser que a su manera... Yo era capaz de abrirle parajes ocultos que no hubiera hallado fácilmente sola, guiar su inteligencia y su imaginación. Quizás en otro tiempo y en otro lugar...

Yo seguía siendo el Enano Listo, el gran maestre del retablo de las maravillas guardadas tras los secretos. Y Nicolás era un joven despierto, apenas terminaba la escuela y comenzaba la universidad en esos años, un muchacho sensible con el que probar el efecto de mis descubrimientos, mi capacidad de levantar el velo de lo desconocido...

Acababa de bajar del tranvía. Era alto y desenvuelto, me sacaba fácilmente una cabeza. Llevaba una camisa blanca, con los primeros botones desabrochados, la chaqueta colgando encima del hombro; una mente dispuesta, como la cera, una curiosidad ávida.

Le abordé nada más comenzamos a caminar:

—Fíjate, Nicolás, seguro que nunca te has parado a pensar en lo que hay detrás de las historias de bucaneros y corsarios. Los cazadores de ballenas, los filibusteros y piratas que, con poco más que una carta de patente de la reina de Inglaterra en el bolsillo, fueron capaces de recorrer los mares y conquistar un imperio para su soberana.

Me miró con sorpresa; no se esperaba que empezara hablándole así. La temperatura había aumentado débilmente desde las primeras horas de la mañana y los rayos del sol comenzaban a calentar, cada vez de forma más perceptible.

Preguntó, con ojos despiertos:

—¿Se refiere, profesor, a la época de los descubrimientos, al momento en el cual cambia la idea que se tenía del mundo?

—Así es, Nicolás. Fue algo inaudito, imagínate el desafío que suponía la apertura de los océanos, de repente se rompieron los límites, y el mar apareció en toda su inmensidad. Fue una experiencia completamente nueva. Hay que ponerse en el lugar de aquellos aventureros que hasta entonces sólo habían conocido la tierra firme, los límites de los territorios marcados por las fronteras y el poder de los soberanos. Ahora tenían ante sí la libertad infinita de los mares. Debieron de sentir una sensación de amplitud sin restricción alguna, y así los corsarios se transformaron rápidamente en conquistadores...

Yo llevaba un sombrero y el bastón en la mano, con el que hurgaba de vez en cuando en la arena, a veces descubría piedras de formas insólitas o algún pequeño cristal que reflejaba la luz del sol y la transmitía en todas las direcciones. Mientras reflexionaba, Nicolás se agachaba, cogía los cristales en la mano, los limpiaba y entonces refulgían, su mirada iluminada reflejando lo que acaba de descubrir en su mente.

—El mar libre... —se quedó callado unos instantes—. ¿Qué es lo que les hizo imaginar? ¿Por qué fue tan importante?

Hice una pausa, otorgándole a aquella pregunta toda la relevancia debida:

—Date cuenta de lo que significa que una isla, Gran Bretaña, se separe de tierra firme y se convierta inesperadamente en un gran barco, en un buque que se adentra en los océanos y se apodera de los mares. Es un barco corsario que se adueña del mar, que no necesita ya de un Estado ni de norma legal alguna, ni siquiera de un Ejército permanente, como de los que dependían para defenderse los Estados europeos del continente. Al pueblo inglés no le hizo falta la soberanía del Estado y sus leyes, le bastó la libertad abierta de los mares para transformarse en una potencia mundial, la mayor potencia del mundo.

Nos estábamos adentrando por los senderos de tierra arenosa del Grunewald.

No se divisaba a nadie, todavía era una hora bastante temprana. Delante de nosotros, a unos cincuenta metros, las hojas verdes de los abedules y las hayas se destacaban entre las masas arbóreas de los viejos robles, y las trepadoras parecían haber recuperado nueva vida. Se veían rosales silvestres, e incluso algunas campanillas y margaritas, que comenzaban a despuntar entre la hierba crecida. En ocasiones, mi bastón se tropezaba con una piedra o una roca hundida más voluminosa. En otros momentos, nos deteníamos y contemplábamos con satisfacción el horizonte, cada vez más despejado. Una agradable y cálida sensación de felicidad en medio de los avatares de la guerra.

Había conseguido despertar el interés de Nicolás, ahora me miraba con cierta inquietud, preparado para sumergirse conmigo en un viaje hacia corrientes más profundas.

Quiso saber, mientras fruncía ligeramente el ceño:

—¿Inglaterra se convirtió en un gran imperio gracias a la idea de que los mares eran libres?

—¡Eso es! Y aunque te parezca extraño, se trata del acontecimiento más importante, el que de manera fundamental ha determinado el curso de la historia moderna. De ahí surge la idea de un nuevo derecho que ya no es continental, que ya no se halla vinculado al territorio y a la soberanía. Es el derecho de los pueblos y de una nueva Humanidad... Palabras como mar abierto, libertad, civilización, Humanidad y paz son todas de ese nuevo mundo.

Me miró, sin entender.

—Date cuenta, en comparación con Inglaterra, Alemania no ha sido nunca más que un modesto Estado europeo aferrado a la tierra. Ése ha sido nuestro destino, la historia de un país encerrado en los límites marcados por sus fronteras. ¡Al lado del Imperio británico, el Reich alemán no es más que un chiste, una broma macabra!

Nicolás no parecía estar muy de acuerdo. Se puso de espaldas al sol para poder observarme con detenimiento, y preguntó, precipitadamente:

—¿Quiere usted decir que Alemania está condenada a la derrota, que no hay salida para la guerra?

—No vayas tan rápido. Déjame que te explique... Al convertirse en la dueña de los mares, la isla llamada Inglaterra dejó de pertenecer a Europa. Y luego, cuando la reina de Inglaterra pasó a ser también la emperatriz de la India, los ingleses se transformaron en una potencia asiática, una potencia mundial, ya no europea, como nosotros. Se adelantaron al signo de los tiempos, de alguna manera determinaron el rumbo de la historia...

Habíamos ido caminando hasta acercarnos al lago interior del parque, rodeado de coníferas y ahora deslumbrante en la luz plena de la mañana. Unos patos juguetones chapoteaban en el borde y se veían también juncos y nenúfares.

—Pero lo más importante es saber a quién se le ocurrió esa idea, la genial creación de un Imperio que se extiende por todos los mares, la aparente extravagancia de coronar emperatriz de la India a la reina Victoria. ¿Sabes quién fue?

—No.

—¡Fíjate, esto es muy importante! A Disraeli, el gran mago. Fue durante décadas el primer ministro de la reina, su adorado «Dizzi». Un judío emigrado a Inglaterra que escribía novelas y soñaba con un reino universal... Nada de todo eso habría sido posible si no se hubiera unido el poder del Imperio a la idea de la civilización.

—¿Los ingleses se convirtieron en los civilizadores de los otros pueblos? —preguntó Nicolás.

—Eso es. Ellos asumieron la misión de civilizar al resto de la Humanidad. Quien aceptaba sus reglas pasaba a ser considerado miembro del club de los civilizados, miembro de la nueva Humanidad.

—¿Y por qué esas ideas estaban dirigidas contra Alemania?

—Todo lo que ha ocurrido en Europa desde entonces ha sido una lucha para dominar con las ideas a los demás pueblos... ¡La paz, el progreso, el triunfo de la Humanidad aquí en la tierra! Eso es lo que susurró el gran mago en el oído de su reina. ¿Lo entiendes, Nicolás?

Noté cómo sus ojos volvían a brillar, inquisitivos. Ahora empezaba a vislumbrar que el momento actual, los acontecimientos de la guerra, quien venciera o fuera derrotado, eran parte de las líneas de un gran diseño en el que se entremezclaban sombras y claroscuros, el mapa de la historia universal. La cuestión era comprender quién acabaría poseyendo el sentido, quién se adueñaría de las claves para poder interpretar y darle su verdadero significado a lo que estaba ocurriendo.

Se detuvo, mientras reflexionaba, para volver a preguntar:

—¿Dice usted que Disraeli escribía novelas...?

Nos acercamos a uno de los bancos de madera situados en la proximidad de la ribera del lago. La tranquila placidez de la superficie de las aguas se iluminaba según la intensidad del sol, cambiando por momentos. Contemplamos durante unos instantes el espejo del lago, liso y sosegado. A veces reverberaba con tonalidades azules, luego las aguas parecían doradas, y de color grisáceo cuando se entrometía alguna nube.

Nicolás observaba la línea de la superficie del lago con los ojos entornados y recogía cada cierto tiempo piedras pequeñas, de forma redonda y plana, que lanzaba, saltarinas, al agua. Divisé entre la hierba una lagartija que movía nerviosamente el cuerpo estrecho y la larga cola entre la hierba, como un minúsculo pero decidido dragón, una gran ambición de la naturaleza que habitara el mundo de Liliput.

Al cabo de unos instantes, respondí:

—Sí, publicó varias. En una de las más conocidas, un joven aristócrata, de nombre lord Montacute, zarpa con un grupo de amigos en dirección a Tierra Santa, con la esperanza de encontrar en los lugares sagrados una señal que le indique el camino que debe seguir en una época de desconcierto y confusión. Allí se enamora de una hermosa muchacha, Eva, que le abre los sentidos y la mente a un nuevo y más profundo conocimiento.

Me interrumpió, con gesto inteligente:

—¿Como si se tratara de una iluminación o de una especie de iniciación?

—Así es, Nicolás. A través del enigma de Eva, de su dolor y de su orgullo, de su obstinada resignación, el joven aristócrata inglés se adentra en el misterio de su pueblo. Te diré otra cosa que te sorprenderá: ¿a que tampoco sabes quién fue el primero que habló de que la historia es una lucha de razas, el primero que comprendió que la misión del pueblo elegido era conquistar el mundo aliándose con las nuevas ideas que habían hecho posible el Imperio inglés?

—¿Disraeli?

—Ahora entenderás por qué ese cuadro de tamaño natural que preside mi estudio no es un retrato de Federico el Grande, ni tampoco de Bismarck, sino del gran brujo, del primer ministro de la reina de Inglaterra...

Nicolás no pareció sorprenderse. Hice una pausa, luego añadí:

—Si lo que mueve la historia es la sangre y la raza, entonces no cabe duda de que existe un pueblo superior a los otros, de que sólo hay una verdadera raza en la que la sangre y el espíritu están estrechamente unidos.

Me dirigió una mirada profunda, de incomprensión:

—¿Qué quiere decir...?

—Disraeli fue el primero que interpretó la historia de la Humanidad como una lucha entre razas. Luego otros, como el conde Gobineau o Chamberlain, le siguieron en ese camino. Era una idea nueva, dotada de una gran energía. Eso lo intuyó Hitler muy pronto, pero su instinto de carnicero, de jabalí herido, está llevando a Alemania a la destrucción.

Nos levantamos y nos pusimos a andar de nuevo. Empezaba a sentir el estómago hambriento y supuse que a Nicolás le debía de estar pasando lo mismo.

Ahora ya se veían otros paseantes por el bosque, familias con niños pequeños que se separaban de repente de las manos de sus padres y se ponían a correr hacia los árboles e intentaban trepar por el tronco, antes de que el padre o la madre con gesto adusto les conminara a descender inmediatamente, y también chicas jóvenes de aspecto lozano, endomingadas con sus vestidos de fiesta, cogidas del brazo de soldados con el uniforme recién planchado.

Volvimos a penetrar en la espesura del parque, donde el camino se hacía algo más estrecho antes de abrirse luego a una explanada enmarcada por bustos y esculturas clásicas, griegas y romanas. Había figuras de Apolo, el dios de las artes, de Zeus, tronando desde el Elíseo, de Artemisa, mostrando sus ubérrimos pechos, y —me pareció, casi ubicuamente— del dios Marte, ataviado con casco guerrero. Más adelante, prolongando el paseo de caballos, todavía había más esculturas, representando ahora a personajes de la historia de Prusia, escritores y poetas célebres, sus científicos y naturalistas, príncipes y reyes.

Al terminar de atravesar la alameda, vimos que sobre las cortezas de algunos troncos habían clavado unos carteles. Pensé que se podía tratar de algún anuncio de compraventa de productos de primera necesidad, jabón o pan, cada vez más escasos, como no era infrecuente encontrarlos en aquellos tiempos colgados en las arboledas laterales de las grandes avenidas berlinesas.

Nos acercamos. En uno de ellos se podía leer: «Cambio un excelente retrato del Führer por una sartén casi nueva». En otro, escrito precipitadamente, se había garabateado con furia, invirtiendo el sentido de las frases de la propaganda oficial: «¡Stalin vence!». Y un poco más lejos, allí donde la maleza se hacía más tupida, pero visibles desde donde nos encontrábamos, las fotografías de los principales dirigentes del régimen aparecían con los ojos perforados...

A lo largo del paseo habíamos seguido conversando sobre las historias que narraba Disraeli. Le hablé también del increíble sentimiento de superioridad y orgullo que se escondía tras el deseo de construir un mundo en el que se hubiera barrido cualquier rastro de la vieja fe.

Después quise explicarle cómo debía leer los libros:

—En cualquier libro siempre hay una frase que es la principal, la que resume todo lo que su autor ha querido decir al escribirlo. Te voy a enseñar cuál es la frase principal de la novela de Disraeli. ¿Sabes qué es lo que escribió? Que «el cristianismo es judaísmo para el pueblo».

De nuevo, Nicolás se detuvo, ahora manifiestamente incómodo.

Continué, sin darle tiempo a reaccionar:

—¿Y qué es lo que quiso decir con eso?

No esperé a su respuesta:

—Te lo explicaré. Creo que quiso decir que los dos mil años de historia de civilización occidental no son sino un pálido reflejo de lo que tiene que llegar, un gran Imperio universal, un gigantesco titán sin límite ni frontera alguna, impulsado por el deseo de bienestar y felicidad, por el afán de realizar el reino de los seres humanos en la tierra y de arrumbar, marginándolo y olvidándolo, al viejo buen Dios...

Mi joven amigo no entendía, se rebelaba contra lo que le estaba contando:

—¿Pero por qué los judíos? —replicó, con un hilo de voz que se fue haciendo más severo, hasta casi mostrar cólera—. Yo les conozco, tengo amigos, he pasado muchas horas disfrutando de la música en sus casas, hasta que comenzaron a emigrar. En la escuela eran mis mejores compañeros; pero los demás me insultaban porque les viera, empezaron a aislarme, no tuve más remedio que romper con ellos. ¡Cuántas de las mejores casas de nuestro barrio se pusieron en venta, una tras otra, y ellos desaparecieron! ¡De muchos he oído que se los llevaron a los campos...!

No quise contestarle directamente. Preferí dar un pequeño rodeo:

—Bismarck tenía razón. El viejo león prusiano... —le dije, examinando atentamente si seguía mis pensamientos—. ¿De qué le sirvieron sus sarcasmos contra la fe en el progreso, contra el humanitarismo y el pacifismo, contra la creencia ilimitada en la ciencia y la técnica? En las bocas de sus enemigos la palabra *civilización* se convirtió en una locomotora desbocada lanzada a gran velocidad a la conquista del planeta. Bismarck solía decir que «el viejo judío tiene razón», pensando en Disraeli, su gran adversario, con envidia. De ahí no pudo salir. Le llamaba «su amigo», una muestra de respeto que no utilizaba con ninguna otra persona, ni siquiera con su rey. ¿Qué iba a hacer Prusia contra un Imperio universal...? «Con Dios, por el rey y la patria»: ¿dónde pretendíamos llegar con esas frases que envejecieron con tanta rapidez? Bismarck conocía su inferioridad ante Disraeli y lo que Disraeli significaba.

Me detuve. Luego añadí, apenas con un hilo de voz:

—Yo también, yo también les admiro...

Es difícil que Nicolás hubiera podido mostrar mayor sorpresa:

—¿Usted les admira? ¿Cómo es posible? ¿Usted...?

Yo sabía muy bien por qué recelaba. Durante los años de colaboración con Göring y con Frank su padre me había negado la entrada en su casa. Me convertí en un proscrito. Elena me devolvió los libros que le había dedicado, todas mis anotaciones estaban tachadas con tinta negra; en un arrebato de furia me escribió que, después de Adolf Hitler, era la persona que más odiaba en el mundo... Fue cuando pronuncié la conferencia sobre la presencia del espíritu judío en la ciencia jurídica alemana.

Durante un buen tiempo eché de menos el olor de los cigarrillos egipcios, el babel de idiomas que se entrecruzaban y el perfume de mujeres de mundo que inundaban el *boudoir* de mi querida amiga. Luego, con los años, las cosas se calmaron. Pero sin duda Nicolás había sido testigo de todo aquello... Sí, yo también me sentía fascinado por aquella habilidad, aquella extraña sabiduría que había sido capaz de darle la vuelta al mundo y apoderarse de él. ¿Cómo lo habían hecho?

—A través de engaños y añagazas, Nicolás —proseguí—. La técnica de los poderes indirectos. Ése fue su gran descubrimiento. Nuestro Fausto no es más que una pobre parodia de lo que ellos consiguieron. Primero, las imágenes de la cábala, luego la salida de la sinagoga, y después, Marx, Freud y Einstein. Fueron horadando desde dentro el imponente edificio del viejo orden, erigieron un trono a la sospecha, hasta que las paredes empezaron a derrumbarse como si se tratara de papel...

Nos dirigíamos hacia la extensa avenida de salida del Grunewald. El cielo seguía despejado, aunque se había levantado una brisa cortante. De repente, casi sin darnos cuenta, aparecieron andando apresuradamente hacia nosotros dos agentes de la policía de seguridad, vestidos con sus negros uniformes, los correajes de cuero y las insignias relucientes bien visibles en las solapas. Conforme se nos aproximaban, pude ver que uno de ellos llevaba el bigote recortado *a la káiser*, una imagen de tiempos ahora pasados; la cicatriz que le recorría la cara, desde los párpados hasta la comisura de los labios, me hizo sin embargo recordar a Röhm. El otro era más delgado y caminaba dando largas zancadas, las botas aplastando con energía cualquier sombra de insurrección.

Pasaron junto a nosotros y se dirigieron hacia la arboleda que habíamos atravesado con anterioridad. Ahora pudimos comprobar cuál era el objetivo que les había llevado hasta el parque: con muestras de gran enfado, los gestos bruscos de los brazos y las manos semejantes a las aspas de un molino de viento, arrancaban con violencia y luego desperdigaban en pequeños pedazos que se llevaba el viento —parecían, una vez iniciado el vuelo, mariposas blancas desde lejos— los carteles en los que se habían agujereado los ojos de los máximos dirigentes del régimen y aquéllos en los que se anunciaba que la derrota era ineludible, que Stalin y Roosevelt vencían.

Un aire de preocupación se había apoderado de Nicolás desde hacía un buen rato. Sentí cómo el estómago se quejaba, gruñendo. Alma nos estaba esperando en casa, y seguramente habría preparado un buen refrigerio. A duras penas se conseguía una alimentación mínima con la cartilla de racionamiento, pero ella, a través de las relaciones que mantenía con sus compatriotas serbios, seguía recibiendo de vez en cuando productos del campo que aliviaban nuestra escasa despensa, sobre todo para la niña.

Una vez fuera del parque, nos dimos prisa para coger el tranvía, el M, que se detenía en ese momento en la parada. Conducía sin transbordos hasta mi casa de Dahlem. Seguí dándole vueltas en la cabeza a la conversación anterior. Era Marx quien al final había tenido razón, en ésta y otras premoniciones suyas: en la sociedad capitalista todos los cristianos se habían convertido en judíos. Así se había roto cualquier freno, se había quebrado cualquier cortapisa al deseo de riquezas y de dinero, al ansia de apropiación. El final de la guerra no sería sino la señal para que la nueva era planetaria pudiera dar comienzo...

Pero Nicolás se había distanciado con sus pensamientos. Volví a retomar el hilo inicial, las aventuras de los corsarios en el mar abierto.

—¿Has visto todo lo que se puede esconder detrás de una simple historia de piratas?

Se le había puesto un gesto mohíno, parecía absorto y enfadado. Noté que algunas de mis palabras le habían hecho daño. Intenté averiguar qué pasaba por su cabeza. Sabía que podía confiar en mí, en otras ocasiones me había confiado sus dudas íntimas: la pesada carga de un padre famoso y erudito, la lejanía y frialdad de la madre, las vacilaciones de un adolescente sobre cómo orientar su vida...

Le pregunté qué le ocurría.

Por fin, tras volver a insistirle con suavidad, dijo, con un grito:

—¡Pero yo amo a una judía...!

Me quedé sin poder moverme, petrificado.

—Es muy hermosa, la conocí hace dos años en casa de un pintor donde iba a tomar lecciones de dibujo a escondidas. —Su rostro se mostraba apesadumbrado—. Es mi Rosa de Sarón, como la Eva de lord Montacute. Su padre era amigo de los míos, yo solía ir a clases de baile con su hija cuando éramos pequeños... Han sufrido muchísimo, fueron sometidos a terribles pruebas, apenas sobreviven gracias a la protección de un pariente que está en el Partido.

Le respondí con poco tacto, sin percibir la profundidad de sus sentimientos :

—¿Sabes que eso es muy peligroso, que puedes acabar en la cárcel?

Nicolás respondió con el orgullo ostensiblemente herido, casi con violencia, los ojos encendidos:

—¡No me importa! No puedo entender el odio de los nazis a los judíos —me espetó—: ¡Usted mismo...! Es como si quisiéramos destruirnos, como un ataque de ira contra nosotros mismos. Eran los mejores de la clase, los más sensibles, todos tuvieron que marcharse. No lo comprendo. ¿Por qué esta ansia de aniquilamiento, por qué este rencor...? A veces pienso que es un sentimiento de inferioridad.

Se interrumpió, pensando que yo reaccionaría despechado, quizás enfurecido, pero me callé, no dije nada.

Luego, algo más calmado, con un susurro, sin que de la sorpresa pudiera yo articular durante un buen rato una sola palabra, añadió:

—Creo que usted la conoce, que conocía a sus padres, hace años... Se llama Rahel, es hija de los Freudenberg, del editor. Rahel, Rahel Freudenberg.

Durante el resto del trayecto fue imposible intercambiar una sola frase entre los dos. Después llegamos a casa, todavía sintiéndonos incapaces de romper el tenso silencio.

La niña nos recibió en la puerta con grandes muestras de alegría. Aunque tenía algunos años menos que Nicolás, eran amigos desde hacía tiempo. Solía ser un habitual de las modestas fiestas de celebración que organizábamos para el cumpleaños de la pequeña. Hospitalaria como siempre, Alma había preparado en un plato hondo, en el centro de la mesa, unas cebollas gordas y redondas, cebollas dulces de su patria, y al lado pan y una jarra de agua fresca.

—¿Quieres que te enseñe cómo se comen las cebollas serbias? —le preguntó Alma a Nicolás nada más sentarnos a la mesa. Nuestra pequeña sonreía, eran momentos inesperadamente felices, como un último recuerdo que se pierde en las tinieblas que ya no dejaron de rodearnos. En ese instante mágico, la guerra pareció quedar muy lejos.

—Hay que hincarles los dientes en el centro, sin despellejarlas —continuó Alma—. Sólo así se siente en la boca todo el sabor áspero y jugoso, el sabor de la tierra y las simientes.

Luego trajo vino de la misma región, denso y corpóreo, el perfecto contrapunto para el gusto áspero que nos había quedado en la boca.

Alma se dio cuenta de que mi cabeza estaba bullendo. Ella actuaba como ángel protector de la casa y de mí mismo. Sus ojos oscuros irradiaban una inesperada ternura. Me dijo, con un gesto entre alborozado e irónico, riéndose de mí, pero sin menosprecio:

—Querido profesor, olvídese de todas esas ideas que vagan por el éter y por su calenturienta mente. Son fantasmas, espectros... Regrese a la tierra, disfrute de nuestro buen y acogedor vino. ¡Échelos, arrójelos fuera, son transparentes como las crisálidas, y dentro sólo esconden humo!

La guerra continuaba, extendiéndose hacia nuevos espacios. La radio y los periódicos transmitían la noticia de que los americanos habían capitulado ante los japoneses en las Filipinas. Rommel abría con sus blindados la ofensiva en dirección al Canal de Suez, mientras nuestras tropas parecían recuperarse e intentaban aprisionar a los aliados en una pinza que se extendía desde Oriente Próximo hasta el Cáucaso.

Habían comenzado también los bombardeos masivos de las ciudades alemanas. Más de mil aparatos se precipitaban con sus explosiones incendiarias sobre el cielo de Colonia en un solo día mientras Himmler reclamaba para sus SS el mando sobre los planes de reasentamiento de grandes masas de población en el este.

A principios del verano, la noticia de que nuestras tropas habían conquistado Sebastopol, y con ello Crimea, insufló nuevo optimismo a la población. Stalin retrocedía, Leningrado podía caer. También llegaban rumores de que la decisión del Führer de dividir el Cuerpo de Ejército en el frente oriental había alimentado las críticas de los generales.

En el Atlántico, los submarinos conseguían hundir un gran número de barcos enemigos, gracias a que los aliados no lograban descifrar nuestros códigos marítimos. Poco después se dio a conocer que los británicos estaban planeando el desembarco en el norte de África y abrir así un segundo frente en Europa.

La cercanía de la invasión aliada en el norte de África hizo que Stalin diera la orden de interrumpir drásticamente la retirada y se hiciera fuerte en Stalingrado. Al cabo de pocas semanas se iniciaba la ofensiva del general Paulus contra la ciudad, obedeciendo las directrices personales del Führer, frente a la opinión del Mando Supremo, que consideraba suicida trasladar más tropas desde el Cáucaso. El jefe del mando militar, el general Halder, no tardó en ser destituido por Hitler, tras meses de durísimos enfrentamientos con el Führer.

Durante ese tiempo, en el que se hizo patente nuestra creciente debilidad ante un número de enemigos y de lugares de operaciones militares cada vez mayor, una pregunta obsesiva no dejaba de apoderarse de mi cerebro.

¿A qué tipo de guerra nos estábamos viendo arrastrados? ¿Hacia dónde nos dirigía? ¿Qué sentido tenía continuar ampliando el escenario de las hostilidades después del sometimiento de Polonia y de la invasión de Francia?

La revisión del *Diktat* vergonzoso de Versalles había sido la misión histórica de Kniébolo. Al principio se había tratado de una guerra convencional. ¿Pero ahora? ¿En qué se estaba convirtiendo todo aquello? ¿Dónde nos conduciría? ¿En qué punto excéntrico acabaría?

Los dos frentes iniciales, en el oeste y en el este, se multiplicaban. ¿Cómo interpretar lo que estaba ocurriendo...?

Se trataba en realidad de dos guerras distintas. En el este, una lucha ideológica contra el bolchevismo y las ansias de expansión imperiales del Kremlin, que Kniébolo había transformado en una guerra de exterminio; mientras que en el oeste, tras la entrada de los americanos, librábamos un combate naval por el dominio mundial de los mares. Un desafío descomunal al que era obvio que antes o después no podríamos hacer frente.

Desde la perspectiva de los aliados nos habíamos convertido en piratas, en enemigos del género humano, en «fueras de la ley». Corríamos el riesgo de ser estigmatizados como enemigos de la Humanidad. Piratas no son solamente los corsarios del mar, el capitán que hace ondear la bandera negra, sino también el barco y sus ocupantes, todos, desde el primero hasta el último. Si el navío pirata es apresado, se les ahorca a todos: se les cubre de cadenas y se les cuelga a uno detrás de otro, exceptuando sólo a los prisioneros. Contra los que están fuera de la ley, no hay perdón posible.

Pero también en el este habíamos quebrantado las reglas de la guerra, y el Reich no reconocía ya a adversarios, sino únicamente a «razas inferiores» a las que había que aniquilar. Antes o después, aquel odio se volvería contra nosotros.

Había dejado de ser una guerra convencional, con objetivos territoriales concretos. Lo que estaba en juego era un nuevo orden, el interrogante sobre la sucesión de Gran Bretaña como primera potencia mundial. Y la entrada de Estados Unidos en la guerra había respondido definitivamente a esta cuestión: la alianza entre Churchill y Roosevelt no era otra cosa sino la transmisión de aquel legado.

Los americanos se convertirían en los herederos del viejo Imperio de la reina Victoria. Eso significaba también que no tardaría mucho en hacerse evidente que los verdaderos enemigos eran en realidad Estados Unidos y Rusia, aunque todavía participaran por algún tiempo de un pacto desigual.

Europa estaba, así pues, sentenciada. Y en el centro de Europa, Alemania, condenada a lo que no era sino un gran error de cálculo, una lamentable pérdida de la perspectiva de consecuencias destructoras incalculables. ¿Cómo encontrar la fórmula para salir de aquel atolladero, de aquel callejón sin alternativas al que Kniébolo nos conducía?

Fue una espantosa sensación de debilidad, de impotencia ante la requisitoria inapelable de la Historia la que me atenazó durante esos meses, esos últimos años, en los que la seguridad de la derrota fue alcanzando sus perfiles cada vez más nítidos.

Me llegaban, esporádicamente, mensajes, a veces detalles más precisos, sobre lo que Steinitz, Ratsam y su círculo seguían maquinando. En ocasiones nos citábamos para ir juntos a alguna de las representaciones teatrales o a los conciertos que todavía se podían escuchar, intentando no olvidar los tiempos dorados de Berlín. Steinitz todavía esperaba, sin perder la confianza, en que yo diera el paso...

A pesar de su puesta en cuarentena después de la fallida aventura de Hess, Hitler continuaba mostrando un interés especial por Peter Ratsam. El Lobo recelaba de su antiguo consejero áulico. Pero cada vez que se dejaba llevar por una de sus aficiones preferidas, la de contemplar un mapa del mundo sin que le cegara la fe en su destino providencial, Kniébolo tenía que llegar a la conclusión de que frente a los recursos naturales casi inextinguibles de América y la Unión Soviética no tenía otra salida posible que no fuera conseguir un armisticio en Europa con los ingleses. Algo que la entrada en la guerra de los estadounidenses había hecho casi imposible.

En ese tiempo viajé con frecuencia a dar conferencias a París. Necesitaba la conversación con Antaios, respirar el aire de otros lugares, salir fuera de un asfixiante Berlín.

El primer día de una de esas visitas viajamos hasta la bella ciudad de Chartres, a visitar la catedral, que yo no conocía todavía. Cuando llegamos, observamos, sin embargo, que estaban reparando las vidrieras de colores, y que con ello se perdía una de las dimensiones principales del edificio. Pero ni el trayecto por la campiña francesa ni la conversación con Antaios me defraudaron. Durante el regreso, Antaios me comunicó que esa noche se me había invitado a cenar en un restaurante con algunos de los altos oficiales del Cuartel General.

Después de la cena, excelente, y aún más viniendo de Berlín, las conversaciones en el reservado comenzaron a girar sobre algunas de las cuestiones que angustiaban a Antaios y a los otros oficiales, como la de las ejecuciones. Se habló también sin cortapisas del atentado. Había unas voces más decididas, para las que se trataba de la única y urgente solución, y otras que se expresaban con mayor cautela. Comprobé, como Antaios me había anticipado, que allí, en el cerebro de las fuerzas de ocupación en Francia, bajo el manto protector de los generales Stülpnagel y Speidel, se había creado una suerte de caballería templaria que celebraba sus sesiones en el vientre de la Ballena e intentaba preservar limpia la mirada para el futuro inmediato...

Durante esa velada, Antaios relató el viaje que por motivos de servicio había realizado a una región alejada de París, donde debía hacer entrega de un prisionero en el hospital. Se vio obligado también a una visita al manicomio. Allí le salió al paso una mujer cuya locura consistía en murmurar sin interrupción, como una salmodia, *Heil Hitler!*

Habló asimismo de su cuñado Kurt, un aventurero, destinado en el frente ruso, y de sus quejas en una carta reciente en la que afirmaba tener casi congeladas la nariz y las orejas. Decía que se veían forzados a llevar a rastras a los camaradas más jóvenes, a los que se les habían helado los pies.

Luego la conversación derivó hacia otro de los temas que más seguían preocupándoles, las medidas a adoptar frente a los atentados de la resistencia francesa. La mayoría de los oficiales presentes coincidía en que las represalias a menudo sólo conseguían lo contrario de lo que se proponían. Así es como se había llegado a la paradójica situación de silenciar en los informes al mando una gran parte de los actos de sabotaje que tenían lugar.

Al día siguiente fuimos a pasear por las Tullerías, bañadas por las fuentes, donde relampagueaban, furtivos, los rayos del sol. Era un día de otoño tardío; una jornada festiva que había impulsado a muchos parisinos a salir de sus casas y pasear por los jardines. Luego recorrimos las orillas del Sena y caminamos hasta los Campos Elíseos.

Me resultó extraño encontrar todavía por las calles mujeres elegantes, en comparación con la grisura que dominaba Berlín. Algunas llevaban unos sombreros nuevos, muy estilizados, en forma de turbante, como si se tratara de Torres de Babel multicolores. Conversamos sobre los consejos de guerra que en ocasiones debía presidir Antaios; también de nuevo sobre las ejecuciones sumarias.

Era día de fiesta. Antaios iba vestido con un traje gris claro y corbata de rayas, los ojos más hundidos de lo habitual. Me había escrito sobre sus enfermedades, los ataques de melancolía que en ocasiones se enseñoreaban de él durante semanas y hacían que su cuerpo se debilitara y perdiera peso. Como yo bien sabía, la frialdad exterior de

Antaios buscaba proteger una sensibilidad que se hallaba abrumada por el desconsuelo ante la destrucción y la barbarie.

Nos detuvimos junto a uno de los puentes del Sena, contemplando el magnífico atardecer que comenzaba a posarse sobre las líneas perfectas de Nôtre-Dame y los edificios de la isla de París. Se había levantado una ligera brisa.

Antaios rompió el silencio en el que nos había sumido la belleza de la ciudad. Era palpable su alicaído estado de ánimo:

—He tenido que presenciar varias ejecuciones, un espectáculo poco recomendable, aunque me interesó observar a los verdugos... Es curioso que para este tipo de trabajo se presenten sobre todo personas cuya profesión es la de matarife de caballos. Percibí un cierto timbre de orgullo en esos individuos, como si la costumbre de cortar las cabezas con el hacha fuera un rasgo de privilegio frente a quienes lo hacen con la guillotina. En una ocasión, el verdugo, que se había quitado el frac para decapitar a la víctima, se presentó después ante el consejo de guerra en mangas de camisa, con la chistera ladeada en la cabeza y el hacha todavía goteando sangre en la mano izquierda. Levantó la otra mano, y después de gritar *Heil Hitler!*, añadió lacónicamente: «Ejecución cumplida».

—Hay autores que intuyeron ya hace más de un siglo la encrucijada en la que nos encontramos —le repliqué. Tampoco yo estaba en mi mejor momento anímico, pero confiaba en que la conversación desplegara sus influjos curativos—. Todo lo que dijeron entonces sigue siendo de una enorme actualidad. Rusia y Alemania; la decadencia de Europa frente a América... Existen sismógrafos que ahondaron en los estratos de la historia que estaban por llegar y no dudaron en utilizar el escalpelo de su fría mirada.

—El horror se extiende como una fina capa de mineral —dijo, ensimismado en sus pensamientos, Antaios— y lo impregna todo de un color y una textura distinta. Se está producendo la degradación a los estadios zoológicos más primitivos del ser humano. O quizás se trate de una evolución en el tiempo, la prefiguración de un futuro que ya no es humano...

Se interrumpió para pasarse la mano por la frente, como si sintiera un sudor frío que le traspasara el cuerpo y ante el cual apenas pudiera protegerse. Luego añadió:

—En alguna de esas ejecuciones, he visto a médicos anatomistas expertos en el cerebro que estaban al acecho del golpe definitivo del verdugo, como buitres en busca de carroña. Los querían para experimentar con ellos, y no podían dejar pasar demasiado tiempo después de que la cabeza se hubiera separado del cuerpo.

Antaios se detuvo, observando con atención el río. Señaló con el índice las palabras que se podían leer en uno de los arcos del puente, garabateadas a toda velocidad con trazos de tiza blanca: «1918», y al lado, en otro de los arcos, con letras más grandes: «Stalingrado».

Luego me dijo que había seguido reflexionando sobre la saña que algunos colaboracionistas empleaban contra sus propios compatriotas. Después prosiguió, parpadeando de nuevo frente al brillo del sol:

—Una vez, antes de la ejecución de un hombre que se había ahorcado en la celda, pero al que habían descolgado aún con vida, los anatomistas de los que le hablaba se agolparon al pie del cadalso. Al parecer, tras esa forma de tentativa de suicidio se manifiesta en la vida posterior del individuo una enfermedad mental característica. De la misma manera que la predisposición a quitarse la vida con la soga apunta ya en ciertas alteraciones del cerebro...

Continuamos andando, recorriendo los muelles del Sena por la parte de abajo, desde la Place de l'Alma. De vez en cuando nos deteníamos ante los pequeños puestos de los libreros junto al curso del río, comentando alguno de los volúmenes que llamaban nuestra atención. Nos sentamos después en la barandilla cerca del cauce y estuvimos viendo correr el agua. Antaios me hizo observar los arbustos que florecían en una de las rendijas del muro. Una de las flores tenía siete cabezas de color amarillo y no dejó de señalarme, con la premiosidad del naturalista, que se había posado en ella un gran moscardón de intenso color verde metálico.

La naturaleza no conseguía pacificar su espíritu. Con gesto abrumado, retomó la conversación, diciendo:

—¿De dónde saldrán todas estas fuerzas luciferinas, los rostros de los desolladores y asesinos, esas energías devastadoras, ahora tan próximas, que sin embargo nadie había visto antes y ni siquiera sospechado?

En nuestra correspondencia nos relatábamos con frecuencia los sueños, las imágenes del despertar antes del amanecer o aquellas otras visiones que irrumpen en la mente en el mismo centro de la noche; sombras en las que en ocasiones aparecía Kniébolo, junto con otras personas, o bien premoniciones y presagios del futuro, los rostros del infortunio... En los últimos tiempos me hablaba de imágenes repetitivas en las que aparecían serpientes y unas formas extrañas que se asemejaban a naturalezas prehistóricas.

Le observé fijamente, deteniendo mis pensamientos. Parecía estar ausente. ¿A quién veía en mí? ¿Únicamente a aquel que le servía para desbrozar los caminos, alguien que le resultaba útil, un acompañante en el intento de explicar lo que sucedía por debajo de la superficie? ¿Solamente eso? ¿O acaso aquella complicidad fuera ya excesiva para él...? Pensé durante unos instantes en la barrera insalvable que nos impide franquear el secreto que todo ser humano guarda.

Antaios continuó con voz más apagada, los ojos fijos en el agua:

—Esas fuerzas estaban presentes en potencia. La novedad es que se han hecho visibles, han sido liberadas de su prisión, permitiendo ahora que causen daño a las personas. —Se interrumpió brevemente. Con la mirada ahora perdida, dijo—: Un conocido que ha regresado del frente ruso me contó el mecanismo que allí se utiliza para matar a los prisioneros. Con el pretexto de medirlos y pesarlos se les ordena que se quiten la ropa y se los lleva al «aparato medidor», cuya espantosa función es accionar el fusil de aire comprimido que les dispara un tiro en la nuca.

Luego se refirió, inesperadamente, a Hans Frank, a la fama de criminal —el «carnicero del este», le llamaban— que le acompañaba desde poco después de ser nombrado comisario del Reich para Polonia. Al parecer, había creado en torno suyo una corte de personajes sin escrúpulos que rivalizaban en su capacidad para enriquecerse. Y la reina sin corona de aquel execrable ceremonial de lujo, sangre y corrupción era Brigitte...

Mientras hablaba, recordé uno de los sueños de serpientes sobre los que me había escrito.

En él Antaios se veía rodeado de un grupo de gente, excursionistas o exploradores del siglo pasado que se hallan desorientados en medio de un campo inundado por la lluvia que no ha dejado de caer desde varios días atrás. Para resguardarse del agua y del barro se refugian bajo un bosquecillo de encinas envejecidas, en la cima de un montículo. A la vez, grandes masas de serpientes, centenares, miles de serpientes, reptando, enroscándose, intentan llegar a los islotes todavía secos donde se concentran los hombres. Éstos golpean a los animales con sus bastones y los lanzan al aire para alejarlos de allí, pero lo hacen con tanta dificultad que las serpientes, medio destrozadas, pero todavía capaces de morder, vuelven a caer cerca de las demás personas. Eso provoca el pánico, y la gente intenta desesperadamente salvarse arrojándose al agua encenegada. Uno de aquellos animales medio muerto le llega a morder también a Antaios, que en su cabeza no para de pensar: si la canalla dejase en paz a esos animales, todos estaríamos seguros...

La alameda a orillas del Sena estaba muy animada. Se divisaban soldados, a veces iban tres o más en grupo, que eran vigilados estrechamente por la mirada, mezcla de odio, temor y respeto, de los paseantes. También se veían parejas de enamorados que caminaban entrelazados y de vez en cuando se inclinaban el uno hacia el otro, besándose.

La ciudad se nos presentaba como un obsequio, llena de una vitalidad que fructificaba más allá de la destrucción. Antaios observaba las calles, los edificios y las viviendas de París como almacenes del pasado en los que se contenía una sustancia tejida con el material de las vidas anteriores, registros pródigos en memorias de toda índole, abundantes piezas de convicción sobre el juicio al que estaba siendo sometida la urbe y cuya sentencia aún no había sido pronunciada.

Me habló también de los sucesos de canibalismo en el frente ruso, que según aseguraban algunos no era una práctica aislada:

—Un oficial que ha sido destinado a nuestro departamento contó que circulaban historias sobre el comercio de órganos, y también sobre la degustación de algunas partes del cuerpo, como los testículos... Parece que lo que subyace a esa costumbre no es sólo el hambre. Se dice que se ha capturado a partisanos que llevaban en su mochila esos órganos con fines de trueque, para cambiarlos por cigarrillos.

El aire del mediodía vibraba, atravesado por algunas nubes vaporosas. Fuimos hacia el Marché aux Puces, el mercadillo de objetos y cachivaches diversos. Comentó que aquella combinación confusa de muebles, cuadros y telas, de bronces y metales variados, de encuentros con restos de épocas tan distintas, le transportaba al mismo estado de ánimo con que se lee *Aladino y la lámpara maravillosa*, un lugar en el que se mezclan de forma poco común Oriente y Occidente. No era inhabitual, además, que, perdidas entre baratijas de poco valor, se hallaran en ocasiones joyas y piezas únicas y valiosas.

Cuando salíamos de aquel lugar, un hombre que llevaba un violín bajo el brazo izquierdo, reconociéndonos como alemanes, se acercó por detrás a Antaios y le tocó la espalda. Luego nos dio a los dos un fuerte apretón de manos, al tiempo que nos miraba en silencio, pero con cordialidad. Nos quedamos gratamente sorprendidos por aquel gesto insólito, sólo explicable por el hecho de ser músico aquel individuo.

Al dirigir después nuestros pasos hacia las calles que rodean la iglesia de la Madeleine, Antaios me preguntó:

—¿Sigue usted buscando, estimado profesor, la fórmula mágica, el *ábrete sésamo* por el que hallar la rendija que nos permita escapar del maleficio de Kniébolo...? No creo que, como todavía parece confiar su amigo Steinitz, los ingleses tengan el menor deseo de interrumpir esta partida que comienza a ser tan favorable para ellos.

—Steinitz se muestra ahora cada vez más partidario de dejar que Hitler se pudra en su propia ciénaga hasta el final. Opina que los nazis han conseguido oscurecer completamente el cerebro de los alemanes, y confía ya casi exclusivamente en una revolución interna de palacio —le contesté.

Antaios sentenció:

—Mientras Kniébolo esté en activo, seguirá siendo el imán que aglutina la alianza contra Alemania.

—El ministro piensa que solamente alguien muy cercano al Führer puede estar en situación de llegar a eliminarlo. A esa posibilidad dirige ahora todos sus esfuerzos.

Le hablé de los retazos de información que yo había ido recopilando de aquí y de allá, hasta completar el cuadro sobre la alucinante aventura de Hess, al que algunos habían empezado a llamar, con sorna, el «Parsifal motorizado».

—Canaris y su gente en el espionaje debían de estar bien enterados de lo que ocurría, pero dudo que le pasaran toda la información a Kniébolo... Por lo que me dicen, los canales de transmisión entre Canaris y sus colegas del otro lado son más fluidos de lo que podría esperarse de servicios secretos enemigos. Peter Ratsam no andaba tan desvariado en sus sospechas sobre los verdaderos autores del enredo...

Antaios pareció meditar estas palabras, los ojos grises concentrados, luego agregó:

—Siempre estuve convencido de que Hitler debía estar enterado de los planes de Hess. Quizás los Ratsam confiaran demasiado en sus contactos en Inglaterra, en su capacidad de ser escuchados y de influir. He oído decir que el viejo general se ha convertido ahora en uno de los críticos más acérrimos del régimen.

Antaios se detuvo unos instantes, mientras sonreía con frialdad:

—Se podría hacer sin dificultad la galería de retratos de los frondistas en el estómago del Estado totalitario. De un lado, Steinitz, Ratsam, Von Hassell, Beck y el propio Halder; más los Stülpnagel y Speidel, aquí en París. De otro lado, Canaris y sus agentes. Un buen repertorio de intérpretes en busca de su representación maestra...

Mientras seguíamos recorriendo las calles de París con cierto aire de cavilación, conversamos sobre el relato de un escritor del siglo pasado en el que yo me sentía particularmente interesado:

—Usted sabe —dije, mientras intentaba desviar su atención de los pensamientos sombríos que le atenazaban— que he comparado nuestra situación a la del capitán Benito Cereno, esa hermosa y desazonadora historia que contiene una metáfora muy actual.

Me miró, con cierta curiosidad.

—El relato del orgulloso bergantín español —continué— que navega sin rumbo y sin timonel, después de que haya caído en manos de los marineros amotinados. Una vez reducido e inconsciente, el capitán don Benito es apresado por el cabecilla de los sublevados, el negro Babo, quien se hace con el control del buque. Otro barco, de pabellón americano, se acerca a auxiliar al navío español, bajo el mando de alguien que premonitoriamente se llama Delano. Pero los americanos no se dan cuenta de lo que está sucediendo en el interior...

El rostro de Antaios recuperó repentinamente su frescura. Aliviado, y con una solemnidad algo sarcástica, exclamó:

—¡Ahí vuelve usted a mostrar de nuevo su sutileza en el arte de la interpretación, querido profesor! Detrás de la narración ha sabido leer su significado histórico.

Hizo un ademán teatral, como si estuviera dispuesto a hablar ante un auditorio mayor. Luego añadió:

—Son, en efecto, presentimientos de lo que está ocurriendo ahora. La rebelión de los esclavos, la superficialidad de los americanos, incapaces de darse cuenta de lo que está sucediendo, la resignación trágica de Europa, presa por un lado de la furia vengativa del submundo emancipado y, de otro, de la ingenuidad de Delano. Sí, recuerdo todavía con un estremecimiento cómo los negros llegan a apoderarse de los últimos restos de un mundo que acaba...

Asentí con la cabeza:

—Aquella escena en la que el monstruoso Babo afeita con un afilado cuchillo la garganta del capitán español, y cada vez que lo desliza sobre la piel parece que vaya a asestarle el corte definitivo, al tiempo que hacia afuera aparenta mantener una actitud de lealtad, incluso de cordialidad... ¿Sabe lo que le sirve de toalla para secar el cuchillo? ¡La bandera del rey de España!

—¡Las cloacas de los asesinos y los torturadores! —dijo, ahora ligeramente exaltado, Antaios—. En eso nos hemos convertido los alemanes, eso es Alemania, gracias a Kniébolo. La revolución nacionalsocialista no ha significado otra cosa sino una rebelión de los espíritus inferiores, una oleada informe y salvaje procedente del submundo... Hitler es ese Babo.

—Los esclavos —proseguí— son incapaces de maniobrar con habilidad el barco, y sólo así consigue salvar su vida el capitán. Siguen necesitando de su conocimiento, de su pericia técnica. Pero no dejan de vigilarle, con el cuchillo cerca del cuello. Es el terror, la dictadura de la plebe.

Observé, como en ocasiones anteriores, que Antaios tardaba involuntariamente en responder a cualquier insinuación o advertencia que pudiera haber pulsado alguna de sus fibras interiores. Su espíritu huía, rechazaba cualquier intento de penetrar en su ser. También a nosotros se nos vigilaba, con el alfanje bien afilado dispuesto a caer sobre nuestras cabezas si cometíamos el menor error...

Por la mañana Antaios había estado conversando sobre los antiguos ritos al dios Baal, la ofrenda de los hijos al fuego, un sacrificio que había transformado a esa divinidad de los asirios en una deidad voraz. Esa ofrenda se efectuaba para que la ciudad perdurase... Yo le había recordado aquella frase bíblica: «Tened sal en vosotros, y estad unos con otros en paz». Y había añadido: «O seréis salados con otra sal». Luego él había descrito los fragmentos de una conversación escuchada en un compartimento de tren, de la boca de un teniente que venía de Rusia. Su batallón había perdido un tercio de sus efectivos por culpa de las congelaciones, que en muchas ocasiones obligaban a amputar las piernas. El teniente contaba que al principio la carne se volvía blanca, inmaculada, después, progresivamente, adquiría un color negruzco, fétido, como la herrumbre... Se decía que en el frente oriental se hallaban hospitales militares dedicados exclusivamente a los soldados que tenían congelados los órganos más débiles; también corrían peligro los ojos. Al *Fuego*, concluía Antaios, se agregaba ahora *la Helada*, con sus malvadas cuchillas.

Añadí, mientras Antaios fijaba los ojos en un punto inexistente del horizonte:

—Hace falta reflexionar una y otra vez sobre el final de la historia de Benito Cereno. Don Benito se salva saltando desde la cubierta del buque al bote enviado por el capitán americano, quien al fin ha comenzado a desconfiar de Babo y de la extraña conducta de los sublevados. Babo se precipita detrás de su rehén para matarlo, pero éste consigue escapar de sus manos y hacerles por fin ver la verdad a los americanos. El salvaje es aherrojado en grilletes, conducido ante un tribunal junto con los otros cabecillas, y condenado por sus crímenes, antes de morir bajo el hacha del verdugo.

Casi sin mover los labios, como recitando una plegaria, Antaios susurró:

—«Disfruta de la guerra, la paz será terrible...».

Después añadió, de nuevo absorto en sus pensamientos:

—El miedo de los alemanes a lo que les depara el dominio de los vencedores comienza a extenderse a todos los niveles.

—Lo más angustioso —concluí— es que don Benito no puede gozar de su libertad recobrada. La sombra de Babo sigue acechándole, no consigue despojarse de quien se ha convertido en su enemigo más cercano, en su otro yo... En el juicio a los rebeldes apenas puede describir los detalles del motín. Al final, sólo le queda refugiarse en el silencio y solicita retirarse a un monasterio que lleva el nombre de monte de la Agonía.

Entonces Antaios, con la mirada imperturbable y apenas una ligera vacilación en la voz, como volviendo de un largo viaje interior, dijo:

—He estado conversando en las últimas semanas con un sacerdote, un experto que practica exorcismos. Afirma que el Mal aparece siempre primero como Lucifer, el portador de la Luz, para luego metamorfosearse en el Diablo, el Disgregador, y acabar mostrándose como Satanás, el Aniquilador...

Luego, de forma cortante, con los ojos cansados resplandeciendo, susurró:

—El giro de Diablo a Satanás es cada vez más claro en Kniébolo.

Después regresamos al hotel, donde tras un refrigerio, nos recogimos en nuestras habitaciones.

Al día siguiente, volvimos a recorrer otras calles y zonas de París.

A la entrada de una iglesia medieval había una muchacha joven de pelo negro que no dejaba de mirarnos. Me llamó la atención la expresión intensa de su rostro: sentí claramente que observaba a los dos invasores alemanes con un odio extraordinario. Mientras estábamos contemplando la fachada románica de la iglesia, se acercó de frente hacia nosotros. Era obvio por sus gestos y su semblante contraído que nos odiaba, que deseaba hacernos daño. Temí que se pudiera producir algún altercado o que fuera armada.

Tenía unos ojos azules cuyas pupilas se habían contraído hasta quedar reducidas a un punto. Se hundían sin disimulo en los ojos de Antaios, como si deseara clavar en ellos un aguijón mortífero. Afortunadamente, pasó a nuestro lado sin apenas rozarnos y se dirigió al interior del templo. Pensé que aquel odio sin paliativos ni matices expresaba sin palabras el nuevo nivel de degradación en el que nos habíamos adentrado.

Luego Antaios quiso llevarme al museo de las serpientes, y también al Museo del Hombre, antes de que regresara a Berlín.

El Museo Serpentológico no se hallaba demasiado lejos.

Era un lugar peculiar, inesperado, por la repulsión unida a la atracción que despertaba. Cuando se traspasaba el dintel de la puerta, el visitante se encontraba transportado repentinamente a un paisaje meridional enclavado entre jardines laberínticos y macizos rugosos de rocas.

Los cuerpos de las serpientes reposaban adormecidos en terrarios de cristal y de mármol; eran de coloración negra o multicolor, a veces de tonos metálicos y relampagueantes. En otras estancias se podían observar detrás de las vitrinas instrumentos artísticos y etnográficos con los que se representaba la figura de la serpiente a lo largo de los siglos. En una de las salas, que se encontraba al fondo de los jardines, entre las grutas, la serpiente aparecía como símbolo dedicado a Esculapio, el dios de la curación. Se trataba de la imagen de un poder a la vez venenoso y medicinal, la curación escondida tras la inoculación del tóxico...

Después visitamos el Museo del Hombre, lleno de máquinas de todo tipo y de aparatos que mostraban la capacidad racional del ser humano, pero donde también se hallaban expuestos utensilios utilizados para las artes mágicas y rituales de las más variadas culturas. A Antaios le fascinaba la duplicidad a la que se halla sometida la naturaleza humana, el reflejo de una época como la que vivíamos, de grandes transformaciones violentas.

El atentado... Antaios seguía obsesionado con las consecuencias ambivalentes de cualquier intento de atentado. Me transmitió la opinión de uno de los oficiales más activos, quien opinaba que alrededor de los generales existía en ese momento un movimiento oscilatorio, una expectativa insatisfecha que hacía pensar en aquel dicho del Evangelio: «¿Eres tú el que tiene que venir o hemos de esperar a otro?».

XXV

A comienzos del año siguiente, 1943, en la Conferencia de Casablanca, Roosevelt y Churchill establecieron que el objetivo de las fuerzas aliadas debía ser la capitulación sin condiciones del Reich. Ello suponía como primera acción inmediata hacer más intenso el bombardeo de las ciudades alemanas, llevar a cabo la destrucción planificada de los centros industriales y de producción.

Fue un gran error, que no hizo sino unir de forma inseparable el destino de los alemanes al de Kniébolo; a partir de ese momento, cualquier ciudadano alemán que hubiera experimentado alguno de los masivos ataques de los cazas aliados iba a hacer todo lo que estuviera en su mano para secundar a su Führer hasta el final y, por supuesto, impedir cualquier aproximación al enemigo.

Poco después, la derrota del VI Cuerpo de Ejército en Stalingrado dio un vuelco definitivo a la guerra. El Führer se hundió en una profunda depresión anímica, de la que ya no saldría hasta el final. La reacción de los dirigentes nazis fue el famoso discurso de Goebbels en el Palacio de los Deportes, llamando a los alemanes a la «guerra total».

A partir de la catástrofe de Stalingrado, Kniébolo dejó de dirigirse a la población en actos públicos, relegando esa función en su contrahecho ministro de Propaganda. Desde ese instante, y a pesar de las renovadas ofensivas en el frente, las victorias se hicieron esperar, hasta quedar en la memoria como un recuerdo de los años pasados.

Los alemanes veían llover fuego del cielo, que descendía, como una mezcla explosiva de caucho y fósforo, envolviendo a todo ser vivo en sus llamas inextinguibles, de las que era imposible escapar. En ocasiones, las bombas incendiarias contenían cargas explosivas de efecto retardado cuyo fin era intimidar a los soldados encargados de la defensa antiaérea cuando acudían a apagar el fuego. Antaios me escribía relatando escenas de madres arrojando a sus hijos a los ríos para intentar salvarlos del fósforo incendiario que les comía la piel.

Las gentes ponían ahora su esperanza en nuevas armas secretas, en las renovadas promesas del Führer, repetidas y siempre pospuestas, una y otra vez. Los aliados lanzaban operaciones dirigida a arrasar las viejas ciudades alemanas que tenían nombres bíblicos, como Gomorra, dirigida al exterminio de Hamburgo. Eran en parte la reacción a la política de tierra quemada que nuestras tropas practicaban en el este. El deseo de exterminio se extendía como una gigantesca mancha de rencor y destrucción que lo impregnaba progresivamente todo, un estigma del que era imposible escapar.

En el verano de aquel mismo año se produjo el desembarco de los americanos en Sicilia y apenas quince días después el colapso del Gobierno italiano y el encarcelamiento de Mussolini, liberado meses después por nuestras tropas. Italia capitulaba y declaraba, prácticamente de un día a otro, la guerra al Reich.

En el territorio todavía ocupado por nuestros soldados, los partisanos infligían bajas muy severas, acciones que eran a su vez replicadas de forma inmisericorde. Mientras tanto, en el norte de Alemania, los ataques aéreos de los británicos a las instalaciones de construcción del arma secreta seguían sembrando la desolación y la desesperanza entre la población. El Reich se encontraba cada vez más cercado.

A pesar de las condiciones adversas y de la posibilidad de ser acusados por ambos bandos de traición, los planes y las tentativas de Steinitz y los demás de acabar con Kniébolo no se interrumpían.

Las intentonas fracasaban por falta de preparación adecuada y casi siempre por motivos insospechados y nimios, tornillos de la maquinaria que se negaban a responder al engranaje preestablecido, o cambios inesperados en los desplazamientos acostumbrados de Kniébolo, que reforzaban así la creencia en su invulnerabilidad.

Fue en ese momento, exasperado ante el curso de los acontecimientos de la guerra y deplorando la profunda frustración de un intento fallido tras otro, cuando Steinitz se decidió a entrar en la guarida del más sangriento de los cancerberos de Kniébolo.

Desde al menos el año anterior, Himmler había comenzado a dudar sobre si la manera de conducir la guerra del Führer era correcta. Tras la debacle de Stalingrado, el cabecilla de las SS había introducido en sus cálculos la posibilidad de que la guerra se perdiera.

Poco a poco, algunos de los confidentes de Steinitz habían conseguido ir creando en Himmler la sospecha de que la estrategia seguida por Kniébolo iba a llevar a Alemania a la catástrofe. A través de contactos con su ayudante personal, habían logrado persuadirle de la idea de que era imprescindible hacer desaparecer al Führer para que las SS y su jefe supremo pudieran salvar a la Alemania nacionalsocialista del exterminio.

¡Steinitz estaba dispuesto a jugar la carta de la ilimitada ambición y la sangre fría de Himmler contra el propio Hitler! Cuando llegaron a mis oídos estos desvaríos, me pareció que Steinitz y sus amigos se habían vuelto locos. ¡Sustituir a Kniébolo por su mano derecha, el mauritano mayor, el Babo que no cejaba de empuñar el cuchillo y hendirlo, sin piedad, en la garganta de todo aquel que osara expresar el menor recelo sobre la ideología del régimen!

Ciertamente, Himmler se había convertido en la representación perfecta del verdugo que se oculta bajo las formas suaves del atento marido y el cariñoso padre de familia, un criminal de masas disfrazado de burócrata dominado por la obsesión del orden y la disciplina.

El mismo Himmler que por las noches tocaba plácidamente a Bach al piano, se había sentado pocas horas antes en su escritorio y dictado las órdenes de aniquilamiento de decenas y centenares de miles de seres humanos... Quien, al parecer, estaba dispuesto a escuchar argumentos lógicos por los que se debía terminar cuanto antes con el Führer ordenaba poco después sin que le temblara el pulso que se torturara y se exterminara a millones de personas, sintiéndose a la vez un auténtico idealista que sólo obraba guiado por un interés superior. ¿Era este psicópata quien debía convertirse en el sucesor de Kniébolo? ¿Se pretendía acaso hacer de él un héroe dispuesto a traicionar a su bienamado Führer por el bien de Alemania?

Himmler había realizado estudios de agricultura y veterinaria en la universidad; para él, el nacionalsocialismo era una ciencia práctica dirigida a la selección de la Humanidad, una maquinaria de eugenesia a gran escala concebida con el fin de crear seres humanos dotados de pureza racial y eliminar a aquéllos considerados inferiores o esclavos. Sus SS debían convertirse en una nueva aristocracia de la sangre, formada en las escuelas y cuarteles, en los castillos, de una nueva orden mística y militar que anunciaba el advenimiento de la nueva élite dirigida a salvar la raza germánica de la decadencia. En eso era en lo que creía Heinrich Himmler.

Después del asesinato de Heydrich, Himmler se había erigido en el líder indiscutido tanto de la orden de la calavera como de la Gestapo. Ratsam había tenido una cierta influencia en el desenlace favorable de Himmler frente a Heydrich.

Quizás fuera ese hecho y la obcecación con la idea de que la eliminación de Hitler haría reaccionar a los generales más reticentes a dar el paso lo que les indujo —a Steinitz, a Ratsam y a los otros— a aquella salida desesperada. Expulsar a Satanás utilizando a Belcebú... así me lo definió, lívido, el propio Steinitz.

A lo largo del verano se transmitió el mensaje a los cabecillas civiles y militares de la conspiración que Himmler estaba maduro. Seguidamente, Steinitz se internó en la cueva de Alí Babá, acompañado únicamente por uno de sus interlocutores habituales, el que había conseguido establecer la relación de confianza con el jefe de gabinete del todopoderoso mando supremo de las SS.

Mientras el ministro, impertérrito, cruzaba la puerta de entrada al despacho de Himmler, pudo oír cómo los otros dos, al quedarse en una antesala aguardando los resultados de la reunión, exclamaban en voz alta para que Himmler pudiera oírles y no sospechara de ellos: «¡Esperemos que Steinitz sea sincero y juegue sin cartas marcadas!».

Durante una prolongada conversación de varias horas, Steinitz le expuso a Himmler, una por una, las razones por las que consideraba que la guerra estaba perdida y la única alternativa posible era él. Luego añadió:

—Todavía hay una posibilidad para que los aliados modifiquen sus ideas sobre las SS. Éste es el momento en que las SS deberían ser sometidas a una profunda transformación y convertirse en un elemento de estabilidad y disciplina, despojándose de los rasgos que desde el exterior pudieran ser considerados como muestras de crueldad.

No es difícil imaginar las preguntas que en esos instantes se estarían haciendo en su cabeza los que se habían quedado esperando, con el alma colgada de un hilo, el regreso de Steinitz.

¿Hasta dónde estaría dispuesto a llegar el ministro? ¿No suponía arriesgarlo todo depositar la confianza en uno de los más fervientes acólitos de Kniébolo? ¿Y, sobre todo, cuál iba a ser la actitud del impredecible Himmler?

Para Steinitz la meta principal de la entrevista era comprometer, aunque fuera mínimamente, a Himmler en la operación dirigida a eliminar al Führer. ¿No sospecharía el astuto cabecilla de las SS, en el supuesto de aceptar los argumentos del ministro, de que el próximo objetivo, tras la desaparición de Kniébolo, no podía ser otro sino él mismo?

Himmler permaneció en actitud silenciosa y respetuosa a lo largo de toda la conversación, sin mostrar un rechazo palpable a las insinuaciones del ministro.

—Usted tiene en sus manos el destino del Reich —le espetó Steinitz, intentando apelar a la ambición y a la intrincada lógica que acaso moviera el cerebro de su interlocutor—. Pero para conseguir condiciones satisfactorias en una negociación con los aliados, serían imprescindibles cambios sustanciales en el régimen...

—¿Qué tipo de cambios? —replicó Himmler, sin inmutarse, para añadir después—: ¿Se refiere usted a cambios que deberían hacerse con o *sin* el Führer...?

—Sí... y no... —respondió con sangre fría Steinitz, que seguidamente expuso con detalle a su interlocutor cómo cualquier acuerdo con los aliados no resultaría viable bajo ningún escenario excepto si se prescindía del Führer.

Himmler no vaciló. Puso punto final a la reunión comprometiéndose a continuar las conversaciones y a solicitar la presencia en las siguientes entrevistas de algunos de sus colaboradores más cercanos.

Apenas unos días después, todavía bajo la fuerte conmoción del encuentro con el jefe supremo de las SS, pude oír de los labios de Steinitz las siguientes palabras: «Le dije cosas a Himmler que me habrían podido costar la cabeza si él la hubiera querido. Pero me mantuvo firme la idea de que quizás existiera alguna posibilidad, de que pudiéramos llegar a alguna base común. Hace años que mi vida ha dejado de tener importancia para mí; ¡qué importaría perderla, con tal de que se pudiera avanzar, aunque fuera sólo un paso, en la única dirección posible!».

Pero de nuevo esta oportunidad acabó por esfumarse, como tantas otras, al cabo de pocas semanas.

Aquel miembro del círculo íntimo de Steinitz que había establecido el contacto con Himmler se trasladó a territorio suizo con el fin de volver a abrir un canal de comunicación con los ingleses. Uno de los mensajes enviados durante la realización de esa misión pudo ser descifrado por los servicios de espionaje y cayó en las manos de uno de los peores enemigos de Himmler dentro de las SS. Inesperadamente, no sólo la persona que había transmitido el mensaje, también Steinitz y su grupo e incluso el mismo Himmler podían acabar resultando comprometidos.

El final de la más que audaz actuación del ministro consistió en que su confidente fue hecho preso por la Gestapo y torturado, y el propio Himmler tuvo que extremar las precauciones para no caer él mismo bajo sospecha.

Las ciudades alemanas comenzaban a llenarse de ruinas, conforme aumentaba la desolación y se extendía la penosa certidumbre de que la guerra, aún estando previsiblemente perdida, todavía podía durar años.

Tengo la imagen grabada en esos días de las bandadas de niños, a veces apenas mocosos, que revoloteaban como enjambres de moscas inquietas por las calles inundadas de polvo y cascotes, entre los escombros de edificios calcinados, buscando restos de cigarrillos. También a veces se les veía en los restaurantes, hurgando en los ceniceros o entre la basura. Guardaban aquellos preciados tesoros y se los llevaban a sus madres, para que ellas pudieran apelmazar los restos y hacer así cigarrillos nuevos con el fin de venderlos o intercambiarlos por algo de comida o un objeto de primera necesidad.

Con el paso del tiempo eran no sólo niños, sino figuras sombrías de adultos llenos de polvo y miseria a los que se veía deambulando por las estaciones de metro o a la salida de un local público, buscando restos de comida y de ropa, o hierros y maderas informes entre las ruinas de las casas derruidas, cualquier cosa que pudiera servir de trueque. Con el tiempo comenzó a ser usual encontrarse con personas, incluso bien vestidas, que llevaban consigo un bote de aluminio en el que guardaban las colillas de los cigarrillos.

Fue a finales del otoño cuando arreciaron los bombardeos sobre Berlín, ejecutándose así el plan aliado de destrucción sistemática de la ciudad.

Recuerdo la experiencia atroz de uno de aquellos primeros raids aéreos más intensos, el que me arrancó de las raíces que trabajosamente había construido durante años en la capital del Reich.

Un día por la tarde, después de salir de la universidad, me había acercado a dar un paseo al parque del Jardín Zoológico. El cielo estaba cubierto de nubes oscuras, y llovía, con apenas pequeñas interrupciones que no conseguían clarear el horizonte encapotado y gris. Hasta entonces, los ataques habían tenido lugar siempre con buena visibilidad; nadie contaba con que se diera la alarma.

De repente, cuando estaba a punto de entrar en el parque, las sirenas comenzaron a sonar, cada vez con mayor angustia. Pensé al principio que se trataría sólo de una incursión de reconocimiento, pero luego, al ver que el ulular de las sirenas continuaba, me apresuré a dirigirme hacia el gigantesco búnker que se había construido al lado de la estación del Zoo, capaz de acoger, como se decía, a más de quince mil personas.

Cuando llegué al búnker, una especie de fortaleza de piedra y cemento con cuatro gigantescas torres y protección antiaérea en las esquinas, llovía con más fuerza y las gentes se apretujaban, empujándose y mascullando, para conseguir entrar en él.

El edificio tenía cinco plantas. A través de una amplia galería repleta de gente, conseguí subir las escaleras hasta el segundo piso, sin que al llegar allí pudiera encontrar un sitio donde sentarme. Había masas de personas acurrucadas en largas hileras de bancos, sobre todo mujeres y niños, también personas mayores de ambos sexos que habían oído la alarma cuando estaban en la calle. El inmenso refugio, sumido en la más completa oscuridad, parecía el interior de una catedral donde brillaran apenas algunas velas encendidas.

Hasta ese día, casi siempre las alarmas me habían sorprendido cerca de casa o de alguno de los lugares habilitados como abrigo de los alrededores. En otras ocasiones, me encontraba en casa, trabajando solo. Cuando eso ocurría, había que cumplir con un estricto manual de instrucciones: asegurarse de que todas las luces estuvieran apagadas, de que la bañera se llenara de agua, porque era muy frecuente que no hubiera suministro durante gran parte del día siguiente hasta que se lograran reparar las cañerías destruidas, y sobre todo de que las ventanas se quedaran bien abiertas, para que la onda expansiva de las bombas no provocara el estallido de los cristales.

El aullar lastimoso e insistente de las sirenas se había convertido en un sonido casi familiar en las últimas semanas, aunque a veces no llegaba a ser más que una falsa alarma. Goebbels había anunciado triunfalmente en la radio hacía pocos días que las defensas antiaéreas de Berlín se habían reforzado y que los aparatos de la RAF no podrían atravesar nuestras líneas, lo que no otorgaba la menor seguridad sobre nuestra situación real, antes al contrario.

Me quedé de pie, apoyándome en uno de los muros, intentando descansar la espalda, que llevaba varios días doliéndome más de lo habitual, con la esperanza de poder salir cuanto antes del refugio. Seguía llegando gente, algunas personas eran conocidos míos. El agregado cultural de la legación diplomática de Praga me saludó tímidamente al pasar cerca de mí; pocas semanas antes había recibido una invitación oficial suya para asistir a un congreso que se celebraba al cabo de varios meses. Se veían soldados con el uniforme de campaña que se ocupaban de ordenar la entrada y asignar el piso hacia el que cada uno de los recién llegados debía dirigirse.

Como en tantas otras situaciones similares a lo largo de los años de guerra, me embargó la sensación de vivir en el planeta de una galaxia situada a miles de años luz de la tierra. Era sorprendente observar cómo las gentes se acostumbraban con inusitada familiaridad al orden artificial que se creaba en cualquier lugar en el que las seguridades básicas se ponían en sordina. De repente, si había soldados dando órdenes, la confianza retornaba, aunque se estuviera convencido en lo más profundo de que no se trataba sino de uno de los muchos subterfugios cotidianos necesarios para poder seguir viviendo.

En las entrañas del búnker, la luz eléctrica funcionaba, se podía leer o hacer trabajos con las manos, algunas mujeres aprovechaban para coser prendas deshilachadas o con los botones caídos; otros se habían traído en pequeñas maletas sus objetos de valor y las pocas joyas o dinero que aún conservaban, por temor a los pillajes. A los más precavidos les había dado tiempo a recoger algo de ropa limpia y los utensilios para lavarse, previendo que el ataque se pudiera prolongar durante la noche.

Los muros y el techo del búnker eran extraordinariamente gruesos y resistentes. Se habían utilizado cantidades astronómicas de acero y cemento para construirlo con el fin de impedir que el ruido de las explosiones llegara hasta el interior.

El ataque había comenzado en torno a las ocho; llevábamos más de dos horas de bombardeos ininterrumpidos. Se oía, como si estuvieran encima de nuestras cabezas, la detonación de las bombas. Poco a poco, el repetitivo tronar se hizo mucho más audible, cada vez sonaba más cercano, obligándonos a abandonar cualquier ilusión de que se pudiera tratar de un simple ataque de reconocimiento.

De repente, se escuchó un fuerte estampido que hizo vibrar los sólidos fundamentos del edificio. Desde un lugar próximo a donde estábamos llegó el ruido de un chisporroteo metálico, y súbitamente las luces se apagaron. Se hizo un silencio absoluto.

Al cabo de unos minutos, varias mujeres comenzaron a lloriquear histéricamente, y se les conminó a que se callaran enseguida. Luego volvió a escucharse el tableteo de las baterías antiaéreas, extendiéndose la impresión de que alguno de los aviones enemigos debía de haber sido alcanzado. Hubo una sensación de alivio y la gente volvió a hablar en voz baja.

En la oscuridad brillaba cada cierto tiempo una lámpara de bolsillo. Después alguien prendió una vela. Vi también cómo había personas que aprovechaban la oscuridad para encender un cigarrillo y fumar; pero en cuanto llegó a los soldados el aroma del tabaco, les obligaron a apagarlos.

Oí los gritos de una persona mayor que después debió de perder el conocimiento; se pidió ansiosamente ayuda, y luego un médico. Tras algunos minutos de inquietud, volvió a instalarse una calma transitoria. Las conversaciones se habían convertido ahora en un murmullo apenas audible. De nuevo retumbaron los muros exteriores del búnker, y se oyó el crujido de vigas o maderas. Ahora ya no cabía ninguna duda de que se trataba —por el fragor y su presumible duración— de un ataque de dimensiones desconocidas hasta entonces. Las bombas explotaban sin interrupción y el ruido era estruendoso. Los estallidos se oían con toda claridad y cercanía.

La tempestad de acero sobre nuestras cabezas parecía que no iba a llegar nunca a su final. Así transcurrieron varias largas horas.

No pudimos oír el sonido de la alarma que anunciaba el final del bombardeo, pero todo el mundo presintió de repente que se había terminado. Muy despacio, regresando de un tiempo y un espacio inencontrables, el magma aparentemente inexhausto de sombras humanas se fue vertiendo, como lava ennegrecida, hacia los pisos superiores.

Llegué a través del corredor hasta la galería de entrada del nivel en el que me encontraba, y luego subí con dificultad, casi a empellones, hasta la altura donde estaba la salida. Iba tanteando los escalones uno a uno, intentando no pisar las manos de nadie. Al llegar a la entrada pude ver que un proyectil había explotado a escasamente pocos metros del búnker minutos antes, destrozando en mil pedazos el muro de enfrente. Había restos de las puertas que estaban ardiendo y el viento arrastraba el fuego hacia el interior. El humo inundaba la galería de la entrada, impidiéndonos respirar con normalidad y obligándonos a toser. Las gentes se amontonaban, cada vez más asfixiadas.

Por fin, tras atravesar las nubes de humo, pude llegar afuera.

Lo que divisé al salir era dantesco.

El búnker se hallaba rodeado de arbustos y árboles envueltos en llamas, como también lo estaba la vía del ferrocarril. Detrás, un espesor negro y rojizo cegaba el horizonte. La humareda lo llenaba todo, apenas se podía vislumbrar la silueta de algún edificio.

Las llamas seguían crepitando en zonas extensas del parterre exterior al búnker, y en plena confusión no supe muy bien dónde dirigir mis pasos. Entonces empezaron a estallar cerca de nosotros proyectiles de efecto retardado, uno y luego otro y otro, con un estrépito enorme, forzando a los grupos de personas que intentaban escapar del refugio a regresar hacia él, provocando así una nueva estampida en las entradas del búnker. La onda expansiva de las bombas llegaba hasta muy cerca de donde estaba yo intentando avanzar, y sembraba el terror entre los que se apretujaban y asfixiaban.

En esos momentos de desorientación y angustia surgieron de entre la nube de polvo y fuego unos individuos ennegrecidos por el humo y el hollín; llevaban maletas y decían que en Charlottenburg, al otro lado de la vía del ferrocarril, ya no quedaba nada, que todo ardía en llamas. Sus casas estaban destruidas y, según relataban con rostros desencajados, toda esa zona de la ciudad se encontraba completamente arrasada...

Decidí como fuera salir de allí. Primero intenté acercarme hacia la estación de ferrocarril del Zoo, que según se decía no había sido alcanzada. En torno a ella, sin embargo, no se veían más que lenguas de fuego y humo; la iglesia, el edificio de los cines de la UFA, las otras construcciones cercanas, eran ya sólo unas ruinas calcinadas. Luego continué hasta el Kurfürstendamm. También aquí ardían casas aisladas y el cielo se intuía arriba como un inmenso lienzo de color rojo, pero a causa de las nubes de hollín y ceniza apenas se podía ver nada.

En cuanto pude recuperarme de la impresión que causaba aquella visión de absoluta desolación, me empezó a martillear en el cerebro la inquietud por lo que pudiera estar ocurriéndoles a Alma y a la niña.

Habitualmente acostumbraban a salir de casa para dar un paseo a primera hora de la tarde. ¿Habrían podido encontrar un refugio temprano a tiempo? ¿Dónde se encontrarían ahora?

No había otra posibilidad más que ir hasta casa a pie, intentando sortear aquellas zonas en las que la densidad de la humareda hacía suponer que se encontraban todavía en llamas. Miré hacia las calles adyacentes a la avenida, pero el humo lo cegaba todo. Después empecé a respirar un aire más frío que llegaba cargado de pequeñas brasas, como teas encendidas expulsadas de los edificios que se consumían a ambos lados de la calle.

Avanzaba paso a paso con dificultad, tropezando con los restos de los cables del tranvía y con ramas y despojos procedentes de los árboles cercanos, desperdigados por la calzada. A cada paso que daba oía el crujido de los cristales rotos bajo mis pies. Quería ir más rápido y tropezaba. Tuve que protegerme la boca y los ojos con un pañuelo para poder respirar, el sombrero ceñido hasta el cuello y las solapas del abrigo tapándome la cara.

¡Otra vez! ¡Alarma! Las sirenas volvían a atronar el cielo. La gente empezó a correr de nuevo, presa del pánico. Apenas acababan de despertarse de la pesadilla del búnker y ahora imaginaban tener que internarse otra vez, sin saber durante cuánto tiempo, en las escenas más lúgubres de aquel sueño sombrío que creían haber dejado atrás. Por un instante pensé, inconscientemente, que era mejor quedarse fuera, cerca de algún parque al aire libre, donde quizás pudiera protegerme debajo de un banco o bien arrimado al suelo en algún rincón. Volvían de nuevo, surgidas de no se sabe dónde, las masas de sombras calcinadas, abalanzándose hacia la entrada del refugio más próximo.

Me tropezaba una y otra vez, sin saber con qué, sólo sintiendo el dolor de los golpes en las rodillas o en las piernas; había troncos de árboles y ramaje desgajados por todo el suelo. Por fortuna, volvió a retumbar el sonido estridente de las sirenas. ¡Falsa alarma! Probablemente algunos aparatos de observación, fotografiando los efectos del ataque y sembrando obstáculos a las tareas de extinción de los incendios.

Volví a ponerme en movimiento en dirección a nuestro domicilio. Ahora me veía obligado a detenerme con más frecuencia, asfixiado por el humo que se internaba, denso, en los pulmones, y extenuado por el esfuerzo.

Me paré.

Al otro lado de la calle se veían, andando lentamente, un hombre y una mujer entrados en años que llevaban una pesada maleta. Estaban a punto de doblar la esquina de la calle. El edificio de pisos que tenían encima ardía por los cuatro costados, y un torreón situado en la azotea comenzaba a desmoronarse.

La escena ocurría como si la estuviera observando con una lupa que permitiera ampliar la secuencia del tiempo, segundo a segundo.

Los dos ancianos se detienen para descansar un momento, la maleta apoyada en el suelo, intentando recobrar el aliento. El torreón y los pisos superiores, envueltos en llamas, se precipitan como un mar de lava hacia donde se encuentran las dos figuras inermes, que desconocen completamente el peligro que se cierne sobre ellos. No pueden gritar, no se dan cuenta de nada. Los muros de la casa se convierten en una milésima de tiempo en polvo, arena y cascotes, una inmensa polvareda gris que los inunda, ocultándolos a mi vista. Luego, poco después, los vuelvo a divisar, fuera de la nube de polvo, algunos metros más allá del lugar del desprendimiento de las paredes y los escombros, casi sin darse cuenta de que han escapado por milímetros a una muerte segura...

Las columnas de humo y fuego se elevaban ahora por doquier, conforme más me acercaba a casa.

Los desechos y restos de maderas encendidas caían peligrosamente detrás de cada una de las huellas que dejaba con mis pasos. El fuego aullaba por todas partes, empujado por las ráfagas de viento, se envolvía sobre sí mismo como un áspid, se internaba por los huecos de las ventanas y luego estallaba, derribando muros, puertas y ventanas.

Las gentes corrían de un lugar a otro, como si este mundo de aquí abajo hubiera dejado de pertenecerles. Dos niñas de unos ocho o nueve años, acompañadas de su madre, empujaban, con la cara tiznada y varias heridas mal curadas en la cabeza, un carro de tres ruedas en donde transportaban las pocas pertenencias que habían podido salvar.

Otros registraban los escombros de sus hogares, hurgando, introduciéndose en los agujeros, buscando no se sabe muy bien qué. Pude ver a algunos sumergiéndose en los sótanos inundados de agua nauseabunda con la esperanza inútil de recuperar sus bienes. Los bomberos y la policía, los servicios de seguridad y de salvamento, los soldados, todos excavaban con palas entre las ruinas, buscando supervivientes y apartando escombros. En los restos de las fachadas de muchas casas se podían leer, garabateados con tiza blanca, las nuevas direcciones de los que habían perdido sus hogares con el bombardeo. Al frente de los escaparates calcinados se habían colgado tiras de papel con un pequeño anuncio: «Seguimos trabajando. Las ventas se hacen en (tal dirección)». Incluso en algunos comercios sus propietarios habían escrito con rapidez: «¡La tienda se ha tenido que cerrar! ¡Pero seguiremos trabajando hasta la victoria!».

Me llegaban conversaciones entrecortadas de los individuos con aspecto fantasmagórico, cubiertos de hollín, que encontraba en mi camino. Se oía una y otra vez una pregunta angustiosa: «¿Cómo va a continuar todo esto?», y también, cargada de un tono amargo y desesperado, otro interrogante lleno de odio: «¿Cuándo llegará la hora de nuestra revancha?». Más allá, algunos decían: «¿Hasta cuándo, cuánto tiempo va a pasar hasta que Berlín esté completamente derruido? ¡Si todo estuviera destruido, al menos tendríamos un poco de tranquilidad!».

Poco a poco, sin embargo, y luego durante los días y semanas sucesivos, las gentes parecieron habituarse a los estragos de las bombas y nadie se paraba ya al lado de los eriales de ruinas. El ojo se acostumbraba a registrar la perspectiva de tanta devastación como una presencia cotidiana, casi sin que el corazón palpitara. Con el tiempo, incluso los sentimientos de horror, de compasión y de pánico se enmohecían, no eran ya capaces de atravesar la gélida capa protectora con la que habíamos extraído cualquier resto de sensibilidad de nuestro ser para poder seguir viviendo.

Llegué al fin a nuestra casa, el hogar del que con tanto empeño habíamos hecho un reducto para nosotros tres frente a la destrucción y el desaliento.

Apenas quedaban restos de la planta baja. El jardín, que en sus mejores épocas rebosaba de rosales silvestres y de adelfas, de petunias y alhelíes, se asemejaba ahora a una antesala del averno. No había quedado mucho en pie bajo el ejército de cascotes y pedazos de las paredes derruidas; todo era una mezcla informe de polvo, tierra y ladrillos rotos que se amontonaban en desorden.

Me precipité hacia el sótano de la vivienda, con un presentimiento y una extraña corazonada...

Las encontré allí a las dos, plácidamente sentadas en el suelo de la bodega, la niña en los brazos de su madre, rodeadas de los escasos muebles que habían conseguido salvar ayudadas por los vecinos. Me saludaron con efusividad, asustadas, pero felizmente medio adormecidas por los efluvios del alcohol que todavía emanaba, como una dulce protección, de los muros.

Luego recorrimos juntos lo que quedaba de la pequeña vivienda de dos pisos que había sido nuestro hogar. No era posible acomodar una habitación, por modesta que fuera. Estaba todo destruido o en peligro de que las gruesas grietas que recorrían las paredes que aún resistían se derrumbaran.

Intentamos pasar la noche en un hotel, sin que en ninguno de los que, exhaustos, fuimos recorriendo uno tras otro, nos pudieran acoger. Estaban llenos de personas que se agolpaban en los vestíbulos, buscando un lugar donde poder descansar al menos un par de horas, en una silla o en un rincón del suelo. Por fin, tras una ansiosa búsqueda, conseguimos encontrar un sitio para los tres en la casa de unos buenos amigos.

En los días siguientes, Berlín pareció volver poco a poco a una cierta normalidad. Circulaban las historias y anécdotas de aquella noche en la que la catástrofe se había cernido sobre la ciudad. Se hablaba del tren ardiendo, que, repleto de viajeros, había recorrido como un meteorito a toda velocidad las calles de los suburbios. O del puma, escapado del zoo, que había saltado por encima de un mar de fuego, aterrorizando a las gentes, antes de ser abatido varios kilómetros más allá de su antiguo hogar. De las tortugas y cocodrilos, que, asustados por las explosiones, habían deambulado por las calles durante todo el bombardeo sin ser alcanzados por la metralla...

Paradójicamente, las bombas hacían olvidar lo que estaba ocurriendo en el frente, y Berlín aprendía a seguir viviendo entre las ruinas.

No solamente Berlín sufría bajo los ataques aéreos. Los bombardeos se incrementaban también en las demás ciudades.

Me llegaban noticias de que en Hamburgo, en los barrios en llamas, las personas se asfixiaban por falta de aire y morían a causa del óxido de carbono que penetraba en los sótanos. Una conocida había visto con sus propios ojos cómo una bomba volante destrozaba a su marido y ardían delante de ella todas sus pertenencias. Barriadas enteras y extensas áreas de Hannover, de Colonia, de Hamburgo, de Fráncfort, de Aquisgrán, de Dresde... y de tantas otras ciudades históricas estaban siendo barridas de la faz de la tierra.

Tras la destrucción de nuestra casa, nos habíamos trasladado a vivir a un pequeño chalet junto al Schlachtensee. Los alrededores del lago habían sufrido igualmente las incursiones de los cazas enemigos, pero aún se podía disfrutar de los paseos por sus orillas y por los bosques cercanos. Sólo la naturaleza parecía volver a revivir.

Durante aquellos meses, Antaios se convirtió en mi interlocutor habitual. Algunas escapadas rápidas desde París nos permitieron conversar largas horas por la noche, ante unos vasos de vino que Alma todavía conseguía sólo Dios sabe cómo.

Volvíamos los dos a reflexionar sobre la situación.

Los aliados se hallaban cada día más convencidos de que su victoria se aproximaba. Churchill, Stalin y Roosevelt se habían reunido primero en Moscú y luego en Teherán para distribuirse entre ellos el botín que esperaban tras la capitulación.

Se decía que habían acordado una Alemania completamente privada de su soberanía y ocupada por los aliados durante un largo período de tiempo. Las noticias que se filtraban apuntaban a que Stalin y Churchill se habían puesto de acuerdo para el engrandecimiento de Polonia a costa de territorios alemanes en el Este, y se mencionaban también otras importantes amputaciones territoriales de zonas fronterizas.

Stalin exigía el desmantelamiento industrial del país y la ejecución sumaria de miles de oficiales alemanes, además de la conversión en obreros esclavizados de todos aquellos hombres y mujeres que pudieran resultar útiles en las tareas de reconstrucción de la Unión Soviética. Otras voces en Estados Unidos reclamaban que Alemania fuera reducido a un país agrícola, hacerlo regresar a un estadio primitivo en el que se consiguiera por fin domesticar a los alemanes...

Las cifras de los muertos alcanzaban día tras día proporciones pavorosas. A mediados de febrero de 1944 los batallones del Ejército del Noreste se habían visto forzados a tener que abandonar sus últimas posiciones frente a Leningrado. Durante el asedio a la ciudad habían encontrado su fin más de un millón de seres humanos. Nuestras tropas estaban siendo expulsadas de Ucrania y Rumanía, de Crimea, de Italia, de África... Mientras, los rumores sobre una invasión de los aliados en las costas de Normandía no cesaban.

Decidí devolverle de nuevo la visita a Antaios en París. Antes de partir, quise despedirme de Steinitz, con el que hacía algún tiempo que no nos veíamos.

Le encontré en un penoso estado de ánimo. A punto de perder la esperanza en que todavía ocurriera algo. Su rencor hacia Kniébolo era lo único que le mantenía alerta. Ahora estaba firmemente convencido de que había que dejar que acabara experimentando en su propia carne toda la vergüenza y el horror de la derrota, sin darle ningún respiro, sin la eventualidad de que si se lograba finalmente hacerlo saltar por los aires pudiera librarse del destino que les había deparado a sus víctimas.

Había recibido pocos días antes de mi salida una carta de Antaios. «El robo más grande —escribía— que Kniébolo está haciendo a nuestra nación es el expolio del derecho. Ha despojado a los alemanes de la posibilidad de tener razón y de sentirse con legitimidad frente a las atrocidades que están cometiéndose con ellos en estos días y las que les amenazan en el futuro».

Llegué a la capital francesa después de recorrer con el tren una Alemania destruida e irreconocible. Las ciudades se asemejaban a fantasmas, envueltas en el halo de su propia aniquilación, y la campiña sufría, convertida en un erial, bajo la crueldad que los seres humanos se infligían entre sí.

Nada más llegar al pequeño hotel de la capital francesa en el que me hospedaba, sonó la alarma aérea, y enseguida escuché el tableteo incesante de la artillería. Subí apresuradamente por las escaleras hasta la azotea, desde la que se divisaban, en la bóveda abierta del atardecer, estelas de humo como largas cabelleras difuminándose en el éter, pero no pude ver a ninguno de los aviones enemigos.

Tras una noche reparadora, al día siguiente por la mañana fuimos caminando en zigzag desde la calle del Temple, atravesando los barrios antiguos, hasta la Bastilla.

En París los ataques aéreos duraban menos, pero sus efectos no eran menos devastadores. Según me refirió Antaios, el número de muertos por el bombardeo de la noche anterior sobrepasaba varios centenares. Algunos proyectiles habían caído en el hipódromo de Longchamp, que se encontraba en ese momento rebosante de gentío. Al parecer, mientras los paseantes salían de las bocas del metro, dispuestos a disfrutar de una tranquila tarde de domingo, se encontraron de repente con una multitud de heridos que corrían sin aliento, personas con los vestidos desgarrados que se sujetaban una pierna o un brazo, madres con niños ensangrentados apretados contra el pecho...

Sin embargo, la mañana era primaveral, de una suavidad y un azul espléndidos. Mientras en los hospitales de los suburbios seguían retorciéndose de dolor los heridos y se enterraba a los muertos, los parisienses se paseaban en masa, impávidos, bajo los verdes castaños de los Campos Elíseos.

Antaios comenzó a hablar sobre las bombas incendiarias. Sus imágenes le perseguían en sueños, adquiriendo diversas formas de reptiles y otros animales. En otras ocasiones, eran pesadillas en las que los proyectiles producían corrimientos catastróficos de la naturaleza.

Le encontré más demacrado y pálido que en la última ocasión que le había visto, pero su voz no había perdido un ápice de su firmeza:

—El fósforo... Es una pesadilla continua —dijo, mientras fijaba la vista en las arboledas de plátanos y tilos—. Mi asistente, que estuvo en Hamburgo durante uno de los ataques, cuenta que vio allí unos veinte cadáveres carbonizados, que se encontraban apoyados unos al lado de otros contra la valla de un puente, como si descansaran en una parrilla. Eran personas empapadas de fósforo que habían intentado huir arrojándose al agua, pero antes sus cuerpos se habían abrasado.

Tenía interés en conocer su opinión sobre las noticias más recientes que circulaban en relación con el estado físico del Führer y la inminencia del desembarco aliado.

—Al parecer, la salud de Kniébolo va de mal en peor —dije—. Refieren que en las conversaciones salta distraídamente de un asunto a otro, es incapaz de hilar los datos que recibe y cree (o se lo dice a los demás para que lo crean) que sus adversarios están enemistándose y que nos encontramos en vísperas de grandes revueltas que acabarán dando un vuelco a los acontecimientos. Su médico no sabe ya cómo controlar una psique cada vez más confusa.

Antaios levantó la mirada, sus ojos recorrían vagamente las líneas que una escuadrilla de nuestros aviones dibujaba en el cielo inmaculado. Luego, se pasó la mano por la barbilla, con un gesto de desasosiego, y contestó en voz baja:

—Tengo noticias muy recientes. Speidel nos ha contado detalles de su visita a Kniébolo, a quien hace apenas unos días presentó el resumen de la situación en Francia. Durante el desayuno Hitler devoró una enorme cantidad de arroz, bebió de tres copas de licor medicinal de diferentes colores, y no dejó de tragar píldoras... Está muy envejecido, tiene el cuerpo vencido hacia delante, como un anciano de noventa años.

—No creo que tenga ninguna idea de cómo salir del atolladero en el que él mismo nos ha metido —corroboré—. Sigue anunciando nuevas armas milagrosas para el otoño, sobre todo cañones capaces de perforar los blindados, y tampoco se olvida de sus pájaros de acero, listos para barrer Londres de la faz de la tierra, según afirma, en una sola noche.

—No me extrañaría —dijo Antaios— que sus últimas acciones estuvieran encaminadas a aniquilar lo que quede al final de Alemania y los alemanes, como un Caín rebelándose contra sus hermanos...

Observé que su uniforme se había quedado demasiado holgado para el cuerpo enflaquecido, la camisa le asomaba por encima del cuello. En otro momento me había dicho que estaba comenzando a experimentar con sustancias para fortalecer su cuerpo. Hablaba con una desenvoltura inesperada en él, habitualmente tan cauteloso:

—Está encerrado en un agujero —agregó—, emparedado entre muros carentes de luz y de cualquier atisbo de salvación... ¿Qué fue en realidad lo que le sedujo y le trastornó? ¡Tenía la victoria entre las manos! ¿Qué es lo que explica esa tendencia a buscar obcecadamente la nada, el final más demoledor? ¿Por qué el ansia de asolar Alemania, cuando si no hubiera atacado a Stalin, habría ganado la guerra? Sus ojos siempre me parecieron que oscilaban como una llama, que pertenecían a un ser que se movía con velocidad hacia la catástrofe. ¿Pero acaso eso explica que abriera el saco justo cuando estaba a punto de hacerse con su presa?

Me detuve repentinamente, obligándole a volver sobre sus pasos:

—¿Cree usted que todavía pueda haber alguna salida que acabe con esta sangría?

Me miró de frente, sin responder.

Luego, cuando intentábamos atravesar al otro lado de la plaza de los Inválidos, vimos que la habían cortado. Habían instalado en el centro una batería antiaérea, rodeada de sacos de munición. Algo más alejadas se hallaban las tiendas de campaña de los soldados.

No se oía un solo ruido, apenas el piar, revoltoso, de algunos pájaros dando vueltas sobre nuestras cabezas. Las calles estaban vacías y la ciudad se envolvía en un silencio de ultratumba que comenzaba a resultarnos familiar.

Dimos un ligero rodeo por las calles cercanas, antes de que Antaios se decidiera a continuar hablando:

—Kniébolo sigue confiando en que se pueda repetir la combinación favorable que en otras situaciones le ha sacado de situaciones críticas, y se muestra completamente escéptico ante la posibilidad de que los ingleses y los americanos puedan desembarcar, cuando es vox pópuli que nos separan pocos días de que se inicie la invasión...

Me dijo también que Hitler llamaba a las bombas incendiarias «perros infernales». Recientemente, una de ellas, tras haber dibujado en el espacio una trayectoria burlona, fue a caer cerca de su Cuartel General mientras él todavía se encontraba allí, provocando que, encolerizado, apresurase la partida.

Le pregunté sobre lo que más me seguía preocupando en relación a Steinitz:

—El ministro desconfía ahora de que se encuentre a alguien dispuesto a dar el paso y salir victorioso, después de tantos esfuerzos fallidos.

—Usted sabe perfectamente —dijo— lo que opino sobre los intentos de atentado. Con independencia de que los generales me siguen pareciendo o bien demasiado enérgicos o bien increíblemente estúpidos, no dejo de sentir repugnancia y escepticismo ante la perspectiva del atentado. ¿Qué conseguiría ahora? ¿Y si volviera a fracasar? No quedaría uno solo de los pocos hombres honrados que todavía hay en Alemania...

Le interrumpí:

—¿Y Speidel?

Titubeó unos instantes.

—Sí, Speidel... Quizás Stülpnagel y él fueran los únicos capaces de encabezar la operación. Ellos son sin duda las cabezas decisivas en el próximo embate. Los únicos a los que he oído dar órdenes poniendo en tela de juicio las decisiones del Führer.

—¿Hasta dónde estarían dispuestos a llegar? —le inquirí.

Se detuvo, la brisa del atardecer agitándole ligeramente el pelo de la frente. Luego añadió, bajando la voz de forma involuntaria:

—Speidel está ahora muy bien situado en su posición de jefe del Estado Mayor de Rommel. Desde ese promontorio, posee la más clara visión de conjunto de lo que ocurre en Francia y en general en todo el frente occidental. Y, además, está Rommel...

El muy popular mariscal y héroe del Afrika Korps aparecía con frecuencia en las conversaciones como una de las posibles alternativas a Hitler, en caso de que éste resultara muerto.

Le interrogué, con aire escéptico:

—¿Piensa usted que Rommel sería capaz de desafiar a Hitler?

—No, no lo creo. Es cierto que le hace responsable de los errores militares cometidos y que le considera un farsante, pero no se atreverá. Antes intuyo que será Hitler quien acabe con él.

Más tarde pusimos rumbo al hotel para refrescarnos. Cuando estábamos caminando de vuelta, hablando de las noticias sobre la invasión, me comentó que si los ingleses estaban preparando el desembarco, se iban a ver obligados a llevarlo a cabo con marea baja, cuando las minas marinas resultaran más visibles.

Insistió también para que al anochecer le acompañara de nuevo a una de las reuniones que solían tener en el hotel Raphaël, en un pequeño comedor de la quinta planta. La confianza de Antaios me abrumó, pero comprendí entre líneas que lo que me pedía era transmitir el resumen de la conversación a Steinitz. En la mirada severa de Antaios creí leer una frase del estilo: «Al menos esa misión debería usted realizarla».

Al llegar al lugar de la reunión, me llamó la atención que nos ofrecieran enseguida amablemente café, licores y puros habanos, un lujo ya inimaginable en cualquier otro lugar.

Los puros estaban encima de la mesa, protegidos por tubos de cristal. Antaios me explicó que se intercambiaban en Lisboa por coñac francés, del que no les gustaba prescindir tampoco a los Estados Mayores de la otra parte. En cierto sentido, ese intercambio tan inesperado continuaba siendo una de las pocas vías de comunicación...

Estaban allí los dos generales, Stülpnagel, desde hacía pocos meses restablecido en su puesto de comandante militar de la Francia ocupada, y Speidel. También el teniente coronel Cäsar Von Hofacker, al que yo recordaba de sus tiempos de asesor legal en Berlín, el comandante Neuhaus, y algunos otros oficiales del gabinete de Stülpnagel, cuatro o cinco más.

Me senté en una de las esquinas, tras saludar a los dos generales, mientras los ayudantes servían el café.

Enseguida la conversación derivó en un fuerte intercambio de pareceres. Los nervios estaban a flor de piel. Von Hofacker, jefe del gabinete de Stülpnagel, se hallaba visiblemente alterado y hablaba con gran libertad:

—¡Nuestra patria se encuentra ahora en extremo peligro! —dijo, con voz grave, mientras los ojos de los dos generales le contemplaban con mirada impertérrita—. No es posible evitar la catástrofe —continuó—, pero sí atenuarla, quizás reducir sus efectos. El hundimiento en el este será más temible que el que amenaza en el frente occidental y es seguro que irá unido a matanzas en gran escala.

Neuhaus era de la misma opinión:

—Es ahora cuando hay que actuar, sin dilación —intervino, con firmeza—. Uno tras otro los que lo han intentado no han sido capaces de llevar a término con éxito lo que hace ya mucho tiempo que se debería haber hecho. ¡Ésa es una tarea que corresponde ya solamente a personas con una determinación de hierro!

Luego se sentó, mientras los demás le observaban con atención.

—¿Quiere usted decir, comandante, que hay una acción en marcha? —preguntó a bocajarro uno de los oficiales más jóvenes.

Neuhaus miró de reojo a Stülpnagel, que se había quedado en un discreto segundo plano y cuyo rostro seguía sin revelar la menor alteración.

Al cabo de unos instantes de silencio, el comandante Neuhaus, levántandose con vigor de la silla, volvió a tomar la palabra. Nadie se movía ni hacía el menor ruido.

—¿Estamos de acuerdo —dijo, mirando alrededor— en que el problema básico en estos momentos se resume en saber cómo se penetra durante cinco minutos, y con armas, en el cordón de máxima seguridad?

Me vino en esos momentos a la cabeza lo que me había dicho algún tiempo atrás Antaios. «Mientras él se halle bajo el hechizo de su misión, no podrá derribarlo ningún poder de la tierra; pero una vez que su tarea esté concluida, bastará para ello un granito de polvo...».

Las últimas palabras de Neuhaus habían hecho que el general Speidel se alzara, retirara con gestos precisos su asiento y se dirigiera desde el centro de la sala con autoridad indiscutible a los demás. Comenzó analizando con voz pausada la situación militar, después mencionó algunos nombres, los que solían aparecer habitualmente en este tipo de conversaciones —Beck, Goerdeler, Von Hassell, también Steinitz—, se refirió a planes logísticos, a manifiestos, a programas de gobierno... Luego añadió, en un tono más adusto, pero con serenidad:

—Debo advertirles que, como presumíamos, estamos siendo permanentemente vigilados por las SS. El jefe de los servicios de seguridad no obedece nuestras órdenes, únicamente informa a sus mandos en Berlín. Himmler y Goebbels deben de estar al tanto de estas reuniones...

Recordé el gesto habitual de Antaios descolgando el auricular del teléfono allí donde nos encontráramos. No podía caber duda alguna de que las idas y venidas de los altos oficiales y otros militares y personajes civiles que frecuentaban el hotel Raphaël y el Majestic con aspecto de confabulación debían de haber llamado desde hacía tiempo la atención de las SS y la Gestapo.

En Berlín existían, en algunos lugares neurálgicos, gentes de la confianza de los hombres del gabinete de Stülpnagel que les transmitían lo que sobre ellos detallaban los informes que llegaban a manos de Himmler. Según me relató Antaios, él mismo estaba considerado como uno de los oficiales más sospechosos, sobre todo por su aire de impenetrabilidad, junto a Von Hofacker, del que se desconfiaba abiertamente. Se sabía que era el encargado de establecer el enlace con Rommel, a quien intentaba ganar para la causa.

Había que contar también con las trampas que las SS estuvieran intentando colocar para conseguir que los dos generales dieran un paso en falso y se expusieran. En realidad, cada palabra que se pronunciara, cada movimiento, era una temeridad.

¿Qué posibilidades reales de éxito tenían?

De aquel grupo, Speidel destacaba como el eje central de la rueda, el vórtice que atraía y calmaba los tifones, mientras que Stülpnagel aparecía en escena como el César áureo, un Marco Aurelio reflexivo y también tenaz, el indomable opositor de Kniébolo desde antes de la guerra y el interlocutor habitual de Beck y Canaris. Beck seguía teniendo autoridad entre un grupo de altos oficiales y de generales, necesarios para realizar cualquier operación cuya logística era de gran complejidad; Canaris controlaba la información.

Antaios decía de ellos que es posible que tuvieran coraje, también que muy posiblemente no respondieran a la descripción sarcástica que solía hacer de sus otros compañeros de armas. «A los generales —afirmaba Antaios— se les selecciona precisamente por su capacidad de mantener cerrada la boca y ejecutar órdenes; a ello se añade la senectud». Pero era imposible imaginárselos apretando el gatillo. Había demasiada sustancia moral en sus personas, una resistencia innata a asestar el golpe brutal y sangriento. Sus muchas lecturas, sus modales refinados y corteses los convertían en meros aficionados.

¿Y Hofacker? Sólo Hofacker parecía estar poseído por aquella determinación inflexible, el demonio capaz de matar a sangre fría.

—¡Mientras no impidamos a ese fantoche, a ese criminal —así le llamó, con el rostro lívido— lanzarse al micrófono, le bastarán menos de cinco minutos para poner otra vez a las masas de su parte!

Se produjo un silencio durante varios segundos después de estas palabras. Luego, Antaios, sin moverse de su sitio, mirando hacia los ventanales, pareció contradecirle:

—En realidad —dijo—, sería necesario ser más fuertes que él al micrófono. Mientras no se consiga obtener ese poder, tampoco lo poseerán los atentados...

Intervino entonces Speidel:

—¿Y cómo sugiere usted, capitán, que se actúe para asegurar el éxito de la operación?

Antaios repitió algunas de las ideas que yo le había escuchado en varias ocasiones, aunque mostrándose mucho más firme:

—Saben ustedes que no confío en los atentados. Hace tiempo que estoy convencido de que acciones de ese tipo modifican poco las cosas y, sobre todo, que no aportan ninguna mejora; podría hacerse de él un mártir y desatarse una reacción entre el pueblo alemán que sublimara todos los odios y los dirigiera contra los artífices del atentado. Considero más eficaz crear una situación en la que pudiera ser detenido y su camarilla, junto con él, completamente neutralizada.

Se detuvo durante unos segundos. Luego continuó, mientras Speidel le observaba con atención:

—Sería preciso que el general en jefe —ahora dirigió la mirada fijamente en dirección a Stülpnagel— tomara la iniciativa y que Rundstedt, el jefe militar de la villa de París, se adhiriera. De esa manera sería factible apoderarse de las emisoras de radio, de las telecomunicaciones y los centros de información de todo el frente del oeste.

Hofacker y los otros oficiales de menor graduación no parecían coincidir con la estrategia expuesta por Antaios. Sin la desaparición del Führer, afirmaban, no se daría un vuelco definitivo a la postración de Alemania. Al final de la discusión, uno de los oficiales de menor edad, exclamó, levantando la voz, con altivez:

—¡La condición previa sólo puede ser su eliminación! ¡Hay que hacerlo saltar por los aires! La mejor ocasión la ofrecen las reuniones que se celebran en el Cuartel General para estudiar el mapa de situación. ¡Hay que hacerlo antes del desembarco!

Speidel y Stülpnagel se cruzaron miradas indescifrables. Ninguno de los dos intervino. Después, se pasó a hablar de otras cuestiones, ya en grupos más pequeños, de dos o tres.

Estuvimos conversando todavía un rato con Stülpnagel sobre el panfleto que Antaios había comenzado a escribir en esa época, su «Llamamiento por la paz», mientras el general degustaba plácidamente una copa de coñac. Les prometí a ambos que les regalaría un ejemplar de una poco conocida edición bilingüe de Heráclito, el filósofo de la armonía. Mencioné que en uno de sus célebres fragmentos se puede leer: «También los durmientes actúan y cooperan en los acontecimientos del mundo...».

Stülpnagel rememoró palabras similares a las que yo había escuchado de la boca de Antaios: «Todas las ocurrencias de Hitler han demostrado ser experimentos que luego se les han aplicado en su máximo nivel a los alemanes. Estoy pensando en la voladura de las sinagogas, en el exterminio de los judíos, en el bombardeo de Londres, en las bombas volantes y en otras cosas. La figura compleja del Führer muestra que tales actos son concebibles y realizables; así destruye los dispositivos de seguridad y da a la masa oportunidad de adherirse. Es como una música perversa que fuese conquistando cada vez más completamente las almas. Ésa es la melodía encantada con la que atraía a los niños el flautista de Hamelín, el cazador de ratas».

Recuerdo también que fue durante esos días en París cuando por primera vez me enteré con detalle, fehacientemente, con datos precisos, no simples rumores o testimonios indirectos, de la construcción de los crematorios y de lo que estaba ocurriendo en los guetos judíos...

XXVI

¡Viva la Alemania oculta!

Éstas fueron las últimas palabras que pronunció Stauffenberg, el primo y confidente de Von Hofacker, la mano que hubiera podido acabar con Kniébolo. Sus palabras oscuras, exclamadas en el patio del Cuartel General del Ejército ante el pelotón de fusilamiento, como si se tratara de un ensalmo protector de la patria, el rescate futuro que recibir a cambio del sacrificio de su vida.

Todavía se escuchaban en el aire frío de la madrugada mientras las balas le atravesaban el uniforme. Era el segundo intento de sus verdugos. Pocos minutos antes, Werner Von Haeften, el joven oficial que le había acompañado a la Guarida del Lobo, el nuevo refugio del Führer en el noroeste de Alemania, a apenas dos horas en avión desde Berlín, había interpuesto su cuerpo entre las salvas del pelotón de ejecución y Stauffenberg.

Eva Braun, la compañera de Kniébolo, la mujer con la que se casaría minutos antes de suicidarse ambos en el búnker diez meses después del atentado, había deseado que Hitler permaneciese con ella en el sur de Alemania, en el Berghof. Estaba asustada, inquieta, porque pudiera ocurrirle algo. Los presentimientos de una joven enamorada... El Führer la había intentado tranquilizar. «No es por mucho tiempo, *mein Kind*. Estaré pronto de regreso».

Stauffenberg no había sido el elegido inicialmente, sino otros, impedidos finalmente por resultar heridos o a causa de la confluencia de situaciones inesperadas; entre ellos, el propio Cäsar Von Hofacker, el jefe de gabinete de Stülpnagel, al que su lejanía de Berlín había descartado como protagonista principal, y quien días antes de que se llevara a cabo le había informado confidencialmente a Antaios de los detalles de la operación.

Una vez más, el atentado y el levantamiento habían fracasado, la consecuencia de una insólita cadena de coincidencias y azares fortuitos, entremezclados con fallos técnicos, imprevisiones e insuficiencias de planificación, tanto más sorprendentes cuanto que sus ejecutores eran altos oficiales de Estado Mayor. Como si el aura de Kniébolo se hubiera apropiado una vez más de los acontecimientos, creando obstáculos inusitados, entorpeciendo situaciones, tergiversando inesperadamente la lógica calculada de los hechos...

El propio Kniébolo no dudaría en proclamar, en su dramático y enfurecido discurso a través de la radio después del atentado, que había sido salvado por un acto de la Providencia.

¿Hasta qué punto el destino no había sido predispuesto por los innumerables titubeos y vacilaciones, las especulaciones y discusiones sin fin, las sofocantes dudas de conciencia, el pánico inconfesable a pasar a la historia como traidores, como los autores de un putsch, un golpe de Estado? *Los generales alemanes no ejecutan golpes de Estado.* En efecto: esos actos vergonzosos competen a los coroneles; los altos mandos sólo los planean.

Tampoco se trataba de la primera vez que el coronel de Estado Mayor conde Claus Schenck Von Stauffenberg se preparaba para llevar a cabo el acto decisivo y tan largo tiempo esperado por los amigos de Steinitz y de Ratsam.

Hubo tres intentos inmediatos fallidos. El más reciente, una semana antes de la fecha del atentado. Stauffenberg, que había sido requerido a una conferencia con Kniébolo en la Guarida del Lobo en su calidad de jefe de gabinete del comandante supremo de la reserva, el general Fromm, fue persuadido en el último momento por los otros conjurados de no ejecutar el atentado.

En Berlín se había llegado incluso a dar la alarma que ponía en movimiento la operación denominada «Walkiria», el plan táctico oficialmente diseñado para situaciones de emergencia, y que los confabulados tenían previsto utilizar en su favor para hacerse con el poder de los centros neurálgicos del Estado.

Pero pocos días antes de que Stauffenberg iniciara los preparativos inmediatos, los generales implicados adujeron que si no se eliminaba también a Himmler, el poder de las SS, su perversa simbiosis con el régimen que les había llevado a convertirse en un Estado dentro del Estado, podía hacer vano el atentado. Himmler anunció que no podría acudir a la reunión programada en el Cuartel General del Führer, y Stauffenberg se vio obligado a frenar su acción. En el círculo de los conjurados en Berlín, la falsa alarma sirvió para identificar a aquellos oficiales y altos mandos con los que definitivamente no se iba a poder contar...

Pero existen sin duda también otras razones más profundas para los titubeos, las demoras continuas y las vacilaciones, sobre las que no he dejado de reflexionar desde entonces.

Todo el complot estaba impregnado del rancio aroma de las viejas tradiciones y esquizofrenias militares prusianas.

Cuando se produjo la Noche de los Cuchillos Largos y Hitler acabó con Röhm, se segó en realidad también para el futuro cualquier oposición de unos generales que habían silenciado el asesinato de Schleicher. Kniébolo quebró el espinazo del Ejército. Desde ese momento, desde el año 34, el Ejército al completo se hallaba vinculado al Führer por el juramento de lealtad personal. El innoble y comprometedor silencio de sus propios compañeros de armas ante el asesinato del ex canciller había cubierto desde aquella hora al Ejército con la mayor de las ignominias...

Las traiciones que son fruto de la debilidad no son el origen sino de traiciones aún mayores. Después de no haber levantado siquiera la voz para manifestar su protesta, a los generales sólo les habían quedado dos alternativas: convertirse en esbirros del Führer, o marcharse a su casa a cultivar rosales. Fueron pocos los que optaron por la salida más digna, y muchos sin embargo los que se engañaron, pensando que sería posible recluirse en el estricto cumplimiento de los deberes militares, como si con ello se lograra una crisálida protectora frente a las atrocidades que tenían lugar en el exterior.

Es cierto que los mejores de ellos oscilaban entre los polos opuestos de lealtades encontradas. Obligados por el juramento de obediencia al Führer, pero también por el juramento de fidelidad a Alemania, aquella «Alemania oculta» proclamada por Stauffenberg en sus últimos instantes antes de morir; obligados por el deber de salvar a la patria y al pueblo alemán de la aniquilación, y obligados también por su conciencia, que les impedía convertirse en ejecutores de un acto de sangre contra el Führer.

¿Cuál era la Alemania, el Reich, al que debían servir? ¿El Reich de los mil años de Adolf Hitler, que se desmoronaba por momentos? ¿Y cuál era la disyuntiva? ¿Intentar negociar una paz parcial con los aliados, ofreciéndoles la apertura del frente occidental, como proponían algunos, y así evitar que la mitad de Alemania cayera en manos del Ejército Rojo? ¿Dónde empezaba la traición y concluía el deber, los juramentos y compromisos de fidelidad? ¿Quién fijaba los límites de lo que se debía hacer y de lo que no se debía hacer? ¿La voz de la propia conciencia, tan fácilmente manipulable, tan confusa?

¿Era la obligación de los generales menos embrutecidos moralmente hacerse volar por los aires junto con Kniébolo cuando éste pasase revista a las tropas, o lograr que un tirador infalible —¡un oficial!— le disparara a quemarropa...? Steinitz y sus amigos habían logrado al parecer vencer todas esas dudas. Sin embargo, eran conscientes de no ser más que un pequeño grupo de conspiradores, una élite —¡la élite moral del pueblo alemán!—; pero al cabo una camarilla, sin el respaldo y el apoyo de un movimiento popular como la resistencia que se había levantado contra nuestras tropas en no pocos de los países ocupados. Los generales decían que ellos eran militares, no criminales. Colocar una bomba era un acto plebeyo, como el que realizaría un anarquista, un revolucionario.

Stauffenberg no era ajeno a estos dilemas, a los que quebró cortando el nudo gordiano, pero sin resolverlos. Él mismo afirmó en los días anteriores que había llegado a la conclusión de que la disyuntiva era otra, más dramática si cabe: era probable que actuando se entrara en la historia de Alemania como un traidor, pero si no se actuaba, se era traidor a sí mismo...

El tiempo se acababa. Después del desembarco en Normandía, en junio de ese año, todas las señales apuntaban a que la guerra estaba internándose en su fase definitiva. Al cabo de apenas dos semanas tras el desembarco, los aliados habían conseguido consolidar sus cabezas de puente, y a través del Canal de la Mancha se transportaban más de un millón de hombres y centenares de miles de toneladas de material y de vehículos. En el mismo período de tiempo, cuatro grupos de ejército de las tropas rusas habían arrasado nuestras posiciones en el frente oriental, encerrando en una pinza mortal a un número mayor de divisiones de las que habían sido destruidas en Stalingrado.

Berlín hervía con los rumores sobre los movimientos de oposición. Una indiscreción hizo que circulase la noticia de que existía un avanzado plan para hacer saltar al Führer por los aires. La Gestapo y las SS aprovecharon para encarcelar a críticos conocidos del régimen. No quedaba ya mucho margen de actuación. Beck, Goerdeler, Von Hassell y los demás no estaban libres de que en cualquier momento fueran ellos los que aterrizaran con sus huesos en las celdas de la Gestapo, comprometiendo así definitivamente cualquier acción. El tiempo apremiaba.

La decisión definitiva de llevar a cabo el atentado estaba también lastrada por la extraña certidumbre, formada a lo largo de los años, de que la partida estaba irremisiblemente perdida, de que apenas existía alguna posibilidad de éxito. Como otros muchos, incluso el propio Stauffenberg se mostraba escéptico respecto a las posibilidades reales de que el atentado culminase felizmente. Sólo él, sin embargo, se hallaba dominado por la imperiosa necesidad, por la obsesión irrefrenable de la acción.

¿Por qué Stauffenberg?

El hecho cierto es que finalmente no hubo otro decidido a colocar el artefacto explosivo, a pesar de que su presencia en Berlín era imprescindible para el buen desarrollo de la operación y de que su ausencia durante varias horas suponía una dificultad añadida.

¿Quién era Stauffenberg?

¿Qué papel le correspondió?

No fue un Sila, ni un Bruto. Hay indicios suficientes para afirmar que la idea del atentado se convirtió en su única razón de vivir, una suerte de fijación que llegó a apoderarse de su espíritu. Es probable que no hubiese sido posible de otra manera.

El coronel Von Stauffenberg, militar profesional perteneciente a una vieja familia de Suabia, había sido gravemente herido en África del Norte, durante un ataque de la aviación enemiga. Como consecuencia de las heridas sufridas, además del brazo derecho y varios dedos de la mano izquierda, había perdido el ojo izquierdo, que ocultaba permanentemente con un parche negro. Un oficial brillante que se había destacado por su capacidad estratégica y organizativa, así como por su coraje y valentía. Influido en su adolescencia por el Movimiento Juvenil, buen conocedor de la historia de Alemania, había celebrado la llegada del Führer al poder, sus sucesivos éxitos contra Versalles y la recuperación de Austria para el Reich. Progresivamente, los errores militares de Hitler, su afán destructivo, las atrocidades contra la población civil en la campaña de Rusia le habían llevado a convencerse de que Adolf Hitler significaba el fin de Alemania.

El Stauffenberg adolescente había sido uno de los miembros del círculo de Stefan George. Junto con sus hermanos y otros amigos había acompañado las últimas horas del poeta. Ésa era su fuente espiritual. En los días anteriores al atentado, Stauffenberg repetía a menudo los versos que George había dejado escritos en su poema «El Anticristo»:

«Os regocijáis prendados de lo que tiene apariencia demoníaca, / extenuado por la impotencia todo ser anterior, / y sólo al vislumbrar el fin sentís la necesidad de obrar...».

Cuando Stauffenberg y Von Haeften aterrizaron en el aeropuerto cercano al Cuartel General del Führer, la maquinaria del atentado iniciaba los primeros pasos. Ya no admitía vuelta atrás. Como jefe de gabinete del general Fromm, Stauffenberg debía participar en la conferencia en el búnker del Führer y exponer ante Kniébolo el informe de situación sobre el estado del frente del oeste.

Los acontecimientos se sucedieron inicialmente según lo planeado.

Tras aterrizar, a cada uno le está esperando un coche. Von Haeften lleva el maletín que transporta las dos bombas de fabricación casera; Stauffenberg, en otro maletín idéntico, los documentos necesarios para su informe. Una vez traspasen las barreras de seguridad que llevan a la Guarida del Lobo, el objetivo es encontrarse a una hora señalada en el puesto de guardia del recinto vallado con alambre de espino donde se encuentra el búnker e intercambiar los maletines.

A pesar de que la reunión con el Führer se ha pospuesto media hora, hasta las 12.30, debido a los cambios de programación ocasionados por la visita ese día a la Guarida del Lobo de Mussolini, Stauffenberg logra encontrarse con Von Haeften y en un lugar discreto poner en marcha el mecanismo de relojería del primero de los explosivos.

Sin embargo, en el momento en que se dispone a accionar el mecanismo de la segunda de las cargas explosivas, es llamado precipitadamente a la sala de conferencias del búnker.

Von Haeften se ve entonces forzado a introducir rápidamente algunos de los documentos en el segundo maletín para ocultar así la bomba que Stauffenberg ya no podrá llevar consigo al interior del refugio.

Este hecho tendrá consecuencias decisivas.

La falta de conocimiento preciso sobre la capacidad explosiva del artefacto y el nerviosismo ante las perentorias llamada de sus superiores para que vaya hacia el búnker a realizar su informe harán que Stauffenberg erróneamente confíe en que la explosión de una sola carga resulte suficiente. La onda expansiva de ambas cargas, aun desactivada una de ellas, pero próximas entre sí, hubiera alcanzado una eficacia multiplicadora, y ninguno de los participantes en la reunión en el búnker hubiera quedado con vida.

Con el maletín en la mano, Stauffenberg se dirige, acompañando a los demás oficiales superiores, a la zona de máxima seguridad en la que se encuentra el barracón donde tienen lugar las reuniones con el Führer para examinar la posición de las tropas.

Un camino de grava conduce hasta el edificio principal, rodeado a ambas laderas de una densa alambrada de espino. Al entrar, Stauffenberg le indica a uno de los asistentes que coloque su cartera lo más cerca posible del Führer, para poder así disponer de toda la documentación necesaria para su presentación.

En el interior del barracón ya ha comenzado la exposición de los informes sobre la situación militar, con los planos y documentos extendidos sobre la mesa y unas doce o quince personas alrededor.

Stauffenberg se acerca a saludar a Hitler, quien le da la mano fríamente, sin una palabra, escudriñándole con su mirada habitual. Kniébolo no sospecha nada, pero quizás intuye que aquel oficial de Estado Mayor condecorado y que lleva en su cuerpo las señales del combate no es de los suyos...

A pesar de todos sus esfuerzos por situarse cerca del Führer, Stauffenberg sólo consigue colocarse en la esquina de la mesa; el maletín con la carga explosiva en su interior queda más alejado, fuera del alcance del coronel, al otro lado del soporte de piedra sobre el que se apoya la mesa de mapas.

Pocos minutos después de haber entrado, Stauffenberg abandona el búnker, farfullando unas palabras apenas inteligibles, indicando con gestos apresurados que tiene que responder fuera a una llamada urgente.

Una vez se encuentra al aire libre, el coronel desanda el camino y recorre los varios centenares de metros hasta la caseta de guardia, en la que espera encontrar a Von Haeften y escapar seguidamente los dos en un coche antes de que la bomba estalle y se dé la alarma general.

Cuando apenas ha recorrido unos metros se escucha, antes de lo previsto, el fragor de una detonación que estremece las paredes del puesto de guardia. Stauffenberg y los ayudantes que le acompañan experimentan una fuerte sacudida. Alguien entre los presentes, quizás el propio Von Haeften, intenta tranquilizar a los soldados del puesto. Les dice que debe de ser algún animal que ha saltado sobre una de las minas escondidas en los bosques cercanos.

Pero la realidad es obviamente muy distinta.

Sobre el búnker comienza a condensarse una oscura nube de humo que impide ver lo que ocurre en él. Las llamas invaden progresivamente el barracón. Cuando los soldados de la guardia se apresuran a acercarse, ven cristales rotos, pedazos de madera, restos de ropa carbonizados que son zarandeados por el aire sin destino alguno. Reina un silencio absoluto, hasta que comienzan a escucharse, al principio muy débilmente, las voces apagadas de los que piden un médico.

Stauffenberg y Von Haeften consiguen atravesar el puesto de guardia, y, a punto ya de introducirse precipitadamente en el automóvil que ha de llevarles hasta el aeropuerto, todavía pueden divisar una camilla que transporta el cuerpo de un hombre cubierto por el capote del Führer. Ambos concluyen, equivocadamente, que Hitler ha muerto.

Poco a poco los soldados de la guardia van conociendo, a través de las conversaciones entrecortadas de los heridos, la magnitud de lo que ha sucedido.

En el momento de la explosión, se encontraban veinticuatro personas en el interior del barracón, incluido el personal auxiliar. La onda expansiva les había arrojado a todos al suelo. Los fragmentos del material explosivo, dispersados en mil direcciones, habían hecho saltar por los aires los marcos de las ventanas, las puertas y gran parte del mobiliario, mientras algunos de los heridos lanzaban gritos de dolor al quemárseles el pelo. Dos de los altos oficiales cercanos al Führer habían salido despedidos por las ventanas.

Kniébolo acababa de examinar una de las posiciones de las tropas en el mapa, ligeramente inclinado sobre la mesa, cuando su silla fue desplazada con gran violencia, arrojándole al suelo.

Sin embargo, y a pesar de que varios de los asistentes habían muerto y otros estaban malheridos, la bomba no había conseguido alcanzarle. Tenía la ropa hecha jirones, como los demás, y los pantalones del uniforme, ennegrecidos, se le pegaban en largas tiras al cuerpo, con restos de sangre y cortes de cristal por todas partes. Pero las heridas en la cara y las piernas eran superficiales, y la fuerte sordera consecuencia de la detonación apenas le dejaría alguna molestia al cabo del tiempo.

En el interior del barracón, la gran mesa de roble se había partido por la mitad, y sólo quedaban pedazos de ella desparramados por el suelo. Perdida entre las llamas y el humo se había podido escuchar nada más producirse la detonación la voz del comandante en jefe del Ejército, el general Keitel, también conocido como «el lacayo Keitel», que, con un reflejo casi inconsciente, no dejaba de repetir: «¿Dónde está el Führer?, ¿dónde está el Führer?».

Cuando Kniébolo consiguió levantarse del suelo, apenas bastaron unos pocos segundos antes de que Keitel se abalanzara sobre él, abrazándole y gritando: «¡Mi Führer, usted vive, vive...!». Poco después, dos de los ayudantes personales de Hitler le acompañaban, sano y salvo, al edificio cercano en el que tenía sus habitaciones.

A la misma hora en que Stauffenberg y Von Haeften despegaban del pequeño aeródromo cercano a la Guarida del Lobo, se recibía la noticia del atentado en el Cuartel General del Ejército en Berlín, donde aguardaban los cabecillas del complot, entre ellos, los generales Olbricht y Beck.

Las primeras noticias que se transmiten a los conjurados son muy confusas y contradictorias: «Ha habido una gran explosión, pero el Führer ha sobrevivido malherido...». «El Führer ha muerto, es imposible que nadie se haya salvado de esa explosión, el búnker estaba en llamas...».

También las primeras reacciones son indecisas, nadie quiere dar un paso sin estar completamente seguros.

Además se desconoce cuál es el paradero de Stauffenberg, con cuya férrea determinación se cuenta para dar las órdenes necesarias. Pero Stauffenberg aterrizará en Berlín solamente al cabo de varias horas, y será entonces cuando informe a los cabecillas de la conspiración de que ha visto a Hitler muerto en la camilla.

Durante todo este tiempo, hasta que se produce la llegada de Stauffenberg, continúan llegando noticias contradictorias asegurando que el Führer ha sobrevivido. Se pierde así un tiempo precioso, antes de que se decida, aun sin tener la certeza de la muerte de Kniébolo, la puesta en marcha de Walkiria, la estrategia del golpe de Estado.

Incluso si el atentado ha fracasado —ésta es la decisión audaz que adoptan los confabulados—, el plan tiene que seguir adelante. Se cursan seguidamente las órdenes para que sea hecho público que el general Beck asume la autoridad suprema del Reich tras la muerte del Führer. También está previsto que otro de los máximos jefes militares implicados, el mariscal Von Witzleben, se convierta en el nuevo jefe del Ejército.

Pero anunciar Walkiria, la declaración del estado de emergencia y el inicio del operativo para controlar los centros de mando y de comunicación, neutralizando el aparato del Partido, requiere del visto bueno del general Fromm. Stauffenberg le ha desvelado sus planes desde el momento en que ha sido destinado a Berlín, pero Fromm ha dicho que sólo formará parte de la conspiración si tiene éxito.

Fromm no está dispuesto a alertar Walkiria sin tener la completa seguridad de que el Führer está muerto. Llama a la Guarida del Lobo, donde le reiteran una y otra vez, que, a pesar del atentado, el Führer sigue vivo...

Cuando finalmente Stauffenberg, cuatro horas después del atentado, llegue al Cuartel General en la Bendlerstrasse, nada ha tenido todavía lugar. Fromm se ha negado a ejecutar ninguna de las acciones previstas. Stauffenberg tiene que imponerse a su superior inmediato amenazándole con una pistola en el estómago, y ante las infranqueables negativas de éste, decide, junto con los otros oficiales de la conspiración, relevarle de su cargo de comandante en jefe de la reserva, y consigue por último dar la alerta de Walkiria.

Inmediatamente se empiezan a transmitir las órdenes que han de asegurar el control de todos los edificios e instalaciones importantes, el encarcelamiento de los jefes locales del Partido, así como los altos cargos de las SS y de la Gestapo y los jefes de la propaganda. También la ocupación inmediata de los campos de concentración. Se informa asimismo a la población que no se tolerarán actos de violencia o de rapiña. El mensaje que se intenta transmitir es simple, pero cargado de intencionalidad política: «La población —acuerdan Stauffenberg y sus compañeros— debe tomar conciencia de una repulsa generalizada a los arbitrarios métodos utilizados por el régimen nazi».

Sin embargo, en contra de las expectativas de los conjurados, el despliegue del plan previsto no llega nunca a hacerse realidad.

La reacción en el Cuartel General del Führer, una vez comprobado el alcance de la operación, no se ha hecho esperar.

Varios indicios han conducido rápidamente a Stauffenberg como el culpable de la explosión. Se ha obtenido también información sobre las conexiones con el golpe de Estado que se está urdiendo en Berlín, y desde la Guarida del Lobo se difunden enseguida mensajes que neutralizan los que se envían desde la Bendlerstrasse, antes de que Kniébolo se dirija a la población con un discurso encendido para disipar cualquier duda sobre el destino de su persona y la suerte que espera a los que han atentado contra su vida.

Solamente en algunos lugares aislados se llegan a adoptar las medidas planeadas por los conspiradores, incluyendo el control de determinadas zonas militares por las unidades dependientes de Walkiria, la ocupación de estaciones de radios y la detención de los dirigentes del Partido.

En Praga, en Viena, y sobre todo en París, donde Stülpnagel, Speidel y Hofacker mantienen el control de la situación, se alcanzan a dictar las órdenes necesarias para el encarcelamiento de los responsables de las SS y de la Gestapo. Pero en otras ciudades, como Breslau o Hamburgo, se actúa contra el golpe de Estado sin miramientos, sin informar siquiera al Cuartel General del Ejército.

La presunción de que una vez dada la dirección desde la Bendlerstrasse los militares seguirían como un solo hombre las órdenes emitidas y detendrían a los jefes locales del Partido y de las SS únicamente se cumple en determinados lugares. En Hamburgo, por ejemplo, los oficiales y los dirigentes del Partido y de las SS acaban bebiendo una copa de *sherry* juntos, abrazándose y diciendo: «¡No vamos a ser tan locos de dispararnos unos a otros!».

En el círculo de los conjurados comienza a extenderse la inquietud.

Dado que entre las noticias cruzadas y a menudo contradictorias que siguen llegando es imposible saber lo que verdaderamente ha ocurrido con Kniébolo, si el Führer está malherido, muerto, o si apenas ha recibido unos rasguños, el general Beck, a quien todavía no se ha nombrado oficialmente máxima autoridad del Reich, insiste en que lo único relevante es proclamar que Hitler ha muerto. «¡El Führer está muerto! ¡Hay que seguir adelante con el plan!». Y en el discurso que comienza a preparar para dirigirse por radio a la población, expresa bien clara su posición, de cara a las posibles reacciones contrarias: «Es absolutamente indiferente que Hitler haya muerto o que viva. ¡El hecho de que personas muy cercanas a él le hayan colocado una bomba y de que exista a su alrededor tanta gente opuesta a su persona demuestra que está moralmente muerto!».

Beck se adentraba con ello en terreno movedizo. ¿Estaban dispuestos los sublevados a responsabilizarse de desencadenar con estas palabras las acciones que antes o después podían conducir a la guerra civil contra todos aquellos, militares o civiles, que no secundaran sus órdenes y continuaran declarándose seguidores del Führer?

Desde su posición, fingir la muerte del Führer era la única manera de conseguir que las propias líneas no sucumbieran a la incertidumbre y comenzaran a diezmarse.

Mantener el engaño de la eliminación definitiva, física o moral, de Hitler era quizás la única posibilidad con la que todavía contaban los conjurados. La cuestión en ese momento era saber si el mecanismo reflejo, genéticamente grabado en el Ejército, de obedecer sin preguntar las órdenes que vinieran de la superioridad iba a acabar funcionando también ahora, o el «mito del Führer», la arraigada creencia en su invencibilidad, terminaría triunfando.

En un primer momento, los confabulados consiguieron algunos éxitos importantes. Fue detenido Goebbels, quien permaneció aislado durante horas en el Ministerio de Propaganda, vigilado por un puesto de guardia, y se consiguió también acordonar con tropas adictas el barrio del Gobierno. Pero la noticia de que se había logrado tomar el control de la principal torre de comunicaciones de la capital no llegó nunca.

Desde la Guarida del Lobo no cesaban de emitirse los comunicados repitiendo que la explosión en el búnker de Hitler había ocasionado varios heridos graves, pero que el Führer había resultado ileso e inmediatamente había retomado su tarea. El Führer nombraba a Himmler comandante en jefe de la reserva, relevando a Fromm, en cuyo entorno situaba acertadamente el núcleo álgido de la conspiración; y Keitel, como mariscal jefe del Ejército, transmitía la orden a todos los jefes de unidad de que se negaran a obedecer a los sublevados.

De repente empezaron a hacerse evidentes las deserciones de gran parte de los que se habían comprometido con el levantamiento y la falta de seguimiento de los dispositivos del plan. Era la consecuencia de que no se hubieran conseguido los dos principales objetivos de la operación: la eliminación del Lobo y el completo aislamiento de su Cuartel General.

La incertidumbre se apoderaba poco a poco de los pasillos de la Bendlerstrasse.

Al principio, todavía había sido posible frenar a una unidad de las SS enviada por Himmler, pero conforme avanzaba el paso de las horas y se confirmaba que Hitler seguía vivo, el desánimo empezó a extenderse.

Algunos de los generales que debían dirigirse a la población por la radio o asumir funciones después del golpe brillaban por su ausencia. Witzleben todavía no había hecho acto de presencia en el Cuartel General. Beck preguntaba insistentemente por qué no llegaba la noticia de la ocupación de la torre de comunicaciones. Luego se puso al habla con el mariscal de campo Kluge, el comandante en jefe de las tropas destacadas en el frente francés, quien evitó cualquier gesto que pudiera comprometerle. Su actitud hacía prácticamente imposible que Stülpnagel y sus hombres desde París pudieran extender el éxito del alzamiento en la capital francesa al resto de la Francia ocupada.

Solamente Stauffenberg y el pequeño grupo central de los conjurados seguían desplegando una febril actividad, contestando al teléfono, dando instrucciones y asegurando a unos y a otros que Hitler estaba muerto, que los tanques continuaban ocupando las instalaciones y edificios principales y que el golpe estaba triunfando.

Al fin apareció Von Witzleben.

De su actitud dependía el rumbo final de Walkiria y del levantamiento. Frente al informe optimista de Stauffenberg sobre la situación, el mariscal de campo, muy alterado y alzando estentóreamente la voz, le objetó de inmediato que no se había conseguido el control de suficientes unidades militares leales ni tampoco la dirección de la emisora central de radio. Incluso se había perdido el mando sobre el barrio del Gobierno. Tras tres cuartos de hora de discusión acalorada y de gritos cruzados con Beck y Stauffenberg, el presunto nuevo generalísimo del Ejército salió del despacho con el rostro al borde de la apoplejía, subió con su ayudante a su vehículo oficial y, como si jamás hubiera tenido nada que ver con los juramentados, ordenó al chófer que le llevara a su casa.

A partir de ese momento comenzaron a anunciarse por todas partes las señales de que la partida estaba perdida.

Los pocos reductos que aún estaban en manos de los sublevados iban, una tras otro, cambiando de campo.

No pasó mucho más tiempo antes de que varias unidades militares provistas de artillería comenzaran a apostarse en las inmediaciones del Cuartel General, acordonando la zona y arrestando a todo aquel que no obedeciera sus órdenes.

Mientras en el interior del edificio se intentaba organizar la resistencia al ataque, a la vez que cundían las deserciones, empezaron a escucharse los disparos y los gritos de los soldados internándose en el edificio con fusiles ametralladoras, pistolas y granadas de mano. A cada oficial o alto mando que se encontraban en su camino, los soldados preguntaban imperiosamente: «General, ¿está usted a favor o en contra del Führer?».

Cuando el comando que había conseguido llegar hasta las dependencias donde se hallaban los cabecillas del golpe divisaron la silueta de Stauffenberg saliendo al corredor, se desencadenó un intenso tiroteo.

Herido por el fuego de las balas, el coronel tuvo que refugiarse rápidamente en uno de los despachos, e intentó febrilmente ponerse al habla de nuevo con Von Hofacker y el gabinete de Stülpnagel en París. La última esperanza que le quedaba era que el golpe hubiera triunfado definitivamente en París y que Stülpnagel, Speidel, Hofacker y quizás también el mariscal Kluge estuvieran dispuestos a seguir adelante y plantar cara a Hitler. Sin embargo, no consiguió comunicar con París.

La llegada al despacho donde se habían refugiado Stauffenberg y sus fieles del general Fromm, el todavía superior jerárquico del coronel, pomposo, teatral, aparentando no haber tenido ninguna relación con los conjurados, y seguido de una cohorte de soldados armados, puso en escena el último acto.

Con la pistola cargada, y tras comunicarles a los seis cabecillas principales del levantamiento que estaban arrestados, les conminó a deponer las armas.

El general Beck, erguido y marcial, pero consciente de la debilidad de su situación, intervino aduciendo que «quería conservar la pistola para su uso personal», a lo que, cortante, Fromm le replicó que la utilizara cuanto antes. Ante el intento de Beck de recordarle a su antiguo compañero de armas la vieja relación que les unía, Fromm le interrumpió gritando: «¡Le ruego que lo que tenga que hacer lo haga inmediatamente!».

Después de unos segundos de incertidumbre, y a la vista de todos, Beck se disparó la pistola en la sien. Sin embargo, la bala apenas rozó el cráneo, provocando que Beck se desplomara semiinconsciente, pero todavía vivo, en el suelo. Entonces Fromm ordenó a dos de los oficiales que le acompañaban que le quitaran la pistola, pero antes de que pudieran llegar a hacerlo, el general Beck, profundamente turbado, logró apretar de nuevo el gatillo, resultando esta vez gravemente herido. Al cabo de unos minutos, aún agonizante, Fromm ordenó que lo remataran.

Temeroso de que cualquiera de los líderes principales de la conspiración pudieran actuar como testigos de cargo en su contra si caían vivos en manos de las SS, dada su vinculación con Stauffenberg, Fromm dispuso enseguida que fueran trasladados al patio para ser allí ejecutados por un pelotón de fusilamiento, tras haberles comunicado que en nombre del Führer un tribunal militar les había condenado a muerte.

Eran las primeras horas después de la medianoche.

En el patio, los camiones iluminaban con sus potentes faros los muros de granito. En torno al pelotón se habían congregado algunos curiosos y los oficiales y soldados que habían participado en la operación de desalojo del edificio. La ejecución se llevó a cabo con rapidez, tal y como Fromm lo había planeado para ocultar cualquier prueba contra él.

Después de la ejecución, Fromm hizo distribuir telegráficamente un comunicado: «El intento de golpe llevado a cabo por generales irresponsables está doblegado. Todos los cabecillas han sido fusilados». Luego bajó al patio, y sin desviar una sola mirada hacia los cuerpos inertes de los ejecutados, dirigió, subido a la rampa de carga de uno de los camiones, un encendido elogio al Führer ante todos los que estaban presentes, celebrando su salvación milagrosa y la sagrada acción de la Providencia que le había protegido por ser el único capaz de conducir al pueblo alemán a la victoria en la guerra.

Solamente la llegada de las SS impidió que se llevara a cabo una segunda tanda de ejecuciones contra los demás prisioneros, que fueron conducidos poco después a las mazmorras de la Gestapo en la Prinz-Albrecht-Strasse.

Lo que siguió fue una orgía desenfrenada de sangre y venganza, como sólo el régimen nacionalsocialista era capaz de escenificar.

Todavía durante esa noche se puso en marcha la persecución encarnizada de todo aquel sobre el que pudiera tenerse la mínima sospecha de que hubiera participado en la conspiración, y también, aprovechando la oportunidad que se brindaba, de cualquiera que pudiera ser considerado enemigo potencial o crítico del régimen. Cualquiera que tuviera una relación personal —familiar o de trabajo— con uno solo de los conjurados o que en el pasado hubiera estado en el punto de mira de los servicios de seguridad se convirtió en una presa para las hienas, ávidas de venganza.

Al frente de una Comisión Especial 20 de julio, Hitler nombró a un general de las SS, del que muy pronto dependían más de cuatrocientos agentes. Conforme se iba conociendo con mayor precisión la magnitud de la extensión de la sublevación, la ira de Kniébolo se desató sin límite alguno.

Poco a poco fue comprobando que la conspiración llegaba hasta muy arriba y muy cerca de él. Varios de los generales que estaban presentes en el búnker cuando estalló la bomba, e incluso alguno de los que habían resultado heridos, estaban al tanto del levantamiento.

«¡Esta vez los procesos serán cortos! —clamó el Führer en una de las primeras reuniones con sus fieles más próximos—. ¡A estos criminales no se les va a permitir que mueran con honor, con una bala en el cuerpo; se les colgará de una soga, infamantemente, como vulgares asesinos! Se les expulsará primero del Ejército y luego se les juzgará sumariamente como civiles. ¡Dos horas después de la condena estarán con la soga al cuello! ¡Se les debe ahorcar enseguida, sin la menor conmiseración! Y lo más importante: que no tengan tiempo para largos discursos».

Steinitz fue uno de los primeros en caer en manos de los verdugos.

A las cinco de la mañana, la Gestapo se presentó en su casa para arrestarlo. No se le condujo a las mazmorras de la policía de seguridad, sino a un campo de concentración. La Gestapo consideraba en esos momentos la conspiración todavía como un asunto de los militares. Y es muy posible que el propio Himmler tuviera bastante interés en que la cuestión se tratara como un expediente puramente militar...

No fue sólo Steinitz el que cayó inmediatamente en manos de los verdugos. También, y a pesar de su absoluta pasividad y de su traición en el momento más crucial de la operación, Von Witzleben, así como el jefe del contraespionaje militar, el almirante Canaris. Junto a ellos, varios centenares de otros generales y altos mandos militares, además de los dirigentes principales de todos los grupos de oposición, tanto conservadores como de los sindicatos y la izquierda.

Kniébolo había creído al principio que, tal y como había dicho en su discurso radiofónico desde la Guarida del Lobo para descalificar la insurrección, sólo se trataba de «un pequeño grupo de oficiales ambiciosos»; poco a poco se ponía de manifiesto que el círculo de los sospechosos se extendía hasta alcanzar las altas instancias del Partido.

Durante esas jornadas se vivieron escenas infernales.

Antes de caer en manos de los torturadores, algunos prefirieron quitarse la vida, otros esperaron con serenidad que sus perseguidores les apresaran, muy pocos huyeron.

Incluso hubo quien, como el ex embajador Von Hassell, desde hacía años uno de los dirigentes principales de la trama civil de la conspiración, viajó desde su residencia habitual en Múnich hasta Berlín, estuvo varios días recorriendo como un espectro que regresara de ultratumba las calles, buscando una suerte de expiación por no haber sido capaces de entregar al pueblo alemán lo que éste reclamaba, hasta que finalmente esperó estoicamente sentado en su despacho la llegada de la Gestapo. No pocos, como el propio Steinitz, agotados de la doble vida que habían llevado durante tantos años, sentían el deseo de justificarse ante sí mismos y ante los demás, y esperaban la oportunidad, que Hitler les negó, de poder utilizar las vistas como una tribuna de condena a Kniébolo.

En un primer momento, el Führer pensó aprovechar los juicios como una espectacular campaña de propaganda, una plataforma similar —a través de la radio, el cine y la prensa— a la que los bolcheviques habían utilizado para las purgas de Moscú en los años treinta. Pero en cuanto los acusados comenzaron, a pesar de los continuos gritos, interrupciones e insultos del presidente del tribunal, Roland Freisler, a exponer sus razones con dignidad, el interés del régimen por divulgar las sesiones de los juicios se fue haciendo cada vez menor y al final apenas aparecían en los periódicos breves menciones a las condenas.

El número de los que eran hechos prisioneros, en sus casas o en las calles, no cesaba de crecer.

Después de las primeras semanas, eran varios centenares; una segunda oleada de arrestos encarceló a mediados de agosto a más de cinco mil presuntos enemigos del nacionalsocialismo. A esta acción de venganza y odio sin límites contribuían de forma inestimable las emisoras de radio británicas que, como si quisieran prestarle a Kniébolo un postrer servicio, hacían públicas continuamente listas de personas de las que se afirmaba que habían participado en la conspiración...

Es más que probable que si no hubiera sido por el compromiso de Göring me habría encontrado entre las víctimas.

XXVII

Al cabo de varios días, en cuanto hubo pasado la primera fase más crítica de las persecuciones, conseguí ponerme en contacto, a través de intermediarios, con Antaios, y convinimos en encontrarnos en una granja en el campo, propiedad de unos amigos que ambos conocíamos, cerca de la frontera con Francia.

Deseaba saber lo que había ocurrido en París, cuál era la situación de Antaios en esos momentos y también si tenía alguna noticia del paradero de Ratsam, que había desaparecido de Berlín sin dejar rastro.

La granja se hallaba a pocos kilómetros de la población más cercana. Fui hasta allí en tren desde Berlín y luego recorrí el trayecto a la salida de la estación en un carro tirado por caballos que condujo con maestría por caminos polvorientos el granjero en el que confiábamos.

Encontré a Antaios muy afligido. También con una visible sensación de que el peligro no había disminuido y de que en cualquier momento pudiera encontrarse su nombre entre las listas de los condenados. Hofacker le había dicho, antes de que la operación se pusiera en marcha, que él no debía involucrarse personalmente. El escritor Antaios debía ser preservado. Se contaba con él como alguien capaz de movilizar patrióticamente a los alemanes en el nuevo orden creado después del levantamiento... Hofacker le había recomendado que se escondiera en el sur de Francia.

Me saludó con una efusividad desconocida en él, apretándome la mano con fuerza. Resultaba patente que, después de todo lo ocurrido en París, necesitaba explayarse, hablar con libertad.

Era un día veraniego de mucho calor, como había sido también el 20 de julio. Estábamos en un lugar a salvo, lejos de Berlín.

Nada más sentarnos en unas sillas protegidas del sol bajo un porche exterior, Antaios exclamó:

—¡Haber tenido la serpiente gigante en el saco y dejarla escapar! ¡Qué torpeza!

Los ojos le brillaban, fruto del agotamiento y de la exaltación. Le pregunté por lo que había ocurrido en París. Hasta ese momento las noticias seguían siendo confusas. Se decía que Stülpnagel se había intentado quitar la vida y que ahora se hallaba en poder de las SS.

—En Berlín —dije, iniciando la conversación— se rumorea que Stauffenberg estuvo a lo largo de todo el día en contacto permanente con su primo Hofacker. Al parecer, confió hasta el último momento en que Stülpnagel y Speidel pudieran convencer al mariscal Kluge de tomar el mando de las unidades estacionadas en Francia y marchar sobre Berlín...

Antaios hizo un gesto apesadumbrado con la cabeza:

—Ahora pienso que si hubieran tenido éxito, hoy tendríamos tribunales de sangre en cada aldea, en cada calle, en cada casa.

Se interrumpió bruscamente, luego continuó, dirigiéndome una mirada penetrante:

—Sabe que pienso que estamos atravesando una prueba que está justificada, y que posiblemente sea necesaria...

Se habían visto confirmadas sus peores premoniciones sobre las escasas posibilidades de éxito del atentado y sus asoladoras consecuencias. Kniébolo no había dejado de explotar los efectos del golpe fallido. Según sus palabras, la Providencia había querido mostrar que sólo él era capaz de ganar la guerra. El frustrado intento de acabar con su vida no era sino una señal clara de la misión que se le había encomendado y que debía llevar a cabo hasta el final con la ayuda incólume de los alemanes. ¿Qué habría pasado si aquella banda de traidores, si aquellos ineptos y estúpidos representantes de la casta militar hubieran tenido éxito? «¡Cobardes!», bramaba Kniébolo. No se habían atrevido a dispararle, no habían querido arriesgar su vida poniéndose en peligro. ¡Estúpidos! ¿Pensaban que podrían hacerlo mejor que él al frente del Reich? ¡No eran más que unos traidores de la peor ralea! ¡Traidores al Führer y traidores a Alemania y al pueblo alemán!

—¿Y Kluge? ¿Qué hizo el mariscal de campo? —pregunté a Antaios.

—Kluge ha sido el gran renegado, el Bruto de esta trágica farsa.

Habíamos comenzado a caminar en dirección a un bosquecillo cercano, levemente zarandeados por el viento, inmersos en nuestras propias reflexiones.

En la mirada de Antaios se reflejaba el sol de la mañana. Se protegió los ojos con la mano, antes de responder a mis deseos de conocer los detalles de lo que había sucedido en París:

—En cuanto se produjo el atentado, recibimos la noticia en el salón del hotel Majestic, donde estábamos reunidos. Luego, nada más aterrizar en Berlín, Stauffenberg llamó a Hoffacker y le dijo que Hitler estaba muerto y que el plan seguía su marcha. Enseguida Stülpnagel reunió a los oficiales, dio las órdenes para que se pusieran en marcha los dispositivos previstos y transmitió al comandante de la guarnición de París las instrucciones para neutralizar a los jefes de la SS y de la policía. Se fijó la acción para las 23.00 horas, con el fin de llamar lo menos posible la atención.

—¿Pero Kluge, como comandante en jefe, estaba también informado del golpe?

—Kluge ha sido el ejemplo más claro de las hipocresías y oportunismos de gran parte del alto mando. No podía soportar los aspectos plebeyos de Kniébolo y estaba convencido de que con él sólo se iba a la catástrofe, pero nunca se decidió a apoyar abiertamente el atentado. Cuando llegaron las primeras noticias de la Guarida del Lobo, se mostró aliviado y satisfecho; conforme se daban a conocer las informaciones contrarias, fue perdiendo fuelle. Todo dependía para él de cómo evolucionaran los acontecimientos. Hasta que habló con el Cuartel General del Führer y recibió la confirmación indudable de que Hitler seguía vivo.

Mi opinión sobre Kluge nunca había sido particularmente favorable.

—El ventajismo como modo de vida —asentí—. Siempre le ha acompañado la fama de saber situarse del lado de los que acaban ganando; un cínico cubierto de medallas y condecoraciones, bien pertrechado bajo el uniforme de mariscal de campo...

Antaios continuó:

—Después de que se dio a conocer que Kniébolo seguía vivo, Kluge hizo llamar a Stülpnagel y a Hofacker a su residencia oficial en el castillo de La Roche-Guyon, y ante su insistencia les expuso cuál era su posición: «¡Señores, efectivamente, un atentado fallido! ¡No hay nada más que hablar!». Eso es lo que dijo, impasible, rechazando haber tenido jamás conocimiento de los planes de la conspiración. Incluso el argumento que utilizó Speidel de que si el atentado había fracasado la responsabilidad de todos ellos era entonces mayor, obligándoles a desobedecer a Hitler y a declarar el fin de la guerra en Francia para lograr así que todavía el golpe triunfara, consiguió modificar ni un ápice su actitud.

Desde el promontorio donde nos encontrábamos, bajo el frescor de la sombra de los robles, los castaños y algunos pinos, se divisaban las líneas de los campos, muchos de ellos en barbecho. A pesar de que había pasado la época del año, estaban sin cosechar, fruto de los estragos de la guerra, que dificultaban las tareas de los agricultores.

Al fondo, los viñedos —no estábamos lejos de la región de vinos del Mosela— mostraban las señales inequívocas de su abandono.

Oímos el aleteo de un águila y después vimos un centenar de metros más allá cómo descendía en picado sobre su presa, oculta entre la hierba y la paja crecida.

Antaios siguió con la mirada el vuelo del ave, y después, con una sonrisa mordaz, prosiguió:

—Tras esa conversación, para evitar más preguntas candentes y aparentar absoluta normalidad, les invitó a una cena con candelabros de plata en la que no cesó un solo minuto de perorar, en un soliloquio ininterrumpido, recordando animadamente sus recuerdos y vivencias del frente, ante las miradas asombradas de los presentes.

—¿Y Stülpnagel y Hofacker no le dijeron nada sobre los preparativos para detener a las SS y a la policía?

—La situación era esperpéntica. Mientras en París el Ejército apresaba a los dirigentes del Partido y preparaba las ejecuciones de las SS y los agentes de la Gestapo, Kluge se negaba a que se le informara... Stülpnagel le solicitó que salieran a la terraza y, al exponerle lo que estaba ocurriendo, el mariscal se encolerizó, suspendió inmediatamente a Stülpnagel de sus cargos como comandante militar de París y ordenó a su ayudante de campo que deshiciera inmediatamente el complot. Sin embargo, cuando, de vuelta en el comedor, tanto Hofacker como Stülpnagel, consiguieron ponerle otra vez ante los ojos los crímenes de Kniébolo y la urgencia de contar con su apoyo, Kluge llegó a decir: «¡Sí, ojalá que ese cerdo estuviera muerto!», para luego, cuando se despedían, recomendarles que desaparecieran cuanto antes vestidos de civil.

—Todo muy coherente —repliqué—. La férrea lógica de los generales del Alto Estado Mayor...

Antaios no se inmutó. Sacó un cigarrillo de una pitillera de plata y lo encendió. El humo se esparció enseguida en la atmósfera y noté el olor del tabaco americano. ¿Dónde lo habría conseguido Antaios?

Prosiguió relatando que, mientras tanto, en París se había arrestado a los jefes de las SS y se les había trasladado al depósito de la Escuela Militar, donde estaba previsto someterles a juicio sumarísimo y ejecutarlos, acusándolos de las deportaciones de los judíos, la apropiación ilegal de sus bienes y la voladura de las sinagogas de París. Cuando Stülpnagel regresó a la ciudad, ignoró las órdenes de Kluge deponiéndole de su cargo y no ordenó la liberación de los detenidos, dirigiéndose al hotel Raphaël, donde le estaban esperando los oficiales de su gabinete y otros invitados para celebrar la caída de Kniébolo.

—¿Y fue entonces cuando se enteraron de que los planes habían salido de forma muy distinta a como se había previsto?

El rostro grave de Antaios pareció revivir la ansiedad de aquellos momentos:

—Fue un momento insólito... Las estancias del salón azul del Raphaël estaban llenas de gente, había mucho ruido, se oían comentarios jocosos y el descorchar de las botellas de champán junto al sonido tintineante de las copas entrechocándose. Hizo entonces acto de presencia la figura imponente del César, atrayendo la admiración de los presentes, que no habían dejado de alabar su clarividencia y firmeza, y de repente se oyó en la radio la voz del locutor anunciando que el Führer iba a hablar al pueblo alemán... Se produjo un silencio total, mortífero. Stülpnagel se adelantó unos cuantos pasos hasta el aparato de radio y se quedó petrificado delante de él, inmóvil como una estatua.

—¿Y escuchó impertérrito el discurso de Kniébolo?

—Desde el principio hasta el final, sin un solo gesto de la cara. Toda esa bazofia de insultos llenos de odio sobre el «muy pequeño grupo de oficiales ambiciosos, sin conciencia y además estúpidos y criminales», el agradecimiento a la Providencia por haberle salvado y sus amenazas contra «los elementos criminales» que ahora serían «aniquilados de la faz de la tierra, sin piedad». Stülpnagel seguía de pie, sin pestañear, aunque experimentando toda la tensión del momento. Según me dijeron luego los ayudantes, estrujaba nerviosamente los guantes con las manos, que tenía puestas detrás de la espalda. Cuando Hitler acabó de hablar, se giró y salió de la sala sin decir una sola palabra.

Imaginé la disyuntiva ante la que se encontraba el comandante militar de la villa de París. ¿Habría estado dispuesto Stülpnagel a continuar con sus planes sin Kluge, firmar la paz por separado o incluso marchar con sus tropas sobre Alemania? ¿Hubiera podido hacerlo? ¿No habría sido una locura, un acto de traición? ¿O una conducta heroica... quizás la única salida moralmente honorable?

Le pregunté a Antaios por lo que sin duda él no había dejado de inquirirse a sí mismo una y otra vez durante aquellos días:

—¿Qué opciones tenía en esos momentos Stülpnagel? ¿Entregar París y a sí mismo a los aliados y decidir definitivamente el curso de la guerra...? Eso hubiera sido alta traición.

Antaios se detuvo durante unos instantes, la mirada seria. Sin duda se habían sopesado angustiosamente todas las alternativas posibles en el círculo próximo a Stülpnagel.

Recordé una carta que me había escrito poco tiempo atrás, anticipando lo que estábamos viviendo: «En estas semanas —escribía— he llegado a conocer la amargura de ver infamados a los mejores. Durante la Primera Guerra, mis amigos caían bajo las balas. En ésta, eso es privilegio de los afortunados. Los demás se pudren en las cárceles, se ven obligados a atentar contra sí mismos o mueren, torturados, a manos de los verdugos... Se les niega la bala».

Después de meditar durante un breve espacio de tiempo, agregó:

—La situación se complicó por momentos. Los jefes de la Marina y del Ejército del Aire estacionados en París amenazaron con desplegar a sus hombres y liberar a los dirigentes de las SS y del Servicio de Seguridad que estaban retenidos. Entonces se recibió la llamada de Stauffenberg desde Berlín diciendo que todo estaba perdido y que los asesinos estaban ya asediándole en los corredores, delante de la puerta de su despacho. Además, Kluge cumplió su amenaza de destituir a Stülpnagel, y envió a su ayudante personal para que asumiera las funciones de comandante militar de París.

—Stülpnagel no tenía ninguna salida.

—Hasta el final demostró un arrojo y sangre fría extraordinarios. Nos reunió, y evaluó la posibilidad de seguir adelante con la ejecución de los dirigentes de las SS, para enviar una señal inequívoca a Berlín y arrastrar también así a Kluge. Sin embargo, después de reflexionar, rechazó esta posibilidad. Hubiera ocasionado demasiadas víctimas y sus probabilidades de éxito eran limitadas. Entonces dio la orden de liberar a los prisioneros mientras afirmaba: «El destino ha decidido contra nosotros».

Comprendí la muy expuesta posición de Stülpnagel y sus hombres, incluido Antaios, en aquellos decisivos instantes, ante la reacción esperable de los dirigentes de las SS y del Servicio de Seguridad una vez salieran de las cárceles, después de haber estado a punto de ser ejecutados.

A lo lejos se oyó de repente el ruido de cañones, transmitido por la fina brisa que había comenzado a levantarse, aligerando el calor. El frente no se hallaba demasiado lejos.

Levanté levemente la cabeza, y dije, observando con firmeza los ojos de Antaios, que me devolvió la mirada sin vacilar:

—Entiendo lo que debían de estar sintiendo ambas partes. En un lado se hallaban los que habían estado dispuestos minutos antes a proceder con las ejecuciones, y al otro, confusos y encolerizados, los que habían estado a punto de ser ejecutados. Los conspiradores y los mauritanos sentados en una misma mesa. No debió de ser nada fácil.

—Stülpnagel actuó con genialidad. Les reunió a todos en el salón azul del Raphaël e hizo que corriera abundantemente el champán... Al cabo de varias horas muy tensas, consiguió poco a poco que los dos lados de la trinchera se dieran la mano. Les convenció de que, teniendo en cuenta la proximidad cada vez mayor de la línea del frente y las acciones de la resistencia, no les quedaba otra alternativa que permanecer unidos.

—¿Y los desolladores de las SS estuvieron dispuestos a seguir el juego?

—No tenían otra disyuntiva. Por supuesto que sabían que Stülpnagel no había sido «víctima de un malentendido» y de «órdenes contradictorias», como éste les aseveró, pero corrían también el riesgo de ser sometidos al escarnio de la Orden de la Calavera por su falta de previsión y su ligereza al haberse dejado apresar, lo que hubiera podido tener consecuencias bastante desagradables para ellos. Al final, gracias también al alcohol, que no dejaba de circular, logramos llegar a una fórmula de compromiso: la versión oficial que se transmitió es que «se había tratado de un error» y de «ejercicios para situaciones de emergencia».

—¡Qué extraordinario!

—Sobre todo si se tiene en cuenta que el comandante en jefe orquestó toda esa comedia para proteger a los oficiales que le habíamos seguido a él y a Hofacker como un solo hombre. De hecho, exceptuando a Hofacker y algunos otros que han sido detenidos, la venganza de los verdugos no se ha abatido de forma tan despiadada sobre nosotros como en Berlín.

Se había levantado una ligera bruma en el horizonte y ya no se escuchaba el retumbar lejano de los cañones. La campiña recobraba toda su placidez originaria. Había bandadas de pájaros que se acercaban hacia el lugar donde estábamos, piando y dando repentinamente giros bruscos, muy cerca de nuestras cabezas.

¿Habría podido salvar Antaios la vida en cualquier otra circunstancia? No eran pocos en el entorno de Kniébolo los que jamás le habían perdonado sus críticas encubiertas. Dudo que la protección directa del Führer de la que se había beneficiado en el pasado le hubiera permitido sobrevivir en aquellos momentos a no ser por los nervios de acero de Stülpnagel.

Caía lentamente un sereno atardecer sobre la campiña y los bosques, dorados por la luz. Percibí el dolor reflejado en el rostro y la mirada de Antaios cuando le pregunté por lo que había sido del general:

—Los rumores que circulan —indagué— es que se disparó un tiro en la sien cuando viajaba hacia Berlín, pero que no murió, perdiendo la vista...

Antaios no deseaba hablar sobre ello. La herida estaba todavía demasiado abierta.

Después de detener de nuevo sus pasos, vi cómo se le mudaba el semblante. Enseguida recuperó el porte marcial, y girándose lentamente hacia mí, me miró con un gesto en el que se mezclaban el afecto y una evidente displicencia, antes de responder:

—Le diré, estimado profesor, que el círculo de los últimos hombres caballerosos, de los espíritus libres, de los que piensan y sienten más allá de las pasiones sórdidas y mezquinas es muy reducido... Stülpnagel era uno de ellos. Y, sin embargo, estas víctimas son importantes, porque evitan que la nación en su conjunto caiga en las espantosas simas del deshonor.

¿Era aquél el significado del 20 de julio? ¿Se trataba de mostrar a los alemanes, al mundo, que se podían contar al menos diez justos, como en el relato bíblico, cuyo sacrificio evitaría la devastación de Sodoma, su erradicación de la faz de la tierra? ¿Me lo estaba diciendo con esas palabras para que intentara, yo también, darle un sentido a mi dolor por la inmolación de Steinitz...? ¿Dónde habría sido recluido? ¿En qué cárcel de la Gestapo se estaría pudriendo? Si ése era el sentido del 20 de julio, el precio había sido muy alto...

—«¡Usted ha apostado por el caballo perdedor, mi general!». Eso es lo que le vomitó el jefe de las SS de París a Stülpnagel aquella noche —continuó Antaios, y ahora pude ver con claridad el resplandor emocionado de sus ojos.

—No pocos de los que creyeron que mostrando su servilismo ciego al Führer en esos momentos se iban a librar de la purga han terminado del lado de los ajusticiados. Se ha sabido que entre ellos el propio Kluge, a quien Hitler no le perdonó sus vacilaciones y componendas —repliqué.

Pero Antaios seguía pensando en Stülpnagel y en su triste destino:

—¿Sabe usted —me dijo— que aproximadamente a la misma hora en que se disparó el tiro con su pistola se había citado conmigo para comer juntos y hablar de cuestiones filosóficas? Era muy propio de su naturaleza no descuidar siquiera la cortesía de avisar con antelación para suspender la comida. Tenía un sentido estoico de la existencia, por eso se quiso suicidar. Por eso y para impedir que la tortura le hiciera desvelar ningún nombre...

—Al parecer hizo detener el coche cerca de Verdún, donde habían caído tantos de sus camaradas en la Primera Guerra.

—Kluge le traicionó y le acusó ante Keitel, el lacayo de Kniébolo, para intentar exonerarse él mismo. En cuanto conoció los detalles de cómo se habían desarrollado los acontecimientos en París, Keitel le ordenó que se dirigiera inmediatamente a Berlín. «Los acontecimientos toman ahora su camino». Es lo que dijo cuando le llegó la orden de Keitel. Por la mañana, casi en la madrugada, se despidió de nosotros, sus colaboradores más próximos, antes de subir al coche. Y luego, cuando estaba acercándose al lugar donde había combatido en la Primera Guerra, en una colina llamada del Hombre Muerto, pidió detener el automóvil y se internó en el bosque, hasta la proximidad de las riberas del canal. Luego se oyó el disparo... Pero no había llegado aún su hora. Lo consiguieron sacar, ciego, de las aguas y lo escoltaron bajo vigilancia permanente hasta Berlín.

—La radio ha estado continuamente transmitiendo noticias sobre los juicios —añadí, pensando que quizás Antaios no tendría todavía la información completa de lo que sucedía en Berlín—. Ni Freisler ni la Gestapo consiguieron sacarle un solo nombre de los implicados, e incluso se negó a hablar sobre Kluge o sobre Rommel. Cuando Freisler intentaba acorralarle con sus tretas y coacciones, contestó, secamente: «¡Los mariscales de campo están fuera de toda sospecha!». Ha sido uno de los primeros en ser condenado y ajusticiado.

Antaios volvió a sumirse en sus cavilaciones. Sentí que nuestra conversación había ayudado a aligerar el peso que llevaba sobre sus espaldas. Era un superviviente. Los dos seguíamos por ahora con vida. Y supe instantáneamente que se trataba más de una carga que de una liberación...

Al cabo de un rato, con el rostro aún reflejando una profunda aflicción, Antaios añadió:

—El sino de ambos hombres ha querido que Kluge muriera muy cerca de donde Stülpnagel había deseado quitarse la vida. Kluge tomó cianuro para evitar caer en las manos del verdugo. Pero antes le había mandado una carta a Hitler, en la que le seguía tratando de «genio» y hablaba de su «grandeza» y su «ilimitada clarividencia», y en la que todavía intentaba ahuyentar cualquier sospecha sobre él. Ciertamente, el mariscal de campo Hans Günther Kluge no ha sido un gran hombre...

Estábamos los dos exhaustos. Sin embargo, después de que descendiera la noche, y tras un ligero refrigerio, aún dimos un pequeño paseo por los alrededores. La contemplación de la bóveda límpida del cielo nos hizo recuperar un anhelo de esperanza.

A la mañana siguiente partimos en direcciones distintas, él de vuelta a París, aunque ya no por mucho tiempo: el 25 de agosto se entregó la Ciudad de la Luz a los aliados en contra de la orden expresa de Kniébolo. Y yo hacia Berlín. Antes de separarnos, oímos en la radio, en la granja, que los norteamericanos se encontraban ya en las cercanías de Rennes y que estaban incomunicando la Bretaña.

En Italia, habían alcanzado Pisa. En el frente oriental, los rusos habían atravesado Lemberg y Lublin...

Apenas dos semanas y media después del atentado, tras los juicios sumarios presididos por un Freisler haciendo gala de todas sus artimañas judiciales y de su vehemencia teatral, tuvieron lugar las primeras ejecuciones en la horca: entre otros, Hofacker y Witzleben; a los pocos días, Stülpnagel.

Caían, uno tras otro, gran parte de los miembros del círculo de Steinitz y Peter Ratsam, a los que no se les permitió siquiera la ayuda espiritual de un clérigo en sus últimas horas.

Kniébolo quiso apurar hasta la última gota la satisfacción morbosa de ver morir humillados a sus enemigos.

Dio instrucciones para que se filmaran cada uno de sus últimos pasos antes de ser ajusticiados. La cámara les seguía sin recato alguno, obscenamente, grabando las imágenes de cada instante de su suplicio: desde la salida de las mazmorras, sucios y desharrapados, despojados de sus ropas e intentando arrebatarles cualquier rastro externo de dignidad humana, hasta su llegada al patíbulo. Uno de sus últimos y más perversos triunfos.

Steinitz fue condenado a muerte varios meses después, el 3 de octubre.

Durante ese tiempo acompañé y socorrí en todo lo que pude a su hija, a la que sólo se le permitió ver brevemente a su padre en contadas ocasiones. Sin embargo, Steinitz no fue ejecutado tras conocerse la sentencia. Aún no se habían apagado todos los rescoldos de aquel descabellado plan consistente en que Himmler se enfrentara antes del final a Hitler e intentara establecer contacto con los aliados, el plan que Steinitz le había propuesto a Himmler meses atrás, y que el verdugo supremo de las SS no debía de haber olvidado...

Poco antes de que su padre fuera sentenciado a muerte, la hija de Steinitz me transmitió un mensaje suyo: «Intente localizar a Ratsam. Tiene información importante. Búsquele en el sur, en Baviera».

Partí de Berlín al día siguiente. Viajé durante toda la noche en dirección a Garmisch. Desde allí conseguí encontrar a alguien que estuviera dispuesto a conducirme, sin demasiadas preguntas, hasta el Partnachalm, la casa de los Ratsam en las montañas.

La salida de la atmósfera enrarecida de Berlín y el reencuentro con las montañas de los Alpes me hizo bien. De repente sentí como si recobrara energías que creía estaban consumidas. A raíz de la condena de Steinitz, muchas de mis dudas y vacilaciones de los años anteriores se habían disipado, y percibía una clara determinación: estaba dispuesto a ayudar a Steinitz en sus últimos momentos, aunque ello acarreara que se levantaran más sospechas, quizás definitivas, sobre mí.

Llegué a la casa en las montañas que yo recordaba de los años de Múnich, hacía más de dos décadas y media. Apenas nada había cambiado. Los árboles estaban crecidos y la espesura mostraba signos de un cierto abandono, pero la naturaleza continuaba siendo tan pura y primitiva como entonces.

Martha, la madre de Ratsam, me recibió con desconfianza. Había envejecido a ojos vistas desde la última vez que nos habíamos saludado a la salida de la representación de la obra de teatro de Peter en Hamburgo. Estaba sola. No fue hasta después de mostrarle el mensaje escrito de puño y letra de Steinitz —al que conocía y del que había oído hablar en ocasiones importantes a Peter—, el mensaje firmado por el ministro, cuando consiguió recuperar el semblante amable y hospitalario cuya imagen guardaba yo en la memoria. Me hizo pasar al interior de la casa, ofreciéndome una taza de té.

A pesar de sus intentos de aparentar serenidad, estaba visiblemente alterada y asustada:

—Hace dos días llegó la Gestapo y se llevaron a mi marido, el general. No fueron nada amables con él; no le dejaron llevarse ninguno de sus libros ni papeles. Le trataron a trompicones. ¡Y tiene ya setenta y cinco años!

Dirigí una rápida mirada alrededor. Eran los mismos muebles y objetos muy parecidos a los que yo recordaba: mapas antiguos de diversas regiones del mundo colgados de las paredes, estatuillas orientales, algunas máscaras japonesas, un astrolabio... Me fijé en las fotografías colocadas encima de la repisa de la chimenea y en los anaqueles de los libros. En algunas se veía todavía al general con Hitler, en los años de Múnich, y en otra aparecían padre e hijo con Hess, los tres en pantalón corto y con el atuendo bávaro.

Intenté calmarla:

—No creo que le ocurra nada al general. Es difícil imaginar que el Führer quiera hurgar en cosas del pasado... Su odio está ahora concentrado en lo que ha ocurrido.

—¿Entonces por qué se lo han llevado? Usted sabe que desde lo de Hess, el general se apartó de todos sus cargos públicos y se ha mantenido en un discreto silencio.

¿Qué estarían buscando? ¿Se trataba únicamente de investigar la conexión de Peter con Steinitz, o habían estado siguiendo otras pistas? ¿Qué es lo que podían estar husmeando los chacales? ¿Buscaban información sobre los conjurados, sobre la Sociedad de los Miércoles, los amigos de Steinitz y Ratsam, o acaso habían intentado ocultar pruebas comprometedoras sobre Himmler, sobre las relaciones de padre e hijo a lo largo de los años con los ingleses y los americanos, sobre el círculo exterior de los Ratsam, los aficionados a la astrología y al ocultismo, quizás documentos sobre el propio Hitler en sus años muniqueses?

Le contesté con sinceridad:

—No lo sé... Quizás si pudiera hablar con Peter, o con su hermano Heinz...

La madre de los Ratsam vaciló unos instantes. ¿Podía confiar en mí? Peter le tenía que haber hablado en muchas ocasiones de mí a lo largo de los últimos años; no todo serían palabras elogiosas. Vi que seguía dudando, los ojos, inquisitivos, examinándome; pero al final probablemente pensó que no tenía demasiado que perder fiándose de mí:

—No sé dónde está Peter. Sólo sé que lo están buscando, la Gestapo y las SS.

Volvió a hacer una pausa, inquieta, antes de decidirse a continuar hablando. Titubeó:

—Estuvo aquí poco antes de llevarse la Gestapo al padre... Me contó que en cuanto detuvieron a Steinitz se dio cuenta de que volvía a estar en peligro. Temía que torturaran al ministro y que se supieran los nombres de sus amigos. Fueron a por él, pero la asistenta le avisó antes de que la Gestapo lo encontrara en su casa de las afueras de Berlín. Entonces se escondió en la vivienda de una discípula suya, una joven psicóloga y astróloga, muy dotada, Erna, quizá usted la haya conocido también. Pero era muy arriesgado; en esa casa se escondía también... —Martha me miró durante varios segundos con unos ojos en los que se resumía todas las frustraciones y desengaños de los últimos años— una judía.

Era a mediados de otoño y la chimenea crepitaba con un sonido chisporroteante. Se acercó a atizar el fuego, y luego continuó, en voz más baja:

—Llevaba una pistola... ¡Le imploré que no la utilizara! Tuve miedo de que la pudiera usar contra sí mismo.

—¿Y de Berlín huyó hasta aquí?

—Estuvo pensando si no debía atravesar la frontera y refugiarse en Suiza. Pero no quería abandonar Alemania; y menos en estas circunstancias... —No pudo ocultar un sentimiento de orgullo. Aún temblándole ligeramente los labios, añadió—: Al final me entregó la pistola. Le pregunté si tenía algo que ver con el atentado, y me tranquilizó cuando lo negó.

—¿Se quedó aquí algunos días? ¿Qué es lo que hizo durante ese tiempo?

—Quería reunirse cuanto antes con su hermano y hablar con él. Heinz vive en la granja que heredó mi marido, a unos cincuenta kilómetros. Peter se quedó descansando durante un par de días, preparándose para hacer el camino hasta la finca y estudiando en los mapas cuál podía ser la forma menos expuesta de llegar hasta allí. También estuvo ordenando sus papeles. Yo estaba tan triste, tan deprimida, que apenas pude decirle algo en esos días...

Martha me invitó amablemente a pasar la noche en el Partnachalm; hubiera sido difícil encontrar otro lugar cercano donde descansar. Al día siguiente llegó Heinz.

Era un hombretón grande, curtido por los trabajos al aire libre. Nada que ver con el mozalbete que yo había conocido tantos años atrás, y tampoco con el hermano intelectual que había jugado durante años el papel de asesor áulico de los máximos dirigentes nazis, mientras ejecutaba delicadas misiones de aproximación a los aliados en nombre de la oposición, y en ocasiones lograba la cuadratura del círculo de actuar a la vez en nombre de la oposición y del régimen.

Heinz estaba al cuidado de sesenta vacas cuarteronas y hablaba con un fuerte acento bávaro, pero no era ni mucho menos un estúpido.

Le pregunté delante de la madre si había llegado a ver a su hermano:

—Sí, consiguió llegar al sitio donde habíamos convenido, en un bosque de robles cerca de la granja que los dos conocemos muy bien, después de recorrer el trayecto durante un día y una noche campo a través. Cuando llegó estaba agotado.

—¿Y dónde está ahora?

—Es imposible saberlo. En algún lugar del sur de Baviera, escondido, o en manos de la Gestapo. Quizás haya tenido suerte, no lo sé.

—¿Pudo hablar con él?

—Sí, aunque no mucho tiempo. La granja es uno de los primeros sitios donde la Gestapo le ha buscado sin descanso, una y otra vez. Conseguí que las hermanas del convento que está cerca le ocultaran en varios sitios para intentar borrar sus huellas. Al principio estuvo en un pajar abandonado, luego en otra granja de los alrededores, y ya después en casa de un médico. Pero al final la abadesa del convento fue arrestada. Sé que Peter pudo escapar en el último momento de la casa del doctor, aunque la familia que le protegió no corrió la misma suerte, y desde entonces, hace varios días, no he vuelto a tener ninguna noticia de él...

Martha comenzó a llorar, profundamente afectada. Temía por la vida de Peter y por la del general. La tuvimos que acompañar hasta su habitación y Heinz la intentó tranquilizar, acostándola en su cama y quedándose junto a ella hasta que logró conciliar el sueño.

—¿Cree que habrá conseguido salvarse, llegar hasta la frontera? —le pregunté horas después a Heinz, cuando la casa había vuelto a la tranquilidad.

—Me parece muy difícil... Lo más probable es que siga escondiéndose, intentando escapar de la Gestapo.

—¿Le dijo algo que tuviera que transmitir a otros, algo que no pudiera ni quisiera llevarse consigo?

Heinz me miró con detenimiento, con una mezcla de desconfianza y de curiosidad por las preguntas que le había hecho. Estábamos sentados cerca de la chimenea. Dudó durante bastantes instantes, pero deduje que algo le tenía que haber dicho Peter sobre mí y mi relación con Steinitz que ayudó a que confiara en mí en ese momento. Dijo, con voz más queda:

—Me insistió en que me comunicara cuanto antes con Steinitz.

Le expliqué que Steinitz había sido condenado a muerte y que la pena podía cumplirse de un momento a otro. También le mostré el mensaje firmado por el ministro que su hija me había hecho llegar.

—Usted sabe que me unía y me une una gran amistad al ministro Steinitz y que también he tenido siempre una relación estrecha con su hermano...

Todavía volvió a vacilar Heinz. Finalmente añadió:

—Humm... Bueno, en ese caso, supongo que usted actúa como una especie de enviado de Steinitz, como su albacea...

Se interrumpió. Quizás pensó que no debía de haber utilizado esa palabra. Luego, bajando la voz, hasta hacerla casi inaudible, prosiguió:

—Tiene que ver con todos los papeles que Peter ha ido recopilando durante estos años. Jamás se los enseñó ni a mí ni a nadie. Sólo el padre tenía acceso, y en alguna ocasión algún amigo muy cercano.

Después, con voz más firme, añadió:

—Estoy dispuesto a enseñárselos. Me dijo que recorrían toda su vida, iban desde el principio, desde la época de Múnich hasta lo que ha sucedido hace pocas semanas. Insistió en que bastantes documentos habían estado clasificados con el nivel de máxima reserva...

Más tarde Heinz me condujo a un cobertizo algo alejado de la casa, oculto entre árboles y ramajes, que había servido antiguamente para guardar la leña. Todavía había bastantes tocones de leña cortada por el suelo y algunos montones pequeños de hulla. Detrás de un armario viejo y ruinoso de madera había una puerta que conducía a otro almacén más estrecho en el que se amontonaban en estanterías perfectamente ordenadas los archivos personales de Peter Ratsam.

Pasé un día entero, más de doce horas, revisando y leyendo los papeles de Peter antes de regresar a Berlín.

Fue fascinante. Estaban ordenados cronológicamente, y contenían notas, escritos más largos del propio Ratsam o de otras personas, y resúmenes de memorandos o de conversaciones, a veces también noticias o reportajes de prensa, en un período que cubría desde sus primeros contactos con Thelema y el encuentro, a través de su padre, con Ostario y con Hess, hasta las más recientes conversaciones confidenciales con miembros del servicio secreto británico.

En el trayecto de regreso en tren hasta Berlín, todavía bajo el efecto de todo lo que había leído, no pude apartar de la mente la obsesiva pregunta sobre quién se ocultaba en realidad tras las múltiples máscaras de Peter Ratsam.

En Berlín continuaban sin interrupción los arrestos y encarcelamientos, seguidos de los juicios y las condenas. Lo que hubiera podido ser la élite social y política del país —la posible alternativa a Kniébolo— estaba siendo erradicada. La sed insaciable de venganza de Hitler se extendía también a las familias de los encarcelados, a todo aquel que llevara el nombre o estuviera emparentado con alguno de los perseguidos. Himmler no había dudado en declarar que se iba a llevar a cabo una venganza tribal, similar a la de los antiguos germanos.

La detención de Carl Goerdeler, el antiguo alcalde de Leipzig al inicio de la llegada de los nazis al poder, supuso un punto de inflexión. Bajo la presión de la tortura y de la imperiosa necesidad de justificar ante el mundo los motivos y las intenciones de la oposición, Goerdeler reveló imprudentemente durante los interrogatorios nuevos nombres de empresarios, de personas vinculadas a los sindicatos y a las iglesias, así como de altos funcionarios afines a los implicados, entre ellos el nombre de Peter Ratsam.

A mediados de septiembre parecía, sin embargo, que el grueso de la investigación había concluido y que las purgas llegaban a su punto final.

Fue entonces cuando se hallaron, casi de manera casual, gran parte de los archivos y documentos, los planes de atentados y golpes, que los generales críticos con el régimen —Beck, Halder, Oster— habían elaborado y ocultado desde finales de los años treinta. Poco después, la Gestapo encontró también los largo tiempo buscados diarios del almirante Canaris.

Esos documentos contenían críticas radicales contra el inicio de la guerra y la estrategia militar seguida por Hitler; en ellos se rechazaban frontalmente los métodos empleados por Himmler y las SS, y se descalificaba el tratamiento de la cuestión judía y las medidas persecutorias contra católicos y protestantes. Como consecuencia de la salida a la luz de planes tan detallados y tan antiguos de una continuada y muy selecta oposición al régimen, el conjunto del régimen pareció transformarse en una gran central de investigación dirigida por los servicios de seguridad.

Era el asentamiento definitivo del Estado de las SS y la Gestapo. Los hallazgos provocaron en Kniébolo algo similar a un *shock* que extremó hasta el límite su paranoia. De repente se vio rodeado por todas partes de traidores, confabuladores y sospechosos de alta traición: la leyenda de un pueblo unido fervientemente con su carismático Führer se deshacía como un castillo de arena.

En un primer momento pareció que su actitud iba a decantarse por intentar que la información descubierta no llegara a la luz pública y cerrar cuanto antes los procesos del 20 de julio. Pero luego, conforme los diarios de Canaris le fueron revelando la magnitud de los diferentes círculos y grupos de oposición, las líneas de conexión entre estos grupos con los aliados y con terceros países, la implicación del contraespionaje y de otros servicios muy próximos al núcleo de dirección del régimen, su odio y su cólera, unidos a sus sentimientos de impotencia, se concentraron en una sola orden: la aniquilación de los conspiradores.

Mientras tanto, los americanos habían alcanzado las fronteras de Alemania y conquistado la ciudad de Tréveris. Varias semanas después caía Aquisgrán. La respuesta de Kniébolo fue crear un nuevo ejército de viejos y de casi niños.

Por el este, las tropas rusas se internaban en las regiones del norte de Prusia, y rusos, americanos, británicos y franceses se volvían a reunir para delimitar las futuras zonas de control sobre Alemania. Stalin y Roosevelt llevaban la voz cantante: la desmembración de Alemania significaba también, como yo no había dejado de advertir, el fin de la hegemonía europea. Era el hundimiento de toda una civilización. Poco antes de finales del año, la última ofensiva de Kniébolo en las Ardenas fracasaba a los pocos días porque los tanques se habían quedado sin combustible...

Los juicios seguían ante el tribunal popular, con el protagonismo de un Freisler como presidente que convertía cada sesión en una ácida parodia de sí mismo y de los odios, complejos y frustraciones, de los deseos de aniquilamiento y destrucción que anidaban en el régimen. Freisler gritaba, gesticulaba, profería insultos, humillaba y denigraba, interrumpiendo continuamente cualquier intento de los condenados de exponer ante el mundo y ante los alemanes el grado de corrupción y vileza a los que había llegado el nacionalsocialismo.

Paradójicamente, el atentado fallido de Stauffenberg y la divulgación de los planes de la oposición habían tenido al principio el efecto perverso de provocar una corriente de apoyo a Kniébolo que durante un tiempo pareció fortalecer a los dirigentes nazis. A los sufrimientos de las víctimas de la persecución y de sus familias se unía el sentimiento desesperanzador de que la propaganda acabara triunfando en su condena al atentado como un crimen odioso en un momento en el que la nación luchaba por su propia existencia.

Steinitz seguía vivo en prisión... Su hija me transmitía casi diariamente noticias suyas y de algunos otros prisioneros, entre ellos, de su viejo amigo Goerdeler.

También me llegaron noticias sobre Peter Ratsam. Había sido finalmente capturado por la Gestapo, tras ser delatado por una vecina que vivía cerca de la granja donde se hallaba escondido. Se le había trasladado primero a Múnich y luego a la prisión de Moabit, en Berlín. Tanto él como Steinitz se habían mantenido firmes en los interrogatorios, sin desvelar ningún nombre, y a la vez sabiendo preservar el interés de las SS en que continuaran con vida. Cabía una última esperanza: que se consiguieran demorar las investigaciones y ganar el tiempo preciso para que la guerra llegara a su término, logrando escapar con vida.

Sin embargo, la ofensiva de los aliados hacia el interior de Alemania se retrasaba. El nerviosismo cundía entre los dirigentes nazis. Una y otra vez surgía en las altas esferas la pregunta de por qué Steinitz y Goerdeler no habían sido todavía ejecutados. Cuando al mediodía del 2 de febrero soldados de las SS irrumpieron en sus celdas vociferando y obligándoles a golpes a que se dirigieran hacia el cadalso, supimos que incluso aquella tenue esperanza se apagaba...

Los testigos oculares pudieron ver a los dos sentenciados con cadenas en las manos y los pies, arrastrándose con dificultad, vestidos con la misma ropa de verano que llevaban al ser arrestados, sin cuello, en la más absoluta indigencia. Pero lo que más llamaban la atención eran los ojos de uno y otro, antes tan vívidos. «¡Eran los ojos de dos hombres ciegos!».

Después de forzarles a salir de las celdas, los guardias les condujeron, estrechamente vigilados, a una antesala donde les obligaron a desnudarse y luego a atravesar, ateridos, el patio de la prisión hasta el lugar al aire libre donde estaba situado el patíbulo. En torno a un poste de madera que sobresalía de la pared se había colocado una traílla, y debajo una grada de madera, a la que los condenados debían subir en cuanto recibieran la orden. Una vez allí, se les colocaba la cuerda alrededor del cuello y se retiraba la escalerilla...

Habían comenzado las grandes oleadas de expulsiones y desplazamientos de las poblaciones alemanas que habitaban las regiones del este y del centro de Europa. Desde allí y también desde el oeste de Prusia se evacuaban a millones de personas ante la inminente llegada de los soviéticos.

El bombardeo de Dresde, posiblemente uno de los más graves de toda la guerra, había reducido la ciudad a escombros.

A través de las emisoras británicas llegaban clandestinamente las noticias sobre la Conferencia de Yalta, esta vez sólo de los «tres grandes», el gravemente enfermo presidente americano Roosevelt, Stalin y Churchill.

Las radios hablaban también de los «crímenes de guerra» y de la cuestión de las reparaciones. Kniébolo había hecho que los alemanes se convirtieran en objeto de escándalo. El vencido, ya se sabe, lleva la peste en el cuerpo.

XXVIII

Imágenes de un ataque aéreo de gigantescas proporciones sobre Berlín en el mes de febrero.

Las mismas escenas repetidas una y otra vez.

Pedazos informes de las vías del tranvía, automóviles incendiados, el tráfico se detiene. Las gentes se apresuran, corren a través de un caótico amasijo fabricado a base de los restos de paredes y muros, de ladrillos y cristales, de maderas carbonizadas y de polvo. Por todas partes, polvo, humo y trozos de cadáveres. Olor a combustión, a carne quemada, a hollín y fuego. Un fuerte viento provoca que los trozos más pequeños de carbón y carne humana se arremolinen y que las brasas, arrastradas por el aire, se metan en los ojos, en el cabello, en la piel.

Estoy en la calle, veo frente a mí uno de los grandes hoteles de Berlín convertido en una tea ardiente. A su lado, el edificio del tribunal popular, donde se siguen celebrando los juicios del 20 de julio. Pocos días antes, durante un bombardeo similar, en plena sesión de uno de los juicios, el derrumbe de una viga en el interior de la sala había segado la vida de Freisler mientras sostenía en sus manos el acta incriminatoria del acusado. Fue el único de todos los presentes sobre el que se desató, justiciera, la ira que llegaba de lo alto. Ninguno de los demás miembros del tribunal, ni de los procesados que esperaban su turno, los guardias de la policía y los soldados, o el público y los redactores de prensa sufrieron el menor percance...

Las lenguas de fuego que se apoderan de los edificios parecen retroceder y luego regresar con más fuerza. El horizonte se enciende con el resplandor de las llamaradas. De nuevo hoy no se escucha a nadie gritar: «¡Mueran los americanos!» o «¡Mueran los rusos!», tan próximos ya; pero tampoco se oye que nadie vocifere contra el Führer.

Tengo que volver a correr, otra vez, la enésima vez, hasta el búnker. En su interior falsamente protector se crea una delirante sensación de cotidianeidad. Murmullos y conversaciones en voz baja, una cháchara incesante. Las mujeres se sientan juntas y hablan sobre el precio de la comida, sobre este y aquel vestido, y se enseñan mutuamente fotos de actores de cine. Algunos soldados, que se mueven con agilidad entre los grupos de mujeres y niños, se ríen de forma ostentosa y parlotean, también sin parar, como si se les acabara el tiempo. Son los hombres mayores y de mediana edad los únicos que muestran un semblante serio, a los que se ve agotados y consumidos. Sin embargo, apenas se percibe un sentimiento de tristeza o tragedia por la destrucción de Berlín y su futuro; las gentes ríen, charlan, hablan sobre lo poco que queda en las tiendas, sobre la comida y las historias de alcoba. Una señora de inesperado porte aristocrático se queja de lo mucho que ha tenido que sufrir, todos sus zapatos, excepto dos pares, se quemaron en uno de los ataques aéreos, y tenía una colección tan magnífica, zapatos de color azul, rojo, marrón, negro, blanco... Se los enviaba una amiga desde París. Otra señora pregunta, ausente, qué hora es. En el búnker se consigue establecer la impresión de una momentánea seguridad mientras fuera las bombas estallan y los edificios en ruinas acaban de derrumbarse, produciendo un sonido, cuando caen juntos polvo y cascotes, que ha terminado por hacerse inseparablemente familiar.

Todavía quedan niños en Berlín. Entre alarma y alarma juegan despreocupados en las calles bombardeadas. Juegan a la guerra, construyen con sus pequeños picos y palas refugios, luego compiten por saber quién es el que ha construido el búnker más seguro, y poniendo caras de expertos hablan de la onda expansiva de los distintos calibres de las bombas; se les oye discutir sobre los efectos de las de dos toneladas, de las de cuatro y seis toneladas, de las superbombas.

Un avión de caza americano se estrella contra un bloque de casas, cerca del centro.

El edificio estaba ya en ruinas, el aparato termina por demoler lo poco que quedaba del segundo y primer piso. Antes había ahí una tienda de flores, de la que sólo queda, colgando de los restos del escaparate, un letrero inclinado en el que aún se puede leer: «Floristería».

Las gentes se acercan a la carlinga del piloto. Constatan fríamente que el aeroplano ha tenido que ser abatido muy cerca del suelo; si no, es imposible que se halle en un estado tan aceptable. Me acerco yo también, empujado o atraído por la curiosidad de los demás. Parece como si el piloto muerto se hubiera quedado congelado en el tiempo, apenas muestra rastros de haber sido herido; cuando se le consigue sacar de la cabina, vemos que sólo es un muñón, tiene las dos piernas cortadas y la cara quemada. Luego, al cabo de algún tiempo, cuando ya hay menos gente, un niño escala encima de los restos del avión, mira temeroso a derecha e izquierda y se lleva corriendo la tela del paracaídas del aviador.

Hasta el final, la propaganda no cesó de transmitir noticias sobre las nuevas armas, las máquinas invencibles que alcanzarían a los aviones enemigos en el cielo con absoluta precisión, también sobre las nuevas ofensivas que pronto se lanzarían en el este y en el oeste. La radio retransmitía continuamente detalles de la carnicería y las crueldades de las tropas rusas conforme se aproximaban a la capital, hablaba constantemente de los robos y vejaciones que sufría la población, de los asesinatos indiscriminados y de las salvajes violaciones de mujeres, de adolescentes e incluso de niñas... Los rusos atravesaban el río Oder y estaban muy cerca de la ciudad.

Autobuses y tranvías dejaban de circular por falta de gasolina. La única manera segura de trasladarse a otro punto alejado era en carro de caballos, siempre y cuando a uno no le importara ponerse en el punto de mira de los cazas aliados.

Gran parte de la vida cotidiana transcurría en los búnkeres. Pero tampoco éstos ofrecían una seguridad completa. En una de las ocasiones en que nos habíamos refugiado en el reducto más cercano, un ingeniero me preguntó qué opinaba sobre la resistencia de las paredes de cemento del búnker a los explosivos de nueva fabricación; cuál pensaba yo que era el grosor de los muros.

Supuse que debían de tener en torno a cuatro metros de espesor. El ingeniero me explicó que el efecto de las bombas dependía de la combinación de su energía cinética con la onda expansiva que generaban, y que un gran número de los refugios estaban completamente anticuados. Me habló de que un explosivo de seis toneladas —una «bomba terremoto»— había estallado pocos días antes en el punto central de un búnker donde se habían cobijado veinte mil personas. Del refugio no había quedado más que cemento pulverizado, escombros y pedacitos de carne humana, todo profusamente impregnado de sangre. «Si calculamos que cada cuerpo humano contiene entre cinco y seis litros de sangre —decía el ingeniero—, entonces los cuerpos de aquellos veinte mil cadáveres albergaban unos cien mil litros. —Y concluía, su semblante adoptando seriedad científica—: No es extraño que se filtrara a la superficie tanta sangre...».

A pesar de la proximidad de las tropas aliadas, las SS y los servicios de seguridad no disminuían la intensidad de la persecución a la que se sometía a los desertores y a quien se atreviera siquiera en una conversación privada a alzar la voz con críticas al régimen.

Pude ver en esos días cómo un chico de apenas diecisiete o dieciocho años de edad salía corriendo sin aliento de una de las bocas del metro, seguido muy de cerca por agentes vestidos de civil. Intentó internarse en un parque cercano a la estación del metro, después de haberse desprendido del hatillo de ropa que llevaba. Pero no llegó muy lejos. Al no responder a la orden de los dos agentes para que se detuviera, dispararon sobre él sin dar otro aviso, matándole al instante. Según escuché, al parecer se trataba de alguien que había desertado de una de las unidades de niños y adolescentes forzados a defender Berlín.

Se acercaba el final. Apenas se podía ya transitar por las calles, cubiertas de barricadas y alambre de espino, estrechamente vigiladas por soldados del Ejército Popular provistos de viejas escopetas. A las Juventudes Hitlerianas se les utilizaba como policías. Recorrían en patrullas de seis las calles, con el fusil al hombro, actuando sin ningún tipo de control, confiscando todas las bicicletas que hallaban a su paso o dejándose comprar pequeños favores con dinero.

Se divisaba a los aparatos rusos sobrevolando en escuadrillas ininterrumpidas las torres de protección cercanas a la estación del Zoo mientras Goebbels todavía se atrevía a anunciar un vuelco de los acontecimientos: «¡Se están preparando grandes cambios políticos! —gritaba con su voz de estreñido por la radio—. ¡Los aliados no consiguen ponerse de acuerdo sobre las fronteras futuras de Polonia! ¡La alianza entre rusos y anglosajones está a punto de romperse definitivamente! ¡Se llama a las capitales a los embajadores respectivos!».

Un fenómeno curioso. Como también había sucedido en el periodo anterior a que comenzara la guerra, no pocos habitantes de la capital de las ruinas se entregaban a las pasiones más desenfrenadas. Había que sacar ventaja del último instante antes de que se declarara el apocalipsis. ¿Qué ocurriría después? Nada bueno podía esperarles a los alemanes, y antes de que el desprecio del mundo y la saña de los vencedores se abatiera sobre ellos, los cuerpos inanes y agotados parecían reclamar un postrer óbito: en las primeras horas del atardecer, cada vez más lugares se llenaban de figuras voraces, mujeres, soldados y también muchachas y jóvenes apenas salidas de la adolescencia. El barniz de civilización que cubre la realidad monstruosa y salvaje del ser humano se descomponía a ojos vista.

Peter Ratsam seguía con vida en la prisión. La proximidad de los aliados hacía abrigar aún la esperanza de que los últimos prisioneros de las cárceles de la Gestapo, en Moabit y en la Prinz-Albrecht-Strasse, pudieran ser liberados. El hermano, Heinz, también había sido encarcelado en la misma prisión.

En la cárcel, Peter se había mostrado al principio muy pesimista sobre su situación. Tras ser detenido, las primeras semanas las había pasado encadenado de pies y manos en una celda, sin recibir apenas comida ni bebida.

Estaba muy débil, y al enterarse de que muchos de sus conocidos ya habían sido ejecutados y de que el propio Steinitz había sido condenado a la horca, pensó que iba a ser trasladado a la Prinz-Albrecht-Strasse para no salir de allí. Cuando su hermano pudo verlo, en la primera salida que se le permitió realizar al patio de la prisión para el paseo cotidiano en círculo de todos los cautivos, le dirigió un expresivo gesto con el dedo pulgar hacia abajo indicando que difícilmente podría escapar con vida de las fauces de los leones.

Pero todavía no estaba escrita la última palabra.

A lo largo de sucesivos y extenuantes interrogatorios, Peter Ratsam pudo hilar una explicación plausible de sus actos ante sus incrédulos verdugos. Los principales cargos contra él se basaban en sus relaciones a lo largo de los años con Steinitz y los otros implicados, así como su injustificada huida de Berlín después del atentado. Inicialmente, la decisión había estado en manos del sangriento Freisler; después de su muerte, existía la leve posibilidad de que se prorrogaran las indagaciones sobre su persona.

La vida durante esos meses se convirtió para Ratsam en una carrera desesperada contra el tiempo. Cuando se decretaba la alarma aérea, todos los presos —excepto los condenados a muerte— eran escoltados, fuertemente vigilados por los guardias, al sótano, donde se les encerraba en grupos en los calabozos. Durante esos momentos, los condenados hacían interminables cábalas sobre cuánto tiempo haría falta que transcurriera hasta que americanos y rusos conquistaran Berlín. Pero los días pasaban sin que se conociera el final de la guerra.

Tras otra fase de durísimos interrogatorios, Ratsam había logrado convencer a los agentes de la Gestapo de su inquebrantable lealtad al nacionalsocialismo y de las consecuencias funestas de no haber adoptado determinadas decisiones por él aconsejadas en política exterior. Sorprendentemente, se le atenuaron las condiciones del encarcelamiento, y pudo leer y escribir, pero la angustiosa partida de ajedrez contra los dirigentes de la Gestapo y de las SS no estaba ni mucho menos ganada.

A pesar de que dentro de los servicios de seguridad aumentaba el número de aquellos que deseaban mostrar mayor flexibilidad con los detenidos de cara a lo que pudiera ocurrir en el futuro, la ejecución de las condenas a muerte no se interrumpía. Ratsam fue trasladado en varias ocasiones a la central de la Gestapo, pero ya no se trataba estrictamente de interrogatorios; en una de las ocasiones, se le requirió incluso para que enjuiciara las posibilidades de lograr un armisticio con celeridad.

Su supervivencia dependía de una suma de factores incontrolables. La cuestión clave era saber si en los últimos momentos iba a ser enviado un comando con el objetivo de eliminar a cualquier testigo acusatorio, o si en la confusión del final sería posible conseguir escapar. Para evitar cualquier intento de negociación entre los presos y sus carceleros, una orden dictada desde arriba decretó que los guardias y el comandante de la prisión donde se hallaba retenido Ratsam fueran sustituidos por unidades de las SS.

El tableteo de la artillería enemiga se escuchaba cada vez más cerca. A los encarcelados les llegó información de que se combatía a pocas manzanas de donde ellos se encontraban. Hasta ese instante no se habían dado cuenta de que eran los rusos los primeros que se disponían a entrar en Berlín. Para los oficiales del contraespionaje que estaban presos eso significaba un duro golpe: en el caso de poder escapar con vida de las garras de la Gestapo, les esperaban en el otro lado los comisarios de las checas.

Ante la cercanía de las tropas enemigas y una situación cada vez más desesperada, los guardianes comenzaron a mostrarse más dialogantes. Los detenidos amenazaron con sublevarse si no se les dejaba en libertad. De esta forma, algunos de ellos consiguieron ser liberados, entre otros, Heinz, el hermano de Ratsam.

Pero la reacción no se hizo esperar. Goebbels, el nuevo comandante en jefe de la ciudad, amenazó con fusilar a todo aquel que dejara escapar con vida a uno solo de los presos políticos. Casi a la desesperada, las represalias de los secuaces del régimen se saldaron con sucesivas noches sangrientas.

Primero se acabó con la vida de todos los presos que estaban retenidos en la Prinz-Albrecht-Strasse, en la central de la Gestapo.

Seguidamente, a Ratsam y a otro grupo de prisioneros de la cárcel de Moabit se les extendió un certificado por el que quedaban libres.

Peter se confió.

Parecía que la estrategia que había seguido durante los interrogatorios daba los frutos esperados; los mandos de la Gestapo debían haber comprendido que no tenía sentido arriesgarse añadiendo nuevos nombres de personajes conocidos a su interminable lista de víctimas...

Pero los verdugos no estaban dispuestos a que se les escaparan unas presas tan codiciadas.

Una vez conducidos fuera del recinto de la prisión, se encontraron rodeados por una unidad de las SS, que les escoltó hasta un descampado, asegurándoles que les acompañaban a un lugar a salvo de las balas rusas.

Allí, uno tras otro, por la espalda, recibieron el disparo en la nuca que segó sus vidas. Solamente uno de los prisioneros pudo escapar de forma prodigiosa y sobrevivir. Muy próximas, en las calles adyacentes, se oían las descargas de las ametralladoras de los aliados...

La noche anterior, Kniébolo había reunido a los generales y altos mandos que le seguían siendo ciegamente fieles —Jodl, Keitel y los demás—, deseosos de que una vez más el Führer les sugestionara, les instigara con su voluntad de hierro y su capacidad de resistencia, aunque ésta condujera a la total aniquilación.

Pero no ocurrió así en esta ocasión. En esa noche del 23 de abril, Hitler les dijo, una vez habían tomado asiento, que la situación no tenía escapatoria y que la guerra estaba perdida. Con manos temblorosas, les agradeció los servicios prestados y quiso que se fueran, que le dejaran solo... De repente, los condecorados mariscales de campo, los generales, los altos oficiales de Estado Mayor se dieron cuenta de que el oscuro e imperioso poder de conducción, el dominio que sobre sus actos, sus pensamientos y deseos, sobre sus sueños y fantasías había ejercido Kniébolo durante décadas no era más que la morfina del engaño, una mortífera y seductora trampa desplegada por un Golem falso...

A los muy pocos días, Kniébolo se suicidaba en el búnker y la ciudad capitulaba ante los generales soviéticos.

—¿Eso es todo lo que usted tiene que declarar? ¿Ésa es su historia?

Neuborn reinicia el interrogatorio. Esta vez viene acompañado de más ayudantes y dactilógrafas que en las otras ocasiones, la sala vuelve a estar débilmente iluminada, la guardia ha sido reforzada con otros dos vigilantes alemanes, el ejército de mis acusadores y sus lazarillos ha ido en aumento...

De los vigilantes que han sido contratados por la administración del tribunal militar, muchos de ellos forman parte de lo que los americanos llaman *displaced persons*, indigentes a los que se les ha dado trabajo de esta forma. Un acto sin duda piadoso... Quizás Neuborn espera obtener ahora la confesión definitiva, que busca y persigue desde hace semanas.

—¿Es todo lo que tiene que decir sobre su responsabilidad?

Me mira como si acabara de verme por primera vez, y sin embargo los interrogatorios duran ya muchos días, supongo que meses, he perdido prácticamente la noción del tiempo. Le he dicho en más de una ocasión que estoy exhausto, vacío por dentro y por fuera, ¿qué más es lo que quiere de mí?

—Todavía hace dos días he recibido copia de un escrito suyo del año 39. Aún hablaba usted allí de «la pureza de la tierra y la sangre», y afirmaba que gracias a los actos del Führer se había conseguido que el Reich alemán se convirtiera al fin en una realidad política y en una verdad histórica. ¡Una realidad política y una verdad histórica! ¡Y eso lo decía dos semanas después de que Hitler hubiera invadido Checoslovaquia! ¿Qué es lo que debemos creerle? ¿Lo que usted dice, lo que nos ha contado, o lo que hizo y escribió?

Neuborn parece de nuevo inquieto y agitado. ¿Es posible que no esté satisfecho con todo lo que ha obtenido de mí?

Hace una pausa durante la cual se oye el tecleteo de los dedos de las dactilógrafas, brincando como saltamontes.

—Le he expuesto con total transparencia cómo sucedieron las cosas —contesto—. No me parece razonable que siga juzgando por unas frases dictadas por las circunstancias. Todavía no sé si me encuentro aquí, en la celda, en la prisión, como testigo, como sospechoso o como inculpado. Después de sus continuos interrogatorios. Y el tiempo pasa...

Detecto en sus ojos un brillo que me resulta de nuevo familiar, el resplandor del jabalí cuando quiere embestir a su presa:

—¿No ha quedado suficientemente demostrado su antisemitismo visceral? —exclama, alzando la voz, con tono cada vez más amenazador—. Su colaboración con el régimen, con criminales como Göring y Frank, con el propio Hitler. Su ideología, tan cercana a la de los nazis, a su voluntad de destrucción y de aniquilación de seres humanos, su odio a los aliados y a las ideas de Humanidad y de democracia...

Si algo he aprendido en estas semanas, es que no debo mostrar ningún atisbo de debilidad. Le replico:

—¿De qué se me acusa? ¿De no estar de acuerdo con lo que piensan los americanos? ¿De criticar con argumentos científicos a estos tribunales militares? ¿De decir que son tribunales de los vencedores? ¿Acaso pueden calificarse esos actos de crímenes contra la Humanidad? Creo que no deberían quedar muchas dudas sobre mi alejamiento de Hitler y de lo que él ha significado. ¿Acaso no le he explicado con detalle lo que pienso, lo que he sentido y experimentado, todo el sufrimiento vivido y acumulado durante estos años de terror?

—Sí, sin jamás aceptar su culpa. ¿No era eso lo que les inculcaron los nazis? La absoluta incapacidad para reconocer la culpa. Eso es lo que perseguía la educación nacionalsocialista. Creían poder asesinar, como decía Himmler, y, sin embargo, seguir siendo decentes...

—¿Voy a ser acusado formalmente de haber incitado a que se realizaran crímenes de guerra, de ser un asesino?

—No, por supuesto, usted no se manchó las manos de sangre. Fue un criminal de escritorio, como tantos otros. Pero ¿y su contribución a la preparación ideológica del régimen, su colaboración en el proceso de corrupción de la conciencia de los alemanes, de su sentido de responsabilidad y de respeto a la vida humana? ¿Cómo puede usted seguir manteniendo que existen razas inferiores después de todo lo que se sabe que ha sucedido?

—Ya le he dicho que no fui yo precisamente quien descubrió la utilidad de la raza o la sangre para estigmatizar a los enemigos. Yo no hablé nunca de los judíos como una raza inferior que hubiera que exterminar. Ésa fue la obsesión de Hitler, la obsesión aniquiladora —de sí mismo, de Alemania y de los alemanes— que le llevó a la ruina.

—¿Niega que sigue creyendo en todas esas supercherías de los *Protocolos de Sión* y la ambición de dominio universal de los judíos? Esas fantasías que Hitler y muchos de sus seguidores convirtieron en una nueva creencia, pensando que así se apropiaban de los extraños poderes que imaginaban eran el secreto de los judíos... ¿No ha quedado bien patente a través de sus declaraciones que sigue usted aborreciendo a los judíos?

—No, lo que ha ocurrido es horrible, no hay justificación posible para ello... Yo sólo describí en mis escritos situaciones históricas, como le he contado. Sólo he hablado de la influencia de determinadas ideas, de determinados símbolos y sugestiones. Jamás cometí ningún acto execrable, nunca estuve cerca de los verdugos.

—¿Y el impacto que tuvieron esos libros y análisis que usted llama «científicos», esas alusiones y referencias tan explícitas en sus escritos y conferencias a lo que Hitler y sus acólitos, nada menos que las SS, la Gestapo y los servicios de seguridad, estaban llevando a cabo? Ellos eran los operativos, los ejecutores, y usted la materia gris detrás de ellos... ¿Puede quedar alguna duda de que incluso sus publicaciones más tardías, cuando ya había sido expulsado del núcleo del poder, buscaban darle argumentos al Führer para su política de expansión en el centro y el este de Europa? ¿Dónde se debe establecer la línea entre los que suministran el aparato ideológico y los que aprietan el gatillo? ¿Por qué sigue sin reconocer su culpa?

—La culpa... Considero que he escrito y hablado con usted lo suficiente sobre esta cuestión. Reconocerá que no es un asunto sencillo. Hay un filósofo, de los que tardaron poco en echarse en los brazos de ustedes, los americanos, los salvadores del pueblo alemán, que ha publicado un opúsculo distinguiendo varios tipos de culpa diferentes. Nada menos que cuatro clases de culpa: culpa política, moral, histórica, colectiva... Seguro que se pueden encontrar muchas otras clasificaciones. ¿Quiere que confiese mi culpabilidad en público? ¿Es eso lo que busca? ¿Que haga una confesión pública de todos mis supuestos crímenes, como en las purgas soviéticas? ¿Para qué? ¿Para sentirse orgulloso porque habría conseguido lo que quería? ¿Para poder decir que el comandante Neuborn, el fiscal adjunto de Núremberg, ha logrado que el famoso profesor confiese su responsabilidad? ¿Qué ganaríamos con ello? ¿Qué ganaría usted? ¿Qué ganaría yo? ¿Y mi conciencia?

—Su conciencia... ¿Por qué le resulta tan difícil confesar su culpa? ¿Cree que le sería insoportable, que quebraría su última defensa psicológica, su última barrera de seguridad mental? ¿Que hacerlo significaría ponerse a sí mismo en cuestión: a usted mismo y a lo que ha sido su vida, sus libros, su interpretación de la historia de Europa? ¿Está tan arrogantemente convencido de que Europa sin usted y sus ideas no podrá sobrevivir, que desaparecerá por ensalmo si declara su error?

—Ya le he dicho que cuando llegué aquí, cuando se me trasladó desde Berlín, escoltado y vigilado, nada más atravesar las puertas de la prisión, fui conducido a una habitación y se me desnudó, se me quitó lo poco que tenía, luego me devolvieron algunas de las ropas y me encerraron en la celda... Le recuerdo que ha habido días en los que la temperatura marcaba diez grados bajo cero en el exterior y que la celda era una cámara frigorífica, donde el aliento humeaba. Por las noches, me echaba encima las mantas, me envolvía los pies con la ropa interior, me ponía toda la ropa que tenía... Desde que llegué, no he hecho más que relatar lo que usted ha pedido, contar lo que sucedió y cómo sucedió. He cumplido con sus exigencias.

—Le aseguro que la capacidad de admitir la propia responsabilidad es soportable y que hay indicios que nos ayudan a superar la culpabilidad y sus consecuencias. ¿No era usted quien hablaba en algún momento durante estos días pasados de que en los cuadros del Bosco siempre había, a pesar de lo lúgubre de sus escenas, una posibilidad de salvación?

—¿A qué tipo de salvación se refiere...? No sé si se da usted cuenta de que he perdido, de que no me queda nada, después de habérmelo jugado todo. He perdido mi patria, a mis amigos, gran parte de mi prestigio, el mundo en el que creíamos... No tengo nada. Estoy desnudo en la celda.

Opta por no contestarme. Hace una pausa durante la cual le pide a la secretaria que le traiga las páginas que las demás ayudantes han ido mecanografiando diligentemente y que después han depositado, con meticulosidad y orden, encima de cada mesa. Las lee rápidamente, con un gesto desabrido. Sigue sin estar satisfecho. Hay una de las chicas, algo más agraciada que las demás, rubia, con la que parece entenderse bien. A veces le sonríe, casi de modo imperceptible. Luego se levanta de la silla, con brusquedad, y hace ademán de querer estirar las piernas. De pie, algo alejado del escritorio, aprovecha para encender la pipa, inhalando con ansiedad el oxígeno que poco después hace que salte la llama; el aroma inunda enseguida la sala y contribuye a rebajar la tensión del interrogatorio.

Cuando se vuelve a sentar, soy yo quien toma la iniciativa:

—Fíjese, en toda esta historia hay dos prohibiciones, dos grandes *tabúes*, que no se deben tocar, que deben permanecer velados, protegidos... Son el tabú de la culpa y el tabú del vengador. Ésas son mis dos líneas rojas, mis dos líneas de seguridad.

—¿Qué quiere usted decir? No le entiendo.

—Le he hablado en varias ocasiones de *Hamlet*. Sigo pensando que es una clave que sirve también para interpretar parte de mi vida.

Dice, con el sarcasmo veloz en la boca:

—¿Su vida está al nivel de la tragedia de Shakespeare?

—Mire... En realidad, detrás de Hamlet hay un personaje histórico. Existen notables similitudes del personaje de Shakespeare con la figura histórica de Jacobo Estuardo, el hijo de María Estuardo y candidato al trono. Tanto para Hamlet, el personaje del drama, como para Hamlet, el personaje histórico, es esencial conocer si su madre, que se ha casado con el asesino, es cómplice en el asesinato de su padre el rey o no lo es. Lo que Hamlet ejecuta en el drama resulta por completo diferente si suponemos la culpabilidad de la madre o, por el contrario, su inocencia...

—¿No está usted de nuevo cayendo en sus fantasmagorías? ¿Qué quiere demostrar?

—Si lo prefiere, me interrumpo aquí, no es preciso que continúe...

—No, siga... explique lo que quería decir.

—En los casi cuatrocientos años que han transcurrido desde que se escribiera *Hamlet* no ha sido posible llegar a un acuerdo sobre la culpa o la inocencia de la madre.

—¿Y quién es la madre para usted? ¿Una figura individual, una mujer o una representación simbólica? ¿En qué está pensando?

Neuborn se interrumpe durante unos instantes, con gesto reflexivo. Luego él mismo dice, sin abandonar su tono sarcástico:

—Déjeme que lo adivine. ¿Está usted queriendo hablar de Saskia, de su primera mujer? ¿Me quiere decir que su responsabilidad tiene que ver con ella, que fue ella quien le impulsó a hacer lo que hizo, el recuerdo traumático de ella y lo que ella le había hecho? ¿O cuando habla de la madre se refiere usted a Alemania?

Me mira esbozando una sonrisa mordaz. Continúo sin inmutarme:

—Yo lo que veo es que en el drama se produce un encubrimiento.

—¿Un encubrimiento?

—Sí, algo que se oculta, que es evitado, un tabú. Se quiere ocultar si el casamiento de la madre con el asesino tiene o no que ver con el asesinato del padre de Hamlet. Por eso no se ha llegado nunca a un consenso sobre si la madre es culpable o inocente. Se trata de un encubrimiento, ciertamente peculiar, pero claramente intencionado y necesario...

—Vuelve usted a abstraerse.

—Se lo he dicho: la cuestión de la culpa tenía que ser cuidadosamente evitada.

—¿Como en su caso? ¿Usted es otro Hamlet?

—Le ruego que no se burle de mí. Solo intento aclarar las cosas...

—Bien... Supongamos que está usted refiriéndose al hablar de la culpa de la madre a su primera mujer, a Saskia. Según ha contado, fue ella quien le introdujo en las elucubraciones racistas de Ostario, en aquel ambiente tan cercano a lo que el propio Hitler absorbió y que sin duda le dejó una impronta decisiva... Ella le sedujo a usted, le hipnotizó, hasta que la realidad se le mostró en toda su crudeza. Esa dolorosa experiencia le apartó definitivamente de todas sus ensoñaciones románticas y le convirtió en un adorador del Estado alemán. Eso es lo que usted ha relatado. Y ahora dice que la cuestión de decidir quién es culpable, usted o su mujer, debe ser cuidadosamente evitada...

—Sí, ésa es una de las interpretaciones posibles. Cuando se trata de la culpa o la inocencia de alguna mujer, de una mujer concreta, no se la puede considerar como una delicada criatura, a la que se deja sin más ir en paz...

—¿No? ¿Qué hay que hacer entonces? ¿Matarla? ¿Como Hamlet...? ¿Usted quiso borrarla de su memoria casándose con su otra mujer, con Alma?

—Mire, en el drama nunca hay una respuesta única y segura. El Hamlet que aparece en escena no se resuelve tras las máscaras. Tras el Hamlet de la escena aparece otra figura... Hamlet está lleno de misterios que Shakespeare no podía sacar a la luz. Por eso, si se le caricaturiza, reduciéndole a una única perspectiva, no se da plena razón de él.

—¿Como con usted? ¿Considera que sólo he querido plasmar una caricatura de usted, que no le he hecho justicia?

—Lo que he afirmado es que es mejor evitar cuidadosamente la cuestión, inextricable, de la culpa.

—¿Y así también con Alemania? ¿Es eso lo que quiere decir? Porque está usted insinuando que la otra representación de la mujer, de la madre, es Alemania... ¿Alemania, que comete traición a su historia entregándose en los brazos de un gran embaucador? ¿También usted se identifica con Alemania, como el gran Führer Adolf Hitler?

—Un nombre es una multitud de situaciones distintas... Apenas sabemos algo del juego que Dios o la Providencia disponen con lo que el hombre realiza, en contraposición al discurrir del drama, que empieza y termina, al menos, así parece, dentro de la obra. Quizás Alemania deba ser entregada exclusivamente a sus recuerdos...

—¿Por los siglos de los siglos sin fin? ¿No sería mejor un juicio, una sentencia, y luego buscar la absolución? ¿Reconocer los errores cometidos y recomenzar?

—¿Y si en vez de la absolución lo que se recibe es una sentencia más severa? Hamlet resulta un buen modelo. Su ser estaba desgarrado, pero su conciencia nunca se difuminó en engaños y composturas. Prefirió mantenerse en su posición, aunque ésta fuera desesperada.

—Ahora le sigo... Sin decidirse. Usted hablaba tanto de la importancia de la decisión y nunca acabó de decidirse.

—No. La cuestión es más complicada. Había decidido y me había equivocado, tanto en el entusiasmo inicial por el nacionalsocialismo y en la colaboración con Frank y Göring, como ya antes, al sentirme cautivado por Saskia.

—Tampoco Hamlet quería asumir su responsabilidad. ¿Y con qué consecuencia...? Le voy a hablar a usted con su propio lenguaje. Con el resultado de que, al no romper el nudo insoluble de la culpabilidad, el príncipe Hamlet se transforma en un pelele, en un melancólico zarandeado por las dudas, en un impotente.

—Hamlet opta por la representación, por seguir jugando. Cuando se decide a actuar, siembra la catástrofe, mata y destruye todo lo que tiene a su alrededor...

—¿Intenta usted justificar su inacción, su vergonzosa cobardía, mientras su amigo, el ministro Steinitz, y Peter Ratsam, e incluso el pulcro Hans Antaios arriesgaron su vida hasta perderla en el caso de los dos primeros? ¿No era ése el camino honorable que usted debería haber seguido, en vez de esconderse, de parapetarse detrás de sus falsos relatos de corsarios y piratas?

—Los tres habíamos colaborado, los tres nos habíamos introducido en la galería de los horrores. Pero el problema que se corría era que aquel que intentara levantar la mano contra el tirano, el vengador, se viera sumergido en la maraña de los problemas éticos y prácticos, en la duda suicida de si se debía actuar o no para matar al dictador.

Me interrumpe, con un gesto brusco de los brazos:

—¡No divague! Lo cierto es que usted prefirió apartarse, no decidir, dejar que las circunstancias fueran las que actuaran. Fue Steinitz quien le puso una y otra vez delante de sus responsabilidades... sin que usted reaccionara ni prestara la ayuda que le pedía, que le exigía, con razón, por todo lo que había dicho y hecho antes.

—Había tantos motivos para no actuar. También es mejor cubrir, como hicieron los hijos de Noé con su padre, las dudas del vengador, de los vengadores. También aquí hay que encubrir y velar, pues no hay respuestas absolutas posibles. Creo que le he descrito pormenorizadamente durante estas semanas de interrogatorios la situación tan extrema en la que me encontraba.

—Cobardía. ¡No fue más que cobardía!

Neuborn se exaspera. Creía haberle logrado acercar a mis argumentos, parecía empezar a comprender... Somos el gordo Sancho y el huesudo don Quijote, aproximándonos y alejándonos el uno del otro, en un combate cada vez menos desigual.

Le replico:

—Fíjese que existe también en este punto un paralelismo sorprendente con *Hamlet*. Shakespeare pertenecía a un grupo de partidarios de la entronización de Jacobo Estuardo cuyo cabecilla era el conde de Essex. La detención y posterior ejecución de Essex afectó profundamente a ese grupo del que Shakespeare formaba parte.

—¿Como sucedió con la detención de Steinitz?

—Sí, en efecto, así es. En realidad, todo *Hamlet* hay que leerlo entreverado con el contexto histórico en el que se escribió. Cuando se sitúan los acontecimientos del drama al trasluz de una realidad histórica determinada, es cuando las figuras y los hechos cobran toda su actualidad y vigor. En el drama se refleja intensamente la conmoción producida por la vida y la muerte del conde de Essex.

—¡Pero usted se negó a ayudar a Steinitz y sus amigos! ¿Cuántas veces se lo imploró él?

—También a mí la ejecución de Steinitz me conmocionó hondamente, forzándome al fin a dar el paso hacia delante que tanto me había costado, que no había sido posible hasta entonces; hasta vencer mi impotencia... pero entonces ya era demasiado tarde.

—¡Patrañas! Usted prefirió, como en tantas otras ocasiones anteriores, seguir salvando su pellejo... ¿No es cierto que incluso en los últimos días, antes de que Hitler se suicidara en el búnker, accedió a ser enrolado en el Ejército Popular de viejos y niños que la voluntad homicida del Führer todavía consiguió poner en pie?

—No creo que eso tenga ninguna importancia. Me ocurrió como a tantos otros. Obedecí las órdenes.

—Sí, obedeció las órdenes de un psicópata en su agonía, porque usted no podía rebelarse, usted no podía tener un gesto de dignidad, ¡nunca!, y por supuesto usted jamás pensó en ser un héroe...

—Simplemente cumplí con lo último que podía hacer por mi patria.

—¿Y el Führer? ¿No se habían ido convenciendo, usted y su amigo el capitán Antaios, de que estaba poseído, que se trataba de un ser luciferino? ¿Cómo pudo «simplemente» obedecer sus órdenes?

—Los paralelismos históricos siguen siendo asombrosos. El rey Jacobo escribió una demonología en la que el problema de las apariciones de espíritus era tratado en el mismo sentido en que se concibe en *Hamlet*. Es en el momento del arranque de la duda y la inacción de Hamlet cuando se pregunta si el espíritu paterno que se le ha aparecido no será un demonio salido del infierno...

—¡Siempre jugueteando, usted y su amigo Antaios, como si fueran dos adolescentes traviesos, con lo secreto, con lo oculto!

—Quizás no debería usted tomarlo tan a la ligera... Pero, en realidad, los verdaderos expertos en estas cuestiones eran los Ratsam, el hijo, y sobre todo, el padre.

Me interrumpe de nuevo, súbitamente muy interesado:

—Sí, el viejo Ratsam. Todo un personaje...

—Creo que tuvo usted ocasión de hablar con él después de la guerra, que lo interrogó. Hay ahí varios eslabones perdidos que desconozco... ¿Le dijo algo sobre las conexiones entre los servicios secretos de ambos lados, sobre la afición de unos y otros a las ciencias ocultas, sobre el Link, el círculo secreto de sus amistades en Londres...?

—El general fue uno de los primeros que investigamos al acabar la guerra, uno de los primeros huéspedes de la Casa de los Testigos. Efectivamente, hablamos de la reencarnación y de ese tipo de asuntos, me refirió bastantes detalles sobre los métodos de los servicios de espionaje y sus afinidades con el ocultismo. Todo un capítulo en sí mismo...

—¿Me permite preguntarle qué es lo que le contó?

—Era ya un hombre muy quebrado. El sufrimiento de los meses antes de que acabara la guerra, su encarcelamiento por los nazis, la muerte de su hijo, y luego los interrogatorios y la confiscación de todos sus bienes habían acabado por romper la cerviz del viejo luchador. En realidad, pertenecía a una época romántica, arcaica... Murió a las pocas semanas de que le dejáramos libre y partiera de aquí.

—¿Cómo...?

—¿No sabía usted que había muerto?

—No... No había tenido ninguna noticia. ¿Cómo ocurrió?

—Fue en su casa de Múnich. La policía militar le encontró muerto en el jardín, desangrado. Primero le hizo el haraquiri a su mujer, Martha, y luego, con el mismo ritual *sukopu* de los antiguos samuráis, se abrió el vientre a sí mismo...

Apenas puedo exclamar:

—¡El viejo tibetano...!

—Quizás tampoco sepa que el hijo, Peter, cuando estuvo encarcelado en Moabit, en la prisión de la Gestapo, sí fue capaz de asumir su responsabilidad, sintió el peso de la culpa y se enfrentó a ella, mientras sufría los interrogatorios de las SS. Escribió entonces unos poemas, de los que el viejo general me mostró algunos. Recuerdo que en uno de ellos afirmaba que «había engañado durante largo tiempo a su conciencia, mintiéndose a sí mismo y a los demás y que hoy conocía cuál era su culpa...».

—Lamento todos los días la pérdida de Peter. También él, a su manera, fue un interlocutor insustituible.

—El otro poema del que me habló el padre se me quedó grabado en la memoria. Es también posiblemente el que más le interese a usted. Lo llevo frecuentemente conmigo...

Neuborn se incorpora y hurga entre los documentos y carpetas que tiene encima de la mesa. Saca un papel blanco, con varias líneas escritas a mano con tinta. Puedo distinguir que se trata de la escritura, estilizada y algo inclinada hacia abajo, de Peter Ratsam.

En medio del silencio absoluto de la sala, mi acusador dice:

—Se titula precisamente «El padre». Voy a leerle los últimos versos en voz alta.

Y comienza a recitar mientras el equipo de ayudantes no puede dejar de intercambiarse unas miradas de sorpresa:

El destino había hablado por mi padre
de él dependía una vez más
rechazar al demonio en su mazmorra.
Mi padre rompió el sello.
No sintió el aliento del maligno
y dejó al espíritu malvado suelto por el mundo...

Cuando acaba de leer, Neuborn vuelve a sentarse. Tiene el rostro como la cera. Con cierta dificultad, pregunta:

—¿Qué tiene que decir sobre esas palabras? ¿Acaso no son, ellas en sí mismas, una confesión?

—¿Pueden esas frases ayudar a resolver mi caso? Hay muchas preguntas que, de todas las maneras, quedarán sin respuesta —le respondo.

—Sí, ciertamente, muchos interrogantes que quizás no encuentren una contestación...

Hace una larga pausa. Luego me mira a los ojos. Inesperadamente, recalcando cada palabra, dice:

—En cuanto a usted, le he de comunicar oficialmente que queda libre.

—¿Cómo...? No entiendo... ¿Qué quiere decir?

—¡Que se vaya a su casa!

—¿A mi casa? Pero... ¿y los cargos, la investigación...? ¿Cómo me voy a marchar si estoy preso?

—Los cargos han sido sobreseídos. ¡Le digo que se puede ir usted a su casa!

—¿Se ha levantado la orden de arresto que había contra mí?

—Ha encontrado oídos bien dispuestos hacia usted en el tribunal. Sobre todo han valorado que estuviera tan dispuesto a colaborar, a ponerse al servicio de los fiscales. Incluso ha encontrado algún discípulo entre los jueces que conocía sus escritos. Le repito que puede irse a su casa, aunque esperamos que siga ayudándonos...

—Creía que iba a ser condenado, que me esperaban largos años de cárcel...

—¡Váyase cuanto antes! Aquí ocurre algo muy parecido a lo de sus nazis. Los nazis encerraban a la gente sin orden de detención; nosotros les dejamos libres sin mayores formalidades. Además, no perseguimos a las personas por sus ideas. ¡Márchese!

—¿Y cómo he de comportarme? ¿Qué he de hacer?

—Todo depende de lo que piense usted hacer.

—Callaré... Me refugiaré tras el silencio.

—Dudo de que usted vaya a permanecer en silencio...

No quise, sin embargo, pronunciar una palabra más. Hice un ademán para despedirme y darle la mano al comandante Neuborn. Pero Neuborn la rechazó. Se quedó de pie con los brazos pegados a las piernas, sin moverse, saludando con una sonrisa que me pareció cínica. Sólo cuando ya me encontraba de nuevo en mi celda, preparando mis modestas pertenencias para salir de la prisión, recordé que el fiscal adjunto Neuborn no daba nunca la mano, que ese gesto lo evitaba siempre, desde la juventud, debido a sus estrictas normas de higiene, para preservarse de cualquier posible contagio. Ésas eran normas sanitarias que había aprendido de su padre, un conocido investigador médico, y siempre era muy riguroso al aplicarlas.

NOTA DEL AUTOR

Este libro es una obra de ficción basada en hechos y datos históricos, así como diarios, memorias y biografías personales. Desde esta perspectiva, *Los elementos del mundo* es una indagación sobre las peculiares relaciones entre la historia y la creación literaria.

La figura del protagonista y personaje principal responde en gran medida a un personaje histórico, el jurista y experto legal que redactó para Hitler las principales leyes de los primeros años tras su elección como canciller de Alemania, aquellas leyes que fueron esenciales para el desmantelamiento de la República democrática de Weimar. Carl Schmitt, que ya había colaborado anteriormente con otros políticos y dirigentes de Weimar, se convirtió en una figura influyente del régimen nacionalsocialista y no dejó tampoco de participar de algunas de las expresiones más inhumanas y perversas del nacionalsocialismo, como su antisemitismo radical.

El hecho de que un sutil intelectual, buen conocedor del pensamiento occidental y de la historia de Alemania y de Europa, colaborara de forma tan activa con un sistema político que terminó llevando a cabo un genocidio monstruoso no ha dejado de suscitar desde entonces un buen número de interrogantes. Este protagonista del drama de la historia europea del siglo XX se ha convertido de esta manera en un interrogante en sí mismo, en el representante no sólo de determinados grupos o tendencias de la población alemana que seguían anclados con nostalgia en épocas pasadas gloriosas, sino en un enigma moral.

El lector se dará cuenta de que, por las razones apuntadas, el actor principal de la historia que se narra en *Los elementos del mundo* no tiene nombre, no aparece mencionado en ningún momento con un nombre y un apellido propios. Su referencia biográfica e histórica está siempre presente, pero se trata del actor de un drama más amplio, un drama de rasgos universales. Los capítulos de la biografía de Schmitt y la estrecha interrelación que ésta mantiene con su obra sirven así como hilo de Ariadna para la narración de una tragedia que poco a poco va desvelando sus secretos.

Las memorias de la época, los diarios personales y los datos del acontecer histórico, que abarcan un período que se extiende desde el final de la Primera Guerra, los orígenes del partido nazi y la llegada al poder de Hitler, hasta la destrucción producida por la Segunda Guerra Mundial, constituyen un entramado en el que destacan los destinos y las decisiones de los personajes, desbordados por una realidad que no puede ser planeada por ningún cerebro humano.

Estos personajes aparecen habitualmente con su propio nombre. Así ocurre, por ejemplo, con la mayoría de los actores históricos, como los revolucionarios de la República de los Consejos en el Múnich de la primera posguerra, los acompañantes de los años formativos de Hitler, los principales dirigentes nazis, el general Schleicher y su círculo, los miembros de la oposición conservadora y los participantes en el fallido intento de golpe de Estado de Stauffenberg, o las figuras históricas que se citan durante la Segunda Guerra Mundial.

Sin embargo, los personajes secundarios principales, los que intervienen de manera relevante en la trama y tienen una cercanía inmediata con el protagonista, aunque se trate de personajes que existieron en la realidad histórica, figuran en la narración con un pseudónimo.

Es el caso, en primer lugar, del comandante Neuborn, que responde básicamente, aunque con pequeñas variaciones, a la figura del fiscal adjunto en Núremberg, Robert Kempner. Kempner fue no sólo el editor de los interrogatorios que hizo a Schmitt —y que han servido de inspiración a los que Neuborn lleva a cabo en la novela—, sino también de sus propias memorias como «acusador de una época».

Es el caso, asimismo, de los otros tres interlocutores más habituales del protagonista, Peter Ratsam, Hans Antaios, y el ministro Steinitz. Es probable que el lector haya reconocido en el personaje de Antaios al escritor y amigo cercano de Schmitt Ernst Jünger, con quien mantuvo una fructífera correspondencia desde los años treinta. Lo mismo sucede con Steinitz, detrás del cual puede identificarse casi milimétricamente a Johannes Popitz, el alto funcionario y experto burócrata de la época de Weimar que se convirtió en el confidente de Schmitt, le acompañó en sus entusiasmos iniciales por el nacionalsocialismo tras la llegada de Hitler a la Cancillería, y sin embargo pronto se convirtió en uno de los miembros más activos de la oposición civil al régimen.

Más compleja es la relación que se establece en la novela entre los Ratsam, padre e hijo, y el protagonista. Anton y Peter Ratsam, así como el hermano, Heinz, y la madre, Martha, tienen sus dobles históricos en el geógrafo y geopolítico Karl Haushoffer y su hijo Albrecht. Aunque no existió en la realidad —o, al menos, no ha sido documentada hasta la fecha— la estrecha vinculación entre ambos y el protagonista que constituye uno de los núcleos narrativos del relato, e incluso es posible que los tres no llegaran a conocerse, son significativos los paralelismos existentes entre la doctrina de Haushoffer de la necesidad de un espacio vital para Alemania, que tanto influyó sobre Hitler, y las ideas de Schmitt.

También se apoya en bases históricas la figura ambigua de Ostario y la propia Sociedad Thelema. Ostario es un reflejo de Rudolf Von Sebottendorf, también llamado Ernst Haller, quien en efecto jugó un papel destacado en la fundación de la llamada Sociedad Thule y la Orden Germánica en Múnich al final de la Primera Guerra, conspiró después enérgicamente contra los sucesivos Gobiernos revolucionarios durante la efímera vida de la República de los Consejos y desapareció sorprendentemente de escena con la llegada del Führer al poder.

Otros personajes son puramente inventados, fruto —como muchos de los acontecimientos que tienen lugar en *Los elementos del mundo* y se entremezclan y combinan con los hechos y los personajes históricos— de la imaginación del autor. Ello ocurre, por ejemplo, con el capitán mayor Von Schwarzenhorst y sus demás compañeros de armas, la ingrávida y bellísima Eva, los camaradas del protagonista miembros del Departamento de Información del Ejército, la familia Freudenberg o el orondo director de la UFA, Schenkel.

Una mención especial merecen las dos mujeres del protagonista, Saskia y Alma, cuyos retratos responden en líneas generales a sus modelos históricos, sin duda por lo que se refiere a Alma, el hada protectora de los momentos oscuros del narrador, y de forma mucho más matizada respecto a Saskia (o Paulina Carina). Schmitt dijo en cierta ocasión de su primera esposa que «era una mujer oculta», pero gran parte de lo que en torno a ella se narra en la novela es sin duda pura fantasía, aunque otros datos podrían ser reales.

Los interrogatorios de Schmitt en Núremberg, así como sus diarios, sus meditaciones en la celda, y sus anotaciones fueron de gran utilidad para adentrarse en su psicología y sus sentimientos.

En la novela se lleva a cabo una interpretación implícita de las obras de Schmitt. La destacada participación del protagonista de la novela en los avatares de la República de los Consejos es, sin embargo, ficción.

Otro escrito autobiográfico particularmente relevante han sido los varios tomos de los diarios de Jünger, en particular los del período de la ocupación en París y las abundantes opiniones sobre Hitler esparcidas por muchos de sus escritos, así como la ya citada correspondencia con Schmitt. En varios capítulos del libro se efectúa una reconstrucción de lo que bien pudieran ser las conversaciones entre los dos amigos a partir de los Diarios de Jünger.

Para la ambientación de los años en los que transcurre la narración y las reflexiones de unos y otros personajes he acudido a los diarios y memorias de la época. De entre ellos debo destacar los recuerdos de Rainer Hillebrandt, indispensables, junto con los *Sonetos de Moabit,* para conocer la peripecia vital de Albrecht Haushoffer y muchos detalles de la vida de Johannes Popitz, la semblanza del Berlín de su juventud de Nikolaus Sombart, las memorias del diplomático Ernst Von Weizsäcker o los testimonios del que fuera ministro de Armamento y hombre de confianza del Führer, Albert Speer. En particular, los recuerdos de Hillebrandt, publicados bajo el título *Wir sind die Letzten* (Nosotros somos los últimos) fueron esenciales para revivir la biografía de Haushoffer y sus relaciones con Popitz. También existen unas curiosas memorias de Sebottendorf sobre la Sociedad Thule y su actuación durante la República de los consejos, en las que su autor reclama un papel de precursor «antes de que llegara Hitler».

En relación con la primera parte de la novela, la actuación decisiva de la Sociedad Thule en el origen, tanto ideológico como organizativo, del Partido Nacionalsocialista Obrero Alemán, se halla documentada historiográficamente, así como el hecho de que gran parte de los primeros seguidores de Hitler fueron miembros activos de esta sociedad secreta, y el influyente papel desempeñado en su fundación y desarrollo por Karl Haushoffer. Sobre las raíces ocultistas del nacionalsocialismo apenas existen fundamentadas monografías, entre las que quisiera señalar la de Nicholas Goodrick-Clarke. Debo mencionar asimismo las valiosas investigaciones de Rosa María Rose sobre los mitos y símbolos del nazismo.

Los capítulos sobre la revolución en Múnich son deudores de diferentes obras históricas y memorias de testigos que relatan los acontecimientos que tuvieron lugar, y de forma particular el libro del historiador norteamericano David Clay Large sobre el Múnich de Hitler. Las anécdotas contadas por Heinrich Hoffmann, el fotógrafo de Hitler, sobre el ambiente de Schwabing, me ayudaron a recrear ese período.

También las secciones que se refieren a las experiencias formativas de Hitler se sustentan en investigaciones conocidas sobre los primeros años del Führer hasta el putsch de 1922. La bibliografía sobre Hitler es, como se sabe, prácticamente ilimitada, y debo subrayar en primer lugar lo mucho que he podido conocer sobre él leyendo a Sebastian Haffner, Ian Kershaw, Joachim Fest, John Lukacs, Marlis Steinert, o David Solar, por citar sólo algunos de los autores de los que más me he beneficiado. Las obras más antiguas de Konrad Heiden y de Hermann Rauschning fueron asimismo de gran utilidad.

La segunda parte de la novela reproduce con precisión histórica los sucesivos pasos que a partir de la crisis del verano de 1932 condujeron al nombramiento de Hitler como canciller por el mariscal Hindenburg. Se narran también los acontecimientos posteriores, con el punto álgido que supuso la acción de exterminio llevada a cabo contra

Röhm y las SA, así como el asesinato del general Schleicher y la actitud adoptada por el protagonista ante estos sucesos.

En referencia a este periodo y, más generalmente, a los datos biográficos sobre Schmitt, se han consultado las publicaciones realizadas por Dirk Blasius y otros historiadores como Wolfram Pyta y Gabriel Seiberth, y en primer término las biografías de Paul Noack y Joseph Bendersky. También la bibliografía sobre Schmitt, convertido en un clásico del pensamiento político, comienza a ser inabarcable.

Se pueden mencionar otros dos ejemplos del entrecruzamiento de ficción y realidad histórica que tienen lugar en la novela. El episodio con la mujer de Hans Frank, Brigitte, ha pasado a conocimiento público a través de un hijo del propio Frank, Niklas. La Sociedad de los Miércoles, el selecto círculo de opositores en torno al ministro Popitz, Von Hassell y el general Beck existió y ha sido asimismo objeto de publicaciones especializadas.

Por lo que se refiere a las actividades de la oposición, el papel de Johannes Popitz en ella y el atentado de Stauffenberg, que constituyen el eje central de la tercera parte de la novela, soy deudor, entre otros muchos, de los libros de Peter Hoffmann y Joachim Fest, así como de los diarios de los principales dirigentes de la oposición civil, como por ejemplo el ya citado Ulrich Von Hassell. Por otra parte, los trabajos de Martin Allen, aunque sin duda controvertidos, han ayudado a plantear nuevos interrogantes sobre el misterioso vuelo de Rudolf Hess a Escocia. Para los detalles cotidianos de la vida bajo el Tercer Reich tuve la fortuna de contar con la colección de crónicas contemporáneas de escritores no alemanes editada por Oliver Lubrich, y en la que se pueden encontrar relatos de Thomas Wolfe, Martha Dodd, William Shirer, Sven Hedin, Howard Smith, Theo Findahl o Konrad Warner. Me sirvieron para obtener una visión más fresca e inmediata de las vivencias de la gente corriente, y las historias que narran las utilizo como referencia en la tercera parte.

Hoy es incuestionable que la derrota de 1918, las revoluciones posteriores y las consecuencias del tratado de Versalles ejercieron una influencia considerable en muchos sectores de la sociedad alemana, al igual que los éxitos de Hitler en política exterior. Los estudios sobre aspectos determinados del Tercer Reich son abundantes y exhaustivos. Sin embargo, quizás se eche de menos una historia de conjunto de las motivaciones e intereses, de los bastidores detrás de la escena que dieron lugar a la ideología, a la toma del poder y a la guerra, hasta llegar a representar las situaciones concretas, los sentimientos y pasiones en momentos precisos, los dilemas personales.

Los elementos del mundo propone al lector mirar de nuevo a una historia relativamente conocida, pero con los ojos de las personas que viven esos acontecimientos, «desde dentro», desde los casos particulares abrumados hasta ahora —como ha señalado Fabrice d'Almeida— por la poderosa sombra proyectada sobre ellos por los acontecimientos políticos, militares y criminales.

Con sus casi inagotables instrumentos, la novela puede plantear hipótesis, extremar interpretaciones, entrar con el bisturí en la mano en las vidas de los protagonistas, mostrar sus profundas divisiones internas, exponerlos de nuevo a la luz pública como seres humanos, no sólo como instigadores del asesinato en masa. Iluminar también partes del fresco, incluso actos heroicos o vulgares, que a su vez quizás puedan arrojar luz sobre nuevas interpretaciones.

Por último, este libro es también sin duda un intento de adentrarse en el *horror*, en el increíble desafío del antisemitismo ideológico de Schmitt, o en el enigma insoluble de los perfiles demoníacos de la figura de Hitler. Es posible que no se pueda más que lanzar la red a un espacio sin fondo, aventurar algunos interrogantes, sabiendo que la realidad contiene siempre más elementos que los del drama o el relato, y en este sentido no puede tratarse nunca de una obra acabada. Si es cierto que el núcleo de lo trágico se halla en lo histórico, también lo es que toda tragedia es necesariamente bárbara y elemental, aunque, como escribió el propio Schmitt, quizás pueda llegar a no carecer de aspectos bufonescos.

Una emotiva historia crepuscular, una reivindicación
de los perdedores escrita con el corazón
y con el estómago, que no puede dejar
de conmover al lector, arrancar su sonrisa
y hasta su carcajada y, a la postre,
hacerle reflexionar.

Este libro
se terminó de imprimir
en los talleres de Rodesa
en el mes de febrero
de 2009